Reclams Führer zu den Denkmalen der Industrie
und Technik in Deutschland 1

Alfeld an der Leine. Faguswerke, Treppenhaus

Reclams Führer zu den Denkmalen der Industrie und Technik in Deutschland

Band 1
Alte Länder

Von Volker Rödel

Mit 93 Fotos
sowie Rissen und Plänen

Philipp Reclam jun. Stuttgart

Die Deutsche Bibliothek – CIP-Einheitsaufnahme

Rödel, Volker:
Reclams Führer zu den Denkmalen der Industrie und Technik
in Deutschland / von Volker Rödel. – Stuttgart : Reclam.
NE: HST

Bd. 1. Alte Länder. – 1992
ISBN 3-15-010376-2

Einbandentwurf: Reichert Buchgestaltung Stuttgart,
unter Verwendung eines Fotos von Dr. Volker Rödel,
Frankfurt am Main (Zeche Prosper II in Bottrop-Batenbrock)
Fotos und Zeichnungen: © Dr. Volker Rödel,
Frankfurt am Main
Satz: Setzerei Lihs, Ludwigsburg
Druck und buchbinderische Verarbeitung: Wilhelm Röck, Weinsberg
Printed in Germany 1992
RECLAM ist ein eingetragenes Warenzeichen
der Philipp Reclam jun. GmbH & Co., Stuttgart
ISBN 3-15-010376-2

Inhalt

Vorwort

Langjährige Tätigkeit in der praktischen Denkmalpflege, Erfahrungen bei der Arbeit am Inventar der Denkmale der Infrastruktur und Industrie in Frankfurt am Main bildeten den direkten Anlaß für dieses Buch. Nachdem der »Historismus« mit öffentlichen oder profanen Bauten in den vergangenen zwei Jahrzehnten gesellschaftsfähig wurde, fehlt bis heute noch ein Blick bundesweit über die Anlagen der Infrastruktur, der Industrie und der damit verbundenen Technik vor allem des 19. Jahrhunderts. Willi Paul (*Technische Sehenswürdigkeiten in Deutschland. ADAC-Reiseführer*) und Rainer Slotta (*Technische Denkmäler in der Bundesrepublik Deutschland*) haben in den 1970er Jahren erstmalig versucht, eine Bestandsaufnahme für die alte Bundesrepublik vorzunehmen.

Der ADAC-Führer war schnell vergriffen, Rainer Slotta hat sich nach den beiden ersten Bänden eines begonnenen Gesamtinventars auf die Erfassung des Bergbaus spezialisiert. Im Abstand von mehr als 15 Jahren und inzwischen gewachsenem Wissen – aber gleich gebliebenem Veränderungsdruck auf Bauten oder maschinelle Einrichtungen – erschien es mir richtig, mit Band 1 dieses Führers nochmals den Versuch eines Überblicks über die noch existierenden Denkmale der Industrie und Technik in den alten Ländern der Bundesrepublik zu wagen. Für die neuen Länder ist Band 2 als ein Sammelwerk mehrerer Autoren in Vorbereitung.

Als Grundlage für Band 1 dienten ca. 1200 Seite für Seite betrachtete Jahrgänge aller deutschsprachigen Bauzeitschriften zwischen 1841 und 1930 sowie historische und moderne Publikationen zu diesem Thema. Die Bereisung der besprochenen Objekte erfolgte 1988–90, es kann deshalb bei einer Gesamtherstellungszeit von fünf Jahren nicht ausgeschlossen werden, daß nach Erscheinen des Buches Veränderungen am beschriebenen Objekt – im äußersten Fall der Abriß – festzustellen sind. Aktuelle Situationsberichte von Lesern an Autor oder Verlag wären willkommen als Hinweise für eine verbesserte 2. Auflage.

Die Auswahl der Objekte orientierte sich nicht an bereits bestehenden Denkmallisten der einzelnen Bundesländer – in die Listen eingetragene Denkmale stehen gleichberechtigt neben juristisch nicht definierten – oder an dem Wunsch, Prioritäten für eine Denkmalwürdigkeit (entsprechend den Landesgesetzen) zu schaffen, sondern sie basiert auf der Information aus der Literatur und der eigenen Anschauung. Daraus entstand ein sicher nicht komplettes, eher subjektives Bild als Versuch, einen Überblick über die wichtigsten Denkmale der Industrie und Technik in den alten Bundesländern zu vermitteln. Objekte von besonderer Bedeutung sind im Text hervorgehoben durch einen Punkt am Rande.

Die inhaltliche Hilfestellung der sich mit der gleichen Materie beschäftigenden Konservatorinnen und Konservatoren aus den Landesdenkmalämtern machte die Arbeit an diesem Buch um vieles leichter: Mein Dank gilt Gabi Podschadli, Ursula Schneider, Imme Wittkamp, Walter Buschmann, Paul-Georg Custodis, Axel Föhl, Jörg Haspel, Christian Höbel, Peter W. Kallen, Norbert Mendgen, Hans Peter Münzenmayer, Wolfgang Ness, Reinhard Roseneck, Bernd-P. Schaul und Rainer Slotta. Für die finanzielle Unterstützung in Form eines Druckkostenzuschusses – die erst die Produktion des Buches im vorliegenden Umfang ermöglichte – bedanke ich mich bei den Frankfurter Unternehmen Hartmann & Braun AG, Hoechst AG, Metallgesellschaft AG, Philipp Holzmann AG, Rütgerswerke Aktiengesellschaft und Stiftung Allgemeine Hypothekenbank. Nicht unerwähnt bleiben soll der dankenswerte Einsatz von Lektorat und Redaktion des Reclam-Verlags.

Volker Rödel

Einführung

»Wer die Werke der Malerei in den europäischen Kunstsammlungen auf sich wirken läßt, wird, wenn er sich liebevoll in das Gegenständliche des Bildes vertieft, erstaunt sein, zu sehen, wie oft die Maler aller Zeiten Anlagen der Technik in ihren Bildern wiedergegeben haben: Wasserräder am Bach, Windmühlen in der Ebene, ganz abgesehen von Tausenden von Schiffen, die im Laufe der Jahrhunderte Gegenstand künstlerischer Darstellung waren. Von den großen Straßen, Brücken und vor allem von den Bauwerken denkbar verschiedenster Zweckbestimmung gar nicht zu reden. Auch Bergbau und Hüttenwesen, sowie die verschiedensten Zweige gewerblicher Tätigkeit, Apparate und Maschinen sind in den Bildern alter und neuer Meister künstlerisch verarbeitet worden. In früheren Zeiten war die Technik etwas Naturnotwendiges und Naturgegebenes und fügte sich planvoll in den Rahmen des menschlichen Daseins ein. Nicht von einer Vernichtung des Landschaftsbildes, sondern oft von einer Hervorhebung könnte man reden. Aber vielleicht sind, als die ersten Windmühlen aufkamen, sie nicht als schön empfunden worden, wenn man sich angesichts der Notwendigkeit, sie für den Menschen arbeiten zu lassen, überhaupt den Kopf zerbrochen hat über die Frage, ob schön oder nicht schön.

Die Entwicklung im 19. Jahrhundert ging mit solcher Geschwindigkeit vor sich, daß es dem menschlichen Empfinden nicht gelang, alle diese neuen Schöpfungen in den Kreis des kulturellen Lebens mit einzufügen. Goethe allerdings hat für seine Zeit noch die Technik und technische Arbeit als einen Bestandteil des Lebens in sich aufgenommen, in sich verarbeitet, und wir wissen, wie ihm, der nicht nur ein großer Künstler, sondern vor allem ein großer Mensch gewesen ist, die Technik nicht etwas war, was man zu bekämpfen hatte, sondern was im Dienst des Menschen zu fördern war. Goethe hat der Überheblichkeit der sogenannten gebildeten Kreise gegenüber dem schaffenden Tun technischer Arbeit, wie es vor allem auch im Handwerk zum Ausdruck kam, den Krieg erklärt. Er hat darauf hingewiesen, wieviel von diesen einfachen Menschen mit dem gesunden ›gradblickenden Menschenverstand‹, die ein ›laborioses und ernstes Leben führen‹, die ihre Arbeit von Grund auf verstünden, zu lernen wäre. Goethe hat auch bei aller seiner Verehrung für die Antike die Geringschätzung der schaffenden Arbeit für falsch empfunden.

Wir kommen nicht weiter, wenn man nur Vorwürfe durch Gegenvorwürfe abzuwehren sucht. Wir müssen auch unsererseits immer wieder erneut versuchen, die Bildungswerte, die in der Technik liegen, weitesten Kreisen zu zeigen und Verständnis hierfür zu wecken. Auch die Werke der Technik haben ihre kulturellen Werte, die man begreifen lernt, wenn man sich die Unsumme von menschlicher Arbeit, die notwendig war, um sie entstehen zu lassen, vergegenwärtigt, wenn man sieht, wie oft ganze Generationen von Menschen mit Freude und Leid mit ihnen verbunden sind. Jederzeit hat der Mensch zu dem, was ihn umgab, zu seinen Arbeitsgeräten, Maschinen und seinen Bauwerken auch ein innerliches Verhältnis gehabt, das in der guten Instandhaltung, in der Pflege und Fürsorge zum Ausdruck kam. Das ist bis zum heutigen Tag nicht verschwunden, nur entzieht es sich heute hinter den hohen Fabrikmauern oft der Kenntnis der Allgemeinheit. Es gehört allerdings Zeit dazu, um solche von allen geschätzten verehrten Veteranen des Maschinenzeitalters zu werten« (Conrad Matschoss und Werner Lindner, *Technische Kulturdenkmale*, München 1932, S. 1ff.).

Viel hat sich in den sechs Jahrzehnten seit dem Erscheinen der programmatischen Publikation von Conrad Matschoss und Werner Lindner im Bewußtsein der Öffentlichkeit nicht bewegt. Noch immer nicht gehören die meist aus dem 19. und 20. Jahrhundert erhaltenen Denkmale der Industrie und Technik, im Gegensatz zu den eigentlich dem gleichen Genre zuzuordnenden antiken oder mittelalterlichen Relikten (Aquädukte, römische Kalköfen, Wasserkünste u. a.), zum anerkannten kulturellen Erbe. Begründungen für den geringen Stellenwert der Zeitzeugen des Industriezeitalters innerhalb unserer Kultur lassen sich einige finden. An erster Stelle rangiert wohl das aus der Entwöhnung von körperlicher Tätigkeit resultierende Unverständnis für manuelle und maschinelle Arbeit einer sich zur Dienstleistung hin orientierenden Gesellschaft, das sich oft, dann meistens ideologisch bestimmt, in rigoroser Ablehnung von Arbeit und Leistung ausdrückt. Zwei verheerende Weltkriege erzeugten ein einseitiges Bild von Industrie und Technik, das allein auf deren negative, zerstörerische Möglichkeiten fixiert ist. Ein ähnlich pauschal und unkritisch geprägtes Image, ohne Abwägung von Notwendigkeit und Nutzen, entsteht der Industrie heute – damit auch ihrer historischen Bedeutung – durch ein zwar notwendig wachsendes, aber nicht immer reflektiertes Umweltbewußtsein. Nicht zuletzt trägt der bundesweit ungenügende und unkoordinierte Wissensstand zur Unterbewertung der Denkmale aus Industrie und Technik bei. Jedoch bleibt festzustellen: »Es muß die Aufgabe und das Interesse einer Kulturnation sein, die Entwicklung der industriellen Tätigkeit sorgfältig und ausreichend zu dokumentieren. Da sich die Kultur eines Volkes nun nicht nur aus künstlerischen Leistungen zusammensetzt, sondern da auch die Technik neben anderen Kulturkomponenten untrennbar zur Kultur hinzugehört, versteht es sich von selbst und bedarf keiner weiteren Begründung, daß auch Industrien der verschiedenen Ausbildung zum kulturellen Faktor der Kultur eines Volkes gehören: Sie sind ein Teil des kulturellen Erbes, das es zu dokumentieren und zu inventarisieren gilt« (Rainer Slotta, *Technische Kulturdenkmale*, Düsseldorf 1984, S. VI).

Die Beschäftigung mit der industriellen und technischen Vergangenheit begann in den 60er Jahren des 19. Jahrhunderts nicht nach kulturellen, sondern ökonomischen Gesichtspunkten im Bergbau, um aus der Erforschung antiker oder mittelalterlicher Gruben Hinweise auf noch abbauwürdige Lagerstätten zu erhalten. Um 1900 artikulierten sich in Deutschland aus Ingenieur- und Heimatvereinen erste Stimmen mit der Forderung den Denkmalen der Kultur auch Bedeutendes aus dem Bereich der Industrie und Technik zur Seite zu stellen.

1903 wurde, initiiert durch Oskar von Miller, das Deutsche Museum in München als »Museum von Meisterwerken der Naturwissenschaft und Technik« gegründet. 1910 behandelt das erste Heft der *Mitteilungen* des »Rheinischen Vereins für Denkmalpflege und Heimatschutz« neben historischen auch zeitgenössische Industriebauten in dem Bestreben, die Qualität der letzteren durch positive Vorbilder verbessern zu helfen. Obwohl die Erfassungsgrenze bedeutsamer historischer Industriebauten dabei noch in der Mitte des 19. Jahrhunderts lag, bildete dieses Heft für lange Zeit den zukunftweisenden Ansatz für eine Industriedenkmalpflege.

Ebenfalls 1910 wurde die Zeitschrift *Der Industriebau* gegründet, die sich hauptsächlich als Forum für eine neue, von qualitätvollen Bauten der Industrie ausgehende Architektur verstand, nebenher aber auch mit der »Beschreibung alter Fabrikbauten« als Fürsprecherin für die Tradition, aus der es zu lernen galt. Die Bemühungen um die Anerkennung der Zeugnisse der Industrie und Technik als kulturelles Erbe unterbrach in Deutschland der Erste Weltkrieg. Ein neuerliches Interesse für die Relikte industrieller Vergangenheit zeichnete sich erst ausgangs der 20er Jahre ab: Der Verein Deutscher Ingenieure (VDI) erweiterte die seit 1909 existierende Zeitschrift *Technikgeschichte. Beiträge zur Geschichte der Technik und Industrie* 1927 um die Abteilung »Technische Kulturdenkmäler« (1930 umbenannt in »Technische Kulturdenkmale«). Als hilfreich zum Verständnis technischer Denkmale erwiesen sich Werner Lindners – vom Deutschen Bund Heimatschutz, dem Deutschen Werkbund und dem VDI geförderte – Publikation *Bauten der Technik* (Berlin 1927) und – von Conrad Matschoss und Werner Lindner verfaßt – das 1932 mit Unterstützung der Georg-Agricola-Gesellschaft beim Deutschen Museum herausgegebene Werk *Technische Kulturdenkmale*. Doch blieb die »Betrachtungsweise dessen, was man zwischen 1910 und 1939 für denkmalwert hält, entweder rein technikgeschichtlich bestimmt, mit der Tendenz, die Objekte in fortschreitende und damit ›fortschrittliche‹ Entwicklungsreihen zu bringen, oder sie zehrt von einer nostalgisch beeinflußten, die Bauten als Teile der pastoralen Szene wertenden Wehmut, wenn man es einmal überspitzt ausdrücken will. Deutlich wird auf jeden Fall, daß von der Möglichkeit, die Bauten und Anlagen als Geschichtsdokumente im umfassenden Sinne zu sehen, kein Gebrauch gemacht wurde« (Axel Föhl, »Industriedenkmalpflege in der Bundesrepublik Deutschland«, in: *Deutsche Kunst und Denkmalpflege* 4, 1990, S. 124).

Verblüffend bleibt, daß die Initiativen zur Erhaltung technischer Denkmale in den wenigsten Fällen von der Denkmalpflege ausgingen, ausge-

nommen das Engagement einzelner Denkmalpfleger, auf das auch heute noch die Erhaltung solcher Denkmale sich stützt.
»Während der nationalsozialistischen Regierung wandelte sich das Interesse an den technischen Denkmälern, das während der Zeit der Weimarer Republik zweifelsohne in Deutschland bestanden hatte, in eine eher leere Repräsentationssucht ... Nach dem Ende des Zweiten Weltkrieges standen verständlicherweise der Aufbau und die Rekonstruktion der Kunstdenkmäler in ihrer ganzen Vielfalt im Vordergrund der Bemühungen; außerdem beherrschte in den 40er, 50er und noch in den 60er Jahren das vom Nationalsozialismus geprägte, ›verherrlichende Bild des technikschaffenden Ingenieurs und mit der Technik ringenden deutschen Arbeiters‹ die Vorstellung und stand der Dokumentation und Erhaltung technischer Denkmäler hinderlich im Wege. Lediglich vereinzelte technische Denkmäler, die in ganz besonderem Ausmaß mit ästhetischen Reizen versehen waren wie die Kranbauten an Rhein, Main und Mosel oder schloßähnliche Fabrikbauten erregten das Interesse der Denkmalpflege« (Rainer Slotta, *Einführung in die Industriearchäologie*, Darmstadt 1982, S. 150).
Die staatlichen Denkmalämter der Bundesrepublik – dies gilt gleichermaßen für die alten wie auch für die neuen Länder – beschäftigten sich nach dem Ende des Zweiten Weltkrieges über eine Generation hinweg fast ausschließlich mit der Rettung teilzerstörter oder mit der Rekonstruktion verlorengegangener Kunstdenkmale. Den schon seit 150 Jahren existierenden Relikten des Industriezeitalters, eines Zeitalters, das die Basis unserer »modernen« Gesellschaft bildet, wurde fast keine Beachtung geschenkt.
Nach dem hehren Beginn 1973 in Nordrhein-Westfalen, das als erstes Bundesland eine Planstelle für die Industriedenkmalpflege einrichtete, hat sich bis heute wenig getan, abgesehen von der Aufstockung der Stellen im gleichen Land auf fünf und der Einrichtung einer solchen in Baden-Württemberg. Noch immer dilettieren die meisten Denkmalämter der Länder – wenn auch mit dem Anspruch, Denkmale der Industrie und Technik »im Griff« zu haben – auf dem Gebiet der Industriedenkmalpflege; auch die Arbeitsgruppe Industriedenkmalpflege bei der Vereinigung der Landesdenkmalpfleger besitzt letzlich nur Alibifunktion zur Verschleierung des Mißstandes. Die Erfassung von Denkmalen der Industrie und Technik kann nicht quasi nebenher von der klassischen Inventarisation mitgeleistet werden, denn sicher bleibt, »daß es sich bei den technisch-industriellen Denkmalen um eine so allgegenwärtige und so ungemein zahlenstarke Spezies handelt, daß diese Gruppe sehr wohl eine gewisse Sonderstellung wird beanspruchen müssen. Hier kommt noch hinzu, daß der wissenschaftliche Aufarbeitungsgrad, sowohl was Erfassung als auch die Bewertung anbelangt, so ungleich viel niedriger als der anderer Gattungen ist, daß die Informationsbeschaffung, die fast immer ›ad fontes‹ und nicht selten zu recht schwer zugänglichen ›fontes‹ hinabsteigen muß, unvergleichlich viel zeitaufwendiger ist als der – vereinfacht gesagt – Gang in die Amts- oder Universitätsbibliothek bei den Kunstdenkmalen« (Föhl, 1990, S. 129). Für eine separate Behandlung der Denkmale aus Industrie und Technik innerhalb der Inventarisation gibt es genügend Gründe: »Ungeachtet der Tatsache, daß sich in der Gruppe der [an einer heute üblichen Schnellinventarisation – Anm. des Verf.] Beteiligten auch Spezialisten aus Neigung oder Notwendigkeit herausbildeten und gute Ergebnisse lieferten, verhinderte doch insgesamt das schnelle Durchgangstempo und der Zwang zu flächendeckender Erfassung aller Bauten und Anlagen ein Endergebnis, das man erst einmal als tragfähigen Inventarsockel für die nächsten Jahre hätte gebrauchen können. Es ist dies kaum verwunderlich: Sendet die äußere Baugestalt einer neogotischen Kapelle genügende und einschlägige ›information bits‹ aus, um auch den eiligsten Kunsthistoriker-Inventarisator zu einer Überprüfung der Raumausstattung zu veranlassen, so kann dies von der öden Backsteinwand einer Maschinenhalle nicht unbedingt gesagt werden, hinter der sich möglicherweise die bedeutsamsten Ausstattungsstükke einer bestimmten Produktionsepoche verbergen können« (Föhl, 1990, S. 130).
Selbst wenn in wenigen Bundesländern mehr für die Erfassung der technischen Denkmale getan wurde als eben geschildert, so fehlt doch grundsätzlich der Blick über die Landesgrenzen. Dieses Buch soll deshalb, neben der Heranführung interessierter Laien an eine bislang allgemein wenig beachtete Materie, als Modell einer Art Schnellinventar für die Gattung »Technische Denkmale« verstanden werden, das trotz unvermeidlicher, aus der geschilderten Forschungslage und aus der subjektiven Objektauswahl durch den Autor re-

sultierenden Fehler doch den Vorzug bietet, Einzelwissen quer durch die alten Bundesländer (wie Band 2 für die neuen Länder) gebündelt vorzustellen und damit die Möglichkeit zu überregionalem Vergleich, somit auch zu realistischerer Bewertung einzelner Objekte zu schaffen.
Ein großes Problem für die Industriedenkmalpflege ergibt sich aus der Suche nach einer eindeutigen Systematik für die Erfassung und Bewertung der Objekte. »Naturgemäß wächst in dieser Situation der Wunsch nach einer Konzeption und Systematik, an denen sich wenigstens die wissenschaftliche Arbeit wie an einem Gerüst emporranken könnte. Deutlich unterschieden blieben dann, im gleichen Bild gesprochen, die bloßen Liebhabereien im Zustand des unkontrollierten Wildwuchses. – Nur, solange Aufgabe und Methodik der Technikgeschichte nicht einheitlich festgeschrieben sind, lassen sich Liebhabereien nur schwer als allein dem Selbstzweck dienend einschätzen und als unnütz für die Wissenschaft aussondern. Sind demnach die Liebhabereien nur ›noch nicht‹ Wissenschaft oder stehen sie gänzlich außerhalb jeder wissenschaftlichen Methodik? Die Beantwortung der Frage wird dadurch erschwert, daß sich innerhalb der Technikgeschichte zwei Richtungen (Liebhabereien?) unterscheiden lassen, die schlagwortartig mit ›Ingenieurtechnikgeschichte‹ und ›Historikertechnikgeschichte‹ zu charakterisieren sind. Was man jeweils darunter zu verstehen hat und welche Richtung der Königsweg sei, braucht hier nicht weiter vertieft zu werden. Klar ist aber, daß die divergierenden Auffassungen eine einheitliche Systematik unmöglich machen« (Hans Peter Münzenmayer, »Erfassung und Bewertung von Objekten der Technikgeschichte«, in: *Denkmalpflege in Baden-Württemberg* 4, 1990, S. 156).
Wenn auch bislang noch keine endgültige Systematik für die Klassifizierung der Denkmale der Industrie und Technik entwickelt wurde, so bilden doch die 1988 von Föhl und Wolf (Rheinisches Amt für Denkmalpflege) sowie von Dreßler (Landesamt für Denkmalpflege Sachsen) – auf der Basis der Anfang der 70er Jahre von der HAER-Organisation (Historic American Engineering Record) herausgegebenen Klassifikation technischer Bauten und Anlagen – erarbeiteten Kriterienkataloge eine praktikable Leitlinie für die Industrie- und Technikdenkmalpflege. Die folgenden subjektiv ausgewählten Beschreibungen und Daten sind als Hinweise gedacht, jedoch auf keinen Fall als Ersatz einer »universalen« Technikgeschichte zu verstehen.
Die gebräuchlichen Klassifikationen technischer Denkmale unterscheiden nach

Rohstoffindustrie
Massengüterindustrie
Weiterverarbeitende Industrie
Öffentliche Versorgung und Entsorgung
Kraftquellen und Primärmaschinen
Beförderung

Rohstoffindustrie

Mit der Förderung und Verarbeitung von Eisenerz, Metallerz, Kohle, Öl und Erdgas, Salz und nichtmetallischen Mineralien (z. B. Naturstein, Ton, Sand) befaßte Industrien, deren Hochbauten und maschinelle Einrichtungen – u. a. Seilstützkonstruktionen (Malakowtürme, Fördergerüste, Fördertürme), Bohrgerüste, Schacht- und Maschinenhäuser, Fördermaschinen, Energieerzeugungsmaschinen, Schächte, Stollen, Stollenmundlöcher und Gebäude der Infrastruktur – sich nicht grundsätzlich, allenfalls in der absoluten Größe voneinander unterscheiden.
Der Abbau von Rohstoffen läßt sich bis in die Frühzeit menschlichen Daseins zurückverfolgen: Dem eher zufälligen Sammeln und Bearbeiten von Silexknollen (Feuerstein) folgt, nachgewiesen seit dem 9. Jahrtausend v. Chr., Steinbruchtätigkeit und Untertagebau. Zu den bekanntesten Zeugen steinzeitlicher Bergbautätigkeit zählen in Europa die Pingenfelder von Rijckholt in Südholland (ab etwa 3150 v. Chr.) und die von Grime's Grave in Südengland (zwischen 2100 und 1800 v. Chr.).
Der Beginn der Be- und Verarbeitung von Metallerzen seit dem 4. Jahrtausend v. Chr. basiert sicherlich auf Zufallsfunden gediegener Metalle, doch aus dem 3. Jahrtausend existieren bereits Hinweise auf gezielten Bergbau nach Kupfer-, Blei-, Zinn- und Eisenerzen. Im 12. Jahrhundert v. Chr. – Befunde aus Timna/Sinai, Bergbau auf Kupfererze; im 10. Jahrhundert v. Chr. Salzburg (Kupfererz) und Hall in Tirol (Steinsalz) – begann vermutlich der Übergang zum Tiefbau, womöglich bereits unter Verwendung von Kreuzwinden zur Förderung und Seilfahrt.
Das für den Tiefbau zwangsläufig entstehende Problem der Wasserhaltung lösten römische Ingenieure (1.–5. Jh. n. Chr.) durch Ausnutzung natürlicher Wasserkraft mit dem Einsatz von Be-

cherwerken, Schöpfrädern und (archimedischen) Schneckenpumpen, eine Technik, die bis weit in die Neuzeit Gültigkeit besaß.
Im mitteleuropäischen Bergbau löste im 15. Jahrhundert der hauptsächlich tierbetriebene Göpelantrieb den von Menschen betätigten Haspel als Fördermaschine weitgehend ab. Georgius Agricola (1494–1555) beschrieb in seinem 1556 erschienenen Hauptwerk *De re metallica* erstmals ein wassergetriebenes Kehrrad, dessen doppelte, aber gegenläufige Beschaufelung das Heben oder Senken von Lasten mittels relativ einfacher Steuertechnik ermöglichte. Eine der wenigen erhaltenen Fördermaschinen dieser Art zeigt das St. Andreasberger Bergbaumuseum »Grube Samson«. Stauteiche und ein ausgeklügeltes Wasserführungssystem (z. B. die Oberharzer Wasserwirtschaft) bildeten die Grundlage für effektivere Wasserhaltung und Förderung und damit auch für einen rationalen Bergbau. Seit dem Anfang des 18. Jahrhunderts verdrängte die ab 1711 von Thomas Newcomen konstruierte atmosphärische Kolben-Dampfmaschine das Wasserrad bei der Wasserhaltung.
Zwischen 1500 und 1800 veränderte sich die Technik der Fördermaschinen so gut wie nicht. Dafür entwickelte sich das Material der Seile zu einem Problem im Bergbau. Hatten im 17. Jahrhundert die billigeren Eisenketten Hanfseile weitgehend verdrängt, so kamen gegen Mitte des 18. Jahrhunderts mit zunehmender Teufe aufgrund ihres geringeren Gewichtes diese wieder vermehrt zum Einsatz. Hundert Jahre später setzte sich dann das 1834 erstmals in Clausthal erprobte, aus Drähten geflochtene Eisenseil durch.
Endgültig als Fördermaschine abgelöst wurde das Wasserrad durch die 1769 für James Watt patentierte Dampfmaschine mit einem vom Arbeitszylinder getrennten Kondensator, die, 1783 erstmals für diesen Zweck von Boulton & Watt (Soho bei Birmingham) gebaut, ab 1809 den Bergbau eroberte. Anfangs standen die Antriebsmaschinen – ähnlich dem Pferdegöpel – als Flurfördermaschinen neben dem Schacht. Über dem Schacht gelagerte Seilscheiben lenkten das von der mit der Dampfmaschine verbundenen Seiltrommel ablaufende Seil in die Vertikale um. Als nachteilig für den Betrieb erwiesen sich die mit dem Erreichen größerer Teufen notwendig wachsenden Durchmesser der Seiltrommeln, die zwangsläufig die Steuerung erschwerten.
Erst als 1875 auf der Zeche Hannover-Hannibal in Bochum unter Mitwirkung des Betriebsdirektors Koepe die schweren Trommeln durch eine sog. Treibscheibe – die wie ein großes Schwungrad wirkte – ersetzt wurden, begann eine revolutionäre Entwicklung in der Fördertechnik. Um die Seillänge möglichst kurz zu halten, schlug Koepe vor, die Fördermaschine samt Treibscheibe im Turm direkt über dem Schacht anzuordnen. Die Ableitung der Lasten bereitete dabei kein Problem, waren doch die Fördertürme zu dieser Zeit massiv, mit bis zu fast drei Metern starken Mauern errichtet. Ihrer wuchtigen Erscheinung wegen wurden sie nach einem im Krimkrieg (1854–1856) hart umkämpften Fort der Festung Sebastopol »Malakowtürme« genannt. Eine erste solche Turmfördermaschine wurde 1888 auf der Schachtanlage Hannover 2 in Bochum-Hördel installiert.
Mit der Nutzbarmachung der elektrischen Energie begann zu Anfang des 20. Jahrhunderts der Elektromotor die Dampfmaschine bei der Förderung zu verdrängen. Sein gegenüber der Dampfmaschine geringeres Gewicht sowie der wesentliche Vorteil der Direktübertragung der Drehbewegung auf die Treibscheibe prädestinierten den E-Motor für den Einsatz im Förderturm. Das bisherige, bei den Flurfördermaschinen notwendige Gerüst in der Form eines großen Bockes oder als Strebengerüst zur Ableitung der durch die Seilumlenkung auftretenden Diagonalkräfte ersetzte nun der Förderturm. Das bislang notwendige separate Maschinenhaus wurde dadurch überflüssig. Zur Genealogie: Das Pyramidengerüst aus Holz kannte man bereits im späten Mittelalter, neuerfunden wurde es in der ersten Hälfte des 19. Jahrhunderts, freistehend ist es seit der Mitte des 19. Jahrhunderts in Verwendung. Abgestrebte Pyramidengerüste kamen nach 1851 auf, der »Englische Bock« in der zweiten Hälfte des 19. Jahrhunderts. Das erste sicher nachweisbare Fördergerüst aus Eisen wurde auf der französischen Grube Saint-Alphonse bei Hainaut 1864 gebaut. Als Weiterentwicklung des »Englischen Bockes« gilt das deutsche Strebengerüst mit Abspannung des Strebenkopfes, ab 1870; nach Einführung der Koepeförderung entstanden Konstruktionen als zweigeschossige Strebengerüste, Doppelstrebengerüste u. a.

Massengüterindustrie

1. Ackerbau- und Landwirtschaftsindustrie mit Hofgebäuden und deren Einrichtungen, Land-

maschinenherstellung, Be- und Entwässerungsanlagen, Hilfsgewerbe.
Seit dem 12. Jahrhundert kannte Mitteleuropa Sense und Dreschflegel, der Räderpflug war bereits in der Spätantike in Gebrauch. Bis in die Mitte des 19. Jahrhunderts hinein veränderte sich grundsätzlich nichts an den Anbau- und Ernteverfahren in der Landwirtschaft. Neues entstand erst mit der industriellen Revolution: 1784 stellte der Schotte A. Meikle die erste Trommeldreschmaschine (mit Göpelantrieb) vor; in den 1840er Jahren entwickelten Engländer Drill- und Getreidemähmaschinen, die sehr bald auch auf dem Kontinent die Landwirtschaft modernisierten und den Aufbau einer Landmaschinenindustrie förderten. Als Revolution in der Landwirtschaft kann der 1858 erstmals vorgestellte, von John Fowler konstruierte und 1869 in Deutschland eingeführte Dampfpflug gelten. Die Bevölkerungsexplosion in Mitteleuropa nach der Mitte des 19. Jahrhunderts forderte eine Ertragssteigerung in der Landwirtschaft, die zum einen durch innovative Mechanisierung, besonders aber durch die Forschungen von Justus von Liebig über den Nahrungshaushalt der Pflanzen – in Verknüpfung mit der 1828 durch Wöhler im Labor gelungenen künstlichen Darstellung von Harnstoff – als Grundlage der modernen Düngemittelindustrie ermöglicht wurde.

2. Kunststein-, Tonwaren- und Glasherstellung mit ihren unterschiedlichen Ofen- oder Schmelzanlagen sowie die Anlagen für die Herstellung der für deren Betrieb notwendigen Rohstoffe (Holzkohle, Koks, Zement etc.)
Die Tonwarenherstellung – gewöhnliche Töpferware aus eisenhaltigen, gelb- oder rotbrennenden Tonmergeln, dem Rohstoff auch der Baustoffindustrie; Steingut, Steinzeug und Porzellan aus weißbrennenden Tonen (Kaoline) mit variierenden Zuschlägen – gehört mit zu den ältesten von Menschen beherrschten Gewerken. Anfangs allein von Hand geformt, entstanden Tongefäße seit dem 4. Jahrtausend v. Chr. auf der Töpferscheibe. Gebrannt wurde in Kammer- oder Rundöfen in unterbrochenem Betrieb, d. h. Füllen, Brennen und Leeren des Ofens erfolgten in aufeinanderfolgenden Arbeitsgängen, wobei die Qualität der fertigen Produkte wegen der noch nicht kontrollierten Feuerung weitgehend dem Zufall überlassen blieb. Eine vorausberechenbare, innerhalb einer Charge gleichmäßigere Produktqualität ermöglichten seit 1886 – neben der exakteren Dosierung von Grundmaterial und Zuschlägen – nach ihrem Erfinder Hermann Seger benannte, auf bestimmte Temperaturen geeichte Keramikkegel.
Eine Revolution in der Baustoffindustrie leitete der 1857/58 von Friedrich Eduard Hoffmann entwickelte Ringofen (s. a. Glossar) zur Herstellung von Dach- und Mauerziegeln im kontinuierlichen Betrieb ein, der den Ein- und Mehrkammerofen in der Massenherstellung ablöste. Eine weitere Produktionssteigerung ermöglichte die von Carl Schlickeysen erfundene Strangpresse (seit Mitte der 1860er Jahre mit Dampfbetrieb), die das Streichen der Ziegel von Hand durch maßgenaues Schneiden mittels Drahtbügel bei kontinuierlichem Vorschub des Materialstranges ersetzte.
Porzellan als edelstes Tonerzeugnis – im 7. Jahrhundert n. Chr. in China erfunden, seit dem 13. Jahrhundert auch in Europa eingeführt – galt ob seiner Seltenheit als »Weißes Gold« bis zur Neuerfindung durch Johann Friedrich Böttger 1709 in Dresden. Nach der 1710 auf der Albrechtsburg in Meißen gegründeten Manufaktur entstanden noch im 18. Jahrhundert Fabrikationsbetriebe für Porzellan, u. a. in Wien, Höchst am Main, Nymphenburg, Berlin, Frankenthal und Ludwigsburg.
Glas – erzeugt durch das Verschmelzen von Quarzsand als eigentlichem Glasbildner mit Alkalien wie Pottasche (Kaliumkarbonat) oder Soda (Natriumkarbonat) als Flußmittel zur Einleitung und Förderung des Schmelzprozesses und gebranntem Kalk zur Läuterung des Glasflusses und zur Verbesserung der mechanischen Haltbarkeit – kannten bereits die Ägypter des 4. Jahrtausends v. Chr. Es wurde vermutlich bei der Herstellung von Glasurkeramik erfunden. Womöglich war bereits in der zweiten Hälfte des 2. Jahrtausends die Glasmacherpfeife in Ägypten bekannt, belegt ist ihre Anwendung um die Zeitwende. Glas als Fensterverschlußmaterial war seit dem 1. Jahrhundert im römischen Reich in Gebrauch. Zum Zentrum europäischer Glasherstellung entwikkelte sich seit dem ausgehenden Mittelalter Venedig mit der Spezialität Kristallglas; im 17. Jahrhundert entstand der Glasproduktion des Stadtstaates an der Adria ernsthafte Konkurrenz durch die Bleikristallgläser böhmischer Hütten.
Die industrielle Glasherstellung der Neuzeit basiert u. a. auf dem 1688 von Lucas de Nehon

erfundenen Gießverfahren für Flachglas, dem 1791 patentierten Verfahren der Sodadarstellung nach Nicolas Leblanc, dem von Friedrich Siemens 1868 entwickelten (den Hafenofen ablösenden) Wannenofen für kontinuierlichen Betrieb, der 1886 eingeführten Flaschenblasmaschine und der seit 1894 benutzten Walzenziehmaschine für Tafelglas. Die heute bedeutsamen optischen Gläser gehen auf Erfindungen von Fraunhofer (1787–1826, homogene Glasmasse), Abbe (1840–1905, Theorien zu den optischen Eigenschaften von Glaslinsen), Schott (1851–1935, technische Grundlagen moderner Glaserzeugung) u. a. seit der ersten Hälfte des 19. Jahrhunderts zurück.

3. Chemische Industrie mit der Entwicklung und Herstellung von organischen bzw. anorganischen Erzeugnissen: Polymere als Rohstoff für Kunstfaserproduktion und Baustoffe, Arzneimittel, Seifen, Farbstoffe, Düngemittel, Kraftstoffe.

Die Chemie gehört zu den ältesten praktizierten Wissenschaften, wenn sie auch bis weit in die Neuzeit vor allem auf die Medizin beschränkt blieb. Erst die Entdeckungen im Bereich der organischen Chemie im 19. Jahrhundert eröffneten neue Perspektiven, sie bildeten durch konsequente wirtschaftliche Verwertung die Grundlage zu einer prosperierenden, doch mit ihren Produkten nicht unproblematischen Industrie.

Aus der Umsetzung der durch Friedrich Wöhler 1828 im Labor gelungenen künstlichen Darstellung von Harnstoff in technisch praktikable Verfahren entwickelte sich die Düngemittelindustrie. Die Forschungsergebnisse von August Wilhelm Hofmann – wie Wöhler in Justus von Liebigs Labor in Gießen, der Hochburg moderner Chemie, ausgebildet – über Teerderivate begründeten die synthetische Farbstoffherstellung. Beide Produktionsäste bildeten bis in die Mitte des 20. Jahrhunderts die Hauptpfeiler der chemischen Industrie, deren heute bedeutendste Unternehmen (in Auswahl) in der kurzen Zeit von nur eineinhalb Jahrzehnten entstanden. 1856: Aktiengesellschaft für landwirtschaftlich-chemische Fabrikate in Griesheim am Main (seit 1928 Vorort von Frankfurt am Main), 1863 umbenannt in Aktiengesellschaft Chemische Fabrik Griesheim, ab 1898 Chemische Fabrik Griesheim-Elektron mit Tochtergesellschaften in Bitterfeld und Rheinfelden; 1858: Landwirtschaftlich-chemische und Leimfabrik H. & E. Albert in Wiesbaden-Biebrich; 1863: Chemische Fabrik Meister, Lucius & Co., ab 1880 Farbwerke vorm. Meister Lucius & Brüning, nach Auflösung der I. G. Farbenindustrie Aktiengesellschaft Neugründung als Hoechst AG; Farbenfabrik Bayer AG in Leverkusen; Kalle & Co. in Wiesbaden-Biebrich; 1865: Badische Anilin- und Soda-Fabrik in Mannheim und Ludwigshafen; 1870: Frankfurter Anilin- und Farbenfabrik von Gans & Leonhardt, ab 1900 Leopold Cassella & Co. in Fechenheim bei Frankfurt am Main.

Den Weg zur industriellen Herstellung pharmazeutischer Produkte in Deutschland bereiteten u. a. L. Knorr (Erlangen) mit der Entdeckung des seit 1883 produzierten Antipyrins als Ausgangsprodukt für die Entwicklung weiterer Schmerzmittel, z. B. des Pyramidon; 1890 Robert Koch mit der Darstellung des Tuberkulins im Labor, dessen 1891 aufgenommene Großproduktion bereits nach wenigen Jahren wegen der beobachteten Nebenwirkungen eingestellt werden mußte; Emil von Behring (Nobelpreis 1901), der zwischen 1892 und 1894 sein Diphtherie-Heilserum zur Produktionsreife entwickelte; schließlich Paul Ehrlich, seit 1899 Leiter des Instituts für experimentelle Therapie in Frankfurt am Main, mit der Begründung der Chemotherapie und der Entdeckung des Salvarsans 1909. Den endgültigen Durchbruch erzielte die von F. E. Hofmann im zweiten Drittel des 19. Jahrhunderts begründete Farbstoffchemie mit der Darstellung synthetischen Indigos (BASF 1897). Bereits 1913 belief sich die Zahl der Farbstofftypen allein bei den Farbwerken in Höchst am Main auf etwa 11 000.

4. Lebensmittelverarbeitung und -konservierung einschließlich der Genußmittelproduktion, z. B. alkoholischer und nichtalkoholischer Getränke, Tabak, Kaffee, Tee, Süßwaren, Gewürze.

Die Umschichtung der Gesellschaftsstruktur in Folge der industriellen Revolution, d. h. der Übergang von der bislang das Wirtschaftsleben bestimmenden Agrarwirtschaft zu industrieller Massenfertigung und der damit verbundene stürmische Bevölkerungszuwachs in den Städten seit der Mitte des 19. Jahrhunderts verlangte nach neuen, dem industriellen Zeitalter mit seinem Massenkonsum angepaßten Verarbeitungs- und Konservierungsmethoden für die Grundnahrungs- und Genußmittel.

Die individuelle Verarbeitung von Brotgetreide übernahmen in der zweiten Hälfte des 19. Jahrhunderts industriell organisierte Großmühlen mit imponierenden Lagerbauten; den Gemeindebackofen des Dorfes ersetzten Brotfabriken. Die Entwicklung einer – das Prinzip »von der Hand in den Mund« ablösenden – industriellen Lebensmittelaufbereitung wurde nicht zuletzt durch die Entdeckung neuartiger Konservierungsmethoden ermöglicht: Louis Pasteur (1822–95) lieferte in den 1860er Jahren mit der Erkenntnis, daß Fäulnis erzeugende Mikroorganismen durch Hitze abgetötet werden können, die Basis für industrielle Sterilisation von Nahrungsmitteln; mit Carl von Lindes (1842–1934) Erfindung der Ammoniakkältemaschine 1876 begann die Geschichte der modernen Kühlungstechnik.

In der zweiten Hälfte des 19. Jahrhunderts wandelte sich das Brauereiwesen – bis dahin mit einem seit Jahrtausenden gleichen Brauprozeß von der Aufbereitung der Frucht, sei es Hirse, Reis oder Gerste, bis zum fertigen Getränk – von handwerklicher, auf den Tagesbedarf ausgerichteter Produktion zu industrieller Massenproduktion mit Konsequenzen in bezug auf Anordnung, Form, Organisation und besonders Größe der Brauereien.

Mit der Förderung des Kartoffelanbaus in Preußen durch Friedrich d. Gr. wurde aus der um 1560 von den Spaniern aus Amerika nach Europa eingeführten, 1621 erstmals in Deutschland angebauten nahrhaften Knolle ein Volksnahrungsmittel, das auch als Rohstoff für das Genußmittel Branntwein diente. Kartoffelroder und -legemaschinen sind seit dem letzten Drittel des 19. Jahrhunderts im Einsatz. Tabak, in Europa eingeführt durch spanische Seeleute zu Anfang des 16. Jahrhunderts, in Deutschland seit dem letzten Viertel des 17. Jahrhunderts angebaut, wurde mit dem Auftreten der Zigarette (1836) Grundlage eines speziellen, bis heute prosperierenden Genußmittelzweiges mit ersten Zigarettenfabriken in Deutschland ab 1860.

5. Metallgrundindustrie mit der Aufbereitung von Eisen- und Nichteisenerzen in Hütten, Hochofen-, Schmelz- und Raffinierwerken sowie der Weiterverarbeitung der Rohmetalle in Drahtziehereien, Walzwerken, Gießereien, Schmiede- und Hammerwerken.

Archäologische Befunde lassen eine erste Anwendung metallurgischer Techniken im Gebiet des Nordiran für das 4. Jahrtausend v. Chr. möglich erscheinen. Aus dem 3. Jahrtausend ist für Mesopotamien und Ägypten die Ausschmelzung von Blei-, Eisen-, Kupfer- und Zinnerzen nachgewiesen; im 1. Jahrtausend v. Chr. erreichten die in Vorderasien entwickelten Techniken, Erze mittels Holzkohle und Frischluftzufuhr zu schmelzen, auch Europa. Nichteisenmetalle wurden in Gruben- oder Schachtöfen ausgeschmolzen und zu Gußerzeugnissen weiterverarbeitet. Eisenerz ergab wegen der notwendigen höheren, beim Schmelzprozeß im Rennofen nicht zu erreichenden Temperaturen lediglich ein unreines, teigartiges Rohprodukt (Luppe), das sich erst durch mechanische Bearbeitung (Schmieden) als Ausgangsmaterial für Waffen und Werkzeuge eignete.

Die Verwendung von Wasserrädern als Gebläseantrieb ermöglichte höhere Temperaturen beim Schmelzprozeß; der seit dem 12. Jahrhundert gebräuchliche Stückofen lieferte Gußeisen weitgehend ohne die beim Rennofen üblichen Verunreinigungen. Mit der die Holzkohle ersetzenden Koksbefeuerung in den seit dem frühen 14. Jahrhundert gebauten Hochöfen revolutionierte Abraham Darby 1735 das Eisenhüttenwesen. Auf der Basis des 1835/36 in den Schwäbischen Hüttenwerken Wasseralfingen von Faber du Faur eingeführten Schlangenröhrenapparats perfektionierten die Engländer Whitwell und William Cowper Anfang der 1860er Jahre die für die Leistungssteigerung des Eisenverhüttungsprozesses wichtige Vortemperierung des Gebläsewindes durch Wärmeaustausch zwischen Gichtgasen und Frischwind in – nach Cowper benannten – Türmen. In der zweiten Hälfte des 19. Jahrhunderts führten Höhenwachstum (Sayner Hütte: 1834, ca. 12,5 m; Hasslinghausen: 1855, ca. 19 m; um 1890, ca. 30 m; um 1980, ca. 50 m) und Konstruktionsänderungen (Ersatz des isolierenden, schwergewichtigen Rauhgemäuers durch doppelschalige Eisenkonstruktionen innerhalb freistehender Gestelle) zu einer bedeutenden Leistungssteigerung bei der Roheisenproduktion.

Die wirtschaftlich rentable Veredelung von Roheisen zu Stahl begann mit der Herstellung von Tiegelstahl, einem 1740 von Benjamin Huntsman zur Produktionsreife entwickelten Verfahren. Schmiedbares Eisen konnte durch Windfrischen ab 1766 in dem von Henry Cort erfundenen Puddelofen gewonnen werden. Preiswerte

Stahlerzeugung erlaubte erstmals der 1856 von Henry Bessemer entwickelte Gebläse-Ofen (Bessemer-Birne), mit dem durch ein von Sidney Gilchrist Thomas 1877 erprobtes basisches Ofenfutter auch die Verarbeitung phosphorhaltigen Eisens möglich wurde. Einen wichtigen Schritt zur direkten Gußstahl-Produktion bildete das 1864 eingeführte Siemens-Martin-Verfahren.
Die seit Jahrtausenden bekannten Techniken zur Weiterverarbeitung der Rohmetalle durch Gießen, Schmieden, Walzen, Ziehen und anschließend mögliche spanabhebende Bearbeitung blieben von den Anfängen bis heute prinzipiell gleich, neue Energiequellen (Dampfmaschine, Elektrizität) veränderten lediglich die Größenordnung der Fertigung.

6. Textilindustrie mit Baumwoll-, Woll- und Seidenspinnerei bzw. -weberei, sonstiger Faserverarbeitung (Flachs, Jute usw.), Verarbeitung synthetischer Fasern, Herstellung von Strick-, Wirk- und Klöppelwaren sowie von gedrehten, geflochtenen oder geknüpften Produkten.
Evolutionen verlangen die Anpassung von Lebewesen an die Umweltverhältnisse, was auch für den Menschen zutrifft, der in seiner Entwicklung vom behaarten, dem Tierreich noch verbundenen Frühmenschen zum Homo sapiens seines natürlichen Witterungsschutzes verlustig ging und sich dafür Ersatz schaffen mußte. Dies geschah zuerst durch wärmende Felle, danach, spätestens seit dem 6. Jahrtausend belegt, durch die gezielte Verknüpfung pflanzlicher (Flachs und Baumwolle) und tierischer (Schafwolle) Rohstoffe zu textilen, die Tierhaut ersetzenden Geweben. Wie die mythologische Überlieferung bestätigt – Pallas Athene und Neith-Sais als Schutzgöttinnen der Webkunst, nordische Nornen den Schicksalsfaden spinnend – oblag die Produktion von Textilien zuerst den Frauen.
Für die Herstellung textiler Gewebe mußte das pflanzliche oder tierische Ausgangsmaterial durch Wässern, Darren, Brechen, Hecheln, Zupfen, Kämmen so aufbereitet werden, daß daraus ein Faden gesponnen werden konnte. Als ältestes Werkzeug zur Erzeugung verwebbarer Fäden gilt die heute noch, z. B. in Anatolien, gebräuchliche Handspindel mit Gewichten aus Holz, Ton oder Knochen. Der Weiterverarbeitung diente bereits in der Jungsteinzeit ein senkrecht stehender Webstuhl mit Gewichten zur Straffung der Kettfäden. Aus den anfangs familiär für den Eigenbedarf hergestellten Textilprodukten entwickelte sich spätestens im 3. Jahrtausend v. Chr. in Ägypten und Mesopotamien eine vorindustrielle Fertigung ohne grundlegende Veränderung technischer Prozesse.
Produktionssteigerungen ermöglichten erst die Entwicklung des einfachen Handspinnrads (13. Jh.) unter Beibehaltung einer noch immer diskontinuierlichen Fadenerzeugung und des Trittwebstuhls (14. Jh.) mit mechanisch erzeugter Fachbildung und Schußeintrag mittels Schiffchen. Ein Flügelspinnrad, das gleichzeitig Fadenherstellung und Aufwicklung, d. h. kontinuierlichen Betrieb zuließ, ist erstmals im sog. Wolfegger Hausbuch der Fürsten Waldburg-Wolfegg (um 1480) bildlich überliefert, eine Flügelspinnvorrichtung skizzierte Leonardo da Vinci um 1490, Johann Jürgens aus Watenbüttel bei Braunschweig verbesserte das handbetätigte Flügelspinnrad 1530 durch einen Fußantrieb.
Der im 18. Jahrhundert beginnende Mechanisierungsprozeß bei der Herstellung von Textilien läutete gleichzeitig die Industrielle Revolution in England ein. Seit dieser Zeit ersetzten Maschinen immer konsequenter die Handarbeit. Die wichtigsten Stationen der Frühphase: Erfindung des Schnellschützen durch John Kay (1733); Erwerb eines Patentes durch Lewis Paul für einen »Continuespinner« (1738, 1742 in Birmingham mit 250 Spindeln in Betrieb); Bau der noch handbetriebenen, anfangs für 8 Fäden ausgelegten »Spinning Jenny« durch James Hargreaves (um 1764); Konstruktion einer für den Fabrikbetrieb ausgelegten, wassergetriebenen Flügelspinnmaschine (»Water-Frame«) zur kontinuierlichen Herstellung fester Kettgarne durch Richard Arkwright (1769); Kombination aus Jenny und Water-Frame zur zunächst von Hand betriebenen, zur Herstellung von Schuß- und Kettgarnen geeigneten Universalspinnmaschine »Mule« durch Samuel Crompton (1779); Patent für einen Fachausbildung, Schußeintrag und Ladenanschlag mechanisch ausführenden Webstuhl für Edmond Cartwright (1785); etwa gleichzeitig ein erster Einsatz der Dampfmaschine in der Baumwollspinnerei; einen für die Massenproduktion gemusterter Stoffe geeigneten, von Lochstreifen gesteuerten Webstuhl präsentierte 1805 Joseph Marie Jacquard aus Lyon; mit der Selfacting-Mule (Absetzspinnmaschine) automatisierte Richard Roberts 1830 das Spinnverfahren; um 1830 wurde in den USA für ein effizienteres kon-

tinuierliches Verfahren die Ring- als Ersatz der Flügelspindel entwickelt; schließlich verbesserte Ernst Gessner (1860) mit seiner Maschine zur Reinigung und Parallelisierung des flockigen Rohmaterials nochmals den Spinnvorgang; den elektrischen Antrieb von Webstühlen führte 1879 Werner von Siemens ein, erste elektrisch betriebene Automatenwebstühle stellte die Firma Rüti auf der Pariser Weltausstellung von 1900 vor. Bei der Strick-, Wirk- und Nähmaschinentechnik sind für die letzten 200 Jahre ähnliche Entwicklungen festzustellen.

7. Holz- und Papierindustrie mit Säge- und Schleifwerken, Faserholzverarbeitung, Holzkonstruktionen und Möbelbau, Papier- und Pappenherstellung.

Holz gehört neben Stein zum ältesten vom Menschen zur Befriedigung seiner Bedürfnisse in vielerlei Art verwendeten Material: belaubte Zweige wurden zu Windschirmen zusammengesteckt, Äste mittels pflanzlicher Fasern zu einfachen Konstruktionen verbunden, Holz als behauener oder gesägter Balken durch vielfältige Verbindungen zu komplizierten Haustragwerken zusammengefügt.

Pflanzliche Fasern bildeten aber auch den Rohstoff für einen der wichtigsten Kulturträger, das Papier. Noch um 1900 galt: »Wenn es ein der menschlichen Arbeit entstammendes Produkt gibt, aus dessen Verbrauch auf den Kulturgrad eines Volkes, eines Staates geschlossen werden kann, dessen Verbrauchsmasse also gewissermaßen als Zivilisationsmaßstab angesehen werden darf, so hat wohl unstreitig das *Papier* den ersten Anspruch auf diese Eigenschaft. Je mehr Menschen innerhalb bestimmter Grenzen lesen, schreiben und rechnen können, je weniger sogenannte Analphabeten noch vorhanden sind, um so höher können wir den Kulturgrad annehmen, um so mehr Papier wird innerhalb dieser Grenzen verbraucht werden« (*Das Buch der Erfindungen*, Bd. 8, Leipzig 1898, S. 103).

Schreib- oder Zeichenmaterial aus Papier als Ersatz von Ton- oder Wachstafeln begleitet den Menschen seit etwa fünfeinhalbtausend Jahren. Erstmals ist es für etwa 3500 v. Chr. in Ägypten nachgewiesen, hergestellt durch Verflechtung von aus der namensgebenden Papyruspflanze gewonnenen Fasern. Ab der Mitte des 2. Jahrtausends gewann das aus geglätteten Tierhäuten gewonnene Pergament zunehmend Bedeutung. Papierherstellung aus rohen oder bereits zu Geweben verarbeiteten Fasern, mechanisch zerkleinert und zu einer breiigen Masse verkocht, ist für China seit dem 1. Jahrhundert bezeugt. Das 13. Jahrhundert kennt auch in Deutschland Papiermühlen; zu ihren meistbesprochenen gehört die für das Jahr 1390 erstmals genannte, auch in Schedels Weltchronik von 1493 abgebildete Mühle des Ratsherrn Ulman Stromer zu Nürnberg. Der durch Zermahlen, Kochen, Rühren aus den genannten Grundmaterialien gewonnene sog. Ganzstoff wurde mittels eines mit Drahtgeflecht versehenen Handrahmens aus der Bütte geschöpft und auf einer Filzunterlage getrocknet. Wesentliche Verfahrensverbesserungen brachten die Erfindung des »Holländers« (Holland, 1671) und der Rollenpapiermaschine (Frankreich, 1789). Mit der Erfindung des Holzschliffes erschloß Friedrich Gottlieb Keller (1844) einen neuen Rohstoff für die Papierherstellung, die chemische Aufbereitung des Holzes gelang Adolf Mitscherlich 1874 mit der Zellulosegewinnung durch Kochen des Grundmaterials in Kalziumhydrogensulfit.

Weiterverarbeitende Industrie

Unter diesem sehr allgemein gehaltenen Wortpaar werden bislang alle nicht eindeutig einer Klassifizierungsgruppe zuzuordnenden Produktionsbereiche zusammengefaßt: Maschinenindustrie in ihrer gesamten Bandbreite, Metallprodukte allgemein, Bau von Transportmitteln, Herstellung von Präzisionsinstrumenten gleich welcher Art, mit einem Spektrum von helfender Medizintechnik bis hin zu zerstörenden Waffen, und schließlich alle sonstige und generelle Produktherstellung.

Ein künstlich hergestelltes Erzeugnis setzt Arbeit voraus, die sich der Mensch im Laufe seiner Entwicklung durch die Erfindung mechanischer Hilfsmittel – Maschinen – zu erleichtern versuchte. Doch was ist eine Maschine? Franz Reuleaux (1829–1905), nach Conrad Matschoss einer der Altmeister der Technik, unternahm den Versuch einer Definition: »Eine Maschine ist eine Verbindung von widerstandsfähigen Körpern, welche so eingerichtet ist, daß (sie) mittels ihrer mechanischen Naturkräfte genötigt werden können, unter bestimmten Bewegungen zu wirken« (*Otto Luegers Lexikon der Gesamten Technik*, Bd. 6, Stuttgart [u. ö.] 1894, S. 282), und führt dazu weiter aus: »Die Verbindung ist eine kinematische Verkettung, die sich unter der Wirkung einer Kraft bewegt. Die Körper sind widerstandsfähig in Bezug auf nicht bezweckte Bewegungen. Die mechanischen Naturkräfte schließen Menschen- und Tierkräfte nicht aus. Die bestimmte Bewegung ist eine voraus bestimmte, bezweckte Bewegung unter Verrichtung einer mechanischen Arbeit.« Theodor Beck (1839–1917) präzisierte sprachlich: »Eine Maschine ist eine künstliche Verbindung widerstandsfähiger Körper, welche zur Verrichtung einer bestimmten mechanisch-technischen Arbeit dient, und zu diesem Zwecke so eingerichtet ist, daß durch sie mechanische Kräfte genötigt werden können, unter bestimmten Bewegungen zu wirken.«

Nach diesen Festlegungen ist sicher bereits der steinzeitliche Feuerquirl als Maschine zu bezeichnen. In seiner Geschichte baute sich der Mensch ununterbrochen entsprechend dem Stand seiner Erkenntnisse über Mechanik oder Kinetik mittels Formveränderung in der Natur vorkommender Stoffe oder durch Ausnutzung natürlicher Kraftpotentiale, z. B. des Wassers, Hilfskonstruktionen, d. h. Maschinen, die das Überleben erleichterten.

»Die Stofformung stellte und stellt bis heute nicht nur den größten quantitativen Anteil an der Gesamtheit aller Handlungen der Produktionstechnik dar, sondern ist auch bestimmend für den jeweiligen Stand und für die Qualität der Technik ... Für den hier behandelten Zeitraum [die Neuzeit] können wir in Anlehnung an die Systematik der Fertigungstechnik, aber unter Vernachlässigung von Details die Techniken der Stofformung in vier Gruppen technischer Handlungen zusammenfassen: – das *Urformen*, z. B. Formguß von Metallen; – das *Umformen*, z. B. Schmieden, Walzen, Ziehen, Biegen; – das *Trennen*, z. B. Spanen, Zerkleinern, Mahlen und – das *Fügen* oder *Verbinden*, z. B. Verkeilen, Nageln, Kleben, Schrauben, Klemmen, Zwirnen, Spinnen, Flechten, Weben« (Akos Paulinyi: *Industrielle Revolution*, Reinbeck bei Hamburg 1989, S. 18–21).

Diese Techniken sind dem Menschen seit Jahrtausenden vom Prinzip her und in der Praxis bekannt. Den modernen Maschinenbau ermöglichte jedoch erst die »Übertragung der Funktionen des Haltens und Führens sowohl des Werkstückes als auch des Werkzeuges vom Menschen auf eine technische Vorrichtung. Dadurch veränderte sich die Technik der Formveränderung aus einer Hand-Werkzeug-Technik in eine Maschinen-Werkzeug-Technik« (ebd., S. 22).

Bis gegen Ende des 18. Jahrhunderts bestanden die meisten Konstruktionsteile von Maschinen aus dem relativ leicht mit von Hand geführten Werkzeugen zu bearbeitenden Werkstoff Holz. Maschinen blieben Unikate. Die mechanisierte Textilindustrie verlangte jedoch nach standardisierten, gleiche Qualität garantierenden seriellen Produkten; die Dampfmaschine konnte den an sie gestellten Leistungsanforderungen nur gerecht werden durch quasi normierte und präzise hergestellte Einzelteile. Die Industrielle Revolution kann somit auch als Geburtshelferin des Werkzeugmaschinenbaues gelten, der es ermöglichte, mit Hilfe von Präzisionsmaschinen Teile herzustellen, die wiederum die Grundlage für den Bau von Arbeits- oder Kraftmaschinen bildeten.

Wesentliche Impulse gingen von England aus: Henry Maudslay (1771–1831) verband alle bis dahin bekannten Erfahrungen der drehend spanabhebenden Metallbearbeitung um 1800 zur Konstruktion einer mit automatischem Vorschub des schneidenden Werkzeuges ausgestatteten Drehbank. James Fox (1789–1858), Richard Roberts (1789–1864) und James Nasmyth (1808–90) setzten neue Akzente beim Bau von Werkzeugmaschinen, Joseph Withworth (1803–87) perfektionierte um 1840 den Werkzeugmaschinenbau. In der zweiten Hälfte des 19. Jahrhunderts kamen wesentliche Verbesserungen aus den USA und schließlich um 1900 aus Deutschland. Heute fast ausschließlich als Automaten gebaut, bilden Werkzeugmaschinen mehr denn je die Basis für alle anderen Maschinen.

Öffentliche Versorgung und Entsorgung

Die Konzentration von Menschen in größeren städtischen Gemeinwesen verlangte zwangsläufig nach einer zentral organisierten Versorgung mit lebenswichtigen Grundstoffen, die sich über Jahrhunderte hinweg auf die Beschaffung von Trink- und Brauchwasser beschränkte, doch mit der Entwicklung der modernen Großstadt im 19. Jahrhundert auch auf die Energieträger Gas und Elektrizität sowie auf die Entsorgung ausgedehnt wurde.

Zentrale Wasserversorgungssysteme von Städten als Ersatz der für den Einzelbedarf, nicht aber für eine Massenversorgung ausreichenden Zisternen oder Brunnen sind zahlreich aus der Antike bekannt. Von den Quellgebieten oder künstlich angelegten Staubauwerken führten Rohrleitungen oder gemauerte – offene oder bedeckte – Gerinne auf oft kühnen Substruktionen das Wasser dem städtischen Verbraucher zu. Tonrohrleitungen sind seit dem 3. Jahrtausend aus Mesopotamien bekannt; eine erste Druckrohrleitung aus Bleirohren, die das Prinzip kommunizierender Röhren ausnutzte, versorgte seit etwa 200 v. Chr. den Burgberg von Pergamon; als Synonym für antike Wasserleitungen können die überall im ehemaligen römischen Weltreich teilweise erhaltenen oder rekonstruierbaren, ein- oder mehrgeschossig als Talübergang gebauten, heute nicht ganz korrekt als Aquädukte bezeichneten Bogenbrücken gelten. Berühmt unter den »Aquädukten« ist der Pont du Gard (4. Jh.) für die Versorgung von Nîmes. Bereits im 7. Jahrhundert v. Chr. wurde die Versorgung Ninives durch eine Wasserleitung mit Brückenbauten sichergestellt.

Zaghaft nur knüpfte das ausgehende europäische Mittelalter wieder an die Leistungen antiker Ingenieure an, deren Wissen sich rudimentär durch christliche Ordensgemeinschaften überliefert hatte. Sog. Wasserkünste, in Deutschland zuerst für Lübeck 1294 belegt, entnahmen das Wasser aus Flüssen meist in unmittelbarer Nähe des Verbrauchers durch von Wasserrädern betätigte Druckpumpen (eine Konstruktion des Griechen Ktesibus um 150 v. Chr.), mittels derer die für den notwendigen Druck im Verteilernetz sorgenden Hochbehälter gefüllt wurden. Durch ihre architektonische Qualität berühmt wurden die Wasserkünste z. B. von Bautzen (1399), Augsburg (ab 1412) und Nürnberg (ab 1483).

Die Entstehung der modernen Großstädte in Folge der Industriellen Revolution – die etwa um 1835 auch in Deutschland einsetzte – verlangte im 19. Jahrhundert nach größeren, auch die das römische Kaiserreich übertreffenden Quantitäten bei der Wasserversorgung. »Die Versorgung der Städte, selbst der kleineren, mit Wasser ist ein Bedürfniß, das in den letzten Jahren immer mehr hervortrat und dessen Befriedigung große Annehmlichkeiten aus Sanitäts-, Bequemlichkeits- und Feuersicherheitsrücksichten im Gefolge hat. Hat man eine hinreichende Menge unter Druck stehenden Wassers, so ist es leicht, Straßen und Promenaden vom Staub zu befreien, die Krankenhäuser lassen sich leicht mit frischen Bädern versehen, die Rinnsteine, deren entsetzlicher Gestank lästig und gesundheitsschädlich ist, können ausgespült werden. Dann sind Wasch- und Badeanstalten bequem und billig anzulegen, die auch den ärmeren Klassen wohlfeile Reinigung des Körpers und der Kleidung gestatten, und endlich ist das unter Druck stehende Wasser, abgesehen von der dadurch ermöglichten direkten Versorgung der Küchen, Zimmer und Waschküchen mit Wasser, von unberechenbarem Nutzen bei Feuergefahr« (Albert Lohse: »Ueber die Anlage von Wasserleitungen«, in: ZfBhw 1865, S. 169).

Zwischen 1849 und 1878 investierten allein 143 deutsche Kommunen mit jeweils mehr als 5000 Einwohnern (insgesamt etwa 5 Mio. Einwohner, das entsprach etwa 10% der Gesamtbevölkerung) 150 Millionen Goldmark in den Bau von Wasserversorgungsanlagen (nach Merkl, 1985, S. 25). Technische Neuentwicklungen, wie die seit dem ausgehenden 18. Jahrhundert bekannte Dampfmaschine und der Elektromotor als Erfindung des späten 19. Jahrhunderts, ermöglichten die effizientere Förderung von Flußwasser, aber auch eine durch hydrologische Forschung gestützte Nutzung von Grundwasserströmen, wobei Flußwasser meist als Brauchwasser und Grundwasser oder durch natürliche Filterschichten vorgereinigtes, nicht direkt entnommenes Flußwasser der Trinkwasserversorgung diente. Ab etwa 1890 unterstützten durch Talsperren geschaffene künstliche Reservoire die Trinkwasserversorgung, dienten aber zugleich der Gewinnung von elektrischer Energie. Zu den bedeutendsten Wasserbauern Deutschlands gehörte Otto Intze, nach dessen Planung zwischen 1890 und 1910 allein in Nordrhein-Westfalen 16 Talsperren mit Gesamtkosten von 25 Mio. Goldmark und einem Gesamtwasserinhalt von 90 Mio. cbm entstanden.

Zu den ältesten Flußwasser-Pumpwerken der Moderne gehört das 1848 nach Planung von William G. Lindley in Hamburg-Rothenburgsort in Betrieb genommene. Es folgten u. a. Wasserwerke in Berlin 1856, Magdeburg und Altona 1859 sowie Stuttgart 1861. Grundwasserwerke bauten z. B. Frankfurt am Main 1858, Köln 1868, Düsseldorf 1870 und Dresden 1875. Frankfurt am Main erhielt bereits 1873 eine Fernversorgung über eine 66 km lange Wasserleitung aus Spessart und Vogelsberg.

Dem Ausgleich der Verbrauchsschwankungen, aber auch der Druckerhöhung dienten Hoch- oder Sammelbehälter – in der Bauweise ähnlich den antiken Großzisternen, z. B. in Frankfurt am Main 1873, Hannover-Linden 1878, Nürnberg 1884, Minden 1887 – und bei ungünstigeren topographischen Gegebenheiten Wassertürme unterschiedlichster Konstruktion (vgl. das Glossar, S. 338).
Ein der Versorgung mit Wasser gleich großes Problem stellte sich den die mittelalterlichen Grenzen sprengenden Städten des 19. Jahrhunderts mit der Abwasserentsorgung. Noch um die Mitte des Jahrhunderts flossen die Hausabwässer in offenen oder notdürftig abgedeckten Rinnen in die meist gefällelosen Straßenkanäle ohne Spülmöglichkeit. Senkgruben und Abtritte oft nur einmal im Jahr geleert, und öffentliche Bedürfnisplätze reagierten auf jedes Wetter mit penetranten Ausdünstungen.
Angeregt durch die in einigen englischen Städten schon vor der Jahrhundertmitte beispielhaft ausgeführten Kanalisationssysteme, suchte man auch in Deutschland nach neuen Methoden, des Unrats Herr zu werden, denn »als Hauptbedingung zum geistigen und moralischen Wohle der Menschen gilt es, auch körperlich die menschenwürdige Existenz zu ermöglichen, und diese erfordert in erster Linie, wie man gewöhnlich sagt: reines Wasser, reine Luft, reinen Boden« (Eduard Wiebe: »Ueber Kanalisirung von Städten«, in: DBZ, 1872, S. 352). Neben Wiebe, der die Kanalisation von Berlin plante, gehörte der Arzt Dr. Georg Varrentrapp aus Frankfurt am Main zu den Vorkämpfern für bessere hygienische Verhältnisse. Dienten noch um die Mitte des 19. Jahrhunderts grundsätzlich öffentliche Gewässer als Vorfluter (wie heute noch in südeuropäischen Ländern zu beobachten), so setzte sich in der zweiten Hälfte des 19. Jahrhunderts mehr und mehr der Gedanke durch, Abwässer vor ihrer Einleitung in öffentliche Gewässer zentral zu klären. Einen ersten Schritt unternahm Hamburg mit dem Bau einer Schwemmkanalisation Mitte der 1840er Jahre, geplant von dem englischen Ingenieur William G. Lindley. Er zeichnete auch verantwortlich für die ab 1867 in Frankfurt am Main ausgeführte Kanalisation. Von seinem Sohn William H. Lindley stammte der Entwurf für die erste mechanische Kläranlage des Kontinents, 1883–87 in Frankfurt am Main erbaut. Ein Jahrhundert lang währten Versuche, die mechanische Klärung durch chemische Ausfällung zu verbessern, sie führten schließlich zu der heute üblichen biologischen Reinigung des Abwassers.
Zu den großen kommunalen Aufgaben gehörte seit dem 19. Jahrhundert auch die zentrale Versorgung der städtischen Bevölkerung mit Energie, zuerst nur für Beleuchtungszwecke, später auch für den Betrieb unterschiedlichster Haushaltsgeräte. England war zu Anfang des 19. Jahrhunderts wie auf den meisten Gebieten der industriellen Entwicklung auch führend in der Technologie der Gaserzeugung und -verarbeitung. Nach ersten brauchbaren Versuchen der Steinkohlenvergasung durch Jan Pieter Minckelers, der seinen Hörsaal an der Universität Löwen 1875 mit Steinkohlengas erleuchtete, erlangte Gas als Leuchtmittel wirtschaftliche Bedeutung durch englische Ingenieure, an ihrer Spitze William Murdoch, der ab 1792 in größerem Umfang mit Beleuchtung mittels Gas experimentierte. Die kommerzielle Nutzung des Leuchtgases begann mit Friedrich Albert Winsor, der 1804 das erste englische Patent zur Gaserzeugung erwarb. Eine der frühesten Gasbeleuchtungsanlagen in Deutschland installierte Wilhelm August Lampadius 1815 in den Amalgamierwerken von Freiberg im Erzgebirge. Die 1820 in England gegründete »Imperial Continental Gas Association« (I.C.G.A.) begann ab 1824 unter Leitung von Sir William Congrave mit dem Bau und Betrieb von Gasanstalten auf dem Kontinent, auf welchem Gebiet sie bis zum Beginn des 20. Jahrhunderts dominierte. 1825 eröffnete die I.C.G.A. eine Gasanstalt in Hannover, 1826 folgte eine Fabrik in Berlin. Dresden, das 1824 noch mit Congrave verhandelt hatte, eröffnete 1827 eine Anstalt nach eigenem Konzept. Frankfurt am Main ging, wie gewohnt, auch eigene Wege; hier begann die Firma Knoblauch & Schiele 1828 erstmals Gas auszuliefern, das jedoch nicht aus Steinkohle sondern aus Rüböl, später aus Harz hergestellt wurde.
Werke der Steinkohlenvergasung entwickelten sich bis zum Beginn des 20. Jahrhunderts zu industriellen Großbetrieben, oft stadtbildprägend durch riesige, heute meist abgebrochene Gasbehälter. Nach der generellen Umstellung auf Erdgasversorgung blieben nur wenige Reste einer über ein Jahrhundert für Stadtversorgung wichtigen Industrie erhalten.
»Das elektrische Licht an und für sich ist nahezu ebenso alt, als die Gasbeleuchtung. Die Erschei-

nung, daß sich zwischen zwei in einen kräftigen galvanischen Strom eingeschaltete Kohlespitzen ein glänzender, blauweißer Lichtbogen bildet, wurde schon zu Anfang dieses Jahrhunderts beobachtet« (»Das elektrische Licht«, in: *Gewerbeblatt für das Großherzogthum Hessen*, 1879, S. 29).

Das elektrische Licht war es auch, das den Anstoß zu einer elektrischen Kraftwirtschaft gab. Nachdem Luigi Galvani mit seinen berühmten Froschschenkelversuchen 1789 Erscheinungen beobachtete, die auf elektrische Entladungen zurückgingen, und sein Landsmann Alessandro Volta daraus die Erklärung der galvanischen Elektrizität ableitete und diese umsetzte in die praktische Nutzung durch die Erfindung der »Voltaschen Säule«, Grundlage aller galvanischen Elemente, war es möglich geworden, Forschungen auf dem Gebiet der Elektrizität in größerem Stil durchzuführen. Bis zur Mitte des 19. Jahrhunderts waren durch Männer wie Dominique François Arago, Georg Simon Ohm, André Marie Ampère, Wilhelm Weber, Karl Friedrich Gauß, James Prescott Joule, Hermann von Helmholtz, Robert Kirchhoff und vor allem Michael Faraday die theoretischen Grundlagen der elektromagnetischen Grundlagen zusammengetragen.

Den Schritt zur praktischen Verwertbarkeit der theoretischen Erkenntnisse tat Werner von Siemens, als er 1867 in seiner Abhandlung »Über die Umwandlung von Arbeitskraft in elektrische Ströme ohne Anwendung permanenter Magnete« ein elektrodynamisches Konzept verkündete, mit dem sich die Erzeugnung elektrischer Energie in fast unbegrenzten Mengen verwirklichen ließ. Doch fehlten zu diesem Zeitpunkt noch die Verbrauchs-, aber auch die Erzeugungseinrichtungen, um der neuen Energie zu allgemeiner Anwendung verhelfen zu können. Eine erste Anwendung der Elektrizität in großem Maßstab begann 1879, als Thomas Alva Edison die Kohlefadenlampe als einfach benutzbare Lichtquelle vorstellte. Edison war es auch, der 1881 mit dem Bau eines Kraftwerkes zur Stromerzeugung in New York neue Wege beschritt. Auf der Basis der Gleichstromerzeugung entstanden durch die »Deutsche Edison-Gesellschaft« (später AEG) 1885 und 1886 in Berlin, 1887 in Elberfeld und Lübeck erste öffentliche Elektrizitätszentralen.

In den 1880er Jahren begann aber auch die Diskussion über die wirtschaftlichste Erzeugung und Verteilung von elektrischer Energie, wobei Gleich-, Wechsel-, und – nach Michael von Dolivo-Dobrosolskys Entdeckung – auch Drehstrom Für- und Gegensprecher besaßen. Die während der Elektrotechnischen Ausstellung 1891 von Lauffen am Neckar nach Frankfurt am Main inszenierte Fernübertragung über 146 km mit hochgespanntem Drehstrom (Übertragungsspannung 15 000 Volt bei nur 25 % Verlust) bewies die Vorteile des Drehstroms gegenüber dem Gleichstrom und legte die Grundlagen für die modernen Stromverbundnetze.

Kraftquellen und Primärmaschinen

Unter diesen Begriffen werden menschliche und tierische Antriebskraft, die Nutzung der Wasser- und Windkraft, alle mittels Dampf betriebenen Kolbenmaschinen bzw. Turbinen, Explosions- und Elektromotoren zusammengefaßt.

Am Anfang menschlicher Tätigkeit stand die Ausnutzung der eigenen Muskelkraft, die mit der Domestizierung von Wildtieren durch deren größeres Kraftpotential ergänzt wurde. Als Lastenträger dienen Mensch und Tier heute noch immer, oft effizienter als komplizierte Maschinen, da sie sich besser auf schwierige äußere Bedingungen einstellen können; die primären Antriebskräfte, z. B. für die Wasserförderung oder das Heben von Lasten (mittels Treträdern, Göpeln) durch Mensch und Tier ersetzten seit dem 19. Jahrhundert in den industrialisierten Ländern Maschinen.

Als wohl älteste von Menschen genutzte Kraftmaschine dient das seit Jahrtausenden bekannte Wasserrad heute immer noch als Direktantrieb in Mahl-, Säge- oder Schleifmühlen. In der verbesserten Ausführung als Turbine erzeugen Wasserräder elektrische Energie für den Betrieb von Arbeitsmaschinen in Haushalt und Industrie. Je nach Angriff des Wasssers auf die Radschaufeln werden Wasserräder in ober-, mittel- und unterschlächtige (dieses auch als Panstermühle mit veränderbarer Radwelle) unterschieden, wobei die im Wasserstrom ohne Gefälle laufende unterschlächtige Konstruktion wohl die älteste darstellt.

Turbinen sind – nach Lexikondefinition – Maschinen zur Krafterzeugung, in der die Strömungsenergie von Dampf, Gas, Wasser in Rotationsenergie umgesetzt wird. Erkenntnisse des frühen 18. Jahrhunderts (Daniel Bernoulli, 1730) über die Reaktionswirkung eines aus einem Gefäß ausströmenden Wasserstrahles nutzte um 1830 Benoît Fourneyron zur Konstruktion der ersten brauchbaren Wasserturbine aus zwei konzentrischen, horizontal ineinander gelagerten Rädern, wobei das innere unbewegliche das Leitrad darstellt, das äußere das Turbinenrad. Henschel & Sohn in Kassel erfanden 1837 die Axialturbine, bei der das Wasser die Turbine in Richtung der Turbinenachse durchfließt; eine ähnliche, auf Druck- und Saugwirkung konzipierte Turbine konstruierte wenig später Jonval in Mühlhausen im Elsaß. Gegen Ende des 19. Jahrhunderts dominierten im Wasserbau Francis-Turbinen mit radial von außen nach innen eintretendem Wasser und Kaplan-Turbinen mit verstellbaren Laufradschaufeln.

Wind gehört wie Wasser zu den von Menschen genutzten Naturkräften. Eindeutig läßt sich die Entstehung der Windmühlen historisch nicht nachvollziehen, ihre Existenz seit der Antike läßt sich aber vermuten. Aus anfangs einfachen feststehenden Konstruktionen entwickelten sich in Mitteleuropa seit dem 15. Jahrhundert in den Wind drehbare Mühlen, bekannt nach den Hauptkonstruktionsprinzipien als Bock- und Holländermühle (vgl. das Glossar, S. 332 u. 334).

Denis Papin gehört zu den frühen Experimenteuren: Ihm gelang es, den durch Erhitzen von Wasser erzeugbaren Überdruck in verwertbare Arbeit zu verwandeln. 1681 konstruierte er den ersten Dampfzylinder. Auf den Papinschen Erfahrungen aufbauend, konstruierte Thomas Newcomen 1712 eine später als atmosphärisch wirksam bezeichnete Dampfmaschine, die vor allem bei der Wasserhaltung im Bergbau Furore machte. 1769 erhielt James Watt ein Patent auf eine mit separatem Kondensator ausgelegte Maschine, die das Konstruktionsmuster für die weitere Entwicklung bilden sollte. Das Prinzip der Konstruktion von Dampfmaschinen blieb bis zu deren endgültiger Ablösung durch Elektromotoren Mitte des 20. Jahrhunderts gleich: ein durch Dampfüberdruck innerhalb eines Zylinders bewegter Kolben ermöglicht durch mechanische Übertragung die Ausnutzung der ursprünglich eingesetzten Energie. Unterschiedliche Bauweisen – liegende oder stehende, parallel oder hintereinander angeordnete Kolben, synchron laufende Maschinen usw. veränderten nicht das Prinzip, sondern vorrangig den Wirkungsgrad.

Mit der Einführung des Drehstromes als wichtigstem Energieträger bei der gelungenen Fernübertragung auf der »Internationalen Elektrotechnischen Ausstellung« 1891 in Frankfurt am Main begann dauerhaft elektrischer Strom die Dampfkraft abzulösen.

Beförderung

Zur Beförderung gehören alle Einrichtungen, die eine nicht aus eigener menschlicher Kraft erzeugte Bewegung zwischen zwei Orten ermöglichen. Unterschieden wird nach Beförderung auf der Straße – mit Reittieren oder Wagen wohl die älteste Art, ferne Ziele zu erreichen –, auf natürlichen oder künstlichen Wasserwegen und seit dem 19. Jahrhundert, vor der Dominanz des Automobils in der 2. Hälfte des 20. Jahrhunderts, durch die Eisenbahn.

Besonders die Eisenbahn prägte den überörtlichen Verkehr mit der Erschließung bis dahin verkehrsferner Landschaften in Deutschland seit der Eröffnung der Bahn Nürnberg–Fürth 1835. Eisenbahn bedeutet »im weiteren Sinn jeder Schienenweg, nach dem üblichen Sprachgebrauch jedoch nur die für die regelmäßige Beförderung größerer Transportmengen mit Maschinenkraft eingerichtete Spurbahn« (*Otto Luegers Lexikon der Gesamten Technik*, Bd. 3, S. 588). Zahlreiche Hoch- und Kunstbauten der Eisenbahn vermitteln auch an stillgelegten Strecken noch einen Eindruck von der Bedeutung, die der Schienenverkehr für Personen- und Massengütertransport in der Vergangenheit besaß.

Stillegungen, Umnutzung oder Abriß sind die täglichen Probleme eines mit Zeugnissen der Industrie beschäftigten Denkmalpflegers; eine wie auch immer geartete Systematik bleibt dabei meist nur Theorie. Wesentlich wichtiger erscheint die Sensibilisierung auf breiter Basis, erhaltene Relikte der industriellen Vergangenheit – Maschinen und Bauten – in ihrer Qualität zu erkennen, sie als genauso selbstverständliches Kulturgut wie eine romanische Kirche zu akzeptieren. Erst dadurch können die unsere heutigen Lebensformen primär prägenden Errungenschaften des 19. Jahrhunderts in vollem Umfang gewürdigt werden.

ORTE IN ALPHABETISCHER REIHENFOLGE

Aachen (Aachen/A1) NW

Röm. Nutzung der heißen Quellen bereits Ende des 1. Jh. Unter Karl d. Gr. Ausbau des kgl. Hofgutes seines Vaters Pippin zur Hauptresidenz mit ausgedehnter Pfalzanlage ab 768; die Pfalzkapelle wurde 936 durch Otto I. zur Krönungsstätte des Reiches erhoben. Im MA gründete sich die wirtschaftliche Blüte der freien Reichsstadt (seit 1336) auf A.s Ruf als Wallfahrtsort und eine intensive Gewerbetätigkeit (Tuchweberei, Metallverarbeitung: Gelbgießer, Kupferschläger, Nadler). Ein Brand zerstörte 1656 das ma. A. fast vollständig. Nach barockem Wiederaufbau erneute Blüte im 18. Jh. als Modebad, im 19. Jh. als aufstrebende Industriestadt (1865 Gründung der ersten Technischen Hochschule für die Rheinprovinz und Westfalen).

● **Hauptbahnhof.** An der Stelle eines Vorgängerbaues der Rhein. Eisenbahn (Lövenich–Düren–Eschweiler–Aachen, eröffnet 1. 9. 1841) 1903–05 durch die Kgl. Preuß. Staatsbahn, Dir. Köln, errichtetes *Empfangsgebäude* nach Entwurf des Eisenbahnarchitekten Mettegang (Bauleitung: Bauinsp. Kaule). Mit seinem asymmetrischen Baukörper ein frühes Beispiel eines neuen Typus dieser Baugattung →Karlsruhe, →Oldenburg, →Krefeld u. a. Die Stadtfassade mit Zitaten aus Romanik und Renaissance (Bauplastik von Franz Vlaskamp) wird dominiert von der Eingangshalle mit zentralem, durch Thermenfenster über Bogenstellung geöffnetem Risalit. An den Flanken verkleinerte Wiederholung des Motivs. Anschließend der höhengestufte Wartesaaltrakt mit unterteilten Rundbogenfenstern unter Zwerggalerien und Attika, abgeschlossen durch romanisierenden Eckturm. Die Perronhalle ist als dreischiffige Dreigelenkkonstruktion in Eisen ausgeführt.

Schlacht- und Viehhof (Metzgerstraße). Neben neurenaissancistischem Verwaltungsgebäude, Wasserturm und div. Hallen der um 1895 errichteten alten Anlage Erweiterungsbau um 1925 mit turmartig betonter Ecklösung und einschiffiger Halle als filigrane Eisenbetonrippen-Konstruktion.

Fabriken. Mit der Ausdehnung der Stadt seit dem 19. Jh. verlagerten sich die Industriestandorte aus der Innenstadt (Löhergraben, Krakaustraße, Templergraben) an die Bahn (Hbf., Bhf. Rothe Erde) und in die westlichen Erweiterungsgebiete (südl. Adalbertsteinweg, Jülicher Straße) mit z. T. beachtenswerten Fabrikbauten. – Mit zwei bzw. drei gelb verklinkerten Geschossen über rotem Sockelmauerwerk umgreift der horizontal durch schmale Brüstungsbänder betonte Skelettbau der ehem. **Schirmfabrik Brauer,** die abgerundete Ecke durch die risalitartig vortretende Treppenhausscheibe gestützt, das Straßeneck Jülicher Straße (87–109) und Lombardenstraße. Das für A. gestalterisch ausgefallene Gebäude entstand 1928 nach Entwurf von Josef Bachmann. – Um 1925 errichtet nach Entwurf von Becker in retardierenden Formen des Neubarock das Verwaltungsgebäude der 1838 gegr. **Waggonfabrik Talbot** (Jülicher Straße 213–237) mit axialem, fünfachsigem Risalit. – Am Papiermühlenweg (Augustastraße 80) die Gebäude der **Alten Papiermühle** – später Spinnerei Pastor, Tuchfabrik Neuwerk – 2. Hälfte 19. Jh., in Backsteinrohbau spätklassizistischer Form um quadr. Turm mit Attika und Erkertürmchen. – Unter den Backsteinrohbau-Gebäuden vom Ende des 19. Jh. der ehem. **Tuchfabrik Süskind & Sternau** (Sophienstraße 14) dominiert der oktogonale, durch Lisenen unter Konsolgesims und Attika gegliederte Wasserturm in zweifarbigem Mauerwerk, überhöht durch offene Laterne. – Von der ehem. **Aktienspinnerei** (Viktoriastraße 72) erhalten das straßenseitige Hauptgebäude von 1889 in Mischformen aus Romanik und Renaissance. – Das viergesch., durch zentralen Risalit betonte Verwaltungs- und Fabrikgebäude der **Rhein. Nadelfabriken** (Reichsweg 27) von 1925 tradiert mit Rundbogenfenstern in rustiziertem EG. und mehrgesch. Pilastergliederung den im Fabrikbau um 1910 gängigen Neoklassizismus. – Ein Backsteinrohbau mit symmetrischer Zäsur durch Lisenen ist das vor 1890 aufgeführte ehem. **Lagergebäude** der **Fa. H. Croon** (Matthiashofstraße). Sein Mezzanin unter kräftig profiliertem Gesims gliedern Blendarkaden. – Aus dem späten 18. Jh. stammt das viergesch. Gebäude der ehem. **Tuchfabrik** von Edmund Josef **Kelleter** (Löhergraben 22) mit gleichmäßig durchfensterten Fassaden, in dem 1817 die erste Dampfmaschine (16 PS) A.s aufgestellt wurde. – Dem gekrümmten Verlauf der Delius-Straße angepaßt die kurz nach 1905 errichtete ehem. **Tuchfabrik Delius** mit prägnanten zweigesch. Blendbögen über dem Gesimsband. Das Mezzanin unter der Attika gliedern Triforien zwischen Kraglisenen, die Ecke Mauerstraße ist turmartig überhöht. – Von Ark 1861 als pilastergegliederter Backsteinrohbau mit

Architekturteilen aus Blaustein errichtet, beherbergt die ehem. **Tuchfabrik Marx & Auerbach** (Eilfschornsteinstraße 18) heute das Institut für Kraftfahrzeugwesen der TH Aachen. – Für die **Kohlengroßhandlung Einmal** nach Entwurf von Theodor Veil und O. Nauhardt 1924 erbaute Lkw-Garage (Kongreßstraße 23) mit interessanter, von neun Eisenbetonrippen überspannter Halle, deren Kuppelkonstruktion sich über zierliche Stützen auf dem inneren Druckring abträgt.

A.-Brand

Ehem. **Viadukt** der Vennbahn über den Rollefbach (südl. Ortsrand) von 1885, Bruchsteinmauerwerk mit sechs Bögen, nach Stillegung der Strecke Gleisrückbau und Umnutzung zu Fußgängerbrücke.

A.-Burtscheid

Burtscheider Viadukt (Bach-, Kurbrunnenstraße). Erster großer deutscher Eisenbahn-Viadukt auf der Strecke der Köln-Aachener Eisenbahn (Rhein. Eisenbahn-Gesellschaft, Lövenich–Düren–Eschweiler–Aachen, eröffnet 1. 9. 1841), erbaut 1838–40 nach Planung von A. E. Pickel und F. Wittfeld als vielbogige, durch breite Pfeiler getrennte Konstruktion in Mauerwerk mit Natursteingliederung. Die Überführung Kurbrunnenstraße nach Sprengung im 2. Weltkrieg ersetzt durch eisernen Überbau.

A.-Hahn

An der Hahner Straße (nördl. Ortsrand) der **Kalkofen Wolfspfad** von 1924 als freistehender Trichterschachtofen für kontinuierlichen Brennbetrieb (Tagesleistung ca. 30 t) auf quadr. Grundriß mit zwei Arbeitsräumen zum Abziehen des Branntkalkes und insges. vier Zuglöchern. Nach Stilllegung in den 50er Jahren 1987 restauriert.

A.-Lintert

Den Zugang zu dem 2,2 km langen, für die A.er Wasserwerke 1871 angehauenen, 1880 beendeten **Eicher Stollen** sichert ein neugotisches, mit Zinnenkranz und Ecktürmchen burgartig wirkendes Bauwerk.

A.-Kornelimünster

Auf mehrbogigen Bruchstein-Viadukten überfährt die **Vennbahn** das Tal des Itterbachs (6 Bögen, Rothe Erde–Monschau, eröffnet 1. 12. 1885) und der Inde (7 Bögen, Walheim–Stolberg, 21. 12. 1889). Im Indeviadukt zwei Bögen durch eisernen Überbau ersetzt, der Itterbachviadukt zur Fußgängerbrücke zurückgebaut. – Zwischen Kornelimünster und Krauthausen (Bilstermühler Straße) zwei ehem. **Kalköfen** des späten 19. bzw. frühen 20. Jh.

A.-Reinartzkehl

Gemmenicher Tunnel. Im Zuge der Aachen-Welkenraedter Eisenbahn (A.–belg. Grenze, eröffnet 29. 7. 1872) 1871–72 gebauter zweigleisiger Tunnel durch den Stadtwald von R. Das östl. Portal als Backsteinrohbau mit oktogonalen, zinnenbekrönten Flankentürmen, verbunden durch Bogenfries und mit Zinnen besetzter Attika. Wappen mit Datierung entfernt.

A.-Sief

Pumpstation Brandenburg (Monschauer Straße). In Zusammenhang mit der Erweiterung der A.er Wasserversorgung 1886 errichtete Pumpstation in romanisierendem Backsteinrohbau zur Hebung des Wassers aus dem in den Nütheimer Kalk getriebenen Stollen zum 82 m höher gelegenen, 1500 m entfernten Hochbehälter bei Lichtenbusch. Die aus der Bauzeit der Pumpstation stammende Dampfmaschine (1890) gehört zu den letzten funktionsfähig erhaltenen Exemplaren im Raum A. – **Fabrik Mariental** (Triftweg 70). Ensemble einer ehem. Eisenhütte von 1765 mit Erweiterungen aus der 1. Hälfte des 19. Jh. Um 1850 Umnutzung zur Lohnweberei mit 100 Webstühlen, seit 1913 inzwischen leerstehende Tuch- und Filzfabrik. Durch einen Hof getrennt das ehem. Logierhaus in Fachwerk (Erweiterung Bruchstein) und zwischen ehem. Hammerteich und Shedhallen des 19. Jh. das zweigesch. Produktionsgebäude in Bruchsteinmauerwerk. – Kalksteinbruch und **Kalkofen Lachet** waren von Mitte des 19. Jh. bis nach dem 2. Weltkrieg in Betrieb.

A.-Walheim

Ehem. **Eisenhütte** (Eisenhütte 24, Ittertal). In der Bausubstanz weitgehend erhaltene Anlage einer ehem. Eisenhütte von 1788 mit Veränderungen des 19. Jh. Heute von landwirtschaftlichem Betrieb genutzt. – Östl. der Schleidener Straße zwischen Walheim und Friesenrath **Kalkofen** um 1925.

Lit.: Berger II; Krings; Föhl 1988; Müller-Wulkow; Fehl; Meyer; ZBW 1873; VDI 1888/92/98; Dpfl. NW/RL.

Aalen-Wasseralfingen BW

(Ostalbkreis/M6)

Abbau und Verhüttung der Eisenerzvorkommen im Ostalbgebiet, erstmals urkundlich bezeugt durch die Verleihung des Erzregals durch Kaiser Karl IV. an den Grafen von Helfenstein (1365) und an das Kloster Königsbronn (1366), gehen verm. bis in kelt. Zeit zurück und erlebten nach dem Aufschluß der Erzlager am Braunenberg ab 1635 bis in das ausgehende 19. Jh. eine lange Blütezeit, die maßgeblich von der Entwicklung der 1671 mit Fertigstellung eines neuen Hochofens gegr. Schwäb. Hüttenwerke Wasseralfingen (SHW) bestimmt wurde. Die Umsetzung techn. Innovationen unter dem Hüttenverwalter und Bergrat Faber du Faur (1811–43), u. a. die erstmalige Nutzung der Hochofengichtgase zur Vorerhitzung des Frischwindes mit dem »Wasseralfinger Schlangenröhrenapparat« 1835–36 sowie der Großauftrag für die Eisenbauten der »Wilhelma« in Cannstatt für König Wilhelm I. von Württemberg 1839–53, durch den der Baustoff Eisen in der württ. Architektur der Jahrhundertmitte einen festen Platz erhielt, führten die SHW auf den ersten Platz unter den württ. Industriebetrieben. Mitte der 1880er Jahre sank das Hüttenwerk unter dem Konkurrenzdruck der Roheisenerzeuger an Ruhr und Saar zu einem nun auf Ofenguß spezialisierten Mittelbetrieb ab. Der Einsturz des letzten Hochofens 1925 beendete die lange Verhüttungstradition auf der Ostalb. Heute fertigen die SHW neben Eisenkunstguß hochwertige Eisen- und Stahlprodukte für den Maschinenbau.

Von der ab 1860 entstandenen **Werksanlage** der SHW in Formen des romantischen Spätklassizismus sind noch einige, durch Triforien zentrierte Giebel aus Donzdorfer Sandstein über jüngeren Vorbauten entlang der Bundesstraße zu erkennen. – Das **Werksmuseum** (Wilhelmstraße 67) zeigt kunst- und kulturgeschichtlich interessante Gießereierzeugnisse, hauptsächlich Ofenplatten und Öfen aus württ., hess. und rhein. Eisenhütten.

Besucherbergwerk Tiefer Stollen. Am 9. 9. 1987 wurden 1200 m des horizontal in den Braunenberg führenden Stollens (1924 stillgelegt) und seiner Nebenstrecken, Teil der 1635 aufgefahrenen Grube Am Braunenberg (seit 1810 Erzgrube Wilhelm), als Besucherbergwerk mit untertägigem Montanmuseum neu eröffnet. 1840–41 zusammen mit der 20 m senkrecht darüberliegenden Tagstrecke Nr. 1 angelegt, diente der Tiefe Stollen hinter schlicht gemauertem Mundloch unter Treppengiebel bis 1924 als Hauptförder- und Wasserlösungsstollen.

Lit.: Bayer/Schuster; Lipps-Kant; ABZ 1878.

Bad Abbach-Poikam BAY

(NB/Kehlheim/M9)

Eiserne Fachwerkbrücke als Stromübergang der Unteren Donautalbahn (Regensburg–Ingolstadt, eröffnet 1. 6. 1874) mit obenliegender Fahrbahn über vier Öffnungen von je 53,16 m Stützweite.

Lit.: ZbAIV 1874.

Abentheuer (Birkenfeld/L2) RP

Die nach 1520 gegr., durch Remacle Joseph Hauzeur ab 1699 zu einem Eisenkonzern ausgebaute **Eisenhütte** (Mühlenberg) kaufte 1763 Johann Heinrich Stumm, von dem sie 1835 zusammen mit sämtlichen der Familie Stumm gehörenden Hüttenwerken und Gruben im Hunsrück an die Gebrüder Böcking weitergegeben wurde. Das neben der Hütte in Rheinböllen bedeutendste Eisenwerk des Hunsrücks dokumentieren nach der Stillegung 1875 noch das Unterteil eines Hochofens (verm. 1. Drittel des 19. Jh.) sowie das Herrenhaus von 1715, Verwaltungsgebäude und Stallungen von 1772 und Nebengebäude. Aus dem frühen 19. Jh. eine kleine gußeiserne Brücke.

Lit.: Slotta I.

Achberg (Ravensburg/P6) BW

Unterhalb des nördl. von Lindau gelegenen Schlosses A. verbindet ein eiserner (Flunauer-) **Hängesteg** ca. 6,0 m über der Argen das steile Ostufer mit dem Weiler Flunau. Nach Zerstörung eines hölzernen Steges durch Hochwasser 1882 entstand die Hängekonstruktion (L ca. 50 m, B 1,20 m, max. Durchhängung ca. 3,0 m) auf Anordnung des Grafen Friedrich von Quadt aus frei zwischen zwei Bruchsteinpylonen durchschwingenden Stahlseilen (Dm. 35 mm). Geländer und Traggerüst für den Bohlenbelag aus dünnen Eisenstäben bilden den aussteifenden Windverband. Teil des Argenrundwanderweges, 1983 saniert.

Lit.: Krins 153.

Adelberg-Breech (Göppingen/N 6) BW

Wasserhochbehälter, Pumpenhaus und **Druckturm** an der Straße nach Rattenharz als Typenbauten (→Schorndorf-Oberberken, Weinstadt-Endersbach) der 1912–17 angelegten Fernleitung der Landeswasserversorgung von →Niederstotzingen nach Stuttgart. Das sechsflächige Prisma des schlanken, im OG. leicht auskragenden Turmes und das Pumpenhaus sind durch moderne Verkleidung entstellt.

Lit.: ZBV 1918.

Ahlen (Warendorf/G 3) NW

● **Zeche Westfalen** (Schachtstraße). Die Industrialisierung A.s begann erst richtig nach der Jahrhundertwende, als der Bergbau den nordöstl. Rand des Ruhrgebietes erreichte. Endgültig mit dem Abteufen der Schächte 1/2 der Grube Westfalen ab 1909 erhielt die Ackerbürgerstadt neue Prägung durch die Industrie, kenntlich durch zwei dt. Strebengerüste der Bauart Zschetsche um 1912 und die im Zusammenhang mit der Entwicklung der Zeche entstandene Arbeitersiedlung. Von den beiden für die Zeche gebauten Industriewassertürmen blieb nach Demontage des Kokereiturmes mit dem Ziel einer musealen Neuaufstellung die 1915 an der Straße nach Beckum errichtete, 44 m hohe Konstruktion mit Klönnebehälter (1000 cbm Nutzinhalt) erhalten.

Lit.: Matzanke, 1986.

Albbruck-Unteralpfen (Waldshut/P 3) BW

Massiver Wohn- und Nutzbau der sog. **Einigungsmeistermühle** (An der alten Mühle) im formalen Übergang von Gotik zu Renaissance (dat. 1560) mit mehrfach gekuppelten Fenstern in einfachen Werksteingewänden unter asymmetrischem Treppengiebel. Wasserrad später installiert.

Albstadt (Zollernalbkreis/O 5) BW

A.-Ebingen

In der bereits im MA durch rege Gewerbetätigkeit geprägten Ortschaft am Albübergang vom Eyach- zum Schmiechatal erlangte ab dem 18. Jh. die Textilindustrie, speziell die Borten- und Strumpfwirkerei, besondere Bedeutung. Um 1850 entstanden die ersten Fabriken der metallverarbeitenden Industrie. Mit mehreren Gemeinden des Schmiecha-, Eyach- und Schmeietales bildet Ebingen seit 1975 die Stadt Albstadt.

Der neoklassizistische Fabrikbau (1913/14, Entwurf Philipp Jakob Manz, Stuttgart) der 1885 gegr., 1989 stillgelegten **Trikotwarenfabrik Gebr. Haux** (Post-, Gartenstraße) entspricht mit klarer konstruktiver Gliederung der nach 1900 vor allem den Industriebau beeinflussenden »form follows function«-Idee. 1923 Erweiterung durch Spinnerei. Neben der Fabrik die opulente Unternehmervilla in akademisch trockenem Neubarock, errichtet 1908 nach dem Entwurf der Stuttgarter Architekten Böklen & Feil. An gegenüberliegender Straßenseite ein ebenfalls neubarocker, 1907 auf Schienen an den heutigen Standort verschobener Vorgängerbau um 1895 (Brücken-Apotheke). – Die um 1890 errichteten Fabrikgebäude der 1845 gegr. ehem. **Waagenfabrik Sauter** (August-Sauter-Straße) zeigen mit rustiziertem Sockelgeschoß, Stich- und Rundbogenfenstern der Hauptgeschosse und Biforien im Mezzanin sowie Pilastergliederung eine konsequent renaissancistische Ordnung. – Die **Nadelfabriken Groz-Beckert** entstanden aus einem von dem E.er Nadelmacher Th. Groz 1852 gegr. Handwerksbetrieb, der 1875 die industrielle Fertigung von Zungen- und Spitznadeln für Strick- und Wirkmaschinen aufnahm, 1937 durch Fusion mit der Chemnitzer Nadelfabrik Beckert. Keimzelle des heutigen Werkes wurde der 1902 von der Engel-Ottschen Korsettfabrik erworbene, um 1890 erbaute schlichte Fabrikbau an der Wiesenstraße (Theodor-Groz-Straße). Der Neubau von 1911–12 in zeitgemäßem Neoklassizismus mit konstruktionsbedingter Kolossalpilasterordnung stammt wie die Erweiterungen der Jahre 1921, 1923–24 und 1933 von dem E.er Architekten Ott. Westl. der Nadelfabrik mit Shedhalle in Backsteinrohbau, gegliedert durch rhythmische Folge von Rundbogenfenstern und Lisenen unter Attika, erbaut 1894/1903 nach Entwurf von Zimmermann, Reutlingen, und zweigesch. durch Eckpavillons gefaßtem Betriebsgebäude von 1911 zwei heute zu Groz-Beckert gehörende Bauten der ehem. Samtfabrik.

A.-Lautlingen

Seltenes **Klappenwehr** (1895) in der Eyach mit einfachem Arbeitsprinzip: Seitlich in beweglichen Eisenschienen eingelassene, von Ketten gehaltene Holztafeln passen sich durch Heben und Senken automatisch dem Wasserstand an.

A.-Tailfingen

Nach dem 30jährigen Krieg entwickelte sich T. anfangs durch Leinenweberei, im 18. Jh. dank der Strumpfwirkerei und im 19. Jh. durch Trikotweberei zu einem wichtigen Standort der württ. Textilindustrie. Das zum größten Teil seit der Jahrhundertwende unveränderte Ambiente eines ● mittelständischen Betriebes zeigt die **Trikotwarenfabrik Alber** (Hechinger Straße 96, Hinterhaus) mit weitgehend erhaltener techn. Ausstattung, u. a. funktionsfähigen Rundstrickstühlen (etwa 1869–1932) im Maschinensaal. – Die konstruktive Entwicklung im ländlichen Industriebau ab 1875 dokumentiert mit mind. drei Bauphasen das äußerlich schlichte Gebäude der ehem. **Textilfabrik Roller** (Moltkestraße). – Die Blütezeit der einheimischen Textilfabrikation vor dem 1. Weltkrieg vertritt das vorwiegend durch klassizistische Stilelemente geprägte Fabrik- und Verwaltungsgebäude der **Textilfabrik Conrad Maier** (Martin-Luther-Straße).

Lit.: Festschriften: 100 Jahre Haux, 1985; 100 Jahre Groz-Beckert, 1952; Krins 155.

Alfdorf (Rems-Murr-Kreis/M6) BW

Meuschenmühle. Im Eisenbachtal (Welzheimer Wald, zwischen Rienharz und Mannweiler) gelegene Mühle. Erstmals urkundlich belegt im 16. Jh., das Haupthaus von 1787, die erhaltene techn. Ausstattung stammt zum Teil aus der Bauzeit (Trichter des Schwarzgangs, Kleie- und Grießkasten des Weißgangs) bzw. dem 19. Jh. (Wasserrad und 2 Mahlgänge mit Biet-Mahlwerk, Sortierzylinder mit Mehlkasten, Abredder-Schüttelsieb, Grieß- und Kleiekästen).

Lit.: Krins 155.

Alfeld an der Leine (Hildesheim/G6) NS

Fagus GmbH (An der Leine). Nach Vorarbeit von ● Eduard Werner, Hannover, und Projektplanung von Walter Gropius für den Unternehmer Carl Benscheidt 1911 errichtete, 1914–18/24 auf doppelte Grundfläche vergrößerte Fabrik »nach amerikanischem System« zur Herstellung von Leisten und Stanzmessern für die Schuhfabrikation. Wegen der stützenlosen Ecke im Hauptgebäude und der vorgehängten Verglasung gilt der Bau seit den späten 20er Jahren und der zu diesem Zeitpunkt erst über das Bauhaus – das Gropius 1919 begründet hatte – provozierten Diskussion um solche Lösungen als eines der Schlüsselbauwerke modernen Bauens in Europa. Für E. Beutinger, der alle heute berühmten Architekten der deutschen Moderne in seiner 1910 gegr. Zeitschrift »Der Industriebau« zu Wort kommen ließ, stellte sich 1914 (das revolutionäre *Fabrikations- und Lagergebäude* in Stahlskelettkonstruktion mit »curtain wall«-Fassade der Steiff-Werke in Giengen a. d. Brenz existierte bereits ein Jahrzehnt) in der Rezension der Fagus-Werke nicht die Frage nach (einer nicht notwendigen) Erneuerung der Architektur, sondern nach konsequenter Weiterentwicklung auf einem seit

Alfeld an der Leine. Faguswerke

langem eingeschlagenen Weg: »Die Erkenntnis, daß es für einen heutigen Fabrikbau nicht mehr mit der Schablone eines viereckigen Raumes durchgeht, und daß es genügt, irgendeinem Maurermeister den Auftrag zu geben, eine Fabrik zu bauen, bricht sich erfolgreich Bahn. Viele in den letzten Jahren entstandenen Werke wirken bahnbrechend und erkenntnisreifend auf die Fabrikherren, von denen eben recht viele bei gegenseitiger Aussprache zugeben, daß durch eine künstlerische Mitarbeit bei der Bauanlage das entstehen kann, was die Industrie heute nicht mehr entbehren kann – die Reklame vornehmster Art.«

Schuhleisten- und Stanzmesserfabrik Carl Behrens (An der Hackelmasch). Der Vergleich der Bauten der Fagus-Werke mit denen der nur etwa 15 Jahre älteren, die zeitgemäße Auffassung von moderner Architektur durch neoromanische Fassaden treffend spiegelnden Fabrikanlage C. Behrens belegt die um die Jahrhundertwende durch das neue Baumaterial Beton vehement ausgelöste, richtungweisend noch vor dem 1. Weltkrieg beendete, rigorose Veränderung im Erscheinungsbild der Architektur.

Lit.: IB 1913; DB 1928.

Allmannshofen-Holzen BAY
(Augsburg/N 7)

Klostermühle (Graf-von-Treuberg-Straße). Auf dem Gelände des 1150 im Tal der Schmutter gegr., um 1700 auf die Höhe verlegten ehem. Benediktinerklosters Holzen liegt an einem Schmutterkanal die 1971 stillgelegte, heute ausschl. als Wohnhaus genutzte sog. Klostermühle mit fast vollständig erhaltener Antriebstechnik (Francis-Turbine, hölzernes Kammrad, Transmission) und Mahlgängen des frühen 20. Jh.

Allmendingen (Alb-Donau-Kreis/N 6) BW

Zeugen der bereits Mitte des 19. Jh. an der Schmiech ansässigen Zementindustrie finden sich in der Umgebung von A. im sog. **Leube-Ofen** (Galgenberg), einer urspr. Doppel-Schachtofenanlage vom Ende des 19. Jh. und in den Überresten der **Kneerschen Cementmahlmühle** (Heilenberg), 1876, einem in Mahl- und Radhaus unterteilten Gebäude aus Gußmauerwerk.

Lit.: Krins 155.

Alsdorf NW
(Selfkantkreis Geilenkirchen-Heinsberg/I 1)

● Auf dem Gelände der seit 1847 bestehenden Zeche Anna befindet sich ein **Teleskopgasbehälter** von 1906, der zu den ältesten Deutschlands gehört. – Der zu den wenigen erhaltenen Exemplaren seiner Gattung zählende **Ringziegelofen** Hoffmannscher Bauart in A.-Neuweiler wurde 1895 im Zusammenhang mit dem Abteufen des nahe gelegenen Schachtes Anna 3 erbaut.

Lit.: Fehl.

Alsfeld (Vogelsbergkreis/I 5) HS

● Im Maschinenhaus der 1906 erbauten **Brauerei Alsfeld** (südwestl. Ortsrand, B 49) eine 1908 von der Sächs. Maschinenfabrik Richard Hartmann, Chemnitz, gelieferte Dampfmaschine (75 PS) zur Eigenstromerzeugung in betriebsfähigem Zustand. Seit 1980 in Reserve.

Lit.: Höhmann.

Altena (Märkischer Kreis/H 3) NW

Um 1870 erbaute **Arbeiterwohnhäuser** aus verputztem Bruchstein mit Backsteingliederung entlang der Werdohler Straße. Auf der Rückseite Wirtschaftsgebäude in Fachwerk. – Auf **Burg Altena** (Fritz-Thomée-Straße) als Spezialmuseum der Handwerks- und Industriegeschichte (16.–19. Jh.) das Dt. Draht- und Märk. Schmiedemuseum.

A.-Altroggenrahmede

Nach Planung von Otto Intze die als eine der frühesten Talsperren des Märk. Kreises 1891–97 errichtete **Fuelbecke-Staumauer** (H 27 m). Die Bruchsteinverkleidung gegliedert in historisierenden Formen. 1989 Grundsanierung.

A.-Evingsen

Ein für den Märk. Kreis typischer, mit Wasserkraft betriebener Feindrahtzug und Schleifkotten (19. Jh.) als talseitig zweigesch. **Bruchsteingebäude** (Im Springen 18); Wasserrad und Einrichtung als Rekonstruktion geplant.

Lit.: Dpfl. NW/WF.

Altenbeken (Paderborn/G 5) NW

● **Viadukt** in der Köln-Mindener Verbindungsbahn (Paderborn–Warburg, eröffnet 22. 7. 1853) über das Beketal von 1852–53. Bei 530 m Länge (Krümmungsradius ca. 1000 m) und einer max. Höhe von etwa 30 m von ansprechender ästhetischer Wirkung dank gelungener Proportionierung. Die 24 Bögen rhythmisieren fünf Gruppenpfeiler mit polygonalen Vorlagen; das Mauerwerk der Pfeiler aus Kalkstein mit Sandsteinbändern, die Wölbungen aus dunklerem Sandstein. In den Bogenzwickeln dunkel gefaßte Tondi der Fahrbahnentwässerung. Nach teilweiser Kriegszerstörung orig. wiederaufgebaut. – Zwischen Schierenberg und Jühenberg (Richtung Paderborn) ein gleichartiger *Viadukt* geringerer Abmessung. – Im Ort die ehem. **Mühle Stapelsberg** (19. Jh.), ein dreigesch. Bruchsteingebäude mit niedrigeren Nebentrakten. Das eiserne Wasserrad ohne Funktion. – Östl. des Bhf. der 1861–64 von vier Schächten aus aufgefahrene, 1632 m lange **Rehberg-Tunnel** in dem am 1. 10. 1864 zwischen A. und Höxter eröffneten Teil der von der Westf. Eisenbahn (Preuß. Staatsbahn) gebauten Strecke A.–Holzminden mit neugotischer, im W. durch Türme betonter Portalarchitektur.

Lit.: Slotta I; Paul II, NW 1; DKD 1, 1969; ZBW 1868.

Altenkirchen RP
(Altenkirchen/Westerwald/I 3)

Im Zusammenhang mit der Modernisierung der preuß. Bahnstrecken 1910–15 erhielt der Bhf. (Neuwied–Engers–A., eröffnet 30. 5. 1884; A.–Hachenburg, 1. 4. 1885) der 1886 fertiggestellten Westerwaldbahn um 1914 einen von der Dir. Frankfurt a. M. urspr. nach dem → Bebraer Vorbild mit massivem Schaft konzipierten, schließlich als reine Eisenkonstruktion mit Kugelbehälter ausgeführten **Wasserturm.** Neben Weil a. Rh.-Haltingen (1913) einer der wenigen erhaltenen dieser Bauart.

Lit.: Custodis.

Altenkunstadt (OFr./Lichtenfels/K 8) BAY

Am Ortseingang (Mainbrücke) die **Gotthard-Schuhfabrik Otto Kreuch** mit villenähnlichem neoklassizistischem Verwaltungsgebäude und viergesch. Fabrik, einem Betonskelettbau mit einer für den modernen Industriebau um 1915 zeittypischen Rasterfassade, zentralem Treppenhaus und teilweise ausgebautem Mansarddach. – In zurückhaltend romanischen Formen am Mainwehr in A.-Maineck (Mühlweg) um 1890 errichtete Backsteinrohbauten einer ehem. **Großmühle,** um 1910 durch Silo in Betonkonstruktion erweitert.

Altenstadt (Wetteraukreis/J 5) HS

Zur Eröffnung der Strecke Heldenbergen–Windecken–Stockheim (1. 10. 1905, Preuß.-Hess. Staatseisenbahnen) in Sandstein fertiggestelltes **Empfangsgebäude** mit akzentuierenden Jugendstil-Treppengiebeln. Eingesch. Güterabfertigung.

Amberg (OPf./Amberg/L 9) BAY

Aus der Vereinigung zweier in karolingische Zeit bzw. ins 11. Jh. zurückreichender Siedlungen an der Kreuzung der Handelsstraße von Franken nach Böhmen und der von hier ab schiffbaren Vils entstand im 13. Jh. die Stadt A., deren weitere Entwicklung maßgeblich durch den 1270 erstmals urkundlich erwähnten Bergbau auf Eisenstein geprägt wurde. Bei Ausgrabungen 1985 entdeckte Eisenschlackenschichten, durchsetzt mit Tondüsen, belegen bereits für das 11./12. Jh. die Verhüttung der einheimischen Eisenerze. Neben der Ausbeutung der ergiebigen Erzgruben beruhte A.s Prosperität auch auf seiner Stellung als Gewerkensitz der Berg- und Hüttenherren und Zentrum des Eisenhandels in der Oberpfalz. Der aus dem Eisen erwachsene Reichtum prägt die Gestalt der Stadt vom Mauerring, für dessen Ausbau die Bürgerschaft 1326 durch Ludwig den Bayer das Zollrecht auf dem Erzberg erhielt, über die Kirchen, von denen der 1421 begonnene Neubau von St. Martin aus Anteilen der Erzförderung finanziert wurde, bis hin zu den repräsentativen öffentl. Bauten und den Wohnhäusern der Eisen- und Hammerherren.

Die Wappen der wichtigsten Oberpfälzer Eisenherren neben den Epitaphien der Wittelsbacher in der kath. Pfarrkirche St. Martin, dem bedeutendsten gotischen Kirchenbau der Oberpfalz nach dem Regensburger Dom, spiegeln Ansehen und Macht des Bürgertums. Unmittelbar südl. St. Martin verweisen Reste der **Eisenlände** auf den regen Schiffshandel auf der Vils. – Den Bergbau selbst bezeugen Pingen und Abraumhalden am **Erzberg** nordwestl. der Stadt sowie das Mundloch des 1842 angehauenen, 1967 nach der Stillegung vermauerten Theresienstollens (Sulzbacher Straße). – Auf den Ort eines im 15./16. Jh. betriebenen Zainhammers (Reckhammer) mit Drahtmühle verweist das bereits 1910 zur Villa umgebaute, heute als Hotel betriebene ehem. Herrenhaus der **Neumühle.** – An die 1883 mit einem ersten Kokshochofen begründete Hüttenindustrie in A. erinnert nach der Einstellung des Erzbergbaues, unter Tradierung des 1911 geprägten Namens der »Luitpoldhütte«, eine moderne **Gießerei.** A. bildet heute in dem Konzept der Bayer. Eisenstraße den kulturellen Höhepunkt.
Lit.: Slotta I; Götschmann.

Amstetten (Alb-Donau-Kreis/N 6) BW

● Auf dem Bhf. an der Württ. Hauptbahnstrecke Stuttgart–Ulm endete die von Laichingen über Nellingen geführte Nebenbahn (Spurweite 1000 mm; eröffnet 20. 10. 1901, stillgelegt 1985). Im Übergabebereich der Waggons von Schmal- auf Normalspur hat sich ein seltenes techn. Ensemble funktionsfähig erhalten: **schmalspurige Gleisanlagen** mit zugehörigen Handweichen, Drehscheibe, Rollböcke für den Transport normalspuriger Wagen auf der engeren Spur und die dazugehörigen Rollbockgruben.
Lit.: Krins 156.

Amtzell (Ravensburg/P 6) BW

In der **Voglerschen Hammerschmiede** am Gasthaus »Adler« treibt ein Wasserrad über hölzernem Wellenbaum zwei Schwanzhämmer (ein »Bär« dat. 1878). Hinter der Esse mit elektr. angetriebenem Gebläse ein Anbau von 1938, kopfseitig eine Werkstatt von 1914 in Fachwerkkonstruktion mit großflächig durchfensterter Giebelfassade, darin Werkzeugmaschinen der gleichen Zeit. Ausbau zum Museum geplant.

Andernach (Mayen-Koblenz/J 3) RP

Flußabwärts der Altstadt steht der 1555–59 nach Plänen von Clais Meußgins aus Köln erbaute, mit spätgotischer Bauzier geschmückte zylindrische **Stadtkran** (→ Bingen, → Oestrich, → Trier u. a.) mit weitgehend dem Orig. entsprechender techn. Einrichtung (Treträder, Kaiserbaum, um 360° mitsamt dem Kegeldach drehbarer Ausleger), der bis 1911 der Verladung der Steine aus den Mayener und Niedermendiger Basaltgruben diente. Vorbild für spätere Bauten dieser Gattung. ●
Lit.: ZBW 1898.

Artlenburg (Lüneburg/D 7) NS

Nach Brand (1890) wiederaufgebaute, taillierte **Holländerwindmühle** (Deichstraße) auf oktogonalem Grundriß mit kleinteiliger Fassadenverplattung.

Asbacher Hütte (Birkenfeld/L 2) RP

Im Fischbachtal (L 160 m) die **Achatschleiferei Ernst Biehl jun.,** die neben der »Weiherschleife« in Idar-Oberstein-Tiefenstein zu den wenigen noch mit Wasserkraft betriebenen Werkstätten dieses traditionsreichen Gewerbes der Gegend gehört. Bis zur Kohlefaden-Glühlampe weitgehend erhaltene Einrichtung aus der Zeit der Jahrhundertwende.

Aschaffenburg BAY
(UFr./Aschaffenburg/K 5)

Bahnhof. In A. besaß die in Bamberg beginnende, im Abschnitt Würzburg–A. bis zur bayer.-hess. Landesgrenze am 1. 10. 1854 eröffnete Ludwigs-West-Bahn, nach der Ludwigs-Süd-Nord-Bahn wichtigste Strecke der frühen bayer. Eisenbahngeschichte, ihren letzten großen Bahnhof vor der Landesgrenze. Das im Kern erhaltene ehem. *Empfangsgebäude,* 1853–54 nach Entwurf von Gottfried von Neureuther errichtet, entspricht mit drei Geschossen, Bogenöffnungen im EG. und Dreiteilung der Fassade durch Lisenengliederung in wesentlichen Gestaltungsmerkmalen der für Empfangsgebäude der Bayer. Staatseisenbahnen üblichen Standardausführung für Zwischenbahnhöfe. Perronüberdachungen auf Gußeisensäulen. Im W des Gleisfeldes (Müllerstraße) Lokschuppen und Dienstgebäude des ersten Betriebswerkes in Gelbsandstein, im O (Goldbacher Straße) das seit dem letzten Viertel des 19. Jh. eingerichtete *Bahnbetriebswerk* mit Reparaturhallen und zwei nach Kriegszerstörung mangelhaft erneuerten Ringschuppen.
Lit.: Lutz; Dpfl. BAY.

Attendorn (Olpe/I 3) NW

Zwischen A. und Olpe entstand zur Wasserversorgung des rhein.-westf. Industriegebietes 1909–12 unter der Bauleitung der Listertalsperren-Genossenschaft die **Listertalsperre** (Stauinhalt 22 Mio. cbm) mit einer Schwergewichtsmauer von 36 m Höhe über der Talsohle. Das mit dem Bau der Biggetalsperre in den 1970er Jahren überstaute Kraftwerk ersetzt ein modernes Turmkraftwerk mit ca. 2 Mio. kWh jährlich; das alte Staubecken dient als Vorbecken der neuen Talsperre.

A.-Ahausen

Kleinkraftwerk der Lister- und Lennekraftwerke (→ Finnentrop-Bamenohl und Lenhausen) am Erddamm der Stauanlage mit zwei Walzenwehren und einem Leerschuß von 1937–38 in Betonkonstruktion mit Verblendung aus schwarzem Kalkstein in klassizistischen Formen. Im schmalrechteckigen Maschinenhaus zwei Maschinensätze aus Voith-Turbinen (1936, Leistung je 1160 PS) und Drehstrom-Generatoren (Sachsenwerk Dresden-Niedersedlitz). Der Unterstromfassade symmetrisch vorgelagert zwei niedrige Baukörper als Zugang zu den Nebenräumen.
Lit.: Slotta II.

Aufkrug-Bünzen (Rendsburg/B 6) SH

Ehem. **Königsmühle** (Zur Wassermühle). Im 16. Jh. gegr., gut erhaltene Wassermühle in Sichtfachwerk mit giebelseitig breitem oberschlächtigen Wasserrad.
Lit.: Paul I, SH 18.

Auggen BW
(Breisgau-Hochschwarzwald/O 3)

Sägehalle der **Karl Richtberg KG** (Richtberg-Siedlung) in Eisenfachwerk mit Backsteinausfachung (55,2 × 30,3 m); tragende Konstruktion aus sechs Fachwerkbindern im Achsabstand von 8,0 m. Verm. Teil einer ehem. Halle der Dt. Luftschiffahrts-AG; 1910 von der MAN Gustavsburg in Baden-Oos errichtet, 1923 nach Richtberg in veränderter Form (H um 8 m verringert, gespreizte Binder) transloziert.
Lit.: Essner.

Augsburg (Schw./Augsburg/N 8) BAY

Nach der Zerstörung in den Alemannenstürmen der unter Kaiser Hadrian zum Municipium erhobenen, Anfang des 1. Jh. entstandenen Zivilsiedlung Augusta Vindelicum wuchs auf dem Areal der röm. die ma. Stadt als Bischofssitz, ohne jedoch deren Grundriß zu übernehmen. Seit 1276 reichsunmittelbar, entwickelte sich A. am Handelsweg über die Alpen (Via Claudia) im 14. Jh. zu einem prosperierenden Handels- und Gewerbezentrum in Europa, dessen durch das Weberhandwerk reich gewordene Kaufleute (Fugger, Welser u. a.) mit dem Aufleben des Tiroler Kupfer- und Silberbergbaus im 15. Jh. das kapitalistische Geldwesen begründeten. Wirtschaftliche Stärke wie auch die von dieser abhängende kulturelle Hochblüte der Stadt endeten mit dem 30jährigen Krieg. Erst Mitte des

19. Jh. erhielt A. mit der Ansiedlung leistungsfähiger Industrie neue Impulse für die Stadtentwicklung.

Bahnhof (Viktoriastraße). Mit dem Bau der Ludwigs-Süd-Nord-Bahn (A.–Donauwörth, eröffnet 20. 11. 1844; A.–Kaufbeuren, 1. 9. 1847) wurde der 1839–40 vor dem Roten Tor errichtete Kopfbahnhof der am 4. 10. 1840 eröffneten Privatbahn München–Augsburg (am 1. 10. 1844 vom Staat durch Kauf übernommen) durch einen vor der Stadt gelegenen *Durchgangsbahnhof* 1846 nach Entwurf von Eduard Rüber ersetzt. Mit zentralem *Empfangsgebäude* und seitlichen Betriebsbauten, stadtseitig verbunden durch eine arkadenähnlich geöffnete Wand, gleisseitig durch eine hölzerne Perronhalle, entspricht der bescheiden dimensionierte Bahnhof der wenig später für Haupt-Durchgangsbahnhöfe in ganz Süddeutschland üblichen Form von drei durch niedere Zwischentrakte verbundenen Pavillons. Nach diesem Schema erhielt das Empfangsgebäude 1869 durch Friedrich Bürklein seine bis heute im wesentlichen unveränderte langgestreckte Gestalt in Formen des romantischen Klassizismus. – Außerdem besitzt die Stadt in der mit Außenwänden und hölzernem Dachstuhl in wesentlichen Teilen durch permanente Nutzung (Reithalle, Straßenbahndepot) erhaltenen **Abfahrtshalle** des nach Entwurf von Ulrich Himbsel aus München errichteten Bahnhofs der 1840 eröffneten Bahn München–Augsburg (Baumgartnerstraße 9–11) ein wohl einmaliges Zeugnis für die frühe Eisenbahngeschichte in Deutschland. – Um 1900 entstanden mit zwei Ringlokschuppen und Werkstattgebäuden wesentliche Teile des heutigen **Bundesbahnbetriebswerkes** (Firnhaberstraße).

● **Wassertürme am Roten Tor.** Die Lage der Stadt auf einem Sporn über dem Zusammenfluß von Lech und Wertach erforderte bei wachsender Bevölkerung bereits im 15. Jh. eine öffentl. Wasserversorgung mit Pumpwerken und Hochbehältern, die, bis 1733 auf sieben Wasserwerke mit neun Türmen angewachsen, als weithin bekannte techn. Sehenswürdigkeiten galten. Die wichtigste Anlage befindet sich am Roten Tor mit dem Großen Turm von 1416, dem Kleinen Turm von 1470 und dem Kasten- oder Spitalturm von 1599, deren Höhen im 17. und 18. Jh. den veränderten Versorgungsaufgaben angepaßt wurden. Nach der Planung des 1728–68 tätigen Stadtbrunnen-Mstr.s Caspar Walter (1701–69) entstand ein grundlegend modernisiertes Wasserwerk, bei dem Ketten- und Kurbelpumpwerke mit einer Leistung von 64 cbm/h, angetrieben von unterschlächtigen Wasserrädern, das Wasser des Loch- und Brunnenbaches auf die 25–29 m hohen Türme förderten. Bei nun ausreichenden Druckverhältnissen konnte das Wasserwerk neben den 358 Anschlußstellen der 9,8 km langen städt. Wasserleitung auch die öffentl. Prachtbrunnen versorgen. Mehrfach in der Folgezeit modernisiert, blieb das Wasserwerk bis zur Fertigstellung des Werkes am Hochablaß 1879 in Betrieb.

Wasserturm Unteres Jakoberwerk (Oblatterwall). Zur Versorgung des Gewerbegebietes der Jakobervorstadt errichtete Stadtbaumstr. Elias Holl 1609 zwei gleichartige, 1748 modernisierte Brunnenwerke mit qualitätvollen Barockfassaden. Einfach wirkende Kolbenpumpen, betrieben durch vom Stadtgraben beaufschlagte Wasserräder, förderten etwa 30 cbm/h. Nach der Stilllegung 1879 im Zusammenhang mit der Inbetriebnahme des neuen Wasserwerkes am Hochablaß wurde das Obere Jakoberwerk nach 1900 abgebrochen, das Untere Jakoberwerk blieb als Bauwerk fast vollständig erhalten.

Unterer Brunnenturm, bei den »sieben Kindeln« (Springergäßchen). Das 1538 in einem Wehrturm eingerichtete Brunnenwerk bildete bis ins 19. Jh. neben dem Wasserwerk am Roten Tor die wichtigste Wasserversorgungsanlage der Stadt. Die urspr. installierte Augsburger Maschine, die mit sieben übereinander angeordneten archimedischen Schrauben das Wasser auf Turmhöhe förderte, ersetzte Caspar Walter 1737 durch Kurbelpumpen. Georg von Reichenbach modernisierte das Werk 1821 mit vier Kolbenpumpen, deren Aufgabe ab 1856 drei doppeltwirkende Kolbenpumpen, angetrieben durch eine Jonval-Turbine, übernahmen.

Wasserwerk am Hochablaß (Spickelstraße). Mit ● dem Wandel A.s zur Industriestadt in der 2. Hälfte des 19. Jh. verband sich ein ständig steigender Wasserbedarf, der die Leistungsfähigkeit der bestehenden Wasserwerke überstieg. 1876 entschloß sich deshalb die Stadt, den vom Lech gespeisten Grundwasserstrom im städt. Siebentischwald für die Trinkwassergewinnung zu nutzen. Unter der Leitung von Ober-Ing. Endres entstand 1878–79 unterhalb des Hochablaß im

Lechtal ein repräsentatives Pumpwerk im Stil der ital. Hochrenaissance. Eindrucksvoll die durch ein übergiebeltes, von Halbsäulen gefaßtes Portal zentrierte und von risalitartig vorspringenden Türmen flankierte Giebelfassade des Maschinenhauses. Im Inneren drei parallel angeordnete Pumpensätze mit je zwei liegenden, doppeltwirkenden Plungerpumpen (MAN), angetrieben über kopfseitige Vorgelegewelle und Getriebe von drei Turbinen (urspr. Jonval-, seit 1910 Francis-Turbinen), die durch den vom Lech abgezweigten »Neubach« beaufschlagt wurden. Ab 1886 diente eine 210-PS-Dampfmaschine (1910 ersetzt durch einen Dieselmotor) in eigenem Kessel- und Maschinenhaus als Reserveantrieb bei Eisgang. Über vier Druckwindkessel im Nordturm (als Ersatz eines Turmreservoirs, H 50 m) wurde das aus zwei Saugbassins geförderte Wasser der drei Sammelbrunnen in das städt. Leitungsnetz eingespeist. 1973 stillgelegt.

Hochablaß. An dem erstmals 1346 genannten Lechwehr beginnt mit dem Hauptstadtbach das seit dem MA zur Versorgung der Industrie mit Brauchwasser ausgebaute innerstädt. Kanalsystem. Nach Zerstörung der alten Anlage 1910 durch Hochwasser entstand 1911–12 in Eisenbeton ein eindrucksvolles neues Wehr mit Floßgasse (10 m), Fischpaß (1,8 m), drei Kiesschleusen (18 m), Walzenwehr (20 m) und Überfallwehr (88 m). Am rechten Wehrkopf symbolisieren Spinnerin und Flößer die Nutznießer der neuen Anlage.

Pulvermühlschleuse (Damaschkeplatz). Wasserregulierungsanlage über dem Kaufbach, verm. frühes 19. Jh. in der Tradition des barocken Maschinenbaus, mit einer aus Sprossentretrad, hölzerner Zahnradübersetzung und Wellenbaum bestehenden Hebeeinrichtung für die hölzerne Schützentafel.

Städt. Schlacht- und Viehhof (Proviantbachstraße). In der für Schlachthöfe Ende des 19. Jh. typischen Neurenaissance nach Planung von Fritz Steinhäusler und Architekt Stein 1898–1900 erbaute Großanlage mit symmetrisch angeordneten Eingangsbauten für Verwaltung und Restauration, mehreren Viehmarkt- und Schlachthallen, Kühlhaus, Wasserturm und Nebengebäuden.

Ehem. **Schülesche Kattunmanufaktur** (Friedberger Straße 2). Für den aus Württ. stammenden Kaufmann und Unternehmer Johann Heinrich von Schüle, der 1745 in A. einen Kattunhandel und 1759 eine Kattundruckerei eröffnete, entstand 1770–72 nach Entwurf von Leonhard Christian Mayr ein an frühklassizistischer Schloßarchitektur orientierter Fabrikbau als monumentale Dreiflügelanlage. Heute Eigentum der 1863 gegr. Textilwerke Nagler & Sohn.

Mechanische Baumwollspinnerei und Weberei Augsburg AG (SWA). Als erstes industrielles Großunternehmen in A. wurde 1837 auf Anregung des Bankiers Johann Lorenz von Schaezler und des Kattunfabrikanten Karl Forster die SWA mit einem Aktienkapital von 1,2 Mio. Gulden gegr. Eine erste, engl. Vorbildern folgende Fabrik (30000 Spindeln, 800 Webstühle), Prototyp für nachfolgende Industriebauten, entstand 1838–40 nach Entwurf von Ludwig Lendorff unter der Bauleitung von Ludwig Kraemer. In dem vom Abbruch des Fabrikgebäudes 1968 verschont gebliebenen, Ende des 19. Jh. aufgestockten *Turbinenhaus* (Johannes-Haag-Straße 25) wird heute Strom für die SWA erzeugt. Dem unerhörten Aufschwung der SWA in den 1890er Jahren entsprach der 1896–98 nach Planung des Schweizers C. Sequin-Bronner am Proviantbach errichtete dreigesch., dreiflüglige *Fabrikneubau* (Proviantbachstraße 30), dessen moderne Betonkonstruktion noch verdeckt wird von einer dem Zeitgeschmack entsprechenden historisierenden Fassade mit schmalen Rundbogenfenstern zwischen gliedernden Lisenen und eckbetonenden Türmen. Nach Entwurf von Philipp Jakob Manz entstand schließlich 1909–10 als einer seiner architektonisch klarsten Fabrikbauten (sog. Glaspalast) das *Werk IV - Aumühle* (Otto-Lindenmeyer-Straße) mit Weberei-Shedhalle und fünfgesch. Spinnerei. Deren weitgehend in Glas aufgelöste Fassaden vermitteln, trotz neoklassizistischer Gestaltung der massiven Bauteile, besonders der drei Türme, eindrücklich das statische Prinzip der tragenden Eisenbeton-Skelettkonstruktion. Gleichzeitig mit den Fabrikbauten errichtete die SWA in deren Nähe seit Anfang der 1890er Jahre das *Proviantbachquartier* (Proviantbachstraße/Otto-Lindenmeyer-Straße) mit dreigesch. Arbeiter-Mehrfamilienhäusern.

Ehem. **Baumwollspinnerei am Stadtbach.** Von der 1851 durch das Bankhaus Fr. Schmidt & Co. gegr., um 1860 mit 48000 Spindeln größten Baumwollspinnerei in A. haben sich mit dem

1900–01 in Anlehnung an die Renaissance errichteten Kleinkraftwerk am Stadtbach (südl. MAN-Brücke) und einigen schlichten Arbeiterhäusern in dem 1861 begonnenen Stadtbachquartier (Stadtbachstraße) lediglich geringe Reste erhalten.

A.-Göggingen

Zwirnerei und Nähfadenfabrik Ackermann Göggingen AG (Apprichstraße). Von dem Elsässer Eusebius Schiffmacher 1855 in der Altstadt als Garnzwirnerei gegr., entwickelte sich der Betrieb nach dem Eintritt des Kaufmanns Wilhelm Butz 1861 und der damit verbundenen Verlegung der Produktionsstätte nach Göggingen bis zur Jahrhundertwende zum viertgrößten Textilunternehmen im Industriegebiet von A. Die durch Brand zerstörte alte Fabrik ersetzt ein von Jean Keller geplanter imposanter *Backsteinrohbau* (dat. 1908), dessen Hauptfront parallel der Singold drei flach übergiebelte, wie die übrige Fassade durch Kolossalpilaster über dem Gurtgesims des EG. gegliederte Risalite akzentuieren. Quadr. Türme überhöhen die Stirnseiten. Noch aus den 1880er Jahren stammt das *Kleinkraftwerk* über der Singold. Gegenüber der Fabrik entstanden zwischen 1873 und 1877 neun einfache zweigesch. Arbeiterwohnhäuser mit Waschküche, Kindergarten, Feuerwehr, Wasch- und Badehaus als Gemeinschaftseinrichtungen. Weitere Werkswohnhäuser an der Wellenburger Straße ab 1887 und an der Wald- und Felsensteinstraße zwischen 1907 und 1911.

A.-Oberhausen

Städt. Gaswerk (August-Wessels-Straße). Nach dem Entwurf der Gebr. Rank, München, unter Mitarbeit von Hans Allwang, Augsburg, 1913–15 für eine Tagesleistung von 50000 cbm in verputztem Beton errichtetes Ensemble von Betriebs-, Verwaltungs- und Wohngebäuden in einem mit barocken Elementen durchsetzten Neoklassizismus. Um einen zentralen Behälterturm (mit übereinander angeordneten Behältern für Teer, leichtes und schweres Ammoniakwasser, Brauchwasser) in der Achse des Torgebäudes gruppieren sich, annähernd zu einer Vierflügelanlage geord-

Augsburg-Göggingen. Ackermann Göggingen AG, Spinnerei und Kraftwerk

net, ehem. Ofen-, Apparate-, Reiniger- und Kesselhäuser, Werkstatt- und Lagergebäude sowie der überkuppelte Zentralbau des Labors. Im O zwei *Gasbehälter* der Bauzeit mit 25 000 bzw. 50 000 cbm Fassungsvermögen.

Ehem. **Wesselssche Schuhfabrik** (August-Wessels-Straße). Im typischen neoklassizistisch geprägten Industriestil des Jahrhundertbeginns nach Entwürfen von Philipp J. Manz (mit Jean Keller und Eduard Rottmann) 1903–04 für die von August Wessels 1895 gegr. Schuhfabrik entstandener Neubau. Heute Maschinenfabrik A. Jaudt.

A.-Pfersee

Laubsägen- und Uhrfederfabrik J. N. Eberle (Eberlestraße 28). Mit dem durch Einrichtung eines Stahlkaltwalzwerkes verbundenen Umzug des in den 1870er Jahren gegr. Unternehmens in den Industrievorort Pfersee verband sich 1889 der Neubau einer Fabrikanlage aus zwei parallelen Backsteinrohbauten in renaissancistischen Formen nach Entwurf von Jean Keller.

Lit.: Slotta I; Merkl 171; Berger III; VDI 1880/86; K & T 1981/82; DB 1918; Fassl/Plößl.

Aurich (Aurich/D 3) NS

Restaurierte **Wasserwerksanlage** von 1911 mit Pumpenhaus, Wasserturm und Wärterwohnhaus. – In A.-Sandhorst eine nach Sturmschaden mit Galerie und reetgedecktem Achtkant rekonstruierte **Holländerwindmühle** auf dreigesch. Backsteinrohbau von 1905. Ein Mahlgang erhalten.

Babenhausen (Darmstadt-Dieburg/K 5) HS

Symmetrisch geordnetes **Empfangsgebäude** des Rundbogenstils in hellem Sandstein mit hohem Giebel und niedrigeren Seitentrakten, ähnlich →Dieburg, an der Strecke Darmstadt–Aschaffenburg (eröffnet 18. 11. 1858) der Hess. Ludwigsbahn.

Backnang (Rems-Murr-Kreis/M 5) BW

Zu den großen Traditionsunternehmen der württ. Textilindustrie gehört die 1832 in einer ehem. Ölmühle an der Mündung der Weißach in die Murr als »Mechanische Woll-Spinnerei Grunsky, Klemm & Adolff« gegr., 1838 von Johann Friedrich Adolff übernommene **Spinnerei Adolff** ● (Eugen-Adolff-Straße, Obere Hasenhälde, Roßlauf).

Bau A als ältestes erhaltenes Fabrikgebäude entstand 1883 als dreigesch. Backsteinrohbau, gegliedert durch Lisenen, Gurt- (dt. Band), Trauf- und Giebelgesimse mit Konsolfries, 1897 formal fortgeführt in der Aufstockung durch den Werkmstr. C. Kreß. Von Philipp J. Manz die Spinnerei (Bau B, 1900), ein viergesch. Backsteinrohbau mit paarig bzw. dreifach gekoppelter Fensterordnung, farbig abgesetzten Sohlbänken und Stürzen zwischen abgetreppten Pfeilervorlagen, horizontal gebunden durch Attikageschoß (→Kammgarnspinnerei Bietigheim) und asymmetrisch akzentuierter Nordfassade durch turmartig überhöhtes Treppenhaus. Neben der Spinnerei das Kesselhaus von Oberamts-Bmstr. Hämmerle (1903) und das im gleichen Jahr durch Manz erweiterte Maschinenhaus.
Mit konsequent auf die Konstruktion eingehender Fassadengestaltung entwarf Manz die *Spinnerei 48* (1903–07) als viergesch. Backsteinrohbau mit dominierendem Eckbau an der SW-Seite, bekrönt von zylindrischem, überkuppeltem Turm zwischen vierseitigen Dachhäuschen. An der Längsfront durchbrechen Aufzugschacht, prägnanter Risalit mit Schweifgiebel und laternenbekröntem polygonalen Turmaufsatz die Gleichförmigkeit des Fassadenrasters. – Östl. des Verwaltungsgebäudes ein schlichtes (Unternehmer-)*Wohnhaus* spätklassizistischer Prägung (um 1870). In Hanglage eine im Baukörper differenzierte Unternehmervilla (1913) von Schuh & Hagel, ihr gegenüber, inmitten eines Parks, zwei Direktorenvillen (1903, Bauunternehmung Gebr. Eckert) in Verblendmauerwerk mit Werksteingliederung. In typischen Formen der 1920er Jahre eine weitere Villa (1925), geplant durch Fritz Hornberger. Das Fabrikensemble komplettieren die sog. Meisterhäuser, dreigesch. Putzbauten von Manz (nach 1906 bzw. 1930), und das sog. Marienheim (Manz, 1906) für in Sachsen angeworbene Arbeiterinnen. Weitere Wohnhäuser von Manz (1900/01) und Hornberger (1926) in der Eugen-Adolff-Straße.

Lit.: Dpfl. BW.

Baden-Baden (Baden-Baden/M4) BW

Als kelt. Siedlungsort gesichert, entstand innerhalb des heutigen Stadtgebietes im 1. Jh. die röm. Siedlung Aquae, die mit den ab 235 beginnenden Alamanneneinfällen zugrunde ging. Das erstmals 987 bezeugte Baden entwickelte sich bereits im Spät-MA zu einem blühenden Badeort, der im 19. Jh. zu einem der berühmtesten der Welt aufstieg.

Als Ersatz der nach Entwurf von Friedrich Eisenlohr für die am 25. 7. 1845 eröffnete Stichbahn Oos–Baden entstandene Anlage erhielt Baden-Baden 1892–94 ein neues Empfangsgebäude, ● den heute sog. **Alten Stadtbahnhof** (Lange Straße 77) in repräsentativen Formen der ital. Hochrenaissance, entworfen von Oberbaurat Heinrich. Nach Stillegung 1977 Übergang in städt. Eigentum, Abbruch der Betriebsanlagen und Translozierung der Perronhallen nach Bad Herrenalb und Ettlingen. Danach gewerbliche Neunutzung und äußere Instandsetzung sowie Reinigung der Schalterhallenausmalung. An der B 500 nach Oos liegt die 95 m lange, durch überkuppelte Eingangshalle und symmetrische Eckpavillons betonte Hauptfassade mit Sandstein-Verblendung; rechtwinklig dazu vor dem ehem. Kopfende der Gleise die frühere Bahnpost, im W der fürstliche Empfangstrakt. Unter dem Hauptgesims der Eingangshalle die Inschrift: »Erbaut unter Grossherzog Friedrich 1892–1894«. Am Attikaaufsatz die Bezeichnung »Baden« und das bad. Wappenschild. Im Durchgang zwischen Post und Haupttrakt orig. Hochrenaissance-Dekoration in Grisaille, ebenso in Schalterhalle, Wartesälen usw. Mit seiner außergewöhnlich repräsentativen Architektur dokumentiert das Empfangsgebäude nicht allein die Bedeutung des Weltbades Baden, sondern auch den im ausgehenden 19. Jh. an diese Baugattung gestellten gestalterischen Anspruch. – Den Aussichtspunkt des Merkur oder Großen Staufenberg erschließt seit dem 16. 8. 1913 außer dem Fahrweg auch eine elektr. getriebene **Seilbahn** (Merkurbahn, L 1192,14 m, Höhenunterschied 370,7 m mit Steigungen von 23,5, 30,0 und 54,0 %). Entwurf der Bahn von W. Eberhard, Stuttgart, und Reg.-Bmstr. Wasser, die Hochbauten (Tal-, Zwischen- und Endstation, 4 Straßenüberführungen, Tunnelportale) in zeittypisch trockenem Klassizismus nach Entwurf von Heinrich Henes, Stuttgart.

Baden-Baden. Wasserhochbehälter Friedrichshöhe, Eckrisalit

Teile der masch. Erstausstattung durch die Maschinenfabrik Esslingen stehen als Denkmal vor der Talstation. – Auf der Friedrichshöhe ein **Hochbehälter** (dat. 1877–78) der städt. Wasserversorgung in qualitätvollen Formen ital. Hochrenaissance. Den zentralen Zugangsbogen fassen rustizierte, über dem Gurtgesims kannelierte Pilaster mit ionischen Kapitellen: In der Supraporte Relief mit Meereswesen, zwischen den Konsolen des Hauptgesimses die Bauinschrift, die breite Front flankiert durch Eckrisalite mit axialen Brunnenkonchen und übergiebelten Datierungen.

Lit.: Slotta I; Findeisen; DB 1914; ZBV 1914.

Baesweiler NW

(Selfkantkreis Geilenkirchen-Heinsberg/I1)

Fördermaschinenhaus der 1908 gegr. **Steinkohlenzeche Carl Alexander** (Übacher Weg) als schlichter kubischer Zweckbau mit Segmentbogendach und Doppelstrebengerüst.

Baesweiler. Zeche Carl Alexander, Doppelstrebengerüst

Balduinstein (Rhein-Lahn-Kreis/J3) RP

Spätklassizistisches **Stationsgebäude** an der Strecke Nassau–Limburg (Nass. Eisenbahn, eröffnet 5. 7. 1862) mit traditioneller Dreiteilung von gleisparallelem Mitteltrakt mit erhöhten, hier giebelständigen Eckbauten und einseitigem Anbau in Anlehnung an die bis 1858 durch die Wiesbadener bzw. Nass. Rhein und Lahn Eisenbahnges. zwischen Oberlahnstein und Nassau errichteten *Empfangsgebäude.* – Die **Kammerschleuse** von 1844–45 teilweise durch die Lahnkorrektion von 1926–28 eingestaut.

Balingen (Zollernalbkreis/O5) BW

Wichtigster Industriezweig in dem seit dem frühen 18. Jh. durch Schuh- und Trikotwarenfabrikation geprägten B. wurde die Metallverarbeitung nach dem Zuzug der 1864/66 in Ebingen gegr. Waagenfabrik A. Bizer (1868). In dem seit 1896 errichteten Gebäudekonglomerat der heutigen **Fa. Bizerba** (Wilhelm-Kraut-Straße) dominiert der dreiflügelige Erweiterungsbau von 1924–25 durch Größe und funktionale Rasterung der Fassade in konsequenter Weiterentwicklung der seit Anfang des 20. Jh. den Industriebau bestimmenden Entwurfskriterien. – Im Äußerlichen fast unverändert der 1911 nach Entwurf von W. Fuchs in zeitgenössischem Heimatstil mit neoklassizistischen Anklängen fertiggestellte **Bahnhofsneubau** an der Strecke Hechingen–B. der Hohenzollernbahn (eröffnet 1. 8. 1874).

B.-Engstlatt

Das Herzstück des **Säge- und Sperrholzwerkes Georg Schneider** (am Bahnhaltepunkt) bildet eine *Lokomobile* (1942, Assmann & Stocker, Stuttgart-Münster), die mittels Riemenübersetzung und Unterflurtransmission das Sägegatter und über ein zweites Schwungrad und Transmission einen 160-kW-Generator antreibt. Leistung: 240 PS bei 210 U/min. Die Lokomobile wurde urspr., um 1840, als ortsunabhängige Dampfmaschine für die Landwirtschaft entwickelt.

Lit.: BM 1913; Krins 161.

Balve (Märkischer Kreis/H3) NW

Basis einer **Kalk-Schachtofenbatterie** (Hönnetalstraße) auf rechteckigem Grundriß in Bruchsteinmauerwerk als frühes Zeugnis der seit 1896 im oberen Hönnetal entstandenen Kalkindustrie.

B.-Eisborn

Aus Bruchstein gemauerte **Kalkofenanlage** (Kalkwerk Horst) des ausgehenden 19. Jh. mit drei Schachtöfen auf gemeinsamem rechteckigem Basisgeschoß.

Balve-Eisborn. Kalkwerk Horst, Schachtöfen

B.-Wocklum

● **Luisenhütte.** Gefördert durch den Freiherrn Ferdinand von Landsberg, der Hochofenanlagen in Ober-Rödinghausen, Sundwig und Wocklum errichten ließ, kam es in der 1. Hälfte des 18. Jh. zu einer Wiederbelebung der bereits vor dem 30jährigen Krieg betriebenen Eisenindustrie im Hönnetal. 1833–34 erhielt die 1748 auf alter Eisenschmelzstätte neugegr. *Wocklumer Eisenhütte* mit *Hammerwerk* nach Plänen des Geometers Padberg einen neuen Hochofen, der bereits 1854 auf 11 m erhöht wurde. Ein Zylindergebläse mit Wasserradantrieb (Kraftübertragung durch Kurbeln und Balanciers) sowie Windkessel und Dampfgebläse von 10 PS (Dampfkesselheizung durch Gichtgas) ersetzten das urspr. Kastengebläse, eine *Gießerei* mit zwei Kupolöfen ergänzte das Hammerwerk. 1865 stillgelegt, dient der weitgehend erhaltene Gebäudekomplex klassizistischer Formgebung aus Bruchstein und Fachwerk im Bauzustand von Mitte des 19. Jh. heute als *Museum:* Hauptgebäude mit dem ältesten erhaltenen Holzkohlehochofen der alten Bundesrepublik Deutschland; Maschinenhaus mit Gebläse und Balanciers; Dampfmaschine mit Gebläsezylinder und Windkessel; Gießerei mit zwei Kupolöfen und hölzernem Schwenkkran; Nebengebäude und Hüttenteich.

Lit.: Slotta I; Paul II, NW 243; Dpfl. NW/WF.

Bamberg (OFr./Bamberg/K8) BAY

Bahnhof (Ludwigstraße). Bei der Eröffnung des planmäßigen Betriebes auf der Strecke Nürnberg–B. der Ludwigs-Süd-Nord-Bahn am 1. 10. 1844 präsentierte sich das von Friedrich Bürklein geplante *Empfangsgebäude* noch ähnlich dem zweiten Augsburger Bhf. als eingesch. Komplex mit zentralem, von Uhrtürmchen bekröntem Mittelpavillon und beidseitig die Verbindungstrakte flankierenden Eckpavillons (ähnlich den bad. Bahnhöfen Friedrich Eisenlohrs) sowie gleisseitig einer hölzernen Einstiegshalle. Im Zusammenhang mit dem zweigleisigen Ausbau der Strecke zwischen Nürnberg und B. 1889/90 erste, nach Anbindung mehrerer Nebenbahnen bis 1900 zweite Aufstockung auf einheitlich drei Geschosse bei Überhöhung des nun zum Risalit gewordenen Mittelpavillons. 1908 neoklassizistische Veränderung der stadtseitigen Fassade. – An der Brennerstraße das ehem., 1854–55 bei der Einleitung der Ludwigs-West-Bahn erbaute **Werkstättengebäude.** – **Bahnbetriebswerk** (Gundelsheimer Straße) mit zwei je 21ständigen Ringschuppen, Verwaltung und Übernachtungsgebäude in Backsteinrohbau ab 1901. Die den Lokringschuppen (1901/07) zugeordneten Drehscheiben (Dm. 23 m) von 1929 bzw. 1948.

Hafenanlagen. Mit Fertigstellung des Ludwigs-Donau-Main-Kanals 1846 erhielt B. neue Be- ●

deutung als wichtiger Zwischenhafen im Schiffsverkehr zwischen Rhein und Donau. Auf der aus Natursteinquadern gefügten Kaimauer am Nonnengraben erinnern vor dem Kanalpackhaus zwei eiserne Drehkräne (→Kehlheim, →Schweinfurt, →Frankfurt a. M.-Höchst) mit zeittypischem Blechdach und Ausleger, gebaut von der Gießerei I. W. Spaeth in Dutzendteich, an die Funktion des ehem. Kanalhafens. Zwei weitere Krane gleicher Bauart und -zeit an der ehem. Schiffslände (»Am Kanal«).

Schlachthof (Lichtenhaldstraße). In Anlehnung an das hist. Stadtbild erbaute die Stadtgemeinde 1903 nach Entwurf von Hans J. Erlwein eine Schlachthofanlage, deren öffentl. wirksame Gebäude – Verwaltung und Restauration – sich in noblem Neobarock präsentieren. Den sonst üblichen separaten Wasserturm ersetzt ein ringförmig konstruierter Intze-Behälter (80 cbm) auf dem Kesselhausschornstein, hier jedoch nicht direkt am Schornstein, sondern auf einem Hüllzylinder abgestützt, in dem sich auch die Revisionstreppe befindet.

ERBA-Werk (ERBA-Brücke). In wesentlichen Teilen erhaltene Fabrikanlage des 19. Jh. der 1856 gegr. Erlangen-Bamberger Wollspinnerei. Mit mehrgesch. Spinnereigebäude (EG. / 1. OG. in Bruchsteinmauerwerk 1856–58, Aufstokkung in Backsteinmauerwerk unter Beibehaltung der Eckquaderung im letzten Viertel 19. Jh.), ehem. Verwaltung in spätklassizistischen Formen um 1870 und 1915 neu errichtetem Kraftwerk. Die Maschinensätze von 1915/27 (Francis-Turbinen und Regler von Voith, Heidenheim; Generatoren von Siemens; Ausgleichsgetriebe von J. Kachelmann & Sohn, Bamberg, um 1925; Kegelrad der Erstausstattung) und 1948 (Kaplan-Turbine, Generator von BBC, Mannheim). In der Kraftzentrale Dampfturbine der Zahnradfabrik Renk AG, Augsburg, von 1960 mit 4280 PS.

Mälzerei Mich. Weyermann (Brennerstraße). Die Bauten der 1879 gegründeten Mälzerei gehören zu den imposantesten Anlagen des Brauereigewerbes in Franken. Neben dem Komplex der in Backsteinrohbau ausgeführten neoromanischen Bauten (Fruchtsilo, Darre usw.) an der Brennerstraße das neoklassizistische Verwaltungsgebäude von 1911.

Lit.: Slotta I; Merkl 99; Dpfl. BAY.

Barlt (Süderdithmarschen / C 5) SH

Windmühle Ursula. Taillierter Galerieholländer (1881) auf polygonalem Grundriß, 1925 auf Windrosette und Jalousieflügel umgerüstet.

Lit.: Paul I, SH 4; Fröde 153.

Barsinghausen (Hannover / F 6) NS

In B.-Bantorf zu Wohnzwecken umgebautes **Schachtgebäude** (Alte Zeche 7–17) in retardierenden Formen des romantischen Spätklassizismus der 1867 in Ergänzung des 1854 abgeteuften Karlschachtes eingerichteten, 1928 geschlossenen Antonius-Zeche. – In B.-Wichtringhausen viergesch. **Holländerwindmühle** (An der Windmühle 26) von 1819.

Barßel (Cloppenburg / D 3) NS

An der Straße nach Friesoythe (Müllerweg) das Ensemble der von Johann Friedrich Epkens errichteten **Mühle** mit Galerieholländer über dreigesch. Turm von 1854. Müllerhaus (Restaurant) und Maschinenhaus um 1910. – In Elisabethfehn sind noch zahlreiche der für Ostfriesland charakteristischen, hier in Eisen ausgeführten **Ziehbrücken** über den 1893 angelegten gleichnamigen Kanal zu sehen.

Lit.: Dpfl. NS.

Bayerische Eisenstraße BAY (OPf. / K 8–M 9)

● Die **Bayer. Eisenstraße** mit dem Bergbau- und Industriemuseum Ostbayern in →Kümmersbruck-Theuern als wissenschaftlichem Zentrum verbindet als sog. Ferienstraße die hist. Eisenerzreviere Ostbayerns (Pegnitz, Auerbach, Sulzbach-Rosenberg und Amberg) über die Wasserstraßen von Vils und Naab mit dem Handelszentrum Regensburg. Wichtigste Stationen: *Pegnitz* mit der seit den 1930er Jahren bis zur Stillegung 1967 bedeutenden Grube Kleiner Johannes und Zeugen des aufgegebenen Bergbaues auf Farberden; *Auerbach* mit den Tagesanlagen der 1904 abgeteuften Doppelschachtanlage Maffai 1/2 und der Schachtanlage Leonie von 1971; →*Sulz-*

bach-Rosenberg mit der Maxhütte und dem 1974 stillgelegten St.-Anna-Schacht am Fuße des Annaberges, der eine Wallfahrtskirche trägt; →*Amberg* mit zahlreichen auf den Bergbau bezogenen Kulturdenkmälern; *Wolfsbach* mit Hammergutshaus um 1600 und Kleinwasserkraftanlage am Standort des ehem. Hammerwerkes; *Kloster Ensdorf* als ehem., durch die Eisenhüttenindustrie vermögend gewordenes geistiges Zentrum im mittleren Vilstal; *Schmidmühlen* mit Hammerherrenschloß um 1700; *Dietldorf* mit Hammerherrenschloß von 1700–05 als bedeutendster profaner Renaissancebau der Oberpfalz; *Rohrbach* mit Hammerherrenschloß von 1586; *Carolinenhütte* als die einzige im Bereich der Eisenstraße noch betriebene Eisengießerei; *Kallmünz* mit malerischem Ortsbild am Schnittpunkt zweier Fernstraßen, steinerner Naabbrücke und Grabsteinen von Hammerherren; *Heitzenhofen* mit Hammergut von 1460, Kleinkraftwerk von 1925 und restaurierter Kammerschleuse von 1837–38; *Regensburg* mit dem Eisenhafen (Eisengredt).

Lit.: Götschmann.

Bayreuth (OFr./Bayreuth/K9) BAY

Bahnhof. Seit 28. 11. 1853 über Neuenmarkt mit der Ludwigs-Süd-Nord-Bahn verbunden und am 15. 7. 1877 in Schnabelwaid an die Fichtelgebirgsbahn angeschlossen, erhielt B. in dem 1890 nach Entwurf von Georg F. Seidel fertiggestellten Neurenaissance-*Empfangsgebäude* ein monumentales Entree für die Besucher der 1876 eingerichteten Richard-Wagner-Festspiele. Bei grundsätzlicher Übernahme des traditionellen fünfteiligen Organisationsschemas behandelte Seidel die mit Bögen übergiebelten Seitenpavillons und die im EG. durch Arkaden geöffneten Zwischentrakte in der Höhenentwicklung gleichwertig, zugunsten des massigen Mittelbaus, dessen Funktion als Haupteingang wegen lediglich einer zentralen Öffnung jedoch kaum erkennbar wird.

Bebra (Hersfeld-Rotenburg/I6) HS

Aus den bescheidenen, urspr. für die Kurfürst-Friedrich-Wilhelms-Eisenbahn (18. 9. 1848 Bebra–Guxhagen, 25. 9. 1849 Gerstungen–Bebra) errichteten Bahnanlagen entwickelte sich mit Inbetriebnahme der Bebra-Hanauer Eisenbahn (22. 1. 1866 Bebra–Hersfeld, 15. 12. 1868 Verbindung bis Hanau, 15. 11. 1873 bis Frankfurt a. M., 31. 10. 1875 Bebra–Eschwege) der bekannte Haupt-Bahnknoten als **Umsteigebahnhof** zwischen den Strecken nach Hannover und Berlin. Zur Bewältigung des Verkehrs wurde das alte spätklassizistische *Empfangsgebäude* beidseitig durch Flügelbauten und Eckpavillons gleichen Stils erweitert. Für den Betriebshalt mit Lokomotivwechsel besonders bei den Fernzügen entstanden nach 1887 zwei einschl. der Drehscheiben nach 1945 modernisierte Ringlokschuppen. Außerhalb des Bahnhofs in markanter Situation der ehem. **Bahnwasserturm** von 1910 (verm. Ersatz ● für einen Vorgänger von 1888), mit prägnantem, durch Halbsäulen gegliederten Schaft in Backsteinrohbau, dessen betoniertem Wulstgesims ein eiserner Kugelbehälter mit Stützboden (ca. 475 cbm, Dm. 10,6 m) auflagert, in der Kontur durch äquatorial angebrachten Laufsteg und Revisionsdrehleiter akzentuiert (ein formal gleicher, nicht ausgeführter Entwurf der Dir. Frankfurt a. M., dat. 1914, existiert nach Paul-Georg Custodis für den Bahnwasserturm auf dem Bahnhof →Altenkirchen). – Die aufwendige, durch polygonale zinnenbewehrte Türme und verbindenden Bogenfries geprägte neoromanische Portalgestaltung (→Bad Sooden-Allendorf, Schürzeberg-Tunnel; →Oberhone) des 1873–75 gebauten 719 m langen **Cornberger Tunnels** (B.-Rautenhausen) der Bebra-Hanauer Eisenbahn entspricht der zeitgemäßen Auffassung von Tunnelarchitektur.

Lit.: Merkl 112.

Beerfelden (Odenwaldkreis/L5) HS

Zu den interessantesten Kunstbauten des am 1. 6. 1882 eröffneten Abschnitts Erbach–Eberbach der im Auftrag der Hess. Ludwigsbahn gebauten *Odenwaldbahn* gehören der monumentale, mit acht Rotsandsteinbögen das Tal des Himbächel überbrückende **Himbächel-Viadukt** ● (1880–81) nördl. von B.-Hetzbach und der 3,1 km lange, den Krähberg zwischen B.-Hetzbach und Hesseneck-Schöllenbach unterfahrende, nach belg. System von Ing. Arnoldi erstellte, gleichnamige *Tunnel* (1879–81). Die Architektur nach Entwürfen von Justus Kramer.

Lit.: ZA+IVH 1881; ZA+IW 1882.

Bendorf (Mayen-Koblenz/J 3) RP

Als eine der bedeutendsten Hinterlassenschaften der Baukunst des industriellen 19. Jh. ist die 1828–30 von Carl L. Althans (1788–1864) geschaffene Gießhalle der 1769/70 durch den Trierer Kurfürsten Clemens Wenzeslaus gegr., 1815 dem Kgl. Preuß. Hüttenamt unterstellten ● **Eisenhütte am Saynbach** in B.-Sayn zu werten. Die neugotische, dreischiffig basilikale Gußeisenkonstruktion der urspr. sechsjochigen, 1844 um vier Joche erweiterten Halle aus genormten Teilen stammte aus eigener Fertigung der sonst vorrangig Ausrüstungsmaterial für die preuß. Festungen des Mittelrheins produzierenden Hütte. Der vor dem Ostgiebel als »Querschiff« angeordnete ehem. Hoch- und Kupolofenbereich ist ebenso rekonstruiert wie die verglaste Westfassade mit ihrem kompliziert gekurvten gußeisernen Sprossenwerk. An den dorischen Gußeisensäulen des Mittelschiffes blieben vier erstmals auf Kugeln gelagerte *Schwenkkräne* erhalten. Nach der Übernahme durch Krupp 1865 wurde 1876 mit dem Ausblasen des Hochofens die Hütte auf reinen Gießereibetrieb umgestellt und 1926 stillgelegt. Privater Initiative zu verdanken ist die Erhaltung eines der frühesten Bauwerke, die das von Friedrich Weinbrenner schon 1819 propagierte Prinzip der modernen Architektur, nämlich die Übereinstimmung von ästhetisch befriedigender Form und Zweckbestimmung, verwirklichen. – Auf der Vier-Winden-Höhe Rostöfen der 1872 zum Tiefbau übergegangenen ehem. **Grube Werner** (Grube Vierwinde). – Das im Rundbogenstil des romantischen Spätklassizismus 1838 auf kreuzförmigem Grundriß errichtete ehem. Gießhaus (heute Modellschreinerei) der im gleichen Jahr in B.-Mühlhofen durch die Gebr. Lossen als Nachfolgerin eines seit Ende 17. Jh. bestehenden Eisenhammers gegr. **Concordia-Hütte** gehört neben der Sayner Hütte zu den ältesten Zeugen der Eisenverhüttung im Gebiet um B. – Modernste Technik der Wende zum 20. Jh. dokumentiert die museal restaurierte Einrichtung der im 18. Jh. bezeugten, verm. aus dem Spät-MA stammenden **Heinsmühle.**

Lit.: Slotta I; Custodis; VDI 1889.

Benediktbeuern BAY
(OB/Bad Tölz-Wolfratshausen/P 8)

1804 erwarb der bayer. Unternehmer und Kameralist Joseph von Utzschneider, der in München u. a. zusammen mit Reichenbach und Liebherr ein renommiertes Mechanisches Institut betrieb, das im Jahr zuvor durch die Säkularisation aufgehobene Kloster B., wo er bereits 1805 zwei **Glashütten** zur Herstellung von gemeinem ● (Gebrauchsglas) und von optischem Glas einrichtete. Nach Verkauf des Klosters 1819 an die bayer. Militärverwaltung bestand die Gebrauchsglashütte unter deren Leitung bis 1844 und wurde 1847 abgebrochen. Von dem Verkauf ausgenommen blieb die im ehem. Waschhaus des Klosters untergebrachte Hütte für optisches Glas, die noch eine Zeitlang das Mechanische Institut in München belieferte und erst in den 1890er Jahren den Betrieb einstellte. Mit zwei Hafenöfen samt Zubehör und den zu den Öfen gehörigen Schwenkkränen zum Einsetzen und Ausheben der Häfen hat sich die 1962 restaurierte Hütte weitgehend im urspr. Zustand erhalten. Besondere Bedeutung besitzt die Glashütte als Wirkungsstätte von Joseph von Fraunhofer (1787–1826) in den Jahren 1807–19; hier hat er 1814 die nach ihm benannten dunklen Linien im Sonnenspektrum entdeckt.

Lit.: Jebsen-Marwedel.

Berchtesgaden BAY
(OB/Berchtesgadener Land/P 11)

Bahnhof. *Empfangsgebäude* als dominierender Baukörper in einer gegen das Tal der Königsseer Ache weisenden Platzwand zwischen Sachlichkeit und Heimatstil der 1930/40er Jahre.

Salzbergwerk. Mit der Verleihung des Salz- und Bergregals durch Kaiser Friedrich I. am 13. 7. 1156 an das Stift Berchtesgaden wird der Salzbergbau im B.er Land erstmals urkundlich bezeugt, die Geschichte des Salzbergwerks B. begann jedoch erst 1517 mit dem Anschlagen des Petersberg-Stollens unter Fürstpropst Gregor Rainer. Die Sole wurde zunächst in der Saline Schellenberg, ab 1555 in der B.er Saline Frauenreuth verarbeitet. Fürstpropstei B. und Salzrechte fielen 1815 an Bayern, das bereits 1816 das Bergwerk über eine 27 km lange, von Georg von Reichenbach geplante Soleleitung aus Deicheln, d. h. der Länge nach durchbohrten Baumstämmen, an die von Bad Reichenhall zu den Salinen Traunstein (1618–1912) und Rosenheim (1810–1958) führenden Fernleitungen anschloß. Diese Fernleitungen waren 1617–19 nach Traunstein verlegt und im Zusammenhang mit dem Bau der Rosenheimer Soleleitung 1809–10 durch G. v. Reichenbach modernisiert worden. Das Herzstück der neuen Soleleitung bildete die von G. v. Reichenbach konstruierte, seinerzeit als größte Maschine der Welt gefeierte *Wassersäulenmaschine,* mit der die Sole bei einem Treibwasserdruck von 112 m auf eine Höhe von 356 m gehoben wurde. Nach ihrer Stillegung bei Inbetriebnahme der modernisierten Leitung 1927 erhielt sie, ausgebaut aus dem klassizistischen Brunnenhaus Ilsank, einen musealen Standort im Besucherbergwerk. Gegenüber dem Stollenmundloch die ehem. Berkkanzlei, Werkstätten- und Magazingebäude von 1834 am Ufer der B.er Ache.

In der Bräuhausstraße die interessante Gruppe des **Hofbräuhauses** in neoklassizistisch und barock beeinflußtem Heimatstil nach einem Entwurf von Franz Zell, München, 1906–07. – An der B.er Ache das **Kleinkraftwerk Gartenau** (1907) mit orig. Turbinen und Generatoren von 1941.

Lit.: Schwarz; IB 1910; Slotta II.

Bergisch-Gladbach NW
(Rheinisch-Bergischer Kreis/I2)

Unter der B.-G.er Industrie besitzt die Papierherstellung seit dem 16. Jh. besondere Bedeutung. Von den 1595 erstmals erwähnten **Papiermühlen** am Strunder Bach (Haupt-, Kürtener Straße), die in der 1. Hälfte 19. Jh. zumeist in der Papierfabrik J. W. Zanders aufgingen, zeugen noch Fabrik- und Verwaltungsbauten und ein mit Zinnen besetzter Turm in Backsteinrohbau (um 1900) auf dem Industrie-Areal Lochermühle, ferner der schlichte Putzbau der Igler Mühle und die Fabrikanlage Igler Hof (um 1915). – Zu den frühesten Gebäuden der zwischen 1699 und 1725 errichteten, noch vollständig erhaltenen **Papiermühle Alte Dombach** gehört ein aus mehreren Fachwerkbauten bestehender Komplex mit der eigentlichen Papiermühle, dem Mühlhaus und Wohngebäuden. 1875 von der Papierfabrik J. W. Zanders übernommen, seit der Stillegung 1931 nur noch zu Wohnzwekken genutzt, entsteht heute in dem hist. Ensemble eine Außenstelle des Rhein. Industriemuseums. – Auf dem Quirlsberg ein zur Wasserversorgung der Papierfabrik J. W. Zanders im Strunder Bachtal nach Planung von Ing. Klingner in Anlehnung an ma. Burgenarchitektur errichteter **Wasserturm** (1905–06). Im Inneren des Bruchsteinzylinders mit Bogenfries und Zinnenkranz befindet sich im Abstand von 1,715 m ein zweiter Schaft zur Aufnahme des eisernen Intze-Stützbodenbehälters (Dm. 6,03 m, H 10,05 m, Ges.-H 14,4 m) von 250 cbm Nutzinhalt. Ab 1935 zur Leitungsentlüftung genutzt.

Lit.: Slotta II; Schriften des Rhein. Ind. Mus. 1984.

Bergkamen (Unna/H3) NW

B.-Oberaden

Bergwerk Haus Aden (Roterbachstraße). Modernes Doppelstrebengerüst in Vollwandbauweise über einer zwischen 1938 und 1943 abgeteuften Doppelschachtanlage.

B.-Rünthe

Zeche Werne (Zechenweg). Auf dem Gelände der ab 1899 eingerichteten, 1975 stillgelegten ehem. Zeche stehen mit der nach Entwurf von Peter Gaertner 1914–15 durch die Maschinenbau-Anstalt Humboldt, Köln-Kalk, errichteten (modern veränderten) Kohlewäsche und dem etwa gleichzeitig entstandenen Verwaltungs- und Kauengebäude zwei typische Vertreter neoklassizistischer Bergwerksarchitektur.

Bergneustadt (Oberbergischer Kreis/I3) NW

Nördl. B. dient die 1927–29 errichtete **Aggertalsperre** (Beton-Schwergewichtsmauer mit luftseitiger Natursteinverkleidung, H 45 m) mit einer Staufläche von 120 ha (Inhalt 19300 cbm) der Energieerzeugung, dem Hochwasserschutz und als Trinkwasser-Reservoir.

Bad Bergzabern RP
(Südliche Weinstraße/M 3)

Das repräsentative, aufwendig durch Risalit, überkuppelten Turm und Ziergiebel gegliederte **Empfangsgebäude** am Endpunkt der in Winden von der Strecke Landau–Karlsruhe abzweigenden Nebenbahn (eröffnet 13. 4. 1870, Pfälz. Maximiliansbahn) lehnt sich mit gotischen und renaissancistischen Gestaltungselementen eng an die in der Stadt vorherrschende Architektur an.

Beselich-Schupbach HS
(Limburg-Weilburg/J 4)

Im Kerkerbachtal erinnern das ehem. Verwaltungsgebäude aus dem späten 18. Jh. (Portal mit wappengeschmückter Supraporte) und quadr. Turmstumpf (dat. 1783) mit innerer Basaltausmauerung (verm. ehem. Hochofen) an die 1783–84 in Betrieb gegangene **Christianshütte**, die von 1822 bis zum Ausblasen des Hochofens 1876 zu den Buderusschen Eisenwerken gehörte.

Lit.: Slotta V,1; Ferfer.

Besigheim (Ludwigsburg/M 5) BW

Die seit jeher bedeutende Straße von Stuttgart nach Heilbronn (B 27) überquert die Enz mit zwei **steinernen Brücken.** Die ältere errichtete Martin Metzger 1581, die jüngere entstand als Ersatz einer 1824 zerstörten Brücke nach Planung von Carl v. Etzel (d. Ä.) 1832–35 dreibogig in Keupersandstein. – Mit ihrer Architektur steht die 1952–55 errichtete **Staustufe** B. (→ Neckarkanalisierung) noch ganz in der Tradition der in den 1920er Jahren durch die Neckar-AG Stuttgart unter der Beratung von Paul Bonatz zwischen Mannheim und Heilbronn fertiggestellten Wehranlagen. – Südl. des Ortes überfährt die am 25. 7. 1848 eröffnete **Bahnlinie** Bietigheim–Heilbronn auf einer *Brücke* mit fünf Öffnungen Landstraße und Fluß. Die heutige doppelspurige Ausführung (1920er Jahre) des eisernen Oberbaues basiert auf der konstruktiven Konzeption der 1874–76 ausgeführten Eisenfachwerkträger (Maschinenfabrik Esslingen) für eine eingleisige Brücke mit Spannweiten von 36 bzw. 47,12 m. Ein Joch ist durch Balkenträger modern ersetzt.

Lit.: ABZ 1878.

Bestwig-Ramsbeck NW
(Hochsauerlandkreis/H 4)

Das **Bergbaugebiet** um R., 1518 erstmals urkundlich erwähnt, mit Sicherheit jedoch bereits Jahrhunderte früher ausgebeutet, gehörte zu den ältesten nördl. der Alpen, in denen Bergbau auf Blei- und Zinnkerze umging. Nach Stillstand während des 30jährigen Krieges lebte der Abbau im 18. Jh. unter den Kölner Kurfürsten und Erzbischöfen erneut auf, um nach einer manipulierten Scheinblüte unter Marquis de Sassenay 1855 völlig zusammenzubrechen. Die unter Sassenay begonnene Rationalisierung der Abbauverfahren bildete jedoch die Grundlage für die Aufwärtsentwicklung der Gruben in der 2. Hälfte des 19. Jh. Nach Schließung der Grube Vereinigte Bastenberg und Dörnberg 1974 Neunutzung durch die Metallgesellschaft als Museum mit *Besucherbergwerk.* Über dem Ort ein Wetterkamin; in seiner Nähe am Nordhang des Bastenbergs liegt der verschiedentlich in die Bronzezeit datierte Venetianerstollen.

Lit.: Slotta IV,1.

Beuron (Sigmaringen/O 5) BW

Mit zwei Sprengwerken von je 26,5 m ermöglicht eine verschindelte **Holzbrücke** von 1803 (1936 saniert) den Übergang über die Donau. Der nachträglich angefügte Fußgängersteg zerstört die urspr. Axialsymmetrie der Portale.

B.-Hausen im Tal

Auf dem **Bahnhof** an der Strecke Tuttlingen–Inzigkofen (eröffnet 27. 11. 1890) haben sich aus der Bauzeit ein zylindrischer, aus drei Reihen rechteckiger Bleche genieteter *Flachboden-Brauchwasserbehälter* (100 cbm Inhalt) auf eiserner Unterkonstruktion und ein dazugehöriger Wasserkran erhalten. Das *Stationsgebäude* tradiert den bereits für die Strecken Mengen–Scheer (13. 11. 1870)–Sigmaringen (26. 7. 1873) entwickelten zweieinhalbgesch. Typenbahnhof mit zentralem Risalit, Rundbogenöffnungen im Natursteinmauerwerk des EG. und vertikaler Verbretterung des DG. und der Giebel. Einseitig flankierend ein verbretterter Güterschuppen. – Das formal gleiche **Stationsgebäude B.-Thiergarten** besitzt beidseitig Schuppen.

Lit.: Slotta I/II; Paul III, BW 19; ZA+IVH 1892.

Beuron-Hausen im Tal. Bahnhof, Wasserbehälter und Flügelsignale

Beveroe (Flensburg-Schleswig/A6) SH

Schöpfmühle Charlotte (Über Gelting-Goldhöft). Reetgedeckter, taillierter Erdholländer auf oktogonalem Grundriß, 1826 als Entwässerungs- und Kornmühle errichtet.

Lit.: Paul I, SH 7; Fröde 153.

Biberach an der Riß (Biberach/O6) BW

● Außerhalb des hist. Zentrums der alten schwäb. Reichsstadt liegt eine noch arbeitende **Weißgerber-Walk** (Ehinger Straße 48). 1590 erstmals erwähnt, wurde das Hauptgebäude nach Zerstörung 1699 in seiner heutigen Form neu errichtet. Zum Walkgebäude gehören ein für acht Hammerpaare (5 in Betrieb) ausgelegtes Walkwerk, im verbretterten Radhaus an der Ostseite des Hauptgebäudes ein unterschlächtiges Wasserrad (Dm. 5 m, B 1,3 m).

Lit.: Paul III, BW 20; Krins 162.

Biebergemünd (Main-Kinzig-Kreis/K5) HS

Nach einem Projekt von Johann Peter Wilhelm Schmick entstand in der Vogelsberg- (1870–73; 66 km) und Spessartquellwasserleitung (1873 bis 1875) zur Versorgung der Stadt → Frankfurt a. M. eine der ersten **Fernwasserleitungen** Deutschlands mit zahlreichen in rotem Spessartsandstein ausgeführten Quellfassungen und Wasserstollen in qualitätvoller Architektur zumeist der Neurenaissance. Im Biebergrund (B 276) die Fassungen der Großen und Kleinen Bieberquelle, Glasborn, Ober- und Untermüller und Dachsborn sowie die Mundlocharchitektur von Elsenbach- und Kesselgrundstollen (Büchelbach über B.-Gassen, Vilbacher Straße) in ital. anmutender Grünanlage.

Lit.: Die Wasserversorgung von Frankfurt a. M. 1903, Städt. Tiefbauamt.

Bielefeld (Bielefeld/G4) NW

Als Ort erstmals in der 1. Hälfte des 11. Jh. erwähnt, wurde B. von Graf Hermann von Ravensberg offiziell um 1210 an der Handelsstraße nördl. des Osningpasses (Teutoburger Wald) mit der heutigen Altstadt gegründet, danach 1520 mit der gegen 1280 entstandenen Neustadt vereinigt. Im 14. Jh. pflegte das Mitglied der Hanse Handelsbeziehungen nach ganz Nordeuropa. Die Anfänge der Textilindustrie liegen im späten 18. Jh. mit Einrichtung einer holl. Bleiche (1768), einer Seifenfabrik und Damastweberei (1782–83) im »Fabriquengarten« im NO der Stadt, erweitert um 1790 durch mehrere Bleichen und eine Zwirnfabrik. Mit der Mechanisierung der Leinenproduktion nach 1842 und der Gründung von Nähmaschinenfabriken nach 1865 rasche Entwicklung zur Industriestadt.

Hauptbahnhof. *Empfangsgebäude* von 1907–10 nach Planung der Kgl. Eisenbahn-Dir. Hannover als Ersatz des 1847–49 durch die Cöln-Mindener Eisenbahn (Hamm–Gütersloh–Bielefeld–Minden, eröffnet 15. 10. 1847) in spätklassizistischen Formen errichteten Stationsgebäudes. Symmetrische, auf Stadt- und Gleisseite identische Baugruppe mit einer zentralen, von kassettierter Tonne überwölbten und einem axialen Risalit betonten Haupthalle, die niedrigere Seitenflügel flankieren. Die vom Jugendstil beeinflußten Fassaden in rustiziertem Naturstein-Quadermauerwerk mit Architekturteilen in Werkstein. Reich ornamentiertes Gewände des Thermenfensters, darüber das Reichswappen, flankiert von »Wilden Männern«.

Schlachthof (Walter-Rathenau-, Werner-Bock-Straße). Das Verwaltungsgebäude des 1883–84 nach Entwurf des Architekten Bartholomé, Siegen, erbauten öffentl. Schlachthofes zeigt eine kräftig durch getreppte Lisenen und Gesimse profilierte Backsteinrohbau-Fassade mit z.T. als Biforien gestalteten Bogenfenstern.

An die Bedeutung der Industrie für B. im 19. Jh. erinnert eine als Denkmal vor dem Fachbereich Technik der **Fachhochschule** (Wilhelm-Bertelsmann-Straße) plazierte, urspr. 1842 (als zweites Exemplar in der Stadt) auf dem Gelände des »Fabriquengarten« installierte und bis 1907 tätige Dampfmaschine.

● **Ravensberger Spinnerei AG** (Heeperstraße 35). Um die Krise der örtlichen Textilindustrie zu beenden, gründeten ortsansässige Kaufleute auf Initiative des Leinen- und Seidenfabrikanten Hermann Delius 1854 die R.er Spinnerei zur zentralisierten und mechanisierten Herstellung von Leinen. Zwischen 1855 und 1862 entstand nach der Konzeption und unter der techn. Leitung von Friedrich Kaselowsky, einem der führenden Spinnereifachleute Preußens, mit dem für 22000 Spindeln ausgelegten Spinnereigebäude der erste industrielle Großbau in Westfalen. Der langgestreckte dreigesch. Baukörper aus Kalkstein mit gleichmäßiger Fensterreihung über 33 Achsen, auf der Parkseite axial betont durch überhöhten Risalit mit polygonalem Erker, ebensolchen Ecktürmchen und Zinnenkranz in formaler Anlehnung an den Tudorstil, entsprach trotz des schloßähnlichen Äußeren durch die Anordnung eines zentralen Maschinen- und Kesselhauses auf der Gebäuderückseite und eines die Spinnmaschinenaufstellung berücksichtigenden Rasters der gußeisernen Stützen im Inneren allen Anforderungen eines modernen funktionalen Fabrikbaues. 1892 Erweiterung durch die zweigesch. Hechelei in Werkstein. Stillegung 1972, Neunutzung nach teilweisem Umbau durch die Volkshochschule seit 1986. In den Nebengebäuden (Shedhalle, Schlosserei, Karderie usw.) ist die Einrichtung eines hist. Museums geplant.

Bielefelder AG für mechanische Weberei (Teutoburger Straße). Bereits im Statut der Ravensberger Spinnerei festgeschrieben, erfolgte die Gründung der Mechanischen Weberei am 11. 9. 1862, der Neubau eines Fabrikgebäudes 1863. In der Gesamtanlage ähnlich der R.er Spinnerei, jedoch insgesamt um ein Geschoß niedriger, wird der Hauptbau dominiert durch einen mittleren, dreigesch. Kubus mit quadr. Frontturm und überhöhten Eckpavillons bei Wiederholung des Turmmotivs. Den Backsteinrohbau gliedern Rundbogenfenster im EG. und Biforien, diese gerahmt von Lisenen im OG., Würfel- und Bogenfriese sowie Ecktürmchen. Neunutzung nach Produktionseinstellung 1974 durch ein SB-Warenhaus bei nur teilweiser Erhaltung des Webereigebäudes.

Dürkoppwerke AG (Nikolaus-Dürkopp-, August-Bebel-Straße). 1867 als Nähmaschinen-Werkstatt von dem Herforder Nikolaus Dürkopp gegr., entwickelte sich das 1889 in B.er Maschinenfabrik vorm. Dürkopp & Co. umgewandelte Unternehmen, das ab 1885 auch Fahrräder, ab 1894/97 auch Motorfahrzeuge herstellte, bis zum 1. Weltkrieg zu einem Nähmaschinenproduzenten von Weltgeltung. An der NO-Ecke Turner-/Nik.-Dürkopp-Straße die älteste erhaltene

Bielefeld. Mechanische Weberei

Fabrik des Unternehmens, ein dreigesch. Backsteinrohbau von 1887 (Architekt: Ziegler), ihr gegenüber Block 1 von 1905 (Bauleiter: Erich Schröder); beide vertikal gegliedert durch geschoßübergreifende Lisenen. An der Nik.-Dürkopp-Straße Block 3 in Formen des Neoklassizismus mit prägnanter zentraler, durch Kolossalpilaster ausgezeichneter Doppelturmfassade; Verbindungsbrücke über die Turnerstraße (1911–12) nach Entwurf von Bernhard Kramer. In klarem konstruktivem System als dreischiffige Halle mit symmetrischer Doppelgiebelfassade die ehem. LKW-Montagehalle von 1918 an der August-Bebel-Straße (Entwurf: C. A. Kurten, Bielefeld).

Baumhöfener & Heise (Feilenstraße). Nach Entwurf von Bernhard Kramer 1906 errichtetes Gebäude für die Herrenwäschefabrik (1918 aufgegangen in der Dornbusch & Cie. oHG) mit axialem Wasserturm und übergiebelten Seitenrisaliten. Die Fassade in Backsteinrohbau mit Putzfeldern und Schmuckformen des Jugendstils bestimmen der zweigesch. Bogen des axialen Haupteingangs unter dem seines Mansarddaches beraubten Turm und eine das 1. und 2. OG. verbindende Bogenstellung zwischen Kolossalpilastern. Im Hof zeittypischer schlichter Backsteinrohbau, 1901, von Erich Schröder.

Dr. August Oetker AG (Artur-Ladebeck-, Lutterstraße). Mit der Übernahme der Aschoffschen Apotheke in B. am 1. 1. 1891 legte August Oetker den Grundstein zu dem heutigen, anfangs durch seine Backhilfen bekannt gewordenen Nahrungsmittel-Großunternehmen. Nach dem Umzug der Fa. auf das Gelände zwischen Bahn und Lutterstraße entstanden 1912 der neoklassizistische »Backpulverbau« als Eisenbeton-Skelettkonstruktion, geprägt durch Kolossallisenen und eine Reihe von Zwerchhäusern nach Entwurf von W. Oldemeier und 1914 das »Puddingpulverhaus«. Erweiterungsbau an der Lutterstraße 1935 in Verblendmauerwerk im Stil der Neuen Sachlichkeit. Nach dem 2. Weltkrieg Übernahme des Geländes der ehem. Spinnerei Vorwärts an der Artur-Ladebeck-Straße mit

Hauptgebäude in Bruchstein von 1853 und Maschinenhalle um 1885.

B.-Schildesche

Vielbogiger **Eisenbahnviadukt** der Cöln-Mindener Eisenbahn (Teilstrecke Hamm–Gütersloh–Bielefeld–Minden, eröffnet 15. 10. 1847) in Naturstein-Mauerwerk über das Tal des Johannesbaches. Anläßlich des viergleisigen Ausbaues der Strecke 1914–17 um eine baugleiche zweigleisige Betonkonstruktion mit Natursteinverblendung erweitert. Nach Kriegszerstörung die Bögen im mittleren Bereich durch moderne Tafelkonstruktion ersetzt.

Lit.: ABZ 1854; DB 1886; Slotta I; Ukena; Paul II, NW 11; Böllhoff.

Bietigheim (Ludwigsburg/M5) BW

Für die Bahnlinie Ludwigsburg–B. (eröffnet 11. 10. 1848)–Bruchsal (1. 10. 1853) entstand in der Tradition röm. Aquädukte nach Entwurf von Carl Etzel (d. J.) 1851–53 der beeindruckende ● **Viadukt über das Enztal.** Mit der Addition von 21 Öffnungen (L 287 m, größte H ca. 33 m, Spannweite je 13,18 m) gehört die zweigesch. Bogenkonstruktion aus Keupersandstein zu den schönsten Kunstbauten (u. a. Göltschtal-Viadukt) aus der Frühzeit dt. Eisenbahnen. 1928 in der Krone von 7,45 m auf 9,18 m verbreitert, nach Teilzerstörung im 2. Weltkrieg Wiederaufbau von sechs Bögen aus eingefärbtem Beton. – In seltener Geschlossenheit hat sich am Fuße des Abendberges der Komplex der 1856 gegr. **Kammgarnspinnerei** (Besigheimer Straße) mit Spinnereigebäude, Fabrikantenvilla, Arbeiterwohnhäusern u. a. erhalten. Dominierend das nördl. der den Wehrkanal begleitenden Hallen (1867/1896) nach Entwurf von Philipp J. Manz, Stuttgart, auf unregelmäßigem Grundriß in Backsteinrohbau 1896 errichtete dreigesch. Spinnereigebäude in einer noch durch historisierende Gestaltungselemente – übergiebelte Pfeilervorlagen, Attika mit Rundbogenfries, als Schmuckelement ausgebildete Stürze – die Konstruktion verschleiernden Architektur. Ebenfalls im Tal zweigesch. Wohnhäuser in Fachwerk von 1864 bzw. 1900–10. An der Straße stehen neun zweigesch. Mehrfamilienhäuser als Mischkonstruktion von Backsteinrohbau und Fachwerk aus den Jahren 1899–1900/10 nach Entwurf von Schlösser & Weirether. Oberhalb der Straße aus gleicher Bauzeit ein Wohnhaus (verm. Werkmeister) in zweifarbigem Verblendmauerwerk. Südl. der Fabrik die Unternehmervilla von 1858 als Putzbau in weitgehend erhaltenem Park. Im Wehrkanal das Turbinenhaus von 1856.

B.-Bissingen

Nach Brandzerstörung (1904) der 1879–80 errichteten Großmühle am Standort einer erstmals 1471 erwähnten Enzmühle entwarf Phil. J. Manz den bis 1906 beendeten Um- und Wiederaufbau der Kunstmühle (**Stuttgarter Bäckermühlen AG,** Flößerstraße) mit fünf Vollgeschossen, akzentuiert durch zwei Treppenhausrisalite und einseitig gewichtendem Wasserturm, in einer die Tradition des 19. Jh. fortführenden historisierenden Architektur. Im W Silobau von 1934 mit weitgehend geschlossenen Wandflächen. An der Flößerstraße ein dreigesch. ehem. Wohn- und Ökonomiegebäude in zweifarbigem Verblendmauerwerk von 1884 mit eckbetonendem Trep-

Bietigheim. Bahnviadukt über das Enztal

pengiebel. Benachbart Wohngebäude für den Unternehmer C. Rommel von Manz (1905). Noch vor 1854 entstanden Wohnhaus und Kontorgebäude in spätklassizistischen Formen.

Lit.: ABZ 1856; Pottgießer; Paul III, BW 21; Dpfl. BW.

Bingen (Mainz-Bingen/K3) RP

Die siebenbogige **Drususbrücke** über die Nahe mit einer im ersten östl. Pfeiler eingebauten romanischen Kapelle gehört zu den ältesten Steinbrücken Deutschlands. Errichtet unter dem Mainzer Erzbischof Willigis (975–1011), blieb die Brücke bis zum Bau der Rhein-Nahe-Eisenbahn 1858, dem ein Bogen der W-Seite geopfert wurde, unversehrt. Nach der Teilzerstörung im 2. Weltkrieg in orig. Form, jedoch verbreitert, wiederaufgebaut. – Der in der 2. Hälfte des 16. Jh. aus Holz auf quadr. Grundriß errichtete, mit Schiefer verkleidete **Alte Kranen** (Rheinuferstraße) wurde nach Kriegsbeschädigung originalgetreu restauriert. – Auf dem Bahnhof Bingerbrück ein Ende des 19. Jh. für einen Vorgänger der Rhein-Nahe-Eisenbahn von 1858 errichteter halbkreisförmiger, teilweise ruinöser 23ständiger **Lokschuppen** mit zentraler Drehscheibe.

Lit.: Slotta I; Custodis.

Birstein-Fischborn HS (Main-Kinzig-Kreis/J5)

Solide ausgeführte **Quellfassung** (Aderborn, Straße nach B.-Oberreichenbach) der 1870–73 für die Versorgung der Stadt →Frankfurt a. M. aus dem Vogelsberg über 66 km gebauten Quellwasserfernleitung (→Biebergemünd).

Lit.: Die Wasserversorgung von Frankfurt a. M. 1903, Städt. Tiefbauamt.

Bischofsheim (Groß-Gerau/K4) HS

Symmetrisch aus dreigesch. Hauptbau und flankierenden Flachbauten (ähnlich →Babenhausen und →Dieburg) organisiertes **Stationsgebäude** (heute Güterbhf.) in spätklassizistischen Formen der am 1. 8. 1858 eröffneten Strecke Mainz–B.–Groß-Gerau–Darmstadt der Hess. Ludwigsbahn. – Neben dem Bahnhof ein **Wasserturm** mit weit ausladendem polygonalen Behälterteil (Intze-Behälter) über gedrungenem Schaft (um 1910), formal ähnlich dem in →Frankfurt a. M.-Eschersheim. – Zu den wenigen Brücken, die den 2. Weltkrieg fast unbeschadet überstanden, gehört die im Zusammenhang mit der Umgehungsbahn Mainz–Mombach–B. (eröffnet 2. 5. 1904) fertiggestellte **Eisenbahnbrücke** über den Main an der Ortsgrenze zu Gustavsburg mit Fachwerkbogenträgern über vier Öffnungen und gewölbten Vorlandbrücken aus rotem Sandstein. Die turmartigen Aufbauten der Landpfeiler in romanisierendem Jugendstil.

Blaubeuren (Alb-Donau-Kreis/O6) BW

Das voluminöse spätklassizistische Empfangsgebäude des **Bahnhofs** bildete anfangs die Endstation der am 2. 8. 1868 eröffneten Teilstrecke Ulm–Scheer der Donaubahn. – An der trichterförmigen Karstquelle des **Blautopfes** in der Nähe des Ende des 11. Jh. hierher verlegten Benediktinerklosters legte die Stadt 1742–44 ein Wasserwerk mit Schleifmühle an. 1804 in eine Hammerschmiede umgewandelt, arbeitete in den eingesch. Fachwerkgebäuden nach Stillegung (1889) des Hammerwerkes von 1891–1956 eine mechanische Werkstatt. Seit 1966 als *Museum* (Blautopfgasse 7–9) eingerichtet, in dem drei von einem unterschlächtigen Wasserrad betriebene Schwanzhämmer (Bärgewichte 140, 160, 180 kg) vorgeführt werden. – Auf dem Gelände der ehem., seit 1600 als Wasserwerk der Stadt dienenden **Marxenmühle** am Ausfluß des Blautopfes errichtete die Albwasserversorgung 1875 nach Planung von Karl Ehmann das Pumpwerk der Versorgungsgruppe 3 für die Gemeinden Asch, Berghülen, Bühlenhausen, Seißen, Sonderhaus, Suppingen, Treffensbusch und Wippingen. Im Maschinenhaus arbeitet eine Vierzylinder-Kolbenpumpe, zusammen mit den beiden Windkesseln von der Stuttgarter Maschinenfabrik Gotthilf Kuhn 1875 installiert. ●

Lit.: Hammann; Paul III, BW 22.

Blender (Verden/E5) NS

Restaurierter, dreigesch. **Galerieholländer** mit Windrose und mit erhaltenem Mühlenwerk von 1872. – In B.-Einste ist ein **Galerieholländer** ohne Mühleneinrichtung erhalten; der Schaft in Backsteinrohbau.

Blumberg BW
(Schwarzwald-Baar-Kreis/O4)

● Zwischen den Stationen Stühlingen-Am Bahnhof und B.-Zollhaus verkehrt auf dem landschaftlich interessantesten Streckenabschnitt der offiziell stillgelegten ehem. »Strategischen Bahn« (Oberlauchringen–Stühlingen, eröffnet 22. 4. 1875, – Weizen 15. 10. 1876, – Hintschingen, 22. 5. 1890) die **Wutach-Museumsbahn.** Mühsam überwindet die Bahn das Tal der Wutach und den steilen Anstieg (231 m Höhenunterschied bei 10 km Luftlinie) nach B. mittels langer Schleifen, Kehrtunnel und weitgespannter Brücken aus Puddeleisen (Bauzeit 1888–90) bei B.-Fützen (vierjochig mit Halbparabel-Fachwerkträgern über Rotsandsteinpfeilern, 37,5 m Stützweite) und zweimal bei B.-Epfenhofen (achtjochig, Fachwerkbalken mit Diagonalaussteifung über genieteten, trapezoiden Eisenstühlen, 36,0 m Stützweite, bzw. vierjochig mit Halbparabel-Fachwerkträgern über Sandsteinpfeilern, 37,3 m Stützweite).

Lit.: Boeyng, 1988.

Blumberg. »Strategische Bahn«, Brücke

Bochum (Bochum/H2) NW

Als »villa publica« bereits 1041 genannt, 1321 zur Stadt erhoben, verlor B. erst seit Mitte des 19. Jh. infolge der Industrialisierung – Übergang des 1520 erstmals erwähnten Steinkohlebergbaus zum Tiefbau ab 1832 – den Charakter einer Agrarstadt. Seit 1816 Sitz einer Bergschule (heute die größte des Kontinents). Mit der Erfindung des Stahlformgusses legte Jakob Mayer 1842 die Grundlagen für den Bochumer Verein. Großstadt durch Eingemeindungen 1904, 1926 und 1929, im 2. Weltkrieg stark zerstört.

● **Dt. Bergbau-Museum** (Am Bergbaumuseum). Das 1928 gegr., heute größte Bergbaumuseum Europas dokumentiert in mehr als 20 Abteilungen die Wirtschafts-, Sozial- und Kulturgeschichte des Bergbaues sowie die Geschichte der Montantechnik von den Anfängen bis zur Gegenwart; begleitet von industriearchäologischen Forschungsprojekten. Als Wahrzeichen im Innenhof des Museums das 68 m hohe Doppelstrebengerüst vom Zentralschacht der von Fritz Schupp geplanten, 1939–54 ausgebauten ehem. Zeche Germania in Dortmund-Marten.

B.-Dahlhausen

Dt. Gesellschaft für Eisenbahngeschichte (Dr.-C.-Otto-Straße). *Eisenbahnmuseum* auf dem ehem. Betriebsbahnhof der am 26. 10. 1863 eröffneten Strecke Steele–Dahlhausen der Berg.-Märk. Eisenbahn mit umfangreicher Sammlung regelspuriger Schienenfahrzeuge und Sicherungseinrichtungen in hist. Betriebsgebäude-Ensemble mit u. a. 14ständigem Ringlokschuppen und halbkugelförmigem Schornsteinbehälter (um 1900).

Zeche Hasenwinkel (Hasenwinkeler Straße). Neoromanisches ehem. Maschinenhaus als letztes Zeugnis der nach der Übernahme der Zeche – eine der ältesten Zechen des Ruhrgebiets – durch den Bochumer Verein für Bergbau und Gußstahlfabrikation ab 1890 neu entstandenen Tagesanlagen.

B.-Hamme

Zeche Carolinenglück (Carolinenglückweg). Malakowturm als Backsteinrohbau in schlichter, teilweise veränderter Neoromanik über dem ab

Bochum-Hordel. Ehem. Zeche Hannover I/II/V, Kaue und Malakowturm

1859 abgeteuften Schacht 2 der in den 40er Jahren eingerichteten Zeche. Für den 1910–12 abgeteuften Schacht 3 entstand gleichzeitig ein dt. Strebengerüst der Bauart Zschetzsche; mit heute besonderer Bedeutung als Identifikationsmerkmal von Hamme.

B.-Hordel

Kläranlage (An den Klärbrunnen). Nach dem Prinzip des sog. Emscherbrunnens (Trennung von Klär- und Faulraum) im Kern erhaltene Kläranlage mit offenen Becken (1908) der zum Zweck der koordinierten Abwässerbeseitigung 1905 gegr. Emschergenossenschaft.

● Ehem. **Zeche Hannover I/II/V** (Günnigfelder Straße). Nach ersten erfolgreichen Schürfarbeiten 1847 im NW von B. begannen unter Leitung von Carl Horstmann 1856–57 die Abteufarbeiten für zwei Schächte, in denen 1870 die Kohleförderung aufgenommen werden konnte. Alfred Krupp erwarb das Bergwerk 1872 und baute es zu einer Musteranlage aus, in der in den folgenden Jahrzehnten wichtige Verbesserungen der Bergbautechnik, z. B. die Koepe-Fördermaschine, entwickelt wurden (als Flurfördermaschine 1878 bei Schacht 1, als erste Turmfördermaschine 1888 über Schacht 2 in Betrieb genommen). Von der ehem. symmetrischen Anlage mit zwei Malakowtürmen (über Schacht 2 modern ersetzt 1938) übernahm das Westf. Industriemuseum nach Betriebseinstellung von Hannover I/II/V 1973 als letzter Bochumer Zeche Malakowturm und Maschinenhaus von Schacht 1 sowie die Fördermaschine, ein leistungsfähigerer Ersatz der Installation von 1892. Für die neue Fördermaschinentechnik erbaut, entspricht die neoromanische Backsteinarchitektur der 1870er Jahre von Turm und Maschinenhaus mit Rundbogenfenstern, Lisenengliederung, Bogenfriesen und Zinnenkranz der zeitgleichen preuß. Kasernen- und Strafanstaltenarchitektur.
In unmittelbarer Nähe entstand 1906–15 die Arbeiterkolonie **Dahlhauser Heide,** eine der drei (1903, Margaretenhof Duisburg-Rheinhausen; 1909, Bergarbeitersiedlung Datteln-Beisenkamp) von Robert Schmohl für Krupp entworfenen Gartenstadtsiedlungen.

B.-Riemke

Auf dem **Industriegelände Constantin** stehen mit Kauen- und Verwaltungsgebäude, Kesselhaus, Fördermaschinenhaus und Betriebsgebäude Reste der 1910 – gleichzeitig mit dem Abteufen von Schacht 8/9 – als neoklassizistisch geprägte, durch Putzflächen gegliederte Backsteinrohbauten entstandene Tagesanlagen. 1949 stillgelegt.

B.-Stiepel

Wasserhochbehälter (Kemnaderstraße). Für kommunale Versorgungsbauten der 1870er Jahre typische renaissancistische Fassadenarchitektur mit in Arkaden aufgelöstem OG. über von Zungenmauern gefaßtem, durch Pseudo-Rustikamauerwerk gegliedertem EG. als repräsentativer Eingang zu den Betriebseinrichtungen.

B.-Sundern

● Ehem. **Zeche Brockhauser Tiefbau** (Am Bliesstollen). Aus gelbem Ruhrsandstein in romanischen Formen 1874 errichteter Schachtturm als schlichtester Vertreter eines Malakowturmes. Er diente bis 1887 der Förderung, anschließend bis 1912 der Bewetterung. 1956 als Kulturdenkmal restauriert.

Bochum-Sundern. Zeche Brockhauser Tiefbau, Malakowturm

B.-Wattenscheid

Bergwerk Nordstern/Zollverein, Zeche Holland III/IV/VI (Lyrenstraße). Mit der Stillegung der Schächte Holland 1/2 (Gelsenkirchen-Ückendorf) wurde nach dem 1. Weltkrieg die Förderung auf der seit 1872 bestehenden Anlage 3/4 zusammengefaßt.
Gleichzeitig mit dem Beginn der Abteufarbeiten für den Hauptförderschacht 6 entstand 1921 ein neues *Kauen- und Verwaltungsgebäude* mit Magazin nach Entwurf von Fritz Schupp und Martin Kremmer als dreiflügelig einen Hof fassende Gruppe von unterschiedlichen Backsteinbauten in der Tradition des Neoklassizismus. Auf dem Zechengelände neoklassizistische *Betriebsgebäude* (Benzolfabrik, Umspannstation), um 1912. Über Schacht 4 ein um 1935 für die Zeche Zollverein IV in Essen errichtetes, um 1960 nach Schacht Holland transloziertes dt. *Strebengerüst.* Gegenüber der Zeche Beamtenwohnhäuser von 1922 nach Entwurf von Josef Franke, Gelsenkirchen.

B.-Weitmar

Wasserturm (Hattinger Straße 467). Durch das Verbandswasserwerk Bochum 1905 fertiggestellter Wohnwasserturm (das Pendant von 1903 in B.-Harpen wurde 1976 abgebrochen) in historisierenden Mischformen zwischen Gotik und Renaissance mit zwei je 1000 cbm fassenden, aus drei vernieteten Zylindersegmenten zusammengesetzten Flachbodenbehältern. Das Turmbauwerk mit rustiziertem EG. und 1. OG., verbunden unter kräftigem Gesims durch kolossale Pilasterordnung, die formal variiert auch das 2. OG. und den Mezzanin gliedert, errichtete das im Bau von Wassertürmen erfahrene Bochumer Unternehmen Heinrich Scheven; die Wasserbehälter und die eiserne Dachkonstruktion stammen von der Fa. F. A. Neumann, Eschweiler.
1959 stillgelegt, wird der Wasserturm heute durch das Dt. Institut für Puppenspiele genutzt.

B.-Werne

Ehem. **Zeche Robert Müser** (Arnoldschacht). Vollwandiges Fördergerüst der Bauart Dörnen von 1928 als Vorbild für moderne dt. Strebengerüste.

B.-Wiemelhausen

Ehem. **Zeche Prinzregent-Dannebaum** (Mark-, Glücksburger Straße). Der 1875 in romanisierendem Backsteinrohbau mit zeittypischer Lisenengliederung, Rundbogenfenstern und Mezzanin errichtete Malakowturm über Schacht Julius Philipp (Schacht 1, benannt nach dem Bergmstr. Julius Ph. Heintzmann) diente der Seilfahrt und der Förderung von der fünften bis zur siebten Sohle; bis 1905 als Hauptförderschacht genutzt.

Lit.: Slotta I/II; Paul II, NW 88/101; Merkl 234; Matzanke, 1986.

Bockenem-Bornum (Hildesheim/G6) NS

● Ein eindrucksvolles Beispiel für die Bauten der frühen Eisenindustrie in Deutschland ist der 1783 in Kalksteinmauerwerk unter Verwendung eiserner Zuganker auf quadr. Grundriß nach engl. Vorbild errichtete, 1857 ausgeblasene Holzkohle-Hochofen der 1728 gegr. **Wilhelmshütte,** der unter Ausnutzung einer natürlichen Geländestufe direkt von oben beschickt werden konnte. Drei stichbogige Öffnungen (Gebläse und Abstich) führen zu dem von einem ringförmigen Gang umgebenen Ofenschacht. Neben dem Hochofen in Fachwerk das Herrenhaus aus der Gründerzeit der Hütte und ein Lagerhaus mit Vorhalle unter zentralem Zwerchhaus. Weitere Betriebsgebäude in Backsteinrohbau (dat. 1897). Stillegung 1901. – Im Ort der neoromanisch geprägte Komplex der ehem. **Brauerei Hein** mit Remise, Sudhaus, Mälzerei und Wohnhaus von 1886–88.

Lit.: Slotta I; Dpfl. NS; Mende, 1990.

Bodenheim (Mainz-Bingen/K4) RP

Nach dem Konzept von Bruno v. Böhmer einer auf fünf Wasserwerke verteilten Versorgung Rheinhessens aus den Grundwasserströmen des Rhein- und Nahetales (→Bad Kreuznach-Bosenheim, →Ingelheim, →Guntersblum, →Osthofen), geplant von der Großhzgl. Kulturinspektion in Mainz, realisierten die Gemeinden B., Ebersheim, Gau-Bischofsheim, Harxheim, Laubenheim, Lörzweiler, Mommenheim und Nackenheim 1903–05 die **Gruppenwasserversorgung** des Bodenheimer Gebietes. Das Pumpwerk in B. (Rheinallee), ebenso wie die Hochbehälter nach Entwurf von Wilhelm Lenz ausgeführt, wirkt mit Lisenengliederung trotz zahlreicher Jugendstilmotive noch sehr dem Nutzbau von Ende des 19. Jh verhaftet. Die Architektur der in Flonsheimer Sandstein ausgeführten Hochbehälter in B., Ebersheim, Harxheim (1974 nach Umbau in der Form reduziert), Laubenheim, Lörzweiler und Mommenheim vertritt einen vom Klassizismus beeinflußten, monumentalisierenden Jugendstil.

Lit.: Slotta II; ZBW 1909.

Bönen-Altenbögge (Wesel/H3) NW

Zeche Königsborn (Zechenstraße). Förderturm über dem 1904 in Betrieb genommenen Schacht 4 von 1928 nach Entwurf von Alfred Fischer in klaren kubischen Formen. Vorbild für zahlreiche moderne Turmförderanlagen.

Lit.: Hermann.

Bomlitz-Cordingen NS (Soltau-Fallingbostel/E6)

Wassermühle (Am Mühlenhof). Zu musealer Nutzung einschließlich der Mühlentechnik restauriertes Fachwerkgebäude einer um 1810 errichteten, um 1850/1875 umgebauten Kornmühle (um 1965 stillgelegt) an der Warmenau. Wasserrad ersetzt.

Lit.: NS Dpfl. 12, 1985/86.

Bonn (Bonn/I2) NW

Empfangsgebäude an der am 15. 2. 1844 eröffneten Strecke Köln-St. Pantaleon–Bonn (1855/56 verlängert bis Rolandseck, 1857 von der Rhein. Eisenbahn übernommen) nach Entwurf von Schellen, Unger und Viereck durch die Kgl. Eisenbahn-Dir. Köln (linksrhein.) 1883–84 erbaut. Ähnlich →Mannheim und →Trier beherrscht der Triumphbogen der zentralen Eingangshalle die symmetrische, durch Eckpavillons gefaßte Stadtfront des durch Werkstein aufwendig gegliederten Backsteinrohbaus nobler Neurenaissance. In der Attikazone der Zwischentrakte Kartuschen mit den Stationsnamen der Strecke Köln–Koblenz, die Perronhallen z. T. in urspr. Gußeisenkonstruktion. – Für das 1873–74 durch die Rhein. Wasserwerksges. in Köln in der Gronau errichtete **Wasserwerk,** das um 1900 in städt. Eigentum überging, entstand 1901–02 ein neues Pumpwerk, dessen Giebelarchitektur vor allem aus dem Formenrepertoire der rhein. sakralen Spätstaufik schöpft. Seit 1986 als Plenarsaal des Bundestages genutzt.

Lit.: Berger II; Föhl, 1985; Krings; Mainzer.

Bonndorf (Waldshut/O 4) BW

Die von der Bahnlinie Neustadt i. Schw.–Donaueschingen abzweigende Nebenstrecke Kappel–Gutachbrücke (Lenzkirch)–Bonndorf (eröffnet 26. 9. 1907) zeichnet sich durch einheitliche, der örtlichen Bauweise angepaßte, vom Jugendstil beeinflußte Gestaltung der Hochbauten aus. Exemplarisch (nach Abbruch Kappel–Lenzkirch) die Bauten des Bhf. mit **Empfangsgebäude** auf T-förmigem Grundriß, seitlichen **Güterschuppen** und **Dienstgebäuden.** – Den Einschnitt des **Großmoosbächle** (Gasthaus »Löffelschmiede«) überbrückt ein genieteter Halbparabel-Fachwerkträger der Bahnbauzeit.

Lit.: Stopfel.

Boppard (Rhein-Hunsrück-Kreis/J 3) RP

Zu dem interessantesten Teil der zwischen Pfalzfeld und B. am 3. 8. 1908 eröffneten Strecke (Kastellaun–Pfalzfeld, 1. 10. 1906) der Preuß.-Hess. Staatseisenbahnen gehören die 6 km von B. nach Buchholz mit einem Höhenunterschied von 326 m (Zahnradantrieb), fünf Tunneln und zwei Viadukten. Erwähnenswert der sechsbogige gekrümmte **Viadukt** (H ca. 50 m, L ca. 150 m) mit Rotsandsteinverkleidung über die Hubertusschlucht (B.–Buchholz). – An der B 9, nördl. von B., ein um 1820 aufgestellter standardisierter **Meilenstein** aus Basaltlava in Obeliskform.

Lit.: Custodis.

Borkum (Leer/C 2) NS

Leuchttürme. Als Ersatz für einen im 16. Jh. als Tagesmarke errichteten, 1817 zum Leuchtturm umgewandelten und 1879 abgebrannten Turm entstand im gleichen Jahr auf den Westdünen für das Fahrwasser »Westerems« der architektonisch aufwendige *Große Leuchtturm,* dessen konischer, unter dem Feuer durch kräftiges Gesims endender Schaft sich aus doppelt getrepptem Postament und oktogonalem, durch Lisenen und Bogenfriese gegliedertem Sockel erhebt. – Zu den frühen ganz in Eisen errichteten Leuchtfeuerträgern gehört der *Kleine Leuchtturm* von 1887–89 auf den Südwestdünen zur Sicherung der Einfahrt in die Ems.

Lit.: DB 1895; Slotta I.

Bottrop (Bottrop/H 2) NW

B.-Batenbrock

Ehem. **Zeche Arensberg Fortsetzung** (Batenbrock-, Siemensstraße). Ruinöses, teilweise gewerblich genutztes Ensemble von Betriebsgebäuden der 1910 abgeteuften Doppelschachtanlage in retardierenden Formen vom Ende des 19. Jh.

● **Zeche Prosper II** (Knappenstraße). Die Entwicklungsgeschichte der Fördertürme seit Beginn der Abteufarbeiten 1871 auf Prosper II (Beginn der Förderung 1875) auf gedrängtem Raum dokumentierende Baugruppe. Über dem ersten Schacht ein Malakowturm von 1872 als Backsteinrohbau in formaler Anlehnung an Romanik und Renaissance mit die Kontur prägenden polygonalen Ecktürmen. Das dem Turm bereits 1905 eingezogene stählerne Gerüst wurde später ersetzt durch ein Koepe-Strebengerüst (zweigesch. Strebengerüst für Treibscheibenförderung) in vollwandiger Ausführung. Der Förderturm (H 84 m) von schlichter Eleganz entstand als verkleidete Stahlfachwerk-Konstruktion in den 1960er Jahren für den ab 1917 abgeteuften, 1921 in Betrieb gegangenen Schacht 8.

B.-Fuhlenbrock

Zeche Franz Haniel (Fernewaldstraße). Moderne Zechenanlage (Aufnahme der Förderung 1952) mit landschaftsprägendem Doppelstrebengerüst in vollwandiger Ausführung. Zum Bergwerk

Prosper/Haniel gehört auch das vollwandige Koepe-Strebengerüst auf Zeche Prosper IV in B.-Grafenwald (Vossundernstraße).
Lit.: Hermann; Matzanke, 1986.

Bovenau-Kluvensiek SH (Rendsburg/B 6)

● **Schleusenanlage** mit zwei Kammern (L mehr als 35 m, B 7,8 m) von 1782–84 im ehem., auf einer Länge von ca. 6 km erhaltenen →Eiderkanal. Eine der Kammern von massiver Ziegelbrücke überwölbt, die andere für Schiffe mit hohem Mastaufbau mit Zugbrücke versehen. Erhalten die gußeisernen Portale der Carlshütte Rendsburg von 1849–50 (dat. 1850) mit quadr., durchbrochenen Pfosten und Jochbogen, geschmückt mit ornamentalem Pflanzenwerk, Rosetten und Königsmonogrammen. Südl. der Schleuse ehem. Schleusenwärterhaus, Pferdehalterei und Gastwirtschaft.
Lit.: Slotta I; Paul I, SH 9; Heidemann.

Brachttal-Neuenschmidten HS (Main-Kinzig-Kreis/J 5)

Aus der Anfangszeit einer von wechselnder Nutzung bestimmten Geschichte der 1707 durch die Büdinger Grafen von Ysenburg gegr. Eisenhütte Neuenschmidten mit Hochofen, Gießerei und Hammerwerk – 1855 verkauft an J. W. Buderus Soehne in Hirzenhain, 1859 stillgelegt als Eisenwerk, ab 1885 Sägewerk und 1909 verpachtet an die Wächtersbacher Steingutfabrik, heute Fürst Ysenburg Möbel GmbH – stammt das repräsentative, zentral durch Giebel und Dachreiter betonte, breitgelagerte **Hüttenschloß,** das als eindrucksvollstes Beispiel eines industriellen Wohn- und Verwaltungsgebäudes des Barock in Hessen gilt.
Lit.: Slotta I, Eckstein: Reg.-Bez. Kassel.

Brake (Wesermarsch/D 4) NS

Bahnhof. Im Zusammenhang mit der Einführung der Strecke von Oldenburg (eröffnet 1. 5. 1896) in die seit 1873 bzw. 1875 betriebene Strecke Hude–Nordenham durch die Oldenb. Staatseisenbahnen erbautes *Empfangsgebäude* (dat. 1900) in aufwendigen Formen eines von norddt. Backsteingotik beeinflußten Jugendstils. – In einem zweigesch. Backsteinbau mit zentralem Turm der ehem. **Station** (Mitteldeichstraße) der 1846–56 zwischen Bremerhaven und Bremen betriebenen optischen Telegraphenlinie befindet sich heute das Schiffahrtsmuseum der oldenb. Weserhäfen. – In B.-Kirchhammelwarder ein oktogonaler **Wasserturm** in Sichtmauerwerk (um 1930).

Bramsche (Osnabrück/F 4) NS

Der um 1926 zur Versorgung der Bahn erbaute ehem. **Wasserturm** trug auf acht im Oktogon geordneten, durch Plattenbalkendecken ausgesteiften Stahlbetonstützen einen Flachbodenbehälter von 100 cbm Nutzinhalt. Konstruktion und Ausfachung in Sichtmauerwerk nach Teilsprengung 1945 partiell erneuert; nach der Privatisierung 1980 zum Wohnturm umgebaut. – Am »Mühlenort« der Tuchmacherinnung eine ehem. **Kornmühle** (im Kern) von 1756 und Fabrikgebäude von 1869 mit Nebenanlagen. – Auf dem Hof Riesau (B.-Balkum) der einschließlich Wasserrad und Mahlwerk restaurierte Fachwerkbau einer 1767 eingerichteten **Wassermühle.**
Lit.: Merkl 305; NS Dpfl. 12, 1985/86.

Brannenburg (OB/Rosenheim/P 9) BAY

● Auf Initiative von Otto von Steinbeis und nach Planung durch die Lokalbahn-AG München unter Leitung von Obering. Proksch wurde 1910–12 die erste **Hochgebirgs-Zahnradbahn** Deutschlands in schwierigem Gelände mit einem Höhenunterschied von 1215 m angelegt. In der 7,66 km langen Strecke zwischen dem Talbahnhof B.-Waching (urspr. 9,95 km ab Bhf. B.) mit 6,15 km Zahnstangenstrecke liegen 7 Tunnel, 8 Galerien, 12 Brücken und zahlreiche Stützmauern. Triebwagen (Maschinenfabrik Esslingen / BBC Baden, bzw. Siemens-Schuckert Nürnberg, Antrieb: 2 Gleichstrom-Nebenschlußmotoren über Vorgelege auf Treibzahnräder bzw. Laufräder, 1500 V) und Personenwagen noch im Orig. von 1912, ein Triebwagen 1935.
Lit.: Widmann.

Braubach (Rhein-Lahn-Kreis/J3) RP

Mit der Neuverleihung der Blei-, Silber- und Kupferzechen Philipp und Rosenberg 1833 (1853 zur Grube Rosenberg konsolidiert) begann die produktivste Phase des seit dem frühen 14. Jh. um B. dokumentierten Bergbaus. Von der 1963 geschlossenen **Grube Rosenberg** zeugen noch das Mundloch des Moritzstollens von 1852 unterhalb der mit Ausnahme der Betonfundamente abgebrochenen Aufbereitung (Alter Kerkertserweg), der Wetterkamin inmitten der Weinberge und das Mundloch des Segengottesstollens von 1839 im Ortskern (Grünanlage neben Apotheke). – Die **Blei- und Silberhütte** (Emser Straße) überragen drei 80 m hohe Wetterkamine (→Herbede) auf einer Anhöhe 250 m über dem Werk, zu denen Rauchkanäle (L ca. 650 m) führen. Neben der Hütte Wohn- und Verwaltungsgebäude um 1915.

Lit.: Slotta IV,2.

Braunfels (Lahn-Dill-Kreis/J4) HS

Als Station der 4 km südl. gelegenen ehem. Residenz B. der Grafen Solms erhielt der **Lahnbahnhof** an der am 10. 1. 1863 eröffneten Strecke Weilburg–Wetzlar (Nass. Eisenbahn) ein im Vergleich zu den meisten Hochbauten der Lahntalbahn aufwendiges, urspr. symmetrisch gestaltetes spätklassizistisches *Empfangsgebäude*, das zwei turmartig überhöhte Eckpavillons begrenzen. Der Westanbau (Fürstenpavillon) verm. erst im Zusammenhang mit der Ernstbahn (B. Bhf. – B. Stadt–Philippstein/Grube Ottilie, eröffnet 16. 6. 1894) in angepaßter Architektur errichtet. – Im N von Philippstein Reste der ehem. Tagesanlagen der **Grube Eisenfeld.**

Braunschweig (Braunschweig/F7) NS

Aus dem Zusammenschluß mehrerer am Schnittpunkt der Fernstraßen in der Oker-Niederung entstandenen Siedlungen entwickelte sich B. im späten MA zu der wohl volkreichsten Stadt Niedersachsens, die als bedeutende Hansestadt bis ins 17. Jh. ihre landesherrliche Unabhängigkeit bewahren konnte. Nach der 90%igen Vernichtung der Innenstadt 1943–45 entstand die 1753/54 zur Residenz erhobene Stadt als bedeutendes Wirtschaftszentrum neu.

Alter Bahnhof (Bruchtorwall). Als Ersatz eines gleichzeitig mit der Eröffnung der Strecke B.–Wolfenbüttel (1. 12. 1838) der B.ischen Staatseisenbahn in Betrieb genommenen ersten Bahnhofs entstand zur Bewältigung des rasant steigenden Verkehrsaufkommens bereits 1843–45 ein wesentlich größeres, dreiseitig die Einstiegshalle umfassendes *Empfangsgebäude* in noblem Spätklassizismus, entworfen von Karl Theodor Ottmer. Nach mehrfachem Umbau, teilweiser Kriegszerstörung und Eröffnung des neuen Hauptbahnhofes am 1. 10. 1960 errichtete die Norddt. Landesbank hinter der durch portikusartigen Mittelteil geprägten repräsentativen Fassade des Kopfbaues das von H. Westermann geplante *Direktionsgebäude*. Vor dem Alten Bahnhof zwei 1865–66 über die Oker geschlagene **Brücken** mit eisernem Oberbau der Fabrikschlosserei F. Willke, Braunschweig, in spätklassizistischem Dekor.

● Ehem. **Wasserwerk** (Bürgerpark). Nach techn. Planung von Wilhelm Clauß und Entwurf der Hochbauten durch Stadt-Bmstr. Tappe erhielt B. 1863–64 ein Grundwasserwerk in der Nähe des Bahnhofes, das 1883–85 nach Entwürfen von Ludwig Mitgau um ein Maschinenhaus erweitert werden mußte. Im Bemühen um harmonische Einbindung in das ma. Stadtpanorama bei gleichzeitig auf den Zweck verweisendem charakteristischen Aussehen gestaltete Tappe den oktogonal aus dreigesch. quadr. Sockel wachsenden Druckturm (H 54 m) im »deutschen Spitzbogenstyle des 14. Jahrhunderts«, dem sich das zwei Jahrzehnte jüngere Maschinenhaus mit Triforien, Lisenen und Bogenfenstern mit einbeschriebenen Vierpässen formal anglich. – Der bereits 1862 auf dem Giersberg (Hochstraße) geplante **Hochbehälter** wurde auf Empfehlung von ● Zivil-Ing. Thiem, nach Vorentwurf von Ludwig Winter, durch Max Osterloh 1900–01 (dat. 1901) realisiert. Der massige, spätgotisch beeinflußte Turm (H 58,7 m) trägt in seinem zylindrischen Kopf einen genieteten Hängebodenbehälter (Dm. 18 m) der Fa. Willke mit 2000 cbm Inhalt.

Industrie. Auf dem Gelände der **Bühler-MIAG** (Ernst-Amme-Straße) das 1902–03 durch Brass & Hertflet, Berlin-Marienfelde, in repräsentativem Industrie-Jugendstil als Backsteinrohbau mit

Sandsteingliederung für die Fa. Amme, Giesecke & Konegen errichtete Gießereigebäude. – An der Straße nach Wolfenbüttel der neoromanische Komplex des ehem. **Hzgl. Brauhaus Carl Wolters & Co.** von 1884–85 in hellgelbem, durch rote Bänder gegliedertem Sichtmauerwerk nach Entwurf von J. Ph. Lipps. – In sparsamen neoklassizistischen Formen entstand 1912 nach Entwurf von Otto Orlishausen, B., die Mühlenanlage der **Braunschweiger Roggenmühle** (Mühle Rüningen AG, Werk Lehndorf; B.-Lehndorf, Hannoversche Straße 60) mit Verwaltungsgebäude, Bodenrieselspeicher mit Silo, Reinigung und Mühle; 1914–15 im gleichen Stil um fünf Achsen einschließlich Wasserturm für die Sprinkleranlage erweitert. – Die Gebäudegruppe in hellgelbem Backsteinmauerwerk der 1942 stillgelegten **Zukkerfabrik** bei B.-Rautheim (Helmstedter Straße) bietet nahezu unverändert das Bild einer Fabrikanlage aus der Mitte der 1860er Jahre.

Lit.: ZfBhw 1868; ZA+IVH 1869; IB 1913; Slotta I; Berger II; Merkl 216; Mende, 1990; NS Dpfl. 12, 1985/86.

Breckerfeld-Holthausen NW
(Ennepe-Ruhr-Kreis/H 3)

Die **Ennepetalsperre** als größte Talsperre im Niederschlagsgebiet der Ruhr wurde 1902–04 nach Entwurf und unter Oberleitung von Otto Intze, Aachen, und unter örtlicher Bauleitung durch W. Raddatz als Trinkwasserreservoir von 10 Mio. cbm durch die AG für Betonbau, Diss & Cie., Düsseldorf, ausgeführt. 1912 durch die Ennepetalsperrengenossenschaft um 10 m erhöht (12,6 Mio. cbm Gesamtinhalt), erhebt sich die mit Naturstein verkleidete Staumauer zu einer Kronenhöhe von 50,93 m über Sohle bei einer unteren Breite von 32,9 m und einer Kronenbreite von 4,5 m. In unmittelbarer Nähe liegen die *Heilenbecker Talsperre* und die *Haspertalsperre* von 1941.

Lit.: Paul II, NW 255; Bauinschrift.

Breitscheid-Erdbach HS
(Lahn-Dill-Kreis/I 4)

Fachwerkgebäude der ehem. **Neumühle** (östl. des Ortes) mit teilweise erhaltener techn. Einrichtung.

Lit.: Dpfl. HS.

Bremen (Bremen/D–E 5) HB

Am Schnittpunkt der Handelsstraße vom Rhein zum NO mit der Seeverbindung über die Weser entwickelte sich die 782 erstmals genannte, 787 von Karl d. Gr. zum Bistum, durch Erzbischof Ansgar 845 zum Erzbistum erhobene, durch Karolinger und Ottonen geförderte Siedlung im 11. Jh. zum »Rom des Nordens«. Den Erfolg des Bürgertums in der jahrhundertelangen Auseinandersetzung um Unabhängigkeit von erzbischöflicher Landesherrschaft dokumentiert der Beitritt der Stadt 1358 zum Städtebund der Dt. Hanse. Die Blütezeit der seit 1522 protest. See- und Handelsmacht, die selbst den 30jährigen Krieg glimpflich überstand und noch 1646 die endgültige Anerkennung der Reichsunmittelbarkeit erhielt, dauerte bis ins Zeitalter des Absolutismus. Unter napoleonischer Herrschaft wurde B. zur offenen Stadt. Gegen die drohende Gefahr der Trennung vom Meer durch fortschreitende Versandung der Weser gründete B. 1827 → Bremerhaven als zukunftsträchtigen Hafen für den Überseeverkehr. Durch die nach Planung (1879–81) und unter der Leitung von Ludwig Franzius von 1883–87 bis zum Inkrafttreten des Zollanschlusses 1888 durchgeführte Unterweserkorrektion und den gleichzeitigen Hafenneubau (1885–88) erhielt B. erneut Bedeutung als Seehafen. Seit der Jahrhundertwende verstärkte Ansiedlung von Großindustrie. Nach der rigorosen Zerstörung der Stadt im 2. Weltkrieg entwickelte sich B. mit dem Wiederaufbau zu einem der bedeutendsten Seehäfen Deutschlands.

● **Bahnhof.** Die Einführung der Venlo-Hamburger Bahn 1872 mit eigenem Bhf. gab den Ausschlag zu einer alle Bahnlinien zusammenfassenden Neukonzeption der Bahnanlagen in B., da auch der gleichzeitig mit der Strecke nach Hannover am 12. 12. 1847 eröffnete Hann. Bhf. dem zusätzlichen Verkehrsaufkommen seit Aufnahme des Bahnverkehrs nach Oldenburg (1867) und Uelzen (1873) nicht mehr genügen konnte. So entstand 1886–89 nach Entwurf von Hubert Stier, dem Architekten der Bahnhöfe in Hannover (1876–79), Uelzen (1885) und Kreiensen (1887–89), ein *Empfangsgebäude* der Neurenaissance in Ziegel-Reinbau unter Verwendung von Terrakotten. Neben Berlin Anhalter Bahnhof (1872–80), Hannover (1876–79), Frankfurt a. M. (1883–88), Köln (1886–94) und Dresden (1892–98) gehört es zu den großen Leistungen

Bremen. Hauptbahnhof, Empfangsgebäude

der Bahnarchitektur des späten 19. Jh. Das Zentrum der monumentalen Stadtfront bildet die von Bogenbindern überspannte, in der Fassade durch dreifache Bogenstellung gegliederte Eingangshalle. In den Bogenzwickeln Reliefs der Seefahrt und des Eisenbahnwesens, auf den Eckpylonen allegorische Sitzfiguren. Rechtwinklig zur Eingangshalle die Perronhalle (L 130,85, li. W. 60,2 m) als eiserne Bogenbinderkonstruktion. – Der **Bahnhof** der Venlo-Hamburger Eisenbahn (B.-Oberneuland, Rockwinkeler Heerstraße 42) ein schlichter Backsteinrohbau von 1872. – Schnörkellose Sachlichkeit vertritt der durch eine Kuppel geschlossene Bahnwasserturm von 1911 auf dem **Rangierbahnhof Blockland** (B.-Gröpelingen, Pappelweg) mit einer Eisenbetonkonstruktion von zehn strebepfeilerartig wirkenden Wandscheiben vor gemauertem Ständerteil für einen Stützbodenbehälter von 300 cbm Inhalt. Auf dem Bahnhof ein Reiterstellwerk der 1930er Jahre in Sichtmauerwerk und ein Ringlokschuppen. – Für das innerstädtische Verkehrssystem entwarf Rudolph Jacobs das 1926 gebaute **Straßenbahndepot** (B.-Gröpelingen, Gröpelinger Heerstraße 300–304) in einer damals wenigstens seit zehn Jahren veralteten Auffassung von moderner Architektur.

Wasserbauanlagen. Noch vor der Weserkorrektion erhielt B. mit dem inzwischen veränderten Weserbahnhof 1855 erstmalig in Deutschland eine direkte Verbindung zwischen Bahn und Hafen. Spektakuläre Wasserbauten fehlen in B., da seine Häfen – Sicherheitshafen am Weserbahnhof (1874–75), Freihafen I »Europahafen« (1885–88), Freihafen II »Überseehafen« (1901–06) – als offene Tidehäfen angelegt wurden. Von den Hafenhochbauten hat sich lediglich eine etwa 400 m lange Speicherzeile am Überseehafen erhalten. – Zu den Wasserbauanlagen gehört das einschl. der Gründungsarbeiten 1908–11 zur Regulierung des Grundwasserstandes in B.-Hastedt errichtete, z. T. urspr. erhaltene **Weserwehr,** dessen Turbinen zusätzlich einen Teil des elektr. Energiebedarfs der Stadt deckten.

Wasserversorgung. 1864 unterbreitete Oberbaurat Fr. R. Th. Berg der Stadt ein bereits 1857 angeregtes Projekt für eine neue zentrale Wasserversorgung B.s, dessen Realisierung der Preuß.-Dän. und der Dt. Krieg verzögerten. Erst 1870 begann die Aufschwemmung eines hochwassersicheren Standorts »Auf dem Werder«, die ab 1871 den Bau des *Wasserwerkes* mit Filter- und Reinwasserbassins, Kessel- und Maschinenanlage, Hochreservoir und Wasserverteilungsanlagen ermöglichten. Herausragend der mächtige Kubus des von J. G. Poppe, Bremen, entworfenen, »spätgotisch« wehrhaften, auf aufwendigem Pfahlrost gegr. *Hochreservoirs* (L × B 30,672 m, H über Gelände 39,353 m) in Backsteinrohbau, dessen akzentuierende Ecktürme Betriebseinrichtungen enthalten. Im EG. befand sich die 1952 verschrottete Maschinenanlage; die Zwerggalerie des 5. OG. kaschiert die beiden Behälter von je 850 cbm Inhalt. – Zum Druckausgleich und der Trinkwasserversorgung diente der 1892 in Betrieb genommene, 1965 stillgelegte *Wasserturm* für einen Hängebodenbehälter (230 cbm) in B.-Vegesack (Bermpohlstraße). Der Schaft in Klinkermauerwerk, der Kopf als Eisenkonstruktion mit Wellblechverkleidung. – Qualitätvoll expressionistische Architektur verkörpert der *Wasserturm* in B.-Blumenthal (Mühlenstraße, Langenfeld) von 1928.

Industrie. Mit und bei den Hafenanlagen entstanden zahlreiche Lagerhäuser und Produktionsgebäude zur Verarbeitung der Importgüter. Inmitten ehem. historisierenden Backsteinrohbauten errichteten die Architekten Hildebrand und Günthel, B., 1908 für die **Bremer Rolandsmühle AG** (Cuxhavener Straße) einen monumentalen neoklassizistischen Silobau, der 1925 nach Entwurf von Carl Heinrich Behrens-Nicolai einen Turmanbau erhielt. Konventioneller in der Architektur der benachbarte, etwa gleichzeitig und ebenfalls von Hildebrand und Günthel entworfene Silobau der Bremen-Besigheimer Ölfabriken AG, zu der auch der Backsteinrohbau von 1904 mit traditioneller Fassadengliederung gehört. Ein früher Eisenbetonskelettbau ist der nach Entwurf von Hugo Wagner 1906–07 errichtete Komplex der **Kaffee-Handels-AG** *HAG* (Cuxhavener Straße) mit ganz durch die Konstruktion bestimmter Fassade. Am Getreidehafen dominiert der mächtige, wenig gegliederte Sichtmauerwerksbau der Bremer Lagerhaus Ges. von 1914 und 1926–29. Mit aufwendig renaissancistischen Fassaden imponiert der um 1905 errichtete Verwaltungsbau der **AG Weser-Schiffswerft** (Use Akschen). Am Getreidehafen ein Silogebäude mit Brücke nach Planung des Hafenbauamtes von 1914 und 1926–29 (erweitert 1950), am Überseehafen eine Speicheranlage von 1908–10, am Kalihafen eine expressionistische Kaliumschlaganlage von 1925–28. – Eine eindrucksvolle Silhouette bildet am Nordufer der Weser die Hochofenanlage mit zwei Hochöfen (1973 bzw. 1966) des 1955–57 neuerbauten **Hüttenwerkes der Klöckner-Hütte.** – Die positive Unternehmensentwicklung der **Bremer Woll-Kämmerei AG** BWK (B.-Blumenthal, Landrat-Christians-Straße) nach der Gründung 1883 unterstreicht die qualitätvolle Architektur der neoromanischen Fabrikbauten in Backsteinrohbau (1883–84), des Verwaltungsgebäudes in Formen der ital. Hochrenaissance (1897–98) und der neoklassizistischen Produktions- und Lagergebäude (1909–18). – **Norddt. Wollkämmerei und Kammgarnspinnerei** (→ Delmenhorst). 1930 wurde das monumentale, klassizistisch beeinflußte Verwaltungsgebäude (Schillerstraße, heute Sitz von Finanzbehörden, Haus des Reiches) – entworfen von den Gebr. Gildemeister – fertiggestellt.

Mühlen. Der turmartige, mit gußeisernem Triebwerk funktionsfähige **Galerieholländer** mit Windrose in den Wallanlagen (Am Wall) wurde 1900 als Ersatz einer 1699 auf einer Bastion der Stadtbefestigung aufgesetzten, 1898 abgebrannten Windmühle errichtet. – Von 1848 der **Galerieholländer** in B.-Oberneuland (Mühlenweg); mit orig. erhaltenem hölzernem Triebwerk der **Galerieholländer** von 1803 in B.-Arbergen, in B.-Rekum ein **Erdholländer** (An der Rekumer Mühle).

Lit.: DB 1890/92/1907; ZA+IVH 1889/92; ZBV 1916/18; ZBW 1876; IB 1910/11/18; Brönner; Mende, 1990; Dpfl. NS; Festschrift: Ein Jahrhundert BWK, Bremen 1983.

Bremerhaven (Bremerhaven/C–D 4/5) HB

Hafenanlagen. Die Stadt entwickelte sich aus der zur Rettung der Seehafenstellung Bremens 1827 gegr. Siedlung im Zusammenhang mit dem Bau des von dem holl. Wasserbaumeister Johann Jacob van Ronzelen geplanten neuen »Bremer Haven« **(Alter Hafen)** von 1827–30. Vorhafen und Leuchtfeuer erhalten. 1939 mit dem 1924 aus Geestemünde und Lehe gebildeten Wesermünde vereinigt, erhielt die Stadt 1947 unter bremischer Staatshoheit ihren Namen. Rasch steigender Überseehandel, zunehmende Auswanderungsbewegung und Aufnahme des Postdampferverkehrs führten im Anschluß an den Alten Hafen 1847–51 zum Bau des, wie alle B.er Häfen, als Dockhafen angelegten **Neuen Hafens,** dessen neugotischer Alter Leuchtturm (1854, von Simon Loschen) mit der von Ing. Rudloff geplanten eleganten Stahlkonstruktion der Leuchtbake des Unterfeuers 1893 ein qualitativ entsprechendes Pendant erhielt. – 1872–76 (erweitert 1892–97) folgten Kaiserhafen I, 1906–09 Kaiserhafen II und III, 1914–15 Verbindungshafen, 1929–31 Nordschleuse und Wendebecken, 1924–28 Columbuskaje und Columbusbahnhof. Die Geschichte der B.er Hafenanlagen dokumentieren neben den Leuchtfeuern des Alten Hafens eine Vielzahl von **Einzelobjekten:** Vorhäfen von Altem und erstem Kaiserhafen; Tore der Schleuse zum Neuen Hafen; Kaiserschleuse von 1897 mit renaissancistischer, durch Doppelturmanlage geprägter ehem. Hydraulikzentrale und hydraulischer Schwergutdrehkran (30 t) von 1899 (C. Hoppe, Berlin) sowie Ostfeuer in reduziert gotisierenden Formen nach Planung R. Rudloffs von 1900; Drehbrücken für Schiene und Straße zwischen Neuem und Kaiserhafen; Drehbrücke über die Geeste von 1904; Klappbrücken zwischen Altem und Neuem Hafen (Keilstraße) von 1926 mit Maschinenhäusern in qualitätvoll expressionistisch beeinflußter Architektur; Wasserstandsanzeiger von 1913 zwischen Altem Hafen und Geestemündung; Leuchtfeuer an der Einfahrt in die Geestemündung (Geestemole Nord: Backsteinleuchtturm von 1914; Geestemole Süd: Eisenkonstruktion auf abgetrepptem Backsteinsockel). – Zur Kennzeichnung der Bremer Fahrwasser gehörten auch das auf dem Westturm der 1895 abgebrochenen Langen-Imsumer Kirche installierte Leuchtfeuer und der durch eine spektakuläre Sanierung 1987 vor dem Verfall gerettete **Leuchtturm »Roter Sand«** an der Wesermündung, der durch sein prägnantes Äußeres – rotweißer, mit drei Erkern besetzter Schaft – zum Inbegriff eines techn. Denkmals geworden ist. Als sichere Gründung in dem durch gegenläufige Strömungen gefährlichen Gebiet wurde für den 1878 erstmals nicht auf festem, trockenem Untergrund projektierten Turm ein Senkkasten (Caisson) vorgesehen, dessen erste, zu leichte Ausführung 1881 ein Sturm zerstörte. Erst am 1. 10. 1885 konnte das Feuer des Leuchtturms »Roter Sand« der Schiffahrt bekannt gemacht werden. – Für die wissenschaftliche Bearbeitung und populäre Darstellung der Zeugen der dt. Seeschiffahrt zuständig ist das **Dt. Schiffahrtsmuseum** (Am Strom).

Das **Empfangsgebäude** des 1910–14 errichteten Bhf. gehört mit seiner Architektur in die Umbruchphase zwischen Historismus und Prämoderne.

Aus dem Zusammenschluß von drei ehem. selbständigen Gemeinden erklärt sich die verhältnismäßig große Zahl von **Wassertürmen** in der Stadt: Die privaten Unternehmer Schwoon, Köper & Co. errichteten 1853 zur Versorgung B.s und der Schiffe in Lehe einen neogotischen Wasserturm (Hafenstraße, Saarpark) nach Entwurf von Simon Loschen, dessen gemauerten Behälter 1881 ein eiserner (500 cbm) ersetzte. 1896–97 um 9 m erhöht, wurde der Eisenbehälter 1900 noch einmal erneuert. Die neoromanischen Backsteinrohbauten der B.er Wasserwerke in Langen (Sieverner Straße, Nordeschweg) und B.-Königsheide (Debstedter Weg) entstanden um 1885, der Wasserturm (Langener Landstraße, Anton-Biehl-Straße) in der für einen Intze-Behälter (500 cbm) typischen Konstruktion ist »Wasserwerk der Stadt Bremerhaven 1885« bezeichnet. Ebenfalls einen Intze-Behälter (500 cbm) trägt der das Geestemünder Stadtbild prägende Turm (Neumarkt) von 1891 mit aufwendigem Traufgesims unter dem mit vier Treppengiebeln geschmückten Kegeldach. Von ausgeprägt expressionistischer Architektur der Wasserturm in B.-Wulsdorf (Am Wohnwasserturm) von 1926–27 mit zwei zylindrischen Flachbodenbehältern (je 750 cbm) über sechsgesch. Wohnhaus.

Die Architektur der 1950er Jahre bereitete Egon Eiermann 1941 mit der Schiffbauhalle der ehem. **Rickmerswerft** vor. – Der um 1850–70 betriebene, bienenkorbartige **Kalkofen** (H ca. 8 m) in B.-Lehe (Büttelerstraße 2) zählt zu den ältesten erhaltenen Kalköfen in Deutschland.

Lit.: ZA+IW 1902; ZBV 1883/86/1926; Brönner; Slotta I/II; Mende, 1990.

Brilon-Gudenhagen NW

(Hochsauerlandkreis/H 4)

Reste einer den hier zwischen 12. und 17. Jh. – unter Verwendung der Wasserkraft für die Windzufuhr – betriebenen Massenhütten zuzuordnenden **Hochofenanlage** mit Ober- und Unterwasserführung und ca. 7 m hoch anstehendem Ofenfutter aus schiefrigem Material.

Lit.: Dpfl. NW.

Bruchsal (Karlsruhe/M4) BW

● Der imponierende **Schlachthofkomplex** (Landstraße nach Heidelsheim) gehört mit seiner Fassadengestaltung in mehrfarbigem, durch Putzfelder unterbrochenen Verblendmauerwerk zu den herausragenden Vertretern eines anfangs 20. Jh. bei Bauten der Ver- und Entsorgung typischen Jugendstils (→Offenbach). In der symmetrischen Hauptfassade dominiert der von Türmen flankierte monumentale Torbogen der mit Eisenfachwerkbindern überspannten, glasgedeckten zentralen Erschließungshalle für zweiseitig angeordnete Schlacht- und Kühlhäuser. In der eisernen Torkonstruktion die Bauinschrift »Erbaut 1907–1908, Städtischer Schlachthof« (Architekt: Gustav Uhlmann). Zu Seiten der Türme zweigesch. Verwaltungstrakte, die mit enger Stellung der Bogenfenster ein kompaktes Gegenlager zu der weiten Öffnung des Zentrums bilden. In renaissancistischen Formen ein repräsentatives Wohnhaus und Betriebsnebengebäude. Der Wasserturm mit Behälterummantelung in Fachwerk über zylindrischem Schaft in Backsteinmauerwerk.

Brühl-Kierberg (Erftkreis/I2) NW

Bahnhof. Am Rande eines Parkes gelegenes, aufwendig in Sichtmauerwerk und Sandstein ausgeführtes Stationsgebäude an der am 1. 10. 1875 eröffneten Strecke Euskirchen–Kalscheuren der Rhein. Eisenbahn. Mit repräsentativer Renaissancearchitektur, Belvedere und Pergola eher einer großbürgerlichen Villa ähnlich, bildete das *Empfangsgebäude* den Ausgangspunkt für die Manöverbesuche des Kaisers und war beliebtes Ausflugsziel der Kölner und Bonner Gesellschaft.

Lit.: Berger II; Föhl, 1976.

Brunsbüttel (Süderdithmarschen/C5) SH

Zum Ausgleich der Pegelunterschiede zwischen Ostsee und Elbe erhielt der →Nord-Ostsee-Kanal an seinen Mündungen bei →Kiel-Holtenau und Brunsbüttel 1892–95 jeweils **Doppelschleusenanlagen** mit durch Leuchtfeuer gesichertem Vor- und Binnenhafen. Als Stemmtore ausgebildete äußere Flut- und innere Ebbetore in den Kammern (B 25 m, L 150 m) dienen in B. neben der Kanalwasserhaltung als Abschluß gegen Hoch- und Niedrigwasser der Elbe. Erweiterung 1909–13 nach Planung von Gustav Meyer als »Neue Schleuse« (B 40 m, L 310 m je Kammer), ausgerüstet mit zwei Schiebetoren und mittlerem Reservetor. Füllung der Kammern bei der Alten Schleuse über Seitenkanäle, bei der Neuen Schleuse durch Torumläufe.

Wasserturm (Ostermoorer Straße). Die Auflösung der Mantelfläche in dreieckig abschließende Nischen zwischen schmalen Pfeilervorlagen als Stützsystem für den zylindrischen, von doppelter Fensterreihe durchbrochenen Kopf geben dem Turm expressionistische Wirkung. Über ausladendem Gesims zurückgesetzt der aus Zylinder und Kegel zusammengesetzte Turmhelm.

Lit.: BgwZ 1893; Slotta I.

Büchen (Hzgt. Lauenburg/D7) SH

Der dreigesch. **Wohnwasserturm** auf dem Bhf. der am 15. 12. 1846 eröffneten Teilstrecke Boitzenburg–B.–Bergedorf der Berlin-Hamburger Eisenbahn ist ein Backsteinrohbau mit Lisenengliederung, um 1885. Über zwei zentral erschlossenen Wohngeschossen befinden sich beiderseits der massiven Treppe zwei zylindrische Wasserbehälter (Dm. 5,5 m, H 2,0 m) innerhalb eines nach Kriegszerstörung in Anlehnung an die orig. Form vereinfacht wiederaufgebauten Turmkopfes.

Lit.: Slotta I.

Buggingen BW
(Breisgau-Hochschwarzwald/O3)

Die ehem. Bedeutung des 1973 stillgelegten **Kaliwerkes** mit den Schachtanlagen Baden, Markgräfler und Heitersheim bezeugt nach Abbruch der Tagesanlagen heute allein die immer noch landschaftsprägende Abraumhalde.

Lit.: Slotta III.

Bullay (Cochem-Zell/K2) RP

Die zwischen Koblenz und Trier-Ehrang am 15. 10. 1879 eröffnete Moselbahn (Saarbrücker Eisenbahn) überquert bei Bullay das Moseltal auf einer in der Ebene der Untergurte durch den Straßenverkehr genutzten, im Radius von 400 m geschwungenen **Brücke** (1874–78) mit eisernem Überbau (das ehem. Gitterfachwerk modern erneuert). An ihre Stromöffnung von 85 m li. W. schließen sich fünf Flutöffnungen von je 33,4 m an.

Lit.: ZBW 1884.

Burgdorf-Hohenassel NS (Wolfenbüttel/G7)

Ein in Deutschland wohl einmaliges Ensemble techn. Konstruktionen bildet die landschaftsprägende Kette der 1935–43 zwischen Burgdorf-Wester- und Osterlinde (nördl. B 490) durch die Fa. Hag, Celle, errichteten eisernen **Erdöl-Bohrtürme.**

Lit.: Dpfl. NS; Mende, 1990.

Burgdorf-Sorgensen (Hannover/F6) NS

Museal restaurierte geschlossene **Bockwindmühle** (Otzer Landstraße 10) von 1783.

Lit.: NS Dpfl. 12, 1985/86.

Burgkirchen an der Alz-Hirten BAY (OB/Altötting/O10)

Das von der Bayer. Stickstoff-Werke AG 1918–19 bei Margarethenberg (→ Tacherting, → Trostberg) zur Versorgung des Karbidwerkes in Garching-Hart erbaute **Laufwasserkraftwerk** besteht aus einem gegen den Hang der Gefällestufe gelehnten, über Druckrohre mit dem Wasserschloß verbundenen Krafthaus und dem rechtwinklig dazu angeordneten Werkstätten- und Verwaltungsgebäude, beide von noblem Neoklassizismus. Im Krafthaus vier Maschinensätze, davon drei mit Francis-Zwillingsturbinen (Schluckfähigkeit 20 cbm/sec, 8000 PS) der Gothaer Maschinenfabrik Briegleb, Hansen & Co. von 1917 und eine kleinere Turbine von 1918. Generatoren 1967–70 erneuert, orig. Regler z. T. erhalten.

Lit.: Slotta II.

Burgdorf-Sorgensen. Bockwindmühle

Calw (Calw-Hirsau/N 4) BW

Das im Zusammenhang mit dem Baufortschritt der Nagoldbahn (C.–Nagold, eröffnet 20. 6. 1872; C.–Horb, 1. 6. 1874; Brötzingen–C., 1. 6. 1874) auf dem außerhalb der Stadt gelegenen **Bahnhof** in Rotsandstein errichtete *Empfangsgebäude* tradiert den in der Mitte des Jh. entwickelten spätklassizistischen Bautyp. Den eingesch., durch übergiebelten Risalit zentrierten Mitteltrakt mit Schalterhalle, Wartesälen und Betriebsräumen flankieren dreigesch. Pavillons mit Dienstwohnungen. Der Eingangsfassade vorgelagert eine zwölfachsige offene Eisenkonstruktion auf Gußsäulen. Auf dem Bahnhof zeitgleicher Güterschuppen und späteres Stellwerk. – Südl. des Bahnhofs überquert die Bahn das Nagoldtal auf urspr. weitgespannter **Brückenkonstruktion** aus Gitterfachwerkträgern, führt dann in das Portal des ersten der zahlreich bis Nagold folgenden Tunnel. Von ähnlicher Konstruktion – unterspannter Fachwerkträger, nachträglich verstärkt durch gebauchten Untergurt – die Brücke über die B 295 (Stadtmitte) der am 20. 6. 1872 eröffneten Strecke C.–Weil der Stadt. – Neben der hist. Nagoldbrücke errichtete die Stadt am Standort einer älteren Mühle 1911 nach Planung der Architekten Schuster und Dolmetsch ein kleines **Elektrizitätswerk** in einem der Umgebung angepaßten Heimatstil. – Auf die Bedeutung C.s als eines der im 17. Jh. entstandenen Zentren württ. Textilindustrie verweist das um 1915 erbaute Gebäude der **Baumwollspinnerei Calw** (südl. an der L 463), seit 1903 Nachfolgerin der 1837 gegr. Spinnerei Staelin. In seiner Funktionalität knüpft es an die Tradition frühindustrieller Fabrikbauten Englands an.

Lit.: IB 1916; Paul III, BW 27; Dpfl. BW.

Castrop-Rauxel (Recklinghausen/H 3) NW

Ehem. **Zeche Erin.** Die Anfänge der Zeche gehen auf den Iren William Thomas Mulvany und das Jahr 1866 zurück. Erste Kohleförderung 1870. Zwischen 1918 und 1921 wurde Schacht 3 (Stadtteil Schwerin, Rieperbergstraße) abgeteuft bei gleichzeitiger Errichtung eines *Hammerkopfturmes* (→ Dortmund, → Hamm) in ausgefachter Stahlkonstruktion, heute das älteste erhaltene Beispiel in Westf. einer häufiger in der 1. Hälfte des 20. Jh. – meist aus Raummangel – verwendeten Bauart mit Aufstellung der Fördermaschine direkt neben der Treibscheibe. Von stadtbildprägender Bedeutung das für Doppelförderung eingerichtete *Vollwand-Strebengerüst* der Bauart Dörnen von 1953 über Schacht 7 (Erinplatz) am Rande des Stadtzentrums.

Lit.: Matzanke, 1984; Hermann.

Clausthal-Zellerfeld (Goslar/G 7) NS

Oberharzer Wasserwirtschaft (Umgebung). Erstmals 1298 (verm. »Pfauenteich«) erwähntes, ab da im Verbund ausgebautes System von Teichen (63 von ca. 70 erhalten) und Verbindungsgräben (ca. 120 km) meist in Trockenmauerwerk mit Abdekkung durch Reisig, später mit Bohlen: erhalten auf 60 m Länge im Zellerfelder Kunstgraben; herausragend der Sperberhainer Damm von 1732–34 (L ca. 1000 m, in der Mitte H 16 m, Basisbreite 40 m, Kronenbreite 6 m). Sie sammelten das Niederschlagswasser im Quellgebiet von Oker, Söse und Innerste als Wasserbevorratung zum Betrieb der Bergwerksanlagen (Wasserhebung, Förderung, Fahrkünste, Wettersätze, Pochwerke) über Wasserräder. Bei den Teichen der älteren Bauart mit äußerer Dichtung befand sich das Striegelhäuschen mit den Verschlußeinrichtungen für den Grundablaß auf Holzböcken im Teich (z. B. Wasserläuferteich), bei der neueren Ausführung mit innerer Dichtung saß das Striegelhaus den Dämmen auf. – Mit dem Vordringen des Bergbaues in größere Tiefen mußten zur Ergänzung der übertägigen Anlagen zusätzliche Wasserlösungsstollen getrieben werden. Auf den 1777–99 aufgefahrenen Tiefen-Georg-Stollen (→ Bad Grund) folgte bereits vier Jahre später der Arbeitsbeginn für eine 1835 vollendete Strecke ohne Tagesverbindung in wesentlich größerer Teufe, die zugleich, als Novum im europäischen Erzbergbau, der horizontalen untertägigen Erzförderung auf Lastkähnen diente. In Erkenntnis des weiter drohenden Absaufens des tiefer dringenden Bergbaues entschloß man sich zum Durchtreiben dieser tiefen Wasserstrecke zu Tage, die, am 21. 7. 1851 in → Gittelde angesetzt, 1864 als Ernst-August-Stollen (damals mit 26 km Streckenlänge einer der längsten Stollenbauwerke der Welt) durchgeschlagen werden konnte.

Ottiliae-Schacht (westl. Ortsrand von der B 242, Bremer Höhe). In unmittelbarer Nähe der 1871 errichteten, 1904–05 durch eine Zentralanlage

Clausthal-Zellerfeld. Oberharzer Wasserwirtschaft, Striegelhäuschen

Clausthal-Zellerfeld. Ottiliae-Schacht, Fördergerüst

ersetzten Erzaufbereitung wurde 1868 mit dem Abteufen eines neuen Hauptförderschachtes begonnen, der 1876 eine Teufe von 364 m mit Durchschlag zum Ernst-August-Stollen, 1905 eine solche von 594 m erreichte. Die von Beginn an minimierten, weitgehend mit Maschinenhalle, Zechenhaus und Fördergerüst erhaltenen *Tagesanlagen* gehören zu den außergewöhnlichen techn. Denkmalen in den alten Ländern der Bundesrepublik. Das 1876 durch die Kgl. Zentralschmiede C. errichtete, mit räumlichen Fachwerkträgern aufgeführte *Fördergerüst* (H 19,68 m) modifiziert das engl. Bockgerüst durch eine Quertraverse unterhalb der Seilscheibenachse. Es ist, nach dem Abbruch des Pyramidengerüstes von Schacht Barillon (1869) der Zeche Julia bei Herne, das älteste erhaltene Fördergerüst aus Eisen in Westdeutschland und gehört zudem zu den ältesten dt. eisernen Fördergerüsten überhaupt. Fördermaschine von 1914 (umgebaut 1924) von Schmidt, Kranz & Co., Nordhausen.

● **Kaiser-Wilhelm-II.-Schacht** (Erzstraße). Durch die TH C.-Z. und den Oberharzer Geschichts- und Museumsverein betreute, vollständig erhaltene Tagesanlage des ab 1. 4. 1880 abgeteuften, Mitte 1885 mit dem Ernst-August-Stollen durchgeschlagenen Schachtes. Das *Fördergerüst* (H 15,64 m), aus Profileisen durch Schmidt, Kranz & Co., Nordhausen, als engl. Bock 1880 errichtet, ist das zweitälteste erhaltene Gerüst in den alten Ländern der Bundesrepublik, in seiner Bedeutung aufgewertet durch die 1882 vom Kgl. Hüttenwerk Gleiwitz gebaute, 1924 auf elektr. Antrieb umgerüstete Fördermaschine, die zu den ältesten erhaltenen Maschinen zählt.

Erzbergwerk Grund. Im Innerstetal der ehem. Medingschacht (Sägewerk) mit Schachthalle, Fördermaschinenhaus, Zechenhaus der Grube Bergwerkswohlfahrt und Streben-Fördergerüst der Kölner Maschinenbauanstalt Humboldt von 1902.

Ehem. **Zechen- und Grabenhäuser,** meist aus dem 18. Jh. und urspr. mit Diensträumen der Steiger, Versammlungsraum der Bergleute und Lohnbüro, haben sich als Besonderheit des Oberharzer Bergbaus, wenn auch umgenutzt, erhalten, u. a. im Dorotheer-, Ludwiger-, Anna Eleonorer-, Lorenzer-, Rosenhöfer-, Ringer-,

Spiegeltaler-, Polsterthaler Zechenhaus und im Polsterberger Hubhaus, Sperberhainer Dammhaus und Rehberger Grabenhaus. – Nach der Aufgabe des Bergbaues 1930 Einrichtung von **Kraftwerken** in den stillgelegten Schächten, die bis 1980 elektr. Energie erzeugten.

Lit.: Roseneck, 1983/84; Slotta I/II/IV,1.

Coburg (OFr./Coburg/J8) BAY

Bahnhof. Langgestrecktes *Empfangsgebäude* mit zentralem Eingangsrisalit und flankierenden, zweiseitig durch Risalite gegliederten barockisierenden Eckpavillons nach Entwurf von Steinbrink (Dir. Erfurt), 1911–23. Ebenfalls von Steinbrink der eingesch. Fürstenpavillon (dat. 1915/19) mit übergiebeltem ionischem Säulenportikus. – **Gaswerk** (Bamberger Straße, Uferstraße). Beamtenwohn- und Verwaltungsgebäude (dat. 1903) und Apparatehaus in qualitätvoll barockisierendem Jugendstil als bauliche Überlieferung des 1902–04 errichteten Gaswerkes. An der Uferstraße zwei Teleskopgasbehälter von 1904 und 1953. – Westl. der Itz das neobarocke ehem. Verwaltungsgebäude des **Schlachthofes** sowie die Bauten des **Hofbräuhauses Coburg.**

Lit.: Dpfl. BAY; Stadtwerke Coburg.

Cochem (Cochem-Zell/K2) RP

Besondere Beachtung verdient unter den zahlreichen aufwendigen Kunstbauten der Moselbahn (Koblenz–Trier–Ehrang, eröffnet 15. 5. 1879) der 1874–77 durch den C.er Krampen zur Abkürzung einer Moselschleife von 22 km zwischen den Bahnhöfen C. und Ediger-Eller nach dem österr. System (Sohlstollenvortrieb, Ausmauerung nach Vollausbruch) ausgebrochene **Kaiser-Wilhelm-Tunnel.** Mit 4204,75 m war er zur Bauzeit der längste Tunnel des Dt. Reiches. Qualitätvolle, mit dem preuß. Adler gekrönte neoromanische Portale und die Namensverleihung würdigten seinerzeit die im steten Wettbewerb mit dem Baufortschritt des Gotthard-Tunnels gesehene techn. Leistung. Neben dem Tunnelportal das bald nach 1900 errichtete Betriebsgebäude für die Entlüftungsanlage des Tunnels in filigranem Jugendstil-Eisenfachwerk. – Als Ersatz für die einfachen Fachwerkbauten der Erstausstattung, wie sie in C., Hatzenport, Kattenes, Winningen erhalten sind, entstanden auf den touristisch wichtigen Bahnhöfen aufwendige **Empfangsgebäude** (bis 1902 Bullay, C., Winningen nach Entwürfen von Hüter und Schmuck; 1908–14 Karden, Kobern, Moselkern, Trier-Süd nach Entwürfen von Franz Schenk). Mit Fachwerkgiebel der Eingangshalle, geschmückt durch Flügelradornamente, Treppenturm und differenzierten Baukörper verband Architekt Hüter in C. die Bautradition des Mittelrheins mit Formen des Jugendstils.

Lit.: ZBW 1886; Arch. 20. Jh. 1905; Custodis.

Coppenbrügge-Voldagsen NS (Hameln-Pyrmont/G6)

Beim Bau der Kleinbahn V.–Delligsen (V.–Duingen, eröffnet 16. 6. 1896; Duingen–Delligsen, 1. 7. 1901) errichtetes **Empfangsgebäude** der Neorenaissance. Von ähnlicher Qualität das um 1912 erbaute **Stationsgebäude** des benachbarten Bhf. Salzhemmendorf-Oldendorf; akzentuiert durch Eingangsrisalit mit neoklassizistisch umgeformtem Thermenfenstermotiv.

Crailsheim (Schwäbisch Hall/M6) BW

Der **Wasserturm** (H 22m) von 1912 auf dem Bhf. gehört mit leicht konischem Schaft in Ziegelmauerwerk, Konsolgesims und unverkleidetem Kugelbehälter mit Stützboden (600 cbm) zu den typischen Vertretern seiner Gattung (→Bebra, →Kornwestheim u. a.) um 1910. Zur charakteristischen Form gehört auch die äquatorial gelagerte Laufsteg-Fahrleiter-Kombination und die hier mit Kugelknauf besetzte Lüfterhaube. Das übergiebelte Portal weist heute den Weg in eine Kunstgalerie und Gastwirtschaft.

Lit.: Dpfl. BW.

Cremlingen-Abbenrode NS (Wolfenbüttel/F7)

In der Nähe der B 1 eine vom Starnberger Teich bei Helmstedt translozierte **Bockwindmühle** von 1880 in betriebsfähigem Zustand.

Lit.: NS Dpfl. 11, 1983/84.

Cuxhaven (Cuxhaven/C 5) NS

Seit der Neuzeit Ansteuerungs- und Zufluchtshafen für den von Hamburg beherrschten Seeverkehr und seit Ende des 19. Jh. bedeutender Fischerei- und Kriegshafen, besitzt C. neben dem Alten Hafen, dem Alten und Neuen Fischereihafen und dem Amerikahafen einige außergewöhnliche schiffahrtsgebundene techn. Denkmale. – Bekanntestes Seezeichen ist die am äußersten westl. Ende der Elbmündung als Navigationshilfe errichtete **Kugelbake** in komplizierter Holzkonstruktion. – An der Alten Liebe steht der 1802–03 als zylindrischer Backsteinrohbau erbaute **Leuchtturm,** den der Hamburgische Staat 1803 den Schiffern als Zeichen und sich selbst als Denkmal errichtet hat, mit der Inschrift »Nautis signum / sibi monumentum erexit / respublicam hamburgensis / Ao. MDCCCIII« (= 1803) im klassizistischen Portal. – In der Nähe der interessante optische **Windstärkenanzeiger Semaphor** (griech., Zeichenträger) für die Schiffahrt vor der Elbemündung zwischen Borkum und Helgoland, eine Eisenkonstruktion mit mechanisch betätigten Anzeigen. – Auf dem Elbedeich bei der Schleuse C.-Altenbruch der 1983 außer Dienst gestellte **Leuchtturm Dicke Berta.** – Vor C. auf der zu Hamburg gehörenden Insel Neuwerk der 1300–10 als **Wehrturm** in Backstein errichtete älteste dt. Leuchtturm mit Leuchte von 1875. – Gegenüber dem Bahnhof ein zu Wohnzwecken umgenutzter ehem. **Wasserturm** für einen Hängebodenbehälter mit 950 cbm Nutzinhalt in Backsteinrohbau von 1897. – An die Auswandererwelle zwischen 1898 und 1906 erinnern die nach Planung von Georg Thielen 1900–02 erbauten **Hapag-Hallen** am Rande des Amerikahafens (Steubenhöft) mit Backsteinrohbauten als Synthese zwischen neoromanisch-neugotischen Formen und Reformarchitektur.

Lit.: Slotta I; Merkl 191.

Dahme-Dahmeshöved (Oldenburg/B 8) SH

Leuchtturm. Über oktogonalem, 1878/79 von der Kgl. Preuß. Wasserbauinspection Plön als Backsteinrohbau errichtetem Schaft die von Konsolen getragene Brüstung des Laternenumganges. Die techn. Einrichtung samt Leuchtfeuer auf der Plattform (H 28,8 m) orig. erhalten. Die Drehbewegung der Leuchte erfolgt über Gewichtsantrieb mittels Seilzug und Räderwerk durch Eisenplatten (150 kg) bei zweimaligem Aufzug täglich (Konstruktion L. A. Veitmeyer, Berlin). Neben dem Turm das Wärterwohnhaus.

Lit.: Slotta I.

Dahn (Pirmasens/M 3) RP

An den wirtschaftlichen Aufschwung des Landstädtchens inmitten des Pfälzerwaldes nach Fertigstellung der Lokalbahn Hinterweidenthal–Bundenthal erinnert das heute als Vereinshaus genutzte ehem. Maschinenhaus des 1907–08 nach Entwurf von Karl Barth, Landau, in zurückhaltendem Jugendstil errichteten städt. **Elektrizitätswerkes** (Pestalozzistraße).

Lit.: IB 1919.

Dannenberg (Lüchow-Dannenberg/E 8) NS

Bahnhof. Eine seit 1846 bestehende Hochbautradition der Berlin-Hamburger Eisenbahn fortführend, gab man dem *Empfangsgebäude* an der Strecke Wittenberge–Hitzacker (eröffnet 15. 12. 1873; bis Buchholz am 31. 12. 1874 weitergeführt) spätklassizistische Formen. Der die Hauptfassade beherrschende Rundturm ist jünger.

Darmstadt (Darmstadt/K 4) HS

Gegen Ende des 19. Jh. waren die getrennten Bahnhöfe der Main-Neckar-Bahn (1846) und der Hess. Ludwigsbahn (1858/77) dem wachsenden Verkehr nicht mehr gewachsen. Seit 1898 entwickelte deshalb die Eisenbahndir. Mainz mehrere Projekte zur Zusammenfassung der D.er Bahnanlagen in einem neuen **Hauptbahnhof,** ● dessen Betriebsanlagen 1907–09/12, das **Empfangsgebäude** 1910–12 unter Leitung von Friedrich Mettegang ausgeführt wurden. Die zeittypisch asymmetrische Gebäude- und Grundrißorganisation mit Erschließung der Bahnsteige über eine von der Empfangshalle ausgehende Fußgängerbrücke und dem die Schaufront einer brunnengeschmückten Platzanlage bildenden Fürstenpavillon als Verbindung zwischen Haupt- und Amtsgebäude basiert auf dem Wettbewerbsentwurf von Friedrich Klingholz, Aachen. Die vom D.er Jugendstil beeinflußte, mit Bauplastik von Jobst, D., Belz und Ohly, beide Frankfurt a. M., geschmückte Architektur des ausschl. in Muschelkalk und Tuffstein errichteten Bahnhofskomplexes stammt von Friedrich Pützer, D. Von der opulenten Innenausstattung blieb die keramische Wandverkleidung des ehem. Speisesaals teilweise erhalten. – Beachtenswert unter zahlreichen Brücken unterschiedlicher Konstruktion die **Überführung** des Dornheimer Weges (Bismarckstraße) mit Eisenfachwerkträgern über drei Öffnungen in der Kontur einer Hängebrücke. – Benachbart ein **Wasserturm** mit zweikammerigem offenen Barkhausenbehälter (400 cbm, Dm. 10,5 m), dessen polygonaler Kopf über kräftigem Konsolgesims sich formal an dem 1895 in → Frankfurt-Rödelheim errichteten Turm orientiert. Wohl einmalig ist die gleichzeitige Nutzung des Turmes als Stellwerk (Befehlsstelle) in der auf halber Höhe auskragenden Kanzel. – Einfacher in der Architektur mit einem oktogonalen Schaft in Backsteinrohbau unter verbrettertem Behälterumgang der **Wasserturm** (um 1880) für zwei halbkreisförmige eiserne Flachbodenbehälter der Wagenreparatur-Werkstätte (Frankfurter Straße). – Provinziellen Spätklassizismus vertritt das **Bahnhofsgebäude** D.-Ost (Rosenhöhe) an der Strecke nach Ober-Ramstadt (eröffnet 27. 12. 1870) der Hess. Ludwigsbahn.

Für die 1879–80 erbaute, durch Grundwasserwerke in der Rheinebene gespeiste Wasserversorgung entstand auf der Mathildenhöhe (unter den Ausstellungsbauten) ein gemauertes, von Kappen zwischen Gurtbögen abgedecktes **Hochreservoir** mit zwei Behältern von je 2500 cbm Inhalt, vergleichbar den Anlagen in Frankfurt von 1873/75. – Mit der Eröffnung der elektr. Straßenbahn erhielt das im Stadtinneren seit 1888 mit Dampfkraft betriebene *Elektrizitätswerk* 1904 ein neues Maschinen- und Kesselhaus in gelbrotem Klinkermauerwerk als eine noch durch Thermenfenstermotiv und Schweifgiebel am Historismus orientierte, durch die Großgliederung jedoch modern wirkende Architektur. Konventioneller dagegen die gleichzeitig nach Entwurf von Prof. Wickop errichtete neobarocke Kraft-, Wärme- und Lichtzentrale der TH (Magdalenenstraße).

Die für die Baugattung typische Neurenaissance-Architektur der den Eingang flankierenden dreigesch. Verwaltungsgebäude und der Stallbauten datieren die Bauten des **Schlachthofes** (Frankfurter Straße) in die Zeit um 1880. – Für die seit 1827 in D. bestehende **Chem.-Pharm. Fabrik E. Merck** (Frankfurter Straße 250) errichtete Pützer 1900–02 mehrere Fabrikbauten, von denen heute noch der sechsgesch., neobarocke, von Uhrtürmchen bekrönte turmartige Verwaltungsbau zwischen schmalen zweigesch. Flügelbauten die Werkssilhouette bestimmt. – Die Ablösung vom Historismus im Industriebau seit der Jahrhundertwende dokumentiert das 1905 nach Entwurf von Karl Klee für die **Jugendstil-Möbel-Fabrik Alter** (Kirschenallee) errichtete Fabrikationsgebäude in moderner, mit Klinkern verblendeter Eisenbeton-Konstruktion.

Hinter den schlichten Fassaden der 1872 gegr. **Lederfabrik Pfeifer** (D.-Eberstadt, Mühltalstraße 7) wird das Rohleder noch wie zur Gründungszeit für spezielle Zwecke in Gruben gegerbt. – Zwischen Eberstadt und Nieder-Ramstadt (Mühltalstraße) dokumentieren die Bauten von etwa zehn bis ins 17. Jh. zurückgehenden ehem. **Mühlen** die intensive gewerbliche Nutzung des Flüßchens Modau. – Seltenheitswert besitzt der auf klassizistischen Holzsäulen aufgeständerte offene, nach 1800 zum Kühlen der Bierwürze durch die **Brauerei J. Jakob** errichtete Fachwerkschuppen (Oberstraße 16).

Lit.: ZBW 1912; ZBV 1914; DB 1891/1908; Arch. 20. Jh. 1908; IB 1914; Slotta II; Merkl 264; Höhmann.

Dautphe-Friedensdorf HS

(Marburg-Biedenkopf/I4)

Die Gleichberechtigung von Holz- und Eisenkonstruktionen im frühen dt. Industriebau dokumentieren die beeindruckenden Fachwerkbauten der 1848 vom Großhzgl. Hütteninsp. Klein erbauten **Carlshütte,** die nach der Biedenkopfer Ludwigshütte (von der noch Gebäudereste aus der Mitte des 19. Jh. erhalten sind) zu den wichtigsten Hüttenanlagen im Kreis Biedenkopf zählte.

Lit.: Slotta V,1.

Deißlingen-Lauffen ob Rottweil BW

(Rottweil/O4)

An den vergeblichen Versuch, das bei Probebohrungen 1842 in 142,5 m Teufe (Mächtigkeit 12 m) angetroffene Steinsalzlager zu erschließen, erinnert das heute als Wohnhaus genutzte Fachwerkgebäude des ehem. Laborantenhauses (B 27) des **Schachtes Stallberg.** Dessen Schachtbau mußte bei Erreichen etwa eines Drittels der notwendigen Teufe 1850 wegen nicht zu bewältigenden Wasserzulaufs (durch unzureichende Pumpenleistung) eingestellt werden.

Lit.: Slotta III.

Delligsen - Grünenplan NS

(Hildesheim/G 6)

An der Hauptstraße durch G. ein um 1900 mit betonter Eckfase aufwendig, jedoch provinziellhistorisierend gestalteter Fabrikbau der 1871 gegr. (heute) **Dt. Spiegelglas AG.**

Delmenhorst (Oldenburg/E 4) NS

Wasserturm (Rathaus). Nach vorausgegangenem Wettbewerb 1909 im Zusammenhang mit dem Rathauskomplex erbauter Wasserturm für einen Hängebodenbehälter von 550 cbm Inhalt in einem aus norddt. Backsteingotik abgeleiteten Frühexpressionismus. Aus gleicher Zeit der neoklassizistische Bau des Wasserwerkes.

Dem hochentwickelten Industriebau der 2. Hälfte des 19. Jh. mit funktionaler Grundrißorganisation entspricht der neoromanische Backsteinrohbau-Komplex mit Produktions- und Infrastrukturbauten sowie Arbeiter- und Beamtenwohnhäusern der von Christian Lahusen gegr. **Norddeutschen Wollkämmerei und Kammgarnspinnerei** von 1884 nach Planung von Wilhelm Weyhe, Bremen. Erweiterungen (Aufstockung des Lagergebäudes und Wasserturm von 1910) ab 1897 durch Heinrich Deetjen, Bremen, bei Tradierung des vorgegebenen Stils. Heute Technologiezentrum.

Lit.: IB 1913; Möller.

Detmold (Lippe/G 5) NW

Brauerei Strate (Palais-Straße). Brauereigebäude des 1838 gegr. D.er Brauhauses nach Entwurf von Architekt Petri (1863) mit schloßähnlicher Schaufassade über der Palais-Straße. Den Backsteinrohbau in ma. Formen gliedern bei gleichzeitig gut erkennbaren Gebäudefunktionen vor die Fassade gezogene Risalite unter Treppengiebeln. Vorwiegend gotisch geprägt ein asymmetrisch der Fassade vorgesetzter Turm mit Blendbögen, überzinnten Ecktürmchen und mit Vierpaß geschmückter Attika.

Lit.: Firmenangaben.

Dettingen an der Erms BW

(Reutlingen/N 5)

Das Ermstal zwischen Metzingen und Bad Urach gehörte seit dem frühen 17. Jh. zu den bevorzugten Standorten der Textilindustrie in Württ. Einer der Schwerpunkte lag ab der 2. Hälfte des 19. Jh. in D., das mit vier Produktionsstätten der **Weberei und Spinnerei Eisenlohr** ein einmaliges Ensemble hist. Fabrikarchitektur besitzt. Nach Einheirat in die Reutlinger Textilfirma Gminder gründete der Färber Georg Martin Eisenlohr 1825 ein eigenes Färbereiunternehmen, das seine Söhne nach D. verlegten. Auf dem Gelände einer ehem. Mühle (Fabikstraße) entstand ab 1865 ein zweigesch. *Spinnereigebäude* aus Quadermauerwerk mit innerer, durch Mittelunterzug bestimmter Holzkonstruktion in der Tradition engl. Fabrikbauten des frühen 19. Jh. Im O an die Spinnerei anschließend der eingesch. *Websaal* aus den 90er Jahren in Sichtmauerwerk mit Stichbogenfenstern und klassizistischer Erweiterung um 1906, erkennbar durch skulptierten Giebelaufsatz mit Familienwappen zwischen allegorischen Figuren. Den Abschluß der Fabrikfront bildet ein vom Jugendstil geprägtes, ebenfalls um 1906 errichtetes Verwaltungs- und Wohngebäude. Am westl. Ortseingang (Uracher Straße) *Kesselhaus und Fabrikfassade* als Restsubstanz (nach Großmarktnutzung) einer zweiten Spinnerei von 1893 in pittoresk romanisierendem Backsteinrohbau mit Werksteingliederung verm. von Philipp J. Manz. Eine dritte *Fabrikanlage* (Keckbronnenweg) entstand 1908 nach Entwurf von Manz, die Websaal, Kesselhaus, Werkstätten und Verwaltung in geschlossenem, an den Ecken durch quadr. Türme in barockisierenden Formen betontem Komplex vereint. Die Moderne vertritt der *Webereibau* ab 1926, wieder von Manz, mit imposantem Kesselhaus von 1928–29 (im Inneren dat.) und kompletter, wenn auch stillgelegter techn. Einrichtung. Das Kraftwerk des Unternehmens in

→Metzingen-Neuhaus. – Zwischen D. und Bad Urach die **Papierfabrik Bleiche** (»Bruderhaus«) mit Fabrik-, Neben- und Wohngebäuden (ab 1862).

Lit.: Dpfl. BW.

Diemelsee-Adorf HS (Waldeck-Frankenberg/H 5)

Die während der Autarkiebestrebungen des Dt. Reiches nach 1938 entstandenen, nach dem 2. Weltkrieg erweiterten Tagesanlagen der ehem. – 1986 als Besucherbergwerk wiedereröffneten – **Grube Christiane** tradieren frei von Pathos den Funktionalismus der ausgehenden 20er Jahre.

Lit.: Slotta V,1.

Diez (Rhein-Lahn-Kreis/J 3) RP

Das mit aufgeputzter Pseudo-Bandrustika gestaltete spätklassizistische **Empfangsgebäude** der Lahntalbahn an der Strecke Nassau–Limburg (eröffnet 5. 7. 1862) entspricht mit giebelständigen Eckbauten, verbunden durch niederen Zwischentrakt (Schalterhalle und Wartesäle), dem Typenentwurf der Nass. Staatsbahn (verm. der Bauräte Haas und Moritz Hilf). Rustizierte Stützmauern und Unterführungen aus der Modernisierungszeit (um 1910–15) der Preuß.-Hess. Staatseisenbahnen.

Dillenburg (Lahn-Dill-Kreis/I 4) HS

Zu den ältesten erhaltenen Industriebauten neben der als ehem. Kupferhütte bezeichneten, spätklassizistischen Dorotheenhütte (Dorotheenweg), um 1850, zählt der neoromanische, durch Mittelrisalit und polygonale Ecktürmchen geprägte Backsteinrohbau der in den 1860er Jahren erbauten ehem. **Dampfmühle** (Am laufenden Stein). – Von den Eisenbahnhochbauten um Dillenburg sehenswert die der einheimischen Bauweise verbundenen **Stationsgebäude,** z. B. D.-Frohnhausen, der 1892 eröffneten Dietzhölztal-Bahn sowie der sechsbogige Viadukt über das Scheldetal am Ortsausgang von D.-Nieder-Scheld. – An der Straße nach D.-Ober-Scheld die Gebäude der **Elektrizitäts-Anstalt Mittelhessen** (EAM) im zurückhaltenden Expressionismus der späten 1920er Jahre. – Relikte des Bergbaues auf Eisenerz im Schelder Wald finden sich in den z. T. aufwendig gestalteten Mundlocharchitekturen des Burgerstollens (1894, Bergwerk August-Stollen) und des Tiefen Stollens (1907, Grube Ypsilanta) im NO von D.-Ober-Scheld, des Georg-Stollens und des Arnold-Stollens im SO von D.-Ober-Scheld sowie in der unmittelbar an der Schelde gelegenen, um 1885 errichteten ehem. Direktorenvilla der Schelder-Hütte und im Betriebsleitergebäude der Grube Auguststollen vom Ende des 19. Jh. – Die Industriegeschichte des D.er Raumes, besonders des Bergbaus auf Roteisenstein, der Hüttenwerke und Gießereien zeigt anschaulich das **Museum** in der Villa Grün auf dem Schloßberg.

Lit.: Slotta V,1; Dpfl. HS.

Dillingen (Saarlouis/L 1) SL

Die 1685 dem Marquis Charles Henri de Lenoncourt konzessionierte **Dillinger Hütte** nahm 1690 den Betrieb mit Schmelzofen, Frischhütte, Gießerei und Hammerwerk auf. Die Spezialisierung der Hütte auf Blechproduktion ab 1804 sicherte die Existenz der seit 1809 als älteste AG Deutschlands geführten Hütte (Dr.-Deilmann-Platz) bis heute. Aus der Zeit um 1800 stammen der Kamin der alten Frischhütte, Direktionsgebäude und Verwaltung. Den modernsten Stand der Hüttentechnik vertritt der 1985 in Betrieb genommene Hochofen 5 (Gestell-Dm. 11,00 m, Tagesleistung 6050 t). Die zentrale Hochofengruppe mit den in den 1970er Jahren umgebauten Hochöfen 1, 3 und 4 entspricht im wesentlichen der bei der Aufnahme der Roheisenproduktion 1905 getroffenen Anordnung. – An die 1714 erstmals erwähnte, 1869 stillgelegte Hütte der Familie Lenoncourt in Schmelz-Bettingen (Sägewerk) erinnert noch das 1812 erbaute **Verwalterhaus.**

Lit.: Slotta I/V,3; Dpfl. SL.

Dinslaken-Lohberg (Wesel/H 2) NW

Bergwerk Lohberg. Filigranes Doppelstrebengerüst der 1950er Jahre über Schacht 2 des 1907–14 eingerichteten Bergwerkes.

Lit.: Hermann.

Dissen (Osnabrück/G4) NS

Innerhalb der Fabrikanlage der 1876 gegr. **Homann-Werke** (Osnabrücker Straße) ein um 1905 zur Aufnahme eines Intze-Behälters erbauter zylindrischer Wasserturm mit polygonalem Kopf. Ihm gegenüber die Fabrikantenvilla.

Dörzbach (Hohenlohekreis/L6) BW

Bahnhof. Das *Stationsgebäude* am Endpunkt der am 18. 12. 1900 für den Güter-, am 15. 3. 1901 für den Personenverkehr eröffneten schmalspurigen Jagsttalbahn (Spurweite 750 mm) Möckmühl–Jagsthausen-Schöntal–Krautheim ist ein typisches Beispiel der um 1900 auch im Bahnhochbau vertretenen, die einheimischen Bauformen tradierenden Architekturauffassung. Während das EG. in Natursteinmauerwerk und paarigen Bogenfenstern beiderseits eines axialen Risalits an Bahnbauten der 1860er Jahre orientiert ist, schließt das OG. mit Sichtfachwerk eng an die ländliche Bauweise des Hohenloher Landes an. Zwischen Empfangsgebäude und eingesch. Güterschuppen mit senkrechter Verbretterung setzt ein quadr., durch Eckquaderung gefaßter Wasserturm einen deutlichen Akzent. Typengleiche Stationsgebäude finden sich auch in Krautheim, Schöntal und Jagsthausen. – An der Jagst ein● drucksvolles **Mühlenensemble:** neben den Wasserbauten (Jagst- und Übereichwehr, Mühlkanal, Gerinne) eine Mahlmühle (1660, erweitert 1896) mit Wasserrad (Holz-Eisen-Konstruktion, 1896, Dm. 5,5 m, B 1,9 m), einem steinernen Mahlgang, dem Gerbgang zum Dinkelputzen und Trieur zur Getreidereinigung. Benachbart die 1798 erbaute (1864 vergrößerte, 1909 um eine Sägemühle erweiterte) Loh-, Walk-, Öl- und Reibemühle mit umfangreicher Ausstattung (1. Hälfte des 19. Jh.) der Ölmühle.

D.-Hohebach

Das von Wilhelm Roesler 1910 errichtete **Wasserkraftwerk** (Mühlweg, Hintere Bachstraße) ersetzte eine seit 1568 an der Jagst betriebene Mühle. 1939–74 Eigentum der Energieversorgung Schwaben, erzeugt das reprivatisierte E-Werk heute mit orig. Ausrüstung (Turbine und Regler von 1910, Zwillingsturbine und Regler von 1925) jährlich 600000–800000 kWh. Zu der Anlage gehören ein Wehr mit Hochwasserfallen von 1925, der Mühlkanal und die Reparaturwerkstatt mit Feldschmiede.

Lit.: Dpfl. BW; Krins 167.

Döverden (Verden/E5) NS

1907–13 in der Weser errichtete **Stauanlage mit Kraftwerk** (1913 als Dampfkraftwerk mit zwei BBC-Kondensations-Turbogeneratoren eröffnet, 1914 ergänzt durch ein Laufwasserkraftwerk mit Francis-Turbinen) für die Energieversorgung des 104 km stromaufwärts gebauten, dem Mittellandkanal Betriebswasser liefernden Pumpwerkes bei Minden. Noch in Betrieb die 1927–28 als Ersatz der Francis-(Hochwasser-)Turbinen 1 und 3 installierten Propeller-Turbinen sowie Getriebe. Die Turbinen 2 und 4 wurden 1954–55 durch Kaplan-Turbinen mit direkt angetriebenem Generator ersetzt. Die Kraftwerksanlage weitgehend von 1913, das Wehr in den 50er Jahren umgebaut. – In der Nähe des Kraftwerks ein eckig taillierter **Galerieholländer** des 19. Jh. mit benachbartem Silogebäude.

Lit.: ZBV 1914; PreussenElektra.

Dollnstein (MFr./Eichstätt/M8) BAY

Empfangsgebäude von 1869–70 an der Strecke Ingolstadt–Treuchtlingen (Altmühlbahn, eröffnet 12. 4. 1870). Den dreigesch., dreiachsigen Hauptbau entwarf Friedrich Bürklein typengleich mit den Empfangsgebäuden der →Sinntalbahn, fügte aber zwei eingesch. Flügelbauten an.

D.-Hagenacker

Unter Leitung von Joseph Joachimbauer 1867–68 durch den Eßlingener Berg in engl. Bauweise getriebener **Tunnel** (L 633 m). Die spitzbogigen Portale sind innerhalb bossierter Stirnmauern in Werkstein gefaßt. Vor dem O-Portal blieb das Tunnelwärterhaus erhalten. Im W folgt eine Altmühlbrücke. Bei Pappenheim–Zimmern ein ähnlicher Tunnel (L 108 m).

D.-Obereichstätt

Im frühen 15. Jh. durch Bischof Friedrich von Oettingen gegründetes **Hüttenwerk**, das 1817 zusammen mit dem Fürstentum Eichstätt an die Herzöge von Leuchtenberg fiel, 1855 zum

Königreich Bayern kam. Unter den Leuchtenbergern Neubau der Hütte in klassizistischen Formen durch Michael Maurer. Erhalten ein eingesch., von Eckpavillons flankiertes *Produktionsgebäude* (Untere Dorfstraße) mit zeittypischer Eckquaderung und Rundbogenfenstern sowie das mit Adlermedaillons in den Bogenzwickeln des Haupteingangs geschmückte *Herrenhaus* (Allee 2). Von der ab 1880 stillgelegten Hochofenanlage blieb nichts erhalten.

Lit.: Lutz; ZbAIV 1869; Slotta I.

Dornstetten (Freudenstadt/N 4) BW

Nahe dem Abzweig der Straße nach Horb von der B 28 (Richtung Altensteig) überquert in ca. 38 m Höhe die durch Oberbaurat v. Morlock geplante Gäu- oder Westbahn Stuttgart–Eutingen im Gäu–Freudenstadt (eröffnet 1. 9. 1879) auf einem **Viadukt** das tief eingeschnittene Kübelbachtal (ehem. ähnliche Brücken über das Stocker- und Ettenbachtal). Fünf kontinuierliche Schweißeisen-Fachwerkträger aus doppelten Tragwänden (zweifach gekreuztes Diagonalsystem, Abstand i. M. 3 m, H 5,2 m; Stütz-W. 50-60-60-60-50 m) auf massiven Sandsteinpfeilern bilden den Überbau der 1875–79 errichteten, 1945 gesprengten und 1947–49 wiederhergestellten Brücke.

Lit.: Paul III, BW 30; Krins, 1985; ZBK 1884.

Dortmund (Dortmund/H 3) NW

Verkehrsgünstig an dem Rhein und Weser verbindenden »Hellweg« gelegen, entwickelte sich die im späten 9. Jh. erstmals urkundlich erwähnte Siedlung rasch zu einem bedeutenden Handelsort mit einem zweiten Messeprivileg. Status als Reichsstadt in der 1. Hälfte des 13. Jh. Um 1800 zur ländlichen Kleinstadt herabgesunken, gelangte D. mit der im 19. Jh. einsetzenden Industrialisierung – Steinkohlenbergbau (erste Erwähnung 1302, 1840 erste Tiefbauzeche), Stahlindustrie (Gründung einer Eisengießerei, Kesselschmiede und Dampfmaschinenfabrik durch Friedrich Harkort 1832 in D.-Hombruch), Bierbrauerei, Anbindung an ein überregionales Verkehrsnetz (1847 Köln-Mindener und 1848 Berg.-Märk. Eisenbahn, 1899 Dortmund-Ems-Kanal) zu neuer wirtschaftlicher Blüte. Fast vollständige Vernichtung der Stadt im 2. Weltkrieg.

Hafen (Kanalstraße). Den südl. Endpunkt des Dortmund-Ems-Kanals markiert das 1899 vollendete ehem. *Hafenamt,* ein Backsteinrohbau in aufwendiger Neurenaissance mit Werksteingliederung auf unregelmäßig polygonalem Grundriß nach Entwurf von Stadtbaurat Kullrich. Im Zentrum der Hafenfassade schlanker *Signalturm* mit repräsentativem, durch rustiziertes Mauerwerk und Giebel betontem Hauptportal und einem von kräftigen Konsolen getragenen Turmumgang. Auf der Gegenseite Treppenhausrisalit mit monumentalem Bogenfenster, die Schmalseiten zentriert durch Zwerchhäuser mit auffälligen Ziergiebeln.

Hüttenwerke der Hoesch Stahl AG. Am Ende mehrfacher Umstrukturierungen innerhalb des Konzerns, der sich aus dem 1871 in D. gegr. Eisen- und Stahlwerk Hoesch entwickelt hatte, entstand 1984 die Hoesch Stahl AG mit den D.er Standorten Westfalenhütte (Stahlwerkstraße, Springorumstraße), Phoenix (D.-Hörde, Hermannstraße) und Union (Rheinische Straße). Die jeweils zwei Hochöfen der Westfalenhütte und der Phoenix wurden zwischen 1964 und 1977 in Betrieb genommen; im Werk Union werden auf einer 1912 erstinstallierten, 1970 modernisierten Duo-Block-Brammenstraße Sonderprofile gewalzt.

D.-Bodelschwingh (Stadtbezirk Mengede)

Ehem. **Zeche Westhausen** (Bodelschwingher Straße). Malakowturm von 1873 (→Bottrop-Batenbrock, Zeche Prosper II) über dem ab 1872 abgeteuften Schacht 1 als massiger Backsteinrohbau mit unterschiedlich dimensionierten Rundbogenfenstern, über Eck gestützt von Strebepfeilern und polygonalen Treppentürmen. Gegenüber liegen Waschkaue und Lohnhalle (1905–06; erweitert 1916); sie sind in der Kombination von Sichtmauerwerk, Putzflächen und Werksteingliederung, geschwungenen Giebel- und Traufkonturen, dem Thermenfenstermotiv und den gekuppelten Rundbogenfenstern typische Werke des Jugendstils.

D.-Bövinghausen

Zeche Zollern II/IV (Rhader Weg, Grubenweg). Durch die Gelsenkirchener Bergwerks Aktien-

Dortmund-Bövinghausen. Zeche Zollern II/IV, Haupteingang der Maschinenhalle

gesellschaft 1898–1904 errichtete Musterzeche, von Paul Knobbe, Gelsenkirchen, als repräsentatives, um einen »cour d'honneur« gruppiertes Ensemble von Tagesbauten entworfen. Die Anlage fand sogleich Beachtung: »Da sieht man ... den majestätischen Aufbau ..., der mehr einem feudalen Schloßhof als einer Industriestätte ähnelt, sowie die Maschinenhalle, deren Größe und Schönheit die der meisten Prunksäle übertrifft ...« (Zit. nach: Arbeit und Alltag. In: Schriften des Westf. Ind. Mus. 1986.) Orientiert sich die Architektur der um den baumbestandenen Hof gruppierten Bauten vorrangig an norddt. Backsteingotik, durchsetzt von jugendstilverfremdeten Elementen von Romanik bis Klassizismus, zeigt die urspr. im gleichen Stil als Massivbau geplante Maschinenhalle erste Ansätze der Abkehr vom Historismus. Nach dem Beispiel der von der Gutehoffnungshütte AG, Sterkrade, 1902 auf der Düsseldorfer Industrie-, Gewerbe- und Kunstausstellung gezeigten Ausstellungshallen entstand bis 1903 eine von Reinhold Krohn geplante und von Bruno Möhring, dem führenden Jugendstilarchitekten nach 1900, gestaltete **Stahlskeletthalle** von außergewöhnlicher Qualität; hier waren zum ersten Mal Energie- und Drucklufterzeugung, Fördermaschine und Hilfsaggregate in einer Zentrale (2150 qm Grundfläche) zusammengefaßt. Zu den künstlerischen Werten von Eingangsarchitektur und Marmorschaltwand zwischen ägyptisierenden Portalen kommt die besondere technikgeschichtliche Be-

deutung der teilweise erhaltenen Maschinen-Originalausstattung mit einer der ersten großen elektr. Fördermaschinen (2 × 1030 Watt, Ilgner-Umformer) in Deutschland, einem Exponat der Düsseldorfer Gewerbeausstellung von 1902, die man 1903 installiert hat, ferner mit zwei Generatoren, zwei Druckluftkompressoren, mit Lichtumformer, Ladeaggregat und Schaltzentrale. – Im W der Zechenanlage liegt die Wohnsiedlung für Beamte und Arbeiter.

D.-Derne

Zeche Gneisenau II/III/IV (Kornblumenstraße). Für den ab 1883 abgeteuften Schacht 2 der seit 1873 eingerichteten Zeche entstand 1885–86 ein Fördergerüst in der sich durch die Seilscheibenauflagerung vom orig. engl. Bock unterscheidenden Sonderform des Tomson-Bockes. Diese 1868 entwickelte und um die Jahrhundertwende besonders im Ruhrgebiet häufig vertretene Bauweise wurde wegen wirtschaftlicher Nachteile gegenüber dem dt. Strebengerüst nach dem 1. Weltkrieg wieder aufgegeben. Hier handelt es sich um das letzte Exemplar eines engl. Bockes und das verm. älteste erhaltene Fördergerüst im Ruhrgebiet. Über Schacht 4 ein Doppelbockgerüst von 1934 in Fachwerkbauweise.

D.-Eving

Bergwerk Minister Stein (Evinger Straße). Der Ausbau der mit Abteufen von Schacht 1 ab 1871 eingerichteten Zeche zu einer Großförderanlage erfolgte 1920–30, zwei Doppelfördertürme in Hammerkopfform dokumentieren ihn. Architektonische Bedeutung besitzt der 62,4 m hohe, 1925–26 als erster für zwei gleichberechtigte Hauptförderungen errichtete Förderturm in Stahlkonstruktion über dem Schacht Emil Kirdorf. Ein baugleicher Hammerkopfturm entstand gegen 1930.

D.-Grevel

Wasserturm (Rote Fuhr). Für die Versorgung der heutigen Stadtteile Derne, Lanstrop und Grevel sowie Lünen 1904 in Betrieb genommener Wasserturm mit geschlossenem Barkhausenbehälter (Zylinder H 5 m mit beidseitig angesetzten Halbkugeln, Radius 7,5 m, Ges.-H 35 m) von 2000 cbm Fassungsvermögen auf offenem Fachwerkgerüst über quadr. Grundriß. – **Zeche Gneisenau.** Luftschacht Rote Fuhr (Rote Fuhr). Gemauerter, in seiner Massigkeit den Malakowtürmen vom Ende des 19. Jh. vergleichbarer Förderturm (1928) mit Maschinenhalle und elektr. betriebener Bobinen-Fördermaschine.

Dortmund-Bövinghausen. Zeche Zollern II/IV, Maschinenhalle und Fördergerüst

D.-Huckarde

Hydrogrube Hansa (Mengeder Straße). Das ab 1856 eingerichtete Bergwerk stellte 1977 den konventionellen Abbau zugunsten des Forschungsprojektes »Hydrobergbau« ein, das sich jedoch nach zweijährigem Betrieb als Fehlschlag erwies. Stillegung 1980 bei weiterem Betrieb von Kokerei, Werkstätten und Ausbildung. Neben Betriebsgebäuden der Jahrhundertwende Musterkollektion von Kühltürmen verschiedener Bauart.

Dortmund-Huckarde. Hydrogrube Hansa, Kühltürme

D.-Kirchlinde

Zeche Zollern I/III (Bärenbruch, Kirchlinderstraße). Als Ausbildungsbetrieb der Bergbau AG Westfalen genutzte, 1914 neoklassizistisch gebaute Tagesanlagen (u. a. Verwaltung, Maschinenhalle) der 1855–57 eingerichteten, 1902 zur Doppelschachtanlage ausgebauten und 1950 stillgelegten Zeche.

D.-Körne

Büro- und Wohnwasserturm (Werkmeisterstraße) auf quadr. Grundriß in Sichtmauerwerk, erbaut 1940–41 durch die Reichsbahndir. Essen in einer die Sachlichkeit der 20er Jahre tradierenden Architekturauffassung.

D.-Lindenhorst

Zeche Minister Stein, Schacht Fürst Hardenberg (Fürst-Hardenberg-Straße). Über dem 1872–76 abgeteuften Schacht aus gleicher Zeit wuchtiger Malakowturm als romanisierender Backsteinrohbau mit kräftigen Strebepfeilern. Das expressionistische Basisgeschoß ist eine Veränderung der 20er Jahre. 1921–22 neoromanische Erweiterung des Kauen- und Verwaltungsgebäudes bei gleichzeitiger Überformung des Ursprungsbaues.

D.-Mengede

Ehem. **Zeche Adolf von Hansemann** (Hansemannstraße). In dem durch Putzfelder gelockerten, von norddt. Backsteingotik beeinflußten Industrie-Jugendstil um die Jahrhundertwende errichtetes Zechengebäude der 1857 gegr., 1967 stillgelegten Zeche, die ihren Namen dem Direktor der die Zechengesellschaften mitfinanzierenden Disconto-Bank in Berlin verdankt. Architektonisch beachtenswert Lohnhalle und Waschkaue von 1898–99 nach dem Vorbild des Uenglinger Stadttores (2. Hälfte des 15. Jh.) in Stendal. Erhalten ferner die Maschinenhallen der Schächte 1 (1912–13) und 2 (1902) und Betriebsgebäude.

Lit.: Slotta I/III/V; Paul II, NW 118/120/123/129; Merkl 222; Föhl, 1983; Hermann; Westf. Ind. Mus.; Becher 1977; Matzanke, 1984/86.

Dortmund-Ems-Kanal (H3 – F3) NW

● Seit dem 18. Jh. existierten Pläne, Westf. durch eine Wasserstraße an die Nordsee anzubinden. Mit dem bei fortschreitender Industrialisierung ständig wachsenden Bedarf an preiswerten Transportmöglichkeiten im Massengüterverkehr erhielt der Kanalgedanke in der Mitte des 19. Jh. neuen Auftrieb. Ernsthaft geplant in der Konjunktur nach 1871, verzögerte sich der Beginn der Realisierung durch die bald einsetzende wirtschaftliche Stagnation bis zur Mitte der 80er Jahre. Das Gesetz »betreffend den Bau neuer Schiffahrtskanäle ...« vom 9. 7. 1886 ermächtigte die Staatsregierung schließlich zum Bau des Kanals »von Dortmund bzw. Herne über Henrichenburg, Münster, Bevergern und Papenburg nach der unteren Ems, einschließlich der Anlage eines Seitencanals aus der Ems von Oldersum nach dem Emder Binnenhafen nebst entsprechender Erweiterung des letzteren ...«, bei geschätzten Baukosten von 58,4 Mio. Mark. Die Bauausführung, 1892–99, wurde von der Kgl. Kanalkommission geleitet, zu deren Mitgliedern die Bauräte Oppermann, Hermann und Mau sowie die Reg.-Räte Consbruch, Cludius und Kisker zählten. Die Hochbauten entwarf Oberbaudir. Hinkeldeyn. Von technikgeschichtlich besonderer Bedeutung sind unter den Hochbauten des Kanalprojektes das Schiffshebewerk bei Henrichenburg (→Waltrop), die Kanalüberquerungen über Lippe und Stever (→Olfen) sowie über die Ems (→Münster-Gelmer) und die Schleusen bei →Münster und →Hörstel-Bevergern. Seit 1954 Ausbau zur Großschiffahrtsstraße.

Lit.: ZBV 1882/94/95/96/99; ZBW 1901/02; Slotta I.

Dreieich-Buchschlag (Offenbach/K4) HS

Bahnhof. Solide in Sandsteinmauerwerk im Auftrag der Hess. Ludwigsbahn in retardierenden Formen des Spätklassizismus der Jahrhundertmitte ausgeführtes *Empfangsgebäude* von 1884 analog dem formal gleichen fest dat. Stationsgebäude in →Egelsbach. Die Perronüberdachung, eine Eisenkonstruktion auf gußeisernen Säulen, wurde nach Abbruch des durch den Neubau des Hbf. Darmstadt 1910–12 aufgegebenen Darmstädter Ludwigsbahnhofes (1858) nach Buchschlag transloziert.

Drochtersen-Barnkrug (Stade/C6) NS

Als Landmarke wirkt der schlanke, leicht konische **Bleischrotturm** (→Münden) der ehem. Fabrik für Jagdmunition von 1908 nach Planung von J. Hadeler.

Lit.: Mende, 1990.

Düren (Düren/I1) NW

Bahnhof. Von der Rhein. und Berg.-Märk. Eisenbahn nach Eröffnung der Strecke Jülich–Düren (1. 10. 1873, Berg.-Märk. Eisenbahn) gemeinsam erbautes, am 15. 4. 1874 eingeweihtes *Empfangsgebäude* in Insellage als Ersatz einer Durchgangsstation der Strecke Lövenich–Düren–Eschweiler–Aachen (eröffnet 1. 9. 1841, Rhein. Eisenbahn). Seltenes Beispiel eines fast unversehrt erhaltenen Empfangsgebäudes in qualitätvollem Spätklassizismus. Die wegen der Insellage identischen Hauptfassaden akzentuieren je zwei symmetrisch angeordnete, übergiebelte Risalite, betont durch arkadiertes OG. und Pilastergliederung. Die durch Bogenfenster geöffnete Fassade des EG. wird verdeckt von der umlaufenden gußeisernen Konstruktion der Perronüberdachung. In den Bogenzwickeln des kopfseitigen Eingangsrisalits Tondi mit den Wappen von Köln und Wuppertal. Im Kopfbahnhofbereich eine Rangierdrehscheibe. – Die **Eisenbahn-Dreigurtbrücke** über die Rur (Marienweiler Straße) ist eine durch Dr.-Ing. Tils, Köln, 1928 berechnete Stahlkonstruktion mit 78 m Stützweite (Dreieckshöhe 14,5 m bei einer Basis von 13,5 m).

Lit.: ZBV 1931; Berger II; Meyer, 1989.

Bad Dürkheim (Bad Dürkheim/L4) RP

Das spätklassizistische **Empfangsgebäude** der Neustadt-Dürkheimer Eisenbahn (eröffnet 6. 5. 1855) vertritt mit der Dreiteilung des Baukörpers – zentraler, gestreckter Eingangstrakt zwischen Eckpavillons – den traditionellen, im südwestdt. Raum von Friedrich Eisenlohr beeinflußten Bautyp aus der Frühzeit der Eisenbahn. Ähnlich das Empfangsgebäude in →Neustadt a. d. Weinstraße. – Von der Ende 16. Jh. begründeten, 1847 um ein Solbad erweiterten **Saline Philippshall** existiert lediglich ein Gradierwerk des ausgehenden 19. Jh.

Bad Dürrheim BW
(Schwarzwald-Baar-Kreis/O4)

Nach 1822 fündigen Bohrungen nach Salz im bad. D. errichtete Friedrich Arnold, Neffe Friedrich Weinbrenners, 1822–27 die heute noch nahezu komplette **Salinenanlage Ludwigshall** (nach Großhzg. Ludwig, 1818–30) auf einem von dem Karlsruher Fächerplan beeinflußten radialen Grundrißkonzept. Auf anfänglichen Abbau der Salzlager zur Kochsalzgewinnung folgten 1851 die ersten Badezellen, mit der Einrichtung eines Kindersolbades 1879 begann die Entwicklung zum modernen Kurbad. Im Zentrum der Salinenanlage stehen sich an ovalem Platz Verwalter- und Kassenhaus mit konkav geschwungenen Hauptfronten gegenüber, letzteres akzentuiert durch Dachreiter mit Salinenuhr. Die auf den Salinenplatz zuführenden langgestreckten Salinengebäude basilikalen Querschnitts tragen an der Giebelwand dem Bergbau gewidmete Embleme. Zur Salinenanlage gehören weiterhin eingesch. Arbeiterhäuser, Nutzbauten in Fachwerk und ein Bohrhaus auf axialsymmetrischem Grundriß, überragt von zwei Bohrtürmen. Im Kurpark ein von der ehem. Saline in Rottweil translozierter Solerundbehälter.

Lit.: Slotta I.

Düsseldorf (Düsseldorf/H2) NW

Mitte des 12. Jh. erstmals erwähnt, erhielt das Fischerdorf 1288 durch Graf Adolf von Berg Stadtrecht und wurde mit dem Erwerb des Herzogtitels der Grafen von Berg 1380 zu deren Residenz bestimmt. Ab 1521 Hauptstadt der Herzogtümer Jülich, Kleve, Berg, Mark und Ravensberg, nach 1614 Residenz der Pfalzgrafen mit Glanzzeit unter Johann Wilhelm (1690–1716), seit 1815 bei Preußen. Im 19. und frühen 20. Jh. wandelte sich D. von der Residenz- zur Hauptstadt der Rheinprovinz und zum Verwaltungssitz von Industrie und Handel des rhein.-westf. Industriegebietes mit bedeutenden Bauten, so u. a. das monumental neoklassizistische Mannesmann-Verwaltungsgebäude (Mannesmannufer) von Peter Behrens, 1911–12; das Wilhelm-Marx-Haus (Heinrich-Heine-Allee) von Wilhelm Kreis, 1922–24; das Industriehaus (Am Wehrhahn) von Hans Tietmann und Karl Haake, 1921–22; das Thyssen-Hochhaus (August-Thyssen-Straße) von Hentrich & Petschnigg, 1957–60. Nach schwerer Zerstörung im 2. Weltkrieg Neubeginn als Hauptstadt des Bundeslandes Nordrh.-Westf.

Die D.er Nachkriegsbrückenbauten dokumentieren exemplarisch für die Bundesrepublik die konstruktive Entwicklung im **Schrägseilbrücken-**

Bad Dürrheim. Saline, ehem. Bohrhaus

bau: 1957 Theodor-Heuss-Brücke (Ges.-W. 476 m, zwei Pylonenpaare H 40 m, Spann-W. 260 m); 1969 Kniebrücke (Pylone H 114 m, Spann-W. 320 m); 1973 Oberkasseler Brücke (asymmetrische Konstruktion mit einem Pylon, Spann-W. 258 m, nach Fertigstellung um 47,5 m stromabwärts verschoben); 1979 Fleher Brücke (Betonpylon in Form eines kopfstehenden Ypsilon, H 145 m, Spann-W. 368 m).

D.-Hamm

Ehem. **Eisenbahnbrücke** der Rhein. und Berg.-Märk. Eisenbahn (Kaiser-Wilhelm-Brücke, Hammer Brücke). Nach seit 1861 geführten Verhandlungen der beiden Eisenbahngesellschaften mit der preuß. Militärverwaltung, die außergewöhnliche fortifikatorische Sicherungen verlangte, wurde 1868–70 eine erste Eisenbahnverbindung über den Rhein bei D. erbaut. Aus der Mitsprache der Militärverwaltung erklären sich die dann Ende des 19. Jh. häufig anzutreffenden burgähnlichen Kopfbauten der Brücke. Es wurde festgelegt, »daß auf der linken Rheinseite im Anschluß an die Strombrücke eine Drehbrücke, auf dem rechtsseitigen Ufer eine Zugbrücke und in den Brückenpfeilern Sprengminen anzulegen seien. Ferner wurde zur Sicherung der Überbrückung gegen einen Handstreich, resp. zum Schutz der eventuell zum Sprengen der Brücke designierten Mannschaft, ein Sperrfort mit 2 Kuppeltürmen projektiert und dessen Lage auf dem rechten Ufer in einiger Entfernung von der Brücke bestimmt ... Die auf den vier Enden der Strombrücke befindlichen turmartigen Bauten sind aus pfälzischem Sandstein hergestellt, sie dienen zum Aufenthalte der Bahnwärter, in Kriegszeiten zur Aufnahme einer Wachtmannschaft« (Pichier, in: ZBW, 1872, S. 238). Nach Erneuerung des eisernen Überbaues 1912 und Zerstörung der Brücke im 2. Weltkrieg haben sich parallel der modernen Trasse die flachbogigen **Vorlandbrücken** in Sichtmauerwerk auf Sandsteinbasis mit bastionsartig gestalteten Gruppenpfeilern und pseudo-ma. Portalarchitektur erhalten.

Hafen. Unter dem Eindruck der positiven Ergebnisse des Binnenhafens Frankfurt a. M. (1886) realisierte D. ab 1890, nach Vorplanungen von Reg.-Bmstr. Plock seit 1880, ein von Stadtbaurat Frings ausgearbeitetes Hafenprojekt mit vier

Becken (eröffnet am 30. 5. 1896), umstanden von beachtenswerten Hochbauten. – Ein **Kontorgebäude** (Kai-/Kranstraße), um 1900, bietet Industrie-Jugendstil in einer Verbindung von Backsteinrohbau mit vielformigen Putzflächen. Am Becken des Handelshafens (Speditionsstraße) steht der neoromanische Backsteinrohbau der ehem. **Küpperschen Mälzerei** von 1896. Zwischen Becken B und C (Weizenmühlenstraße) sind Bauten der ehem. **Weizenmühle Georg Plange,** heute »Diamant-Mehl«, versammelt: ein romanisch beeinflußtes Getreidelagerhaus in Backsteinrohbau mit prägender Blendarkatur (um 1900), ein Erschließungsturm mit barockisierender Dachhaube, schließlich eine Silobatterie (1930) nach Entwurf von Karl Wach & Rosskotten, Düsseldorf. Um 1910 entstand das heute der Fa. DRECO gehörende **Fabrikgebäude** (Hamburger Straße) in Sichtmauerwerk mit markantem Turm.

D.-Flingern

Stadtwerke-Kraftwerk (Höherweg). Das 1888 in F. errichtete Gaswerk hat sich, bei heute veränderter Nutzung, mit Kohleschuppen, Werkstatt und Reiniger-Gebäuden in seinem urspr. Bauvolumen fast vollständig erhalten. Ein westl. unmittelbar anschließendes erstes, Gleichstrom erzeugendes E-Werk eröffnete die Stadt 1891. Nach mehrfacher techn. Erweiterung und Umstellung von reiner Lichtstromproduktion auf Kraftstromerzeugung erhielt es 1912–13 auch ein neues Maschinenhaus, dessen formale Durchbildung Ähnlichkeiten zu der Turbinenhalle der AEG in Berlin (Peter Behrens, 1909) aufweist, jedoch konsequenter die Stahlkonstruktion der Halle berücksichtigt. Zur Leistungserhöhung des Verteilernetzes entstanden in den 20er Jahren mehrere *Umspannwerke,* darunter 1926 die Station Venloer Straße in D.-Pempelfort.

D.-Grafenberg

Wasserhochbehälter (Auf der Hardt). Für das seit dem gleichen Jahr bestehende städt. Wasserwerk Flehe 1870 errichtet (7200 cbm), mit neuromanischem Rundturm in Backsteinrohbau als Eingangsbauwerk. Neobarocke Erweiterungsbauten (einschl. der Brücke über die Ludenberger Straße) gehören verm. in einen Zusammenhang mit dem 1902 in Betrieb genommenen Pumpwerk 4. – Die **Arbeitersiedlung** der 1872 gegr. Maschinen-Bauanstalt Hohenzollern Aktiengesellschaft (Ludenberger Straße) besteht aus schlichten zweigesch. Doppelhäusern mit Mittelrisalit.

Lit.: Reclam III, NW; ZBW 1872; DB 1890/96/98/1931; ZBV 1896/98; VDI 1893; Föhl, 1976; Slotta II; Düsseldorf und seine Bauten, 1904.

Duisburg (Duisburg/H 2) NW

Als Königspfalz im 9. Jh. nachgewiesen, kam die im 13. Jh. für kurze Zeit reichsunmittelbare Stadt 1290 an die Grafen von Kleve, im 17. Jh. an Brandenburg und war seitdem der preuß. Geschichte verbunden. Mit dem Anschluß an die Eisenbahn, dem Bau der Verbindungskanäle zu Rhein und Ruhr, der Ansiedlung von Hüttenbetrieben und Unternehmen der chem. Industrie, schließlich der Eingemeindungen von Ruhrort und Meiderich 1905, Hamborn und einer Reihe südl. Landgemeinden 1929 entwickelte sich D. zu einer bedeutenden Industriestadt mit dem größten Binnenhafen Europas.

Hauptbahnhof. Zu den architektonisch gelungensten Verkehrsbauten der Neuen Sachlichkeit kann das Ende der 20er Jahre geplante, 1932–33 errichtete *Empfangsgebäude* gezählt werden. Seine sich durchdringenden Kuben mit geöffneten oder geschlossenen Fassaden, dazu die Verwaltungsgebäude von Post und Bahn an den Flanken bilden eine monumentale Platzwand über dem Einschnitt der tiefer gelegten Straße.

Innenhafen (Schifferstraße, Schwanenstraße). Zwei *Mühlengebäude* dokumentieren die Entwicklung der Architektur von Silobauten zwischen 1910 und 1930. Während das ältere zwei übergiebelte Eckbauten begrenzen, dominiert bei dem jüngeren, durch mehrfache Gurtgesimse horizontal betonten Silo ein an der Schmalseite vorgestellter Turm. – Die *Schwanentorbrücke* eine Hubkonstruktion von 1950.

D.-Bissingheim

Rangierbahnhof D.-Wedau (Masurenallee, Bissingheimer Straße). Nahe der Wedauer Brücke ein Bahnwasserturm mit Stützbodenbehälter auf sehr schlankem gemauerten Schaft (um 1905), weiter südl. zwischen den Haltestellen D.-Bissingheim und D.-Entenfang ein Klönne-Kugelbehälter auf quadr. Stahlfachwerkgerüst (um 1915), daneben kleines Stellwerk mit verbrettertem OG. aus gleicher Zeit.

Duisburg-Bissingheim. Bahnwassertum

D.-Bockum

Wasserwerk II der Stadtwerke Duisburg AG (Wasserwerksweg). Neoklassizistischer Gebäudekomplex aus Portikus, Maschinen- und Kesselhaus, 1910–12 errichtet zur Unterstützung eines ersten, 1875 in Betrieb gegangenen Wasserwerkes. Drei Verbunddampfmaschinen mit Kolbenpumpen (Pumpe 1: 1912, Maschinenfabrik Thyssen & Co., Mühlheim a. d. Ruhr; Pumpe 2: 1912, Maschinenfabrik Esslingen/Gotthilf Kuhn GmbH, Stuttgart-Berg; Pumpe 3: 1914, Aschersleben er Maschinenbau-AG) erreichten eine Tagesförderleistung von max. 30000 cbm Trinkwasser. Seit der Stillegung am 30. 6. 1989 wird die Erhaltung als Museum geplant.

D.-Bruckhausen

Kläranlage (Alsumer Straße). Der etwa mittig das rhein.-westf. Industrierevier durchfließende Wasserlauf der Emscher, seit jeher als Vorfluter genutzt, konnte mit seinem geringen Gefälle, verstärkt durch Bergsenkungen in Folge des Tiefbaues, gegen Ende des 19. Jh. die ständig steigende Abwassermenge der sich entwickelnden Großstädte nicht mehr bewältigen. Aufgeschreckt durch die Typhus-Epidemie 1901 in Gelsenkirchen, schlossen sich alle wichtigen Abwasserproduzenten des Reviers am 17. 6. 1905 zur Emschergenossenschaft mit dem Ziel einer einheitlichen Vorflutregelung und Abwässerklärung zusammen. Die Anstrengungen der Genossenschaft dokumentiert das noch heute bei veränderter masch. Einrichtung genutzte, 1914 nach Entwurf von Alfred Fischer, Essen, in neoklassizistischen Formen fertiggestellte Pumpwerk »Alte Emscher A«. In den Abmessungen (li. Dm. 40 m, Ges.-H 24,5 m) fast identisch mit denen des Pantheons in Rom, galt das Pumpwerk seinerzeit als der größte freigespannte Kuppelbau des Dt. Reiches nach der Jahrhunderthalle in Breslau.

Thyssen Stahl AG – Thyssenhütte Hamborn, Werk B. (Kaiser-Wilhelm-Straße). Von August Thyssen 1895 gegr. Hochofenwerk mit heute sechs Hochöfen (Inbetriebnahme 1928–1964, letzte Neuzustellung 1974–1988), Konverterstahlwerken in B. und Beeckerwerth, Oxygenstahlwerk in B., Stranggießanlagen und div. Blockbrammen-, Halbzeug- und Profil-Walzstraßen. – Im **Werk Schwelgern** (Alsumer Straße, D.-Marxloh) steht der Welt größter Hochofen von ehem. 14000 mm Gestell-Dm. (1976 auf 13600 mm verkleinert), 1973 montiert von der Gutehoffnungshütte Sterkrade AG in Zusammenarbeit mit Fritz Schupp.

D.-Hamborn

Fördergerüst von 1907 (restauriert 1978–81) für den ab 1903 abgeteuften Schacht 6 der Zeche Friedrich Thyssen (Duisburger Straße, Alt-Hamborn). Die Tagesanlagen liegen seit 1928 still. – **Wasserturm** (Alleestraße, Alt-Hamborn) der Niederrhein. Gas- und Wasserwerke GmbH mit unverkleidetem Intze-Behälter auf schlankem gemauerten Schaft, um 1905. – An der Schlachthofstraße (D.-Obermarxloh) Reste des ehem. **Schlachthofes** und der DVG Betriebsbahnhof Hamborn mit Sozialgebäuden und Wagenschuppen, um 1915.

D.-Hochfeld

Der **Wasserturm** am Güterbahnhof Hochfeld-S (Paul-Esch-Straße) steht in der Tradition neoklassizistischer Beton-Silobauten der Zeit um 1910. Die Zylindersegmente seines monumentalen

Schaftes trennen Pfeiler mit gedrückten Würfelkapitellen; den Wasserbehälter umkleidet ein glatter, verm. erneuerter Zylinder; die Laterne gliedern Blendbögen. – Zwischen Hochfeld-S und Rheinhausen bildet ein **Pylon** der 1871–73 erbauten Eisenbahnbrücke noch einen Teil der modernen Konstruktion.

D.-Homberg Ruhrort

Druckturm Rheintrajekt (Friedrich-, Königstraße, Alt-Homberg). »Unterm 29. März 1847 kamen die Directionen der Cöln-Mindener und der Ruhrort-Crefeld-Kreis Gladbacher Eisenbahn-Gesellschaft überein, ihre an den Ufern des Rheins gegenüber anzulegenden Stationen Ruhrort und Homberg in eine zweckmäßige Verkehrs-Verbindung zu bringen« (Th. Weishaupt, in: ZBW, 1857, S. 347). Da sich die seit November 1852 betriebene Trajektanlage mit schiefen Ebenen und Pontons als zu unsicher und bald nicht mehr rentabel erwies, schlossen die Eisenbahngesellschaften 1854 mit der engl. Fa. Armstrong in New-Castle-on-Tyne einen Vertrag zur Lieferung einer Dampfmaschine für eine hydraulisch betriebene Hebeanlage. Das Dampffährboot »Rhein« lieferte die Firma Jacobi, Haniel & Huyssen. Die 1854 unter Leitung von Baurat Prange begonnenen Hochbauarbeiten konnten 1856 beendet werden. Von der erfolgreichen Anlage (47000 Waggonbeförderungen im ersten Betriebsjahr 1856) hat sich auf der Homberger Seite nach Abbruch der Ruhrorter Bauten 1970–71 der 1885 außer Dienst gestellte linksrhein. Trajektturm, ein »romanischer« Backsteinrohbau mit polygonalen Ecktürmen, den fast zwei Jahrzehnte später üblichen Malakowtürmen ähnlich, durch Nutzung als Jugendherberge erhalten. – Ehem. **Zeche Rheinpreußen, Schacht 1/2** (Baumstraße, Alt-Homberg). Nach ersten Bohrungen 1851, Konzessionserteilung 1857, begann Franz Haniel, der zur Entwicklung der rechtsrhein. Tiefbauzechen bereits maßgeblich beigetragen hatte, mit dem erst 1884 erfolgreich beendeten Abteufen von Schacht 1, dessen 1879 als Hälfte einer Doppelanlage errichteter Malakowturm bis 1925 in Betrieb blieb. Das Zechenensemble ergänzen eine Werkstättenhalle gleicher Bauzeit, eine Waschkaue von 1901, das Maschinenhaus der Zechenziegelei, das Verwaltungsgebäude von 1903–04 und Beamtenwohnhäuser. Als Außenstelle des Rhein. Industriemuseums geplant. –

Duisburg-Hamborn. Ehem. Zeche Friedrich Thyssen, Fördergerüst

Der **Industriewasserbehälter** (Duisburger Straße, Alt-Homberg) mit zylindrischem Behälter, getragen von ebenfalls zylindrischer Stahlfachwerkkonstruktion stammt verm. aus den 1930er Jahren. – Aus dem späten 19. Jh. das als neoromanischer Backsteinrohbau ausgeführte, durch Blendbögen gerasterte und einseitig durch aufwendig gestalteten Treppenturm betonte Silogebäude der **Mühlenwerke Küppers & Werner KG** (Zechenstraße). – Eingleisig erhaltener Überbau der 1910–12 zweigleisig errichteten **Eisenbahnbrücke** (Hans-Knipp-Brücke) über den Rhein unterhalb Ruhrort mit neun- bzw. dreijochigen Flutbrücken (Fachwerkbalken-Träger) von je 41 m und drei parabelförmig gekrümmten Hauptträgern von 106,08 m-186 m-106,08 m Stützweite.

D.-Huckingen

Mannesmannröhren-Werke AG. Kompakt-Hüttenwerk mit vier Hochöfen von 1937/39/73 und 1981.

D.-Meiderich-Beeck

Thyssen AG Werk Ruhrort (Friedrich-Ebert-Straße, D.-Laar). Auf dem Gelände des 1854–57 entstandenen Hüttenwerkes Laar der 1852 gegr. Phoenix Actien-Gesellschaft für Bergbau- und Hüttenbetrieb produzieren heute drei in kompakter Gruppe stehende Hochöfen von 1955/56/70. Nördl. des Werkes (Laarer Straße) ein Teleskop-Gasbehälter aus dem 1. Viertel des 19. Jh. – **Thyssen AG Werk Meiderich** (Emscherstraße). 1985 stillgelegtes Stahlwerk mit drei Hochöfen von 1956, 1963 und 1973 einschl. der Nebenanlagen, Gebläsemaschinenhalle (mit vier Turbogeneratoren der 1950/60er Jahre) und Magazin als Backsteinrohbauten der Jahrhundertwende, Gasbehälter mit 20000 cbm Inhalt, Verwaltungsgebäude der 1950er Jahre und Stahlskeletthalle der ehem. Walzengießerei von 1923. – **Rütgerswerke** (Varziner Straße). Verwaltungsgebäude zwischen Neubarock und Neoklassizismus von 1905 mit zentralen, übergiebelten Risaliten und Pilastergliederung. Auf dem Gelände ein Industriewasserbehälter der Bauart Klönne auf schlanker Stahlfachwerk-Konstruktion. – **Wasserturm** (Güterbahnhof Ruhrort-Hafen, Zoppenbrückstraße). Klönne-Kugelbehälter (Dm. 10,3 m, Inhalt 500 cbm) auf gemauertem, sich leicht verjüngendem Schaft um 1906 nach Planung von Bauing. Klostermann.

D.-Rheinhausen

Wasserturm (Turmstraße, D.-Hohenbudberg). Mit zwei zylindrischen Eisenbetonbehältern von je 500 cbm Inhalt zur Versorgung des Verschiebebahnhofs und der Eisenbahnersiedlung 1916 nach Planung der Gebr. Rank, München, fertiggestellter Doppelwasserturm in neoklassizistischen Formen. Mit zwei durch Schwibbogen verbundenen Schäften als Tragkonstruktion für den annähernd elliptischen Behältermantel unter Mansarddach, in der Architektur vergleichbar den Wassertürmen (1910–12) von Peter Behrens im Gaswerk Ost, Frankfurt a. M., oder dem Pfullinger Aussichtsturm (1906) von Theodor Fischer. Nach der Außerbetriebnahme 1964/70 Neunutzung als Wohnturm 1982. – **Krupp Stahl AG-Hüttenwerk Rheinhausen.** Seit 1897 bestehendes Stahlwerk mit heute vier Hochöfen (1962–77) mit Gestell-Dm. zwischen 8900 und 11500 mm, Martinstahlwerk, Stranggießanlage und Walzwerk.

D.-Ruhrort

Hafen. Mit den Verbindungen zum Rhein-Herne-Kanal, Weser-Datteln-Kanal, Dortmund-Ems-Kanal, und über diese zu den wichtigsten Binnenschiffahrtsstraßen entwickelte sich der Ruhrorter Hafen in mehreren Ausbauphasen – 1715–53, 1820–25 Alter Hafen, 1837–42 Schleusenhafen, 1860–68 Nord- und Südhafen, 1872–90 Kaiserhafen, 1903–08 – zum größten Binnenhafensystem Europas.

D.-Wehhofen

In Backsteinrohbau, gegliedert durch Putzfelder, errichtetes **Fördermaschinenhaus** (Schachtstraße) der Zeche Wehhofen von 1909–13.

Lit.: ABZ 1855; ZBW 1857/1912; IB 1913; DB Mitt. 1920; BIng 1920; Merkl 292; Paul II, NW 532; Föhl, 1976; Slotta I/II/V,3; Dpfl. NW/RL; Stadtwerke; Schriften des Rhein. Ind. Mus. 1986; Hermann.

Ebrach (OFr./Bamberg/K7) BAY

Ländlicher **Bahnhof** der Lokalbahn Frensdorf–Burgwindheim–E. (eröffnet am 21. 12. 1904) mit villenähnlichem *Empfangsgebäude* in zurückhaltend historisierender Gestaltung und Güterschuppen in Naturstein-Holz-Kombination. Ähnlich, jedoch in bescheidenerer Ausführung, die Station Burgwindheim.

Echelsbach BAY (OB/Garmisch-Partenkirchen/P8)

Echelsbacher Brücke (B 23, nördl. Bayersoien). In der B 23 zwischen Oberammergau und Schongau über den bei E. ca. 60 m tiefen Einschnitt der Ammer mit 130 m Stützweite (Pfeil-H 31,8 m) gespannte Betonbrücke aus Zwillings-Zweigelenkbogen und aufgeständerter Fahrbahn, bei der das Stahlfachwerk des Lehrgerüstes gleichzeitig die steife Bewehrung der Bögen bildet (System Melan-Spangenberg). Ausgeführt 1929–30 durch die Hochtief AG, vorm. Gebr. Helfmann, in Verbindung mit dem Ing.-Büro Streck und Zenns, München, und Architekt Wilhelm Kahrs, München.

Lit.: ZBV 1929/30.

Eckernförde (Eckernförde/B 6) SH

Mühlen und Silobauten. Mit ungewöhnlicher Form dominiert der **Speicher der Fa. Sieck** (Frau-Clara-Straße) von 1930 nach Entwurf von H. Hansen die Hafenbauten als achtgesch. Zylinder hinter scheibenförmigem Verwaltungstrakt mit axialer Erschließung. Zentral dem Flachdach aufgesetzt abgetreppter Turmzylinder mit Belüfteröffnungen, die nur sparsam von Fenstern durchbrochene Mantelfläche des Verblendmauerwerks horizontal durch Gesimsbänder gegliedert. – Auf trapezförmigem Grundstück parallel der Hafenbahn (Am Hafen) Schrotmühle, Silo und Trockenanlage der ehem. **D. P. Bruhn GmbH** (Getreide AG) von 1916/17 nach Planung von Justus Krüger, Hamburg, als differenzierter Baukomplex. Neben dem dreigesch. Mühlengebäude schmales achtgesch., durch Treppenturm T-förmiges Silo, die Betonkonstruktion mit roten Handstrichsteinen verblendet, die tragenden Stützen betonen Pfeilervorlagen. Als Pendant zum äußeren Siloturm im Innenwinkel zwischen Mühle und Trockenanlage polygonaler Treppenturm unter Zeltdach. – Von 1887 das fünfgesch. Lagerhaus der ehem. **Fa. Wilhelm Siemsen** (Am Hafen) in Backsteinrohbau. Lisenen unterteilen die Fassade in drei vierachsige Abschnitte mit gleichmäßiger Reihung von Rundbogenfenstern, horizontal getrennt durch Gurtgesimse, abgeschlossen durch öffnungsloses Attikageschoß.

Lit.: IB 1920; Slotta I.

Edenkoben (Südliche Weinstraße/L 4) RP

Bauliche Reste an Tiefen- und Mühlenbach (streckenweise zugeschüttet) am W-Rand von E. zeugen von den zahlreichen, zwischen dem 17. und 19. Jh. hier betriebenen **Mühlen und Hammerwerken,** mit denen sich auch der Name der Familie Gienanth (→ Eisenberg) verbindet. Hintere Mühle (Huhnsche Mühle, 17. Jh.), Waffenschmiede (Wolffsche oder Buschmühle, 1686), Vordere Mühle (Siegfriedschmiede, 1687), Schleifmühle, Bergemühle (Klosterstraße 177, 1840), Hollersche Mühle (Klosterstraße 175, 1734), Neumühle (Mitte 18. Jh.), Klostermühle (Ursprünge verm. 13. Jh.).

Lit.: Custodis; v. Gienanth.

Edertal-Hemfurth HS
(Waldeck-Frankenberg/H 5)

Nach ersten Überlegungen ab 1900 zum Bau einer **Talsperre** im Edergebiet zur Bekämpfung der von der Eder ausgehenden Hochwassergefahr förderte die Mittellandkanal-Vorlage deren Realisierung, da mit dem gedachten Speicherbecken auch die Wasserhaltung von Dortmund-Ems- und Mittellandkanal sichergestellt werden konnte. Nach Verabschiedung eines entsprechenden Gesetzes am 1. 4. 1905 entstand 1908–14 die damals größte Talsperre Deutschlands im E. bei Hemfurth mit einer aus einheimischer Grauwacke errichteten Staumauer (Volumen ca. 300000 cbm) von 400 m Kronenlänge (Sohle 270 m), einer Fahrbahnhöhe über dem tiefsten Punkt von 48 m und einer Mauerstärke von 35 m in Geländehöhe. Die Architektur der mit einem Radius von 305 m gegen den Stausee (202,4 Mio. cbm Inhalt) gekrümmten Mauer wird bestimmt durch die gleichmäßige Reihung der beidseitig von wuchtigen Schieberhäusern begrenzten Bögen der Überlauföffnungen. Nach Teilzerstörung im 2. Weltkrieg, wobei die Flutwelle u. a. das Dorf Affoldern wegriß, originalgetreuer Wiederaufbau. – Als erstes **Kraftwerk** an der Edertalsperre ging 1915/16 Hemfurth I (1927 Hemfurth II) mit vier Maschinensätzen (Doppel-Francis-Spiralturbinen der Amme, Giesecke und Konegen AG, Braunschweig; Generatoren von Brown, Boveri & Co., Mannheim) in Betrieb, die 1924 um weitere zwei Turbinen-Generatoren-Anlagen auf eine Gesamtleistung von 15,6 MW erweitert wurden. Älteste erhaltene Anlage dieser Art in Hessen.

Lit.: ZBV 1911/13/14; ZBW 1916; Höhmann.

Edingen-Neckarhausen BW
(Rhein-Neckar-Kreis/L 4)

Der im Gründungsjahr 1908 des Wasserversorgungs-Zweckverbandes »Neckargruppe« erbaute **Wasserturm** dokumentiert eine Zeit des Umbruchs im Bau von Wasserturmbehältern. Dominierten bislang die Behälter aus Eisen, so wurden danach unter dem Aspekt der geringeren Bauunterhaltungskosten vermehrt solche aus Beton, wenn auch oft nach einem aus dem Stahlbau übernommenen Konstruktionsprinzip errichtet. So trägt der konische aus Backstein gemauerte Turmschaft in E. einen betonierten

Stützbodenbehälter nach dem System Intze I, mit 450 cbm Inhalt einer der größten Betonbehälter Deutschlands. Zehn halbsteinig ausgemauerte Betonrahmen unter flacher Kuppel mit Laterne, durch gesimsbildenden Ringanker fixiert, prägen die polygonale Form des Turmkopfes. 1970 nach Behebung der Kriegszerstörungen außer Betrieb genommen, wurde der Turm 1984 letztmals saniert. – An der Hauptstraße 31 ehem. Mälzerei und Sudhaus einer 1888 errichteten, ab ca. 1930 zur Tabakfermentierung genutzten **Brauerei** in historisierenden Formen zwischen Romanik und Renaissance. Durch Zuganker dat. 1888.

Lit.: Slotta II; Merkl 252.

Edling (OB/Rosenheim/O 10) BAY

Beton-Wasserturm (Raiffeisenstraße) mit Flachbodenbehälter (30 cbm) von 1926 in typisch ländlicher Bauweise mit senkrecht verschaltem Behälterumgang unter Satteldach. Planung: Bayer. Landesamt für Wasserversorgung.

Lit.: Merkl 121.

Egelsbach (Offenbach/K 4) HS

In der Tradition der frühen Hochbauten der Hess. Ludwigsbahn entstand 1884 das sandsteinverblendete **Empfangsgebäude** des Bhf. im spätklassizistischen Rundbogenstil (→ Dreieich-Buchschlag). In dem für die Gäste des Schlosses Wolfsgarten eingerichteten Fürstenzimmer ist die Holzkassettendecke erhalten.

Lit.: Dpfl. HS.

Eichstätt (OB/Eichstätt/M 8) BAY

Mit der Eröffnung der Strecke Ingolstadt–Treuchtlingen am 12. 4. 1870 erhielt E. einen ersten Bhf. – **Empfangsgebäude** mit zentralem Pavillon und symmetrischen Flügelbauten in Formen der Neurenaissance nach Plänen von Eduard Rüber – weit außerhalb der Stadt vor dem Abstieg der Bahn in das Altmühltal. Erst 1885 folgte die direkte Anbindung der Stadt, verbunden mit dem Bau eines zweigesch. neubarocken Empfangsgebäudes (1899) mit zentralem, durch Bogenstellung betonten Haupteingang und symmetrischen Seitenrisaliten.

Eiderkanal (Eckernförde–Rendsburg/B 6) SH

● *Um den langen und gefährlichen Weg zwischen Ost- und Nordsee um die schlesw.-holst.-jütl. Halbinsel zu verkürzen, plante bereits König Christian III. von Dänemark 1550 eine ausschließlich militärischen Zwecken vorbehaltene Kanalverbindung von Ripen nach Kolding, die ebensowenig über das Entwurfsstadium hinaus gedieh wie das Projekt Herzog Adolfs I. von Gottorf, Bruder Christians III., der einen Seekanal zur Verbindung beider Meere unter Benutzung des Eiderlaufes anstrebte. Im 17. Jh. griffen Wallenstein als General des Baltischen Meeres, Herzog Friedrich III. von Holstein-Gottorf und König Christian IV. den Kanalgedanken erneut auf. Erst zwei Projekte einer Verbindung von Hoyern über Tondern zur Flensburger Förde bzw.von Husum über Schleswig zur Eckernförder Bucht von 1761 durch Johann H. G. v. Justi gaben den endgültigen Anstoß zur Realisierung des Kanalbaugedankens. Auf der Grundlage des Justischen Projektes erarbeitete Wilhelm Th. v. Wegener im Auftrag der kgl. Regierung Anfang 1774 eine Kanalverbindung zwischen Husum und Eckernförde für seegehende Schiffe. 1776 reduzierte die Kanalkommission das Kanalprojekt Elbe–Ostsee wegen zu hoher Kosten auf den Bau einer 43 km langen Verbindung zwischen Rendsburg und Kiel unter Nutzung des Flemhuder-, Schirnauer- und Audorfer Sees, wodurch neben einer Verkürzung der eigentlichen Kanalstrecke um 13 km auch die Wasserhaltung in trockenen Sommern gewährleistet wurde.*

In siebenjähr. Bauzeit von 1777 bis zur feierlichen Eröffnung am 18. 10. 1784 entstand nach Planung von v. Wegener und der Ing.-Kapitäne v. Pegmann und Detmer entlang der Grenze der Hzgt. Schleswig und Holstein ein über 7,5 Mio. Kurantmark teures Bauwerk, »welches andere der Art übertrifft, und der einzigste Kanal in allen Weltteilen ist, welcher mit großen Schiffen befahren werden kann« (Woltmann). Durch drei Kastenschleusen bei Holtenau, Knoop und Rathmannsdorf stieg der Kanal (Oberflächen-B 28,7 m, Sohle 18 m, T 3,5 m; Normalmaß der Schiffe: L 28,7 m, B 7,45 m, Tiefgang 2,68 m, Ladegewicht 260 t) von der Ostmündung bis zum ca. 7 m über dem mittleren Wasserstand der Ostsee liegenden Flemhuder See als Teilungspunkt der Strecke, um von da wiederum über drei Kastenschleusen bei Kleinkönigsförde, Kluvensiek und Rendsburg die Untereider mit mehr als 6 m tieferem Pegel bei mittlerer Flut zu erreichen. Die Schleusen wurden durchweg als Doppelschleusen mit einer Schiffsschleuse (L mehr als 35 m zwischen den Toren, B 7,8 m, T 3,5 m) und einer schmaleren Freischleuse errichtet, über die hölzerne Klappbrücken holl. Konstruktion führten. Mit dem Aufkommen der Dampfschiffahrt und wachsenden Tonnagen verlor der Schleswig-Holstein-Kanal (Eiderkanal) zunehmend an Bedeutung, bis ihn schließlich der 1895 fertiggestellte → Nord-Ostsee-Kanal endgültig ersetzte. Die von dem seinerzeit meistbefahrenen Kanal Europas (284000 Schiffe in 100 Jahren) erhaltenen Bauten in → Holtenau, → Rathmannsdorf, → Kleinkönigsförde, → Kluvensiek, → Rendsburg und → Tönning gehören zu den bedeutendsten Denkmälern der Schiffahrt in der Bundesrepublik.

Lit.: Heidemann; Slotta I.

Eimen-Vorwohle (Holzminden/G6) NS

Zweigesch. **Stationsgebäude** mit Güterschuppen in Fachwerkbauweise mit senkrechter Verbretterung der Fassade, charakteristisch für Nebenstationen der Braunschweig. Staatseisenbahn, an der am 10. 10. 1865 eröffneten Strecke Kreiensen–Holzminden–Grenze bei Höxter.

Lit.: Dpfl. NS.

Einbeck (Northeim/G6) NS

Sechsgesch. Schüttbodenspeicher der **Kornhaus eG** (Raiffeisenstraße) als neoromanischer Backsteinrohbau von 1895 (Erweiterung 1934). – Die durch polygonalen Treppenturm akzentuierten dreigeschoss. Gebäude der **Tapetenfabrik VERETA,** ehem. Rohmeyer & Peine, nach Entwurf von H. Tolle (1889) zeigen eine für Fabrikbauten des ausgehenden 19. Jh. seltene Ausführung in Holzfachwerk-Konstruktion. – In E.-Stroit viergesch. **Galerieholländer** in Backsteinrohbau von 1848 an Stelle einer Bockwindmühle. – **Ehem. Saline** in E.-Sülbeck. Aus der 2. Hälfte des 19. Jh. stammen Unteres Bohrwerk und zweigesch. Solebehälter in Fachwerkkonstruktion mit vertikalen Sprengwerken zur Auffangung des horizontalen Behälterdruckes.

Lit.: NS Dpfl. 11, 1983/84; Mende.

Eisenbach-Schollach BW
(Hochschwarzwald/O4)

Talstation mit wenigen Resten des 1906/07 nach der Erfindung von Robert Winterhalder errichteten ersten patentierten **Schlepplifts** der Welt unterhalb des Gasthauses »Schneckenhof«.

Lit.: Dpfl. in BW 2, 1981.

Eisenberg (Donnersbergkreis/L3) RP

● **Eisenwerk Gienanth** (U 24 Richtung Ramsen). Rennofenfunde westl. von E. belegen die Verhüttung von Brauneisenstein bereits in kelt. Zeit. Die Ortschaft entwickelte sich im 1. Jh. aus einem röm. Hüttenstandort, jedoch kann eine Eisenproduktion nach 450 nicht mehr belegt werden. Erst mit der Einrichtung eines Großhammers mit 15 Morgen großem Stauweiher im Eisbachtal 1734 schuf Graf Carl von Nassau-Saarbrücken-Weilburg die Voraussetzungen für eine neue, eng mit dem Namen Gienanth verbundene Blüte des Eisenhüttenwesens im Gebiet um E. Bereits 1753–71 hatte Johann Jakob G., Urenkel des 1656 aus der Schweiz eingewanderten und in Gimmeldingen eingebürgerten Pierre Guinand, Gründer zahlreicher Eisenschmieden und Sohn des Johann Nic. G., der 1742 im Alsenztal bei → Winnweiler-Hochstein ein Eisenhüttenwerk auf eigene Kosten errichtete – den E.er Hammer als Pächter betrieben, bevor sein Sohn Ludwig G. diesen, inzwischen durch den Posthalter Franz Didier aus Kaiserslautern zu einem Hochofenwerk ausgebaut, im Jahre 1800 zusammen mit einem Blechhammer bei Kaiserslautern käuflich erwarb. Unter der Leitung von Ludwig G. und ab 1829 der seines Sohnes Friedrich entwickelten sich die G.schen Eisenwerke in Hochstein, → Trippstadt, → Edenkoben, Altleiningen und E. zu dem bedeutendsten Montan-Unternehmen der Nordpfalz. – 1827–29 entstanden, verm. nach Entwurf von Friedrich G., das repräsentative klassizistische **Herrenhaus** sowie ein straßenseitig vorgelagertes Ökonomiegebäude. Das Didiersche Herrenhaus von 1784 erhielt einschl. der Erweiterung eine neue Funktion als Büro- und Verwalterwohnhaus. Die nach S rechtwinklig anschließenden **Arbeiterwohnhäuser** stammen von 1818. Zu den großen sozialpolitischen Leistungen des Unternehmens gehört die Gründung einer noch heute bestehenden Betriebskrankenkasse bereits 1833 als dritte Einrichtung dieser Art im späteren Reichsgebiet. Seit Ausblasen des Hochofens Anfang der 1870er Jahre besteht das Eisenwerk als reiner Gießereibetrieb. – Die Eisenberger Werksanlage ergänzte ein ab 1811 in der 1808 erworbenen, talaufwärts gelegenen **Nächstmühle** eingerichteter Kleinhammer, der 1830–31 nach Planung von Friedrich v. G. zu einem *Walzwerk* mit mehrgesch., streng klassizistisch durch Pilaster gegliedertem Ökonomiegebäude (einschl. Lager und Arbeiterwohnungen) umgebaut wurde. 1851 wurde es in einen Großhammer umgewandelt und 1912 zum »Hofgut Walzwerk« umgebaut. – Von dem 1815–16 auf dem Kisselhof bei Ramsen eingerichteten **Großhammer** (Neuhammer) existiert noch ein um 1820 erbautes Arbeiterwohnhaus.

Lit.: v. Gienanth.

Eisenschmitt (Bernkastel-Wittlich/K2) RP

Für die in der 1. Hälfte des 18. Jh. prosperierende **Eichelhütte** – ein 1701 auf dem Grund der Abtei Himmerrod gegr., 1704 von dem lothring. Hüttenherrn Franz Pidoll aus Quint bei Trier erworbenes Eisenhüttenwerk – entstand 1749 ein ansehnliches barockes Wohngebäude, im Portalgiebel geschmückt mit Schlägel-und-Eisen, der Inschrift »Glück auf« und dat. 1749. In der Hütte wurde nach der Stillegung 1860 von 1871–1957 eine Mühle betrieben. Um den ehem. Hüttenkamin entstand 1963 ein modernes Hotel (»Molitors Mühle«), das eine sehenswerte Sammlung von Ofenplatten aus franz. und pfälz. Gießereien zeigt.

Lit.: Slotta I; Molitors Mühle. Festschrift 1989.

Eitting (OB/Erding/N9) BAY

● Mit der masch. Einrichtung 1925 fertiggestelltes **Kraftwerk 3** des im wesentlichen 1920–24 ausgeführten Wassernutzungsprojektes →Mittlere Isar von dominierender Wirkung in der Isarebene durch die hohen, sachlich neoklassizistisch gestalteten Bauten der Kraft-, Schalt- und Transformatorenhäuser. Die orig. Ausstattung mit vier Maschinensätzen, je zwei für Dreh- bzw. Gleichstrom, war ausgelegt auf eine Gesamtleistung von 16450 kW bei einer Betriebswassermenge von 95 cbm/sec und einem Gefälle von 25,3 m.

Lit.: ZBV 1923/25.

Elbe-Trave-Kanal SH

(seit 1936 Elbe-Lübeck-Kanal)

(Hzgt. Lauenburg/C–D7)

● Am 20. 6. 1894 erhielt ein zwischen der Hansestadt Lübeck und dem preuß. Staat abgeschlossener Vertrag über den Bau eines Kanals Gesetzeskraft, der als Ersatz des seit 1398 bestehenden Stecknitz-Kanals dem in seiner wirtschaftlichen Entwicklung durch den Bau des →Nord-Ostsee-Kanals beeinträchtigten Lübeck industrielles Hinterland über die Anbindung an den Elbe-Schiffahrtsverkehr erschließen sollte. Nach Grundsteinlegung am 31. 5. 1895 in Lübeck (Baubeginn 30. 6. 1896) wurde der Kanal (L 67,08 km, Wasserspiegelbreite 32 m, Sohlenbreite 22 m, T 2 m) mit zwei Schleusen (Lauenburg und Witzeeze) von der Elbe und fünf Schleusen (Büssau, Krummesse, Berkenthin, Behlendorf und Donner) von Lübeck zur Scheitelstrecke, geplant von Peter Rehder, gebaut in zwei Losen von den Unternehmen C. Vering, Hamburg, und Ph. Holzmann & Cie., Frankfurt a. M., am 16. 6. 1900 eröffnet. Die baugleichen Schleusen mit Sparkammer nach Planung von Ludwig Hotopp haben eine lichte Kammerweite von 17 m (Torweite 12 m) und eine nutzbare Kammerlänge von 80 m. Die Schleusenkammern werden hydraulisch über Heberleitungen nach dem Prinzip kommunizierender Röhren (»Hotopp-Prinzip«) gefüllt und entleert. Die unter Ausnutzung des Druckes zwischen Ober- und Unterwasser erzeugte Druck- bzw. Saugluft bewegt die Tore an Ober- (Klapptor) und Unterhaupt (Stemmtor). Kammerwände aus Beton mit Klinkerverblendung. Insges. 32 Straßen-, Wege- und Eisenbahnbrücken, zumeist als Eisenfachwerk-Konstruktion von ca. 27 m Spannweite, überqueren den Kanal.

Lit.: DB 1893/1900; ZBV 1894; BT 1900; Slotta I; Donatus Hamrosi: Der Elbe-Lübeck-Kanal. Unveröff. Vortrag 1991.

Elmshorn (Pinneberg/C6) SH

Wasserturm (Schleusengraben) der Jahrhundertwende mit einem für Intze-Behälter typischen

Kopf in ausgemauerter Eisenkonstruktion auf geschwungenen Konsolen über fünfgesch. konischen Schaft in Sichtmauerwerk.

Elze (Hildesheim/G6) NS

Bahnhof. An der durch die Hann. Staatsbahn am 1. 5. 1853 eröffneten Strecke Hannover–Nordstemmen–Alfeld gelegenes *Empfangsgebäude* des romantischen Spätklassizismus mit architektonisch betontem zentralen Eingangsrisalit und giebelständigen Seitenpavillons, ergänzt durch Nebengebäude. Gegenüber ein kleiner *Wasserturm* von 1906 mit genietetem Kugelbehälter über konischem Backsteinschaft. – Nördl. von E. (Richtung Wülfingen) das 1909–11 für die Versorgung Hannovers nach Planung von A. Bock errichtete **Wasserwerk.**

Lit.: ZA + IW 1912.

Elztal-Dallau BW (Neckar-Odenwald-Kreis/L5)

In dem verm. aus der 2. Hälfte des 19. Jh. stammenden, in eine Geländestufe neben einem kleinen Kalksteinbruch eingeschnittenen **Schachtofen** (Ziehende Chaussee über K 3945) aus Sandstein-Trockenmauerwerk wurde von den Bauern zumeist im Frühjahr und Herbst Fett- und Düngekalk (Streukalk) gebrannt, 1977 restauriert.

Lit.: Haas.

Emden (Emden/D3) NS

Mit der Eröffnung des Seehafens 1901 gewann E. als Endpunkt des →Dortmund-Ems-Kanals (1892–99) einen Teil seiner ehem. Bedeutung als größter **Seehafen** Nordeuropas in der 2. Hälfte des 16. Jh. zurück. Für den Hafen und als Verbindung zwischen Ems-Jade- und Dortmund-Ems-Kanal entstanden die (heute veränderten) Borßümer und Oldersumer Schleuse (1898) und die Verbindungsschleuse (1900); bereits 1881–83 wurde die Nesser Seeschleuse erbaut. – Besondere Beachtung verdient die 1888 an der Kreuzung des Ems-Jade-Kanals mit dem Fehntjer Tief bzw. Stadtgraben angelegte **Kesselschleuse** (Uferstraße), deren zwölfeckiges, in Klinkern gemauertes Becken Schiffe von 33 m Länge und 6,2 m Breite aufnehmen kann. Die Betätigung der vier Schleusen wurde 1968 von Hand- auf Motorbetrieb umgestellt. – Für den 1911–12 errichteten **Wasserturm** (Abdenastraße) entwickelte Wayss & Freytag, Neustadt a. d. H., eine später bei Türmen über 1000 cbm häufig angewendete interessante Betonkonstruktion aus je 10, in zwei konzentrischen Ringen angeordneten und paarweise radial zu Böcken verbundenen Stützen, denen ein zylindrischer Behälter (1000 cbm) mit äußerer Ringplatte und innerem Kuppelgewölbe aufsitzt. Das Gewölbe trägt als Fortsetzung des zentralen Treppenhauszylinders einen Durchstiegsschacht zu einem über dem Behälter auskragenden Revisionsgang. – Am Marienwehrster Zwinger der **Galerieholländer** »De Vrouw Johanna« von 1804. – Als **Deichschleuse** zwischen Petkumer Sieltief und Ems in E.-Petkum (Fährstraße) ein Gewölbesiel von 1857 weitgehend erhalten.

Lit.: DB 1901/13; Slotta I; Merkl 280; ZBV 1914.

Bad Ems (Rhein-Lahn-Kreis/J3) RP

Das **Empfangsgebäude** in spätklassizistischem Rundbogenstil an der Strecke Oberlahnstein–E. (eröffnet 1. 7. 1858, Wiesbadener Eisenbahnges.)–Nassau (9. 7. 1860, Nass. Eisenbahn, Baurat M. Hilf) variiert die für die Bauzeit typische Dreiteilung in Zwischentrakt und flankierende, hier giebelständige Eckbauten durch eine dem Mitteltrakt vorgestellte, ebenfalls zwischen Flügelbauten eingespannte arkadierte Vorhalle. – Die 1886–87 durch die Maschinenfabrik Esslingen nach dem System Riggenbach als Drahtseil-Zahnstangenbahn mit Wasserballastantrieb erbaute, seit 1981 stillgelegte **Malbergbahn** gehört mit einem Höhenunterschied von 280 m auf einer Länge von 520 m (Steigungen 45–54 %) zu den steilsten Zahnradbahnen Deutschlands. – In der Bahnstrecke Oberlahnstein–Nassau zahlreiche *Brücken* (u. a. Lahnstein–Friedrichssegen, Obernhof) und *Tunnel* (u. a. der Paulseich-Tunnel bei Kalkofen, Obernhof). – Die bereits im MA durch die Anlage von Wehren schiffbare Lahn wurde zugunsten des florierenden Erzbergbaus im oberen Lahngebiet ab Beginn des 19. Jh. als Schiffahrtsweg modernisiert. Eine der ersten **Staustufen** mit der Kombination von fester Wehranlage und Kammerschleuse entstand 1853–55 in E. Die Schleuse Balduinstein (1844–45) wurde durch den Ausbau 1926–28 eingestaut; weitere Schleusen bei Nievern (Fachbach) und Kalkofen. – In dem schlanken, von einem Kegeldach mit goldenem Kugelaufsatz abgeschlossenen Zylinder des über vier Quellen 1907 erbauten **Wasserturmes** (Mainzer Straße) befinden sich die Speicher- und Pumpenanlagen für das Thermalwasser. Der Trinkwasserversorgung der Stadt dient seit 1872 das lahnaufwärts gelegene, repräsentativ in retardierenden Formen des romantischen Spätklassizismus als Backsteinrohbau durch das E.er Ingenieurbüro Hessemer errichtete Grundwasserpumpwerk Wiesbach mit einer noch in Betrieb befindlichen Kolbenpumpe von 1926. – Bis auf die großen, aufwendig in an mittelrhein. Burgenarchitektur angelehnte Mischformen des Historismus von A. Herrmann, Mönchengladbach, gestalteten Hallen der ehem. **Kraftzentrale** (Ernst-Born-Straße, Nähe Lahnschleuse) von 1903 sind die Anlagen des ehem. E.er Blei- und Silberwerkes der Grube Merkur abgebrochen. Umnutzung als Kulturzentrum geplant. – An der Straße nach Arzbach (vor Siedlung Silbergrund) die übergiebelte, von Türmchen flankierte Mundlocharchitektur in Ziegelmauerwerk des **Neuhoffnungsstollens** (dat. 1917) der Grube Merkur.

Lit.: Slotta I/IV,2; Dpfl. RP; Custodis.

Emsdetten (Steinfurt/F 3) NW

Wasserturm (Grevener Damm). Schlichter, 37 m hoher Stahlbetonskelettbau mit Klinkerfassade über Kalksteinsockel für einen zylindrischen Betonbehälter (Dm. 9,0 m, H 8,2 m, Inhalt 500 cbm) der Wasserwerke E. von 1930–32 mit eingesch. Flügelbauten für Pumpen- und Filteranlagen. – Origineller **Wasserturm** der Textilfabrik Beermann & Bergmann (Hansastraße) in neoklassizistischer Pagodenarchitektur mit dreifach gestuftem Dach von 1916–17. – Urspr. neubarocker, heute modern verkleideter Wasserturm über den neoklassizistischen Shedhallen der ehem. Jutespinnerei Schilgen & Werth von 1912–13.

Lit.: Slotta II; Merkl 200; Ketteler.

Engelskirchen NW

(Oberbergischer Kreis/I 3)

Ehem. **Textilfabrik Ermen & Engels** (Engelsplatz). Von Friedrich Engels sen. und Peter Ermen, die bereits in Manchester eine gemeinsame Textilfabrik betrieben, 1827 in Braunswerth bei E. gegründete Baumwollspinnerei, Zwirnerei und Bleicherei zur Herstellung von Strickgarnen und Nähzwirnen. Um 1900 galt Ermen & Engels mit ca. 600 Beschäftigten als die größte Fabrik im Oberberg. Land. Nach Kriegszerstörung vereinfacht wiederaufgebaut, wurde 1961 zuerst die Spinnerei, 1978 der gesamte Betrieb stillgelegt. Durch ein umfangreiches Neunutzungsprogramm mit Umbau zu Rathaus, Wohn- und Gewerbeanlage und Museumsstandort konnte der Fabrikkomplex mit spätklassizistischer Fabrikantenvilla, Kutscherhaus, Gewächshaus, Parkanlage und Fabrikgebäuden, die z. T. in die 1. Hälfte des 19. Jh. zurückgehen, erhalten werden.

E.-Bickenbach

Im typischen Aufbau eines Hammerwerkes die Fachwerkgebäude des »Ölchenshammer«. Zweigeschoss. in Bruchstein aus der 2. Hälfte des 19. Jh. das Fabrikgebäude des heutigen **Edelstahlwerks Schmidt & Clemens.**

E.-Loope

Nach dem Plan einer einheitlichen Kraftwirtschaft an der Agger entstand 1926–28 das zunächst als E-Werk des Kreises Gummersbach betriebene **Kraftwerk Ohl-Grünscheid** als erste von insges. sechs geplanten Staustufen (Wiehlmünden, Haus Ley, Ehreshoven I/II, Osberghausen) mit markanter von Türmen gefaßter Wehranlage und Krafthaus. Die masch. Ausstattung – zwei Kaplan-Turbinen (Voith, Heidenheim) gekoppelt mit Drehstrom-Synchron-Generator – 1987 generalüberholt.

Lit.: Schriften des Rhein. Ind. Mus. 1986; Dpfl. NR/RL.

Ennepetal-Altenvoerde NW

(Ennepe-Ruhr-Kreis/H 3)

Ahlhauser Hammer. An hist. Standort im Tal der Ennepe noch arbeitendes Hammerwerk mit inzwischen auf elektr. Antrieb umgestellten Fallhämmern (ältester von 1934); die Transmissionsanlage z. T. noch vorhanden.

Ensdorf (Saarlouis/L 2) SL

Auf die planlose Kohlengräberei des 18. Jh. im E.er Gebiet folgte die systematische Erschließung unter Wilhelm Heinrich v. Nassau-Saarbrücken nach der Verstaatlichung der Gruben 1754. Abteufung des ersten Tiefbauschachtes 1826. Als **Transportstollen** (mit Pferdebahn) wurde 1833–42 der 2350 m lange E.er Stollen zwischen Schwalbach und E. aufgefahren, dessen Mundlocharchitektur (hinter dem Rathaus) mit Flankentürmen und Zinnenfriesen zu der repräsentativsten des Saarlandes gehört. – Als Ersatz des seit 1910 als Förderweg nicht mehr genutzten Stollens begannen 1913 die Abteufarbeiten zu ● einem neuen **Hauptförderschacht** (Saarschacht, nach 1920 Duhamelschacht) der Grube E. im Bereich der heutigen Schachtanlage Duhamel (Provinzialstraße). Die Kompressorenhalle und das Fördermaschinenhaus von 1917–18 tradieren mit Lisenengliederung und Rundbogenfenstern eine 30 Jahre ältere Industriearchitektur. Die zwei Dampffördermaschinen konstruierte die Dinglersche Maschinenfabrik, Zweibrücken, 1918 bzw. 1936. Das Fördergerüst in Fachwerkkonstruktion zeigt mit leichten Veränderungen (1936) den Originalzustand von 1917.
Lit.: Slotta I und 1979; Dpfl. SL.

Enzklösterle (Calw/N 4) BW

Der Luftkurort im oberen Enztal besitzt in der **Rußhütte** (Köhlerweg, Nähe Frey-Bauernhof) eines der wenigen gut erhaltenen Relikte hist. Schwarzwaldgewerbe. In dem aus der Mitte des 18. Jh. stammenden Sandsteingebäude ist das Rußfang-Gewölbe noch gut, der Rußbrennofen dagegen nicht mehr erhalten. Kienruß aus harzreichem Nadelholz fand vor allem für Ölfarbe, Stiefelwichse, Ofen- und Druckerschwärze Verwendung.
Lit.: Dpfl. BW.

Eppelheim (Rhein-Neckar-Kreis/L 4) BW

● Der sich aus einem massigen, durch Blendarkaden profilierten Sockel entwickelnde konische Schaft des 1905 errichteten **Wasserturms** (Wasserturmstraße) trägt einen der seltenen Barkhausenbehälter (220 cbm) mit schräger Pfostenstützung der Dortmunder Fa. August Klönne. Die Holz-Eisen-Konstruktion des Behältermantels ruht auf kräftigem Konsolgesims; mit seinem steilen, von Dreiecksgaupen durchbrochenen Kegeldach erreicht der Turm eine Gesamthöhe von 47,6 m.
Lit.: Slotta II.

Eppingen (Heilbronn/M 5) BW

Empfangsgebäude an der Strecke Grötzingen–Bretten–E. (eröffnet 15. 10. 1879) mit Baumassenverteilung in der Tradition bad. Hauptbahnhöfe der Jahrhundertmitte. Zentral langgestreckter, eingesch. arkadierter Eingangstrakt in Sandstein-Quadermauerwerk, beidseitig gefaßt durch zweigesch. Pavillons mit verputztem OG., gegliedert durch Eckquaderung und Sandsteingewände der Fenster.

Erbach-Schönnen (Odenwaldkreis/L 5) HS

Das nach der Konzessionserteilung 1916 durch die Gemeinde an der Mümling in Jugendstilformen aus Bruchsteinmauerwerk errichtete **Kleinkraftwerk** (Im Tal 51) wurde seit 1927 von der Hess. Elektrizitäts-AG in Darmstadt bis in die 1970er Jahre betrieben. Die beiden 1924 installierten Maschinensätze mit Generatoren der Maffei-Schwarzkopf-Werke (100 bzw. 70 kW) und stehenden Francis-Turbinen der Maschinenfabrik Geislingen blieben nach der Stillegung in gutem Zustand erhalten.
Lit.: Höhmann.

Erding (OB/Erding/N 9) BAY

Beton-Wasserturm auf quadr. Grundriß mit zentralem Durchstieg zwischen den beiden Behälterkammern (216 cbm Gesamtinhalt), errichtet 1914. Über dem leicht auskragenden, durch Faschenrahmen gegliederten Behälterteil Pyramidendach mit oktogonaler Laterne.
Lit.: Merkl 123.

Eriskirch (Bodenseekreis/P 6) BW

Der 1257 erstmals genannte Ort besitzt eine beachtenswerte gedeckte **Holzbrücke** von 1828 über die Schussen in ausgeprägt klassizistischen Formen. Auf Pilastern, deren in der Ebene versetzte Schalung Kannelur imitiert, ruht ein von dem Stichbogen der Portalöffnung angeschnittener Architrav, darüber lagert auf Konsolen das Giebeldreieck.

Erkelenz (Heinsberg/I1) NW

Wasserturm (Neusser Straße). Nach Planung von Wasserwerksing. Schimpke, Bruchhausen-Rhein bei Ruhrort, 1902–03 errichteter städt. Wasserturm mit schlankem, leicht konischem Mauerwerksschaft (H 30,2 m), durch Gurtgesimse und Bogenfries gegliedert, für einen schmiedeeisernen Intze-Behälter (200 cbm). Über dem zylindrischen Behältermantel ein flaches Kegeldach mit Belüfterlaterne.

Lit.: Slotta II.

Erlangen (MFr./Erlangen/L8) BAY

Bahnhof. E.s erstes, kurz nach der Eröffnung der Teilstrecke Nürnberg–Bamberg der Ludwigs-Süd-Nord-Bahn am 1. 10. 1844 fertiggestelltes, bescheiden spätklassizistisches *Empfangsgebäude* plante verm. noch Eduard Rüber. Es wurde bereits 1870 durch ein nach Entwurf von Friedrich Bürklein errichtetes Gebäude abgelöst, das in der Grundkonzeption – zentraler Eingangstrakt hinter arkadierter Vorhalle zwischen weit vorspringenden Seitenpavillons – dem zweiten Würzburger Bahnhof entsprach. Die urspr. Ausgewogenheit haben moderne Eingangsvorbauten empfindlich gestört.

Burgbergtunnel. Im Zusammenhang mit dem Bau der Ludwigs-Süd-Nord-Bahn 1842–44 (dat. 1842) ausgeführt (L 269,5 m). Vor den aus Jurakalk in Bossenmauerwerk errichteten, nobel klassizistischen Portalen zu beiden Seiten des Gleiskörpers liegen Löwen und Sphingen des Münchener Bildhauers Johann Halbig. Die S-Seite bei Elektrifizierung der Strecke 1936–37 verändert.

Kanalmonument. Für den 1843 auf dem Abschnitt Nürnberg–Bamberg eröffneten →Ludwigs-Donau-Main-Kanal von Ludwig Schwanthaler gestaltetes, 1846 enthülltes Denkmal mit Allegorien der Donau und des Mains, des Handels und der Schiffahrt sowie der Inschrift: »DONAU UND MAIN / FÜR DIE SCHIFFAHRT VERBUNDEN / EIN WERK VON CARL DEM GROSSEN VERSUCHT / DURCH LUDWIG I. KÖNIG VON BAYERN / NEU BEGONNEN UND VOLLENDET / MDCCCXLVI« (= 1846).

Wasserturm. Die bei Zeitgenossen architektonisch umstrittene Form des auskragenden runden Intze-Behälters wurde bei dem 1904–05 auf dem Burgberg in rustiziertem Natursteinmauerwerk errichteten Turm durch dem zylindrischen Schaft beigestellte Eckpfeiler kaschiert.

Lit.: Berger II/III; Slotta I; Jahrbuch der Baukunst und Bauwissenschaft, 1847; Merkl 97.

Eschershausen (Holzminden/G6) NS

An der B 64 **Asphaltwerk** zur Verarbeitung des seit den 1860er Jahren bei Holzen abgebauten Naturasphalts (heute einziges dt. Lager) mit spätklassizistischen Bauten im Rundbogenstil.

Eschwege (Werra-Meißner-Kreis/H6) HS

Nach dem Geschmack der 1870er Jahre verm. von der Bebra-Hanauer Eisenbahn bis zur Eröffnung der Strecke Bebra-Niederhone–Eschwege am 31. 10. 1875 im Hinblick auf eine zukünftige Anbindung an die bereits 1870 von Gotha über Mühlhausen bis Leinefelde durch die Thür. Eisenbahn erbaute Bahnstrecke (Eröffnung Eschwege–Leinefelde, 15. 5. 1880, durch die Preuß. Staatsbahn) fertiggestelltes, durch Eckrisalite pointiertes **Empfangsgebäude** des spätklassizistischen Rundbogenstils. – Zur Förderung des Schiffsverkehrs ließ Landgraf Wilhelm VIII. von Hessen-Kassel 1735 aus dem Abbruchmaterial der E.er Stiftskirche die **Kammerschleuse** (1822 repariert) in der Werra errichten, nach deren Vorbild 1767 die Schleuse in →Bad Sooden-Allendorf entstand. – Aus der Eröffnungszeit der Strecke Bebra-Niederhone–Eschwege (31. 10. 1875) stammt der in Sandsteinmauerwerk errichtete **Lokschuppen** in E.-Niederhone. Der **Wasserturm** mit Stützbodenbehälter (Intze I) über neoromanisch gestaltetem polygonalem Schaft ist um die Mitte der 1880er Jahre zu datieren. – Im Ort E.-Niederhone die ehem., auf eine bereits in der Stadtgründungsurkunde Ottos II. 976 erwähnte Mühle zurückgehende **Getreidemühle Rohmund** mit Scheune von 1738, Turbinenhaus von 1906 mit Turbine (1973, Voith, Heidenheim) zur Stromversorgung von fünf Gemeinden, Schleuse und neubarock beeinflußtem Silogebäude von 1910.

Eschweiler (Aachen/I1) NW

Bahnhof. Um 1860 durch die Rhein. Eisenbahn errichtetes *Empfangsgebäude* in spätklassizistischen Formen. Die symmetrische zweigesch. Front durch übergiebelten Mittelrisalit betont, dem Wechsel von Rundbögen im EG. zu verdachten Rechteckfenstern im OG. folgt die Oberflächenbehandlung der Putzfassade mit Scheinquaderung bzw. Bänderrustika. Ähnlich das 1873 durch die Berg.-Märk. Eisenbahn fertiggestellte *Empfangsgebäude* E.-Tal, jedoch mit einseitig über Zwischentrakt angebundenem Restaurationsgebäude.

E.-Pumpe Stich

Ehem. **Grube Centrum** (Pumpe). Schachtgebäude bei den ehem. Herrenkunstschächten von 1793 der E.er Grube Centrum als früher Beleg für den Einsatz von Dampfmaschinen zur Wasserhaltung im dt. Bergbau. Als Ersatz der bislang üblichen Wasserräder übernahm hier eine in Lüttich gefertigte Newcomen-Dampfmaschine (Zylinder-Dm. 1,18 m) den Antrieb des Pumpgestänges.

Lit.: Föhl, 1985; Slotta I; Meyer, 1989.

Bad Essen (Osnabrück/F4) NS

Im Geschmack des ausgehenden 20. Jh. restaurierter Fachwerkbau einer **Wassermühle** des 18. Jh. mit betriebsfähigem oberschlächtigen Wasserrad.

Essen (Essen/H2) NW

Bis zum Reichsdeputationshauptschluß 1803 von dem im 9. Jh. gegr. Frauenstift abhängig, entfaltete sich E. im Schatten der Kruppschen Gußstahlfabrik – 1811/12 gegr. von Friedrich Krupp, unter Leitung von Alfred Krupp nach 1835 Übergang zu fabrikmäßiger Produktion, ab 1851 wirtschaftlicher Erfolg durch die Entwicklung eines techn. überzeugenden Verfahrens zur Herstellung nahtloser (gußeiserner) Radkränze für Eisenbahnfahrzeuge und Beginn der Kanonenherstellung – spät zu einer Industriestadt.

Vom **Kruppschen Unternehmen** am W-Rand des Stadtkerns blieben nach Kriegszerstörung und großflächigen Abbrüchen infolge Standortverlagerung an wesentlichen Bauten die mächtigen dreigiebeligen, klassizistisch bestimmten Backsteinhallen der 8. Mechanischen Werkstatt von 1900–01 und das Preß- und Hammerwerk von 1915–17 beiderseits der Altendorfer Straße bislang erhalten, sind jedoch vom Abbruch bedroht. An der Nahtstelle zwischen Werk und Stadt eine eiserne Bogenfachwerk-Brücke (1872–74) der seit 1863 angelegten Werksbahn über die Altendorfer Straße. Auf dem ehem. Werksgelände erinnert das anläßlich der 150-Jahrfeier rekonstruierte Aufseherhaus an die Fabrikgründung. – **Wasserturm** (Steeler Straße, Markgrafenstraße). Für die städt. Wasserversorgung 1883–84 errichteter Turm auf oktogonalem Grundriß für einen Hängebodenbehälter (Ausführung in Walzeisen durch F. A. Neumann, Aachen/Eschweiler; Inhalt 2000 cbm). Den massigen, einem Malakowturm ähnlichen Backsteinrohbau in romanischen Formen nach Entwurf des Essener Architekten Nordmann schmückten urspr. zwei Treppentürme an der Steeler Straße, den Behälter schützte ein in Blendarkaden aufgelöster Mauerwerksmantel.

E.-Altenessen

Nördl. der ehem. Gußstahlfabrik liegt die seit 1927 zu Krupp gehörende, 1965 stillgelegte **Zeche Helene und Amalie** (Helenenstraße) mit Verwaltungsgebäude von 1927 nach Entwurf von Edmund Körner und Strebenfördergerüst in Vollwandbauweise von 1934. – Ehem. **Zeche Carl** (Hömannstraße). Symmetrische Gruppe von Tagesanlagen mit Fördermaschinen- und Wasserhaltungsgebäude um zentralen Malakowturm, einem zeittypischen Backsteinrohbau, über dem 1856 durch den Cölner Bergwerksverein unter dem Namen »Hercules« abgeteuften, bei Aufnahme der Förderung 1861 in »Carl« umbenannten Schacht.

E.-Bergerhausen

Ägyptisierend expressionistisches **Fabrikgebäude** (Westfalen-, Kunstwerkerstraße) mit spannungsreicher Klinkerfassade dank gut proportionierter horizontaler und vertikaler Gliederung der Baukörper und gestalterischen Einzelelemente.

E.-Bredeney

Wasserturm (Walter-Sachsee-Weg). Aus genieteten Blechen hergestellter Kugelbehälter (600 cbm) der Bauart Klönne auf sich pyramidal verjüngender Eisenbetonkonstruktion von sechseckigem Grundriß, 1921 (mit späterer Ausfachung). – **Villa Hügel** (Haraldstraße). In akademisch trockenem, kaiserzeitlich-röm. Monumentalbaukunst entlehntem Klassizismus nach Vorstellungen Alfred Krupps für die Familie, aber vor allem für die Firma 1869–73 errichtete Wohn- und Repräsentationsgebäude mit opulenter Innenausstattung. Seit 1953 der Öffentlichkeit als Ausstellungs- und Tagungsort zugänglich.

E.-Frillendorf

Wasserturm (Ernestinenstraße). Eine expressionistische Klinkerhülle, einem Sakralbau ähnlich, umschließt den 1925 von Hochtief errichteten Betonzylinder (H 13 m, Dm. 14 m, 2000 cbm Fassungsvermögen) des eigentlichen Wasserbehälters. Das vorgesetzte Treppenhaus mit durchgängigem Fensterschlitz und dreikantige Strebepfeiler lassen den runden Turm als polygonales Prisma erscheinen.

E.-Heisingen

Im letzten Viertel des 19. Jh. begonnene **Arbeitersiedlung** (Carl-Funke-Straße) der ehem. Zeche und Brikettfabrik Carl Funke.

E.-Katernberg

Bergwerk Zollverein (Gelsenkirchener Straße). Mit dem Erwerb der bergbaulichen Rechte aus erfolgreichen Tiefbohrungen auf dem Gebiet von K. 1847 durch Franz Haniel aus Ruhrort begann das Abteufen eines ersten Schachtes, dem bis zur Jahrhundertwende drei weitere Schachtanlagen folgten. Veränderung der Abbaumethoden durch Preßluftgeräte forderten in den 1920er Jahren Rationalisierungen auch im Betrieb der Tagesanlagen. Nach Übernahme von Zollverein 1926 durch die Vereinigten Stahlwerke entstand 1929–32 die **Zentralschachtanlage Zollverein XII** als eine später in der Bergwerks-Architektur nicht mehr übertroffene Leistung. Fritz Schupp und Martin Kremmer aus Essen gelang eine überzeugende bauliche Organisation der

Essen-Frillendorf. Wasserturm

vielfältigen techn. Einrichtungen eines Großzechenbetriebes. Die axialen Bezüge von Haupteingang zu Fördergerüst mit Schachthalle, Zechenhof zu Kraftwerksbau sowie die zu den optischen Hochpunkten Fördergerüst und Schornstein ansteigenden, durch Stahlfachwerk geometrisch klar gegliederten Baukörper verdeutlichen den funktionellen Zusammenhang der Anlagenteile. Der techn. Struktur der Hochbauten entspricht die Konstruktion des hier erstmals errichteten Vollwand-Doppelstrebengerüstes. 1958/67 Umbau der Gestell- auf Gefäßförderung, in den 70er Jahren Stillegung der Dampfkessel und Abbau der Hochdruckkompressoren, 1979 Abbruch des Schornsteins. Erhalten einer der drei urspr. Niederdruckkompressoren. Stillegung der Gesamtanlage am 23. 12. 1986. – Nördl. von Schacht 12 die **Schächte 1/2/8.** Aus der Erweiterungsphase der Jahrhundertwende stammen Fördermaschinenhaus von Schacht 1, Maschinenhalle und Sozialgebäude, aus der Mitte der 1950er Jahre ein Vollwand-Strebengerüst über Schacht 1 und der Förderturm von 1965 über Schacht 2.

Essen-Katernberg. Zeche Zollverein XII

E.-Kray

Ehem. **Zeche Bonifacius** (Rotthauser Straße). Von der Gelsenkirchener Bergwerks-AG in der zweiten Entwicklungsphase des 1857 eröffneten Bergwerkes ab 1906 bei Schacht 1 errichtete Gebäudegruppe mit Fördermaschinenhaus, Elektrowerkstatt, Maschinenhalle und dem burgähnlich, mit aufwendig historisierender Fassade zwischen Romanik und Renaissance gestalteten Sozialgebäude (Betriebsbüro, Waschkaue und Lohnbüro). Über Schacht 1 ein dt. Strebengerüst in Fachwerkbauweise, um 1910.

E.-Kupferdreh

Bahnhof (Prinz-Friedrich-Straße). *Empfangsgebäude* der am 1. 6. 1877 eröffneten Hespertalbahn Kupferdreh–Hesperbrück in Formen der Neurenaissance und zweifarbigem Sichtmauerwerk auf kreuzförmigem Grundriß. Aufwendig in Sandstein gestalteter Haupteingang mit Thermenfenstermotiv. – **Deilbachhammer** (Nierenhofer Straße, Eisenhammerweg). Produktionsensemble im Deilbachtal als Beispiel für die gewerblichen Grundlagen späterer Massenproduktion. In dem seit 1550 bestehenden Kupferhammer arbeitete eines der ersten Kupferwalzwerke Deutschlands. Ein 1788 erstmals erwähnter Eisenhammer mit zwei Schwanzhämmern, Exzenterschere, Hammer- und Gebläseantriebsrad aus der Zeit um 1890 gilt als letztes Beispiel einer im 19. Jh. in den Ruhrseitentälern intensiven Hammertätigkeit. In dem kleineren Mühlengebäude (18. Jh.) der Deilbachmühle befindet sich ein komplett erhaltenes und funktionsfähiges Mahlwerk. Östl. der Mühle eine Gitterbrücke aus der Mitte des 19. Jh.

E.-Margarethenhöhe

Kruppsche Arbeiterkolonie Margarethenhöhe ● (Sommerburg-, Metzendorfstraße). Mit Mitteln der 1906 eingerichteten Margarethe-Krupp-Stiftung für Wohnungsfürsorge erbaute Anlage einer durch ihre Konzeption für die Geschichte des dt. Siedlungsbaues im 20. Jh. bedeutsame Gartenstadt für 15000 Einwohner; seit 1909 realisiert vor allem durch die Planung von Georg Metzendorf. Auf ihn geht die Bebauung nördl. des Laubenweges zurück einschl. der beeindruckenden Brücke über den Mühlenbach und der Torsituation an der Steilen Straße im Anstieg zum von den öffentl. Bauten der Siedlung umstandenen Kleinen Markt. Trotz Bebauungsplan entstand bis in die 30er Jahre (u. a. Sommerburgstraße 1920–22, Robert-Schmohl-Platz 1926) auf kleinteiligem, unregelmäßigem Grundriß mit variantenreichen, dem »Heimatstil« verpflichteten Einzelbebauungen ein das Ideal der Gartenstadtbewegung erfüllender, scheinbar organisch gewachsener Stadtteil. – **Halbachhammer** (Tommesweg). Den 1900 im Nachtigallental stillgelegten Eisenhammer baute Gustav Krupp von Bohlen und Halbach 1936 als Museum aus. Heute Außenstelle des Ruhrlandmuseums, Essen. Der Aufwurfhammer stammt aus Weidenau a. d. Sieg, wo er bereits um 1500 urkundlich erwähnt wurde.

E.-Rellinghausen

Zechensiedlung Gottfried-Wilhelm (Gottfried-Wilhelm-, Mausegattstraße). Die von Oskar Schwer geplante, 1908–11 erbaute Zechensiedlung ist mit Variation der Haustypen und einfühlsamer Anpassung an die topographische Situation dem Ideal der organischen Gartenstadt ebenso verbunden wie die gleichzeitige Siedlung Margarethenhöhe, wenn auch in bescheideneren Dimensionen.

E.-Rüttenscheid

Invalidensiedlung Altenhof (Gußmannplatz). Für die 1893–96 und 1899–1907 meist nach Planung von Robert Schmohl, dem Leiter der Kruppschen Bauverwaltung, errichtete Siedlung für invalide und alte Arbeiter der Kruppschen Werke entstand um 1905 quasi als Eingang zur Siedlung eine von den Baukörpern geschlossene, durch die Auflösung der Fassaden mit Loggien und Risaliten sehr leicht wirkende Platzbebauung. Nahe gelegen die ab 1907 errichteten Erholungs- und Krankenhausbauten der Stiftung. Auf der O-Seite des Kruppschen Parks liegt die ab 1907 angelegte Siedlung Altenhof 2.

E.-Steele

Wasserturm (Laurentiusweg). Ein sich leicht verjüngender zylindrischer Schaft in Backsteinrohbau mit Lisenengliederung, biforischen Rundbogenfenstern und Bogenfries trägt einen unverkleideten Intze-Behälter (1898; 1000 cbm Fassungsvermögen). Unter dem Behälter ein Revisionssteg auf eisernen Konsolen.

E.-Werden

Neukircher Schleuse (Hardenbergufer). Eine von drei auf Essener Gebiet (neben Horst und Spillenburg) erhaltenen Schleusen der nach 1873 mit zehn Staustufen zwischen Witten und Ruhrort für den ständig wachsenden Warenverkehr, besonders den Kohletransport, zum Schiffahrtsweg ausgebauten Ruhr. Unter der Konkurrenz der Eisenbahn kam der Schiffsverkehr auf dem im 3. Viertel des 19. Jh. meistbefahrenen Wasserweg Deutschlands schließlich zum Erliegen. An der Schleuse angebrachte Inschriften – »1829 Unter der Regierung Friedrich Wilhelms III.«, »Neukircher Schleuse Erbaut Juni bis Oktober 1844« – beziehen sich auf Umbauarbeiten.

Lit.: BZWü 1913; SBH 1913; VDI 1886; ZBV 1900/16/18; ZWW 1900/03/08; Krupp 1812–1912; Baedeker; Buschmann; Hermann; Buddensieg; Reif/Winter; Föhl, 1976; Slotta II; Merkl 206/296; Schriften des Rhein. Ind. Mus. 1986.

Essingen (Ostalbkreis/M6) BW

Der **Osterbuch-Stollen** (halbelliptischer Querschnitt, ca. 3 m Basisbreite, L 1870 m; Fassungsvermögen 11 980 cbm Trinkwasser) dient der 1917 fertiggestellten Wasserleitung Niederstotzingen–Stuttgart (→ Landeswasserversorgung) als Auslaufbehälter zwischen Druck- und Fallrohrleitung. In schlichten klassizistischen Formen der verputzte Kubus der Einlaufkammer unter Zeltdach; die Auslaufseite zeigt eine für Erdbehälter typische einseitige Schaufront.

Lit.: ZBV 1918.

Esslingen am Neckar (Esslingen/N5) BW

Entstanden in einem seit der Spätbronzezeit (1200–1000 v. Chr.) kontinuierlich besiedelten Gebiet, erhielt E. unter den Hohenstaufen, spätestens 1219, das Stadtrecht und entwickelte sich während des MA durch Weinbau und -handel, Tuchmacherei, Barchent- und Leinenweberei zur wichtigsten Stadt am oberen Neckar. Nach wirtschaftlichem Niedergang infolge der Reformation, des 30jährigen Krieges und der Franzoseneinfälle des 17. Jh. erblühte E. erneut im 19. Jh. durch die Ansiedlung bedeutender Industrie.

Von der Leistung hochma. Ingenieurbaukunst zeugen noch die Reste der 1259 bereits bestehenden, 1286 ausgebesserten und durch rücksichtslose Verkehrsplanung der 1960er Jahre bis auf drei Bögen und einen Torturm zerstörten **Pliensaubrücke.** – Das 1883 in Sandstein aufgeführte **Empfangsgebäude** des Bahnhofes an der württ. Zentralbahn (Obertürkheim–Esslingen, eröffnet 20. 11. 1845) tradiert mit zentralem Eingangsrisalit und beidseitig den Mitteltrakt flankierenden Pavillons noch die um die Mitte des Jh. für Hauptdurchgangsstationen übliche Baumassenverteilung. In der Kartusche im Architrav über dem dreibogigen Zugang zur Bahnhofshalle unter dem württ. Wappen das Baudatum MDCCCLXXXIII (= 1883).

Industrie. Als Standort der auf den Bau von Lokomotiven spezialisierten **Esslinger Maschinenfabrik** favorisiert, erhielt E. den Zuschlag für den 1894 vom kgl. Ministerium beim Landtag beantragten Neubau der staatl. Zentral-Lokomotiv-Reparatur-Werkstätte. Von der bis 1897 erbauten Kgl. Lokomotiv-Werkstätte haben sich neben vier renaissancistischen Werkhallen (Rennstraße) noch ein ehem. Büro- und Wohngebäude, dreigesch. Reihenhäuser für Arbeiter (Dammstraße) und ein Fachwerkwohnhaus (Kurt-Schumacher-Straße) erhalten. – Mit ausgeprägter Renaissancearchitektur dominiert das 1897 dat. Gebäude der ehem. **Maschinenfabrik Fritz Müller** auf dem Eckgrundstück Fleischmann-, Kandlerstraße am Güterbahnhof. Gestelzte Rundbogenfenster in dichter Abfolge über hohem Sockel vermitteln den Eindruck arkadenhafter Leichtigkeit, vergleichbar den zeitgenössischen Markthallenbauten. Haupteingang und Eckfase durch Giebel besonders betont. – Eine neue, durch die Anwendung der Eisenbeton-Skelettbauweise initiierte Auffassung von qualitätvoller Fabrikarchitektur vertritt das 1912 nach Planung von Otto Junge, E., für die **Fa. A. Huttenlocher** (Ottilienplatz) errichtete Gebäude mit einer der Konstruktion angepaßten Fassadengliederung: Auflösung der Wand durch große, von Brüstungsstreifen unterbrochene Fensterflächen zwischen Kolossalpilastern mit barockisierenden Schmuckelementen. Als Zugeständnis an die städt. Umgebung die betonte Lagerhaftigkeit des EG. und der Walmdachabschluß. Die Herkunft der Firma aus handwerklichen Produktionsverhältnissen dokumentieren die Werkstattbauten in der Richard-Hirschmann-Straße (Wagener Metallwarenfabrik). – Die Werksanlage der Werkzeug- und Feilenfabrik **Friedrich Dick GmbH** (Kollwitz-,

Esslingen am Neckar. Friedrich Dick GmbH, Ostbau

Fleischmann-, Martinstraße) repräsentiert in ihrer fast vollständig und unverändert erhaltenen Bausubstanz gut drei Jahrzehnte formaler Veränderung wie auch Kontinuität des Prinzips in der Geschichte industriellen Bauens. Aus einer 1778 gegr. Feilenhauerei an wechselnden Standorten (u. a. 1822–48 der St. Nikolaus-Kapelle auf der inneren Pliensaubrücke) entwickelte sich unter Einfluß der Maschinenfabrik Esslingen 1878 eine kleine Fabrik (bei deren Kontorneubau 1883 das Abbruchmaterial des alten Bahnhofsgebäudes Verwendung fand). Ihr Aufstieg zu einem prosperierenden Unternehmen begann mit dem Kauf des heutigen Grundstücks 1889. Noch ganz kleinstädtisch-ländlicher Bauweise (ähnlich zeitgleichen Kleinbahnhöfen) entsprechen Verwaltung und ehem. Magazin-Südbau mit renaissancistischem Verblendmauerwerksockel und Sichtfachwerk der OG. Mit seiner ehem. durch renaissancistische Applikationen geschmückten, jedoch in der Gesamtgliederung auf die Betonskelettkonstruktion eingehenden Fassade steht der 1899 errichtete fünfgesch. Ostbau an der Schwelle zu einer funktional ausgerichteten Fabrikarchitektur. Lediglich die turmartigen Eckaufbauten über dem bindenden Profil des Hauptgesimses mit Triforien bleiben der Architektur des Historismus stärker verhaftet. In den Erweiterungsbauten der folgenden 25 Jahre – Nordbau 1907, Schleiferei 1912 (beide aufgestockt 1922–23), Wasserturm mit Pagodendach 1919, Nordbauerweiterung 1921 – wurden die Vorgaben des Ostbaues als weiterhin progressive Architektur übernommen. Der 1911 erbaute Magazin-Südbau entspricht bei moderner Konstruktion im Äußeren (Torgiebel, Balusterbrüstung etc.) dagegen eher der konservativ hist. Mode, die auch die Erweiterung des Fräserei-Südbaues von 1917 prägte.

E.-Mettingen

Für die rasche Industrialisierung in Bad.-Württ. in der 2. Hälfte des 19. Jh. ist die eng mit dem konsequenten Ausbau des Eisenbahnnetzes verbundene Entwicklung der 1846 durch den Karlsruher Maschinenfabrikanten Emil Keßler auf dem Gelände der ehem. Pliensaumühle in E. gegr. **Maschinenfabrik Esslingen AG** beispielhaft. Fehlender Erweiterungsmöglichkeiten wegen bezog das Unternehmen zwischen 1908 und 1912 (Aufgabe des alten Standorts 1913) Neubauten (u. a. Kesselschmiede, Philipp J. Manz, Stuttgart; Kraftzentrale, Architekt Falch, Esslingen; Hammerschmiede und Brückenbauanstalt, Baubüro Maschinenfabrik Esslingen) auf einem städt. subventionierten Gelände (Emil-Kessler-Straße) in Mettingen; ihre Grundkonstruktionen lassen sich trotz einschneidender Umbauten noch erkennen. Weitgehend im urspr. äußeren Zustand blieb das 1912 bezogene, nach Entwurf von Weigele & Söhne, Stuttgart, massiv als Putzbau mit innerem Stahlskelett errichtete *Verwaltungsgebäude*. Der aus winkelförmigem Grundriß aufsteigende Bau zeigt über hohem Sockel in den durch je zwei übergiebelte Risalite symmetrisch geordneten Hauptfronten die zeittypische Fassadenauflösung mit dichter Fensterstellung zwischen geschoßübergreifenden Pfeilern. Risalitgiebel, abgerundeter Treppenturm im Inneneck und den First überragender Wasserturm mildern die Massigkeit des Mansarddaches. Im Inneren zeigt das Verwaltungsgebäude beispielhaft eine um die Jahrhundertwende bereits ausgereifte, noch heute gültige Form eines funktional organisierten Bürogrundrisses, der sich in der Fassadengestaltung entsprechend der »form follows function«-Idee widerspiegelt.

Lit.: SBZ 1900; IB 1912/13/17; Slotta I; Dpfl. BW; Firmenfestschriften: Fr. Dick GmbH und Daimler-Benz AG.

Ettlingen (Karlsruhe/M 4) BW

In der **Straßenbrücke** parallel der Bahnlinie Karlsruhe–Rastatt (nordöstl. der Bulacher Straße) befinden sich seit 1852 fünf gußeiserne Außenbögen aus der am 1. 8. 1851 durch Hochwasser zerstörten, 1843–45 über die Kinzig bei Offenburg errichteten Bahnbrücke. Die Bögen sind, neben der ebenfalls zur Straßenbrücke umgewandelten Konstruktion über den Neumagen in →Staufen, die ältesten bekannten Zeugnisse aus der Frühzeit des Eisenbahnbrückenbaues auf dem Gebiet der alten Länder der Bundesrepublik.

Lit.: Boeyng, 1989.

Euskirchen-Kuchenheim NW (Euskirchen/I 2)

Tuchfabrik Müller (Carl-Keuen-Straße). Mit der komplett erhaltenen masch. Einrichtung – Dampfmaschine von 1913, Elektromotor, allen Maschinen vom Spinnprozeß bis zur Tuchherstellung sowie Vorbereitungs- und Veredelungsanlagen – der 1803 gegr. Tuchfabrik beabsichtigt das Rhein. Industriemuseum, zu Anschauungszwecken erneut Tuch herzustellen.

Lit.: Schriften des Rhein. Ind. Mus. 1986.

Eutin (Eutin/B 7) SH

Wasserturm (Wilhelmstraße). In Anlehnung an Formen der Backsteingotik eng der norddt. Kunstlandschaft verbundenes techn. Bauwerk von 1908–09. Über oktogonalem Basisgeschoß mit Spitzbogenfenstern in getreppter Laibung, abgeschlossen von profiliertem Gesims mit Dt. Band, trägt ein schlanker, sich leicht verjüngender Ständer, unterbrochen von drei Reihen ovaler und spitzbogiger Fenster, über Rundbogenfries mit geputzten Innenfeldern den auskragenden Zylinder des Behälterteiles. Die durch zwölf Spitzbogen-Blendnischen mit ebenfalls spitzbogigen Fenstern in jeder zweiten Nische gegliederte Mantelfläche umschließt einen eisernen Intze-Behälter von 250 cbm Fassungsvermögen. Hinter zinnenbewehrter Attika mit paarigen Spitzbogen- bzw. Kleeblattblendnischen erhebt sich ein spitzes Pyramidendach. – **Gasbehälter** (Holstenstraße). Teleskopbehälter von 1908 mit Führungsgerüst aus vertikalen Ständern, horizontalen Gurtungen und Diagonalaussteifungen in Form eines zylindrischen Fachwerks.

Lit.: Slotta II; Stadtwerke Eutin.

Eyendorf (Harburg/D7) NS

Die 1897 in landschaftlich markanter Situation erbaute, funktionstüchtig erhaltene und noch betriebene Windmühle in E. südl. von Salzhausen gehört zum Typ des eckig taillierten **Erdholländers.**

Eystrup (Nienburg/E5) NS

Nach Instandsetzung von Flügelkreuz, Kappe, Steert und Holzgalerie wieder betriebsfähiger, eckig taillierter **Galerieholländer** (Schneermann-Mühle) von 1840/61.

Fachbach (Rhein-Lahn-Kreis/J3) RP

Aus einem 1661 durch den Trierer Kurfürsten Carl Caspar von der Leyen konzessionierten Eisenhammer auf der Lahninsel (Insel Oberau) entwickelte sich bis Anfang des 19. Jh. ein **Hüttenwerk,** das nach Gründung der Nieverner Bergwerks- und Hüttenverein AG in der 2. Hälfte des 19. Jh. zu den bedeutendsten der Region gehörte. Etwa gleichzeitig mit der Fertigstellung eines (nicht mehr erhaltenen) Kokshochofens 1865 entstand das neoromanische Sandmagazin und Holzmodellager in Bruchsteinmauerwerk mit prägender Giebelrosette. Ehem. Gichtturm und Schreinerei mit Fachwerkobergeschossen gehören zu den nach dem Besitzwechsel 1871 aufgeführten Neubauten. Von 1897 ein Büro- und Wohngebäude am Lahnufer. Nach Einstellung der Produktion 1932 beginnender Verfall bis zur heute akuten Gefährdung der Bausubstanz. – Benachbart die im Zuge der Lahnkanalisierung 1848–50 erbaute Nieverner **Kammerschleuse.**

Lit.: Slotta I; Paul III, RP 73; Custodis.

Fahrenholz (Harburg/D7) NS

Unterste von drei **Stauanlagen** der schiffbaren Ilmenau, erbaut 1892–93, bei Marschacht-Oldershausen eine Schleuse (Kammer: L 45 m, B 6,5 m) aus Ziegelmauerwerk mit Natursteinverstärkung und Holzstemmtoren. Anschließend an den rechten Oberhauptpfeiler eines der wenigen in Deutschland erhaltenen *Nadelwehre* (li. Durchflußbreite zwischen Schleusenkammerwand und Fischpaß: 29,7 m). Nadelwehrböcke für hölzerne Nadeln im Abstand von 1,1 m mit insges. 27 Feldern. Bedienungsgang mit Tränenblechabdeckung.

Lit.: Dpfl. NS.

Fehmarn (Ostholstein/B8) SH

Fehmarnsundbrücke. Kombinierte Straßen- und Eisenbahnbrücke über den 1,3 km breiten Sund in der sog. Vogelfluglinie (kürzeste Verbindung zwischen der Bundesrepublik und Skandinavien) von 1958–63. Die Mittelöffnung von 248 m Weite überspannen zwei gegeneinander geneigte, sich im Scheitel tangierende Stahlvollwandbogen, von denen die 20,5 m breite Fahrbahn mittels stählerner Schrägseile (Dm. 10 cm) abgehängt ist. Beiderseits der Bogenbrücke 5 (Festland) bzw. 2 (Fehmarn) von Stahlkastenträgern überspannte Öffnungen von je 102 m Stützweite und Rampen.

Leuchttürme. Ältester Leuchtturm der Insel ist die 1832 unter dänischer Herrschaft östl. Puttgarden errichtete *Marienleuchte.* Das urspr. mit Gewichtsantrieb (→ Dahme-Dahmeshöved) bewegte, 1963 komplett erneuerte Leuchtfeuer trägt ein viergesch., quadr. Turm mit spätklassizistischer Fassadengestaltung; flankiert von je eingesch. Wärterhäusern unter Krüppelwalm. An der Südostspitze F.s sichert der Leuchtturm *Staberhuk,* ein zylindrischer Ziegelbau von 1903 mit roter Laterne über kräftigem Gesims die Einfahrt in die Lübecker und Mecklenburger Bucht. Aus dem Jahre 1882 stammt der polygonale *Backsteinturm* (1910 um ein drittes Geschoß erhöht) des Leuchtfeuers von Westfehmarn-Westmarkelsdorf mit Laterne von 1950 und seitlichem Wärterhaus. Die Einfahrt in den Fehmarnsund sichern der Leuchtturm *Flügger Ort* von 1914–15 (1917 in Betrieb genommen) und das Leuchtfeuer *Stuk-*

kamp Huk. Beide sind Beispiele unterschiedlicher Konstruktionsprinzipien: Der schlanke, sich bis auf 38 m Höhe leicht verjüngende oktogonale Backsteinturm Flügger Ort trägt über dem Konsolgesims eine Laterne mit doppeltem Umgang (Gürtellinse aus Wulstlinse und 24 Prismen, Tragweite 14 sm). Mit ca. 42 m ist er der höchste Leuchtturm der Insel. Das Leuchtfeuer (Gürtelleuchte, Tragweite 10 sm) von Stukkamp Huk dagegen trägt ein 1935 errichteter Stahlzylinder (H 5 m).

Windmühlen. In Westfehmarn-Lemkenhafen mit vier 1864 installierten Mahlgängen (Roggen-, Weizen-, Schrot- und Grützgang) erhaltener, schindelgedeckter *Galerieholländer* mit Steert von 1787. 1953 als Mühle geschlossen, seit 1961 Museum. Als Restaurant genutzt der *Galerieholländer Südermühle* in Westfehmarn-Petersdorf.

Lit.: Slotta I; Fröde 116/153; Reclam V, SH.

Feldkirchen-Westerham-Vagen BAY

(OB/Rosenheim/O 9)

Zur Ausnutzung der Wasserkräfte von Mangfall und Leitzach 1911–13 bei Vagen errichtetes **Kraftwerk.** Durch mehrere Stollen – unter Zwischenschaltung des durch zwei Staudämme zum Speicherbecken ausgebauten Seehamer Sees und Überquerung des über 500 m breiten Leitzachtales in Dükern auf einer Gitterträgerbrücke – erreichte das östl. von Miesbach der Leitzach entnommene Wasser nach ca. 9 km das runde Wasserschloß oberhalb des Kraftwerkes, von wo es durch eiserne Druckrohrleitung dem Krafthaus zugeführt wurde. Die Erstausstattung des Krafthauses, eines Gebäudes in solidem Neoklassizismus nach Entwurf von Gabriel v. Seidl, enthielt vier Maschinensätze mit Francis-Spiral-Turbinen der Bauart Voith, 1919 ergänzt um einen fünften, 1927–29 um einen weiteren Maschinensatz mit einer Francis-Spiral-Turbine von Escher Wyss & Cie. und zwei Speicherpumpen zu einer Gesamtleistung von 18000 kW. Als erstes Hochdruckspeicherwerk Bayerns kann das 1969 stillgelegte Leitzachwerk 1 als Versuchsanlage für das sechs Jahre später entstandene, wesentlich größere Walchensee-Kraftwerk gelten. In unmittelbarer Nähe das 1958–60 erbaute Werk 2.

Lit.: Slotta II.

Felsberg-Gensungen HS

(Schwalm-Eder-Kreis/I 5)

Stationsgebäude mit zweigesch., von ungleich langen eingesch. Flügeln flankiertem Haupttrakt im spätklassizistischen Rundbogenstil aus der Bauzeit des am 19. 12. 1849 eröffneten Abschnitts Guntershausen–Wabern der Main-Weser-Bahn.

Fichtenberg (Schwäbisch Hall/M 6) BW

Messerschmidtsche Mühle (Mühlweg 50). Verm. an der Stelle eines Vorgängerbaues neben einer älteren Stallscheuer (1852) und einem Ausdinghaus (1862) errichtete 1872 der Müller Messerschmidt im Tal der Rot, einer klassischen Mühlenlandschaft Württ.s, einen Mühlenneubau (dat. im Keilstein: I.G.M.–K.M. 1872) mit Mahlmühle und Wohnräumen sowie Sägewerk beiderseits des Mühlkanals. Hinter der in tradierten klassizistischen Formen gestalteten Fassade des Hauptgebäudes verbirgt sich die fast vollständig erhaltene techn. Ausstattung mit vier Mahlgängen (Gerb-, Schwarz-, Weiß- und Schrotgang) sowie Maschinen zum Reinigen, Sortieren, Abfüllen etc. Den urspr. Wasserradantrieb ersetzte ab 1909 eine Francis-Turbine (Voith, Heidenheim). Ein ebenfalls 1909 installierter Gleichstromgenerator (C. & E. Fein, Stuttgart) diente der Stromversorgung des Ortes, er erhielt 1937 Unterstützung durch einen Dieselmotor (Motoren-Werke Mannheim AG). Die Einrichtung der Sägemühle stammt größtenteils von 1872 (Transmission, Pendel- und Kreissäge, Seilwinde), das Sägegatter (Fa. Gaiser, Klosterreichenbach) wurde 1909 aufgestellt.

Lit.: Fekete.

Finnentrop (Olpe/H 3) NW

F.-Bamenohl

Wasserkraftwerk. Als Ergänzung des Kraftwerkes an der 1912 fertiggestellten Listertalsperre (→Attendorn) errichtete der Ruhrtalsperrenverein 1921–23 nach techn. Planung von Baudir. Link, Essen, und Entwurf von Oskar Kunhenn & Büssing, Essen, ein Kleinkraftwerk an der Lenne, das sich durch die Qualität seiner neoklassizistischen Architektur auszeichnet. Inmitten einer

Gartenanlage bilden vier in der Höhe gestaffelte, gleichartig mit rustiziertem Kalksteinmauerwerk verblendete Baukörper unterschiedlichen Volumens mit pagodenartig gebrochenen Dächern einen Komplex villenähnlichen Charakters. Aus der Bauzeit zwei Francis-Spiralturbinen der Maschinenfabrik Voith, Heidenheim, gekuppelt mit Drehstrom-Synchrongeneratoren der Bergmann-Elektricitäts-Werke AG, Berlin. Die Wehranlage mit drei Öffnungen, der mittlere Verschluß als Hubtor ausgebildet.

F.-Lehnhausen

Wasserkraftwerk. Die 1927–28 erbaute Gruppe aus hohem Krafthaus und massigem Maschinisten-Wohnhaus bleibt bei zeitgemäß vereinfachter Form der Baukörper in der Gestaltungstradition der Kraftwerke des Ruhrtalsperrenvereins, geprägt durch schweres Kalksteinmauerwerk und saubere Detailausführung. Das Krafthaus bei einer Gefällestufe von 7 m an der Unterstromseite auf hohen Substruktionen. Im Maschinenraum zwei der ersten jemals installierten Kaplan-Turbinen (Masch. Fabrik Voith) und Synchrongeneratoren (Siemens-Schuckert). Wehranlage mit zwei elektr. angetriebenen Walzenverschlüssen.

Lit.: Slotta II.

Finsing-Neufinsing (OB/Erding/O 9) BAY

Die funktionale Architektur des **Kraftwerks** der Großwasserkraftanlage →Mittlere Isar prägt die Landschaft am Rand des Erdinger Mooses. Sie entstand 1921–24 nach einem zwischen Klassizismus und Expressionismus vermittelnden Entwurf von Otto Orlando Kurz, München (Signatur am Turm). Imposant die beidseitig von Leerschüssen und Tosbecken flankierte Unterstromfassade des Krafthauses (L 106 m) mit einem polygonalen Besuchererker, der asymmetrisch zwischen den durch Eisenbetonrahmen in neun Felder unterteilten Fenstern und den ihnen axial zugeordneten Okuli sitzt. Den Eingangshof beherrscht vor dem Giebel des Krafthauses der mächtige Steuerhausturm; Dreieckslisenen zwischen diagonal gestellten Eckpfeilern und ein kräftiges Gurtgesims gliedern diese Informations- und Schaltzentrale für alle vier Kraftwerke der Mittleren Isar. Die urspr. masch. Ausstattung (4 inzwischen modernisierte Maschinensätze mit 2 vertikalen Kaplan- und 2 horizontalen Francis-Turbinen) entsprach →Oberding-Aufkirchen und →Eitting. Drei Generatoren der Bauzeit sind erhalten.

Lit.: DB 1927.

Fischbach (Birkenfeld/K 3) RP

Das 1461 erstmals urkundlich erwähnte, aber sicher ältere, in den 1930er Jahren stillgelegte **Kupferbergwerk** im Hosenbachtal dokumentiert in seinen riesigen Weitungen (Abbauhohlräumen) bergmännische Tätigkeit vom MA bis zur Neuzeit. Seit 1975 Besucherbergwerk, bietet es seit 1988 auch eine Rekonstruktion der ma. Kupferhütte.

Lit.: Paul III, RP 42.

Flensburg (Flensburg/A 6) SH

Bahnhof. Dieses dritte F.er *Empfangsgebäude* der 1886 in das Eigentum der Preuß. Staatsbahnen übergegangenen Altona-Kieler Eisenbahn-Ges. entstand 1926–27 in neoklassizistischen Formen mit barocken Anklängen als Ersatz für Johannes Otzens Neurenaissancebau von 1885. Den zweigesch. Baukörper in Klinkermauerwerk mit Eckrisaliten unter gemeinsamem Walmdach gliedern im Bereich der zurückgesetzten Eingangshalle drei, durch schmale vertikale Fensterschlitze transparente konvexe Wandfelder. In den Risaliten rahmen breite Lisenen die durch geputzte Brüstungen verbundenen Fenster. Über den skulptierten Stürzen der Giebel expressionistisch aufgebrochenes Gurtgesims. Die funktionale Innenarchitektur der Haupthalle wurde nach dem Original restauriert. – **Wasserturm** (Mühlenstraße). 1901–02 erbaut nach Planung von G. Oesten. Auf einem oktogonalen Sockelgeschoß erhebt sich ein gedrungener Zylinder aus gelbem Klinkermauerwerk mit roten Zierbändern für einen Hängeboden-Behälter (350 cbm). Über der Kombination von hohem Rundbogenfenster und Okulus, getrennt durch profiliertes Gesims, acht Rundbogenöffnungen im Behälterumgang unter profiliertem Konsolgesims. Schlanke, kupferverkleidete, überkuppelte Lüftungslaterne im Zentrum des Zeltdaches.

Lit.: Merkl 219.

Forbach an der Murg (Rastatt/N4) BW

Rudolf-Fettweis-Werk der Badenwerk AG. Auf der Basis eines 1905 von Th. Rebock erarbeiteten Gutachtens zur Ausnutzung der Wasserkräfte der Murg entstand südl. F. nach Beschluß der Landesregierung von 1912 der in zwei Bauabschnitten realisierte Komplex des Badischen Murgwerkes mit Murgstollenwerk (1914–18), Raumünzach- und Schwarzenbachwerk (1922–26, Bad. Landeselektrizitätsversorgung AG = Badenwerk; 1956 nach dem ehem. Dir. Fettweis umbenannt). – **Murgwerk.** Das Sammelbecken (359 000 cbm) bei Kirschbaumwasen staut ein Schützenwehr mit zwei Haupt- und einer Grundablaßöffnung, über deren Stichbögen ein Aufbau in der Art gedeckter Holzbrücken die Windwerke aufnimmt. Von diesem Becken führt ein Druckstollen (L 5633 m; 8,15 qm li. W) durch den Granit des massiv anstehenden Gebirges zum überkuppelten zylindrischen Wasserschloß I. Er unterquert die Raumünzach und nimmt durch einen senkrechten Einfallschacht ihr Wasser auf. Über zwei Stahldruckrohre (L ca. 430 m, Fall-H ca. 125 m) werden fünf Turbinen in dem parallel zur Murg liegenden Hochdruck-Krafthaus beaufschlagt. Die Maschinensätze von 1917 bestehen aus Francis-Spiralturbinen und Reglern der Maschinenfabrik J. M. Voith, Heidenheim, Drehstromgeneratoren und Dynamos von BBC, Mannheim, zusätzlich einer Turbine von Voith, gekuppelt mit einem Dreh- und Gleichstromgenerator von Bergmann, Berlin, für den Eigenbedarf. Dem Ausgleich der von den Turbinen abfließenden, je nach Energiebedarf schwankenden Wassermenge dienen ein unterhalb des Werkes angelegtes Staubecken mit einer Schützenwehranlage ähnlich Kirschbaumwasen und rechtsseitig angebautem Niederdruck-Krafthaus mit zwei Maschinensätzen von 1969–70. Neben dem Wehr Beamtenwohnhäuser. – **Schwarzenbachwerk.** Zur Kapazitätserhöhung des Murgwerkes wurde 1922–26 dieses Pumpspeicherwerk mit einem von Schwarzenbach, Seebach und mittels eines 5,2 km langen Stollens von Biberach und Hundsbach gespeisten Stausees (14,3 Mio. cbm) im Schwarzenbachtal angelegt. Die Sperrmauer (B: Sohle 48,3 m, Krone 6,2 m; max. H 65,3 m; L ca. 400 m) wurde als Schwerge-

Forbach an der Murg. Rudolf-Fettweis-Werk, Wehranlage

wichtsmauer aus Gußbeton mit talseitiger Granitverkleidung errichtet. Über einen Druckstollen (L 1,7 km) zu Wasserschloß II (oberhalb I) und Stahlrohrdruckleitungen wird das Wasser zwei Drillings-Freistrahl-Turbinen, gekoppelt mit Drehstrom-Synchrongeneratoren (nutzbare Fall-H 322,2–362,7 m; 10,5 MVA) im Hochdruck-Krafthaus, aufgegeben. Das aus einem Staubecken bei Erbenbronn gespeiste Raumünzachwerk entstand gleichzeitig mit dem Schwarzenbachwerk als Baukraftwerk. Der Maschinensatz (Turbine: Gebr. Ruch Masch.-Fabrik, Oberkirch; Drehstromgenerator: Bergmann, Berlin) erhöht die Gesamtleistung des Rudolf-Fettweis-Werkes um 650 kVA. – Neben der techn. Meisterleistung verdient die *architektonische Gestaltung* des Gesamtkomplexes – in dem auch die Erweiterungsbauten von 1922–26 den älteren Vorgaben folgen – nach Entwürfen von Bauinsp. H. Wielandt, Karlsruhe, besondere Beachtung. Ihm gelang es, »sachliche Ausdrucksformen für den technischen und geistigen Inhalt unter Wahrung gewisser Anklänge an eine bodenständige Bauweise und unter Rücksichtnahme auf die das Werk umgebende eigenartige und ernste Natur des Schwarzwaldes zu finden« (DB 1/2, 1920).

Murgbrücke. Mit weitem, im unteren Teil der Konstruktion verbrettertem Bogen überspannt die 1954–55 nach Vorbild des Orig. von 1776–78 durch das Straßenbauamt Achern (Konstruktion Ing. Lindemann, Karlsruhe; Ausführung Zimmermann Joh. Daselmaier) errichtete gedeckte Holzbrücke das Tal der Murg.

Murgtalbahn. Von der Großhzgl. Bauinspektion Gernsbach geplant, konnte nach dreijähr. Bauzeit in topographisch schwierigem Gelände am 15. 6. 1910 das Teilstück Weisenbach–F. (Bahnhof Gausbach) der Murgtalbahn (Rastatt–Gernsbach, eröffnet 1. 6. 1869; Gernsbach–Weisenbach 1. 5. 1894) dem Verkehr übergeben werden. Mit sieben Tunnelbauten – Füllen- (215 m), Hardt- (158 m), Brach- (160 m), Stiehl- (355 m), Rappen- (95 m), Hacken- (177 m) und Gausbacher Tunnel (180 m) – und zahlreichen Eisen- und Steinbrücken (u. a. Langenbrand-Viadukt, Tennetschlucht, Rappenschlucht) überwindet die Trasse auf 6,2 km Stationsentfernung einen Höhenunterschied von 106,61 m im windungs-

Forbach an der Murg. Murgtalbahnbrücke

reichen, tief eingeschnittenen Tal der Wilden Murg. Die Hochbauten der Stationen, teilweise in das Flußbett hineingebaut, übernehmen in ihrer Architektur – Putzbauten mit Natursteingliederung unter steiler Dachlandschaft – Motive örtlicher Bauweisen. – In ähnlich ungünstigem Gelände entstand ab 1912 der Streckenabschnitt Forbach–Raumünzach (eröffnet 4. 5. 1915) zum Anschluß der Murgtalbahn an das württ. Bahnnetz bei Freudenstadt. In unmittelbarer Nähe des Rudolf-Fettweis-Werkes überfährt die Bahn auf dreijochiger Eisenfachwerk-Konstruktion (Nachkriegsersatz einer urspr. steinernen Korbbogenbrücke) das Tal der Murg, um anschließend in den Haulerkopftunnel, mit 364 m längstes Tunnelbauwerk der Murgtalbahn, einzutauchen.

Lit.: DB 1912/14/20; Slotta I.

Forchheim (OFr./Forchheim/L 8) BAY

Die **Spinnerei Forchheim GmbH,** 1894 nach Kauf der in Konkurs gegangenen Aktienspinnerei (18056 Selfaktor-Spindeln) durch die Familie Hornschuch neu gegr. (an der Straße nach Ebermannstadt), betreibt zur Eigenstromversorgung – neben der 1888–89 in der Spinnerei installierten Turbinenanlage – ein 1907–08 an der Stelle der »Reuther Mühle« erbautes, durch seine barockisierende Jugendstilarchitektur in der Wiesentaue auffälliges Kraftwerk am Schwedengraben in F.-Reuth. Mit dem Erwerb der Wiesentmühle zu Kirchehrenbach 1917 wurde die Leistung des Schwedengraben-Kraftwerks durch Erhöhung des Oberwasserspiegels erheblich gesteigert. Aus dieser Zeit stammt auch die masch. Ausstattung mit horizontal gelagerten Zwillings-Francis-Turbinen (max. 840 kW) und Generatoren der Felten & Guilleaume-Lahmeyer AG Frankfurt a. M. (187 U/min, 100 V, 75 A). Das Kraftwerk Wiesentmühle ging 1922 in Betrieb. Auf dem Werksgelände in F. mit Maschinenhaus von 1896, Spinnereierweiterung von 1922 und Verwaltungsgebäude von 1923 qualitätvolle Bauten aus der Frühzeit des Unternehmens. – Von nobler Neurenaissance um 1890 das Büro- und Wohngebäude der benachbarten, 1873 als »Mechanische Buntweberei« gegr. **Fa. Weber & Ott.**

Lit.: Dpfl. BAY; Firmenangaben.

Frankenstein (Kaiserslautern/L 3) RP

Als charakteristisch für die Hoch- und Kunstbauten der Pfälz. Ludwigsbahn können das durch Mittelrisalit zentrierte **Empfangsgebäude** auf dem Bhf. im Stil des romantischen Spätklassizismus und die an einheimischer ma. Burgarchitektur orientierten Portale der Tunnel durch den Schloßberg gelten. In der 1845–50 von Ludwigshafen bis zur preuß. Grenze gegen Neunkirchen fertiggestellten Bahn wurden die Strecken Kaiserslautern–F. am 2. 12. 1848 und F.–Neidenfels am 6. 6. 1849 eröffnet.

Lit.: Slotta I.

Frankenstein. Schloßbergtunnel

Frankenthal (Frankenthal/L 4) RP

Ein Teil der urspr. Trasse des 1772–80 im Vergleich zum Nutzen mit unverhältnismäßig hohem Aufwand unter Kurfürst Carl Theodor nach Planung von Jakob Dyckerhoff erbauten, 1781 eingeweihten 4,4 km langen **Kanals** von F. zum Rhein, auf dem 1944 das letzte Frachtschiff den inzwischen verfüllten F.er Hafen anlief, läßt sich entlang der Straße »Am Kanal« noch erkennen.

Lit.: Slotta I.

Frankfurt am Main HS
(Frankfurt am Main/K4)

Siedlungsort seit der mittleren Bronzezeit, wurde Franconovurd, zentral innerhalb Deutschlands am Schnittpunkt wichtiger hist. Fernstraßen unmittelbar an einem Flußübergang entstanden, erstmals hist. faßbar anläßlich der hier 794 von Karl d. Gr. einberufenen Synode. Neueste Grabungsfunde im Dom belegen eine bereits ein Jh. früher existierende, bedeutende merowingische Ansiedlung. Seit dem 9. Jh. durch das Recht zum Abhalten einer Herbstmesse privilegiert, 1330 durch eine zusätzliche Frühjahrsmesse in der wirtschaftlichen Entwicklung weiter gefördert, als Krönungsstadt dt. Könige und Kaiser seit Friedrichs I. Wahl 1152 in F. einer der Mittelpunkte des Reiches, entwickelte sich die Stadt bereits im MA zu einem Zentrum des Geld- und Warenhandels. Mit dem Untergang des Hl. Röm. Reiches dt. Nation 1806 verlor F. den im 14. Jh. erlangten Status einer Reichsstadt, blieb jedoch bis zur Annektion durch Preußen 1866 als Freie Stadt territorialpolitisch unabhängig. Die abnehmende Bedeutung als internationales Handelszentrum seit dem Ende des 18. Jh. wurde für die 1. Hälfte des 19. Jh. durch das politische Gewicht als Sitz des Dt. Bundestages (1816–66) und Mittelpunkt der dt. Einheitsbewegung für ein halbes Jahrhundert ausgeglichen. Zu neuer, heute noch andauernder wirtschaftlicher Blüte gelangte F. im letzten Viertel des 19. Jh. durch eine spät, aber vehement einsetzende Industrialisierung, mit der sich die Stadt bis zum Beginn des 1. Weltkriegs in das führende Dutzend dt. Industriestädte, nach Gewerbesteueraufkommen bemessen, einreihte. Trotz der fast völligen Zerstörung der Stadt im 2. Weltkrieg besitzt F. noch heute eine für Deutschland wohl einmalige Konzentration von meist noch im urspr. Sinn genutzten Bauten qualitätvoller Architektur der Infrastruktur und Industrie des ausgehenden 19. und frühen 20. Jh.

Bahnanlagen. Innerhalb einer Generation nach Eröffnung der Strecke F.–Höchst der Taunus-Bahn am 26. 9. 1839 entwickelte sich F. mit der Gruppe der drei Westbahnhöfe und dem Ostbahnhof für insgesamt sieben Bahnlinien zu dem bedeutendsten **Eisenbahnknotenpunkt** Südwestdeutschlands, dessen Betriebsanlagen den immens gestiegenen Personen- und Güterverkehr der ausklingenden 1860er Jahre nur noch mit Mühe bewältigen konnten. Nach Vorarbeiten seit 1872 für eine Neuorganisation der Bahnanlagen mit der Festlegung auf den Bau eines Kopfbahnhofes etwa 600 m westl. der alten Anlagen begannen 1879 die Arbeiten an den Gleisanlagen, 1883–88 folgte als Ergebnis eines Wettbewerbs von 1880 der Neubau der seinerzeit größten Eisenbahnstation des Kontinents. Das symmetrische **Empfangsgebäude** aus gelbem Sandstein in opulenter Neurenaissance nach Entwurf von Hermann Eggert umfaßt dreiflüglig eine urspr. dreischiffige Halle (L 186,4 m; Stütz-W 56 m) für 18 Gleise aus bis zum Bahnsteig herabreichenden Dreigelenkbogenbindern nach Planung von Johann Wilh. Schwedler. Um die monumentale, zentral durch Atlantengruppe (Gustav Herold) bekrönte Eingangshalle zeitgenössisches Skulpturenprogramm als Allegorie von Wirtschaft und Verkehr mit Arbeiten von Gustav Kaupert, Alexander Calandrelli, Emil Hundrieser, Franz J. Born, Anton Carl Rumpf, Friedrich Schierholz, Josef Keller, Franz Krüger. Nach Planung von Armin Wegener 1912–24 Erweiterung um zwei Seitenschiffe für nun insges. 24 Gleise und neoklassizistische Flügelbauten mit Bauplastik von Carl Stock, Rudolf und Bruno Schäfer. Teilzerstörung 1944 und Wiederaufbau bis 1958 unter Verzicht auf das wilhelminische Interieur, 1968–88 Ausbau für U- und S-Bahn. – In spätklassizistischer Sandsteinausführung entspricht das 1879 für den **Bhf. Goldstein** (heute Sportfeld, F.-Niederrad, Flughafenstraße) erbaute Stationsgebäude der von der Hess. Ludwigsbahn bevorzugten Architektur bei Hochbauten. – Entlang der 1874–75 ab F.-Oberrad kreuzungsfrei neutrassierten Bebraer Bahn entstanden gleichzeitig für diese mehrere spätklassizistische, 1909 zumeist zu Dienstwohnungen umgebaute **Verwaltungsgebäude** und eine Direktorenvilla (Hederichstraße 55–69 a). Das 1875 als Provisorium errichtete *Stationsgebäude* an derselben Bahntrasse ersetzte 1912–16 der neoklassizistische **Südbahnhof** von Wegener und E. Kleinschmidt als Blickfang aus radial in den Diesterwegplatz mündenden Straßen. Im Zuge des U-Bahnbaus abgetragen und unter Verwendung orig. Bauteile in der hist. Kontur mit Nutzung als Jugend- und Bürgerhaus 1983–84 nach Planung der Werkgemeinschaft Architektur und Stadtplanung (Vitezslav Fara, Hartmut Lehmann) rekonstruiert. Von Wegener/Kleinschmidt auch die Hochbauten der Bahnhöfe Bonames, Eschersheim und Höchst. – Im **Rangierbhf.** der Hafenbahn

(Hanauer Landstraße, östl. Lahmeyerbrücke) ein Stellwerk von 1917 mit teilweise erhaltener techn. Einrichtung. – Zu den ältesten in ihrer urspr. Funktion erhaltenen steinernen **Eisenbahnbrücken** Deutschlands zählt das 1839 für die ehem. Taunus-Bahn fertiggestellte dreijochige Bauwerk aus rotem Sandstein über die Nidda bei F.-Nied (über Denzerstraße). – Den monumentalen Abschluß der Flußlandschaft in F.s Osten bildet die Ost- und Südbahnhof verbindende **Deutschherrnbrücke,** 1911–13 als Bogenfachwerkbrücke mit aufgehobenem Horizontalschub über drei Öffnungen (74,6/124,8/74,6 m) durch die AG für Eisenindustrie und Brückenbau vorm. J. C. Harkort, Duisburg, errichtet. Originalgetreuer Wiederaufbau nach Kriegszerstörung. – Aus der Modernisierungsphase der Kgl.-Preuß. Eisenbahn ab 1910 stammt auch der für einen Intze-Behälter konzipierte **Wasserturm** an der Idsteiner Straße. – Für die Arbeiter der 1918 eröffneten Kgl.-Preuß. Lokomotivhauptwerkstätte entstand in F.-Nied (Brunnenpfad) 1918–33 eine nach der Idee der Gartenstadt von Schelling & Zweifel geplante **Eisenbahnersiedlung** mit axialem Marktplatz hinter Torbau.

Straßenbahn. Nach Übernahme der 1871 konzessionierten privaten Pferdebahnges. durch die Stadt am 1. 1. 1898 begann die konsequente Elektrifizierung des Straßenbahnnetzes (erste elektr. betriebene Linie bereits 1884 privat eröffnet), verbunden mit dem Aus- oder Neubau von Depots: neoromanisch geprägt die drei 1898/1901/06 erbauten Hallen des Depots Heddarichstraße (Bruchstraße 16); renaissancebeeinflußt das Depot F.-Bockenheim (Gräfstraße) als dreischiffiger basilikaler Backsteinrohbau (1988 nach Entwurf von Henrici & Geiger zur Theaterspielstätte sensibel umgebaut) von 1898–99 mit einer nach dem Prinzip von Ph. de l'Orme Mitte des 16. Jh. entwickelten, von A. R. Emy um 1820 verbesserten und von Ph. Holzmann & Cie. gegen Ende des 19. Jh. seriell angebotenen *Bogenbinderkonstruktion* über dem 14,2 m breiten Mittelschiff und Sprengwerken über den Seitenschiffen; spärlich gotisierend die Architektur des 1901–02 und 1907–08 errichteten Depots F.-Bornheim (Heidestraße, Rendelerstraße).

Hafenanlagen. Aus der Zeit, als F.s Mainufer Gestalt als befestigte Hafenanlage erhielt, stammt der 1887 installierte sog. **Herkuleskran** im »Nizza«, einer 1860–80 nach Entwürfen der Stadtgärtner S. Rinz und A. Weber angelegten Parkanlage. – Ähnlich der **Handdrehkran** von Gebr. Schultz des ausgehenden 19. Jh. (→Schweinfurt, →Bamberg, →Kehlheim u. a.) mit hölzernem Ausleger auf barockem Fundament im alten Hafen von F.-Höchst (Seilerbahn). – Im 1908–12 durch Ph. Holzmann & Co. ausgehobenen Osthafen, in der Größenordnung vergleichbar mit den Rheinhäfen →Duisburg und →Mannheim, funktionsfähig auf kaiparallelen, fahrbaren Portalen und senkrecht zum Kai angeordneten Hochbahnen operierende **Drehkräne.** Über den sehenswerten Beckenmauern in Polygon-Basaltmauerwerk des Unterhafens die imposanten Gebäude der ehem. F.er **Mühlenwerke Gebr. Wolf** und der **Hafenmühle F. AG.** (Kampffmeyer Mühlen GmbH, Franziusstraße 15), darunter das zu den besten Bauten der Gattung zählende neoklassizistische **Silogebäude,** 1910 nach Entwurf von Hans Rummel, F., (Bernarduskirche) durch Wayss & Freytag fertiggestellt. – Von eleganter Kontur die als **Sichelbogenbrücke** 1910–11 ausgeführte Straßenüberführung über die Einfahrt zum Unterhafen (Honsellbrücke). In den Bögen der Auffahrtsrampe sind von jeher Räume für Kleinbetriebe. Benachbart die nach J. W. Schwedlers System in einfachem Strebefachwerk mit nach oben gekrümmten Gurtungen als offenes Fachwerk durch die Darmstädter Eisenbau-Anstalt Georg Donges 1910–11 ausgeführte **Schmickbrücke.**

Für die Lastkraftwagen des eigenen Unternehmens errichtete die Mannesmann-Mulag-LKW AG 1922–24 nach Entwurf von Ernst Balser und Franz Heberer eine expressionistisch auf parabolischem Grundriß gestaltete **Garagenanlage** in F.-Bockenheim (Hersfelder Straße) mit 18 Boxen und axialem Verwaltungsgebäude.

Wasserversorgung. Die moderne Wasserversorgung F.s basiert noch immer auf der nach Planung von Joh. Peter Wilh. Schmick 1870–73 und 1873–75 als eine der ersten Fernleitungen Deutschlands ausgeführten *Quellwasserleitung* aus dem Vogelsberg und Spessart mit Sammelbehälter auf dem Aspenhainer Kopf und Pumpwerk bei Neuwirtheim, Druckturm auf der Höhe über →Langenselbold (oberhalb Schießhütte) und mehrkammerigen **Hochbehältern** unter Parkanlagen auf den Höhen beiderseits des Mains. Neben den Eingangsbauten in einer mainfränk. beeinflußten Neurenaissance (Schloß

Aschaffenburg) befinden sich in der Parkanlage des 1872–73 errichteten, 1878–80/1889 auf 25444 cbm erweiterten Hochbehälters »Friedberger Landstraße« (Dortelweiler Straße 105) noch ein um 1880 translozierter *Eingangsobelisk* der 1828–34 von Philipp J. Hoffmann auf dem Knoblauchsfeld ausgeführten Quellwasserfassung sowie das Pumpwerk Bergzone von 1901 mit masch. Ausstattung der 1920er Jahre. Für die Versorgung Sachsenhausens entstand ebenfalls 1873 ein 1878–79 auf 5866 cbm erweiterter *Gegenbehälter* (Altes Schützenhüttengäßchen) zu dem F.er Reservoir mit renaissancistischem Eingangsbauwerk. Inmitten des gleichzeitig angelegten Boehleparkes liegt der 29943 cbm fassende *Hochbehälter* Sachsenhäuser Warte (Darmstädter Landstraße) von 1899–1901 mit qualitätvollen Fassaden der Neoromanik. Von den **Grundwasserwerken** sehenswert die *Fassungsanlage Goldstein* (Tränkschneise) und die von steiler Kuppel überwölbte neoromanische Rotunde des *Pumpwerkes Hinkelstein* (F.-Niederrad, Flughafenstraße) von 1890–93 nach Planung von William H. Lindley. Der architektonisch einfachste, aber wohl älteste ehem. *Wasserturm* steht in neogotischen Formen im Grüneburgpark auf dem Gelände der für die Gebr. Rothschild 1845 durch Jakob von Essen erbauten, im 2. Weltkrieg zerstörten Villa Grüneburg. Beispielgebend für die architektonische Gestaltung zahlreicher Wassertürme (u. a. →Kehl) der verm. von Max Hessemer geplante, 1895 mit kegeligem Schaft und mehrfach gebrochener, polygonaler Ummantelung für einen Intze-Behälter (380 cbm) unter verschiefertem Glockendach und hoher Laterne errichtete *Wasserturm* in F.-Rödelheim (Schultheißenweg). Formal ähnlich, jedoch insges. gedrungener der 1901 für einen zweikammerigen Intze-Behälter erbaute Turm in F.-Eschersheim (Am Lindenbaum).

● **Kläranlage** (F.-Niederrad, Lyoner Straße). Nachdem William G. Lindley, aus Hamburg abgeworben, ab 1867 den Bau einer Schwemmkanalisation leitete, entstand nach Planung seines zum Stadtbaurat beförderten Sohnes W. H. Lindley 1883–87 Europas erste mech. Großkläranlage (vier Klärkammern: L 82,4 m, Durchflußgeschwindigkeit 4 mm/sec) mit heute noch faszinierender Raumstruktur (je zwölf Kugelsegmentgewölbekappen über Gurtbögen auf quadr. Grundriß: 6,0 × 6,0 m/Becken). 1902–04 nach Entwurf von Hans G. L. Dasen erweitert um drei weitere Klärbecken und ein Betriebsgebäude, dessen Verbindungshalle zu den unterirdischen Klärkammern ein Majolikarelief mit Jungbrunnenmotiv von Helmut Eichrodt, Karlsruhe, schmückt, wurde die Anlage 1988–90 im Zusammenhang mit Modernisierungsmaßnahmen auf die urspr. Größe für zukünftige museale Nutzung zurückgebaut.

Gaswerke. Die 1829 durch die F.er Kaufleute Schiele und Knoblauch initiierte städt. Gasversorgung bezeugen heute ein mit dem Gaswerk Bockenheim der Imperial Continental Gas Association 1869–70 errichteter zylindrischer *Wasserturm* (F.-Bockenheim, Solmsstraße) in Eisenfachwerk mit zweifarbiger Ziegelausfachung und das 1910–12/1915 erbaute **Gaswerk Ost** ● (Schielestraße). Kurz nach dem spektakulären Entwurf der Turbinenhalle für die AEG in Berlin (1909) plante Peter Behrens eine der ersten nach einheitlicher Konzeption gestalteten dt. Fabrikanlagen, deren differenzierte neoklassizistische Architektur die Gebäudefunktion spiegelt. Die Vierergruppe der berühmten Wassertürme ist auf die Ecktürme reduziert, bis auf das Kraftwerk sind alle Gebäude außer Funktion.

Elektrizitätswerke. Das erste F.er E-Werk, 1892 von Wilhelm Lahmeyer & Co. in Bockenheim (Kuhwaldstraße) in neoromanischen Formen erbaut, wird zukünftig für kulturelle Zwecke genutzt. Von Adolf Meyer, einem der großen Industriearchitekten der Moderne, stammt der 1928–29 erbaute Eisenbetonkomplex aus Verwaltungstrakt, Magazinen, Werkstätten und Prüfamt mit bemerkenswerten Flachkuppeln (Spann-W 26 m, 4 cm Wandstärke) der Städt. E-Werke (Gutleutstraße 280).

Als einzige unter den nach 1945 meist veränderten Mainbrücken hat der 1868–69 auf Initiative einer Aktiengesellschaft nach Entwurf von J. P. W. Schmick als »steife Hängebrücke« erbaute **Eiserne Steg** seine hist., durch den Umbau 1911–12 zu einer Auslegerkonstruktion nach dem System Gerber erhaltene Kontur bewahren können (Sanierung 1992).

Martin Elsässer, u. a. bekannt geworden als Kirchenbauer und durch die ein Jahrzehnt frühere Markthalle in →Stuttgart, erreichte mit dem Bau des F.er **Markthallenkomplexes** (Sonnemannstraße) aus Großmarkthalle, Importhalle, überdachten Verladerampen, Stellwerk, Restauration und Wohngebäude 1926–28 die Spitze der Avantgarde des Neuen Bauens. Von stadtbild- ●

prägender Monumentalität ist die in Beton ausgeführte, von 15 Quertonnen überdeckte Halle (L 220 m, B 50 m, Scheitel-H 23 m) zwischen giebelseitigen Büro- und Kühlhaustürmen, Vorbild für die Markthallen in Leipzig (1928–30), Basel (1929–30) und Budapest (1930–31).

● **Palmengarten.** In einer für die Bauzeit fortschrittlichen Eisenkonstruktion mit fest eingespannten Vollwandblechbindern in der Form eines gestelzten Korbbogens errichtete nach eigenem Entwurf die F.er Maschinenbaufirma Wiesche, Hirschel & Scharffe 1868–69 das Palmenhaus (L ca. 60 m, B ca. 36 m, H ca. 18,5 m) nach dem Vorbild der »Galerie des machines« auf der Pariser Weltausstellung von 1867.

Festhalle. Friedrich v. Thiersch, Sieger in dem Wettbewerb von 1906, wählte für die 1907–09 realisierte Festhalle (Ludwig-Erhard-Anlage) die Konstruktion zum raumbildenden Element einer der letzten monumentalen Hallen mit eisernem Tragwerk, deren »ruhige und anspruchslose Schönheit, dem Charakter eines festlichen Großraumes (49 × 112 m li. W. in den Achsen der Eisenkonstruktion) angepaßt«, nicht zuletzt von der ausgewogenen Form des Vierendeel-Trägers beeinflußt wird.

Industrie. Am N-Rand des Hbf.-Gleisfeldes dominiert der 1889–1912 in Anlehnung an die Architektur oberital. Fortifikationsbauten der Spätgotik entstandene Fabrikkomplex der **Adlerwerke, vorm. Heinrich Kleyer AG** (Kleyerstraße). – Keimzellen für die Entwicklung des Ostends bildeten die Niederlassungen der ehem. **Parfümeriefabrik J. G. Mouson & Co.** (Waldschmidtstraße) mit einem markanten expressionistischen Backsteinturm, nach Entwurf von Fritz Mouson 1921–26 erbaut (heute Kulturzentrum), und der Komplex der **Naxos-Union, Schleifmittel- und Schleifmaschinenfabrik** (Wittelsbacher Allee) mit Verwaltung (1906) und Maschinenhalle (1896, Jean Funk; 1906–07, E. F. Ambrosius), deren Eisenskelett ein die Gliederung der inneren Konstruktion berücksichtigender Backsteinrohbau mit renaissancistischer Giebelfassade umschließt. – Gleichzeitig mit dem Bau des Osthafens entstanden die Verwaltungsgebäude der ehem. **Elektrogerätefirma Voigt & Haeffner** (Hanauer Landstraße 152–154) 1910 nach Entwurf von C. W. F. Leonhardt in jugendstilbeeinflußtem Neoklassizismus und der ehem. **Lencoryt-Spinnerei-Ges. L. Neuberger & Co.** (Osthafenplatz) 1913 nach Planung von Josef Rindsfüßer & Martin Kühn in Formen des Neoklassizismus mit prägender Kolossalpilasterordnung. – Als Höhepunkt des modernen Bauens in F. entstand 1928–31 nach Entwurf von Hans Poelzig für die ehem. **I.-G. Farbenindustrie AG** (Grüneburgplatz) ein monumentales Verwaltungsgebäude als travertinverkleidete Stahlkonstruktion auf kreisbogenförmigem Grundriß mit sechs radial angeordneten Querflügeln und separatem Casinogebäude im Kreiszentrum. Orig. Ausstattung z. T. sowie Paternoster erhalten.

F.-Fechenheim

Mit ausgedehnten Werkanlagen bestimmt die 1870 als »Frankfurter Anilinfarbenfabrik von Gans und Leonhardt« gegr. **Cassella AG** (Hanauer Landstraße 526) das Bild des 1928 eingemeindeten F. Besonders bemerkenswert unter den zahlreichen hist. Bauten ist ein 1913 durch Ph. Holzmann Cie. erbautes Lager- und Farbmühlengebäude, dessen aufgelöste Backsteinfassaden die innere Eisenskelettkonstruktion spiegeln. Zu den besten Bauten der Architekten Walter Klingenberg & Werner Issel, Berlin, zählt das 1923 fertiggestellte *Heizkraftwerk* (techn. Planung AEG, Ausführung Ph. Holzmann Cie.) mit fast quadr. Kesselhaus und durch beidseitig flankierende Schornsteine mit Wasserbehältern axialsymmetrisch geordneter Hauptfassade. Techn. Einrichtung modernisiert. Auf dem Werkgelände ein *Wasserturm* mit Intze-Behälter von 1900. Den 1985 stillgelegten Dampfkompressor zur Verdichtung des Kühlmittels Ammoniak lieferte 1904 die Stuttgarter Firma Gotthilf Kuhn. – Außergewöhnliche zeitgenössische Architektur zeigen Betriebsgebäude und Kesselhaus des **Versandhauses Neckermann** (Hanauer Landstraße 360), errichtet 1959–60 nach Entwurf von Egon Eiermann.

F.-Griesheim

Die unter der Leitung des Preuß. Neubauamtes für die Kanalisierung des Untermains 1929–32 errichtete **Staustufe** G. mit linksmainischer Doppelschleusen-Anlage, anschließendem Krafthaus und Wehranlage mit drei Öffnungen steht in der Tradition des Neuen Bauens der May-Ära. Die masch. Ausrüstung (ab 1984 überholt) der Walzenwehre einschl. der Windwerke und der drei Maschinensätze (Kaplan-Turbinen: Voith, Heidenheim, 3300 PS; Drehstromgeneratoren: Bergmann, Berlin, 2330 kVA) blieb mit Ausnahme der Regler erhalten.

F.-Höchst

Die **Hoechst AG** (Brüningstraße 45) entwickelte sich aus der 1862 konzessionierten Anilin- und Anilinfarbenfabrik bei Höchst Meister, Lucius & Co., die 1863 mit fünf Arbeitern, einem Kontoristen und einem Chemiker die Farbproduktion aufnahm, bis zur Jahrhundertwende zu einem der größten Unternehmen im Rhein-Main-Gebiet und gehört heute zu den weltweit größten Chemiekonzernen. Aus der Expansionsphase Ende des 19. Jh. stammt das von Heinrich Kutt entworfene *Verwaltungsgebäude* im Stil der Neurenaissance mit allegorischen Figuren am Portalrisalit (1893, aufgestockt 1907). Ebenfalls von Kutt die renaissancistische Versuchsfärberei von 1898. Mit der alten Verwaltung über eine (für die Hoechst AG zum Signet gewordene) *Bogenbrücke* verbunden das 1920–24 nach Entwurf von Peter Behrens gebaute monumentale **Techn. Verwaltungsgebäude** in zweifarbigem Klinkermauerwerk mit zentraler Betonung der über 150 m langen, geknickten Front durch expressionistisch gestalteten Uhrturm. Als einer der Höhepunkte expressionistischer Architektur gilt die *Eingangshalle,* deren von Blau bis Gelb in den Farben des Farbkreises bemalte stalaktitenartige Pfeiler sich als »gefrorene Musik« magisch mit dem Licht der Oberlichtpyramiden verbinden. – Am Rande des Werkgeländes ein *Teleskop-Gasbehälter* von 1923. – Den seit 1874 betriebenen *Werkwohnungsbau* belegen heute das mit einem Grand-Prix auf der Weltausstellung 1900 in Paris ausgezeichnete Musterhaus (F.-Unterliederbach, Heimchenweg 60), die Heimchensiedlung von 1912–14 (Drosselweg u. a.) und die zwischen 1900 und 1925 errichtete Siedlung Colonie (F.-Zeilsheim). – Weitere *Arbeiterwohnhäuser* der chem. Industrie in F.-Griesheim von 1898 (Elektronstraße) und um 1905 (Autogenstraße) der Chem. Fabrik Griesheim sowie in F.-Fechenheim von 1882–90 (Am Gansbühel) der Cassella AG.

Lit.: Frankfurt und seine Bauten, 1886; Frankfurt am Main, 1886–1910. Ein Führer durch seine Bauten; Risse; Rödel 1986; Schomann; Schreier/Wex; Die Wasserversorgung von Frankfurt a. M., 1903, Städt. Tiefbauamt.

Freiburg im Breisgau (Freiburg/O 3) BW

Im Zusammenhang mit der Realisierung 1872–76 eines von Dr. Bruckmann, Stuttgart, und Baurat Gerstner, Karlsruhe, entwickelten

Freiburg im Breisgau. Sternwald-Wasserbehälter, sog. Wasserschlößle

Konzeptes (Ausführungsplanung Ing. Lueger, Stuttgart) zur **Wasserversorgung** Freiburgs unter Nutzung des Grundwasserstromes im Dreisamtal entstanden die Hochbehälter »Schloßberg« und »Sternwald«. Der oberhalb des Schwabentores in den Hang des Schloßberges eingeschnittene, von einem Sammelbecken bei Ebnet (ab Ende der 1880er Jahre ein weiteres bei Neuhäusl) gespeiste »Schloßberg«-Hochbehälter (dat. 1874/1876) dokumentiert mit nobler, der ital. Hochrenaissance entlehnter Fassadenarchitektur die Bedeutung einer geregelten Wasserversorgung für das Wohl einer städt. Gemeinschaft. Eindeutiger noch als der »Schloßberg«-Behälter bezieht sich der 1895–96 erbaute »Sternwald«-Behälter (Waldfahrstraße Waldschlößle–Kyburg) mit seiner neoromanisch, durch Rundtürme akzentuierten, dreidimensional das Stadtwappen nachbildenden Architektur auf die Geschichte der Stadt.

Dreisambrücken. Von den nach dem Hochwasser vom 8.–9. 3. 1896 zwischen 1899 und 1901 neu errichteten Brücken (je drei Fahr- und Fußgängerbrücken) über die Dreisam blieben

Reste der Widerlageraufbauten der Schwabentorbrücke (Entwurf Fritz Bauer, Freiburg), Geländer und Kandelaber (1901) im Neubau der Oberaubrücke und die noch weitgehend orig. filigranen Eisenkonstruktionen (Fachwerkbogen mit Kämpfergelenken, Stützweite ca. 35 m) des Luisen- und Marienstegs erhalten.

Schauinslandbahn. Erste Überlegungen schon vor dem 1. Weltkrieg zur Erschließung des Schauinsland für den Tourismus konkretisierten sich bis 1925. Den Auftrag für die Planung der weltersten Seilbahn im Umlaufsystem erhielt das Ing.-Büro Rudolph, Leipzig, den für die Ausführung die Ges. für Förderanlagen Ernst Heckel, Saarbrücken. Eröffnung der Bahn am 14. 7. 1930. Entfernung zwischen den architektonisch gelungenen Stationen 3600 m bei einem Höhenunterschied von 764 m.

Lit.: Slotta II; Krins 174.

Freising (OB/Freising/N 9) BAY

Wasserturm (Prinz-Ludwig-Straße). Nach Wettbewerbsentwurf (1905) von Heinrich Lömpel, München, errichteter oktogonaler Wasserturm mit doppelgesch. Aussichtsplattform unterhalb des Intze-Behälters (100 cbm) ohne urspr. Glokkendach. – Westl. vor der Stadt eine für den Industriebau um 1910 typisch neoklassizistisch geprägte **Fabrikanlage** (Fa. Schlüter, Münchener Straße) aus eingesch. übergiebelten Werkhallen und dominierender Doppelturmfassade.

Lit.: SBZ 1905.

Friedberg (Wetteraukreis/J 4) HS

Der das Tal der Usa am NO-Rand von F. überquerende **Rosental-Viadukt** gehört zu den bedeutendsten Kunstbauten der am 10. 3. 1850 von Frankfurt a. M.–F. eröffneten, am 1. 12. 1850 bis Butzbach freigegebenen Main-Weser-Bahn. Das 1847–50 (dat. 31. 8. 1850) unter der Leitung von Peter Hochgesand, Mainz, in rotem Sandstein in der Art röm. Viadukte errichtete Bauwerk besteht aus 24 Bögen gleicher Stützweite (ca. 11 m, Ges.-H 16 m), rhythmisiert durch polygonale Gruppenpfeiler. Seit 1982 ohne Funktion. Parallel die formal angepaßte Brücke in der am 1. 10. 1897 eröffneten Strecke Friedberg–Hungen (Preuß.-Hess. Staatseisenbahnen). – Nach Einführung der Linie von Friedrichsdorf am 15. 7. 1901 erhielt auch F. im Zusammenhang mit der allgemeinen Modernisierung der Betriebsanlagen der Preuß.-Hess. Staatsbahnen unter Leitung von Armin Wegener 1911–13 ein neues **Empfangsgebäude** ähnlich Frankfurt a. M.-Höchst in renaissancistisch beeinflußtem Neoklassizismus mit asymmetrischer Baumassenverteilung. Die dominierende Fassade der Eingangshalle mit axialem Bogenfenster wird von überkuppelten Ecktürmchen gerahmt. Die von ornamentierter Keramik bestimmte Hallenausstattung weitgehend erhalten. Über Pergola angebunden Fürstenpavillon in Fachwerkkonstruktion. – Zikkuratähnlich beherrscht der monumental expressionistisch, nach Entwurf des Hess. Hochbauamtes von Heinrich Reuss, Friedberg, 1928 in strukturiertem Sichtbeton ausgeführte sechseckige **Wasserturm** (Grüner Weg) die Anhöhe südl. der Stadt. Über dem Eingang ein dem Bauwerk entsprechend riesig-dimensionierter Wappenadler.

Lit.: Pottgießer; IB 1930.

Friedrichshafen (Bodenseekreis/P 5) BW

Das 1811 durch die Vereinigung der Stadt Buchhorn mit Hofen entstandene F. begann in der 2. Hälfte des 19. Jh. mit dem Aufbau einer eigenen Industrie durch Eisenbahnwerkstätte und Schiffswerft (1849) und Lederindustrie (ab 1859). Auf einem 1898 von König Wilhelm II. in Manzell überlassenen Grundstück erhob sich 1900 das erste von Graf Ferdinand von Zeppelin entwickelte lenkbare, starre Luftschiff. Mit der Gründung von Zulieferfirmen für den **Luftschiffbau** (Maybach-Motoren, Zahnradfabrik Friedrichshafen) entwickelte sich F. zur Industriestadt am Bodensee. – Anläßlich seines 75. Geburtstages verkündete Graf Zeppelin 1913 den Plan zum Bau einer **Arbeitersiedlung** nahe des heutigen Riedle-Parks durch die im gleichen Jahr gegründete Zeppelin-Wohlfahrt GmbH. Nach Planung von Paul Bonatz und Friedrich E. Scholer entstand 1915 der Grundstock der verm. von der Kruppsiedlung Altenhof 2 beeinflußten Gartenstadt-Anlage mit schlichten, meist eingesch. Einzel- und Doppelhäusern, Wirtschaft, Konsumanstalt und außerhalb gelegener Schlachterei und Gärtnerei. Besonders augenfällig der für dt. Arbeitersiedlungen großzügige Grundstücksanteil sowie die für die Zeit vor dem 1. Weltkrieg fortschrittliche Ausstattung mit Badezimmern.

Lit.: ZWW 1918; Dpfl. BW 1979.

Bad Friedrichshall (Heilbronn/M5) BW

Schachtanlage F.-Kochendorf der Südwestdt. Salzwerke AG. Den Anfang der Salzgewinnung nördl. von Heilbronn bezeichnet der Bau der (abgebrochenen) Saline Clemenshall 1754 durch den Deutschorden. Die bedeutendere Saline Friedrichshall in Jagstfeld entstand ab 1820, nachdem 1812 begonnene Probebohrungen 1816 in 142 m Bohrtiefe ein reines Steinsalzlager erreichten. Ein erster Schacht für den Grubenbetrieb mußte 1819 wegen Wassereinbruchs aufgegeben werden. Erneute Untersuchungen erbrachten 1848 den Nachweis abbaubarer Salzflöze, die ein ab 1854 abgeteufter Schacht 1858 in 152 m Teufe erreichte. Ein Jahr später Aufnahme des Grubenbetriebes, der 1895 erneut wegen Wassereinbruchs aufgegeben werden mußte. Mit neuem Schacht südl. von Kochendorf nahm das Steinsalzwerk König Wilhelm II. am 1. 12. 1899 den Betrieb auf. Zu den Resten der urspr. Tagesanlagen von 1897 gehören ein zur Bahnlinie giebelständiger, in zweifarbigem Mauerwerk ausgeführter, durch Lisenen vertikal betonter Hochbau mit Schachthalle und Hängebank (Fördergerüst modernisiert) sowie das durch Uhrtürmchen betonte renaissancistische Verwaltungsgebäude, Schreinerei, Werkstätten, Magazin und einige Nebengebäude, alle aus rotgelben Verblendern.

Lit.: Slotta III; 100 Jahre Salz aus Heilbronn. Festschrift, 1983.

Friedrichstadt (Husum/B5) SH

In den Detailformen tradiert das **Empfangsgebäude** auf dem Bhf. an der Teilstrecke Lunden–Bredstedt (eröffnet 17. 10. 1887) der Holst. Marschbahn spätklassizistische Bahnarchitektur der Jahrhundertmitte.

Eiderbrücken. Straßenbrücke in der B 5 westl. von F. als symmetrische Anlage mit zentraler Klappbrücke (25 m li. W) zwischen zwei festen Überbauten (104 m li. W) von 1915–16 nach Entwurf von Friedrich Voß und H. Schwyzer. Die Hauptträger der festen Brücken konstruiert als parabelförmig gekrümmte Stabbogen (Sprengung 13,7 m) mit kastenförmigem Querschnitt und gekreuzter Flacheisen-Vergitterung an der Unterseite. Aussteifung durch je zwei portalförmige Träger und diagonale Windverbände aus Fachwerkträgern im Obergurt des Stabbogens und am Untergurt des Blechträgers. Lieferung und Montage der eisernen Oberbauten durch die Fa. Louis Eilers, Hannover. Die bewegliche Brücke als elektr. betriebene zweiflügelige Klappbrücke mit festen Drehachsen, die Flügel in Brückenmitte mittels zweier versetzter Riegel biegesteif zu einfachem Balken verbunden, der sich lediglich auf die beiden von den Drehachsen gebildeten Hauptlager stützt. Masch. und elektr. Einrichtung von der Maschinenfabrik J. C. Freund, Berlin, in Verbindung mit dem Sachsenwerk Dresden-Niedersedlitz. Einseitig auf den Brückenpfeilern neoklassizistische Pavillons. – Etwa 5 km westl. von F. überquert seit 1887 die Schlesw.-Holst. Marschbahn die Eider auf einer urspr. eingleisig montierten, jedoch für zweigleisigen Ausbau vorgesehenen *eisernen Brücke* (Ges.-L 412,66 m zwischen den Mitten der äußeren Landpfeiler). Den freien Schiffsverkehr ermöglichte eine **Drehbrücke** (für das östl. Gleis 1989 ausgewechselt, im westl. Gleis entfernt) mit zwei Öffnungen von je 20 m freier Durchfahrtsweite, flankiert von zwei Fachwerkträger-Konstruktionen mit untenliegender Fahrbahn (Stütz-W 92,15 m). Im N anschließend eine vierjochige Vorlandbrücke mit Pfeilerentfernungen von je 42,715 m, die Hauptträger sind wie bei der Drehbrücke als Parabelträger ausgebildet. Planung und Bauleitung durch Betriebsinsp. Dreeßen, Friedrichstadt, Reg.-Bmstr. Magens, Altona, und Reg.-Bmstr. Lesser, Bromberg. Ausführung des eisernen Überbaues durch die Maschinenbau-Ges. Harkort in Duisburg.

Lit.: ZA + IVH 1890; DB 1919; ZBV 1920.

Friedrichsthal (Neunkirchen/L2) SL

An die Streikbewegung im Saarbergbau 1889–93 erinnert der für den Rechtsschutzverein (1889–96) durch Architekt Güth, St. Johann, 1891–92 als **Versammlungsraum** der im Verein organisierten Bergleute errichtete schlichte Backsteinrohbau in F.-Bildstock (Hofertalstraße). –

Die **Fördermaschinenhäuser** der Schächte Albert (1882), Marie (1889) und Frieda (1902) der 1873 gegründeten Grube Maybach (F.-Maybach, Bergwerkstraße) entsprechen als Backsteinrohbauten mit Lisenengliederung dem zeitgenössischen Standard einfacher Nutzbauten. Am Albert-Schacht eine Fördermaschine der Jahrhundertwende. An der Quierschieder- und Barbarastraße zweigesch. Beamten- und eingesch. Arbeiterwohnhäuser von 1893–1912 bzw. um 1903.
Lit.: Dpfl. SL.

Fürth (MFr./Fürth/L 8) BAY

Bahnhof. Unter Eduard Rüber 1863–64 errichtetes dreigesch. *Empfangsgebäude* des romantischen Klassizismus aus fränk. Sandstein mit zentralem Risalit, stadtseitig gegliedert durch Bogenfenstergalerie unter Okuli, gleisseitig durch Biforien, Okuli und Blendbogen hervorgehoben. Stilistisch angepaßte eingesch. Flügelbauten von 1904, ebenso neoromanisch die seit 1914 den Haupteingang betonende dreibogige Vorhalle mit giebelschmückendem Stadtwappen. Perrondächer auf Gußeisensäulen der Fa. I. W. Späth in Dutzendteich. – Der 1890 von Rudolf Maison geschaffene *Zentaurenbrunnen* auf dem Bahnhofsvorplatz symbolisiert – auf die Eisenbahn bezogen – die Überlegenheit des Menschen über die Naturkräfte. – In zurückhaltend dt. Renaissance das 1908 datierte *Bahn-Betriebsamt* (Theresienstraße 3) von Hans Wicklein. – Auf dem Gelände des Bundesbahn-Betriebswerkes *Werkstattgebäude* des ausgehenden 19. Jh.

Wasserversorgung. Nach ergiebigen Brunnenbohrungen 1879 und Projektausarbeitung durch Ing. Thiem begannen 1886 die Bauarbeiten zu einem *Pumpwerk* im Rednitztal (Dianastraße), das am 8. 10. 1886 eröffnet werden konnte; als eines der ersten Pumpwerke in Deutschland ausgestattet mit Gasmotoren. Den langgestreckten eingesch. Baukörper in Sichtmauerwerk mit Eckquaderung und Gewänden aus Werkstein betont längsseitig zentral ein nobel in Formen der ital. Hochrenaissance gestalteter Eingangsrisalit. – Mit aufwendigem Eingangsbauwerk in rustiziertem Sandsteinmauerwerk präsentiert sich der *Hochbehälter Alte Veste* (Vestner Straße, Zirndorf), dat. im Schmuckgiebel: A.D. 1903. Den konvex geschwungenen Mittelrisalit flankieren Brunnenkonchen in den mit skulptierten Eckquadern geschmückten Flügelmauern.

Gaswerke (Leyher Straße). Wasserturm in historisierenden Mischformen unter steilem Walmdach des 1906 eröffneten, nach der Umstellung auf Erdgas 1975 stillgelegten und teilweise abgebrochenen Gaswerkes. Noch genutzt zwei Teleskopbehälter für 30000 cbm von verm. 1906 im Wiederherstellungszustand von 1946 und für 20000 cbm zwischen 1954 und 1958 montiert.
Lit.: Berger III; Dpfl. BAY; Stadtwerke; VDI 1888.

Fulda (Fulda/J 6) HS

Aus der Frühzeit des Güterwagenausbesserungswerkes der Bebra-Hanauer-Bahn (Bad Hersfeld–F., eröffnet 1. 10. 1866; Neuhof–F., 1. 7. 1868) stammen acht **Werkstattgebäude** (Zieherser Weg), gegliedert durch gekuppelte, von Gußeisensäulen unterteilte Rundbogenfenster. Aus gleicher Zeit vier mit Eisentragwerken überspannte Hallen, ein 1866 datiertes Kraftwerk (mit Zierschornstein von 1903) und ein villenartiger Verwaltungsbau in spätklassizistischen Formen. Zum Bahnbetriebswerk gehörte auch der 1915 erbaute, 1989 privatisierte *Wasserturm* (Zieherser Weg) mit zweigesch. Ständerteil und Hängebodenbehälter der Firma Klönne (Innen- und Außenbehälter von zusammen ehem. 300 cbm Inhalt). – Von sakraler Anmutung die oktogonale, neugotisch inspirierte expressionistische Klinkerhülle (→ Essen-Frillendorf) des um 1925 errichteten **Wasserturms** an der Bangulfstraße.
Lit.: Slotta II.

Fuldatal-Ihringshausen (Kassel/H 6) HS

Von noch immer imposanter Wirkung ist die **Eisenbahnbrücke** in der am 23. 9. 1853 eröffneten Strecke Hann.Münden–Kassel (Hann. Staatsbahn), obwohl nach der Zerstörung im 2. Weltkrieg nur drei (statt urspr. vier) ihrer Pfeiler (mit eisernem Oberbau anstelle von Bögen) wiedererrichtet wurden. Sie führt über das bei Gut Kragenhof (Staufenberg-Landwehrhagen, Landesgrenze NS) tief eingeschnittene Tal der Fulda, das »Veranlassung« wurde »eines schwierigen Kampfes menschlicher Einsicht und Aus-

Gailingen. Archenbrücke über den Rhein

dauer mit den Kräften der Natur«. Von der 1852–55 errichteten Talüberquerung orig. erhalten sind nur die mächtigen, neoromanisch gestalteten Widerlager.
Lit.: ZA + IVH 1858.

Gaggenau (Rastatt/M4) BW

Begünstigt durch den Waldreichtum der Umgebung, entstand mit der Gründung eines markgräflichen Eisenwerkes Mitte des 17. Jh. eine erste Industrie. Von der 1772 durch ein Mitglied der Murgschifferschaft, A. Rindenschwender, gegr. **Glashütte,** deren Blüte bis Ende des 19. Jh. anhielt, haben sich das spätklassizistische Herrenhaus, Hüttenwirtschaft, Gravierwerkstatt und etliche Arbeiterwohnhäuser in Fachwerk entlang einer der Murg parallelen Straße erhalten.
Lit.: Slotta I.

Gailingen (Konstanz/P4) BW

● Mit senkrecht verschalten, 8 m hohen Sprengwerken von 16,2 m, 15,2 m, 17,2 m, 17,6 m und 17,5 m Stützweite auf Pfeilern aus bis zu 9,8 m hohen, zu neunt gereihten Eichenpfählen, überdeckt von einem Walmdach, gehört die nach Diessenhofen führende **Brücke** mit denen in →Rheinau und →Bad Säckingen zu den drei großen Brückenkonstruktionen aus Holz am Oberrhein. 1814–16 für eine 1799 zerstörte Brücke neu gebaut, wurde die Konstruktion 1944 durch Bomben teilzerstört, ab 1946 wiederaufgebaut und 1973 durchgehend saniert.
Lit.: Slotta I.

Garbsen-Schloß Ricklingen NS
(Hannover/F6)

Die genietete Parabelbogen-Fachwerkkonstruktion von 1894–97 über die Leine (Kreisstraße K 322) gehört zu den wenigen im Orig. erhaltenen **Eisenbrücken** des 19. Jh.
Lit.: NS Dpfl. 12, 1985/86.

Garching bei München BAY
(OB/München/O9)

Wasserturm (Wasserturmstraße) von 1911–13 mit Eisenbeton-Flachbodenbehälter (60 cbm) über quadr. Schaft in heimatverbundener Wehrturmarchitektur mit steilem Dach und Aufstiegserker.
Lit.: Merkl 122.

Garmisch-Partenkirchen BAY
(OB/Garmisch-Partenkirchen/P8)

Bayerische Zugspitzbahnen AG. Nachdem ein 1905 aufgestelltes Projekt, die Zugspitze mittels zweier hintereinander geschalteter Standseilbahnen touristisch zu erschließen, nicht realisiert werden konnte, erhielt 1928 ein Konsortium unter Führung der AEG die Konzession für Bau und Betrieb einer elektr. Bahn (Spurweite 1000 mm) von G. über den Eibsee auf das Zugspitzplatt. Die am 8. 7. 1930 eröffnete Bahn wird bis Grainau (ca. 7,5 km, Höhenunterschied 43 m) als Reibungsbahn, anschließend bis Bhf. Schneeferner-Haus (ca. 11 km, Höhenunterschied 1902 m) als Zahnstangenbahn nach dem System Riggenbach mit einer größten Steigung von 250 v. T.

geführt, davon die letzten 4,5 km ab Station Riffelriss im Tunnel. Am 10. 1. 1931 folgte die Inbetriebnahme der Verlängerung zum Gipfel über eine Länge von 732 m bei einer Höhendifferenz von 279 m als Seil-Schwebebahn nach dem System Bleichert-Zuegg, erbaut von Adolf Bleichert & Co, Leipzig, mit elektr. Ausrüstung von der AEG. Seit 1963 ist die Anlage erweitert um eine auf 4,5 km Länge fast 2000 m Höhe überwindende Pendelseilbahn auf zwei bis zu 85 m hohen Stahlkonstruktionen.

Lit.: ZBV 1930/31; Paul IV, BAY 66.

Gaulsheim (Mainz-Bingen/K3) RP

Die Architektur der durch Inschrift als *»Wasserwerk der Stadt Bingen 1906«* identifizierten Baugruppe an der Straße nach Ingelheim (Anschlußstelle Bingen/Gaulsheim) entspricht mit ihren Jugendstilformen dem formalen Konzept der etwa gleichzeitig entstandenen Bauten der Gruppenwasserversorgung des Rhein- und Nahetales (→Bad Kreuznach-Bosenheim, →Bodenheim, →Guntersblum, →Ingelheim, →Osthofen).

Geilenkirchen (Heinsberg/I1) NW

Für die Zeit um 1930 typischer **Wasserturm** (B 56, Pappelweg) auf quadr. Grundriß in ausgemauerter Stahlskelettkonstruktion von scheinbar extremer Höhe trotz horizontaler Gliederung durch prägnante Dreiteilung in Sockel, Ständer- und Behälterteil mittels weitauskragender Gesimse, kräftiger Eckpfeiler und nach oben zunehmender Lisenendichte.

Geisingen (Tuttlingen/O4) BW

Mit klaren stereometrischen Formen gehört das »staubfreie« **Zementwerk,** 1971 nach Entwurf von Barbara und Fritz Wilhelm aus Lörrach errichtet, zu den beachtenswerten Beispielen modernen Industriebaues.

Geldern-Walbeck (Kleve/H1) NW

Steprather Windmühle (Schmalkuhlerweg). Auf 4 m hohem Hügel beherrscht die auch »Bärenmühle« genannte zylindrische Turmmühle mit verputztem, sich nach oben verjüngendem Mühlenkörper (U 29 m, H bis zur Haube 12 m) die Umgebung. Um 1500 erstmals erwähnt und ehem. zu Schloß Steprath gehörig, entwickelte sich die Mühle bis ins 18. Jh. zum wichtigsten Gewerbebetrieb W.s. Nach der Stillegung 1957 übernahm sie die Gemeinde 1966. Das Flügelkreuz von 1949 ersetzt ein eisernes Flügelpaar der 1930er Jahre.

Kokerwindmühle (Kokerweg). Der Bockwindmühle äußerlich ähnlich, vertritt die 1823 aus Holland nach Walbeck translozierte Wipp- oder Kokerwindmühle doch ein anderes Konstruktionsprinzip: Das Mahlwerk befindet sich nicht im drehbaren Mühlenhaus, sondern in dem feststehenden Unterbau. Der über Steert in den Wind drehbare Kopf, mit dem Unterbau über einen Hohlzylinder (»Koker«) verbunden, in dem auch die Königswelle geführt wird, enthält lediglich die Antriebsmechanismen. 1952 stillgelegt, wird die Anlage als Mühlendenkmal von der Gemeinde erhalten.

Lit.: Slotta I; Fröde 43.

Gelnhausen (Main-Kinzig-Kreis/K5) HS

Das von dem Stauferkaiser Friedrich I. gegr. G. erhielt mit Eröffnung der Strecke Hanau–Wächtersbach am 1. 5. 1867 (Bebra-Hanauer-Bahn) die Anbindung an das Eisenbahnnetz, jedoch erst 1882–83, gleichzeitig und typengleich mit →Bad Hersfeld, ein endgültiges **Empfangsgebäude** im sog. Übergangsstil nach Entwurf des Architekten Rowald. Seine Rotsandsteinfassaden sind symmetrisch gegliedert durch einen bzw. drei Risalite an Giebel- und Längsfront. Separat Toilettenhäuschen und spätere asymmetrische Erweiterung um einen Fürstenpavillon. – Der staufischen Burgenarchitektur entlehnt ist die Form eines 1937 dat., ehem. **Wasserturms** (Königsberger Straße).

Lit.: ZBV 1882.

Gelsenkirchen (Gelsenkirchen/H2) NW

G.-Bismarck

Zeche Consolidation (Kanalstraße). Das 1922 über Schacht 9 errichtete Doppelstrebengerüst für Koepe-Förderung ist das letzte erhaltene Gerüst dieser Bauart in Westf. In der Erdbrüggenstraße liegt die zur Zeche gehörige Bergarbeitersiedlung. – Als typisches Beispiel der ma. beeinflußten Bergbauarchitektur kann das von den Tagesanlagen der **Zeche Graf Bismarck I/IV** erhaltene Kauengebäude (um 1900; heute Sozialwerk St.Georg) mit Fassaden im Wechsel von Putzflächen und Backsteinrohbau gelten.

G.-Feldmark

● **Zeche Consolidation,** Schacht 8 gen. »Oberschuir« (Boniverstraße). Für den 1906 niedergebrachten Schacht 8, benannt nach dem langjähr. Betriebsdir. Johann Oberschuir, entstand 1908–09 ein Ensemble von Tagesbauten in qualitätvoller Jugendstilarchitektur. Aus der Erbauungszeit erhalten (z. T. restauriert) die Waschkaue mit Leichenhalle, das Pförtnerhaus sowie die Maschinenhalle mit Bobinen-Fördermaschine, Gleichrichter und Ventilatoren der orig. techn. Ausstattung. Das Ensemble überragt ein Koepe-Strebengerüst einschließlich Hängebank von 1907. Ebenfalls aus der 1. Hälfte des 20. Jh. stammt das Koepe-Strebengerüst auf Zeche Ewald, Schacht 3/4 (Ewaldstraße) in G.-Resse.

G.-Horst

Zeche Nordstern I/II (Kranefeldstraße). Über Schacht 2 nach Planung von Fritz Schupp 1951 errichteter Förderturm in Stahlskelettbauweise auf quadr. Grundriß.

G.-Schalke

Schlachthof (Grothusstraße, Am Schlachthof). Nach Planung des G.er Architekten Kretschmar 1909–10 für die Stadt ausgeführter Zentral-Schlachthof mit weitgehend orig. Baubestand (erneuert lediglich die Überdachung der Verbindungshalle zwischen Kühl- und Schlachthäusern). Die barock gefärbten, z. T. mehrgesch. Betriebs- und Verwaltungsgebäude überragt ein in das Maschinenhaus integrierter, überkuppelter Wasserturm. Am Haupteingang eine Stierskulptur.

G.-Ückendorf

● **Zentralkokerei Alma** (Almastraße). Im Entstehungsjahr der Kokerei 1927 nach Planung von Fritz Schupp und Martin Kremmer errichtetes Verwaltungsgebäude in Sichtmauerwerk mit einem die Axialsymmetrie betonenden überhöhten Mitteltrakt. – Ehem. **Zeche Holland** (Ückendorferstraße). Malakowturm-Doppelanlage mit dazwischenliegendem Maschinenhaus der 1855 gegr. Bergbau AG Holland, die erstmals 1860 aus den Schächten 1 und 2 Kohle förderte. Letzte vollständig erhaltene Anlage dieser Art im Ruhrgebiet. Die 1891 bzw. 1903 in die vergleichsweise niedrigen Türme eingezogenen Fördergerüste sind bereits abgebrochen. Auf dem rückwärtigen Gelände ein expressionistisch gestaltetes Lüftergebäude in Sichtmauerwerk nach Planung der Architekten Fritz Schupp und Martin Kremmer, 1925.

Lit.: BM 1914; Hermann; Matzanke, 1984/86.

Georgenberg BAY
(OPf./Neustadt an der Waldnaab/L 10)

Gehenhammer (Landstraße zw. G.-Waldkirch und G.-Neudorf). Ehem., bereits im 14. Jh. erwähntes Hammerwerk. Von der späteren Nutzung als Getreidemühle die techn. Einrichtung und das oberschlächtige Wasserrad in musealer Aufbereitung weitgehend erhalten.

Lit.: Slotta I.

Georgsmarienhütte (Osnabrück/F 4) NS

Hüttenwerk. Das südl. von Osnabrück zur Ausbeutung der Eisenerzvorkommen im Hüggel 1856 vom Georgs-Marien-Bergwerks- und Hüttenverein gegr. Hüttenwerk wurde 1909 durch ein Walzwerk erweitert. 1923 kam es durch Fusion zur Klöckner-Werke AG. Nach Betriebsbeginn mit einem Hochofen 1857 erhöhte sich deren Zahl 1871–76 auf sechs, reduziert bereits 1894 auf drei und schließlich heute auf einen, dessen Gerüst aus der Modernisierungsphase von 1922 stammt, 1973 in Betrieb genommen und 1980 letztmalig zugestellt wurde (Gestell-Dm. 6200 mm). Windversorgung durch eine Dampfturbine von 1922 mit 80000 cbm Gebläse und Elektrogebläse mit 50000 cbm. Im Kraftwerk II zwei von Dampfturbinen angetriebene Kraftmaschinen, darunter die bemerkenswerte *Turbine 2* von 1938 (MAN-Augsburg) mit zwei Ljungström-Generatoren. Stillgelegt zwei Großgasmaschinen von 1914 bzw. 1920. Erhalten sind die historisierende Kompressorhalle (um 1910) und ein Scheibengasbehälter (95000 cbm) von 1930. Neben der Hütte liegt die *Arbeitersiedlung,* um 1875. – Auf der Karolinen-

höhe erhebt sich ein ehem., seit 1979 zu Wohnzwecken umgenutzter **Wasserturm** von 1912 mit Pumphaus.
Lit.: Slotta V,3.

Gerabronn (Schwäbisch Hall/M 6) BW

Nach dem Zusammenschluß der 1894 in G. zur Verwertung von Hohenloher Gemüse und Hafer gegründeten Hohenloheschen Nährmittelfabrik und der etwa gleichzeitig konzessionierten Kasseler Hafer-Kakao-Fabrik, Hausen Co. zu einer AG (1899) wurden beide Werke zwischen 1906 und 1910 großzügig ausgebaut. In G. entstanden neben einem Lagergebäude in Fachwerk der 1890er Jahre ein modernes Silo und ein von einem Wasserturm überragtes **Mühlengebäude** (Amlishagener Straße) in funktionalem Neoklassizismus, dessen mit dem etwa gleichzeitigen Neubau der Stuttgarter Bäckermühlen AG in →Bietigheim-Bissingen fast identische Gesamtkonzeption auf einen Entwurf aus dem Büro von Philipp J. Manz schließen läßt.

Gernsbach (Rastatt/M 4) BW

Das **Empfangsgebäude** der am 1. 6. 1869 eröffneten, am 1. 5. 1894 bis Weisenbach freigegebenen Bahnstrecke Rastatt–G. ist im Äußeren weitgehend orig. erhalten: ein zweigesch. Sandsteinbau – das Obergeschoß ist ein Mezzanin – mit übergiebeltem Risalit in der Hauptachse und eingesch. Betriebsräumen zu beiden Seiten.

Gerolstein (Daun/J 1) RP

In den Baumassen aufwendig differenziertes, der Spätgotik nachempfundenes **Empfangsgebäude** aus Sandstein an der Strecke Sötenich–G. (eröffnet 16. 11. 1870, Rhein. Eisenbahn). Die weiterführende Strecke bis Trier wurde am 15. 7. 1871 freigegeben.
Lit.: Dpfl. RP.

Gersheim (Saar-Pfalz-Kreis/M 2) SL

Die techn. Entwicklung der Kalkbrennerei verdeutlichen im Vergleich die beiden **Kalkwerke** in G. (Bahnhofstraße) und Mandelbachtal-Wittersheim (B 423, nördl. W.) mit je drei inzwischen stillgelegten Schachtöfen. G. besitzt eine modernen Hochöfen ähnliche Anlage von 1952 mit Silo, etwa 20 m hohen Schachtöfen und mechanisierter Beschickungsanlage durch Schrägaufzüge, in Wittersheim trichterförmige Schachtöfen aus Sandstein mit manueller Beschickung.
Lit.: Dpfl. SL.

Gersthofen (Schw./Augsburg/N 7) BAY

Kraftwerk Lech–Elektrizitäts-Werke AG Augsburg (Adolf-von-Baeyer-Straße). Von der Elektrizitäts-Actiengesellschaft vorm. Lahmeyer & Co. 1899–1900 in Mischformen des Historismus errichtetes *Laufwasserkraftwerk* im Lech, von dem das 1902 speziell für die Herstellung von Ausgangsprodukten für die Indigofabrikation in Betrieb genommene Zweigwerk Gersthofen der Farbwerke vorm. Meister Lucius & Brüning (Hoechst AG) die für die elektrolytischen Verfahren benötigte elektr. Energie (5 × 1600 kW) bezog.
Lit.: Rödel, 1986.

Gescher (Borken/G 2) NW

Der mächtige Backsteinrohbau der ehem. **Weberei Huesker** (Fabrikstraße), dat.: H. 1905 C., steht mit Stichbogenfenstern, Pilastergliederung und Konsolgesimsen noch ganz in der Industriebautradition des ausgehenden 19. Jh., bes. deutlich ausgeprägt in dem aus dem Hauptgebäude herauswachsenden, durch Biforien betont neoromanisch akzentuierten Turm.
Lit.: Slotta I.

Giengen an der Brenz BW
(Heidenheim/N 6)

Unter den Gebäuden der von **Margarete Steiff** ● um 1880 gegr. *Fabrik zur Herstellung von Spieltieren* aus Filz heben sich drei, wie überdimensionierte Treibhäuser wirkende Baukörper heraus. Wohl unter dem Einfluß von Richard Steiff, Neffe der Firmengründerin, entstand 1903 durch das Eisenwerk München AG, vorm. Kiessling-C. Moradelli, eine für die Bauzeit revolutionäre Architektur aus Glas und Eisen. Den dreigesch.,

Giengen an der Brenz. Steiff-Werke, Lagergebäude von 1903

in der Grundfläche 12 × 30 m messenden, 8,4 bzw. 9,4 m hohen, dreischiffigen *Stahlskelettbau* unterteilen im Inneren je sechs Gitterstützen in fünf Joche. Die Endstützen bestehen aus genieteten, starr mit den diagonal ausgesteiften Deckenrosten verbundenen Doppel-T-Profilen. Eingespannte Rahmen auf allen vier Seiten übernehmen den Horizontalschub, ein im Betonsockel verborgener umlaufender Fachwerkbalken überträgt die Lasten der Fassadenstützen und Rahmen auf die Pfahlgründung. Den oberen Abschluß bildet ein Pultdach aus verzinktem Eisenblech, die Außenwand besteht aus einer dekorlosen zweischaligen Verglasung, deren Gewicht Laschen (nach dem Prinzip des sehr viel später definierten »curtain-wall«) auf die Endstützen übertragen. Nach dem Vorbild des sog. *Ostbaues,* jedoch in den Dimensionen vergrößert, errichtete das Unternehmen bei andauernder Konjunktur 1904, 1908 und 1910 drei weitere Fabrikgebäude in Holzständerkonstruktionen mit aussteifender Diagonalverspannung, die bis auf den nach dem 2. Weltkrieg abgebrochenen *Nordbau* von 1910 noch ihrer urspr. Bestimmung als Lager und Fertigungsstätte dienen. Der Bau von 1903 (seit 1991 Firmenarchiv und Steiff-Museum) nimmt all das vorweg, was einem Walter Gropius als Revolution zumindest der dt. Achitektur mit dem Bau der Faguswerke in Alfeld an der Leine (ab 1911) zugeschrieben wurde: die Entwicklung sachlicher Industriebauform durch konsequente Darstellung von Material und Konstruktion.

Lit.: Weidner.

Giesen (Hildesheim/F 6) NS

Kaliwerk Siegfried-Giesen. Zu der 1906 durch das Bankhaus Gumpel, Hannover, gegr. Gewerkschaft Siegfried-Giesen gehören die Schachtanlagen Siegfried-Giesen, Rössing-Barnten und Fürstenhall sowie eine u. a. Düngesalz produzierende Fabrik in Groß-Giesen und Ahrbergen. – Gleichzeitig mit der Abteufung des Schachtes auf Siegfried-Giesen 1906–09 entstanden ausgedehnte *Tagesanlagen,* die trotz späterer Veränderungen meist noch die urspr. Qualität der Industrie-Jugendstil-Architektur in der Mischung aus Putzflächen und Backsteinrohbau erkennen lassen. Besonders erwähnenswert neben landschaftsprägender Abraumhalde Verwaltungsgebäude, Fördermaschinenhaus, Schachthalle, Werkstätten, Elektrische Zentrale und Kesselhaus. Von 1958–59 das Strebengerüst in Vollwandbauweise. Die Werkwohnbauten zeigen zeittypischen Heimatstil mit Walmdächern und gliedernden Risaliten; repräsentativ die 1907 dat. Direktorenvilla (Emmerker Straße). – Nach Beginn der Abteufarbeiten 1911 konnte die **Schachtanlage Rössing-Barnten** 1921 die Produktion aufnehmen. In der Architektur den Vorkriegsjahren verhaftet, existierten zu Anfang der 1980er Jahre noch Schachthalle mit Fördergerüst in Fachwerkbauweise des Cregeldanzer Hammerwerks, Witten, von 1916, dazu Fördermaschinenhaus, Pförtner- und Wohngebäude.

Lit.: Slotta III.

Gießen (Lahn-Dill-Kreis/J4) HS

Für die **Georg Philipp Gail AG,** am 27. 1. 1812 als »Fabrik für Rauchtabake, Cigarren und Cigaretten« gegr. und ab 1890 beteiligt an einer Dampfziegelei, die unter Wilhelm Gail um die Jahrhundertwende zu einer noch heute führenden Keramikfabrik ausgebaut wurde, entstand nach Entwurf des bekannten Industriearchitekten Wilhelm Köster, Herford, 1920–21 eine durch ihre klare neoklassizistische Architektur beeindruckende Fabrikanlage (Erdkauter Weg). Die Fassadenverkleidung aus gelben Klinkern Gailscher Produktion. – Den Ende des 19. Jh. gängigen Stil zwischen Spätgotik und Renaissance vertreten mit zweifarbigen Verblendziegelfassaden Fabrik-, Wohn- und Verwaltungsgebäude (Aulweg 39) von 1886–87 der 1876 gegr. **Maschinenbaufirma Louis Heyligenstaedt.**

Lit.: IB 1922; Höhmann.

Gilserberg-Schönstein HS

(Schwalm-Eder-Kreis/I5)

● In der Nähe der schon verfallenden Burg Schönstein ließ Landgraf Philipp der Großmütige um 1564 ein Hammerwerk errichten, dem 1616 eine Eisenhütte folgte. Auf dem Gelände der 1871 privatisierten, 1884 stillgelegten **Schönsteiner Hütte** (Am Hüttenplatz, Landstraße nach Jesberg) hat sich ein bedeutendes Ensemble des 19. Jh. erhalten: ehem. Magazingebäude mit gußeisernen Maßwerkfenstern, Verwaltungsgebäude, Reste des Kohleschuppens und der Gießhalle sowie ein Schornstein. Im Untergeschoß eines verm. noch dem 18. Jh. zuzuordnenden Hochofens darf man das wohl älteste Beispiel dieser Baugattung in Hessen sehen.

Lit.: Slotta V,1.

Ginsheim-Gustavsburg HS

(Groß-Gerau/K4)

Für die nach der Eröffnung am 1. 8. 1858 im Trajektbetrieb den Rhein überquerende Bahn Mainz–Bischofsheim–Darmstadt errichtete die Firma Klett Co., Nürnberg, ab 1860 im Auftrag der Hess. Ludwigsbahn die sog. **Südbrücke** mit vier Hauptöffnungen (Stützweiten 105,2 m) und 28 Flutbrücken (Feldweiten 6 × 35 m, 2 × 26,8 m, 20 × 15,8 m), über die nach der Einweihung am 8. 12. 1862 ab 3. 1. 1863 der regelmäßige Zugverkehr aufgenommen wurde. 1910–12 erstmals im eisernen Oberbau erneuert, erhielt die Brücke ihre heutige Gestalt mit parallelgurtigen Fachwerkträgern beim Wiederaufbau nach 1945. Auf dem Mainzer Ufer die Doppeltürme des burgartigen Brückenkopfes erhalten. – Aus der für den Brückenbau in Gustavsburg eingerichteten Werkstätte (Ginsheimer Straße) entstand in den Folgejahren eine Klettsche Zweigniederlassung (Süddeutsche Brückenbau-Anstalt in Gustavsburg), die sich nach der Fusion des Nürnberger Stammwerkes mit der Maschinenfabrik Augsburg AG 1898 als **MAN-Brückenbauanstalt Gustavsburg** einen Namen machte. Eng verbunden mit dem Unternehmen war Heinrich Gerber, einer der bedeutendsten dt. Brückenbauingenieure des 19. Jh., durch die Entwicklung des nach ihm benannten Balkenträgers mit freiliegenden Stützpunkten (1866 patentiert); als Leiter des Südbrückenbaues und erster Dir. des Zweigwerkes wohnte er 1860–63 in G. Das Fachwerkhaus zwischen Werkstattgebäude und Wasserturm dient heute der Lehrlingsausbildung. Für die Arbeiter der Brückenbauanstalt entstand ab 1896 nach Entwurf von Karl Hoffmann, Darmstadt, die von der Gartenstadtidee beeinflußte Siedlung um den Cramer-Klett-Platz – ein Beispiel qualitätvollen *Arbeiterwohnungsbaues* der Jahrhundertwende.

Lit.: Pottgießer; Höhmann; Bautechn. Zeitschrift, 1903.

Gittelde (Osterode/G 7) NS

Ernst-August-Stollen (in der Grünanlage gegenüber dem Sportplatz). Angesetzt am 21. 7. 1851 in G., wurde der tiefste Stollen am Oberharz nach hervorragender Planung des Markscheiders E. Borchers von zehn Örtern aus gleichzeitig betrieben, der letzte Durchschlag erfolgte am 22. 6. 1864. Mit 26 km Gesamtlänge gehört der Stollen zu den längsten Stollenbauwerken der Welt und gilt seit seiner Fertigstellung als ein in der Geschichte des Bergbaues einzigartiges Meisterwerk. Der Stollen (B ca. 1,7 m, H 2,5 m) besitzt ein durchschnittliches Gefälle von 0,68 m auf 1000 m Länge. Auf die Bedeutung des Stollens für den Oberharzer Bergbau verweist die mit flankierenden Türmchen im Stil spätgotischer Wehrbauten errichtete Mundlocharchitektur.

Lit.: Roseneck, 1983/84; Slotta I.

Gittelde. Ernst-August-Stollen, Mundloch

Gladbeck-Zweckel (Gladbeck/H 2) NW

Ehem. **Zeche Zweckel** (Frentroper Straße, Arenbergstraße). Seit dem Abteufen der ersten Schächte nach 1870 entwickelte sich das bis dahin landwirtschaftlich geprägte G. zu einer Industrie- und Bergbaustadt. Die beiden Strebengerüste dt. Bauart mit dazugehörigem Maschinenhaus wurden über der 1908 abgeteuften Doppelschachtanlage in identischer Ausführung errichtet.

Lit.: Matzanke, 1986.

Gleichen-Klein Lengden NS (Göttingen/H 6)

Das im 18. Jh. als **Papiermühle** errichtete, später zu einer Spinnerei umgebaute Fachwerkgebäude im Gartetal (im O des Ortes, Richtung Duderstadt) erhält besondere Bedeutung durch die u. a. mit Krempel, Selfactoren, Ringspinnmaschine und Francis-Turbine (um 1900) funktionstüchtig erhaltene masch. Ausstattung.

Lit.: NS Dpfl.; Mende, 1990.

Glückstadt (Steinburg/C 6) SH

Wasserturm (Am neuen Deich). Um 1900. Über einem gedrungenen Schaft in Backsteinrohbau liegt auf profiliertem Kraggesims der polygonale Behälterteil als Scheibe, an den Ecken durch Lisenen verstärkt. Einseitige Akzentuierung durch schlanken zylindrischen Turmaufsatz mit spitzem Kegeldach. Der Behälterteil zu einer Diskothek umgebaut.

Göppingen (Göppingen/N 6) BW

Mit dem Ende der Napoleonischen Kriege begann durch die Ansiedlung von Textil-, danach Maschinenfabriken, Holz-, Leder- und Spielwarenunternehmen, gefördert durch den Anschluß an die württ. Hauptbahn (Teilstrecke Plochingen–G.–Süßen, eröffnet 11. 10. 1847) die Entwicklung zur Industriestadt. – Das 1914 nach Entwurf von Otto Cziossek, G., für die 1839 gegr. **Fa. Schuler Pressen** (L. Schuler GmbH, Bahnhofstraße) fertiggestellte repräsentative Verwaltungsgebäude dominiert im Straßenbild durch qualitätvoll neoklassizistische Architektur. In der aufgebrochenen Ecke des dreigesch. Gebäudewinkels bildet das Kreissegment des sandsteinverkleideten EG. das Podium für eine auf einen Viertelkreis reduzierte Tholosfassade ionischer Ordnung unter barocker Kuppel. – Das 1911 errichtete Hauptgebäude (Stuttgarter Straße) der 1859 von dem Flaschnermeister **Th. Fr. Wilh. Märklin** gegr. Spielwarenfabrik vertritt exemplarisch den fortschrittlichen Fabrikbau des frühen 20. Jh. Die Hauptfassade (L 110 m) akzentuieren zentrale Doppelgiebelfassade und Eckrisalite; die in Fenster- und Brüstungsfelder aufgelöste Wandfläche gliedern schlanke Pfeiler. – Eine ähnlich funktionale Architektur zeigt auch das etwa zeitgleiche Gebäude der **Salamander AG** in G.-Faurndau.

Lit.: Firmenangaben.

Göttingen (Göttingen/H 6) NS

Bahnhof. *Empfangsgebäude* an der Strecke Alfeld–Northeim–G. (eröffnet 1. 8. 1854, weitergeführt bis Münden 8. 5. 1856) der Hann. Staatsbahn. Urspr. ein Bau des reinen romantischen Spätklassizismus mit übergiebeltem, durch romanische Biforien betonten Mittelrisalit am zentralen Eingangsgebäude, eingesch. Verbindungstrakten und Eckpavillons, errichtet verm. durch die Architekten Funk, Rasch und Koehler unter dem Einfluß von C. W. Hase. 1887 um stilgleiche Vorhalle erweitert, 1923 Umbau in neoklassizistischen Formen und nach Zerstörung im 2. Weltkrieg in der Dachlandschaft reduziert wiederaufgebaut. – Von dem ehem. Bahn-Ausbesserungswerk hat sich das dreischiffige Backsteingebäude der **Lokrichthalle** (Carl-Zeiss-Straße) von ca. 1914 mit Erweiterungen (1937–40) erhalten.

Botanischer Garten (Untere Karspüle). An der S-Seite des Walles in der 1738 eingerichteten Anlage vier längsseitig verglaste Gewächshäuser von 1856–60 mit innerer Gußeisenkonstruktion zwischen Sandsteinmauerwerk-Umfassungswänden.

● **Saline Luisenhall** (Greitweg). Die ab 1851 von der 1850 gegr. Fa. Philipp Rohns & Co. niedergebrachten Bohrungen erreichten 1853 in 462 m Teufe das Steinsalzlager. Bei der darunter angebohrten Sole konnte wegen des hohen Sättigungsgrades von 24–27 % auf eine Gradierung verzichtet werden, die Sole wurde direkt in Pfannen verdampft. Luisenhall ist heute in Deutschland die einzige noch arbeitende Pfannen-Saline von 62 bei der Gründung des ersten dt. Salzsyndikats (1880) eingetragenen Salinen. Die Bausubstanz entstammt meist dem letzten Jahrzehnt des 19. Jh., die inzwischen auf elektr. Antrieb umgestellte Pumpe in den Hauptteilen von 1854, Pumpgestänge und Rohre wurden in den 1920er Jahren ausgewechselt. Mit verbretterten Bohrtürmen, Siedehäusern für drei Siedepfannen, Solebehälter, Verwaltung und Fabrikantenvilla zeigt Luisenhall beispielhaft eine komplette Salinenanlage des 19. Jh.

Lit.: Berger III; Denkmaltopographie NS 5, 1/1982; Firmenangabe.

Goslar (Goslar/G 7) NS

Bahnhof. Mit der am 23. 3. 1866 eröffneten Anschlußstrecke G.–Vienenburg der Hann. Staatsbahn an die seit 1838/40/41 bestehende Strecke Braunschweig–Harzburg der Braunschw. Staatseisenbahnen erhielt G. einen ersten Bahnhof mit *Empfangsgebäude* in romanisch beeinflußtem romantischen Spätklassizismus, erweitert nach Eröffnung der Strecke Langelsheim–G. am 1. 3. 1883 um eine rechtwinklig zum alten Gebäude errichtete neoromanische Halle unter dem formalen Einfluß der 1868–79 restaurierten Kaiserpfalz.

● **Erzbergwerk Rammelsberg.** Am ca. 2 km südöstl. der Altstadt liegenden Rammelsberg läßt sich der Erzbergbau auf Zink (12–13 %), Blei (6–7 %), Kupfer (0,5–0,6 %) und Silber (pro t Roherz etwa 100 g) in einer der bedeutendsten Metallerzlagerstätten der Welt (Altes und Neues Lager mit durchschnittlichen Mächtigkeiten von 10–15 m, max. von 50 m; inzwischen vollständig abgebautes Gesamtvorkommen von 25–30 Mio. t Erz) belegen. Mit der Menge der erhaltenen baulichen Zeugen aus über 1000 Jahren Bergbaugeschichte, zu denen auch die in direkter Abhängigkeit vom Bergbau entstandene Altstadt von G. zählt, und mit einigen der ältesten Denkmale des dt. Bergbaues überhaupt gehört das Erzbergwerk Rammelsberg zu den bedeutenden *Denkmalen des Weltkulturerbes*. Den frühesten Tagebau am Ausbiß des Alten Lagers belegen von karger Vegetation besiedelte Halden auf halber Höhe des Berges sowie zahlreiche Hohlwege der ehem. Erzabfuhr. Zu den ältesten Stollenbauwerken des dt. Bergbaues zählt der etwa 1000 m lange, in mehr als 100jähriger Arbeit mit Schlägel und Eisen aufgefahrene, um 1150 als Wasserlösungsstollen fertiggestellte *Rathstiefste Stollen.* Über dem nicht mehr bestehenden Feuergezäher Schacht liegt die um 1250 mit spitzbogigem Gewölbe ausgemauerte Radstube. Auf halber Höhe des Hangs steht der um 1500 als Rundturm zur Überwachung der Gruben errichtete *Maltermeisterturm.* 40 m unter dem Rathstiefsten Stollen wurde 1486–1585 der *Tiefe-Fortunatus-Stollen* (L 2600 m) als Wasserlösungsstollen aufgefahren. Von 1561 der nach Oberharzer Vorbild als Speicherbecken für das Aufschlagwasser der Antriebsmaschinen (Wasserräder) des Bergwerkes angelegte *Herzberger Teich,* 1876 durch Dammerhöhung um 4 m im Fassungsvermögen von 25000 auf 100000 cbm erhöht. Unter dem 1784–1810 tätigen Oberbergmstr. Johann Chr. Röder grundlegende Verbesserungen und Umgestaltungen, u. a. Grubenversatz mit obertägigem Material, Auffahrung des Röder-Stollens 1798–1805 als Wasserzuleitungsstollen aus dem Herzberger Teich zur Beaufschlagung der Wasserräder in der Kanekuhler-Kehrrad-Stube (Stube erhalten), Serenissimorum-Kehrrad-Stube (erhalten: orig. Wasserrad, Dm. 9 m) und des oberen und unteren Kunstrades (letzteres abgängig). Von 1906 die neoromanische Elektrische Zentrale, 1905 begonnen wurde ein Richtschacht, der bis zur Stillegung des Bergwerkes der Seilfahrt und dem Materialtransport diente. Nach Weiterentwicklung des um 1900 eingeführten Flotationsverfahrens zur Trennung unterschiedlicher Erzqualitäten (im Rammelsberg wurde lediglich aufgrund der feinen Verwachsung nach Körnung sortiert) entstand 1935–36 eine der Hanglinie folgende Aufbereitungsanlage in einer zeittypisch landschaftsgebundenen, in der Organisation der Baumassen dem Vorbild barocker Schloßanlagen folgenden Architektur nach Entwurf der Architekten Fritz Schupp und Martin Kremmer. Über dem gleichzeitig abgeteuften Rammelsbergschacht ein dt. Strebengerüst in Vollwandbauweise von 1937; funktionsfähig erhalten blieben die beiden Schachtfördereinrichtungen derselben Zeit, davon eine elektr. Trommelfördermaschine von 1935 in einem untertägigen Maschinenraum.

Lit.: Roseneck, (div.); Slotta IV,1; Koch; Spier.

Gottmadingen (Konstanz/P5) BW

Die 1821 von Johann Nepomuk Bilger aus Bietingen nach dem Kauf des Gasthauses »Zur Sonne« gegr. »Brauerei zur Sonne, A. Bilger« stellte als Fürstenberg Brauerei 1976 den Betrieb ein. An sie erinnert ortsbildprägend das von Ecktürmchen bekrönte, durch polygonalen Treppenturm erschlossene ehem. **Sudhaus** von 1897.

Lit.: 1000 Jahre Gottmadingen. Festschrift, 1965.

Gräfenbacherhütte (Bad Kreuznach/K3) RP

Das 1712 von Kurfürst Johann Wilhelm von der Pfalz konzessionierte **Hütten- und Hammerwerk am Gräfenbach** (an der Straße zwischen Argenschwang und Simmern), seit 1785 im Eigentum der Gebr. Stumm, erlebte seine Blütezeit unter Leitung der Gebr. Böcking in der 1. Hälfte des 19. Jh. Die nach der Stillegung 1873 erhaltenen Bauten – Herrenhaus (heute Hotel) und Magazin aus Haustein; Kohleschuppen, Arbeiter- und Verwalterwohngebäude in Schiefermauerwerk und Fachwerk sowie ein in eine Stützmauer integriertes Hochofenfragment – stammen aus der Zeit zwischen 1830 und 1840.

Lit.: Slotta I.

Grafenhausen-Rothaus (Waldshut/P4) BW

An den Namen Schaffhausener Patrizier erinnert das **Rothaus,** das als Weinschänke 1766 vom Kloster St. Blasien erworben und 1791 zur Brauerei von Bier nach bayer. Art umgewandelt wurde. Seit dem 19. Jh. im Eigentum des Großhzgt. Baden, dessen Hochbaubehörde nach Brandzerstörung den Neubau von 1903–04 unter Verwendung gotischer Formen – Treppengiebel vor dem Wirtschaftsgebäude, Zinnenkranz zwischen den übergiebelten Ecktürmen des betonierten Malzsilos – entwarf.

Lit.: DB Mitt. 24, 1905.

Grasbrunn (OB/München/O9) BAY

Stillgelegter rechteckiger **Wasserturm** (St.-Ulrich-Platz) für einen eisernen Flachbodenbehälter mit einseitig angelagertem ehem. Pumpenhaus von 1899 in Formen der Neurenaissance als typische Planung des Kgl. bayer. Wasserversorgungsbureaus zur Versorgung kleinerer Gemeinden im SO von München.

G.-Harthausen

Kleines, der Anlage in Grasbrunn ähnliches **Pumpwerk** mit zylindrischem Wasserturm für ehem. einen (1970 demontierten) eisernen Flachbodenbehälter von 25 cbm Inhalt zur Versorgung von 185 Einwohnern 1901 in neogotischen Formen errichtet.

Lit.: Merkl 72.

Grasleben (Helmstedt/F 8) NS

Steinsalzwerk Braunschweig-Lüneburg. Zu dem durch die 1910 gegr. Gewerkschaft Braunschweig-Lüneburg urspr. als Kalibergwerk eingerichteten, ab 1922 ausschließlich Steinsalz fördernden Bergwerk gehören die Schachtanlagen Grasleben, Heidwinkel 1 und 2. Auf der Schachtanlage Grasleben haben sich die von H. Wagner geplanten Tagesbauten von 1914 nach Zerstörung durch ein Großfeuer 1959 lediglich rudimentär erhalten. Über dem 1911–16 abgeteuften Schacht ein Klönne-Strebengerüst in Fachwerkbauweise von 1912. Ebenfalls von Klönne das 1913 montierte zweigeschoss. Fachwerk-Strebengerüst der Schachtanlage Heidwinkel 1.

Lit.: Slotta III; Mende, 1990.

Grebenstein (Kassel/H 5) HS

Bahnhof. Um 1875 als Backsteinrohbau im spätklassizistischen Rundbogenstil errichtetes, durch Mittelrisalit zentriertes *Empfangsgebäude* an der Strecke Kassel–Bad Karlshafen der Kurfürst-Friedrich-Wilhelms-Eisenbahn (eröffnet 30. 3./20. 8. 1848).

Grefrath-Oedt (Viersen/H 1) NW

Textilwerke Joh. Girmes & Co. Den Abschluß der von Rundbogenöffnungen geprägten langgestreckten Fassade des eingesch. *Maschinensaales* von 1886 bildet das nur um den Giebel erhöhte, ebenfalls 1886 für die sieben Jahre ältere Firma errichtete *Kesselhaus.* Mosaiken mit der Darstellung von Schiff und Lokomotive als Kapitellersatz an den Pilastern des Giebels verweisen symbolisch auf den Vertrieb der Produktion. – Auf dem Werksgelände befindet sich ein bemerkenswerter, 1928 von der Fa. Neumann, Eschweiler, montierter *Wasserturm* mit zwei Behältern in Stahlkonstruktion (H ca. 45 m). Über dem unteren, von einem oktogonalen Raumfachwerk getragenen Behälter (800 cbm) verjüngt sich das Stahlskelett in Form eines Rotationsparaboloiden zur Aufnahme des mit einem Fassungsvermögen von 175 cbm wesentlich kleineren oberen Ausgleichsbehälters für die Gemeindewasserversorgung. Eine annähernd zwiebelförmige Haube trägt die Lüfterlaterne. – Eine modernere, jedoch schlichter gestaltete Lösung für einen Industriewasserturm findet sich auf dem Gelände der Fa. Grevelour (Nordstraße).

Lit.: Föhl, 1988; Slotta I.

Grenzach-Wyhlen (Lörrach/P 3) BW

Rheinkraftwerk. Nach dem epochemachenden Laufwasserkraftwerk →Rheinfelden (1894–98) und den ergänzenden Dampfzentralen Bad.-Rheinfelden und Wyhlen entstand 1907–12 im Auftrag der Kraftübertragungswerke Rheinfelden AG als dt.-schweiz. Gemeinschaftskraftwerk das Rheinwasserkraftwerk Wyhlen mit Wehranlage, je einem den Ufern auf Schweizer bzw. bad. Seite parallelen Krafthaus und separatem Schalthaus am bad. Ufer, das zusammen mit dem Kraftwerk Rheinfelden die rasche Entwicklung im Kraftwerksbau und der Elektrizitätserzeugung innerhalb von 15 Jahren dokumentiert. Das 212,8 m lange *Wehr* mit 10 Öffnungen von 17,5 m li. W für 9 m hohe eiserne Schützen, bewegt durch Windanlagen auf eiserner Brückenkonstruktion über den Pfeilerköpfen, verbindet die unteren Enden der Krafthäuser. Der Aussteifung des Wehres dient eine Wehrbrücke aus Beton auf der Unterwasserseite; es ist wie die Wehrpfeiler an den Auflagern mit Schwarzwälder Granit verkleidet. Das langgestreckte, verputzte *Maschinenhaus* auf dt. Seite (für zehn inzwischen modernisierte Maschinensätze) spannt sich zwischen zwei turmartige Eckbauten, in denen die Zugänge liegen. Der Anzahl der Maschinensätze entspricht eine zehnfeldrige Fassadenaufteilung durch Lisenen mit jeweils übereinanderliegenden Rundbogen- und dreigeteilten

Rechteckfenstern pro Wandfeld. Den gewaltigen, im zweiten OG. zugänglichen Innenraum (L 130 m, B 12 m, H 16 m; Fußboden 4,25 m unter Oberwasserspiegel) mit zehn längsseitig parallel stehenden Generatoren schließt eine gewölbte Rabitzdecke unter eisernem Dachstuhl. Aus dem zentralen Risalit der Nordfassade spannt sich, einmal durch freistehenden Pfeiler im Ausgleichsbecken unterstützt, die Kabelbrücke (L 76,57 m) als formale Umsetzung der für den Oberrhein typischen hölzernen Archenbrücken in Beton zu der zweigesch., axial dem *Schalthaus* (viergesch., L 68 m, B 12 m) vorgelagerten Schaltzentrale mit ovalem Schaltraum (Innenausstattung techn. modernisiert). Die zentrale Glaskuppel im Walmdach des Schalthauses, ehem. Wahrzeichen des Kraftwerkes, durch geschlossene Walmdachfläche ersetzt. Neben Rheinfelden das besterhaltene Laufwasser-Großkraftwerk der Jahrhundertwende.

Lit.: Slotta II; Firmenangaben.

Greven (Steinfurt/G 3) NW

Textilfabrik J. Schründer Söhne (Bahnhofstraße, Kerkstiege). Ab 1887 kontinuierlich um Maschinenhaus (1894, 1911), Spulerei, Schlichterei (1906, 1927), Bleicherei (1921), Verwaltungsgebäude (1921), Spinnerei (1928), Färberei (1934) und Kraftwerk (1939) erweiterter Fabrikkomplex mit langgestreckter, durch Lisenenrahmen gerasteter und durch polygonalen Turm akzentuierter Backsteinfassade an der Kerkstiege. An der Bahnhofstraße die Fabrikantenvilla in Formen der Neurenaissance.

Lit.: Ketteler.

Grevenbroich (Neuss/I 1) NW

Plange's Weizenmühlen, Zweigstelle G. (Rheydterstraße). Getreidelagerhaus als Backsteinrohbau in neoromanischer Fassadengestaltung um 1890, zugehörig Wohn- und Verwaltungsgebäude.

Gronau (Borken/F 2) NW

Delden-Konzern (Bentheimer Straße, Fabrikstraße). Auf das in G. schon im 17. Jh. blühende Textilgewerbe ging Ende des 19. Jh. die Entstehung mechanischer Spinnerei-Großbetriebe zurück. Für die Spinnerei und Zwirnerei Gerrit van Delden & Co. entstand 1910–11 nach Entwurf von Arens Beltmann, Enschede, ein repräsentatives viergesch. Spinnereigebäude (Geb. F) in Eisenbetonskelett-Konstruktion mit einer noch der niederl. Renaissance verpflichteten Fassade, asymmetrisch akzentuiert durch einen der Hauptfront vorgelagerten, durch kolossale Doppelpilaster unter Attika und steilem Zeltdach gegliederten Turm. Ebenfalls von 1910 Maschinenhaus und Spinnerei. Von 1892 stammt das von Gerrit Beltmann, Enschede, entworfene Spinnereigebäude (Geb. A) in Backsteinrohbau mit paarigen, durch Pfeiler getrennten Fenstern innerhalb großer Stichbogenlaibungen. In Fabriknähe Arbeiterwohnhäuser um 1900. – **Wasserturm** (Eschweg). Hochragender Wasserturm (ähnlich Frankfurt a. M.-Rödelheim) um 1900 mit schlankem, von schmalen gotisierenden Fenstern durchbrochenem Schaft. Der polygonale, mehrstufige Mantel des Intze-Behälters aufgelagert auf wulstartiger Auskragung, über der geschweiften Dachhaube eine hohe, durchbrochene Lüfterlaterne.

Lit.: Paul II, NW 26/27; Dpfl. NW.

Großalmerode HS
(Werra-Meißner-Kreis/H 6)

In der Nachfolge der seit dem 16. Jh. gegr. Glashütten entwickelte sich der Ort im 19. Jh. zu einem Zentrum der hess. Tonindustrie, für die ein erster **Bahnanschluß** nach Hess. Lichtenau–Walburg am 27. 3. 1883 eröffnet wurde. Einen zweiten Bhf. (Ost, B 451) mit einem G.s wirtschaftlicher Bedeutung angemessenen, aufwendig gestalteten neoklassizistischen *Empfangsgebäude* erhielt die Stadt im Zusammenhang mit dem Bau der Strecke Velmeden–Eichenberg (Preuß.-Hess. Staatseisenbahnen, eröffnet 15. 12. 1915). Weitere beachtenswerte Kunstbauten der gleichen Bahn sind die Viadukte bei G.-Laudenbach und G.-Uengsterode und der über bossierten Portalwänden mit Polygonalgiebeln geschmückte Tunnel bei G.-Uengsterode. – Die Geschichte der Tonindustrie und des Braunkohlebergbaus bezeugen einige Bauten von 1892–94 auf dem Gelände des **Schmelztiegelwerkes Aug. Gundlach GmbH** (Bhf. West): der Turm (südl. Ortsrand, Straße nach Hess. Lichtenau) über dem für die Vereinigten Großalme-

roder Thonwerke als Wetterschacht abgeteuften Lengemann-Schacht (Tongewinnung im Tiefbau) und Tagesanlagen im Wald südl. des Bhf. West, um 1875 bzw. 1920, sowie der Verladeturm der Zeche Hirschberg am Bhf. G.-Epterode.
Lit.: Eckstein: Reg. Bez. Kassel.

Großefehn-Westgroßefehn NS
(Aurich/D 3)

Nach Einstellung der Schiffahrt (1945) auf dem Fehnkanal funktionsfähig wiederhergestellte **Schleusenanlage** von 1786. Daneben ein Galerieholländer von 1804.
Lit.: Dpfl. NS.

Groß-Gerau (Groß-Gerau/K 4) HS

Wohnwasser- und Aussichtsturm (ehem. Hindenburg Befreiungsturm, Sudetenstraße) des Gruppenwasserwerkes G.er Land – »1. Spatenstich Okt. 1927, Inbetriebnahme Okt. 1929, Einweihung Okt. 1930« – in einer die Architektur der 50er Jahre vorwegnehmenden Gestaltung mit gleichförmig über den zylindrischen Schaft verteilten quadr., paarig gekoppelten Fenstern im Wohnbereich und vertikal durch Lisenen gegliedertem, dunkel abgesetztem Kopf unter der rückspringenden Aussichtslaterne.

Großniedesheim (Ludwigshafen/L 4) RP

Erster in Deutschland mit Gleitschalung betonierter **Wasserturm** (Heppenheimer Straße) mit einem inneren Stützboden- und einem ringförmigen äußeren Flachbodenbehälter von zusammen 360 cbm Inhalt, erbaut 1929 von der Beton- und Monierbau AG für die Vordere Kalbachgruppe (heute Wasserversorgung Verbandsgemeinde Heßheim).
Lit.: Merkl 141.

Groß Wittensee SH
(Rendsburg-Eckernförde/B 6)

In Mühlenkomplex integrierter **Erdholländer** um 1880 mit Windrosette.
Lit.: Fröde 153.

Grub bei Holzkirchen BAY
(OB/Miesbach/O 9)

Für die 1883 in Betrieb genommene **Wasserleitung** von den Mühltaler Quellen im Mangfalltal nach München nach mehreren Stolleneinbrüchen 1889–90 durch Dyckerhoff & Widmann einschl. der renaissancistischen Gliederungselemente in Stampfbeton errichtete fünfbogige Rohrleitungsbrücke (L 162 m) über den Teufelsgraben (Verlängerung der Straße von Helfendorf in Richtung Hohendilching).
Lit.: Paul IV, BAY 79.

Grünberg (Lahn-Dill-Kreis/J 5) HS

Die auf eine 1186 durch die Landgrafen von Thüringen gegr. Grenzfestung zurückgehende, auf einem Felssporn gelegene Stadt bezog ihr Wasser aus dem etwa 60 m tiefer liegenden Brunnental (An der Stadtmühle) mittels einer seit 1419 belegten **Wasserkunst,** die 1854 durch die Installation eines gußeisernen, ober- und mittelschlächtig betriebenen Wasserrades (Dm. 5,3 m, → Bad Reichenhall), eines neuen Pumpwerkes und neuer Steigleitungen durch die Fa. J. W. Buderus Soehne, Friedrichshütte b. Laubach, modernisiert wurde. Das aus Bruchsteinen errichtete Pumpwerk entspricht einer für die Jahrhundertmitte bei Nutzbauten typischen schlichten Formgebung. Den einzigen Akzent setzt das runde Fenster im Giebel. Brunnenfassung, Radstube mit Wasserrad und beide Gerinne erhalten, ebenso das Betriebsgebäude von 1895–96 für den das Wasserrad ersetzenden Körting-Petroleummotor.
Lit.: Ortsauskunft; Höhmann.

Grünwald (OB/München/O 8–9) BAY

Straßenbrücke (L ca. 220 m) über das Isartal zwischen Höllriegelskreuth und G. in Eisenbeton aus zwei gewölbten Hauptöffnungen (Spann-W je 70 m, Pfeil-H 12,8 m) als Dreigelenkbögen mit aufgeständerter Fahrbahn und einer bzw. vier Nebenöffnungen (je 8,5 m li. W), entworfen und 1903–04 ausgeführt durch die Eisenbeton-GmbH München (Heilmann & Littmann GmbH und Wayss & Freytag AG).
Lit.: DB Mitt. 1904.

Bad Grund (Osterode/G7) NS

Der Bergbau auf Eisenstein und Silbererze begann im Oberharz bereits im MA und hielt sich, mit Unterbrechungen, bis heute in der Umgebung der nach Verkündung der Bergfreiheit 1532 neben Zellerfeld ältesten Bergstadt des Oberharzes mit dem Erzbergwerk G.

Tiefer-Georg-Stollen. Nach Vorschlag von Claus Friedrich v. Reden und des Oberbergmstr. Stelzner 1777–99 angelegter, als Meisterwerk zeitgenössischer Markscheidekunst gepriesener Wasserlösungsstollen, der mit einer Gesamtlänge von 18,5 km (einschließlich der Flügelörter) die meisten der damals im Abbau stehenden Oberharzer Gruben anschloß. Seine außerordentliche Bedeutung für den Bergbau dokumentiert am Abzweig der Zufahrtsstraße zur Hauptschachtanlage des Bergwerkes G. die spätbarocke Architektur des in rustiziertem Quadermauerwerk eingebundenen, mit Segmentbogen übergiebelten Mundloches, die zu den bedeutendsten dieser Baugattung in Deutschland zählt.

Erzbergwerk Grund. Westl. über der Stadt liegt der Hauptschacht (Schachtanlage Hilfe Gottes mit Achenbachschacht) des 1987 stillgelegten Bergwerkes. Seine zumeist verbretterten Tagesanlagen in der Tradition der Oberharzer Bauweise sind gelungene Beispiele landschaftsverbundener Architektur für die Zeit vom 19. Jh. bis in die 1950er Jahre. Das Mundloch der Tagesstrecke (um 1830) flankieren Blendbögen in pilastergestützter Fassade. Bockfördergerüst in vollwandiger Ausführung (1976). In Reserve eine Trommelfördermaschine, 1933 von Schmidt, Kranz & Co., Nordhausen, und den Siemens-Schuckert-Werken, Berlin, mit selten gewordenen konischen Seiltrommeln. – Über dem als Wetterschacht dienenden *Westschacht* ein 1941 von der Firma Louis Eilers, Hannover, errichtetes Fördergerüst und eine Trommelfördermaschine mit Drehstromantrieb von 1942. – Am Berghang über dem östl. Ortsrand der ebenfalls als ausziehender Wetterschacht genutzte *Knesebeck-Schacht* mit Bockgerüst in Fachwerkbauweise, wie die zugehörige Trommelfördermaschine mit Drehstromantrieb (Motor: AEG), 1923 von Schmidt, Kranz & Co. gebaut. Ebenfalls von 1923 ein Kompressor der Rheinmetall-Borsig AG, Werk Borsig, Berlin-Tegel, mit Motor der Siemens-Schuckert-Werke. Als Rarität ein durch Ausnutzung von Wasserkraft in kommunizierenden Fall- und Steigleitungen Druckluft erzeugender *Hydrokompressor* (stillgelegt). – Um 1950 entstanden die Tagesanlagen (ehem. Verwaltung, Kaue, Schachthalle, Fördermaschinenhaus) des *Wiemannsbucht-Schachtes* in charakteristischer Oberharzer Bauweise; über dem Schacht ein vollwandiges Bockfördergerüst von 1950.

Lit.: Slotta I/IV,1; Roseneck, 1983/84.

Guntersblum (Mainz-Bingen/K4) RP

Mit 27 angeschlossenen Gemeinden bildet die 1904–07 realisierte **Gruppenwasserversorgung Rhein-Selz-Gebiet** das umfangreichste Teilprojekt der nach einem Generalkonzept von Bruno v. Böhmer ausgeführten Wasserversorgung Rheinhessens (→Bad Kreuznach-Bosenheim, →Bodenheim, →Ingelheim, →Osthofen). Vorausgegangen war die Verordnung vom 30. April 1895 zur Neuordnung der Wasserversorgung im gesamten Staatsgebiet des Großherzogtums Hessen nach Vorbild von Baden, Württemberg und Elsaß-Lothringen. Die Detailplanung lag bei der staatl. Kulturinspektion. Das 1907 in Betrieb gegangene Pumpwerk bei Guntersblum (südl. Ortsrand, B 9) mit nobel gedachter, durch die Vielfalt der Architekturzitate jedoch beeinträchtigter Wirkung verteilt das Grundwasser der Rheinebene in zwei Haupthochbehälter (Hagen-Walheim, Wintersheim) und 20 Ortsbehälter (Alsheim, Biebelnheim, Dalheim, Dexheim, Dienheim, Dorn-Dürkheim, Eimsheim-Dolgesheim, Framersheim, Friesenheim, Gabsheim, Gau-Odernheim, Guntersblum, Hahnheim, Hillesheim, Köngernheim, Ludwigshöhe, Schornsheim, Uelvesheim, Undenheim, Weinolsheim), deren einheitlich nach Entwurf von Wilhelm Lenz (Großhzgl. Kulturinspektion für die Provinz Rheinhessen in Mainz) in der – durch den Typus »Bismarckdenkmal« in den Jugendstil übersetzten – Tradition klassizistischer »Revolutionsarchitektur« 1906–07 fertiggestellte Hochbauten zu den qualitätvollsten ihrer Gattung in Deutschland gehören. Das gesamte Wasserversorgungsgebiet überragt der über dem Haupthochbehälter 2 auf der Kuppe des Wintersberges (bei Wintersheim) wie alle übrigen Bauten in Flonsheimer Sandstein errichtete *Aussichtsturm*.

Lit.: ZBW 1909; Slotta II.

Gunzenhausen

BAY (MFr./Weißenburg-Gunzenhausen/M 7)

Bahnhof. Dreigeschossiges, symmetrisch durch Seitenrisalite gegliedertes *Empfangsgebäude* mit beidseitigen Flügelbauten, um 1865 verm. nach Plänen von Eduard Rüber an der Ludwigs-Süd-Nord-Bahn (Oettingen–G., eröffnet 20. 8. 1849) im Zusammenhang mit dem Ausbau der Strecken G.–Ansbach (1. 7. 1859) und Ingolstadt–G. (2. 10. 1869) erbaut. Separat die Güterabfertigung mit Betriebsgebäude und Lagerschuppen. – **Altmühlviadukt.** Südl. des Bahnhofes 1849 fertiggestellter Viadukt aus neun mit Segmentbögen gewölbten Lichtöffnungen (je 14,59 m W), nach Kriegszerstörung um vier Bögen ergänzt.

Lit.: Dpfl. BAY.

Gutach im Breisgau

BW (Emmendingen/O 3)

Gütermann & Co. Die 1867 von Max Gütermann im Tal der Elz zwischen Waldkirch und G. gegr. Nähfadenfabrik belegt mit ihren Gebäuden 30 Jahre Industriebaugeschichte ab etwa 1890. Den ältesten Standort markieren einige schlichte Wohnhäuser um 1890. Mit einem renaissancistischen Verwaltungsgebäude, einer 24achsigen Shedhalle sowie Stall- und Remisengebäude verlagerte sich die Fabrik elzaufwärts. Wenig später entstand das Pfortengebäude. Während die Färberei von 1898, ein zweifarbiger Backsteinrohbau renaissancistischer Prägung, die Konstruktion noch historisierend ummantelt, betonen die Hochbauten von 1910 bzw. 1912 auch in der Fassade das konstruktive Stützensystem. Von wuchtiger Wirkung das 1917 entstandene Gebäude 4 durch seine übereck geschlossenen Wandflächen und ein hohes, mit Gaupen besetztes Mansarddach. Zwischen 1900 und 1903 erhielt der auf 16 Achsen reduzierte Shedbau eine neue dreigiebelige Hoffassade mit zurückhaltend barockisierender Kontur. Gleichzeitig wurde das Verwaltungsgebäude auf das heutige Volumen mit neuer Fassadenarchitektur erweitert. Über rustiziertem EG. gliedern nun kannelierte Pilaster die Wandflächen zwischen Gurt- und Hauptgesims. Das durch gleiche Pilasterordnung strukturierte Mezzanin trägt ein flaches Walmdach. – Etwa 100 m flußaufwärts entstand 1904 nach Entwurf von Rudolf Schmid, Freiburg, die Villa *Ostmaerker Hof* für Ludwig G. als romantische Architektur zwischen Barock und Jugendstil. – 1911 baute der gleiche Architekt für Alexander G. ein Landhaus im Stil ital. Renaissancepalazzi. – Die *Arbeiter-Mehrfamilienhäuser* neben dem Rathaus in G., gebaut nach Orig.-Plänen Kruppscher Arbeitersiedlungen, lassen trotz späterer Veränderungen die Entstehungszeit um 1890 erkennen.

Zweribachwerk. Im Tal der Wilden Gutach, ca. 3 km südöstl. von Obersimonswald (Wehrlesweg) in Richtung Furtwangen betreibt die Fa. Gütermann zur Versorgung der umliegenden Gemeinden seit 1924 ein als Speicherwerk konzipiertes *Kraftwerk,* dessen zwei Pelton-Turbinen (orig. Maschinenausstattung, 1120 kVA) über eine Druckrohrleitung (L 1360 m, Fall-H 485 m) zwischen Speichersee und Krafthaus beaufschlagt werden. Die neoklassizistische Kraftwerksanlage mit Generator-, Umspann- und oktogonalem Wohnhaus, verbunden durch tordurchbrochene Mauer und Kabelgang, unter steilen Walm- und Pyramidendächern paßt sich einfühlsam der sie umgebenden Landschaft an. Ein zweites Kraftwerk in Gutach liefert bereits seit 1910 elektr. Energie an das Unternehmen und in das öffentl. Netz.

Lit.: Slotta II; Firmenzeitschrift Gütermann: Das Schachbrett 207, 1989.

Haag an der Amper

(OB/Freising/N 9) BAY

Von den Amperwerken (1955 mit der Isarwerke AG fusioniert zur Isar-Amperwerke AG) 1922–23 erbautes **Laufwasserkraftwerk** für eine mittlere Jahresleistung von 21 Mio. kWh als Gebäudegruppe von schlichter, der Landschaft angepaßter Architektur. Zwei auf einer horizontalen Welle nebeneinander angeordnete Francis-Doppelzwillings-Turbinen (Escher, Wyss & Cie., Ravensburg; je 6670 PS), von denen eine bei Bedarf ausgekuppelt werden kann, treiben gemeinsam einen mit der Haupterregermaschine (AEG) direkt gekoppelten AEG-Generator (4480 kW) an. Schalt-, Transformations- und Steuerungsanlagen modernisiert.

Lit.: Slotta II.

Häusern (Waldshut/P3) BW

In der zu einem **Speichersee** von 1,3 Mio. cbm Nutzinhalt durch eine Betonschwergewichtsmauer (1929–31) aufgestauten Schwarza spiegelt sich mit breiter Front die 1933 in Betrieb gegangene Oberstufe Häusern-Schwarzabruck des →Schluchseewerkes. Im Inneren des unter einem flachen Walmdach durch Pfeiler und vertikale Fensterschlitze von annähernd gleicher Breite klar gegliederten Baukubus des Krafthauses arbeiten vier Maschinensätze mit je einem Synchron-Motor-Generator mit 10,5 kV Maschinenspannung, einer Francis-Spiralturbine und einer kuppelbaren, zweistufigen Hochdruck-Speicherpumpe, nach Bedarf als Energieerzeuger oder im Pumpbetrieb zum Auffüllen des Schluchseespeichers eingesetzt. Ein oktogonales Wasserschloß, durch einen ca. 80 m hohen Schacht mit dem Druckstollen verbunden, dient der Grobregelung der Turbinenbeaufschlagung.

Lit.: Firmenangaben.

Hagen in Westfalen (Hagen/H3) NW

Bahnhof. Beim Ausbau des Bahnhofes ab 1890 erhielt H. 1908–10 ein neues *Empfangsgebäude* nach Planung von Baurat Cuny (Kgl. Eisenbahndir. Elberfeld) und unter Bauleitung von Reg.-Bmstr. Morin. Zeitgenössischen Kirchenbauten verwandt, zeigt der als »Verkehrstempel« geschmähte neobarocke Bau mit seinem Giebel, dessen monumentales Bogenfenster (Glasbild »Huldigung der Gewerbe vor dem Künstler« von Jan Thorn-Prikker, 1910–11) die Eingangshalle markiert, seitlichem Campanile und vorgelagerten Pavillons zur Schmalseite des Bahnhofsvorplatzes. Zu der ehem. auch im Inneren repräsentativen Architektur kontrastiert der auf optimale Funktion ausgerichtete Grundriß mit der auf die Wartesäle zuführenden, von Abfertigungseinrichtungen flankierten Schalterhalle sowie die klare Stahlkonstruktion der zweischiffigen Peronhallen nach Entwurf von Stephany.

H.-Eilpe

● **Arbeiterhäuser** (Bleichplatz, Kurfürstenstraße, Riegerstraße). Zweistöckige Fachwerk-Reihenhäuser mit rückseitigen Nebengebäuden (verm. älteste erhaltene Arbeiterhäuser in WF) für die ab 1661 durch den Großen Kurfürsten aus dem Berg. Land nach Eilpe berufenen Klingenschmiede zur Förderung der Eisenindustrie um H. Von Eilpe aus erfolgte auch die Gründung der russ. Klingenfabrik von Tula unter Friedrich Wilhelm I. (1713–86). – **Westf. Freilichtmuseum** (Mäckingerbach). Dokumentation der Geschichte von Handwerk und Technik in Westf. vom ausgehenden 18. Jh. bis zur Phase der Hochindustrialisierung Ende des 19. Jh. unter Berücksichtigung wirtschafts-, sozial- und regionalgeschichtlicher Zusammenhänge. In zahlreichen hist., zumeist translozierten Produktionsgebäuden Vorführung handwerklicher und frühindustrieller Herstellungsmethoden. (Vom 1. 11. bis 31. 3. und montags geschlossen.) ●

H.-Elsey

Kalkofen (Strunkschlenke über Mühlenbergstraße). Bauliche Reste eines aus Bruchsteinen gesetzten Trichterofens zur Herstellung von Brandkalk mit drei überwölbten Abzugsöffnungen.

H.-Hengstey

Laufwasserkraftwerk (Seestraße). Mit einem allein durch schmale Fensterschlitze und prismatisches Gesims gegliederten Baukörper zeigt das Krafthaus typische Architekturelemente der 1920er Jahre. Von den beiden orig. Maschinensätzen wurde einer nach Blitzeinschlag 1988 weitgehend modernisiert. – Vor dem **Wasserwerk** H. (Seestraße) als Denkmal aufgestellt eine elektr. angetriebene Doppelkolbenpumpe (500 cbm/h) der Masch.-Fabrik Hartmann, Chemnitz, von 1920 und Motor (270 kW, 400 V, 91 U/m) von Bergmann, Berlin.

H.-Hohenlimburg

Wasserturm (Boeingstraße). In zweifarbigem Backsteinrohbau 1885 oktogonal über quadr. Sockel errichteter Turm. Das EG. geöffnet durch Okuli, im Schaft höhenversetzt schmale Rechteckfenster, über kräftig profiliertem Hauptgesims zierliches Eisengeländer. – In der Jahnstraße Fabrikgebäude des ausgehenden 19. Jh. der 1835 gegr. **Drahtzieherei C. M. Pieper & Comp.**

H.-Kabel

Ehem. Papierfabrik (Ruhrtalstraße) im Rundbogenstil der 1850er Jahre mit giebelseitig vorgelagertem, dreigesch., durch Risalit zentriertem

Wohnblock und, in Verlängerung des Fabrikationsgebäudes, über der Lenne angeordnetem Krafthaus.

H.-Nahmer

Nahmertal. Beispielhaft für die Entwicklung der metallverarbeitenden Industrie um H. sind die auf die Mitte des 19. Jh. zurückgehenden Fabrikanlagen entlang der Nahmer mit z. T. erwähnenswerter Bausubstanz: quasi als Markenzeichen einem dorischen Tempelgiebel nachempfunden ein Betriebsgebäude der *Giebel AG;* romanisch, mit Biforien und Bogenfries, das Hauptgebäude der *Hohenlimburger Maschinenbauanstalt Boecker & Volkenborn* (Bernhard Boecker und Karl Haver entwickelten den ersten Drahtwebstuhl in Deutschland, 1818); Shedhallen der Kruppstahl AG, um 1900, und reichgegliederte Neoromanik bei den um 1890 errichteten Werkhallen der Hoesch AG.

Lit.: ZBV 1912; Paul II, NW 313/330; Berger II.

Haigerloch-Stetten BW (Zollernalbkreis/N 4)

Steinsalzwerk der Wacker-Chemie GmbH. Nach erfolgreichen, im Auftrag des preuß. Bergfiskus 1852–53 oberhalb des Eyachtales (südl. von Stetten) durchgeführten Probebohrungen begannen 1854 die Abteufarbeiten für Schacht 1, von dem aus 1856 die erste Strecke aufgefahren werden konnte. Eine Steigerung der Förderleistung ermöglichte erst ein 1966–68 im Auftrag der Wacker-Chemie (Pächterin des Steinsalzwerkes seit 1924, Eigentümerin seit 1960) niedergebrachter Schrägschacht. Nach den vom Erbauer der Sayner Hütte in →Bendorf, Carl Althans, abgezeichneten Plänen des kgl.-preuß. Baumeisters C. Westphal entstanden 1854 die Tagesanlagen. Davon haben sich Schachthaus, Bürogebäude und Wohnhaus, von der gleichzeitig fertiggestellten, 1858–1924 betriebenen Saline lediglich das Stallgebäude erhalten. Den noch erkennbar spätklassizistischen Baukomplex aus Kaue, Maschinenraum, Schachthalle, Fördermaschinenhaus und Werkstatt überragt ein kleines, 1926 von der Gutehoffnungshütte montiertes, 1961 verstärktes Fördergerüst. Ein Teil der Grubenräume aus der Mitte des 19. Jh., die zu den ältesten in den alten Ländern der Bundesrepublik gehören, läßt sich noch durch den in Sandstein ausgemauerten Schacht befahren. Zusammen mit den Tagesanlagen dokumentieren sie in ihrem seit der Entstehungszeit fast unveränderten Zustand einprägsam die Anlage eines Salzbergwerkes um 1850.

Atomkeller-Museum (Oberstadtstraße 11). Neben Modellen moderner Atomreaktoren wird eine Nachbildung des Kernreaktors gezeigt, den im Winter 1944/45 das ehem. Berliner Kaiser-Wilhelm-Institut für Physik hier, im Felsenkeller unter der Schloßkirche, gebaut hatte. Dokumentiert sind die Geschichte der deutschen Atomforschung seit dem 2. Weltkrieg und der Anteil der beteiligten Grundlagenforscher wie Werner Heisenberg, Walter Rothe, Carl Friedrich von Weizsäcker und Karl Wirtz.

Lit.: Slotta III.

Hainburg-Hainstadt (Offenbach/K 5) HS

Die 1855 nach Frankfurt a. M. umgesiedelte, durch den Bahnbau zu überregionaler Bedeutung gelangte Baufirma Phil. Holzmann & Cie. betrieb in H. (Offenbacher Landstraße 105–109; Klinker & Ziegelwerk Franz Wenzel) seit etwa 1868 eine erste eigene **Ziegelei** zur Deckung des Firmenbedarfs. Deren Erweiterung (dat. 1889, Philipp Holzmann & Co) innerhalb zweifarbiger Backsteinfassaden der Neurenaissance erhielt eine der wenigen noch existierenden Dachkonstruktionen mit Bogenbindern (→F. a. M.-Bokkenheim) nach dem von Philip de l'Orme Mitte des 16. Jh. entwickelten, von A. R. Emy um 1820 verbesserten System der aus Bohlenstücken zusammengesetzten gekrümmten Sparren.

Hambühren-Oldau (Celle/E 6) NS

Von der Stadt Celle vorwiegend zur Versorgung der Dörfer in den Landkreisen Celle, Uelzen und Fallingbostel 1908–11 an der Aller erbautes **Kraftwerk,** das, 1930–72 durch die Preußen Elektra betrieben, nach kurzer Stillstandszeit ab 1976 von privatem Pächter generalüberholt, seit 1982 erneut Strom erzeugt. In dem symmetrisch durch übergiebelte Seitenrisalite gestalteten Krafthaus arbeitet die weitgehend im Orig. erhaltene, von Viktor Gelpke geplante Maschinenanlage mit drei stehenden Francis-Turbinen (Braunschw. Maschinenbauanstalt Amme, Giesecke & Kone-

gen, heute Bühler-MIAG) von unterschiedlicher Leistung, die über Getriebe mit Glockenrad ihr Drehmoment auf die horizontale Welle eines einzigen Drehstrom-Generators mit Schwungrad (AEG) übertragen. Orig. Schalttafel und Wasserstandsanzeiger. Die Regelung automatisiert.
Lit.: Slotta II; Mende, 1989.

Hamburg (Hamburg/C–D6–7) HH

Aus der um 825 erbauten Siedlung Hammaburg am Zusammenfluß von Alster und Bille mit der vielarmigen Elbe entwickelte sich seit dem 11. Jh. eine der bedeutendsten Kaufmannsstädte des Reiches, als deren offizielle Geburtsurkunde ein von Kaiser Friedrich I. am 7. 5. 1189 ausgestellter Freibrief mit wichtigen Handels-, Zoll- und Schiffahrtsprivilegien (u. a. freie Schiffahrt bis zur Mündung der Elbe) gilt. Seit dem 14. Jh. Gelenk des hansischen OW-Handels, im 16. Jh. Zufluchtsstätte von Religionsflüchtlingen aus den span. Niederlanden, die mit ihren Geschäftsverbindungen das Handelsleben erneut befruchteten. Dank des 1616–25 angelegten Befestigungsrings, der mit zwei Bastionen den im 13. Jh. aufgestauten Alstersee in Binnen- und Außenalster unterteilte, von Zerstörungen im 30jährigen Krieg verschont geblieben, erlebte H. erst unter napoleonischer Herrschaft 1806–14 einen kurzzeitigen Rückschlag in seiner Stellung als bedeutendster Hafen des dt. Überseehandels. Nach dem Stadtbrand von 1842 legten Alexis de Chateauneuf und William H. Lindley den Grundstock für eine von Fritz Schumacher in den ersten Jahrzehnten des 20. Jh. weitergeführte moderne Stadtstruktur. Das 1937 verabschiedete Groß-H.-Gesetz eröffnete mit der Eingemeindung von Altona (jahrhundertelange Konkurrentin H.s), von Bergedorf, dem seit Mitte des 19. Jh. hochindustrialisierten Harburg, von Wandsbek und weiteren 45 Gemeinden die Möglichkeit zur Ausdehnung und zu einer großzügigen, nur kurz durch die Zerstörungen des 2. Weltkrieges unterbrochenen Landesplanung.

● **Hafenanlagen.** Bis zur Mitte des 19. Jh. mußten die H. anlaufenden Schiffe im offenen Fluß an Pfahlwerken (sog. Ducdalben, angeblich erstmals unter Herzog von Alba verwendet) festmachen, wo dann die Ladung auf Ewer und Schuten umgeladen und schließl. an den Kaufmannsspeichern in den Fleeten gelöscht wurde. Die Entwicklung moderner Verkehrsmittel, die Zunahme der Handelsschiffahrt und endlich die mit dem 1827 begonnenen Seehafen →Bremerhaven stärker werdende Konkurrenz Bremens führten nach Planung von Johannes Dalmann ab 1862 zur Anlage eines modernen, See- und Flußschiffbecken unterscheidenden **Tide-Hafens mit Kaianlagen,** deren kombinierte Umschlagmöglichkeiten auf Schiene, Schute und Fuhrwerk mittels beweglicher Dampfkräne das umständliche und zeitraubende Zwischentransportsystem der Vergangenheit ablösten. Seit dem letzten Drittel des 19. Jh. entwickelte sich durch ständigen Ausbau unter Christian J. Nehls (1876–97), Max J. Buchheister (1898–1904) und Johann F. Bubendey (1904–19) die heute für Deutschlands »Tor zur Welt« charakteristische Hafenlandschaft. Rechtselbisch auf dem Gr. Grasbrook entstanden Sandtor- (1866), Grasbrook- (1872), Strand- (1879) und Magdeburger Hafen (1881), ergänzt vom 1887 fertiggestellten Baakenhafen. Auf dem Kl. Grasbrook wurde 1869–76 der Alte Petroleumhafen (Südwesthafen) angelegt, ihm folgten Segelschiff- (1888), Hansa- und Indiahafen (1893) für Seeschiffe, Moldau- (1887), Saale- (1888) und Spreehafen (1890) für Flußschiffe. Die 1902–03 auf dem Kuhwerder eröffneten Becken des Kuhwerder-, Kaiser-Wilhelm- und Ellerholzhafens dienten größeren Seeschiffen, der Werfthafen (Blohm & Voß) dem Schiffsbau. Der sog. Köhlbrandvertrag von 1908 ermöglichte (mit wenigen Ausnahmen) die Ausweitung des **Freihafengebietes** auf die preuß. Gebiete Neuhof und Waltershof (1908–14). Der logistische Verbund der Häfen von Altona (ausgebaut für den Zollanschluß 1888), Bergedorf, Hamburg und Harburg (seit 1848 unter Einbeziehung von Wilhelmsburg zum Seehafen erweitert) 1929 zum »Hafen H.«, politisch durch das Groß-Hamburg-Gesetz 1937 besiegelt, schuf die Voraussetzung zur Funktion des heute mit 86 qkm größten dt. **Seehafens,** dessen in mehr als zwei Generationen um die Jahrhundertwende geprägtes Profil unter dem Zwang ständiger Modernisierung, z. B. Umstellung auf Container-Umschlag, heute neu geformt wird. Diese Strukturänderung gefährdet die wenigen, der Zerstörung des Hafens im 2. Weltkrieg entgangenen Bauten und techn. Einrichtungen: Lagerhäuser am Saalehafen (Dessauer Ufer) von 1903/07 (Geb. G) und hist. entwickelte Funktionen in moderne Formen umsetzende Lagerhäu-

Hamburg. Hafen, Wippkräne am Bremerkai

ser nach Entwurf von Werner Kallmorgen von 1957–58 (Geb. F) sowie diejenigen am Moldauhafen (Melniker Ufer) von 1913/23 (Geb. A, C). Die Kaianlagen zwischen Hansa- und Indiahafen (Bremer- und Australiakai) beherbergen H.s **bedeutendstes Umschlagensemble** aus wilhelminischer Zeit mit Kaimauern von 1893 (Australiakai) und 1902–03 (Bremerkai), den z. T. nach dem 2. Weltkrieg umgebauten Schuppen 50 und 51 (1909–10), 52 und 53 (1910–12), dem Wohnhaus für Kaibeamte (1911) sowie einer Sammlung von **Drei-Tonnen-Wippkränen** (Bremerkai) aus den 1950–60er Jahren. Zeitgemäß modernen Betonbau dokumentiert der 1930–31 von Dykkerhoff & Widmann erbaute **Schuppen 59** am Windhukkai (Südwesthafen), dessen 36 flache Betonschalen nach dem Zeiss-Dywidag-System (→ Frankfurt a. M., Großmarkthalle, 1926–28; Markthalle Budapest, 1930–31) die bislang im Schuppenbau üblichen weitgespannten Holzkonstruktionen ersetzten. Zu den bedeutendsten Hafendenkmalen der Kaiserzeit gehören auf dem Gelände der 1877 gegr. Werft von Blohm & Voß die 1906 in Eisenfachwerk mit Backsteingiebeln errichtete **Maschinenbauhalle 2** und ein genieteter **Turmdrehkran** (DEMAG, 1916) am Steinwerderkai. Auf der Kaizunge zwischen Oder- (1913) und Roßhafen (1906/14) dominiert über Säulenbasaltkaimauern das in zurückhaltendem Expressionismus nach Entwurf von Otto Hoyer 1926 als Stahlskelettkonstruktion mit Klinkervorsatzschale errichtete **Kühlhaus Roßhafen.** An die Kriegsproduktion der Werften erinnert die Ruine eines gesprengten U-Boot-Bunkers am Ende des Vulkanhafens, ebenfalls auf dem Gelände der ehem. Vulkan-Werft die 1906–07 nach Entwurf von Gustav Schrader in Formen des Industrie-Jugendstils erbaute **Tischlerei.** Am Hachmannkai ein Komplex von **Werk- und Montagehallen** der MAN von 1939–40 nach Entwurf von Wilhelm Wichtendahl und Bernhard Hermkes. Das **Altonaer Hafenensemble** in Neumühlen mit Kaispeicher D (1923–24) und Getreidespeicher G (1936) überragt das 1924–25 von Möller, Schramm und Elingius geplante, 1926 ausgeführte monumentale ehem. **Union-Kühlhaus;** aus gleicher Zeit stammt ein **Vollportalkran** (Kampnagel) an der Kaistrecke des Kühlhauses. – Ein Zeichen für die Fortschrittlichkeit des Hafens setzte kurz vor Abschluß des Staatsvertrages

1929 über eine Hafengemeinschaft zwischen H. und Preuß. (Altona, Harburg-Wilhelmsburg) der Bau einer vollmechanischen **Kaliumschlaganlage** (1927–28, Kalikai, Reiherstieghafen) mit z. T. 1954 wiederaufgebauten Lagerhallen zur Aufnahme von über 100000 t Kali. Über die Rethe (Rethedamm) führt seit 1932 eine 1985–87 überholte und um 5 m erhöhte **Hubbrücke** (Hubteil 43 m). Aus den 1930er Jahren stammt die **Speichergruppe** am Übergang von der Rethe in den Reiherstieg. – Die Geschichte des **Harburger Binnenhafens,** unter Mitbenutzung der hist. Wallgräben und Fleete 1845–49 als Dockhafen unter der Oberleitung des preuß. Hafen-Bmstr.s Blohm angelegt, belegen u. a. die 1929–30 als Zugbrücke erbaute **Holzhafen-Brücke** (Konsul-Ritter-Straße), die östl. **Bahnhofskanal-Brücke** (Nartenstraße) mit Roll-Klapp-Konstruktion um 1930, die Kammer der **Alten Schleuse** (Dampfschiffsweg) von 1846 und die **Kurvenlenker-Wippkräne** (Treidelweg, Lotsekai) der Firma Kampnagel von 1928 sowie ein um 1913 installierter elektr. 2,5 t-Rollkran (Harburger Schloßstraße 45) der Maschinenfabrik Gebr. Burgdorf, Altona.

● **Speicherstadt** (Kehrwieder, Brook, Wandrahm, Am Sandtorkai). Die monumentalen, im formalen Rückgriff auf ma.-norddt. Architekturformen burghaften Backsteinfronten der Speicher und Kontore an der Nahtstelle von Stadt und Hafen, im wesentlichen entstanden in drei Bauphasen zwischen 1885 und 1913, symbolisieren – als Stadt in der Stadt – den hist. gewachsenen Freihandelsstatus der Gesamtstadt, nachdem sich H. unter Druck des Reiches 1881 mit einem kleineren, auf Teile des Hafens beschränkten Freihandelsbezirk abfinden mußte. Die Vereinbarung über den für 1888 definierten Zollanschluß zwang H. zum kurzfristigen Bau neuer Speicherkapazitäten als Ersatz für die über die Stadt verstreuten, nun im Zollinland liegenden Lagerhäuser. Nach zweijähr. Diskussion verschiedener Projekte entschied sich die Senats- und Bürgerschaftskommission 1883 für eine ökonomisch optimale Lösung, der das von Kaufleuten und Arbeitern bewohnte barocke Stadtviertel auf der Kehrwieder-Wandrahm-Insel, verbunden mit der Umsiedlung von ca. 18500(–24000) Menschen, zum Opfer fiel. Bau und Verwaltung der Speicher übernahm die 1885 mit Hilfe der Norddt. Bank gegr. Hamburger-Freihafen-Lager-Ges. (HFLG), deren techn. Büro dem Architekten H. W. Schaefer, bei freier Mitarbeit von Georg Thielen, und dem Ing. H. Hagn unterstand. Die Gesamtplanung, Projektbetreuung und künstlerische Oberleitung (unter Einschluß eigener Entwürfe) lag in den Händen von Franz A. Meyer und seiner Mitarbeiter Ed. Vermehren und H. Wulff. Einheitliche bautechn. Vorgaben – Pfahlgründung; aus feuerschutztechn. Erkenntnissen vorgegebene eiserne (1885–88), hölzerne (1891–96) und ummantelte eiserne (ab 1903) Stützkonstruktionen; äußere Schale in Backsteinrohbau; geneigte Dächer; funktionsbedingte Rastermaße für Fenster und Ladeluken; zentrale Versorgung mit hydraulischer Windenkraft, Heizung und elektr. Energie – ließen noch genügend Spielraum für eine nach zeitgenössischem Geschmack einfache und individuelle, für den an karge Architektur gewöhnten modernen Betrachter aber pompös erscheinende Gestaltung, wie sie besonders die Bauten im Zentrum der Speicherstadt (St. Annenplatz) zeigen: Speicherblock O mit kopfseitiger Verwaltung der HFLG ab 1885 in norddt. Neogotik nach Entwurf der Büros Hugo Stamann & Gustav Zinnow sowie Bernhard Hanssen & Emil Meerwein; Verwaltungsgebäude der HFLG 1902–04 in dt. Neurenaissance nach Entwurf von Hanssen & Meerwein zusammen mit J. Grotjan; der Staatsspeicher mit Zentralmaschinenstation 1886–88 nach Entwurf von F. A. Meyer. Zwischen den nach teilweiser Kriegszerstörung weitgehend originalgetreu wiedererstellten Speicherbauten zahlreiche *Brücken* in Eisenfachwerkkonstruktion. – Nördl. des Zollkanals (Bei dem Neuen Krahn) ein von der Haager Fa. Kinthofen 1858 aufgestellter *Kran* (15000 kg) in ma. Habitus (→Andernach, →Oestrich u. a.) mit moderner, den Kränen der Fa. Spaeth (→Bamberg) vergleichbarer Technik.

St.-Pauli-Landungsbrücken. Die seit 1839 bestehende, 1869–71 durchgreifend modernisierte Landungsanlage mußte 1907–09 erneut dem ungeheuer gestiegenen Dampfschiffverkehr angepaßt werden. Außer einer durchgehenden, auf Pontons gelagerten Landungsbrücke (L 420 m) entstand bis 1909 nach Entwurf von L. Raabe & R. Wöhlecke (Oberleitung: Baudeputation, L. Wendemuth) auf einer durch Versetzung der Ufermauer in den Hafen neu gewonnenen Landfläche ein neues *Empfangsgebäude* (L ca. 200 m). Hinter der symmetrisch durch Kuppeln, Doppelturmportale und turmüberhöhte Eckpavillons ge- ●

gliederten Jugendstil-Werksteinfassade verbirgt sich eine moderne Eisenbetonkonstruktion. – Aus dem gleichen Architekturbüro stammt der den Landungsbrücken ähnliche, jedoch mehr dem Klassizismus verpflichtete Entwurf für die Hochbauten und die Ausgestaltung des 1907–11 zwischen St. Pauli und dem Steinwerder durch Ph. Holzmann & Cie. im Schildvortrieb ausgeführten, zwischen den Achsen der Fahrstuhlschächte 448,50 m langen doppelröhrigen (Dm. je 6,06 m) **Elbtunnels.**

Schleusen. Unter den zahlreichen Wasserausgleichsbauten an der Einmündung von Alster und Bille in die Elbe erhält die 1844–47 als Kammerschleuse (urspr. Stemm- durch Klapptore ersetzt) erbaute *Hammerbrook-Schleuse* besondere Bedeutung durch ihre techn. Ausstattung. Anläßlich der Modernisierung 1865–66 nach Planung von Johann H. Maack wurde zwischen Schleusenkammer und neuerbautem Wartebecken ein Drehtor, heute wichtiges Zeugnis für den Fortschritt des Wasserbaues im 19. Jh., eingebaut, dessen Bewegung über Klappschütze (1955 von Hand- auf elektr. Betrieb umgestellt) gesteuert wird.

Bahnhöfe. Bis 1866 an der Nahtstelle zwischen dem dän. Holstein (mit Altona) und dem Königreich Hannover gelegen, bildete die Hansestadt und ihre Umgebung seit den 1840er Jahren den Schnittpunkt zahlreicher privater und staatl. Bahnlinien, die bei ihrer Entstehung nach den politischen Verhältnissen in sich logisch geplant, jedoch unkoordiniert, spätestens nach dem Zollanschluß 1888 ein verkehrstechn. Chaos darstellten. Ein zwischen dem preuß. Staat, H. und der Lübeck-Büchener-Eisenbahnges. 1898 geschlossener Vertrag eröffnete die Möglichkeit zu einer grundlegenden Neuordnung der Bahnanlagen samt Neubau eines **Zentralbahnhofes** (Glockengießerwall) auf dem Areal der ehem. St. Georger Friedhöfe. Das repräsentative **Empfangsgebäude** des Durchgangsbahnhofes aus Sandstein von 1903–06, in qualitätvollen Formen des Jugendstils entworfen von Heinrich Reinhardt & Georg Süßenguth, Charlottenburg, spannt sich als Brücke über den Gleiskörper. Die Fassadenbögen der Eingangshalle flankieren asymmetrisch angeordnete Türme; die 12 Gleise überspannt eine dominante Einraumhalle (L 146 m; B im Mittelschiff 73 m, in den Seitenschiffen 20,26 m; H im Mittelschiff 35 m, in den Seitenschiffen 18 m), konstruiert von Merling und Ludwig Mertens. Bis auf einige (bundesbahntypisch qualitätlose) innere Umbauten weitgehend im Originalzustand. – Von Ernst Moeller, Kgl. Eisenbahn-Bauinsp. in Altona und neben Reinhardt & Süßenguth zweiter Preisträger des Zentralbahnhofwettbewerbs, stammt der seiner überarbeiteten Planung für den Zentralbahnhof ähnliche Entwurf für das **Empfangsgebäude** des ebenfalls als Durchgangsbahnhof, jedoch mit über der Empfangs- und Abfertigungshalle angeordnetem Gleiskörper konzipierte **Dammtorbahnhof** (Dag-Hammarskjöld-Platz) von 1903. Zwischen den nobel Renaissance- und Barockmotive verbindenden Längsfronten in Sandstein spannt sich eine aus zweigelenkigen Doppelbindern in Korbbogenkontur konstruierte Halle (li. W 34,36 m, H 17 m) über den Bahnkörper. – »In Formen, die an die mittelalterliche Kunst anklingen, gehalten und in Ziegelrohbau mit Sandsteingliederung ausgeführt« (ZBV 66, 1904, S. 415) wurde gleichzeitig mit dem Dammtorbahnhof, erneut nach Entwurf von Ernst Moeller, das **Empfangsgebäude Sternschanze** mit ebenerdiger Abfertigung und darüber 100 m langer gleisüberbrückender Halle in Eisenkonstruktion für Fern- und Stadtbahnverkehr fertiggestellt. – Das spätklassizistische **Empfangsgebäude** der am 18. 9. 1844 eröffneten König Christian VIII. Ostseebahn **in Altona** bildet, heute noch erkennbar, den Kern des 1895–98 errichteten **Neuen Rathauses** (Max-Brauer-Allee). Den bereits 1845 von der Altona-Kieler-Eisenbahnges. angelegten Elbkai verband anfangs eine geneigte Ebene mit dem 28 m höher gelegenen Bahnhof, die nach Fertigstellung des Neumühlenkais (Anfang der 1870er Jahre) 1874–75 durch eine 1,21 km lange, zumeist im Tunnel geführte Adhäsionsbahn ersetzt wurde. – Am ehem. Endpunkt der Strecke Altona–Blankenese (Altona-Kieler Eisenbahn-Ges., eröffnet 19. 5. 1867) ein den spätklassizistischen Rundbogenstil der 1840er Jahre tradierendes **Empfangsgebäude**. – Das 1885–86 in der Tradition der Hann. Schule in neoromanischen Formen erbaute **Empfangsgebäude in Harburg** wird geprägt durch den mehrbogig aufgelösten Risalit der Eingangshalle. Auf dem Gelände des Bahnbetriebswerkes ein Ringlokschuppen der Jahrhundertwende.

Hamburg. Speicherstadt

● **Stadt- und Vorortbahnen.** Nach 12jähr. Diskussions- und Planungszeit für ein städt. Schnellbahnsystem verband H. 1906–12 den Kranz der um die Innenstadt liegenden Vororte mit einer von der Siemens-Halske-AG und der AEG nach Berliner Vorbild projektierten elektr. Hoch- und Untergrundbahn (Einphasen-Wechselstrom; L 17,48 km), von deren ringförmiger Trasse die Vorortbahnen nach Eimsbüttel (1,76 km), Hammerbrook und Rothenburgsort (3,23 km) sowie Ohlsdorf (5,38 km) abzweigen. Ausführung: Bauverwaltung der H.er Hochbahn AG unter Leitung von W. Stein, Ausarbeitung der Baupläne durch E. Günthel; Eisenkonstruktionen von MAN, Werk Gustavsburg, unter Beteiligung der Gutehoffnungshütte, Sterkrade, und Steffens & Nölle, Berlin, nach Planung durch G. Kapsch (MAN); künstlerische Gestaltung durch Reg.-Bmstr. Volz (H.er Hochbahn AG). Aus der topographisch schwierigen Stadtstruktur ergab sich eine Trassenführung, deren Hoch- und Kunstbauten – 33 Haltestellen; 1,59 km steinerne, 4,22 km eiserne Viadukte; 43 Straßenunterführungen (1,46 km); 15 Brücken (0,73 km) und 6,92 km U-Bahntunnel – noch heute das Stadtbild prägen: u. a. der *Bhf. Kellinghusenstraße* (H.-Eppendorf) mit nobler Sandsteinfassade in Formen des Jugendstils von L. Raabe & R. Wöhlecke; der urspr. neobarocke *Bhf. Saarlandstraße* (H.-Winterhude); der neoklassizistische, durch Risalit zentrierte *Bhf. Mundsburg* (1909–12) von L. Raabe & R. Wöhlecke; ma. Backsteinarchitektur verpflichtet der *Bhf. Hasselbrock* (H.-Eilbeck) von 1907. Vom *Bhf. Rödingsmarkt* (L. Raabe & R. Wöhlecke) führt der längste eiserne *Viadukt* der Hochbahn, der die Alstermündung mit einer Brücke über drei Öffnungen überquert, zum Hafen.

● **Brücken.** Die *Straßenbrücke* über die Süderelbe zwischen Harburg und Wilhelmsburg, heute nach Modernisierung der großen Brücken über Hafen und Norderelbe die älteste erhaltene Elbbrücke unterhalb von Riesa. Als Ergebnis eines Wettbewerbs entstand 1897–99 die vierteilige Strombrücke (Stütz-W 103,15 bzw. 102,00 m) mit genieteten eisernen Überbauten aus Bogenfachwerken mit aufgehobenem horizontalen Zug (MAN Nürnberg) und burgartigen, mit den Wappen von Harburg und Wilhelmsburg geschmückten Portalbauten nach Entwurf von Georg Thielen. – Unter den zahlreichen, das Stadtbild mitbestimmenden Brückenbauwerken gehört die als Ersatz eines barocken Befestigungsdammes 1865–68 nach Entwurf von Johann H. Maack errichtete, 1900 für die Bahntrasse zwischen Haupt- und Dammtorbahnhof um 17 m auf 49 m verbreiterte *Lombardsbrücke* an der Nahtstelle von Außen- und Binnenalster zu den auffälligsten.

Wasserversorgung. Nach dem großen Stadtbrand des Jahres 1842, bei dem auch die z. T. bereits aus dem 16. Jh. stammenden Stadtwasserkünste in Mitleidenschaft gezogen wurden, entschloß sich die Stadt zur Einrichtung einer *Zentralwasserversorgung* mit Elbwasserpumpwerk in **Rothenburgsort**. ● Sie nahm, 1844 nach techn. Planung von William H. Lindley und architektonischem Entwurf von Alexis de Chateauneuf begonnen, 1848/49 mit ca. 62 km Leitungsnetz (1889 ca. 407 km) und 1300 Feuerlöschhydranten als seinerzeit beispielhafte Versorgungseinrichtung den Betrieb auf. Neben dem neoromanischen Backsteinrohbau des ehem. Maschinenhauses bezeichnet der 64 m hohe zweischalige Backsteinkonus (mit zentralem Schornstein) des bereits um 1900 außer Betrieb gesetzten *Druckturmes* auf dem Gelände des Hauptpumpwerkes der H.er Wasserwerke GmbH (Billhorner Deich, Traunspark) weithin sichtbar den Standort einer der ältesten Zentralversorgungseinrichtungen Deutschlands. Von der hist. masch. Ausstattung lediglich ein Einzylinder-Dieselmotor von 1911 museal erhalten. – Gleichzeitig mit dem **Schöpfwerk Billwerder Insel** entstand 1891–93 das (seit 1964 nur noch aufbereitetes Grundwasser liefernde) **Filterwerk Kaltehofe** mit offenen Filterbecken und zylindrischen, durch straßenseitige, übergiebelte Risalite zugänglichen Brunnenhäusern in romanischen Formen. Dem Hauptpumpwerk angeschlossen sind die Grundwasserwerke in Billbrook (1905) und Curslack (1928). – Ebenfalls von Lindley stammt die wohl erstmals auf dem Kontinent eine Rohwasserreinigung durch sog. Langsamfilter vorsehende Planung des **1. Altonaer Wasserwerks** (H.-Blankenese, Kösterbergstraße) von 1857–59, erweitert 1873–75 und 1884–88. Aus Lindleys Zeit stammen auch die renaissancistisch historisierenden Eingangsbauwerke der Hochbehälter. Eindrucksvoll erhebt sich auf dem Baursberg das 1913–14 nach Entwurf von Stadtbauinsp. Heil unter Mitarbeit der Architekten Schowell und Franke unter dem Aspekt eines »Aussichts- und Denkmalbaues« errichtete langgestreckte, durch zentralen Wasserturm akzentuierte neoklassizistische Gebäude der *Schnell-*

filteranlage mit offenen Reinwasserbehältern im OG. der Seitenflügel. Eisenbetonskelettkonstruktion mit ausgemauerten, urspr. mit steinmetzartig bearbeitetem Tuffsteinputz überzogenen Gefachen. – Die Ausdehnung des Versorgungsgebietes nach 1900 bedingte den Bau neuer *Hochbehälter,* verbunden mit der Stillegung der alten Reservoirs am Stintfang und an der Sternschanze sowie dem Abbruch des Behälters am Berliner Tor. Nach Entwurf von Wilhelm Schwarz, Mitarbeiter der H.er Stadtwasserkunst, entstand 1907–10 unter Nutzung der Fundamente des alten Erdbehälters auf der **Sternschanze** ein massiger, oktogonaler Neubau (größter Dm. 32 m, Ges.-H 59 m) für je einen eisernen Nieder- und Hochdruck-Hängebodenbehälter (je ca. 2350 cbm Inhalt), der 1924 erstmals, 1961 endgültig außer Betrieb gesetzt wurde. Während der Niederdruckbehälter über Ringanker direkt auf 24 Betonpfeilern auflagerte, übertrug eine zur besseren Aussteifung auch mit dem unteren Behälter verbundene Eisenskelettkonstruktion die Lasten des Hochdruckbehälters auf die Pfeiler. Analog dem inneren Aufbau zeigt das Äußere des Wasserturms bis zum Auflager des unteren Behälters nur spärlich von kleinen Fenstern durchbrochene Backsteinflächen. Im Bereich der Stahlkonstruktion lösen durchfensterte schmale Blendbögen die Kompaktheit auf. Über der bereits verschieferten Aussichtsgalerie oberhalb des Hochdruckbehälters überdeckt ein gebrochenes Pyramidendach den monumentalen Baukörper. – Kaiserzeitlich-röm. Architektur (in der Art des röm. Pantheons: 118–125, Hadrian) inspirierte den Entwurf des 1. Preisträgers, O. Menzel aus Dresden, in einem 1907 entschiedenen Wettbewerb für den 1912–15 erbauten **Wasserturm** im Stadtpark Winterhude. In dem monumentalen, gegenüber dem Vorbild in der Höhe gestreckten (64,5 m) Backsteingebäude lagerte auf 24 zur Rotunde gebundenen Betonpfeilern ein eiserner Hängebodenbehälter (Dm. 23 m, 3000 cbm Inhalt). Nach der Stillegung 1924 richtete die Stadt nach 1928 in dem Gebäude ein Planetarium ein. – Mit dem Groß-Hamburg-Gesetz von 1937 erhöhte sich mit den neu zu H. gehörenden Gemeinden auch die Zahl der *Wassertürme:* im Stil ma. Backsteinbauten der 1899–1900 errichtete Turm in **H.-Bergedorf** (Marnitzstraße); der Entwurf für das neoklassizistische Wasserwerk von 1914–16 stammt von Eduard Hagens, Bremen. Der 1910 nach Planung der Ziviling. Ludwig und Hermann Hannes errichtete Wasserturm (H 54 m; 1984 zum Wohnhaus umgebaut) in **H.-Lockstedt** (Lockstedter Steindamm, Süderfeldstraße) zeigt eine für die Installation von Intze-Behältern (500 cbm) typische, wenn auch historisierend verfremdete Kontur mit konischem Schaft (28 m) und über gebogenen Konsolen auskragender Eisenfachwerkkonstruktion der Behälterummantelung. Ähnlich dem Bauwerk im Winterhuder Stadtpark besitzt der 1911–12 nach Entwurf von Max Stirn, Köln, für die Gemeinden **Stellingen-Langenfelde** erbaute Wasserturm (Högenstraße; Hängebodenbehälter 600 cbm; heute Wohnnutzung) eine in diesem Fall ma. Stadtbefestigungstürmen entlehnte Großform mit einer dem äußeren Halbzylinder stadtseitig vorgelagerten Schaufassade. Vorwiegend barocke Einflüsse prägen den nach Entwurf von Brünicke, Altona, 1911 als oktogonale Betonkonstruktion mit Klinkerverblendung vollendeten Wasserturm (600 cbm) in **Wilhelmsburg** (Groß Sand).

Entwässerung. Das in der Öffentlichkeit bekannteste Bauwerk der nach Planung von Lindley ab 1844 ausgeführten Stadtentwässerung ist das *Sieleinstieghaus* im Jugendstil (dat. 1904) unter dem Hochbahn-Viadukt am Baumwall. – Das für die Entwässerung des Billwerder Marschgebietes 1887–89 eingerichtete *Pumpwerk* erhielt bei der Erschließung neuer Industrieflächen und Ausweitung des Hafens 1914–15 einen neuen Standort in H.-Allermöhe (Allermöher Deich) bei Übernahme der masch. Einrichtung. Eine der zur Erstausstattung gehörenden zweizylindrigen Verbund-Dampfmaschinen von 1888 ist – stillgelegt – erhalten. – Die Frühzeit der seit dem 16. Jh. belegten Entwässerung des Marschgebietes dokumentiert die um 1730 errichtete *Schöpfmühle* im Freilichtmuseum Rieckhaus (Curslacker Deich 284).

Energieversorgung. H.s zentrale Energieversorgung begann mit einer von der Imperial Continental Gas Association 1844 in Betrieb genommenen, 1845 durch Sturmflut zerstörten und 1846 wiederaufgebauten, heute abgebrochenen *Gasanstalt* auf dem Grasbrook. Neoromanische Bauten erinnern an die ehem. Gasanstalt von Altona (Gasstraße). – Moderne neoklassizistische bzw. der frühen Moderne verpflichtete Architektur zeigen die *Kraftwerke* der H.ischen E-Werke in **Tiefstack** (C. Bensel, 1914–17, endgültiger Ausbau 1924; Ausschläger Allee) und Neuhof (F. Herold, 1924–27; Nippoldstraße).

Schlachthof. Südl. der Sternschanze (Schanzen-, Lager-, Kamp- und Sternstraße) entstand ab 1890–91 auf 5,3 ha großem Areal ein auch von der Nachbarstadt Altona benutzter Zentral-Schlacht- und Viehhof, im N seit 1903 durch den gleichnamigen Bahnhof begrenzt. An der Lagerstraße Verwaltungs- und Dienstgebäude, an der Schanzenstraße ehem. Schlacht- und Verkaufshallen mit meist neoromanischen Fassaden.

● **Markthallen.** Der zum Jahrhundertbeginn beiderseits der Deichtorstraße eingerichtete Blumen- und Gemüsemarkt erhielt 1911–14 zwei Markthallen, die zu den interessantesten Hallenkonstruktionen aus Eisen (Ausführung: Breest & Co., Berlin) der wilhelminischen Zeit zählen. Der vom Jugendstil geprägte vielgiebelige Baukörper der älteren **südl. Halle** setzt sich zusammen aus einem Mittelschiff (L 45,6 m, Spannweite 30,3 m), dem sich an den Enden rechtwinklig angeordnete Seitenschiffe (Spannweite 15,2 m) anlagern. Über dem Kreuzungspunkt der Mittelhallen (H ca. 17 m) erhebt sich ein turmartiger Dachreiter. Eher an Bahnhofshallen des 19. Jh. erinnert die basilikale, langgestreckte **Nordhalle.** Beide Hallen 1989 durch Josef Paul Kleihues mit Paul Kahlfeldt und Richard McLoughlin zu Ausstellungshallen umgebaut. – Der Entwurf von B. Hermkes (Ausführung Schramm und

Hamburg. St Pauli Fischhalle

Elingius) für die 1958–62 errichtete **Großmarkthalle** (Banksstraße) tradiert mit gewellter Kontur der Dächer und durchgängigen Fensterbändern die Moderne der 20er Jahre. – Das optische Zentrum des Altonaer Hafens bildet die 1895–96 durch die Abteilung für Zollanschlußbauten in Zusammenarbeit mit der für die architektonische Gestaltung zuständigen Hochbauabteilung beim Stadtbauamt unter Leitung von Bauinsp. Brandt als Markt- und Auktionshalle errichtete **St. Pauli Fischhalle** (St. Pauli Fischmarkt) mit urspr. 1500 qm Grundfläche (50 × 30 m), durch beidseitige Anbauten 1906 symmetrisch auf 100 m Länge erweitert. Historisierende Backsteinfassaden umschließen eine filigrane basilikale Eisenkonstruktion von beeindruckender, fast sakraler Raumwirkung, besonders deutlich im Schnittpunkt von Längs- und zentralem Querschiff ausgeprägt. Nach notdürftigem, auf die Kuppel verzichtendem Wiederaufbau nach Kriegszerstörung erfolgte 1983–84 die Grundsanierung und Rekonstruktion der Originalform.

Industrie.

H.-Altona. Die Entwicklung der 1879 gegr. **Holsten-Brauerei** (Holstenstraße) zu einem Großunternehmen belegen vor allem die nach Planung von Anton Landgräber, Wiesbaden, entstandenen Bauten: Schwenk- bzw. Versandhalle, Eisenbetonskelett mit Backsteinausfachung, 1911; Sudhaus, Treberhaus und markanter Treppenhausturm als Geschoßbauten in Eisenbetonskelettkonstruktion, die Backsteinverblendung durch Putzflächen aufgelockert, 1912–13; ebenfalls von 1912–13 Gärkelleraufbau und Maschinenhaus. – Verm. von Johann L. Langeloth, Frankfurt a. M., stammen die ma. Formen tradierende Backsteinrohbauten der beiden Mälzereigebäude (1882 bzw. 1892) der **Elbschloßbrauerei Nienstedten** (Elbchaussee 372) mit prägnanten, durch Pilaster dreigeteilten Giebeln. Von Christian F. Hansen das klassizistische, durch übergiebelten Säulenportikus zentrierte Direktionsgebäude, 1803–06 – urspr. für den Kaufmann Johann H. Baur erbaut. – Noch romanisierend die Doppelgiebelfassade der Gießerei- und Drehereihalle (Schaar & Hintzpeter, Altona; 1901) der 1868 gegr. **Schiffsschraubenfabrik und Eisengießerei Theodor Zeise** (Friedensallee). – Typischen, an norddt. Backsteingotik angelehnten Industrie-Jugendstil zeigt das Fabrik- und Kontorgebäude (Bauunternehmen Glocke & Göttsch, 1903) der 1882 gegr., 1896 durch die L. C. Oetker Marzipanfabrik übernommenen **Dt. Globe-Hufnagelfabrik** (Friesenweg 4). – Bereits anachronistisch in einer schon durch sachlichen Betonbau geprägten Zeit wirkt das in aufwendig romanisierendem Industrie-Jugendstil im Wechsel von Backstein und Putz erbaute Lagergebäude (F. Neugebauer, 1908) der 1889 gegr. **Farben- & Lackfabrik Max Leonhart & Co.** (Holstenwiete). – Die Hauptfassade der dreischiffigen Halle (F. Beyerstedt, 1902) der **Ottenser Maschinenfabrik J. F. Ahrens** (Schützenstraße) zentriert ein an Bahnhofsbauten des späten 19. Jh. erinnernder Risalit.

H.-Eimsbüttel. Vielgestaltige Backsteingliederung zeigen die Putzfassaden der **Carl Schmidtschen Mietfabrik** (Eppendorfer Weg 87a), 1906 nach Planung von Heuer & Mathies ausgeführt durch das Baugeschäft Neugebauer & Schybilski. – Insges. konservativ neoromanische Fassaden, mit ersten Ansätzen, die Konstruktion außen sichtbar zu machen, zeigt das durch übergiebelten Risalit, burgartigen Treppenhausturm und Schornstein-Wasserbehälter akzentuierte, 1902–03 nach Planung des Ing.-Büros Gustav Schrader errichtete Gebäude der ehem. **Tabakfabrik von Johann Wilhelm von Eicken** (Hoheluftchaussee 95). Von gleicher gestalterischer Auffassung das Kessel- und Maschinenhaus (Gustav Schrader, 1902–03).

H.-Harburg. Das 1919 geplante monumentale, der Straßenbiegung folgende ehem. Verwaltungs- und Produktionsgebäude (Harburger Schloßstraße) und die weitgehend um 1900 errichtete Fabrik (Lauenbrucher Deich) der **F. Thörls Vereinigte Harburger Oelfabriken AG** bilden die letzten baulichen Zeugen der zu Anfang des 20. Jh. größten Ölindustrie des Kontinents. – Eindrucksvoll der in den 1870er Jahren begonnene Komplex von Backsteinrohbauten (Neuländer Straße, Nartenstraße) mit Erweiterungen von 1907–09 durch das Arch.- und Ing.-Büro H. Hagn & Söhne östl. und westl. und zwischen 1905 und 1912 entstandenen Bauten nördl. des Kernbaues der ehem., 1856 als erste dt. Hartgummifabrik gegr. **Harburger Gummi-Kamm-Co.,** heute genutzt durch die New York-Hamburger Gummi-Waaren-Comp. – Von ähnlicher Architektur die 1890 entstandenen Bauten der ehem. **Hamburger Wollkämmerei** (Reiherstieg, Bei der Wollkämmerei). – Im SW des Bhf. Harburg dominiert der Komplex der 1856 gegr., um 1900 zum Großbetrieb ausgebauten **Gummiwarenfabrik Albert & Louis Cohen** (heute Phoenix AG, Hannoversche Straße) mit massigen Backsteinrohbauten, die meisten ausgeführt von dem Baugeschäft August Prien, 1903–06.

H.-Wandsbeck. Den qualitätvollsten Industriebauten des Expressionismus zuzurechnen ist der von Fritz Höger 1926 entworfene, 1927–29 errichtete Klinkerbau für die **Zigarettenfabrik Haus Neuerburg** (Walddörferstraße 103).

H.-Mitte. Ebenfalls von Höger stammt das hier exemplarisch für die zahlreichen Kontorhäuser ● genannte **Chilehaus** (Burchardtplatz) von 1921–24 mit seiner den Expressionismus symbolisierenden spitzwinkligen Ecklösung. – An der Billwerder Bucht (Ausschläger Elbdeich 72), den großen Speicherbauten ähnlich, das Fabrik- und Lagergebäude, 1889–90, der **Speiseölfabrik Verein Dt. Oelfabriken.** – Beachtenswert unter den ab 1890 entstandenen Bauten der Kokosbutterfabrik Heermann & Co. (Billbrookdeich 115) ein noch dem Jugendstil verhafteter Wasserturm der **Neuen Ölfabrik** (Gustav Kraus, 1909–10). – Moderne Industriearchitektur vom Anfang des 20. Jh. vertritt das am Billwerder Neuen Deich dominierende Gebäude der ehem. **Sackfabrik Max Bahr** (um 1910, H. Hagn). Von ähnlicher Architekturauffassung die **Mietfabrik J. J. M. Hoeppner** (Glashüttenstraße 78) von Claus Meyer (1907–08) und der **Industriehof Carl Th. Schröder** (Hammerbrookstraße 93) von Albert Lindhorst, 1906. – Von 1908–09 stammen die von G. Schrader entworfenen Gebäude der **Geldschrankfabrik H. C. E. Eggers** (Kolumbusstraße 8) mit dreischiffig basilikaler Halle in Eisenfachwerkkonstruktion. In eher traditionellen Formen der Jahrhundertwende die Bauten der 1831 gegr. **Schokoladenfabrik Reese & Wichmann** (Wendenstraße 130), als Einheit entworfen von Th. Speckbötel (1908).

H.-Nord. Zu den großen Unternehmen Hamburgs gehörte das aus dem 1865 gegr. Ing.-Büro Nagel & Kaemp 1875 entstandene **Eisenwerk vorm. Nagel & Kaemp** am Osterbeckkanal (Jarrestraße), bekannt als Kranbauanstalt, dessen verbliebene Werkhallen aus dem 1. Viertel des 20. Jh. heute kulturell genutzt werden. – In barockisierenden Jugendstilformen das Fabrikgebäude der **Konsum-, Bau- und Sparverein Produktion eGmbH** (Hegestraße 34), nach Entwurf von G. Lehne (1911). – In den neoromanisch geprägten Bauten (Fabrikgebäude 1871–73, um 1885 und 1906–07; Kesselhaus 1896) der ehem., 1856 gegr. **Dt.-Amerik. Gummiwaaren-Fabrik** (Maurienstraße) befindet sich das Museum der Arbeit im Aufbau.

Lit.: Hamburg und seine Bauten, 1890, 1914; Maak; Frühauf; Slotta I; Merkl 248/267/278/286; BW 1911/14/16; ZBV 1895/97/99/1901/02/04/06/18/19; BgwZ 1912; DB 1884/85/1906/09/10/12/28; IB 1912/29; VDI 1893.

Hameln (Hameln-Pyrmont/G 5) NS

Im S der Stadt überquerte die am 31. 10. 1897 eröffnete, inzwischen stillgelegte Bahnlinie Barntrup–Hameln die Weser auf einer eisernen **Fachwerkträger-Brücke** über fünf Öffnungen (Stütz-W 52,5-71,6-71,6-35,5-35,5 m) mit Halbparabel- bzw. Parallelträgern. – Auf dem **Güterbhf.** ein *Lokringschuppen* etwa aus gleicher Zeit. In der Nähe (Marientalerstraße) neoromanische *Produktionsgebäude* der Fa. Siebeck, Eisen- und Hartgusswerk, um 1890. – Als Ersatz einer seit 1731/33 existierenden Schleuse entstand 1868–71 nach Planung von Wasserbau-Kondukteur Beckering unter Wiederverwendung des alten Kammerauskleidungsmaterials eine neue Anlage **(Alte Schleuse),** deren Kammerabmessungen (L zwischen Drempelspitzen 56,66 m; B 11,1 m) den Maßen der unterhalb H.s verkehrenden Dampfboote angepaßt war. Die urspr. Drehbrücke verändert, die Schleuse 1892 verlängert. – Am Rande der Altstadt in beherrschender Lage entstand 1893–95 nach Plänen von August Lingemann, Hannover, für die Wesermühle F. W. Meyer an Stelle der alten **Pfortmühle** (Sudetenstraße) für die 1886 durch eine Mehlstaubexplosion zerstörte Anlage von 1884–85 eine **Roggenmühle** in Backstein mit Werksteingliederung, akzentuiert durch Kolossalpilaster und weitauskragendes Konsolgesims (heute umgenutzt). – In H.-Tündern als Landmarke wirkend eine **Erdholländerwindmühle** von 1883 mit Flügelkreuz und kompletter Betriebseinrichtung.

Lit.: ZA + IVH 1873/92; ZBV 1897; VDI 1886/87; Mende, 1990.

Hamm in Westfalen (Hamm/G 3) NW

Bahnhof. Nachdem sich der Bhf. um 1900 zum Knotenpunkt von acht Fernstrecken entwickelt hatte, mußte 1910 das festungsähnliche *Emp-*

fangsgebäude in Insellage von 1848 einem Neubau weichen, der mit kriegsbedingter Verzögerung erst am 15. 10. 1920 in nun nicht mehr zeitgemäßer neobarocker Architektur dem Verkehr übergeben werden konnte. Im Zentrum der langgestreckten symmetrischen Stadtfront die überhöhte Eingangshalle mit kolossaler Pilasterordnung, flankiert von Seitentrakten, deren Eckpavillons das Pilastermotiv übernehmen. – Am Ortsrand von H.-Berge zwei **Wassertürme,** Stahlbetonkonstruktionen der 1940er bzw. 1950er Jahre. – Die 1902 gegr., bis in die 1970er Jahre betriebene *Ziegelei H.-Kump* ist mit ihrem **Ringofen** lediglich noch als Ruine zu besichtigen.

H.-Bockum-Hövel

● **Zeche Radbod.** Schacht 1/2/5 (Hövel). Wie in vielen Teilen des Ruhrgebietes begann in H. eine intensive wirtschaftliche Entwicklung in Abhängigkeit vom Steinkohlebergbau, der kurz nach der Jahrhundertwende die Stadt erreichte. 1905–06 wurde die Doppelschachtanlage (Schächte 1/2) der Zeche Radbod in H. abgeteuft, deren baugleiche dt. Strebegerüste, Bauart Klönne, zusammen mit dem in gleicher Flucht stehenden Gerüst von 1925 (Schacht 5) ein eindrucksvolles Ensemble bilden. Zwei orig. Fördermaschinen erhalten.

H.-Werries

Ehem. Zeche Maximilian. Auf dem 1899 durch die Oberpfälz. Eisenwerkges. Maximilianshütte, Sulzbach-Rosenberg, erworbenen Grubenfeld mußte nach Beginn der Abteufarbeiten 1903 die Förderung bereits 1914 infolge Wassereinbruchs eingestellt werden. Die aus dieser Zeit stammenden Tagesanlagen – neoromanische Maschinenhalle zu Schacht 1 vor 1908, neoklassizistisch geprägte Kohlenwäsche, Verwaltungs- und Kauengebäude von 1913–14 – werden heute durch die Kommunalverwaltung und als Versammlungsstätte genutzt.

Lit.: Matzanke, 1986; Berger II.

Hammelburg (UFr./Bad Kissingen/K6) BAY

Bahnhof. Bei der Weiterführung der am 1. 7. 1884 eröffneten Lokalbahn Gemünden a. M.–H. nach Bad Kissingen (eröffnet 14. 4. 1924) erhielt H. ein neues, repräsentativ in Rotsandstein ausgeführtes *Empfangsgebäude.* – **Kalkofen** (An der Leite). An den Hang gebauter zylindrischer Kalkofen der Jahrhundertwende mit Kaminerhöhung und geschlossener Beschickungsbrücke aus der 2. Hälfte des 20. Jh.

Hamminkeln-Ringenberg (Wesel/G2) NW

Im Vergleich zu der kleinstädtisch-ländlichen Umgebung verhältnismäßig aufwendig in Anlehnung an norddt. Backsteingotik symmetrisch mit übergiebelten Seitenrisaliten um 1900 errichtetes Betriebsgebäude der **Brennerei Bovenkerk** (Hauptstraße).

Lit.: Dpfl. NW/RL.

Hanau (Main-Kinzig-Kreis/K5) HS

Bei der Kanalisation des Mains wurde am Ufer ein verm. 1869 von der Hanauer Maschinenfabrik Pelissier hergestellter gußeiserner **Handkurbelkran** (1893 im Sockel dat.) ähnlicher Bauart wie in → Frankfurt a. M.-Höchst neu installiert. – Aus der 1851 von Wilhelm Carl Heraeus übernommenen **Einhorn-Apotheke** entstand nach der Entwicklung eines neuen Verfahrens zum Schmelzen von Platin 1856 in der **Platinschmelze W. C. Heraeus** eines der größten Hanauer Industrieunternehmen, das sich hist. am besten noch in dem Betriebs- und Verwaltungsgebäude (Heraeusstraße) darstellt. Von W. C. Heraeus in Auftrag gegeben die nach der Gartenstadtidee von Emil Deines, Karlsruhe, geplante, 1906–07 realisierte *Arbeitersiedlung* am Hasenpfad. – Provinziell konservativ noch in Formen der Neurenaissance um 1880 ausgeführt Verwaltung und Wohnhaus der 1900 an die Wilhelmstraße verlagerten **Juwelen & Bijouterie-Fabrik Wilhelm Schwahn.** – Von qualitätvollerer Neurenaissance dagegen die Fabrikantenvilla (Nordstraße) der ehem. **Maschinenfabrik Weinig,** um 1890. – In dem 1906 fertiggestellten Komplex von Badeanstalt und E-Werk (H.-Großauheim, Pfortenwingert) befindet sich heute das **Museum Großauheim, Landwirtschaft, Handwerk und Industrie.**

Wassertürme. Gleichzeitig mit dem Umbau des *Schlosses Philippsruhe* (H.-Kesselstadt, Philippsruher Allee) 1875–78 wurde ein der Versorgung der großen Fontäne im Schloßteich dienender Wasserturm im spätklassizistischen Geschmack der 1870er Jahre in zweifarbigem Backsteinmauerwerk über rustiziertem Sockel errichtet. – Als Kennzeichen für den ehem. Standort des dank bedingungsloser Durchsetzung sog. Bürokratiesachzwänge abgebrochenen **Laufwasserkraftwerkes Kesselstadt** erhielt der 1890 für das **Wasserwerk 1** in Backstein mit renaissancistischen Anklängen für einen Intze-Behälter (500 cbm) errichtete Wasserturm (Kesselstädter Straße) neue Bedeutung. – Der in den späten 1920er Jahren bei progressiven Architekten wiedererwachten Lust an ma. Wehrbauten entsprang die Architektur des 1938 erbauten *Wasserturmes in H.-Steinheim* (Darmstädter Straße). – Initiiert durch die Eingemeindung Kesselstadts 1907 und die zu erwartende Stationierung der Eisenbahnregimenter II und III bis 1912 errichtete H. ein in der Architektur dem Darmstädter Jugendstil verpflichtetes *Wasserwerk* (Burgallee) im Kesselstädter Wald. – Der als Backsteinrohbau 1890 für die *Hanauer Pulverfabrik* erbaute ehem. Wasserturm in H.-Wolfgang (Aschaffenburger Straße) verbirgt hinter schuppenartiger Blechverkleidung des polygonalen Kopfes neben einem 200 cbm fassenden Intze-Behälter die orig. techn. Ausstattung. Ein baugleicher Behälter steht auf dem Areal der Degussa (Rodenbacher Chaussee).

Gleichzeitig mit der Eröffnung der Strecke Frankfurt a. M.–H. der Frankfurt-Hanauer Eisenbahn am 10. 9. 1848 konnte auch das verm. von Julius E. Ruhl, Kassel, in zeitgemäß spätklassizistischem Rundbogenstil entworfene **Empfangsgebäude** H.-Wilhelmsbad (Burgallee) in Betrieb genommen werden. – Staatl. preuß. Arbeiterwohnungsbau dokumentiert das sog. **Bahnhaus** als einziges erhaltenes Gebäude der 1875–80 für die Kgl. Pulverfabrik in Wolfgang (Vor der Pulvermühle) erbauten Arbeitersiedlung.

Lit.: BZWü 1908; Schaffer-Hartmann.

Handorf (Lüneburg/D 7) NS

Zu Wohnzwecken umgenutzter, eckig taillierter, reetgedeckter **Galerieholländer** von 1868–69 auf oktogonalem Backsteinsockelgeschoß.

Hanekenfähr (Emsland/F 3) NS

Nachdem sich Hannover und Preußen 1820 vertraglich gebunden hatten, die Ems von der preuß. Grenze bis zur Mündung, bzw. flußaufwärts, einschl. einer Verbindung zum Rhein, schiffbar zu machen, baute Hann. bis 1836 den etwa 30 km langen *Ems-Seitenkanal* von H. südl. von Lingen bis Meppen. Von den urspr. vier Schleusen blieb nach Anlage des 1899 fertiggestellten → Dortmund-Ems-Kanals und dessen Ausbau zur Großschiffahrtsstraße ab 1954 lediglich die **Schleuse** am H. mit Wasserstandsmarken und Wappensteinen des Hauses Hann. (dat. MDCCCXXIV [= 1824]) erhalten.

Lit.: Slotta I.

Hannover (Hannover/F 6) NS

Aus einer in begünstigter Lage an Leinefurt und der Handelsstraße Lüneburg–Hildesheim entstandenen, 1022 als »vicus Honovere« erwähnten Siedlung entwickelte sich im Spät-MA ein bedeutender Markt- und Umschlagplatz. Ab 1636 Residenzstadt des Hzgt. Calenberg, das 1692 unter Ernst August zum Kurstaat Braunschweig-Lüneburg aufstieg. Stagnation der Entwicklung während der Personalunion (1714–1814) mit England. Unter preuß. Herrschaft (Schlacht von Langensalza 1866) begann die planmäßige Erweiterung der Stadt, die sich noch in der 2. Hälfte des 19. Jh. durch Eisenbahn und Industrieansiedlungen zu einem norddt. Wirtschaftszentrum wandelte. Die Rückschläge durch 1. und 2. Weltkrieg konnten durch den nach zeitgemäß modernsten Erkenntnissen des Städtebaues ausgeführten Wiederaufbau ausgeglichen werden.

Bahnanlagen. Nach bescheidenen Anfängen mit der Eröffnung der Strecke Hannover–Lehrte am 22. 10. 1843 durch die Hann. Staatsbahn bildete der Bhf. H. bald die Durchgangsstation für die Hauptlinien Berlin–Köln und Hamburg–Kassel sowie den Endpunkt der Seitenlinien nach Bremen und Altenbeken. Diese Überlastung erzwang bereits Anfang der 1860er Jahre Überlegungen für eine grundlegende Umgestaltung der Bahnanlagen, die schließl. unter der Gesamtleitung von Oberbaurat Grüttefien 1874–81 durch Seeliger und Hesse, verantwortlich für den bahntechn. Teil, und die Reg.-Bmstr. Multhaupt, Plate, Bremer und Steinvorth für die Hoch- und Kunstbauten (mit Ausnahme des Empfangsgebäudes) unter genereller Höherlegung des Trassenniveaus ausgeführt wurden. – Der seinerzeit vielbeachtete, heute trotz kriegsbedingter Beeinträchtigungen zu den eindrucksvollsten dt. **Empfangsgebäuden** (Ernst-August-Platz) zählende Nachfolgerbau des nach Entwurf von Friedrich A. Stüler durch Schwarz errichteten, 1847 eröffneten ersten *Bahnhofs* wurde nach den von Hubert Stier 1874 gefertigten Entwürfen 1877–79 »in Ziegel-Reinbau ausgeführt. Die Außenwände sind mit Greppiner Ziegeln von gelber Farbe, unter angemessener Verwendung von Terrakotten ... Die Gesimse und feineren Architektur-Theile sind größtentheils aus einem lichtgrauen, feinkörnigen, sehr festen Sandstein ... hergestellt« (ZA + IVH, 1886, S. 143). Das zeitgenössisch als das Meisterwerk der »Hochrenaissance« in H. eingestufte Empfangsgebäude übernimmt mit der Baukörperdifferenzierung von drei durch Zwischentrakte verbundenen Pavillons, der mittlere durch Kolossalbögen betont, das in der Frühzeit der dt. Eisenbahn für Hauptbahnhöfe entwickelte Gestaltungsprinzip. Erstmals in Deutschland in monumentaler Form kreuzungsfreier Fahrgast- und Schienenverkehr durch Untertunnelung des Gleisfeldes. – An der Schmalseite im SO des Ernst-August-Platzes (Joachimstraße) in gegenüber dem Stierschen Bau ausgeprägterer Neurenaissance das nach Entwurf von Friedrich Hitzig 1870–72 ausgeführte Gebäude der kgl. **Eisenbahnverwaltung** (Traditionsbau). – Im Zusammenhang mit der erneuten Umgestaltung der Eisenbahnanlagen 1906–09/12 entstanden auch das stilistisch der norddt. Backsteingotik entlehnte **Verwaltungsgebäude** in der Lavesstraße sowie einige Bahnhofsneubauten in den Vororten: vorwiegend neobarock geprägt der **Bismarck-Bahnhof** (Mainzer Straße) von 1911; mit barocken Elementen der symmetrisch durch zentralen übergiebelten Eingangsrisalit aus Bossenmauerwerk und seitliche Treppenhäuser gegliederte **Leinhäuser Bahnhof** (Herrenhäuser Straße) nach Entwurf von G. Bär (1908); in den Bahndamm integriert das **Empfangsgebäude Kleefeld.** – Im Stadtgebiet zahlreiche, im Zeitgeschmack dekorierte **Bahnüberführungen** zumeist der zweiten Ausbauphase in Guß- bzw. Profileisen und Steinkonstruktion, u. a. Altenbekener Damm, Wiener Straße, Borriesstraße, Gustav-Brandt-Straße, Bultstraße, Vinnhorster Weg, Stammestraße, Kleestraße, Berckhusenstraße. – Mit zweigeschoss., durch Lisenen und Rundbogenfenster gegliederter Backsteinfassade beherrschen die zwei in den 1890er Jahren aneinandergebauten, halb- bzw. viertelkreisförmigen **Lokschuppen** die Ecke Stadt- und Bultstraße.

H.-Zentrum und Vorstädte

Als erste dt. Stadt erhielt H. 1824 ein **Gaswerk**, das bis zum 1. Weltkrieg von der Imperial Continental Gas Association, danach von der Stadt bis zur Einstellung der Gaserzeugung bei Umstellung auf Ferngas betrieben wurde. Der als Kantine umgenutzte polygonale, an romanische Baptisterien erinnernde Gasbehälterbau (Glockseestraße) entstand kurz nach 1882. – Von den Bauten des 1897 in barockisierenden Formen geplanten **Abwasserpumpwerkes** auf dem O-Ufer der Leine (Königsworther Straße 14) haben sich noch einige Pavillons erhalten. – In der Kestnerstraße der ab 1873 von Louis Frühling errichtete Backsteinbau der 1850 gegr. Geschäftsbuchfabrik von **J. C. König & Ebhardt** (heute Esselte Dymo). – Als eines der Hauptwerke Fritz Högers und der expressionistischen Architektur überhaupt kann der verklinkerte, durch prismatische Wandvorlagen gegliederte Stahlskelettbau des **Anzeiger-Hochhauses** (Goseriede) von 1927–28 gelten. – Von kastellartiger Wirkung ist der um 1895 erbaute neogotische *Lagerbierkeller* (Südstadt, Hildesheimer Straße/Altenbekener Damm) der hier 1872–78 entstandenen Lagerbierbrauerei der **Brauergilde Hannover.** Ihm ähnlich, jedoch durch Umbauten formal vereinfacht, das nahe liegende *Sudhaus*.

H.-Anderten

Für den 1915–16 bis zum Misburger Hafen fertiggestellten Mittellandkanal entstand 1919–28 die damals größte **Binnenschiffahrtsschleuse** Europas (Hindenburgschleuse) als Sparschleuse (insges. 50 Speicherbecken zur Reduzierung des Wasserverlustes beim Schleusungsvorgang) mit zwei Kammern (L 225 m, B 12 m, T 15 m, Hubtore am Unterhaupt, Klapptore am Oberhaupt). Die Wasserbewegung wird von 20 oberirdischen Ventilhäuschen aus gesteuert, mittels Pumpen im Maschinenhaus auf der Westseite des Unterhauptes wird der bei der Schleusung entstehende Wasserverlust von 25 % ausgeglichen. – Im Stadtgebiet etliche **Brücken** über den Kanal.

H.-Brink-Hafen

Für das 1911 in Betrieb gegangene städt. Wasserwerk im Allertal bei Elze entstand gleichzeitig

● ein **Wasserturm** (Vahrenwalder Straße) für einen genieteten, von 140 Stahlgußsäulen getragenen Intze-Behälter von 4100 cbm Fassungsvermögen – seinerzeit der größte Behälter des Kontinents. Das von H. Schaedtler entworfene Bauwerk mit massivem, durch unregelmäßiges Buckelmauerwerk gestaltetem Schaft (Dm. ca. 24 m, H 46 m, Ges.-H ca. 62 m) und wehrgangartigem Kopf unter zwölfflächigem Pyramidendach orientiert sich an der Architektur ma. Wehrbauten.

H.-Bult

Von der durch Theodor Hecht entworfenen und R. Haering geplanten, 1879–81 nach franz. Vorbild ausgeführten Anlage symmetrisch in Reihen neben- und hintereinander geordneter Bauten des **Central-Schlacht- und Viehhofs** (Seligmannallee) überstanden allein das Verwaltungs- und Restaurationsgebäude die nach der Stillegung 1965–81 durchgeführten Abbruchmaßnahmen.

H.-Döhren

Nach Stillegung der D.er **Wollwäscherei und Kämmerei** 1973 (1868 als Wäscherei gegr., 1872 durch die Kämmerei vervollständigt) und Neunutzung des Areals durch die Neue Heimat markieren der spätgotischen Wehrbauten entlehnte *Uhrturm* und der ehem. *Verwaltungsbau* (Am Uhrturm), beide von 1909, den urspr. Standort des Unternehmens. An der Werrastraße Reste der ab 1869 entstandenen *Wohnkolonie*. In der Nähe (Am Leinewehr) das im 1. Jahrzehnt des 20. Jh. umgebaute *Wehr* von 1667 (→ Neustadt am Rübenberge).

H.-Herrenhausen

Großer Garten (Herrenhäuser Straße). Ab 1638 durch Landkauf vorbereitet, ließ Herzog Johann Friedrich nach 1665 Herrenhausen zur Sommerresidenz der Calenberger Herzöge mit großem Lustgarten ausbauen. Eine erste 1718 an dem dafür ausgeschachteten Ernst-August-Kanal installierte **Wasserkunst** ● wurde durch vier von unterschlächtigen Wasserrädern angetriebene Pumpen der Fabrik Egestorf in einem von Heinrich Hagen im Stil des romantischen Spätklassizismus entworfenen Gebäude (1862 bis 1864) ersetzt. Seit Installierung einer elektr. Umwälzpumpe für den Betrieb der großen Fontäne dient die Anlage zur Auffüllung

Hannover-Herrenhausen. Wasserkunst, Pumpwerk

der Graft. Aus der 1. Hälfte des 18. Jh. stammt die daneben liegende *Kammerschleuse* mit hölzernen Toren. – Von 1839–40 die von Georg L. F. Laves in Eisen konstruierte *Friederikenbrücke* über die östl. Graft. Weitere Brücken von Laves: die eiserne Fahrbrücke (1837) und die steinerne Augustenbrücke (1840) im Georgengarten sowie die Eisenbrücke (1843–44) im Welfengarten.

H.-Kleefeld

Auf künstlichem Hügel im Hermann-Löns-Park seit 1938 eine mehrfach translozierte, 1701 von Hans Behrendts auf dem Bärenrondell am Aegidientor errichtete **Bockwindmühle.**

H.-Leinhausen

Bei der Umgestaltung der gesamten Bahnanlagen begann 1874 auch die Ausführung des **Werkstätten-Bahnhofes** (Bundesbahn-Ausbesserungswerk, Einbecker Straße, Leinhäuser Weg) in Leinhausen mit der Wagenreparatur und einigen Häusern der u. a. nach Vorbild der Krupp-Siedlungen und Auswertung zeitgenössisch internationaler Literatur (Quellenhinweise in: ZA + IVH 1879) geplanten Arbeiterkolonie. 1875 folgten Schmiede, Lokomotiv-Reparatur, Imprägnieranstalt und Dreherei, 1876–77 die Mehrzahl der übrigen Bauten, 1878 das Eisenmagazin. Leitung Grüttefien und Durlach, Ausführung (bis Mitte 1875) Claudius, anschließend Schwering mit den Bauleitern Wiesner, Fahrenholz, Wesemann und Schwiening. Aus der Frühphase stammen die z. T. veränderte Lokomotiv-Reparatur (Fuhsestraße), Speisehaus, Wagenersatzteillager und Verwaltung, von 1885 die nach Brand 1881 neu errichteten Magazingebäude. Alle Bauten in zeitgemäßer Neoromanik als Backsteinrohbau. Von 1909 der *Wasserturm* für einen Klönne-Behälter mit gemauertem Schaft über Natursteinsockel. – An der Bahnlinie ein holzverschalter **Wasserbehälter** auf quadr. Stahlfachwerk-Konstruktion (1901) von Stahlbau Louis Eilers.

H.-Limmer

Schleusen- und Brückenbauten der zu Beginn des 20. Jh. angelegten Wasserwege prägen den Ort. Leineabstiegskanal: Schleusenanlage (Stockhardtweg) und eiserne Bogenbrücke mit abgehängter Fahrbahn (Schleusenweg), beide um 1910. Zweigkanal Linden: Hafenschleuse (Harenberger Straße) mit aufwendiger Beckensubstruktion und eiserne Bogenbrücke (Eichenbrink), die Fußwege durch massive Portale markiert. – Zwischen beiden Kanälen (Wunstorfer Straße) der ausgedehnte Komplex der 1897–98 hierher ausgelagerten Produktion der 1866 gegr. **Hannoverschen Gummi-Kamm-Comp.** (seit 1927 zu Continental gehörend). Aus der Umzugszeit weitgehend erhalten das mit übergiebelten Eckrisaliten symmetrisch angelegte neugotische Verwaltungsgebäude. In der Tradition des Vorkriegsklassizismus steht der 1916 von Franz Otto Lutz entworfene, 1920–22 ausgeführte Fabriktrakt am Zweigkanal Linden.

H.-Linden

Für die 1878 eingeweihte erste, aus der Ricklinger Marsch gespeiste hann. Frischwasserleitung entstand 1876–78 unter der Leitung von Stadtbaurat Berg nach architektonischem Entwurf von Oskar H. Wilsdorff in aufwendiger (heute partiell reduzierter) Neugotik der beeindruckende **Zweikammer-Hochbehälter** (Am Lindener Berg) mit einem Fassungsvermögen von 10000 cbm Wasser. Im Inneren modernisiert.

H.-Linden-Süd

Hanomag (Hanomagstraße). Die 1835 von Georg Egestorff gegr. Gießerei und Maschinenfabrik erzielte erste größere unternehmerische Erfolge mit der Aufnahme der Lokomotivproduktion ab 1846. Nach Verkauf an ein Bankenkonsortium 1871 wurde die Firma in die Hann. Maschinenbau AG umgewandelt. Noch aus dem späten 19. Jh. stammt die elfgiebelige Halle der Lokomotivdreherei, von 1903 das von G. Phillips entworfene Verwaltungsgebäude mit dominanter Kuppel und repräsentativem Treppenhaus, von A. Sasse die »Kanonenwerkstatt« in Sichtmauerwerk mit dekorativen Majolika-Applikationen um eine eingestellte Eisenkonstruktion aus dem Jahre 1916, von Heinrich Neeren noch im funktionalen Neoklassizismus der Vorkriegszeit die ehem. Pflugbauwerkstatt aus den Jahren 1922–23, von R. E. Mewes in der Tradition der 20er Jahre 1939–40 gebaut ein ausgedehnter Trakt an der Göttinger Straße. – Am Schlorumpfsweg Reste der während des 1. Weltkrieges entstandenen Bauten von Peter Behrens für die **Hann. Waggonfabrik AG.**

H.-List

● **H. Bahlsen** (Seidelstraße, Listerstraße, Podbielskistraße). Die ersten Fabrikationsgebäude der 1893 von der Friesen- in die Listerstraße umgezogenen Leibniz-Cakesfabrik entstanden durch die Baufirma Riesle & Rühling, die auch nach eigenem Entwurf von 1903 die große Erweiterung von 1909–11: Verwaltungsgebäude, Feuerwache und Produktionsgebäude mit Fassaden von Karl Siebrecht, ausführten. Stadtbildprägend an der Podbielskistraße das neoklassizistische, die Architektur der 1930er Jahre vorwegnehmende Verwaltungsgebäude mit Vorsatzschale in Bruchsteinmauerwerk und akzentuierendem Wasserturm. An der Listerstraße – ausgeführt »mit deutschen Klinkern von warmer brauner Färbung und in guter klarer Backsteintechnik, fast unter Verzicht auf jede Profilierung ..., so daß die Bestimmung des Gebäudes klar zum Ausdruck kommt« (Zentralblatt für das deutsche Baugewerbe 40, 1916, S. 392) – Fabrik mit übergiebeltem, von turmartigen Risaliten flankiertem Haupteingang neoklassizistischer Formensprache. Über den Eingängen figürliche, der dt. Märchenwelt thematisch entlehnte Terrakottafriese nach Modellen von Georg Herting; von ihm auch der Hänsel-und-Gretel-Brunnen. In der Kraftzentrale zwei Dampfmaschinen von 1909 und 1910 (K. & Th. Möller, Brackwede) mit
● Gleichstromgeneratoren der AEG. – **Pelikan AG** (Podbielskistraße). Nach Entwurf von Otto Taak 1904–06 errichtete Dreiflügelanlage mit zentral in den Hof gestelltem Kesselhaus als Eisenbetonskelettkonstruktion in retardierenden Formen der 1890er Jahre für die Fabrikationsgebäude. Viergiebelige, vom Jugendstil beeinflußte Kopfbauten für das 1838 gegr. Unternehmen mit Erweiterungen von 1913–14. Durch spätere Umbauten formale Reduzierung. In der Zentrale eine Dampfmaschine der Fa. Hartmann, Chemnitz, von 1927.

H.-Misburg

Ehem. **Wasserwerk** (Alte Peiner Heerstraße). Ein qualitätvoller, durch Prismenvorlagen ausgezeichneter Klinkerbau des Expressionismus nach Entwurf von Friedrich Fischer, H.

H.-Ricklingen

Seit dem MA verbindet der **Schnelle Graben** (Frickeweg) zur Regulierung des Mühlenbetriebswassers und als Hochwasserfluter Leine und tiefer liegende Ihme. – Das heutige **Wehr** entstand 1739–45 in Sandsteinmauerwerk. Am S-Ufer das 1921 nach Entwurf von Paul Wolf errichtete Wasserkraftwerk. – Die Trasse der ehem. Bahnlinie H.–Altenbeken markiert der Ohedamm mit genieteten **Eisenfachwerk-Brükken** über Ihme und Leine von 1872; in der Trasse der 1909 eröffneten Güterumgehungsbahn bemerkenswert die zweifeldrige Eisenfachwerk-Brücke über die Ihme.

H.-Vahrenwald

Continental Gummi-Werke (Vahrenwalder Straße, Philipsbornstraße). Für die 1871 gegr. Continental-Caoutchouc- und Gutta-Percha-Compagnie entstand nach Entwurf von Peter Behrens 1912–14 (im Ausbau 1920 vollendet) ein »wuchtiger, zweckentsprechender«, axialsymmetrisch geordneter Verwaltungsbau in spannungslosem, die öffentl. Präsentationsarchitektur der 30er Jahre maßgeblich vorbereitenden Neoklassizismus. In der Tradition fortschrittlicher Industriebauten aus der Zeit vor dem 1. Weltkrieg stehen die 1923/36/39 mit geschwungener Grundrißkontur in dunkelrotem Klinkermauerwerk errichteten Produktionsbauten (Philipsbornstraße).

H.-Vinnhorst

Für die 1742 gegr. **Wachstuch- und Lederfabrik J. H. Benecke** entstand 1898 nach Plänen von Kersjis der historisierende Backsteinrohbau des Verwaltungsgebäudes (Beneckeallee), in unmittelbarer Nähe ein weiteres ehem. Verwaltungsgebäude, 1921–22 nach Entwurf von Hans Poelzig mit expressionistischer Klinkerfassade errichtet.

H.-Wülfel

Den historisierenden Gebäuden des ausgehenden 19. Jh. vorgelagert, prägen die nach Entwurf von Karl Fuhrmann und Karl Börgemann 1926 ausgeführten Eingangsbauten (Hildesheimer Straße 420) den Komplex der 1906 aus der Gutsbrauerei entstandenen **Lagerbier-Brauerei W.**

Lit.: Hannover. Führer durch die Stadt und ihre Bauten, 1882; Denkmaltopographie NS 10,1, 10,2, 1986; Slotta I/II; Mende, 1990; Merkl 274; DB 1877/79/1909; ZA + IVH 1879/80/83/86; NBZ 1913; BR 1915; IB 1910/19; ZBV 1927; Werner.

Hasloch. Eisenwerk Ph. Kurtz, Hammergebäude

Hasloch (UFr./Main-Spessart/K6) BAY

Eisenwerk Ph. Kurtz (Haslochtal). 1779 am Haselbach gegr. Eisenhammer, seit 1800 im Besitz der Familie und der letzte von ehem. 14 im Spessart während des 18./19. Jh. tätigen Hämmern. 1852 erweitert durch eine Gießerei und 1869 durch eine Maschinen-Werkstatt, die bis heute den Betrieb des Hammers absichern. Durch einen Hof getrennt spätklassizistisches Herrenhaus von 1835 und Schlafhaus sowie Hammergebäude (1978 restauriert) mit Aufwurfhammer (Bärgewicht ca. 170 kg, Schlagkraft ca. 500 kg) und Schwanzhammer (Bärgewicht ca. 135 kg, Schlagkraft ca. 300 kg), angetrieben durch oberschlächtige Wasserräder. Aus den 1850er Jahren erhalten ein Kastengebläse mit neugotischen gußeisernen Konstruktionsteilen. Der Wasserbau in der Form von 1902 wurde bei der Restaurierung 1978 erneuert. 1900 Einrichtung einer Stromerzeugungsanlage durch Siemens & Schuckert, Nürnberg. Heute hauptsächlich Herstellung von Glockenklöppeln durch zwei Hammerschmiede.

Lit.: 200 Jahre Eisenhammer im Haselbachtal. Festschrift Eisenwerk Ph. Kurtz. Hasloch 1979.

Hattersheim (Main-Taunus-Kreis/K4) HS

Das für die im 19./20. Jh. rasch wachsende Stadt Frankfurt a. M. beständige Problem der Wasserversorgung führte nach Ausschöpfung der Kapazitäten der Vogelsberg- und Spessartquellwasserleitung und der Grundwasserströme im Stadtwald nach 1900 zur Wasserprospektion im Vorgelände des Taunus außerhalb des eigentlichen Stadtgebietes mit so gutem Erfolg, daß sich Magistrat und Stadtverordnetenversammlung 1906 zum Bau eines **Grundwasserwerkes** in der Gemarkung H. (Wasserwerkchaussee) entschlossen. 1908–09 nach Entwurf von Hans Dasen, der auch die Erweiterung der Frankfurter Kläranlage geplant hatte, mit Maschinen- und Kesselhaus sowie Kohlebunker in Formen des Jugendstils ausgeführt, 1927 in der Maschinenhalle erweitert bei gleichzeitigem Ersatz der urspr. Maschinenanlage durch eine heute noch betriebene Dreifach-Expansions-Dampfmaschine (Dm. der Hoch-/Mittel-/Niederdruckzylinder 490/830/1300 mm, Hub 900 mm) mit Drillings-Differential-Plungerpumpe (Leistung 380–780 PS, max. Fördermenge 45 000 cbm/24 h) der DEMAG AG Duisburg.

Lit.: Die Dampfmaschine der Trinkwassergewinnungsanlage Hattersheim. Hrsg. Stadtwerke Frankfurt a. M., 1983.

Hattingen (Ennepe-Ruhr-Kreis/H2) NW

Nach wirtschaftlicher Blüte im 16. Jh. sank der bereits im MA wichtige Handelsplatz für Klingen und Tuche in die Bedeutungslosigkeit zurück, bis mit der Gründung von Eisenhütten Mitte des 19. Jh. ein erneuter wirtschaftlicher Aufschwung begann.

Bahnhof. An der am 28. 12. 1869 eröffneten Strecke Dahlhausen–H.–Heinrichshütte in Sandstein errichtetes spätklassizistisches Stationsgebäude mit gleisparalleler Addition unterschiedlicher Betriebseinheiten. Zum Ort ausgerichtet das zweigesch. eigentliche *Empfangsgebäude* mit kopfseitig axialem, die Arkadierung des EG. unterbrechendem Turm; die Seitenfassaden durch übergiebelte Risalite zentriert.

Ruhrschleuse (Schleusenstraße). Beim ersten Ausbau der Ruhr zu einer leistungsfähigen Wasserstraße 1776–78 entstand auch eine erste, hölzerne Schleuse, die im Zusammenhang mit einer generellen Modernisierung 1837–44 in Stein erneuert wurde (→Essen-Werden; mit Wärterhaus die Schleusenanlage in H.-Blankenstein). Nach dem fast vollständigen Erliegen der Ruhrschiffahrt infolge Fertigstellung der Berg.-Märk. Eisenbahn 1875 wurde die H.er Schleuse ab 1905 als Wehrkanal für das betriebseigene Kraftwerk der direkt neben der Schleuse errichteten **Getreidemühle** genutzt. Das mächtige Silogebäude von 1902, ein Backsteinrohbau mit Lisenengliederung, Blendbögen und Zinnenkranz, gehört zu den ältesten industriellen Großbauten an der Ruhr. Neben den Mühlenbauten ein zur Mühle gehörendes spätklassizistisches Wohnhaus.

Thyssen-Heinrichshütte (Hüttenstraße). Ein 1987 ausgeblasener Hochofen von 1939–40 mit Gießmaschine und Winderhitzern in dem 1854 von Graf Heinrich zu Stolberg-Wernigerode gegr., heute zur Thyssen AG gehörenden Hüttenwerk.

H. Welper

Arbeitersiedlung (Müsendrei) der ehem., in den Tagesanlagen abgebrochenen Erzschachtanlage Müsen 3 vom Ende des 19. Jh. Repräsentiert die für den Werkswohnungsbau der Zeit typische Anordnung von Doppel- oder Reihenhäusern als Vorbild für die Siedlungskonzeption der sog. Gartenstadt.

Lit.: Slotta V,3: Die historische Schiffahrt auf der Ruhr; Paul II, NW 320/321; Dpfl. NW/WF.

Hatzfeld-Reddighausen HS (Waldeck-Frankenberg/I4)

Repräsentativer Fachwerkbau des ehem. **Hammerschlößchens**, eines durch Pfarrer Christian Frank 1836 an der Eder errichteten Hammerwerkes.

Lit.: Slotta I.

Hausach (Ortenaukreis/N3) BW

Bahnhof. *Empfangsgebäude* der am 2. 7. 1866 eröffneten Teilstrecke Offenburg–H. der Schwarzwaldbahn in typischer Ausführung bad. Bahnhöfe der Jahrhundertmitte mit arkadiertem flachen Eingangstrakt zwischen zweigesch. Eckpavillons, Mittelrisalit, Gurtgesimsgliederung und Eckquaderung.

Hechingen (Zollernalbkreis/N5) BW

Im Schnittpunkt von Hohenzollernbahn (Tübingen–Hechingen, eröffnet 29. 6. 1869, –Balingen, 1. 8. 1874) und Hohenzollerischer Landesbahn (Hechingen–Burladingen, 18. 3. 1901) gelegen, besitzt der **Bahnhof** zwei Stationsgebäude. Das *Staatsbahngebäude* von 1867–68 entspricht in Material (Natursteinmauerwerk) und Konzeption (zweigesch. durch arkadierten Risalit zentrierter Baukörper) einem bei den württ. Staatsbahnen oft ausgeführten Standardtyp. Das in Renaissanceformen aufwendiger gestaltete *Empfangsgebäude* der Landesbahn gliedern Mittel- und Eckrisalite mit rustiziertem EG., zwischen diesen von Rundbögen durchbrochenes Sandsteinmauerwerk. Über dem verputzten OG. mit Rechteckfenstern vermittelt ein Mezzanin zu einem flachgeneigten Walmdach über weit ausladendem Gesims.

Heide (Norderdithmarschen/B5) SH

Bahnhof (Rüsdorfer Straße). Spätklassizistisches *Empfangsgebäude* der am 22. 8. 1877 zwischen Neumünster und Karolinenkoog eröffneten Westholst. Eisenbahn mit zweigesch., durch Mittelrisalite in den Hauptfassaden differenziertem Stationsgebäude, das Rundbogenfenster, Eckquaderung und Lisenenrahmen (modern vereinfacht)

zeigt. Einseitig anschließend eingeschoss. Betriebsräume und Güterabfertigung. Durch Anschluß der Holst. Marschbahn von Itzehoe 1878 und der Zweigstrecke nach Büsum 1878/83 Entwicklung zum Eisenbahnknotenpunkt. – **Wasserturm.** Über zyklopischem Mauerwerk des Sockelgeschosses entwickelt sich der 1911 errichtete Turm, getrennt durch Blendbogenfries, als fast geschlossener Kegelstumpf in Klinkermauerwerk bis zu der konvex ausschwingenden Gesimszone, über der ein zylindrischer Kopf ein kupfergedecktes Zeltdach mit schlanker Lüfterlaterne trägt. Einseitig aus dem Behälterumgang auskragend das Treppenhaus.

Heidelberg (Heidelberg/L 4) BW

Carl-Theodor-Brücke. Als Ersatz einer 1784 durch Eisgang zerstörten, gedeckten Holzbrücke ließ Kurfürst Carl Theodor 1788 durch Mathias Maier eine neunbogige Steinbrücke (L 219 m; Spann-W bis zu 22 m) unter Verwendung der alten Strompfeiler neu errichten, die heute als ein bedeutendes Beispiel der Brückenbaukunst des ausgehenden 18. Jh. gilt. Bastionartige Rücklagen an zwei Pfeilern tragen die Statuen Carl Theodors und der Pallas Athene, 1788–90 von Franz Link geschaffen. Nach der Sprengung 1945 wurden drei Bögen nach hist. Vorbild wiederhergestellt, zwei weitere beim Ausbau der Neckaruferstraße angehoben. Stadtseitig dominiert das Brückentor, dessen frühklassizistischen Torbau zwei barock überfangene ma. Rundtürme flankieren. – **Molkenkurbahn** (Kornmarkt). ●
Nach fast zwei Jahrzehnten Diskussion um den Bau einer Bergbahn von der Stadt über das Schloß zur Molkenkur und von dort auf den Königstuhl konnte (nach Konzessionierung am 25. 6. 1888) am 30. 3. 1890 deren Einweihung gefeiert werden. Urspr. mit Wasserballastantrieb als Kombination von Drahtseil- und Zahnradbahn ausgeführt, überwindet die 1907 auf elektr. Antrieb umgerüstete, 1961–62 umfassend erneuerte Molkenkurbahn bei einer Länge von 488,91 m einen Höhenunterschied von 172,0 m und 25–42,5 % Steigung. Von der Station Molkenkur, in der sich die Antriebsaggregate befinden, fährt aus einer Perronhalle in Fachwerkkonstruktion über eine mehrjochige, im Jugendstil

Heide. Wasserturm

dekorierte Betonbrücke seit 1907 die Obere Bergbahn (L 1020 m, Steigung 27–41 %) zum 261 m höher gelegenen Königstuhl. – Den Standort des ehem. **Schlachthofes** (Bergheimer Straße 153), Entwurf Otto Ehrmann, 1892–93, definieren zwei renaissancistische Buntsandsteinbauten (ehem. Verwaltung, Pförtner). Dazwischen Uhrturm mit Stierkopfplastik. – An das hist. **Straßenbahndepot** um 1905 erinnert eine Buntsandsteinfassade (Alte Eppelheimer Straße), die zwei barockisierende Schweifgiebel mit Scheitelbekrönung zeigt. – Neoromanisch präsentiert sich das **Städt. Elektrizitätswerk** von 1899–1900 (Alte Eppelheimer Straße) mit aufwendig gestaltetem Portal und Bauinschrift im eckbetonenden Rundturm. Das Maschinenhaus kennzeichnen zweigesch. Bogenfenster zwischen übergiebelten Wandvorlagen über einem kassettierten Sockelgeschoß. – In historisierender Fassadenarchitektur entstanden noch 1927 die Neubauten der 1753 gegr. **Schloßquell-Brauerei** (Alte Eppelheimer Straße). – Wesentlich moderner dagegen der ca. 30 Jahre ältere fünfgesch. Fabrikbau der Fa. **Landfried** (Karl-Metz-Straße) in seiner bewußten Darstellung der Konstruktion. – Der ehem. **Wasserturm** am Güterbahnhof (Czerny-Straße) läßt mit pflegeleichter Wandverkleidung und dem der Hohllisenen entkleideten Schaft den urspr. neoklassizistischen, von Wayß & Freytag 1912 errichteten Baukörper nicht mehr erkennen. – In der Nähe des Empfangsgebäudes Karlstor (um 1930/50) hemmt die im Zuge der → Nekkarkanalisierung zwischen Mannheim und Plochingen 1927–29 unter Mitwirkung von Paul Bonatz errichtete **Staustufe** den Lauf des Neckars mit drei Walzenwehren von je 40 m li. W, eingespannt zwischen vier mächtige Betonpylone.

Lit.: DB 1874; VDI 1890; Slotta I.

Heidenheim an der Brenz BW

(Heidenheim / N 6)

Die Landschaft an dem durch Kocher- und Brenztal gebildeten, bequemen Albübergang war bereits in der Hallstattzeit stark besiedelt. Auf dem Boden eines röm. Kastells des 1. Jh. entwickelte sich H. im 13. Jh. aus drei Siedlungen zur Stadt. Eine erste gewerbliche Blüte brachten Eisengewinnung, Leinenweberei, Töpferei, Gerberei und Papiermacherei im 16. Jh. Aus einer der im 18. Jh. gewerbereichsten Städte Württ. entstand im 19. Jh. eine moderne Industriestadt: 1774 Meeboldsche Baumwollspinnerei (ab 1818 Hartmannsche Spinnerei und Bleicherei), 1828 Meeboldsche Cattunmanufaktur, seit 1825 J. M. Voith-Papiermaschinen- und Turbinenbau.

Bahnhof. Schlichtes *Empfangsgebäude* im Rundbogenstil mit massivem EG. in Quadermauerwerk und verbretterten Giebeln an der am 15. 9. 1864 eröffneten Teilstrecke Aalen–H. der Brenzbahn. Im Gleisfeld ein dreiständriger Lokschuppen etwa gleicher Bauzeit.

Pumpwerk des Städt. Wasserwerks (H.-Mergelstetten). In der Brenzniederung nach Entwurf von Oberbaurat v. Ehmann (Bauleitung Stadtbaumstr. Jooß) 1885 erbaut, um 1925 durch Turm erweitert.

Ehem. **Württembergische Cattunmanufaktur AG.** Die 1856 aus der Heidenheimer Kattunfabrik hervorgegangene WCM stellte am 31. 8. 1966 die Produktion ein. Noch erhaltene Gebäude werden seither meist von kleineren Gewerbebetrieben genutzt. Entlang der Bahn (Schmelzofenvorstadt 25) ein dreigesch. *Fabrikgebäude* mit gleichförmigem Fensterraster, errichtet 1922–23 (Planung Ph. J. Manz, nach Westen erweitert 1925 durch Baurat Mayer). Gegenüber der Fabrik das ehem. *Badegebäude* der WCM von 1903 nach Plänen von Manz in Mischformen des Historismus, die Fassaden gegliedert durch übergiebelte Risalite, Bi- und Triforien. Verm. ebenfalls von Manz die ehem. *Elektrische Zentrale* (Schmelzofenvorstadt; dat.: WCM 1903) als aufwendiger Klinkerbau mit Architekturteilen in Naturstein und skulptierten Attikafeldern zwischen Neoromanik und Neobarock. Am Hang über der Nördlinger Straße (gegenüber der Einmündung Schmelzofenvorstadt) die klassizistisch beeinflußte *Kinderkrippe*, 1904 erbaut verm. auch von Manz. Vom gleichen Architekten stammt auch das 1905–06 errichtete *Fabrikgebäude* (Nördlinger Straße 21) in Backsteinrohbau mit geschoßweisem Wechsel von Rechteck- zu Bogenfenstern zwischen Lisenengliederung.

Lit.: Stadtarchiv Heidenheim.

Heigenbrücken BAY

(UFr./Aschaffenburg / K 5)

In der Strecke Würzburg–Aschaffenburg–bayer. Landesgrenze bei Lohr (Ludwigs-Westbahn, eröffnet 1. 10. 1854) gehört der Abschnitt ab Aschaffenburg zu den schwierigsten Teilstrecken mit bis zu 32 m hohen Dämmen am Müselberg, über das Sensenbachtal, bei Hain und im Anschluß an die Aschaffbrücke bei Weiberhöfen sowie Kunstbauten in Form gewölbter **Brücken** über die Lohr, den Bach bei Hain und die Aschaff. Nach dem Bahnhof mit einem für die frühen bayer. Bahnen typischen schlichten Empfangsgebäude nach Plänen von Eduard Rüber erreicht die Bahn mit dem Schwarzkopfberg die Wasserscheide zwischen Lohr und Aschaff. Den Schwarzkopf durchbohrt ein **Tunnel** (max. T 118 m, L 925 m), dessen durch flache Giebel über den Portalen akzentuierte spätklassizistische Stirnwände paarig Löwenköpfe schmücken (dat. MDCCCLIV [= 1854]).

Lit.: Lutz.

Heilbronn (Heilbronn/M5) BW

Dank der Muldenlage war H. von alters her bevorzugtes, durch bis in die vorletzte Eiszeit zurückgehende Funde belegtes Siedlungsgebiet. Seit Erwerb des Schultheißenamtes 1360 und der Vogtei 1464 endgültig freie Reichsstadt. Der Aufstau des Neckars nach kaiserlichem Privileg 1333 schuf mit dem damit bis 1803 verbundenen Stapelmonopol die Grundlage für die Industrialisierung im 19. Jh., von der jedoch durch Kriegseinwirkung nur geringe bauliche Reste erhalten blieben.

Wilhelms-Kanal. Nach Entwurf von Oberwasserbaudir. Duttenhofer 1821 realisiertes Projekt, den oberen und unteren Neckar unter Umgehung der inzwischen zum Hemmnis für die durchgehende Schiffahrt gewordenen ma. Staustufe durch einen Kanal (L 550 m) zu verbinden. Erstmals in Württ. erhielt die am Wehr aus Sandsteinquadern errichtete Kammerschleuse (L 36 m, B 4,58 m) hölzerne, 1962 letztmals erneuerte Stemmtore. Mit der Eröffnung der Eisenbahnlinien Stuttgart–H. und Mannheim–Bruchsal 1843–54 begann der Niedergang der Neckarschiffahrt. Sie konnte, 1879 zwischen Bad Cannstatt und H. eingestellt, neckarabwärts noch durch Einführung der Kettenschiffahrt 1877 aufrechterhalten werden. Um mit den nun größeren Schiffen den Hafen in H. erreichen zu können,

Heilbronn. Wilhelms-Kanal, Drehkran, 19. Jh.

entstand 1882–84 eine der alten parallele, neue Schleuse (L 48 m, B 7 m). In Schleusennähe befindet sich ein gußeiserner Drehkran der Firma Schweitzer aus Mannheim (Mitte 19. Jh.), ähnlich →Bamberg, →Frankfurt a. M.-Höchst, →Kehlheim und →Schweinfurt.

Neben dem gleichzeitig mit dem Neckardurchstich (Kanalhafen) 1954 im Neckar östl. der Wilhelmskanal-Schleuse errichteten **Kraftwerk** existiert noch das (stillgelegte) ältere von 1910 mit zwei Francis-Turbinen mit stehenden Wellen.

Das 1874–75 erbaute Pumpwerk (Salzstraße) des 1871 von Baurat v. Ehmann für H. geplanten **Hochdruck-Wasserwerkes** (Hochbehälter in der Kirschgartenstraße) entspricht in neoromanischer Form der für Wasserwerksbauten der Zeit typischen Architektur. – Für die Versorgung der höher gelegenen Stadtgebiete errichtete 1926 die Fa. Züblin AG, Stuttgart, einen weiteren **Hochbehälter** (2 Kammern, 1500 cbm Fassungsvermögen) aus armiertem Beton, dessen nur von einigen Bögen aufgebrochene Fassade wehrhaft den Südhang des Wartbergs beherrscht.

Qualitätvolle, im Kontrast von Sichtmauerwerk und Putzflächen vielfältig gegliederte Industrie-Jugendstil-Fassaden vom Anfang des 20. Jh. zeigt die heute für Sportveranstaltungen genutzte Halle der ehem. **Lokomotivfabrik** (Olgastraße).

Die geringe Höhenlage eines 1899 angelegten Wasserbehälters in H.-Böckingen führte 1929 zum Bau eines **Wasserturmes** auf dem Schafberg nach Entwurf von Stadtbaurat Tscherning. Über dem Portal des zylindrischen Schaftes prangt das Ziegenbockwappen des 1933 nach H. eingemeindeten Böckingen.

Lit.: Slotta I; Die Wasserversorgung der Stadt Heilbronn. Hrsg. Stadtwerke Heilbronn. 1975; 100 Jahre Salz aus Heilbronn. Hrsg. Südwestdt. Salzwerke AG. Heilbronn 1983.

Heimbach-Hasenfeld (Düren/I1) NW

● **Wasserkraftwerk** (Kleestraße). Überlegungen zur Regulierung der stark schwankenden Wasserführung der Eifelflüsse Rur und Urft seit Beginn der 2. Hälfte des 19. Jh. führten nach einem von Otto Intze 1895 erstellten Gutachten, das einen Talsperrenbau nur in Zusammenhang mit Energieerzeugung für wirtschaftlich vertretbar hielt, und nach Gründung der Rurtalsperren-Ges. GmbH 1899 zum Bau der bis 1912 (→Möhnetalsperre) größten *Talsperre* Europas und eines architektonisch außergewöhnlichen Kraftwerkes. Nach Vorbereitungsarbeiten 1899 und Baubeginn durch Ph. Holzmann Cie., Frankfurt a. M., im Frühjahr 1900 konnte bis Ende des Jahres 1904 die von Intze geplante Staumauer unter Leitung von Georg Frentzen, Aachen, fertiggestellt werden. Über eine Druckstollenleitung versorgt seitdem die 45 Mill. cbm fassende Talsperre die 110 m tiefer liegenden Turbinen in der 1901–04 in Formen des Jugendstils (dem Stil nach verm. Entwurf von Frentzen) erbauten *Kraftzentrale,* die in dem Zusammenklang von architektonischer Großform außen und Detailausbildung innen die Funktion des Gebäudes symbolisiert: in der Giebelkontur durch farbig abgesetztes Oval urspr. einem Wellenlagerbock ähnlich; im Oval selbst, das den Schwung des Daches vorgibt, ein Turbine und Generator darstellendes Sgraffito im Zentrum radialer Blitze als Sinnbild der Energieerzeugung; die Welle als gestaltendes Element vom Fassadendekor bis zu den Türbeschlägen. An den Längsseiten hyperbolisch geformte Fenster zwischen Pilastern, ein Motiv, das urspr. im Aufsatz der bergseitig den Transformatoren- und Umspannertrakt flankierenden Türme wiederkehrte. In der mit Sichelbogenbindern überspannten *Maschinenhalle* dominiert die über eine gegenläufige Treppe zur Galerie erreichbare holzgerahmte Schalttafel aus

Heimbach-Hasenfeld. Wasserkraftwerk, Kraftzentrale

Marmor. Davor zwei der acht 1904 installierten Maschinensätze (Francis-Doppelturbinen von Escher Wyss & Cie, über Seilkupplung verbunden mit Drehstromgeneratoren der E.A.G vorm. W. Lahmeyer & Co.) in musealer Nutzung seit dem Einbau zweier moderner Francis-Turbinen 1975 durch das RWE erhalten. Urspr. Turmaufbauten 1990 durch den Betreiber rekonstruiert.

Lit.: WBindZ 1899/1900; SBZ 1899; DB 1903; DB Mitt. 1904; BgwZ 1905; BZWü 1907; Slotta II; Föhl, 1985.

Helmstedt (Helmstedt/F 8) NS

Verm. bei Einführung der Bahn Braunschweig–Königslutter am 15. 9. 1872 erhielt H., seit dem 20. 7. 1858 über Schöningen mit Wolfenbüttel verbunden, ein neues **Empfangsgebäude** in der Tradition des romantischen Klassizismus der 1850er Jahre. Im Zentrum des asymmetrischen Baukörpers der durch Bogenstellung geöffnete Eingangspavillon.

Helsa (Kassel/H 6) HS

Der mächtige Backsteinrohbau in retardierenden Formen der Jahrhundertwende am Ortsrand von H.-Eschenstruth wurde für das 1905 eingerichtete Zweigwerk der 1881 in Kassel gegr. ehem. **Mech. Weberei Gottschalk & Co.** »Erbaut im Kriegsjahr 1914/15«. Die Shedhallen des ehem. Webereisaales in zeitgemäß moderner Ausführung. – Den Industriebau in der Mitte des 19. Jh. dokumentiert das spätklassizistisch, 1844 dreigesch. in Quadermauerwerk errichtete Wohn- und Fabrikgebäude einer ehem. **Soda- und Alaunfabrik** in H.-Wickenrode (sog. Schloß Ringenkuhl). Benachbart ein langgestrecktes, urspr. als Zechenhaus genutztes Fachwerkgebäude.

Lit.: Slotta I.

Heltersberg (Pirmasens/L 3) RP

Der aus Schwemmsteinen gemauerte **Wasserturm** der Verbandsgemeinde Waldfischbach-Burgalben (seit 1975) trägt auf einem durch Strebepfeiler verstärkten zylindrischen Schaft (heute im Kopfteil verputzt) einen zweikammerigen Flachboden-Ringbehälter (250 cbm) aus Eisenbeton, ausgeführt 1934 nach eigenem Entwurf von der Tiefbauges. Oltsch & Co., Zweibrücken.

Lit.: Merkl 131.

Hemer-Sundwig NW

(Märkischer Kreis/H 3)

Das ehem. **Fabrikantenhaus** von der Becke (dat.: HvdB 1796), ein zweigesch. klassizistisches Bruchsteingebäude unter Mansarddach, mit axialem Giebel und Freitreppe, vertritt den Typ des sog. Patrizierhauses in der Nachfolge der zu den Eisenhütten gehörenden märk. Reidemeisterhäuser.

Lit.: Dpfl. NW.

Hemmoor (Cuxhaven/C 5) NS

Eine von MAN, Gustavsburg, konstruierte **Schwebefähre**, geführt an einem Brückenträger ● (Spann-W 80 m) auf vier prismatischen Fachwerkstützen, verbindet seit 1909 die beiden durch die Oste getrennten Ortschaften H.-Basbeck und Osten. Durchfahrtshöhe bei mittlerem Hochwasser 29 m. Gondel 1966 erneuert, nach offizieller Stillegung 1974 in betriebsfähigem Zustand erhalten. Neben der Schwebefähre an der Hochbrücke in → Rendsburg einziges Verkehrsmittel dieser Art in Deutschland.

Lit.: Slotta I.

Herborn (Lahn-Dill-Kreis/I 4) HS

Mit dem Bau der Bahnlinie in den Westerwald (Preuß.-Hess. Staatseisenbahnen; Herborn–Driedorf, eröffnet 1. 5. 1906) erhielt H. als Ersatz des seit 1862 existierenden Bahnhofs (Cöln-Mindener Eisenbahn; Burbach–Gießen, 12. 1. 1862) ein modern asymmetrisches **Empfangsgebäude** in Formen der Neurenaissance mit großem, durch Bogenfenster betonten Eingangsgiebel. – Zu der Westerwaldstrecke gehören auch die **Brücke** über die Dill (H.-Burg) mit unterspanntem Fischbauch-Fachwerkträger und der 1904 dat. **Wachkoppel-Tunnel** in H.-Schönbach. – In der im Kern aus dem 17. Jh. stammenden sog. **Unteren Mühle** in H.-Guntersdorf (Mühlenweg 7) die techn. Einrichtung erhalten.

Lit.: Dpfl. HS.

Herdecke (Ennepe-Ruhr-Kreis/H 3) NW

Viadukt. Westl. H. überquert die Bahnlinie Düsseldorf–Elberfeld–Dortmund in ihrer am 15. 5. 1879 eröffneten Teilstrecke Hagen–H.–Löttringhausen das Tal der Ruhr auf einem Steinviadukt (L 313 m; mi. H 31,1 m) mit 12 Bögen von je 20 m li. W, durch zwei Gruppenpfeiler in drei gleiche Abschnitte unterteilt, errichtet 1875–78 nach Entwurf von Julius Mohr (Rhein. Eisenbahn in Köln).

● **Koepchenwerk.** Zur Bereitstellung elektr. Spitzenenergie errichtete das RWE 1927–30 am Ruhrstausee Hengstey ein nach seinem Erbauer Arthur Koepchen benanntes Pumpspeicherwerk, das mit seiner gleichmäßig durch schmale Fenster gegliederten Fassade (L 160 m) einen Fixpunkt am Seeufer bildet. Von dem ca. 160 m über dem Krafthaus in das Ardey-Gebirge eingetieften Speicherbekken (Fassungsvermögen 1,53 Mill. cbm) wird das Wasser durch zwei Druckstollen (L ca. 75 m), anschließend durch vier Druckrohre (L 258 m) direkt den vier Francis-Spiralturbinen von J. M. Voith (48500 PS) zugeführt. Mit diesen fest verbunden vier Motor-Generatoren (40000 kVA), die auf gleicher Welle sitzenden Hochdruckspeicherpumpen dagegen durch Kupplung getrennt. Nach einem Pumpengehäuseschaden 1980 ab 1985 Neubau eines Schachtkraftwerkes mit einer 150-MW-Pumpturbine.

Lit.: Wasserkraft und Wasserwirtschaft, 1930; Slotta II; RWE; ZBK 1881.

Heringen (Hersfeld-Rotenburg/I 6) HS

In einer in H.-Lengers 1903/04 erworbenen Mühle in der Werra richtete die Gewerkschaft Wintershall zur Stromversorgung ihres nahen Kalibergwerks (zentraler Förderschacht Grimberg) bei Erhaltung der Wehranlage ein **Kraftwerk** ein, dessen (Propeller-)Turbine 1 von 1925 max. 375 PS, die (Kaplan-)Turbine 2 von 1953 max. 275 PS leistet. Die sonst schlicht durch Rundbogenfenster gestalteten Fassaden am Eingangsbauwerk durch Wellgiebel mit Kugelaufsätzen betont, im Eisengitter der Tür als Schmuckelement das Abbild eines Fliehkraftreglers. – Das **Fördergerüst** über dem Schacht Herfa (Herfagrund) der Schachtanlage Herfa-Neurode wurde 1953 durch die Firma Eilers fertiggestellt.

Lit.: Slotta II; Höhmann.

Hermaringen (Heidenheim/N 7) BW

An einer der größten Gefällestufen der Brenz, seit Jahrhunderten von zwei Mühlen genutzt, errichtete die durch ihre Turbinen bekannte Maschinenfabrik J. M. Voith, Heidenheim, 1907/1908 eine **Elektrische Centrale und Versuchsstation** nach eigener techn. Planung. Die qualitätvolle Heimatstil-Architektur des Wasserkraftwerks – Turbinenhaus, Werkstatt mit Betriebswohnung, Maschinenhaus – stammt aus dem Büro von Ph. J. Manz, Stuttgart. Zwei noch heute in Funktion befindliche Maschinensätze mit Zwillings-Francis-Turbinen (200 PS) belieferten die Voithsche Fabrik und das H.er Ortsnetz mit elektr. Strom. Im Maschinenraum auch der Versuchsschacht für Niederdruckturbinen, 1970 stillgelegt.

Lit.: Krins 180.

Herne (Herne/H 2) NW

Bahnhof. Das 1910–12 errichtete neue *Empfangsgebäude* entspricht in seinem Volumen durchaus den großen, seit 1900 entstandenen Bahnhofsneubauten, besitzt jedoch im Gegensatz zu deren meist opulenter Architektur (z. B. →Bielefeld, →Hamm, →Hagen) nur ein einfach klassizistisches Äußeres.

H.-Börnig

Ehem. **Zeche Teutoburgia** (Baarestraße). Bereits knapp zwei Jahrzehnte nach dem 1907 begonnenen Abteufen der Schächte 1 und 2 mußte die Zeche wegen mangelnden Ertrags 1925 stillgelegt werden, jedoch blieb das dt. Strebengerüst von 1907–08 als Wahrzeichen erhalten. Neben dem Zechengelände entstand ab 1909 die Bergarbeitersiedlung Teutoburgia als eine von der Gartenstadtidee beeinflußte Wohnanlage.

H.-Horsthausen

An der (noch nicht modernisierten) Schleuse H.-Ost des 1914 eröffneten Rhein-Herne-Kanals ein im Äußeren orig. erhaltenes **Schleusenwärterhaus.**

H.-Unser Fritz

Zeche Unser Fritz I/IV (Unser-Fritz-Straße). Malakowturm in typisch neoromanischer Backsteinrohbau-Ausführung mit polygonalen Ecktürmen und Strebepfeilern über dem ab 1871 abgeteuften, 1875 in Förderung gegangenen Schacht Sophie (später Schacht 1).

H.-Wanne

Ehem. **Zeche Pluto** (Wilhelmstraße). Nach Vorbild des von ihm 1930 für Schacht 12 der Zeche Zollverein in →Essen-Katernberg errichteten Fördergerüstes baute Fritz Schupp 1953 ein vollwandiges Doppelstrebengerüst für den Schacht Wilhelm (Schacht 1) der seit 1860 fördernden Zeche Pluto, deren monumental axialsymmetrisch geordnete Tagesanlagen die Bauweise der 1920/30er Jahre tradieren.

H.-Sodingen

Wasserturm (Am Volkspark). Nach Entwurf von Alfred Fischer, Essen, 1912–13 in Beton auf oktogonalem Grundriß für die Zeche Mont Cenis errichtet mit zwei Bassins (350 + 80 cbm) und Aussichtsplattform unter hölzerner Laterne.

Lit.: IB 1913; DB 1913; Matzanke, 1984.

Herscheid-Schwarze Ahe NW

(Märkischer Kreis/H 3)

● **Schwarze-Ahe-Hammer.** Erstmals 1562 erwähntes, 1941 stillgelegtes Hammerwerk im Tal der Ahe. In dem aus Bruchstein mit Fachwerkgiebel unterhalb des Hammerteiches errichteten niedrigen Gebäude wurde Ende des 19. Jh. sog. Osemundeisen für den Drahtzug hergestellt. Die Antriebskraft eines Wasserrades wurde im Hammergebäude mittels Zahnradübersetzung auf den Wellbaum übertragen, dessen Nockenringe die beiden Schwanzhämmer betätigten, ein zweites Wasserrad diente als Gebläseantrieb.

Lit.: Slotta I; Dpfl. NW/WF.

Bad Hersfeld (Hersfeld-Rotenburg/I 6) HS

Von der Bebra-Hanauer Eisenbahn seit 1866 (Bebra–H., eröffnet 22. 1. 1866; H.–Fulda, 1. 10. 1866) angefahren, erhielt die Stadt 1882–83 gleichzeitig mit →Gelnhausen ein neues, dem Stil der in der Stadt erhaltenen ma. Denkmäler nachempfundenes vielgiebeliges **Empfangsgebäude** in »schweren romanischen Formen« nach dem Entwurf eines Architekten Rowald. – Die ausgedehnte Fabrikanlage der 1872 als Schmiede gegr. **Maschinenfabrik Benno Schilde**, heute Babcock-BSH (Benno-Schilde-Straße) entstand nach rascher Expansion des auf den Bau von Ventilatoren und Exhaustoren spezialisierten Unternehmens 1905–1910 als Gruppe konstruktiv geprägter Backsteinrohbauten in einer von Neoklassizismus und Jugendstil beeinflußten Fassadenarchitektur. – Von ähnlicher Haltung sind die Gebäude der ehem. **Tuchfabrik Georg Braun** (Peterstor) von 1910–11. – Den schlichten Fabrik- und Fabrikantenvillenbau um 1870 vertreten Kesselhaus und zwei Wohngebäude von 1872/87 der 1868 von Breitenberg a. Herzberg nach H. verlegten ehem. **Mech. Weberei Adolph Wever** (Wilhelm-Wever-Straße, Bahnhofstraße 10). – In der Nähe des barocken **Hofgutes Oberrode** (H.-Sorga) ein Kalkofen mit zwei Brennkammern. Über dem Sockelbau aus rotem Sandstein (19. Jh.) zwei mit Schwibbogen verbundene Backsteinschächte des frühen 20. Jh. ●

Lit.: ZBV 1882; Eckstein: Reg.-Bez. Kassel; Höhmann.

Herten (Recklinghausen/H 2) NW

Zeche Ewald I/II/VII (Ewaldstraße). Aus der Frühzeit der Zeche stammt der über Schacht 1 (Abteufarbeiten ab 1872, Förderung ab 1876) errichtete Malakowturm in zurückhaltend neoromanischer Architektur. Nach 1888 entstand das 1919 erweiterte Verwaltungsgebäude mit renaissancistischen Gestaltungselementen, 1922 in schlichtem Neoklassizismus ein neues Kauengebäude. ●

H.-Scherlebeck

An der Grenze zu Recklinghausen (Westerholter Straße) stehen zwei fast baugleiche **Wassertürme**, 1908–09 und 1934–35 vom Wasserwerk für das nördliche Kohlenrevier zu Gelsenkirchen (Gelsenwasser AG) errichtet. Während der Intze-Behälter des älteren Turmes (4000 cbm, Dm. 21 m, H 16,775 m) auf acht Betonschalen (Schafthöhe über Gelände 11,3 m) – in den ausgemauerten Zwischenfeldern von Stichbogenfenstern unterbrochen – aufliegt, tragen den jüngeren Behälter (5000 cbm, Dm. 23,3 m, H 16,556 m) sechzehn im Kreis von 16,5 m Dm. gestellte, 11,85 m hohe Stahlstützen. Beide Behälter besitzen einen Innenzylinder mit Revisionstreppe.

Bergwerk Schlägel & Eisen (Scherlebecker Straße). Auf dem Gelände der 1898 abgeteuften, seit

1929 nicht mehr für die Förderung genutzten Schächte 5 und 6 haben sich das durch einen Uhrturm betonte Kauengebäude von 1899 und die Maschinenhalle von 1901, beide in Backsteinrohbau mit neoromanischer Fassadengestaltung, als Tagesbauten aus der Frühzeit der Zeche erhalten.

Lit.: Matzanke, 1986; Slotta II.

Herzogenrath (Aachen/I 1) NW

Bahnhof. An der Strecke Mönchengladbach–Aachen (Rheydt–H. eröffnet 12. 11. 1852; H.–Aachen, 17. 1. 1853) errichtete die Aachen-Düsseldorfer Eisenbahn-Ges. zur Streckeneröffnung ein *Empfangsgebäude* in spätklassizistischen Formen. Anläßlich der Vergrößerung des Güterbhf. um 1900 erhielt das Empfangsgebäude beiderseits eingesch., im Stil angepaßte Erweiterungstrakte.

H.-Kohlberg

● **Schachthaus Voccart** (Kohlberger Straße 37). Der einfache Backsteinrohbau des 1836 erstmals erwähnten Schachthauses der Grube Alt-Voccart verweist mit Pilastergliederung und Architrav im EG., dreifach gekuppelten Bogenfenstern im OG. und Thermenfenster im Giebeldreieck auf eine Entstehungszeit um 1820. Nach Übernahme der Förderung 1912 durch die Grube Laurweg diente Voccart noch bis 1955 der Seilfahrt.

H.-Kohlscheid

Schachthaus Langenberg (Am Langenberg). Ebenfalls um 1820, jedoch in schlichterer Ausführung als Voccart, entstand das Schachthaus der 1620 eröffneten Grube Langenberg, deren übrige Anlagen 1969 abgebrochen wurden.

Lit.: Föhl; Meyer; Paul II, NW 462.

Hessigheim (Ludwigsburg/M 5) BW

Die 1949–52 nach Entwurf von R. Lempp, Stuttgart, in Muschelkalkmauerwerk errichtete **Wehranlage** mit drei Rollschützen und Kraftwerk mit zwei Kaplan-Turbinen (Regelerzeugung 16,7 Mio. kWh) lehnt sich formal eng an das Heidelberger Wehr (1927–29) von Paul Bonatz an.

Hessisch Lichtenau-Fürstenhagen HS (Werra-Meißner-Kreis/H 6)

Stationsgebäude an der Strecke Bettenhausen–Waldkappel (Preuß. Staatsbahn, eröffnet 1. 12. 1879) als Typenbau in Fachwerk mit giebelständigem Hauptgebäude zwischen asymmetrischen Anbauten. Gleichartige Bahnhofsgebäude in Hess. Lichtenau-Walburg und Kaufungen-Oberkaufungen.

Heusweiler-Berschweiler SL (Stadtverband Saarbrücken/L 2)

Von 1767–1939 betriebene kleine **Ölmühle** mit vollständig erhaltener tech. Einrichtung, teilweise noch aus dem 18. Jh.: Kollergang um 1770, Presse 1779. ●

Lit.: Dpfl. SL.

Hilchenbach-Müsen (Siegen/I 4) NW

Der **Eisensteinbergbau** am M.er Stahlberg, 1313 erstmals erwähnt, war ob seines stark manganhaltigen Spatsteins, der bei der Verhüttung Eisen von besonderer Qualität erbrachte, bereits im 16. Jh. weit über das Siegerland hinaus bekannt. Mit zunehmender Teufe behinderten im frühen 18. Jh. Förderschwierigkeiten und Wassereinbrüche, denen mit einem Pumpwerk begegnet werden konnte, den geregelten Bergwerksbetrieb. Das 1825 begonnene Unternehmen, tiefer gelegene Vorkommen zu erschließen, endete nach Fertigstellung des 4 km langen Kronprinz-Friedrich-Wilhelm-Erbstolln 1887 mit der Erkenntnis, daß die Eisensteinlagerstätten des Stahlberger Stocks weitgehend erschöpft waren. Von dem danach erloschenen Bergbau um M. zeugen jedoch noch das sog. *Bethaus* (Auf der Stollenhalde) aus dem 19. Jh., heute ein Museum, und etliche *Stollenmundlöcher.* Der 1740 begonnene Tiefe-Müsener-Stollen neben dem Bethaus erreichte am 5. Juni 1780 den Stahlberger Stock, er diente bis 1833 ausschl. zur Abführung der Grubenwasser, danach der Erzförderung bis 1909 und endlich der Einfahrt zur Schicht. Das restaurierte Mundloch des Oberen Stollens (Hauptstraße gegenüber Nr. 104) trägt die Inschrift: EIN- UND AUSFAHRTH ZUM MÜSENER STAHLBERG VERFERTIGT IM MONATH MAI MDCCLXXXIX (= 1789). Auf dem ●

Mundloch der Grube Brüche (H.-Dahlbruch) die Inschrift: EIN- UND AUSFAHRT DER GRUBE BRUECHE, 1777 ANGEFANGEN, GEMAUERT 1802. 1822 MIT DEM STOLLEN DEN GANG ANGEHAUEN. In Kreuztal das repräsentativste Mundloch, durch gußeiserne Buchstaben als KRONPRINZ FRIEDRICH WILHELM ERBSTOLLN bezeichnet und zu Seiten eines ebenfalls gußeisernen Adlers mit 1825 datiert. In Mauerwerk ausgeführt das Mundloch des Tiefen-Altenberger-Stollens in Kreuztal-Littfeld; im Schlußstein Schlägel und Eisen, darüber dat. Altenberg 1836.

Lit.: Slotta I.

Himmelkron-Marktschorgast BAY (OFr./Kulmbach/K9)

Innerhalb der am 1. 11. 1848 eröffneten Strecke Neumarkt–Hof erklimmt die **Ludwigs-Süd-Nord-Bahn** entlang des H.er Forstes mittels einer von architektonisch gestalteten Durchlässen durchbrochenen, 7067,7 m langen schiefen Ebene (Höhenunterschied 157,6 m, Steigungsverhältnisse von 1:70 bis 1:40) die Höhe von M.

Lit.: Kahle.

Himmelpforten (Stade/C5) NS

Galerieholländer von 1875 mit dem für das letzte Viertel des 19. Jh. typischen mehrgeschoss. Turmunterbau in Backstein, mit direkt verbundenem Speichergebäude.

Hindelang (Schw./Oberallgäu/P7) BAY

In H.-Bad Oberdorf existieren, wohl einmalig in dieser Konzentration in Deutschland, noch zwei (meist für den Tourismus betriebene) **Hammerwerke**. Hartmanns Hammerschmiede (neben Gasthaus »Alte Schmiede«), um 1500 als Waffenhammer gegründet, arbeitet mit drei Schwanzhämmern für die Industrie und schmiedet Repliken hist. Waffen. Die Kraft der Ostrach nutzt seit 1736 die Mittlere Schmiede (Ostrachtal 46) mit drei über unterschlächtiges Wasserrad angetriebenen Schwanzhämmern (1921 erneuert). Die Obere Schmiede (Hornweg 3) ergänzt, außer Betrieb, das Ensemble durch die erhaltene Einrichtung.

Lit.: Slotta I.

Himmelpforten. Galerieholländer

Hirschaid (OFr./Bamberg/K8) BAY

Nach Planung des Architekten Schmitz, Bamberg, sensibel in die Regnitzlandschaft eingefügtes **Kraftwerk** der Oberlandwerke Oberfranken von 1921–22 mit drei orig. Maschinensätzen (Regelung heute über EDV): Doppel-Francis-Turbinen (Schluckfähigkeit je 17 cbm/s) von Voith, Heidenheim, und Drehstrom-Generatoren (je 1600 kVA) von Siemens-Schuckert. Leistung: 25 Mio. kWh/Jahr.

Lit.: Firmenangabe.

Hirschhorn (Bergstraße/L5) HS

Der 1877–79 gebaute **Schloßberg-Tunnel** (L 312 m) durchbricht in der Strecke Neckargemünd–Neckarelz (Bad. Staatseisenbahnen, eröffnet 24. 5. 1879) die von einer seit etwa 1200 ausgebauten Burg bekrönte Bergzunge zwischen Neckar und Finkenbach. – Von den insges. 26 **Staustufen** der 1919 in Untertürkheim begonnenen, 1967 mit der Inbetriebnahme des

Kraftwerkes Obertürkheim beendeten → Neckarkanalisierung liegen die Kraftwerke Hirschhorn (1931–35) und Neckarsteinach (1929–31), deren Gestaltung im Sinne der Neuen Sachlichkeit noch auf Anregungen von Paul Bonatz zurückgeht, auf hess. Gebiet.

Lit.: ZBK 1881; Höhmann.

Hirzenhain (Wetteraukreis/J 5) HS

Der Ort wird bereits 1375 als Standort einer Waldschmiede erwähnt, seit der Mitte des 15. Jh. bestand eine herrschaftlich stolberg. Eisenhütte, die nach Produktionsunterbrechungen durch Bauern- und 30jährigen Krieg am 25. 10. 1817 von Georg Buderus I. für die **Buderusschen Eisenwerke** mit Hochofen, Hammer- und Pochwerk, Formhaus sowie Wohngebäude gepachtet und in den Folgejahren ausgebaut wurde. 1838 Übernahme in Erbpacht. Nach der Umstellung auf Kupolofenbetrieb zu Anfang der 1870er Jahre folgte 1882 die Stillegung des Holzkohlehochofens und 1885 die Einstellung des Frisch- und Großhammerbetriebes. Das Gießereiroheisen lieferte seitdem die zum Buderusschen Unternehmen gehörende Main-Weser-Hütte zu → Lollar. Heute metallverarbeitender Betrieb und Kunstgießerei (Gederner Straße), dessen Museum eine einzigartige Kollektion von Gußerzeugnissen des 19. Jh., vor allem preuß., von Schinkels Entwürfen beeinflußte Gießereien, zeigt. Aus der Modernisierungsphase um 1870 stammt ein großes, zweigesch., in Fachwerk über massivem EG. errichtetes Fabrikgebäude. Auf dem Werksgelände Verwaltungsgebäude von 1847, Pförtnerhaus mit Fachwerk-OG. um 1870 auf hohem Hausteinsockel eines ehem. Mühlengebäudes, zweigiebelige Werkhalle und kapellenartiges ehem. Arbeiterwaschhaus, um 1900, sowie große Werkhalle mit expressionistischen Details, um 1925.

Lit.: Ferfer; Dpfl. HS; Höhmann.

Hochdonn (Süderdithmarschen/C 5) SH

● **Eisenbahnbrücke.** Zweigleisige Hochbrücke zur Überführung der Schlesw.-Holst. Marschbahn über den Nord-Ostsee-Kanal (Ges.-L 2218 m, Durchfahrtsöffnung 42 m li. H) nach Planung von Friedrich Voß. Zur Bauzeit 1915–19 größte Eisenbrücke Europas. Zwischen je ca. 1000 m langen Rampenbrücken als Gerberträger – im Wechsel Kragträger als Portalbrücken in Fachwerk (Stütz-W im Fußpunkt 74,0 bzw. 56,0 m) und Schwebeträger als Blechträger (31,0 m Stütz-W am Auflager, 52,0 m am Fußpunkt) – überspannt ein polygonaler parabelförmiger Fachwerk-Schwebeträger (Stütz-W 121,0 m) den Kanal. Die Montage erfolgte z. T. im freien Vorbau und anschließendem Vorschub der fertig montierten Konstruktion.

Lit.: ZBV 1919.

Hochheim am Main HS (Main-Taunus-Kreis/K 4)

Die Burgenromantik des Mittelrheins beeinflußte die bizarre Neoromanik des für die **Sektkellerei Burgeff & Co.** AG 1890 erbauten, 1920 stillgelegten Wasserturms (Burgeffstraße) mit einem Behälter von nur 15 cbm Inhalt. – Der kommunalen Wasserversorgung diente der heute behälterlose ehem. **Wasserturm** (Massenheimer Straße) von 1896 mit einem Schaft in zweifarbigem Backsteinmauerwerk.

Lit.: Slotta II.

Hockenheim (Rhein-Neckar-Kreis/L 4) BW

Der **Wasserturm** (Wasserturmanlage) entstand 1909 auf Veranlassung der Kulturinspektion Heidelberg – nach den positiven Erfahrungen mit dem Edinger Betonbehälter – als Eisenbetonkonstruktion. Innerhalb der halbsteinigen Mauerwerksschale des leicht konischen Turmes trägt sich der Stützbodenbehälter (9,0 m li. W, 500 cbm Nutzinhalt) über räumlich gekrümmte Gewölbe auf 8 mit oktogonalem Zugrahmen verbundene Eisenbetonpfeiler ab. Anstelle des üblichen auskragenden Kopfes schließt der Turm unterhalb des leicht geschwungenen Kegeldaches mit einer Galerie ab. Nach Entwurf von Eugen Beck, Karlsruhe, durch Dyckerhoff & Widmann AG errichtet, 1981 stillgelegt, gehört der H.er Wasserturm zu den konstruktiv klarsten Lösungen seiner Baugattung.

Lit.: Merkl 136.

Höllentalbahn BW

(Breisgau-Hochschwarzwald-Kreis/O 3)

Ein Verkehrsweg von Freiburg durch das Dreisamtal bis Himmelreich und weiter durch das Wagensteigtal auf den Hochschwarzwald läßt sich zurück bis in die Römerzeit belegen, aber erst das Ende des 18. Jh. sah die Einrichtung einer Straße, die, seit 1787 regelmäßig von Postkutschen befahren, durch das unwirtliche Höllental zum Titisee am Fuße des Feldberges führte. Seit der Fortsetzung der Bad. Hauptbahn bis Freiburg 1845 bestanden Überlegungen, den Hochschwarzwald über eine Bahnlinie zu erschließen. Das Projekt scheiterte noch in den 1860er Jahren an zu hohen Baukosten, die sich aus dem anzuwendenden Standard für Hauptbahnen ergaben. Nachdem für den Betrieb von Nebenbahnen Vereinfachungen eingeführt wurden, legte die Generaldir. der Bad. Staatsbahnen 1880 einen ersten Entwurf vor, den die Landstände 1882 zur Ausführung genehmigten.

Drei Jahre nach Baubeginn konnte die vollspurige Nebenbahn (1435 mm) mit einer den Reibungsrad-Betrieb ergänzenden Zahnstangenstrecke am 23. 5. 1887 dem öffentl. Verkehr übergeben werden. Für Entwurf und Bauleitung der Strecke zeichnete unter der Oberleitung von Robert Gerwig (nach dessen Tod Bau-Dir. v. Würthenau) der Bahnbau-Insp. Hof verantwortlich. Entwurf und Ausführung der Hochbauten leitete Oberbaurat Heinrich, die Planung der Zahnstangenstrecken und der Betriebsmittel stammte von H. Bissinger.

Bis zum *Bhf. Himmelreich,* einem zweigesch., der einheimischen Bauweise durch Krüppelwalm und Giebelverbretterung angepaßten Baukörper mit beidseitig eingesch. Flügeln für Güterschuppen und offene Wartehalle, führt die Strekke im wesentlichen in der Sohle des Dreisamtales. Ab Himmelreich wand sich die Bahn urspr. auf 4352 m Länge bei einem Höhenunterschied von 104 m durch das enge Höllental auf hohen *Dämmen,* die der Schroffheit des Gebirges angeglichen waren, überquerte auf eisernen *Brücken* den Schloßgrund- und Engebachtobel und unterfuhr die Felsen des Falkensteins und Hirschsprungs mit drei Tunneln. Hinter der *Station Hirschsprung* begann die Steilstrecke (Steigungen bis 1:20) mit Zahnradunterstützung, auf der die Bahn nach Durchfahren eines Kehrtunnels, Überqueren der tief eingeschnittenen Ravennaschlucht und weiterer Tunnelröhren die Hochebene von *Hinterzarten* erreichte. Im Laufe der Zeit durch Modernisierungsmaßnahmen im Streckenverlauf vereinfacht, dokumentiert heute noch der *Viadukt* über die Ravennaschlucht die schwierige Bauaufgabe. 1884–87 als Eisenfachwerkkonstruktion über vier Öffnungen (Ges.-L 140 m) errichtet, wurde der Viadukt nach Zerstörung im 2. Weltkrieg 1946 in der 1927 modernisierten Form als betonierte, mit Granit verkleidete, 37 m hohe Bogenbrücke mit gleichen Öffnungen von 20 m li. W wiederhergestellt.

Lit.: VDI 1890; ZA + IVH 1889; Paul III, BW 142.

Hörstel-Bevergern (Steinfurt/F 3) NW

Beim Ortsteil Bergeshövede, in der Nähe der Einmündung des Mittellandkanals, liegen im Abstand von 1,12 km die **Schleusen** 2 und 3 des 1892–99 angelegten →Dortmund-Ems-Kanals mit 4,6 m bzw. 3,8 m Abstiegshöhe, einer nutzbaren Länge von 67 m und einer Torweite von 8,6 m. Dazwischen liegt die Große B.er Schleuse mit einer für Schleppzugschleusen festgelegten Regelgröße (L ca. 165 m, B 10 m) in der im Zusammenhang mit dem Inkrafttreten des Gesetzes über das staatl. Schleppmonopol 1915 in Betrieb genommenen zweiten Fahrt des Dortmund-Ems-Kanals. Unterhalb Schleuse 2 überführt eine Eisen-Fachwerkbrücke mit gekrümmtem Obergurt die Straße zwischen H.-B. und H. – Wenige Kilometer südöstl. in H.-Riesenbeck, Bauernschaft Birgte, ein **Doppelkalkofen** in Bruchsteinmauerwerk aus dem 1. Drittel des 20. Jh.

Lit.: ZBV 1899; ZBW 1901/02; Ketteler.

Hof (OFr./Hof/J 9) BAY

● **Bahnanlagen.** Mit der Eröffnung der Strecke Neuenmarkt–H. am 1. 11. 1848 erreichte die Ludwigs-Süd-Nord-Bahn die bedeutendste Stadt des bayer. Vogtlandes in einem Kopfbahnhof am Rande der Altstadt. Davon erhalten sind **Wagenremise** und **Güterhalle** (Postplatz 8–10), die 1886 durch die Vogtländische Spinnerei zu Arbeiterwohnungen umgebaute Lokomotivhalle (Schützenstraße 10) und die 1851–52 nach Plänen von Gottfried v. Neureuther errichtete Einsteighalle. Im Zusammenhang mit dem Anschluß der Fichtelgebirgsbahn (Schnabelwaid–Holenbrunn–Oberkotzau, am 15. 5. 1878) wurde die Trasse ab Moschendorf korrigiert und im S der Stadt 1876–80 ein neuer Bhf. angelegt, dessen Hochbauten ab 1877 nach der Planung von Georg F. Seidel entstanden. Den Bahnhofsplatz beherrscht das mächtige, 137 m lange, im Mittelbau 45 m tiefe **Empfangsgebäude** in Formen der Neurenaissance mit zentralem Eingangsbau und symmetrischen Eckpavillons, verbunden durch schmalere Zwischentrakte. Die orig. Ausstattung von Eingangshalle und Wartesälen weitgehend erhalten. Aus gleicher Zeit die Bauten des **Betriebswerkes** (Bahnhofstraße) mit Ringschuppen; daneben die Klinkerfassade des Paketpostamts und der Postladebahnhof von 1926.

Textilindustrie. In der Nähe des alten Bahnhofs der Komplex der *Vogtländ. Baumwollspinnerei,* Werk Schützenstraße, aus Verwaltungs- und Wohngebäuden in repräsentativen Formen des Historismus um 1890 und einem langgestreckten, durch in der Tiefe gestaffelten Risalit zentral betonten Fabrikationsgebäude der 1930er Jahre. – Die 1896 durch ein Konsortium unter Führung von Karl Laubmann gegr. *Spinnerei Neuhof AG* (Dr.-Enders-Straße) repräsentiert mit ihrem Spinnereigebäude in noblen Neurenaissanceformen, durch Ecktürmchen und Mittelrisalite gegliedert, den typischen Industriebau der Jahrhundertwende auf dem Weg zur modernen Architektur.

Lit.: DB 1880; Firmenangaben; Dpfl. BAY.

Hofbieber-Oberbernhards (Fulda/J 6) HS

Der 1887–89 für die am 12. 12. 1890 eröffnete Strecke der Preuß. Staatsbahn Bieberstein–Hilders (Rhön) ausgebrochene **Milseburg-Tunnel** interessiert weniger wegen der relativ schlichten Portalarchitektur als vielmehr durch die Tradierung des in seiner Entstehungszeit schon ca. 30 Jahre durch die österr. Bauweise ersetzten belg. Tunnelbausystems mit Firststollenvortrieb, Gewölbeausmauerung und anschließendem Vollausbruch.

Lit.: ZBW 1892.

Hofgeismar (Kassel/H 5) HS

Die landwirtschaftlich geprägte Ortschaft H.-Hümme erhielt mit der Eröffnung der Strecke Kassel–Bad Karlshafen am 20. 8. 1848 (Kurfürst-Friedrich-Wilhelms-Nordbahn) und der von hier nach dem westf. Warburg abzweigenden Strecke (eröffnet 19. 9. 1849) besondere Bedeutung als wichtige **Bahnstation** des Kurfürstentums Hessen-Kassel. Aus deren Frühzeit hat sich ein in Sandsteinmauerwerk aufgeführtes, spätklassizistisches Bahnbedienstetenwohnhaus erhalten. Das *Stationsgebäude* von Edmund Hacault ersetzte 1897 (dat.) ein durch Rotsandsteinbänder gegliederter Putzbau der Preuß.-Hess. Staatsbahnen. Aus gleicher Zeit auch Toilettenhäuschen, Stellwerk und der dreiständige Lokschuppen mit verm. in den 1920er Jahren modernisierter Drehscheibe. – Auf dem **Melchershof** (B 83 zwischen Grebenstein und H.) eines der wenigen erhaltenen Windräder aus den 1920er Jahren auf zierlichem, 23,6 m hohen Eisengittermast. Ein vergleichbares Beispiel in H.-Friedrichsdorf.

Lit.: Höhmann.

Holsthum (Bitburg-Prüm/K 1) RP

Substruktion und Teile der Umfassungsmauer eines Rundbaues (Runde Hütte, Dm. 17 m) bezeichnen heute den Ort (Auf der Hütte) einer von Johann M. D. Laeis Mitte der 1760er Jahre gegr. **Glashütte**, die zwischen 1774 und der ersten Stillegung 1819 vornehmlich Gebrauchsglas, nach der Wiedereröffnung 1843 bis zur endgültigen Schließung um 1850 auch Kunstgläser herstellte. Der Rundbau mit Schmelzofen sowie das anschließende Lager- und Sortierhaus wurden nach Brandzerstörung 1942 weitgehend abgebrochen.

Lit.: Slotta I; Custodis.

Bad Homburg vor der Höhe HS (Hochtaunuskreis/J 4)

Ausgelöst durch den stetig zunehmenden Bäderverkehr in die Städte H. und Nauheim erhielt das seit dem 10. 9. 1860 über Frankfurt a. M. (Homburger Bahn) mit dem Fernverkehr bzw. seit dem 15. 10. 1895 mit Usingen und seit dem 15. 6. 1901 mit Friedberg verbundene H. 1904–07 eine neue **Bahnhofsanlage**, die alle Strecken verband und die alten Kopfbahnhöfe ersetzte. Die 1905–07 nach Entwurf von Armin Wegener unter Mitwirkung der Reg.-Bmstr. Schenk und

Stendel sowie Reg.-Bauführer Wienandts errichteten Hochbauten mit *Empfangsgebäude, Fürstenpavillon und Betriebsgebäuden* samt *Wasserturm* ordnen sich zu einem malerischen Gesamtbild in Formen einer von Rothenburg o. d. T. beeinflußten dt. Renaissance. Im Zentrum das Empfangsgebäude mit übergiebelter, durch Thermenfenster geöffneter Eingangshalle und akzentuierendem Uhrturm. Im W der durch Parkanlage abgeschirmte Fürstenbau, dessen Vordach zwei Karyatiden (Typ: germ. Krieger) des Bildhauers Johann G. Bäumler, Frankfurt a. M., tragen, mit großzügigem Treppenhaus und qualitätvollen Stuckdecken. Im O Betriebsgebäude, Wasserturm und Eilguthalle, urspr. über die 1961 abgebrochenen Gleishallen mit dem Empfangsgebäude verbunden.

Lit.: DB 1908; ZBV 1914.

Homburg-Beeden (Saar-Pfalz-Kreis/L 2) SL

Repräsentativer, vielfach gegliederter Komplex des auf Anregung Oskar v. Millers 1913–14 von den Städten Ludwigshafen, Homburg, Frankenthal, dem Kreis Pfalz und der Rhein. Schuckert-Ges. errichteten **Hauptkraftwerkes** der Pfalzwerke. Umgenutzt nach der Stillegung 1966.

Lit.: Dpfl. SL.

Hünfeld (Fulda/J 6) HS

Bahnhof. Mit *Stationsgebäude, Lokschuppen und Nebengebäude* in Sandstein orig. Ensemble aus der Eröffnungszeit (1. 10. 1866, Bebra-Hanauer Eisenbahn) der Strecke Bad Hersfeld–Fulda.

Hürtgenwald-Vossenack (Düren/I 1) NW

Zweifallhammer (zw. Vossenack und H.-Schmidt). Im frühen 19. Jh. von Johann Wilhelm, Leonhard Eberhard und Ludolf Mathias Hoesch im tiefeingeschnittenen Kalltal gegr., um 1895 stillgelegtes Hammer- und Hüttenwerk mit baulichen Resten, die an seine bedeutende Stellung unter den Hüttenwerken der Nordeifel erinnern. Neben dem noch bewohnten Herrenhaus in Fachwerk mit Nebengebäuden, dem Stauweiher und Umfassungswänden des Hammerwerksgebäudes hat sich einer der seltenen Hochöfen des 19. Jh. erhalten. Der aus Bruchsteinen auf rechteckigem Grundriß errichtete, etwa 8 m hoch anstehende, sich leicht verjüngende *Hochofen* wird durch Eckquaderung gefaßt, die Bögen der Abstich- und der beiden Gebläseöffnungen, verbunden durch tonnengewölbten Gang, bestehen aus Backsteinmauerwerk.

Lit.: Slotta V,1.

Hüven (Emsland/E 3) NS

Die bereits im 30jährigen Krieg als Wassermühle erwähnte **Hüvener Mühle** erhielt 1802 als Aufsatz eine sechseckige hölzerne Windmühle des Holländertyps mit Steert. 1960 restauriert. Eine gleiche Kombination der wechselseitigen Nutzung von Wind- und Wasserkraft in Petershagen-Lahde erhalten.

Lit.: Slotta I; Fröde 117.

Husum (Husum/B 5) SH

Bahnhof. *Empfangsgebäude,* um 1915, im Schnittpunkt der Südschlesw. Eisenbahn Flensburg–H.–Tönning (eröffnet 25. 10. 1854) und der Schlesw.-Holst. Marschbahn (Lunden–Bredstedt, 17. 10. 1887) als neoklassischer Klinkerbau mit symmetrischer, durch übergiebelten Mittelrisalit axial betonter, durch flache Seitenrisalite gefaßter Hauptfassade unter steilem Walmdach. Einseitig zurückgesetzt ein Treppenhausanbau mit offener Vorhalle. Vertikale Gliederung durch Lisenen mit Scheinquaderung. Langgestreckte Perronhalle als Eisenkonstruktion in zweiter Ebene über Basisgeschoß mit breiten Stichbogenfenstern. Urspr. Gesamtkonzeption durch moderne An- und Vorbauten gestört. – **Wasserturm.** Ein sich stark verjüngender Schaft über oktogonalem Basisgeschoß, beide in rotem Klinkermauerwerk, trägt über auskragender Hohlkehle in Beton einen eisernen Intze-Behälter (300 cbm Fassungsvermögen, Dm. 9,0 m, H ü. Gelände 22,5 m) mit zylindrischer, verschieferter Ummantelung, durchbrochen von breiten Fenstern. Das polygonale, ebenfalls mit Schiefer gedeckte Zeltdach endet über dem Lüfteraufsatz in spitzem Turmhelm. Putzblenden verleihen dem gedrungenen Turm, 1891–92 nach Entwurf des Architekten v. Gerlach unter Mitwirkung von

K. Mühlke errichtet, scheinbar schlankere Proportionen. Über dem Haupteingang eine Supraporte mit Stadtwappen. Die Datierung auf der Eingangsseite (heute: 1902, in Abb. von 1903: 1901) bezieht sich nicht auf das Datum der Turmfertigstellung.

Ibbenbüren (Steinfurt/F 3) NW

Beust-Schacht (Am Beustschacht). Das 1842 in Bruchstein erbaute axialsymmetrische Hauptgebäude des Beust-Schachtes der ehem. Zeche Glücksburg zeigt mit zentralem Schachtturm und beiderseitigen Flügelbauten einen frühen Vertreter des in der Mitte des 19. Jh. mit zunehmender Größe der Zechenanlagen aufkommenden Typs repräsentativer Zechenbauten. Nach der Stilllegung 1870 zum Wohngebäude umgebaut. – ● **Von Oeynhausen-Schachtanlage** (Osnabrücker Straße / B 65). Zechenanlage der 1923 gegr. Preussag mit Tagesanlagebauten auf dem sog. Ostfeld ab 1924, u. a. von 1927 das Werkstätten- und das Fördermaschinengebäude, in letzterem eine noch tätige Tandem-Dampf-Trommel-Fördermaschine von 1913, sowie das Fördergerüst von Schacht 1. Ebenfalls aus dem Jahr 1927 stammt ein Klönne-Wasserhochbehälter, aufgesetzt auf einen stillgelegten Schornstein. Auf der zum ehem. Grubenbetrieb des Ostfeldes gehörenden Von-der-Heydt-Schachtanlage ein 1851–57 errichtetes, heute verputztes Schachtgebäude mit spätklassizistischer Fassadengliederung.

Lit.: Ketteler.

Ichenhausen-Hochwang BAY (Schw./Günzburg/N 7)

In einer ehem. Mühle an der Günz 1895 durch die E. A. G. vorm. Schuckert & Cie., Nürnberg, eingerichtetes und betriebenes, heute privatisiertes **Kleinkraftwerk** aus der Anfangszeit der Elektrifizierung Schwabens, darin eine über Stirnkegelrad-Getriebe mit dem Drehstrom-Synchron-Generator verbundene Francis-Turbine (250 PS, Baujahr 1935) der Firma Voith. Die einfache Bauweise und die genormte masch. Ausstattung gehören zum Standard für Kleinkraftwerke der Bauzeit.

Lit.: Slotta II.

Ilsede-Groß Bülten (Peine/F 7) NS

Zur Verbesserung der Förderung des seit 1859 im Tagebau abgebauten Eisenerzlagers zwischen B. und Adenstedt wurde 1876–77 der **Gerhard-Schacht** im SW von B. (Barbaraweg) abgeteuft (ca. 90 Jahre später, 1964, stillgelegt). Bis auf die Schachthalle mit Fördergerüst haben sich alle, meist nach 1900 entstandenen Tagesanlagen (Fördermaschinenhaus, Energiezentrale, Werkstatt, Schmiede und Magazin) in einer bei Tradierung der historisierenden Formen des letzten Viertels des 19. Jh. fortschrittliche Tendenzen berücksichtigenden Architektur erhalten. Eine der wenigen vollständig erhaltenen Schachtanlagen des Salzgitter-Gebietes. – Auf dem Gelände der ehem., 1974 mit dem Hüttenwerk Salzgitter zur **Peine-Salzgitter Stahlwerk AG** verschmolzenen, 1983 stillgelegten I.er Hütte in I.-Ölsburg (An der Hütte) ein Industrie-Wasserturm mit Klönne-Behälter auf polygonaler Eisenfachwerk-Konstruktion von 1918–21 sowie ein Gasbehälter der 1950er Jahre.

Lit.: Slotta V,1; Mende, 1990.

Immendingen-Zimmern BW (Tuttlingen/O 4)

Nach traditionellem Vorbild (u. a. →Säckingen, →Forbach, →Beuron) wurde die gedeckte **Holzbrücke** 1947 nach Entwurf und statischer Berechnung von Albert Lehr sen., Freiburg, errichtet.

Imsbach (Donnersbergkreis/L 3) RP

Die nach Ausbeutung der Gruben (Katharina I/II, Weiße Grube) im 12. Jh. durch das Kloster Marienthal beginnende Blütezeit im 13. Jh. des durch archäologische Funde bereits für die röm. Zeit belegten, anfangs auf Roteisenstein, später auf Kupfer- und Silbererzgewinnung orientierten **Metallerzbergbaus** am Bickberg südl. des Donnersberges endete (bei ca. 400–500 angelegten Bergleuten um 1550), inzwischen von den Grafen von Falkenstein betrieben, spätestens mit Ausbruch des 30jährigen Krieges. Ein neuer Aufschwung unter der Herrschaft der Grafen von Wartenberg zu Anfang des 18. Jh. dauerte bis 1731, erfolglose Abbauversuche danach gingen über in den 1905 großzügig begonnenen Ausbau der hist. Gruben durch die Gewerkschaft Pfalzkupfer, die jedoch 1921 aus Gründen der Rentabilität den Betrieb einstellte. Die Tagesbrüche und Weitungen der drei Gruben mit typisch ma. Strecken und Sohlen wurden 1979 als Besucherbergwerk zugänglich gemacht. Emporenmalereien in der 1729 aus den Bergwerksgewinnen erbauten evang. Pfarrkirche stammen von Johann Georg Engisch, ebenso die der Bergmannskirche in Fischbach.

Lit.: Slotta IV,2; Custodis.

Ingelheim (Mainz-Bingen/K3) RP

Das 1908 nach Entwurf von Wilhelm Lenz (Großhzgl. Kulturinsp. für die Provinz Rheinhessen in Mainz) in noblem Jugendstil fertiggestellte **Gruppenwasserwerk** der Selz-Wiesbach-Gruppe nördl. von I. (Badweg), Teil der von Baurat v. Böhmer projektierten Wasserversorgung Rheinhessens (→ Bad Kreuznach-Bosenheim, → Bodenheim, → Guntersblum, → Osthofen), versorgte insgesamt 20 Gemeinden (Armsheim, Bubenheim, Eichloch, Engelstadt, Ensheim, Essenheim, Gau-Bickelheim, Gau-Weinheim, Jugenheim, Nieder-Hilbersheim, Nieder-Ingelheim, Niedersaulheim, Obersaulheim, Partenheim, Schimsheim, Spiesheim, Stadecken, Sulzheim, Vendersheim, Wörrstadt) mit dem aus der Rheinebene gepumpten Grundwasser. Die z. T. erst 1915 fertiggestellten Eingangsbauten zu den Ortsbehältern (z. B. Engelstadt, Jugenheim, Nieder-Hilbersheim) übernehmen den von klassizistischer »Revolutionsarchitektur« geprägten Jugendstil der gut ein halbes Jahrzehnt früheren Bauten des Rhein-Selz-Gebietes (→ Guntersblum).

Lit.: ZBW 1909; Slotta II.

Nieder-Hilbersheim bei Ingelheim. Wasserhochbehälter

Ingolstadt (OB/Ingolstadt/N8) BAY

Eisenbahnbrücke. Im Zuge der am 12. 4. 1870 eröffneten Strecke I.–Treuchtlingen 1867–69 erbaute Brücke über die Donau mit drei Öffnungen von je 52,53 m li. W und eisernem, nach Kriegszerstörung leicht verändertem Oberbau. – **Maschinenfabrik Schubert & Salzer** (Friedrich-Ebert-Anlage). Das Unternehmen, einer der ältesten Industriebetriebe in I., wurde 1883 gegr. Fabrikgebäude aus der Frühzeit in der Roßmühlstraße in Betrieb. Auf dem Firmengelände Friedrich-Ebert-Anlage *Wasserturm* von 1915, entworfen und ausgeführt durch Gebr. Rank in München, mit interessanter Gestaltung. Der betonierte Flachbodenbehälter (1000 cbm, Dm. 16 m) lagert teils auf der dreigesch., oktogonalen Außenwand, teils auf neun innenliegenden Eisenbetonstützen. Viertelkreiskonsolen tragen einen schmalen, ebenfalls oktogonalen Umgang, dessen Pultdächer sich mit dem Behälterzylinder verschneiden. Die urspr. als Fliegerabwehr-Station genutzte obere Plattform erschließt ein polygonaler Erker unter Zwiebelhaube. Ein ähnlicher, um 1900 in einfacherer Architektur errichteter *Wasserturm* auf dem Firmengelände Roßmühlstraße.

Lit.: ZbAIV 1869; DB Mitt. 1920; Merkl 290.

Iserlohn (Märkischer Kreis/H3) NW

Ehem. **Optische Telegrafenstation** (Danzweg). Neben dem Danzturm, einem Aussichtsturm im SW der Stadt, erinnert ein kleiner Baukubus mit Galerie an eine Station der 1833 vom preuß. Staat für militärische Zwecke eingerichteten Telegraphenlinie Berlin–Koblenz (→ Köln-Flittard). Die techn. Einrichtung für die über Signalarme und Leuchtfeuer übermittelten Nachrichten wurde nach der Zerstörung in den Revolutionswirren 1849 nicht wieder instand gesetzt.

I.-Barendorf

Fabrikdorf (Baarstraße 222–226). Durch die I.er Fabrikanten Duncker und Maste nach Ankauf um 1838 zum Fabrikdorf mit zehn zweigesch. Fachwerkhäusern ausgebautes Anwesen der ehem. kgl. Bannmühle Düingsen. Ältester Teil der Anlage das Zwillingsgebäude der Gelbgießerei am Stauteich, ihm gegenüber Gießhaus und weitere Fabriken. Am Eingang zum Dorf Wirtschaftsgebäude, am Fabrikenplatz Kontor- und Fabrikantenwohngebäude. In Barendorf wurden vor allem Baubeschläge und Lampenteile hergestellt.

I.-Letmathe

Bahnhof. An der Ruhr-Sieg-Bahn (Hagen–Letmathe, eröffnet 21. 3. 1859; Letmathe–Altena, 16. 7. 1860; Altena–Siegen, 6. 8. 1861) durch die Berg.-Märk. Eisenbahn errichtetes, durch Risalit betontes, axialsymmetrisches *Empfangsgebäude* des Spätklassizismus mit origineller Fassadengestaltung durch Pseudorustica in beiden Geschossen und Fenster mit Tudorbogen.

I.-Oestrich

Kettenschmiedekotten (Berliner Allee 112). Für die meist als landwirtschaftlicher Nebenerwerb betriebene Kleineisenindustrie des Sauerlandes typisches Produktionsgebäude in Fachwerk von 1788. Von Mitte des 18. Jh. ein ähnlicher Kotten in der Straße Op de Brüggen, weitere in I.-Grürmannsheide (Rotehausstraße 37) mit drei Schmiedeplätzen aus der 2. Hälfte des 19. Jh. und I.-Refflingsen (Alte Poststraße 51) mit giebelseitiger Esse um 1860.

Lit.: Paul II, NW 336.

Ismaning (OB/München/O 9) BAY

Für die Umgebung Münchens und den Anfang des 20. Jh. charakteristischer **Wasserturm** (Wasserturmstraße) von 1912–13 mit gering auskragendem Zweikammer-Eisenbeton-Flachbodenbehälter (140 cbm) auf schlankem quadr. Schaft unter einem Pyramidendach.

Lit.: Merkl 122.

Jesberg (Schwalm-Eder-Kreis/I 5) HS

Die 1826 verm. von der Kurfürstl. Oberbaudir. in Kassel erbaute **Zehntscheuer** (Fruchtmagazin, heute Raiffeisenlager) am südwestl. Ortsrand (B 3) gehört mit ihrer mehrgesch., allein durch Okuli gegliederten Fassade zu den bemerkenswerten klassizistischen Bauten in Hessen.

Lit.: Slotta I.

Jever (Friesland/C 4) NS

Oktogonaler, reetgedeckter **Galerieholländer**, sog. Schlachtmühle (abgeleitet von Schlagde: Be- und Entladeplatz), auf zweigesch., durch Ecklisenen verstärktem Unterbau mit Windrose, über dem Eingang dat. 1847. Daneben das Müllerhaus von 1817 mit Rokoko-Sandsteinportal.

Lit.: Dpfl. NS.

Jork-Borstel (Stade/D 6) NS

Am Standort einer für das 15. Jh. belegten Windmühle überkommener **Galerieholländer** mit nach Stillegung 1961 funktionsfähig instand gesetztem Wind- und Mahlwerk. Steert anstelle einer Windrose von 1907.

Lit.: Dpfl. NS.

Jügesheim (Offenbach/K 5) HS

Wasserturm (Am Wasserturm) in Backstein-Sichtmauerwerk von 1936 (über dem Portal dat.) für einen Beton-Flachbodenbehälter mit 400 cbm Inhalt (seit 1979 außer Betrieb) von eigenwillig expressiver Architektur. Den von spitzer Haube überragten massigen zylindrischen Behälter tragen vier strebepfeilerartig diagonal gegen den schlanken quadr. Treppenhausturm gestellte Wandscheiben, die durch Entlastungsöffnungen in jedem Geschoß gegliedert werden.

Kaiserslautern (Kaiserslautern/L 3) RP

Nahe den Resten der staufischen Kaiserpfalz und beeinflußt von deren Architektur entstand unter Ludwig I. von Bayern 1843–46 eine repräsentative, durch Rundbogen- und Biforienreihung geprägte **Fruchthalle** (Fruchthallstraße) im neoromanischen Stil der Münchner Ludwigstraße, ausgeführt von Franz Karcher, K., nach Plänen von August v. Voit, München. 1891–92 zum Saalbau umgestaltet. – Das Verwaltungsgebäude des um 1890 errichteten **Schlachthofes** (Forellenstraße) versucht mit klassizistischem Dreiecksgiebel, rustiziertem EG., Eckquaderung und renaissancistischen Fenstergewänden eine Synthese hist. Baustile. – Zu den ausgedehntesten in K. erhaltenen Industriekomplexen gehört die ehem., 1857 gegr., im 1. Weltkrieg auf Munitionsproduktion umgestellte, 1935 von der Backnanger Textilfabrik Adolff (→Backnang) übernommene und in den 1970er Jahren stillgelegte **Kammgarnspinnerei** (Lauter-, Forellenstraße). Aus den 1860er Jahren stammen die zweifarbig mit Sandstein verkleideten, in der Tradition des romantischen Spätklassizismus von August v. Voit stehenden Bauten der ehem. Maschinenhalle und des Kesselhauses. Im Stil der Neuen Sachlichkeit das Kesselhaus von 1926–27 mit erhaltener techn. Einrichtung von 1936. Die 1936–37 ausgeführten Shedhallen und das Verwaltungsgebäude wurden im Büro von Phil. J. Manz, Stuttgart, entworfen. Die Gebäude werden heute durch die Fachhochschule und kulturelle Einrichtungen der Stadt genutzt. – Schmucklos modern, die Architektur der 1920er Jahre vorwegnehmend, die inzwischen in der Substanz desolaten Erweiterungsbauten der **Zschocke-Werke** (Zschocke-Straße) von 1911–13 nach Entwurf von H. Hussong, K. – Zu den wenigen erhaltenen, das Reichsautobahnprogramm dokumentierenden Kunstbauten gehört die zehnbogige, unter Beteiligung von Paul Bonatz geplante **Brücke** über das Waschmühltal von 1935–37.

Lit.: Slotta I; Custodis; IB 1914.

Kall (Euskirchen/J1) NW

Der ehem. intensive Bergbau auf Eisenstein im Gebiet der Nordeifel um K. läßt sich nur noch mit spärlichen Resten, am eindrucksvollsten wohl mit dem Pingen- und Haldengelände am Girzenberg östl. von K.-Sötenich, belegen. Auf den zu einer der bedeutendsten Gruben der Eifel im 19. Jh. gehörenden, von Sötenich gegen den Girzenberg vorgetriebenen **Graf Beust-Stollen** verweist nach Abbruch der 1873 errichteten Mundlocharchitektur nur noch die Öffnung des Stollens nördl. der Kirche. Die pilasterbetonte Fassade des 1865 angehauenen Haak-Stollens vom K.er Stahlberg wartet abgetragen auf eine Rekonstruktion an neuem Standort. – Im Schwesternwohnheim des Hermann-Josef-Hauses in K.-Steinfeld-Urft finden sich Reste eines **Holzkohle-Hochofens** des 18. Jh. der ehem. vom Kloster Steinfeld verm. seit dem späten MA betriebenen Steinfelder Hütte. – An die gegen Ende des 30jährigen Krieges wiederaufgebaute, 1660 um einen Eisenhammer erweiterte Neuhütte erinnert das 1785 als zweigeschoss. Massivbau errichtete, heute als Schullandheim genutzte **Herrenhaus** Neubenden.

Lit.: Slotta V,1.

Kamp-Lintfort (Wesel/H1) NW

● **Zeche Friedrich Heinrich** (Friedrich-Heinrich-Allee). Mit einer monumentalen Straßenfront präsentiert sich die 1906 gegr. Zechenanlage als der größte Kohle fördernde Betrieb am linken Niederrhein. Hinter den von Barock und Klassizismus beeinflußten Jugendstilfassaden der 1907–12 errichteten, durch Putzflächen aufgelockerten Backsteinrohbauten verbergen sich Waschkaue, Werkstätten und Verwaltung. Hinter dem turmartig betonten, übergiebelten Hauptportal zum Betriebsbüro öffnet sich eine quadr., im EG. in Arkaden aufgelöste Halle mit ornamentaler Jugendstilmalerei.

K.-L.-Geisbruch

Fossa Eugeniana (Rheinberger Straße, Fossastraße). Mit dem Bau einer künstlichen Wasserstraße vom Rhein bei Rheinberg zur Maas bei Venlo, geplant bis in die Schelde bei Antwerpen, unternahm Erzherzogin Isabella Clara Eugenia, Generalstatthalterin der span. Krone in den Niederlanden, den Versuch, die niederl. Provinzen durch Verkürzung des Schiffahrtsweges vom Rheinhandel abzuschneiden. Durch zahlreiche Schanzen gesichert, sollte der Kanal gleichzeitig als span. Verteidigungslinie gegen die Niederländer dienen. Nach nur dreijähr. Bauzeit wurde das Unternehmen gleichzeitig mit der Aufhebung des Handelsverbotes im Frühjahr 1629 kurz vor seiner Vollendung abgebrochen. Wasserführende Kanalteile und Schanzen haben sich besonders im Abschnitt zwischen K.-L. und Geldern erhalten.

Lit.: Slotta I; Föhl, 1983; Hermann; Pistor/Smeets.

Kandern (Lörrach/P3) BW

Endbahnhof der vollspurigen, am 1. 5. 1895 eröffneten Haltingen-Kanderner Eisenbahn (Museumsbahn) in weitgehend erhaltenem Orig.-Zustand mit zweigesch., durch übergiebelten Risalit zentriertem *Empfangsgebäude, Wasserturm* mit abschließendem Fachwerkgeschoß und verputztem *Güterschuppen* mit weit ausladendem Satteldach. – In der Ziegelei ein voluminöses dreigesch. Fachwerkgebäude von 1897, dessen EG. ein **Hoffmannscher Ringofen** (zum kontinuierlichen Brennen von Ziegeln) ausfüllt. Er ist kaum zu identifizieren, da der sonst übliche, zentral angeordnete Schornstein fehlt. In den OG. Vortrocknung der Rohziegel.

Lit.: Krins 181.

Bad Karlshafen (Kassel/H6) HS

Zur Umgehung der die Entwicklung der hess. Wirtschaft beeinträchtigenden Zoll- und Stapelstation Hann. Münden plante Landgraf Karl von Hessen-Kassel (1670–1730) einen **Kanal** zwischen Kassel und der Weser unter Ausnützung der Diemel. An der Mündung der Diemel in die Weser gründete er 1699 nach barocken Idealvorstellungen die Stadt Sieburg (ab 1715 K.) um ein

Bad Karlshafen. Rathaus (ehem. Packhaus) und Denkmal des Stadtgründers Landgraf Karl

zentrales, mit beiden Flüssen über Kanal bzw. Schleuse im Abstieg zur Weser verbundenes Hafenbecken herum, zunächst für die Aufnahme aus Frankreich geflohener Hugenotten, denen ab 1707 zunehmend dt. Zuwanderer folgten. An den Längsseiten des Hafenbeckens das *Rathaus,* ehem. Packhaus und Jagdschloß (1715–18), und die ehem. *Thurn- und Taxissche Post* von 1768. Unter Landgraf Friedrich II. entstand 1766 an der S-Ecke des Hafenbeckens ein weiteres Packhaus. Der Kanalbau selbst ging nur schleppend voran – 1716 konnte eine erste *Schleuse* eröffnet, 1722–26 der Abschnitt bis Hümme fertiggestellt werden – und wurde schließl. am Schöneberg nach dem Tode Karls 1730 eingestellt. 1765 wurde das Projekt endgültig aufgegeben. Neben der Kammerschleuse in K. haben sich in Trendelburg, unterhalb der Knochenhauerschen Mühle, noch Reste einer zweiten Schleuse erhalten.

Lit.: Slotta I; Reclam IV, HS.

Karlsruhe (Karlsruhe/M4) BW

Die 1715 durch Markgraf Karl Wilhelm von Baden-Durlach im Hardtwald nördl. von Durlach nach barockem Idealplan gegr. Residenz – mit radialen, vom Schloßturm ausgehenden Straßen als Allegorie herrschaftlicher Gnadensonne – erhielt ihr endgültiges Gepräge als Hauptstadt des Großhzgt. Baden nach 1803 durch die Bauten von Jeremias Müller und Friedrich Weinbrenner. Unter dem Einfluß der 1825 gegr. Polytechnischen Schule, gefördert durch den Anschluß an das Eisenbahnnetz 1843, wandelte sich K. in der 2. Hälfte des 19. Jh. von »einer mittleren Provinzial- und vorwiegenden Beamtenstadt« (mit vor der Jahrhundertmitte lediglich einem nennenswerten Industrieunternehmen, der 1836 gegr. Maschinenfabrik von E. Kessler und T. Martiensen) »zu einem Gemeinwesen, in dem Industrie, Gewerbe und Handel einen immer breiteren Platz« einnahmen (zit. nach: R. Beck. In: Schmitt, 1987).

Hauptbahnhof. Unter dem Druck eines gegenüber 1843 auf mehr als das Zwanzigfache gestiegenen Verkehrsaufkommens entschloß sich die Generaldir. der Bad. Staatsbahnen spätestens 1901 zum Bau eines neuen Hauptbahnhofes etwa 1,3 km südl. der von Friedrich Eisenlohr erbauten Anlage. Nach techn. Entwurfsbearbeitung unter Gernet, Kräuter und Ziegler von der bahneigenen Ing.- und Hochbauabteilung und Wettbewerb 1904–05 (1. Preis: Hermann Billing und Wilhelm Vittali) erhielt A. Stürzenacker (3. Preis) den Auftrag zur Planung des neuen, 1908–13 ausgeführten, an Monumentalität nur von dem fast gleichzeitig (1907–15) errichteten Leipziger Hbf. übertroffenen *Empfangsgebäudes.* Die übrigen Hochbauten nach Entwurf von Oberbaurat Speer und F. Weinbrenner. Im Zentrum des Empfangsgebäudes liegt die kreuzförmige *Schalter-, Empfangs- und Durchgangshalle* als moderne Betonkonstruktion – Bogenbinder mit Fuß- und Scheitelgelenken über einer als Sprengwerk ausgebildeten Zwischenkonstruktion, über der Eingangshalle Eisenbetonfachwerkbinder als Zweigelenkbögen, eine Reminiszenz an die Eisenkonstruktionen des ausgehenden 19. Jh. – mit sich durchdringenden Armen (L 70 bzw. 45 m, B 18 m). An den Gebäudeflanken die heute weitgehend veränderten Bauten des Bhf. Graben-Maxau und des Fürstenpavillons. Trotz neuzeitlicher, die urspr. Ausstattung negierender Bundesbahn-Serienmöblierung vermittelt die Haupthalle noch den Eindruck großartiger, im Raumverständnis auf die Antike zurückgreifender moderner Baukunst. – Auf dem Bahngelände südl. des Empfangsgebäudes (Fautenbruchstraße) steht ein prägnanter, 1913 in Beton von Dyckerhoff & Widmann ausgeführter *Bahnwasserturm* mit einem auf dreifachem Wulstgesims gelagerten Eisenbeton-Stützboden-Behälter (700 cbm).

Eisenbahnausbesserungs- und Elektrizitätswerk (Stuttgarter Straße, Wielandt-, Kriegs- und Ottostraße). Im Zusammenhang mit dem von F. Eisenlohr geplanten Bhf. von 1843 entstand ab 1849 das *Ausbesserungswerk* (ehem. Güterabfertigung an der Kriegsstraße) mit Bauten in dem von Heinrich Hübsch zwei Jahrzehnte früher kreierten Rundbogenstil des romantischen Spätklassizismus. Noch der gleichen Architekturauffassung verbunden zeigt sich der 1877 in bescheidenen Dimensionen errichtete *Wasserturm.* – Die durch Wasserturm, Maschinen- und Kesselhaus dreigeteilte Backsteinfront des 1902 für die Versorgung des neuen Hbf. erbauten E-Werkes gehört formal noch der Architektur des 19. Jh. an.

Hirschbrücke. Für die Anbindung der SW-Stadt über die Rhein- und Kurvenbahn (Mathy-, Jollystraße) geführtes Brückenbauwerk von 1888–91 mit eiserner Balkenkonstruktion aus genieteten Hauptträgern zwischen 84,0–88,5 m entfernten Sandsteinwiderlagern, gelagert auf Gußstützen bzw. Sandsteinpfeilern (Sonntagsplatz). Entwurf: Hermann Schück; Gußteile: Gießerei Ferdinand Senecca, K.

Wasserversorgung. Als 1858 Verhandlungen mit der Stadt über ein gemeinsames Projekt scheiterten, beschloß die Großhzgl. Hofverwaltung den Bau eines *Wasserwerkes im Hardtwald* (Ahaweg) zur Versorgung des Schlosses mit Trink- und Löschwasser sowie zum Betrieb der Wasserkünste. Nach Beginn der Arbeiten am Brunnen 1863 konnte die techn. Einrichtung, geplant von den Ing. F. Obermüller und E. Gerstner (→ Freiburg), 1866 in Betrieb genommen werden. Gleichzeitig entstanden nach Entwurf von Karl Ph. Dyckerhoff das *Maschinen- und Kesselhaus* (1966 abgebrochen) und ein oktogonaler *Druckturm* mit zwei zusätzlichen Löschwasserbehältern (je 27 cbm), der mit seiner techn. Einrichtung – Behälter aus konzentrisch angeordneten, gemufften Gußeisenringen, durch deren inneren Ring eine eiserne Treppe führt, deren Spindel auch die Druckrohre aufnimmt – zu den seltenen Zeugen dieser Baugattung aus der Mitte des 19. Jh. gehört. Den urspr. abschließenden Zinnenkranz ersetzt seit 1904 ein genieteter Hängebodenbehälter (70 cbm) unter steilem Pyramidendach. – Der massige Schaft des heute behälterlosen ehem. *Wasserturmes* und ein *Betriebsgebäude* in Formen des romantischen Spätklassizismus erinnern an das 1868 von Robert Gerwig als symmetrische Anlage konzipierte, nach techn. Planung von E. Gerstner 1871 in Betrieb genommene *städt. Wasserwerk* (Wasserwerksstraße) im Rüppurer Wald. – Als Point-de-vue beherrscht eine künstliche Ruine auf dem Lauterberg, unter der sich ein halbkugelförmiger *Wasserbehälter* verbirgt, den südl. Stadtgarten (Zoo). Die von Oberbürgermeister Wilhelm Lauter stammende Idee zu der Anlage einer künstlichen Erhebung mit Wasserbehälter in der Hauptachse des Schlosses wurde 1889–93 unter Leitung des Dir. der Städt. Gas- und Wasserwerke Reichard realisiert.

Rheinhafen. Mit dem Neubau eines städt. Hafens 1898–1901 westl. des Stadtteils Mühlburg als Ersatz der Umschlagplätze Maxau und Leopoldshafen sicherte sich K. einen vorderen Platz unter den größten Binnenhäfen Deutschlands. Um die durch einen Stichkanal mit dem Rhein verbundenen drei Becken, geplant unter der Leitung von Baurat v. Rosshirth, Ausführung Ph. Holzmann & Cie., entstanden in kurzer Zeit zahlreiche Hochbauten meist nach Entwürfen von W. Strieder und A. Stürzenacker. – Von dem Komplex des bereits unter den Zeitgenossen wegen seiner monumentalen neoromanischen Architektur umstrittenen, 1901 in Betrieb genommenen *Elektrizitätswerkes* (Honsellstraße) – Entwurf A. Stürzenacker, techn. Planung Reichard – sind lediglich noch der burgartige Giebel des Maschinenhauses und die Straßenfront des Bürogebäudes innerhalb von Neubauten zu erkennen. – Durch Umbauten stark verändert, lassen auch der ehem. städt. *Getreidespeicher* und drei *Werfthallen* die urspr. monumentale Hafenbebauung nur erahnen. Lediglich das *Hafenverwaltungsgebäude* von 1899–1901 vermittelt noch im Orig. die Auffassung von städt. Gebrauchsarchitektur der Jahrhundertwende, wenngleich auch hier A. Stürzenacker, zuweilen mit peinlichem Ergebnis, maßlos aus dem ma. Formenfundus schöpfte. In der Hauptfassade reliefierte Allegorien zu Tätigkeit und Ertrag des Hafens. – Weitgehend im orig. Zustand erhalten die durch Risalite und Blendarkaden gegliederte Hauptfassade des Mälzerei- und Putzereigebäudes der *Kathreiners Malzkaffeefabrik GmbH* (Werftstraße 12), erbaut 1912 nach Entwurf von Alfred Plöttner.

Schlacht- und Viehhof (Schlachthausstraße, Durlacher Allee). Die für das ausgehende 19. Jh. typische, nach Planung von Wilhelm Strieder 1885–87 errichtete symmetrische Anlage dokumentiert mit Verwaltungs- und Restaurationsbauten in repräsentativer Neurenaissance sowie den beiderseits der axialen Allee angeordneten renaissancistischen Stallgebäuden die Bedeutung der infrastrukturellen Einrichtung beim Werden der Großstadt im 19. Jh., aber auch den Versuch, diese in die Stadtgestalt einzubeziehen. Ebenfalls von Strieder die der Neurenaissancearchitektur angeglichene Direktorenvilla von 1905. Mit klassizistisch beeinflußten Fassaden erweiterten 1914 Schweineschlachthaus, Kessel- und Maschinenhaus, 1927 Schweinemarkthalle die Anlage des späten 19. Jh. nach W.

Industrie. Bestrebungen der Stadt, durch Einrichtung von Fabrikvierteln Streuansiedlungen innerhalb der Wohngebiete zu verhindern, führten

1891 nach siebenjähr. Verhandlungen mit dem Großhzgl. Domänenarear zur Erschließung der Oststadt (Durlacher Allee, Haid- und Neu-Straße, Tullastraße) als Industriegebiet. – Für die 1857 gegr., 1974 geschlossene Parfümerie- und Feinseifenfabrik **F. Wolff & Sohn** (Kaloderma) entstand 1889–91 ein von Hermann Walder, K., nach Vorbild barocker Schloßanlagen entworfener Fabrikkomplex (Durlacher Allee, Veilchen-, Gerwigstraße) mit Cour-d'honneur. Flankiert wurde er von renaissancistischer Unternehmer- und nach Kriegszerstörung abgebrochener Beamtenvilla und zentralem Produktionsgebäude, dessen urspr. renaissancistische Formen, akzentuiert durch Risalite, bei Aufstockung 1913 und Verputz 1936 weitgehend egalisiert wurden. Im Zustand von 1891 ein **Arbeiterwohn- und Stallgebäude** (Gerwigstraße). Verändert das westl. Fabrikationsgebäude (1891), Ostflügel (Veilchenstraße) von 1889–90 und Eckbebauung Veilchenstraße / Durlacher Allee von 1903–07; mit markanter Kontur das an der Gerwigstraße etwa gleichzeitig erbaute viergiebelige, an norddt. Backsteingotik orientierte, im Winkel Kessel- und Maschinenhaus umschließende *Silogebäude* nach Entwurf des Büros von Hermann Walder. – In der K.er Architekturtradition von Weinbrenner bis Eisenlohr steht mit nobler Fassade der zweigeschoss. **Magazinbau** (um 1900) der von Georg Haid und Carl Neu 1860 gegr. **Maschinenfabrik** (später Nähmaschinenfabrik Singer; Haid- und Neu-Straße 5–7). Die 1914 durch Walder & Rank errichtete ehem. Schreinerei vertritt mit konstruktiv gerasterter, großflächig verglaster Fassade modernen Fabrikbau vor dem 1. Weltkrieg. – Die 1850 nach K. übersiedelte **Hoepfner-Brauerei** verlegte ihre Kellerei in mehreren Etappen zwischen 1872 und 1887 auf das Rintheimer Feld. Dem folgte 1896–98 nach Entwurf von Kossmann (Bauleitung Johann Hentschel) der Neubau der Brauerei, 1899–1900 der Brauereiwirtschaft »Burghof« (Haid- und Neu-Straße) als eine in wilhelminischer Zeit gewerbespezifische burgartige Dreiflügelanlage in Rotsandstein mit vorwiegend der Gotik verpflichteten Einzelformen (Bi- und Triforien, Zinnen, Treppengiebel, Bergfried). Bürgerlicher dagegen die in Gelbsandstein ausgeführte Unternehmervilla mit jugendstilgeprägten Einzelformen.

Initiiert durch den Bau des Rheinhafens entwickelten sich nach 1900 die Weststadt und Mühlburg erneut zum bevorzugten Gebiet für Industrieansiedlungen. – Zu den bedeutendsten Unternehmen in K. gehörten die 1872 als »Patronenhülsenfabrik Henri Ehrmann« gegr. **Industriewerke Karlsruhe-Augsburg** (IWK; Brauer-, Lorenzstraße). 1889 übernommen von Ludwig Loewe & Co., Berlin, wurden sie, zusammen mit der Pulverfabrik →Rottweil-Hamburg und den Rhein.-Westf. Pulverfabriken, 1896 als Aktiengesellschaft Dt. Waffen- und Munitionsfabriken neu gegr. Das Büro von Phil. J. Manz, Stuttgart, lieferte den Entwurf für den 1915 fertiggestellten Block A (L 312 m, B 56,4 m, H 24,8 m), dessen zweiachsige Längstrakte mit kammartig verbindenden Querflügeln zehn Lichthöfe umschließen. Die – wie der Grundriß – nach einheitlichem Raster gestalteten Fassaden der Eisenbetonkonstruktion akzentuieren übergiebelte Risalite an den Kopfseiten der Längstrakte und vor jedem zweiten Querflügel. – Nach Brand der Mälzerei 1884 wurde die 1856 gegr. **Brauerei Moninger** in einen Neubau nach Entwurf von F. W. Rauschenberg (Baubüro Walder & Rauschenberg) von der Kaiser- in die Kriegsstraße verlegt. Das Verwaltungsgebäude als »eine Mischung gothischer und moderner Formen« (ZBV 1901), mit eckbetonendem, den Hauptgiebel beschneidendem Rundturm. – Neben den klaren Eisenfachwerk-Konstruktionen der 1899 für die ehem. **Maschinenfabrik L. Nagel AG** (Liststraße) auf dem Mühlburger Feld errichteten Maschinenhalle und Glockengießerei wirken die dem MA verhafteten Fassaden des gleichzeitigen Verwaltungsgebäudes wie ein architektonischer Anachronismus. – Romanisch geprägtes Kesselhaus, Färberei und das von einem Wasserturm überragte Wohnhaus (Baumwoll-, Zeppelinstraße) zeugen von der ehem. Größe der ab 1889 in Mühlburg errichteten Fabrikanlage von **Vogel & Schnurmann**, eine der bedeutendsten dt. Kunstwollfabriken (Lumpenverwertung) der Jahrhundertwende. – Vielfalt und Nebeneinander hist. Bauformen in der 2. Hälfte des 19. Jh. belegen die Bauten der 1770 gegr., ehem. **Seldeneckschen Brauerei** (Hardt-, Lerchen-, Sonnen-, Fabrikstraße): Bier- und Eiskeller nach 1863 von Adolf Williard eingereichten Plänen; 1884 dat. der Bauantrag von Emil Schweickhard für das schlichte Wohn- und Verwaltungsgebäude; das für 1885 verbürgte Herrenhaus (Lindenplatz) erhielt durch Aufstockung ein eher klassizistisches Gepräge; neugotisch das Sudhaus nach Planung (dat. 1889) von Gustav Ziegler; ebenfalls der Gotik verpflichtet die Kühl- und Kesselhausanlage sowie die Erweiterung des Neuen Sudhauses ab 1901 von J. L. Langeloth, Frankfurt a. M.

K.-Durlach

Wasserwerk (Pfinztalstraße, Badener Straße). Wirkungsvoll dem Stadtbild eingebunden der noble Neurenaissancebau der Verwaltung des 1897 (dat. 1896) in Betrieb genommenen, 1967 stillgelegten Wasserwerkes. – Den Übergang von handwerklicher zu industrieller Produktion belegen die Gebäude der ehem. **Orgelfabrik** (Amtshausstraße 17–19), 1764 von Johann H. Stein, Bruder des Augsburger Orgelbauers Johann A. Stein, gegr. Hinter den straßenseitigen spätbarocken Wohn- und Kontorhäusern ein dreigesch. Werkstattgebäude in verputzter Fachwerkkonstruktion, verlängert in Backsteinrohbau nach Entwurf von E. Schweickhard 1886, und der große Orgelsaal aus der Mitte des 19. Jh. in dem von Hübsch geprägten Rundbogenstil.

K.-Grötzingen

In modernem Gehäuse präsentiert das **Freilichtmuseum** Diedelsheimer Mühle (Oberausbrücke) die aus einer Mühle des 17./18. Jh. in Diedelsheim translozierte Einrichtung mit Wasserrad, Wellenbaum, Kammrad, Königstock und Mahlwerken.

K.-Grünwinkel

Ortsbildprägende Wirkung besitzen die Bauten der in den 1820er Jahren gegr., in der 2. Hälfte des 19. Jh. zu den größten K.er Unternehmen der Nahrungsmittelbranche gehörenden **Sinner-Brauerei.** Durch Risalite akzentuiert der Backsteinrohbau des siebengeschoss., im Inneren von gußeisernen Stützen getragenen Mühlengebäudes nach Entwurf von G. Zinser (1891–93). Die zeitgleiche Faßschwenkhalle von 1889–90 (Erweiterung 1904) zentriert ein barocker Giebel. Herausragend der neoklassizistische, durch kolossale Halbsäulen gegliederte Silobau von 1910–11, ausgeführt unter Leitung von Friedrich Guske für das Baubüro Josef Knapp.

Lit.: Slotta II; DB 1902; ZBV 1901; VDT 1883; Schmitt.

Karlstadt (UFr./Main-Spessart/K6) BAY

Bahnhof an der am 1. 10. 1854 eröffneten Strecke Würzburg–Aschaffenburg–bayer. Landesgrenze der Ludwigs-Westbahn mit *Empfangsgebäude* aus dreigesch. Mitteltrakt und eingesch. Flügelbauten sowie Güterhalle mit Nebengebäude, alle in Rotsandstein nach Plänen von Eduard Rüber und Gottfried v. Neureuther.

Lit.: Lutz.

Karlstein am Main BAY (UFr./Aschaffenburg/K5)

Auf freiem Feld gegenüber von Seligenstadt in Beton um 1915 auf oktogonalem Grundriß errichteter **Wasserturm** mit den der dorischen Ordnung entlehnten Guttae (Tropfen) unter dem den Turmkopf tragenden Wulstgesims.

Kassel (Kassel/H5–6) HS

Aus einer fränk. »curtis« (Kastell) entstanden, war die Entwicklung der 913 erstmals namentlich genannten Siedlung zur Stadt gegen Ende des 12. Jh. unter der Herrschaft der Landgrafen von Thüringen abgeschlossen. Als Residenzstadt der Landgrafen, ab 1803 der Kurfürsten von Hessen, erlebte K. eine fast ungestörte künstlerische und geistige Blütezeit von 1263 bis in die 1. Hälfte des 19. Jh., an die sich, besonders nach dem Übergang an Preußen 1866, ein durch die Industrialisierung bedingtes Wachstum anschloß. Zu 76% im 2. Weltkrieg zerstört, zeigt sich K. heute weitgehend als Stadt der 50er Jahre.

Die ehem., um 1880 errichtete Pumpstation (Auedamm) für die Betriebswasserversorgung der Dampflokomotiven, ein linear organisierter Komplex von mehreren, in der Architektur dem Spätklassizismus verbundenen Backsteinbauten unterschiedlicher Größe, gehört zu den wenigen von Kriegs- und Nachkriegszeit verschonten Bauten des hist. **Hauptbahnhofs.** – Als Ersatz für eine 1852 gegr. Reparaturwerkstatt wurde kurz nach der Jahrhundertwende ein Ausbesserungswerk für Triebfahrzeuge in Betrieb genommen, zu dessen Einrichtungen ein formschöner **Wasserturm** (Frasenweg) mit oktogonalem Backsteinschaft für einen unverkleideten Kugelbehälter gehört. – Im Zusammenhang mit der Kanalisierung der Fulda 1904–13 entstand 1911–13 das **Walzenwehr** (Am Wehr, Schützenstraße) mit zwei Öffnungen und Schleuse am rechten Flußufer nach dem Vorbild des 1902 in →Schweinfurt

Kassel. Bahnausbesserungswerk, Wasserturm

erstmals nach diesem System ausgeführten Wehres. – Auf dem Gelände der Gesamthochschule, der sog. Henschelei, befindet sich mit dem 1836–37 für die **Gießerei Henschel & Sohn** (später größte Lokomotivfabrik Europas) auf damals neu erschlossenem Fabrikareal nach Entwurf von Carl Anton Henschel erbauten **Gießhaus** (Moritzstraße) eines der bedeutendsten Relikte hess. Industriegeschichte. Die tempelartige, durch Lisenen, Rundbogenfenster und Kranzgesims gegliederte Backsteinrotunde (Dm. 16 m, H ca. 5 m) trägt ein röm. Konstruktionen vergleichbares Kuppelgewölbe (Scheitel-H über Fußboden ca. 13 m) aus konischen Topfröhren. Nach Nutzung als Werksmuseum 1977 Umbau zu Ausstellungs- und Versammlungsraum. – Ein frühes Henschelprodukt findet sich in der gußeisernen **Teufelsbrücke** (1826, Werner Henschel nach Entwurf von Bromeis) im Park von Schloß Wilhelmshöhe. – Ebenfalls mit dem Namen Henschel verbunden ist eine das Villengrundstück der Unternehmerfamilie abschließende, gekrümmte, in Bögen aufgelöste **Stützmauer** (L ca. 125 m, H max. 19 m) aus Stampfbeton, 1903–04, nach Entwurf der Architekten Karst & Fanghänel, K. – Der als Hängebrücke zwischen Sandsteinpylonen konstruierte **Fußgängersteg** über die Fulda (Auedamm, Sternstraße) wurde 1870 eingeweiht, 1940 nach Einsturz wiedererrichtet.

K.-Bettenhausen

Zu den ältesten Industriebauten in Nordhessen zählen die Reste des 1679 vor den Toren K.s am Ufer der Losse als landesherrliches Unternehmen gegr., 1869 privatisierten und 1975 stillgelegten ehem. **Messinghofes** (Leipziger Straße). Die urspr. Anlage bestand aus zwei parallelen, durch Torbögen verbundenen längsrechteckigen Bauten. Nach Abbruch des im 2. Weltkrieg ausgebrannten sog. Hammerflügels (Hammer im Freilichtmuseum →Hagen) blieb noch der aus der Gründungszeit stammende NO-Flügel mit Büro- und Wohnräumen und dem Gießraum mit zentraler Esse erhalten. Neben der Produktion von Halbzeugen entstand im Messinghof 1713–17 als spektakulärstes Erzeugnis der als Wahrzeichen K.s bekannte Herkules (H 9,2 m) des Augsburgers Joh. Jak. Anthoni auf dem Gipfel der Wilhelmshöhe. – Nach der Trennung von seinem Geschäftspartner Behrens, mit dem er 1876 in Spangenberg eine Weberei und Färberei gegr. hatte, baute **Heinrich Salzmann** in K. ein eigenes Unternehmen auf, das bald zu den größten im Regierungsbezirk gehören sollte. Die alle Architekturmoden des Historismus spiegelnden Fassaden der ausgedehnten Fabrikanlage (Sandershäuser Straße) dokumentieren die ungeheure Geschwindigkeit der Geschäftsentwicklung. Einem ersten Webereigebäude von 1890–91 folgten Erweiterungen der Weberei auf 8000 qm im Jahre 1900 mit 22 Shedhallen (L je 90 m), der Imprägnieranstalt 1901, der Kraftanlage 1902–05 und der Spulerei, Zwirnerei usw. mit einem viergeschoss. Neubau (L 80 m, B 20 m) 1906. Verlängerung und Umbau der Straßenfront mit Gestaltungselementen des Jugendstils 1914–16. Nach Konkurs 1972 vielfältige gewerbliche Nutzung.

K.-Niederzwehren

Durch Oskar v. Miller beraten, baute die Stadt 1891–92 die mind. seit 1721 eine Gefällestufe der Fulda nutzende **Neue Mühle** unter Verwendung des Mühlengebäudes und Neubau eines Turbinenhauses zu einem kombinierten Wasserpump- und E-Werk aus. Das auf eine gemeinsame Welle wirkende Drehmoment der vier Turbinen wurde über Kegelradgetriebe an eine weitere, 17 m lange Welle weitergegeben, von der aus über Zahnradvorgelege auf der Unterstromseite die Pumpen des Wasserwerkes, auf der Oberstromseite die (bereits 1902 stillgelegten) Generatoren angetrieben wurden. Orig. Turbinen und Pumpen, jedoch nicht das Kegelradgetriebe erhalten.

Lit.: BgZ 1911; DB Mitt. 1904; Slotta I/II; Höhmann; Dpfl. HS.

Kaub (Rhein-Lahn-Kreis/K3) RP

Die lange Tradition der zunächst im Tagebau, seit dem 17./18. Jh. zunehmend im Tiefbau betriebenen **Schiefergewinnung** um K. belegt die 1355 urkundlich genannte Verpfändung des Dachschiefer-Zehnten an Cuno von Reifenberg. Als eine der Hauptquellen des Wohlstandes der Stadt im 18. Jh. bildete das Steueraufkommen aus den über 100 kleinen Schiefergruben auch zu Anfang des 19. Jh. einen bedeutenden Posten im Haushalt des Hzgt. Nassau. Unter staatl. Druck wurde 1836 aus 14 Gruben eine Gewerkschaft gegr., die ab 1837 unter dem Obersteiger Heberlein aus Runkel a. d. Lahn den Wilhelm-Erbstollen (dat. und bezeichnet im Architrav der schlichten Mundlocharchitektur) auffuhr. Mit der Privatisierung der seit 1858 staatl. geführten Gruben begann 1870 eine den 2. Weltkrieg überdauernde Blütezeit mit Fertigstellung der Schachtanlage der Grube Ernestine 1905 und Ausdehnung der Abbaufelder 1919–28 bis zur Einstellung der Produktion 1972 unter dem Konkurrenzdruck von Ersatzmaterialien. Das erhaltene **Ensemble von Betriebsbauten** dokumentiert eindrucksvoll die Gewinnung und Aufbereitung von Dachschiefer am Mittelrhein: das ehem. Zechenhaus am Mundloch; ein 1921 in Fachwerk über massivem Sockel aufgeführtes Spalthaus; der für den Transport des Schiefers auf Rheinniveau zur Unterfahrung der Eisenbahn mit einer Aufzugsanlage versehene Dicke Turm (1485–87) am südl. Ende der spätma. Stadterweiterung; Altes Mahlwerk zwischen Dickem Turm und Spalthaus; ein Wohngebäude von 1868 und das in Beton mit Bruchsteinverkleidung 1942 errichtete Neue Mahlwerk. – Nördl. von K. durchquert die Trasse der Strecke Rüdesheim–Oberlahnstein (Nass. Eisenbahn, eröffnet 22. 2. 1862) den Rosstein und die Loreley mittels **Tunneln,** deren aufwendige, an mittelrhein. ma. Burgenarchitektur orientierte Portale (bez.: »Rosstein 1860« und Loreley »Unter der Regierung Herzog Adolph von Nassau erbaut in den Jahren 1859–61«) verm. der um 1860 für die Nass. Eisenbahn tätige Moritz Hilf (→Bad Ems) entworfen hat.

Lit.: Custodis.

Kaufungen-Oberkaufungen HS (Kassel/H6)

Von der Preuß. Staatsbahn bis zur Eröffnung der Strecke Bettenhausen–Waldkappel am 1. 12. 1879 fertiggestellter **Typenbahnhof** (→Hess. Lichtenau-Fürstenhagen, Walburg) in Fachwerk mit giebelständigem Hauptbau zwischen asymmetrischen Nebentrakten. – Der um 1820 für die Schachtförderung der Braunkohlenzeche Freudenthal eingerichtete **Roßgang** (über Freudenthalstraße, Am Roßgang) arbeitete mit zwei Pferden bis 1884 in einem axialsymmetrisch angelegten Fachwerkgebäude aus zweigesch. Schachtkaue und vierzehneckigem, stützenfrei in Holz überspanntem Treibehaus (li. W ca. 15 m) mit verschaltem Fachwerk über hohem Sandsteinsockel. 1973 Rekonstruktion von Wellbaum mit Seiltrommeln und Drehhebeln des in seiner Art in Westeuropa einmaligen Pferdegöpels. – Die Fabrikgebäude der ehem. Ziegelwerke **Hermann Lohöfer K.G.** (seit 1928; gegr. 1870 von Ludwig Fischer) in der Nähe des Bhf. dokumentieren die Entwicklung des Betriebes von der Handstrichfabrikation bis zur Maschinenziegelei mit Zickzackofen von 1906–07.

Lit.: Slotta I; Höhmann.

Kehl (Ortenaukreis/N3) BW

Der 1904–05 gleichzeitig mit einem Pumpwerk in der Rheinebene nach Planung von Max Hessemer, Frankfurt a. M., in der für die Aufnahme eines Intze-Behälters (300 cbm) charakteristischen Form, mit weitauskragendem Behälterteil über schlankem konischen Schaft, erbaute **Wasserturm** (Schwimmbadstraße) gehört mit 47,5 m Gesamthöhe zu den höchsten in Deutschland. Urspr. ausgeführt in einer den Türmen in →Frankfurt-Rödelheim (1895) und F.-Eschers-

heim (1901) ähnlich gebrochenen Kontur, wurde der zwölfseitige, verschieferte Kopf nach Kriegszerstörung vereinfacht als polygonales Prisma unter Pyramidendach anstelle der gestuften Dachhaube wiederaufgebaut.
Lit.: Slotta II; Merkl 232.

Kelheim (NB/Kelheim/M9) BAY

Ein bedeutendes Beispiel für Bauten der Binnenschiffahrt im 19. Jh. ist das in Quadermauerwerk gefaßte Hafenbecken am südl. Ende des 1836–46 angelegten →Ludwigs-Donau-Main-Kanals mit beidseitig erhaltenen Kanalstummeln und zwei kompletten eisernen Drehkränen (→Bamberg, →Schweinfurt u. a.).
Lit.: Slotta I.

Kelkheim (Main-Taunus-Kreis/K4) HS

Interessantes techn. Ensemble des 1882 gegr. ehem. **Dampf-Sägewerkes Diehl** (Weberstraße):

Kelkheim. Sägewerk Diehl, Dampfmaschine

Kessel der Düsseldorf-Ratinger Röhrenkesselfabrik vorm. Dürr & Co. von 1919, eine um 1890 von der Maschinenfabrik Gebr. Schmalz, Offenbach, gebaute Einzylinder-Dampfmaschine mit seltener Collmann-Steuerung, zwei über Transmissionen durch die Dampfmaschine angetriebene Vertikalsägegatter (Ende 19. Jh., Gebr. Schmalz; um 1940, tschech. Fabrikat) und ein mit Elektromotor betriebenes Horizontalgatter (1930er Jahre, Müller & Scheesel bei Bremen) in betriebsfähigem Zustand.
Lit.: Firmenauskunft.

Kempten (Schw./Kempten/P7) BAY

Das Ensemble von vier für den Eisenbahnverkehr erbauten **Illerbrücken** belegt in seltener Dichte Entwicklungen des Brückenbaus in Abhängigkeit vom zunehmenden Verkehr. Für die Ludwigs-Süd-Nord-Bahn entstand 1847–51 (zusammen mit dem Streckenabschnitt Kaufbeuren–K., eröffnet 1. 4. 1852) ein hölzernes Bauwerk mit Fachwerkträgern nach dem System Howe, das die Iller in 34 m Höhe über drei Öffnungen (35, 53 und 26 m) überquerte. Verm. im Zusammenhang mit der Eröffnung der Strecke nach Neu-Ulm am 1. 7. 1863 erhielt die Brücke eine seitliche Verschalung und in der mittleren Öffnung Verstärkung durch ein eisernes Hängewerk. 1911 für den Straßenverkehr umgewidmet, dient die in der O-Öffnung nach Kriegszerstörung nochmals veränderte Brücke heute als Fußgängerverbindung. – Für den nach Fertigstellung der Bahn München–Kaufering–Buchlohe seit dem 1. 5. 1874 immens gestiegenen Verkehr errichteten die Firmen Dyckerhoff & Widmann und A. Kunz & Co., Kempten, 1904–06 nach Plänen von Reg.-Rat Beutel (Bayer. Staatsbahnverwaltung München) drei massive **Brücken** mit je vier Bögen (Stützweiten: Hauptöffnung 64,5 m, Nebenöffnungen 21,5 m) als seinerzeit weitestgespannte Stampfbetonbrücken im Eisenbahnnetz Deutschlands. Mit dem Neubau des Durchgangsbahnhofs 1965–69 erhielt die zweigleisige Brücke zur Vergrößerung des Gleisabstandes beidseitig Auskragungen; die viergleisige, aus zwei im Abstand von 10 cm erbauten Einzelbrücken bestehende Doppelbrücke dient seitdem dem Straßenverkehr.
Lit.: DB 1906; Pottgießer.

Kevelaer (Kleve/G–H1) NW

Wasserturm (Kroatenstraße). Mit charakteristischer Kontur erhebt sich der 1905 erbaute Wasserturm als Wahrzeichen über das flache Niederrheingebiet. Der gemauerte Schaft über gequadertem Sockel mit noblem Renaissance-Portal (im Architrav dat. MDCCCCV) endet mit einem Triglyphenfries unter weit ausschwingender Behältergalerie. Den Intze-Behälter (450 cbm) umschließt ein inkrustierter Backsteinzylinder. Das Kuppeldach krönt eine als Tholos geformte schlanke Laterne.

Lit.: Slotta I; Merkl 238.

Kiel (Kiel/B6–7) SH

Die Stadt wurde in der Schlußphase der dt. Kolonisation Ostholsteins zwischen 1233 und 1242 durch Graf Adolf IV. von Schauenburg auf einer strategisch günstigen, von Förde und deren Seitenarm »Kleiner Kiel« umschlossenen Halbinsel gegr. Als Mitglied der Hanse bis 1518 erlebte sie im 14./15. Jh. eine wirtschaftliche Blüte als Ort des Geldumschlages. Die Konkurrenz Hamburgs und Lübecks verhinderte jedoch die Entwicklung zur bedeutenden Handelsstadt. Durch die von den Gottdorfer Herzögen 1665 gestiftete Universität war K. im 19. Jh. geistiger und politischer Mittelpunkt der schlesw.-holst. Bewegung. Mit der Funktion als Kriegshafen wuchs K. seit 1865 planlos zu einem Großstadtgebilde, das erst durch den Wiederaufbau nach 1945 städtebauliche Struktur erhielt.

Hauptbahnhof. Zwei Jahre nach der Eröffnung der Altona-Kieler Eisenbahn am 18. 9. 1844 erhielt K. seinen ersten Bhf., den nach Anschluß der Strecken nach Ascheberg, Schönberg und Eckernförde und Erwerb der Bahn durch den preuß. Staat 1883 die Kgl. Eisenbahndir. Altona 1895–99 durch einen Neubau 400 m südl. des alten Standortes ersetzte. Nach Entwurf von Ernst Schwarz entstand unter Leitung von Bauinsp. Burgund ein von monumentalem Hauptportal und Kuppel geprägtes *Empfangsgebäude* in hist. Mischformen zwischen Gotik und Barock in rotem Sichtmauerwerk mit Architekturteilen in gelbem Sandstein. Die Eisenkonstruktion der urspr. Doppelhalle über den Gleisen wurde 1908 um ein drittes Schiff ergänzt. Nach schwerer Kriegszerstörung Wiederaufbau in enger Anlehnung an die hist. Architektur.

Wasserturm (Auf dem Ravensberg). Der zum Wahrzeichen K.s gewordene Hochbehälter – 1897–98 nach Entwurf von R. Schmidt und techn. Planung durch R. Pippig auf den Grundmauern eines ringförmigen Erdbehälters von 1886 errichtet – zählt zu den gestalterisch aufwendigsten Wassertürmen des ausgehenden 19. Jh. in Deutschland. Ein eingesch. Zylinder in gotisierendem Backsteinrohbau mit von Nischen gerahmten Bogenfenstern unter Blendarkaden trägt über weit auskragendem, abgetrepptem Konsolgesims einen durch schmale, spitzbogige Fenster und zinnenbesetzten Bogenfries zwischen acht risalitartigen Vorsprüngen gegliederten Behälterteil. Den genieteten eisernen Intze-Behälter (innerer Dm. 16 m, äußerer Dm. 26,78 m; 1500 cbm) überdeckt ein flaches Kegeldach mit zehneckiger, überkuppelter Lüfterlaterne, darauf ein hoher Spitzhelm. Zierwappen, Medaillons und Bauinschriften unterstreichen den monumentalen Eindruck der Turmarchitektur. Über dem Gewölbeboden des Erdreservoirs arbeiteten urspr. zwei von Gasmotoren angetriebene Pumpen mit einer Leistung von je 125 cbm/h. – Auf der Grundlage einer früheren Planung von William H. Lindley entstand 1887–89 am Schulensee (Hamburger Chaussee) ein **Wasserwerk,** dessen Betriebsgebäude unter An- und Umbauten noch zu erkennen sind.

Fischhalle (Am Wall). Einräumiger Klinkerbau unter kielbogenförmigem Dach von 1909–10, Entwurf Stadtbaurat Pauly, mit altanartigen Vorbauten zu Hafen und Wall. Seine Portale stehen stilistisch zwischen Manierismus und Barock. Seit 1978 *Schiffahrtsmuseum.*

K.-Holtenau

Schleusen Nord-Ostsee-Kanal. Die baugleichen Doppel-Schleusenanlagen (je zwei Schleusenkammern, 25 m li. W, 150 m nutzbare L) des 1895 fertiggestellten → Nord-Ostsee-Kanals (Kaiser-Wilhelm-Kanal) in Brunsbüttel und K.-H. dienten, ausgestattet mit je doppelten Torpaaren an Außen- und Innenhaupt sowie mittleren Sperrtoren, neben dem Kanalabschluß gegen Hoch- und Niedrigwasser von Ostsee und Elbe auch der Kanalwasserhaltung. Die Füllung und Entleerung der Kammern erfolgte über Seitenkanäle mit je 12 im Querschnitt eiförmigen Stichkanälen. Bei der 1914 abgeschlossenen Erweiterung des Kanals entstanden neben den Alten Schleusen an beiden Enden des Kanals neue Doppelschleusen (45 m li. W, Kammer-L 330 m zwischen den Häuptern) – die damals größten der Welt. Ein Sicherheitstor erhält bei Zerstörung des Außenhauptes eine schiffbare Kammerlänge von 221,15 m. Die schwierige Aufgabe (Baugrube: T 25 m, Herstellung ebenso hoher freistehender Mauerwerkskörper) und die Terminplanvorgabe (Förderung von 1500 cbm Aushub und Einbringen von 1000 cbm Mauerwerk täglich) konnten allein bewältigt werden durch die bei Baubeginn 1908 noch neue Methode der Grundwasserabsenkung, wofür eigens ein Kraftwerk errichtet wurde, und durch den Einsatz von verfahrbaren Kabelkränen (Spann-W 166 m). Nach der Stillegung der Alten Schleusen 1918 nutzte ab 1922 die Fr. Krupp-Germaniawerft eine der Kammern als Trockendock. Auf der N-Seite der Schleusenanlage das Kanalbaudenkmal mit Mosaiken und Erinnerungstafeln in einer oktogonal gewölbten Halle als Basis eines (außer Betrieb genommenen) Leuchtfeuers auf zylindrischem Backsteinturm. Am Portal Bronzerelief von E. Herter mit Meeresgöttinnen. – **Hochbrücke** (Prinz-Heinrich-Brücke). Als Ersatz einer zweiflügeligen Drehbrücke von 1895 überspannt eine dreijochige, 1909–12 (Einweihung 28. 12. 1912) nach Entwurf von F. Voß errichtete Eisenkonstruktion (L 445 m, li. H der Durchfahrt 42 m) zwischen zwei 1000 bzw. 700 m langen Rampen den Kanal westl. der Schleusen. Das Haupttragwerk der Holtenauer Hochbrücke bildet ein gekröpfter Fachwerk-Parallelträger als Gerberträger, unterspannt in den 87 m weiten Seitenöffnungen, über der Fahrbahn in der 156 m weiten Mittelöffnung. Der mittlere Schwebeträger (109,2 m) schließt nach Vorbild der Straßenbrücke in Duisburg-Ruhrort mit Hängependeln an die Kragträger an. Konstruktion und Montage (Mittelöffnung im freien Vorbau) durch die Gutehoffnungshütte Oberhausen. Der Abbruch dieser Hochbrücke, eines der kühnsten Werke des dt. Eisenbrückenbaues vor dem 1. Weltkrieg, wurde 1989 beschlossen.

K.-Schulensee

Schlesw.-Holst. Freilichtmuseum (Hamburger Chaussee). In über 50 Gebäuden, darunter drei Wind- und eine Wassermühle, werden die ländliche Kulturgeschichte Schlesw.-Holst.s und Produktionsabläufe aus Handwerk und Landwirtschaft vorgeführt.

K.-Suchsdorf

Levensauer Hochbrücke. Bogenbrücke ähnlich der kleineren, inzwischen abgebrochenen Sichelbogenbrücke von Grünenthal mit einer Stütz-W von 163,4 m für Eisenbahn- und Straßenverkehr nach Entwurf der Konstruktion von Wilhelm A. Lauter, Frankfurt a. M., und der Widerlager (Türme abgebrochen) von Reg.-Bmstr. Muthesius, errichtet 1892–94 (dat. 1893 in der Straßen-

Kiel-Suchsdorf. Levensauer Hochbrücke über den Nord-Ostsee-Kanal

unterführung der N-Rampe). Aufgeständerte Querriegel, von denen die Fahrbahnhauptträger aus Fachwerk abgehängt sind, übertragen die Lasten der 10,2 m breiten Fahrbahn auf die Bogenträger. Die Windverbände wechseln von der Ebene der unteren Bogengurtung über die Fahrbahnebene zur Brückenmitte hin in die Ebene der Querriegel. Ausführung und Montage der Eisenkonstruktion durch die Gutehoffnungshütte Oberhausen.

Lit.: DB 1899; ZBW 1896/1913; ZBV 1894/1914/26; Slotta I/II; Merkl 198; Berger II; Stadtwerke; Paul I, SH 108; Mehrtens.

Kierspe (Märkischer Kreis/I3) NW

Für die Architektur und die techn. Einrichtung kleiner Produktionsstätten und produktionsnaher Wohngebäude des 18. und 19. Jh. finden sich in der Umgebung von K. einige Beispiele. So in K.-Mühlen-Schmidhausen (Gießerei Schwanke) mit Teich, Wasserrad und Schwanzhämmern in einem Gebäude vom Anfang des 19. Jh. die komplette Ausstattung eines **Hammerwerkes** mit angeschlossener Eisengießerei für Ofenplatten. Das Aussehen früher Fabrikarchitektur vermittelt das spätklassizistische **Brennereigebäude** (Hauptstraße) in K.-Rönsahl. Klassizistische **Wohnhäuser** von 1813 (Hagener Straße) und 1784 (Jubachweg) der im Verlagssystem produzierenden und Reisehandel betreibenden sog. Reidemeister haben sich in K.-Vollme erhalten. Über den Jubachweg ist auch die Staumauer der 1904 fertiggestellten **Jubachtalsperre** zu erreichen.

Lit.: Dpfl. NW/WF.

Kinzigtalbahn (Freudenstadt/N4) BW

● Die am 4. 11. 1886 in Betrieb genommene 34 km lange Bahnstrecke Freudenstadt–Alpirsbach–Schiltach–Wolfach als Fortsetzung der württ. Gäubahn mit Anschluß an die bad. Staatsbahn Triberg–Offenburg über Wolfach–Hausach (15. 7. 1878) eröffnete den Schienenverkehr von Stuttgart in die Rheinebene durch einen der schönsten Teile des Schwarzwaldes. Der bad. Abschnitt Wolfach–Schiltach (L 9 km) wurde nach Planung von Robert Gerwig (Großhzgl. Bad. Eisenbahnverwaltung), der topographisch interessantere Bahnbau auf württ. Gebiet zwischen Alpirsbach und Schiltach nach Projektplanung von Bauing. Völker unter Leitung von Oberbaurat v. Morlok ausgeführt.

Unter Einhaltung möglichst sanfter Gefälle erreicht die Trasse nach dem 390 m langen Tunnel bei der Station Loßberg, 7 km von Freudenstadt entfernt, das obere Kinzigtal, um nach weiteren 9 km Gebirgsstrecke mit Steigungen von 1:45 (durchschnittliche Steigung 1:73 bei einer Höhendifferenz von 339,1 m für die Ges.-Strecke von ca. 25 km), angeschmiegt an die linksseitigen Berghänge, bei Alpirsbach auf die Talsohle zu gelangen. Danach bewegt sich die Bahn nur noch in geringer Höhe über dem Hochwasserniveau der Kinzig bis Schiltach, wegen der Enge des Tales jedoch mit etlichen Seitenwechseln, der Durchtunnelung vorspringender Bergzungen und zahlreichen Flußkorrektionen. Auf den Farbmühlen-Viadukt bei Alpirsbach (H 12 m) mit drei zusammen 77 m weiten Öffnungen und eisernem Oberbau folgen bis Schiltach fünf weitere Eisenbrücken (li. W 25–60 m), deren Pfeilermaterial ebenso wie das Zyklopenmauerwerk der Uferbefestigungen den durchfahrenen geologischen Formationen, zumeist Granit, entnommen wurde. Die sieben Tunnel (L 80–390 m) erhielten eine Ausmauerung in Buntsandstein sowie als Schutz gegen das instabile Gebirge eine zyklopische Vormauerung aus Granit. Nach Modernisierung ähnlicher Mittelgebirgsstrecken zählt die Kinzigtalbahn heute mit der Konzentration unterschiedlicher, nahezu im Orig. erhaltener Kunstbauten zu den seltenen Beispielen komplexer Ingenieurbaukunst im Eisenbahnbau.

Lit.: ZA+IVH 1893; SBZ 1886; ZBV 1886.

Kirchberg (Rhein-Hunsrück-Kreis/K3) RP

Weil die öffentl. Laufbrunnen den 1896 eingeführten strengeren Hygienevorschriften nicht mehr genügten, vergab die Gemeinde den Neubau und Betrieb eines zentralen **Wasserwerkes** an den Unternehmer Friedrich W. Langenbach, Ehrenbreitstein, der 1897–1900 auf einer Anhöhe im SW von K. (Auf der Schied) ein Pumpwerk mit einem Hochreservoir errichtete. Der Wasserturm besitzt die für einen Intze-Behälter (120 cbm) typische Kopfform, hier mit ausgefachter filigraner oktogonaler Eisenkonstruktion über steil auskragenden Konsolen. Die Anlage wurde 1907 um ein kleines E-Werk ergänzt. – Etwa 3 km westl. des Ortes dokumentiert ein mehrbogiger **Viadukt** in der Teilstrecke K.–Morbach (eröffnet 15. 12. 1902) der 1889 in einem ersten Abschnitt fertiggestellten Verbindung von Langenlonsheim nach Trier die über Jahrzehnte gleichbleibende Bauweise bei Kunstbauten der Preuß. bzw. Preuß.-Hess. Staatsbahnen.

Lit.: Custodis.

Kirchberg an der Jagst BW
(Schwäbisch Hall/M6)

Eine in den Seitenflächen konkav geschwungene **Pyramide** mit krönender Kugel auf schwerem Sockel an der Gabelung der Straße von K. nach Crailsheim und Gerabronn datiert mit ihren Inschriften – »Im Fränkischen Kreis machte Hohenlohe-Kirchberg den Anfang mit dem Chaussee-Bau hier auf dieser Stelle 1753« / »Weg nach Crailsheim-Rothenburg« / »Weg nach Langenburg und Gerbronn« – den Beginn planmäßigen Verkehrsnetzausbaues in Hohenlohe.

Lit.: Slotta I.

Kirchen-Freusburg RP
(Altenkirchen/Westerwald/I3)

Den Standort einer 1660 erstmals genannten, 1978 stillgelegten **Mühle** bezeichnet weithin der sechsgesch. Backsteinrohbau des 1902 erbauten Lagergebäudes der F.er Mühle am Ufer der Sieg. Aus der Gründungszeit stammen neben Resten der alten Mühle zwei Wohngebäude, ergänzt durch ein Lagerhaus (1885) und ein Wohnhaus (1888). Techn. Einrichtung: Zwillings-Turbinen von 1925.

Lit.: Custodis.

Kirchentellinsfurt (Tübingen/N5) BW

Das 1924–26 nach Planung von Ziviling. Hallinger, München, durch die Stadt Reutlingen (Kraftwerk Reutlingen-K. AG) für die Eigenversorgung am Neckar bei K. errichtete, mit einem Hochdruckspeicher (300000 cbm) auf dem 500 m entfernten Kellerskopf kombinierte **Kraftwerk** war mit zwei Francis-Doppelzwillingsturbinen (je 800–950 PS), direkt gekoppelt mit je einem Drehstromgenerator gleicher Leistung und einem Hochdruck-Maschinensatz (Speicherpumpe 1500 PS, Francis-Spiralturbine 2000 PS, Drehstrom-Synchrongenerator) für eine Jahresleistung von ca. 6 Mio. kWh ausgelegt. Die masch. Ausstattung bis auf die modernisierte Regelung der Niederdruckanlage im Orig. erhalten. Das Krafthaus von schlichter, funktionaler Bauart.

Lit.: Wasserkraft und Wasserwirtschaft, 1927; Stadtwerke.

Kirchheim am Neckar BW
(Ludwigsburg/M5)

Anläßlich des zweigleisigen Ausbaues der Strecke Bietigheim–Heilbronn (Ersteröffnung 25. 11. 1848) erhielt der Tunnel bei K. (1847–48) bergseitig eine zweite, 600 m lange Röhre (1892–93), deren keilsteingefaßtes Portal sich durch eine gemeinsame Schildwand mit dem älteren Tunnelmund zu architektonischer Einheit verbindet. Über den Portalrisaliten mit Datumskartuschen kräftiges Gesims und geschlossene Attika.

Lit.: MVfB 1896.

Kirchheim unter Teck (Esslingen/N5) BW

Schlachthof (Schülestraße). Mit ihren hellen, zu den Gliederungselementen aus rotem Backstein kontrastierenden Putzflächen eine zeittypische, wenn auch provinziell wirkende Anlage von 1904–05 nach Entwurf von Grub & Schlecht. Dominant der Wasserturm. – Ehem. **Tuchfabrik J. J. Müller** (Paradies- = ehem. Plochinger Straße). Mit Ausnahme der masch. Ausstattung nahezu vollständig, einschl. der Gußeisenkonstruktionen, erhaltene Fabrik aus dem letzten Jahrzehnt des 19. Jh. (Kesselhaus 1892, eingeschoss. Websaal 1893, Weberei an der Plochinger Straße 1897, Magazin- und Färbereigebäude 1898). Vorausgegangen war an gleicher Stelle eine 1851 gegr. Ultramarinfabrik, aus der 1857 eine Wollspinnerei wurde – im Besitz des Tuttlinger Fabrikanten Joh. Jak. Müller seit 1881 eines der bedeutendsten K.er Unternehmen. Das aus fortwährender Erweiterung resultierende Gebäudekonglomerat zeigt das charakteristische Bild eines mittelständischen Unternehmens der Jahrhundertwende.

Lit.: Festschrift J. J. Müller, 1953.

Kirchlinteln-Brunsbrock (Verden/E5) NS

Eckig taillierter ehem. **Galerieholländer** (1848) mit Steert auf niederem Sockelgeschoß mit kompletter Mühlentechnik (ein Mahlgang elektr. betrieben). Restaurierung der Galerie und Komplettierung des Flügelkreuzes geplant.

Kirchseeon (OB/Ebersberg/O9) BAY

Im Auftrag der Generaldir. der Bayer. Staatseisenbahnen von Gebr. Rank, München, für die Kgl. Imprägnierungsanstalt (für Eisenbahnschwellen) geplanter und 1902–03 ausgeführter oktogonaler **Wasserturm** (Am Dachsberg) in Eisenbeton-Skelettkonstruktion, System Hennebique, mit Mauerwerksausfachung für einen zylindrischen Zweikammer-Flachbodenbehälter (130 cbm) unter oktogonalem Pyramidendach (Ges.-H 27 m). – Dem Wasserturm benachbart schlichtes zweigesch. **Betriebsgebäude** der Schwellenfabrik, um 1895.

Lit.: DB 1903.

Kirtorf (Vogelsbergkreis/I5) HS

Der letzte in Hess. erhaltene **Schmeerofen** (östl. der Spitzenmühle), ein mit innerem Destillierofen (Dm. ca. 3 m, H ca. 2,3 m) und Mantel zweischalig ausgeführter Kegelstumpf, wurde etwa 1905–48 betrieben. Die Unterkunftshütte für die Brenner moderne Rekonstruktion.

Lit.: Slotta I.

Bad Kissingen (UFr./Bad Kissingen/K6) BAY

Bahnhof. Monumentales *Empfangsgebäude* der Bahn Schweinfurt–K. (eröffnet 9. 10. 1871) in trocken spätklassizistischer Architektur von Friedrich Bürklein, 1874, ähnlich neoklassizistischen Bauten der 1920/30er Jahre. Mit flach profilierten Gliederungselementen an den Werksteinfassaden und traditioneller Fünfteilung des Komplexes in zentrales Haupteingangsgebäude und durch niedrigere Zwischentrakte verbundene Eckpavillons. Säulenpaare dorischer Ordnung unterteilen die Eingangshalle, die Perronüberdachung ruht auf Gußstützen mit korinthischen Kapitellen.

Elektrizitätswerk (Oskar-v.-Miller-Straße). Auf eigenes Risiko von Oskar v. Miller 1904–05 geplantes und gebautes, am 1. 1. 1912 für 89 500 M von der Stadt übernommenes E-Werk mit zwei Dampfmaschinen von je 300 PS und zwei Turbinen von 177 bzw. 140 PS Leistung. 1922–23 erweitert nach Plan von J. Hallinger, München, unter Einbeziehung der 1917 durch die Stadt erworbenen Lindesmühle (Lindesmühl-AG vorm. Lützenburger; früher Gebr. Lay Gewürzmühle und -depot) mit ihrem mehrgeschoss. Mühlengebäude sowie Wohn- und Nebengebäuden aus Rotsandstein in qualitätvoller Neugotik. In Betrieb die beiden Maschinensätze von 1923 mit Francis-Zwillingsturbinen mit liegender Welle (Leistung: 210/180 PS bei 150 U; 3,34 m Gefälle; 5,75/5,0 cbm/s Schluckfähigkeit) von Escher Wyss & Co., Ravensburg, und Universal-Öldruck-Reglern der gleichen Firma; Dynamos von Siemens-Schuckert Werke, Nürnberg. 1925 Einbau eines beweglichen Klappwehres. Aus der Umbauzeit auch das Dienstwohngebäude mit einem für die 1920er Jahre charakteristischen Treppenhaus.

Schlachthof (Würzburger Straße 4). Konzeptionell dem frühma. Kirchenbau entlehnte Anlage von 1924–25 nach Entwurf von I. Hennings, Stuttgart, in einem der »Stellung Kissingens als Weltbad« angemessenen, in die »fränkische Bauweise« umgesetzten Neoklassizismus. Hinter einem zur Straße durch eingesch. Torbauten abgeschlossenen Arkadenhof liegt giebelständig die langgestreckte mehrgeschoss. Verkehrshalle in der Doppelfunktion einer überdachten Erschließungsstraße für die beiderseits eingesch. Kühl- und Schlachthaustrakte und einer öffentl. Versammlungshalle. Letzterer gestalterisch zugeordnet sind die übergiebelten Säulengalerien an den Längsseiten.

Salinen. Mit den Neubauten eines Kurhauses und der Salinenanlagen an den erstmals 823 erwähnten K.er Salzquellen unter dem Würzburger Fürstbischof Adam Friedrich von Seinsheim in der 2. Hälfte des 18. Jh. setzt sich die durch den 30jährigen Krieg unterbrochene Entwicklung der Stadt zu einem bekannten Kurort fort. Die 1767–72 ausgeführte Obere Saline (Steinhof) besteht aus Mitte und Ecken betonenden, durch niedere Zwischentrakte verbundenen Pavillons. Die Untere Saline entstand 1788 als Dreiflügelanlage mit zentralem Wohntrakt und flankierenden Siedehäusern um einen talwärts durch Holzschuppen abgeschlossenen Hof sowie separatem, dem Wohngebäude parallelen Lagerhaus. Neben dem Gradierwerk hat sich als seltenes Beispiel großer Maschinenanlagen aus der Mitte des 19. Jh. (→Bad Reichenhall, →München-Nymphenburg) eine 1848 durch die C. Reichenbachsche Maschinenfabrik installierte sog. *Freiturbine* in zeitgemäß gotischem Dekor erhalten. Ein Schaufelrad (Dm. 2,05 m, 32 Schaufeln) betrieb ein Kolbenpumpenwerk mit acht liegenden Zylindern mit einer Leistung von 25 PS, wobei sechs Zylinder Sole für die Berieselung des Gradierwerkes, zwei Süßwasser für den Schmücke-Brunnen förderten. Von 1883 stammt die im benachbarten Pumpenhaus durch die Schweinfurter Maschinenfabrik C. Pickert eingebaute Jonval-Turbine (18 PS); einen moderneren Entwicklungsstand im Turbinenbau vertritt die 1911 mit einer Leistung von 12,5 PS am Luitpoldsprudel (K.-Hausen/Klein-Brach) installierte Francis-Turbine.

Lit.: Stadtverwaltung; Dpfl. BAY; DB 1926; Slotta I.

Kleve (Kleve/G 1) NW

Spoy-Kanal. Nachdem im 17. Jh. K. durch die Verlagerung des Rheinbettes endgültig Binnenstadt geworden war, genehmigte 1688 der Große Kurfürst den Bau eines Verbindungskanals, der von K. aus an der *Briener Schleuse* den Griethausener Altrhein und über diesen bei Keeken den Rhein erreicht. Teile der 1844–46 als Kammerschleuse für 300-t-Schiffe in Stein erneuerten Briener Schleuse haben sich unter dem 1927 erbauten Pumpwerk erhalten. Die günstige Entwicklung des K.er Wirtschaftsraumes führte 1907–10 zur Erweiterung des Kanals und zum Neubau einer dritten, noch vorhandenen Schleuse (L 55 m, B 6,6 m) für 600-t-Schiffe. Im Hafen aus der gleichen Zeit eine eiserne *Drehbrücke* für die Hafenbahn. – Durch die Rhein. Eisenbahn seit dem 5. 3. 1863 mit Krefeld, seit dem 19. 4. 1865 über Griethausen und Eltern mit der rechtsrhein. Strecke Dinslaken–Arnheim verbunden, erhielt der Bhf. mit seinem spätklassizistischen **Empfangsgebäude** bei der Einführung der Strecke von Moers (15. 8. 1904) durch die Preuß. Staatsbahn, der die Eröffnung der Kleinbahn nach Emmerich am 1. 10. 1911 folgte, eine erhöhte Bedeutung. Von 1863–65 stammt unverändert die über den Altrhein zwischen Griethausen und Briene geschlagene, weitgespannte eiserne **Parallelträger-Brücke** (Hauptöffnung 100,4 m; 20 Öffnungen je 18,8 m) in Ständerfachwerk-Konstruktion mit Gegenstreben. ●

Lit.: Slotta I; Dpfl. NW.

Koblenz (Koblenz/J 3) RP

Bahnanlagen. Urspr. in Renaissance und Barock entlehnten Formen gestaltetes, ab 1949 vereinfacht wiederaufgebautes, repräsentatives *Empfangsgebäude* von 1899–1902 mit asymmetrischer Baumassenverteilung nach Entwurf von Reg.-Bmstr. Biecker (Kgl. Eisenbahndir. Köln) und Überarbeitung der Fassaden durch Fritz Klingholz unter Leitung von Rüdell und Thoemer (Ministerium für öffentl. Arbeiten). – Unter den Eisenbahnbrücken erwähnenswert die Eisenkonstruktion über die Rizzastraße (1912, mit unterspannten Bögen) und die steinernen Bögen der Vorlandbrücke zwischen K.-Horchheim und K.-Oberwerth (ab 1875, nach Planung von Hilff, Altenloh und Sarrazin im Auftrag der Preuß. Staatseisenbahn). – Die 1875–79 ausgeführte Verbindungsstrecke Oberlahnstein–K.-Güls zwischen Lahntal- und Moselbahn überquert bei K.-Moselweiss die Mosel auf einer eisernen *Fachwerkbogenkonstruktion* mit obenliegender Fahrbahn (Hauptbögen je 64 m, an den Ufern je eine gewölbte Öffnung von 17 m li. W). Eiserner Überbau in alter Form modernisiert.
Zu den großartigen ma. Ingenieurbauten zählt die 1343 unter Erzbischof Balduin zunächst mit hölzerner Fahrbahn begonnene, in einer zweiten Bauphase bis 1425 eingewölbte **Moselbrücke.** Die urspr. 14 Bögen (li. W 16–18 m) wurden durch Ausbau des Schleusenkanals und des Kraftwerkes der Staustufe K. reduziert. – Lediglich die Lage am Rheinufer verweist, bei fehlendem drehbaren Dach und Ausleger, auf die ehem. Funktion des 1609–11 nach dem Vorbild →Andernach errichteten, oktogonalen *Krangebäudes.* Die feingliedrige Renaissancetür dat. 1611.

Lit.: ZBV 1903; ZBW 1881; Slotta I; Dpfl. RP.

Kochel BAY

(OB/Bad Tölz-Wolfratshausen/P 8)

Die Anregung Oskar v. Millers zur Nutzung der Wasserkraft des Walchensees und der oberen

Isar, unterstützt durch Vorprojekte von 1904 der Ing. Schmick, Darmstadt, und v. Donat, mündete 1908 in einen vom bayer. Staatsministerium des Inneren ausgeschriebenen Wettbewerb mit dem Ziel, diese »besonders ausnutzungswürdige Wasserkraft ... im Interesse der Allgemeinheit für die Zwecke des elektrischen Betriebes von Staatsbahnen auszubauen« (DB 1909). Doch erst nach der Denkschrift v. Millers (1915), die eine einheitliche Landeselektrizitätsversorgung durch ein noch zu gründendes »Bayernwerk« anregte, begannen 1918 die Bauarbeiten für das bei Inbetriebnahme 1924 leistungsfähigste Wasserkraftwerk in Deutschland.

Das **Walchensee-Kraftwerk** mit zweckorientierter, dabei der Landschaft angepaßter Architektur am Fuße des Kesselberges nutzt bei einem Höhenunterschied von 200 m zum Kochelsee den von Isar und Rißbach über Wehranlagen und Stollen gespeisten Walchensee als Hochdruck-Jahresspeicher. Vom Einlaufbauwerk des Walchensees führt ein durch den Kesselberg getriebener Druckstollen (L 1170 m) zum Wasserschloß mit einem 10000 cbm fassenden Becken hinter durch Turmaufbauten über Terrassen burgartig wirkender Architektur. Anschließend gelangt das Betriebswasser über eine Rohrbahn (L 430 m) mit sechs Druckrohren in das 180 m tiefer gelegene Krafthaus. Acht Hauptmaschinensätze – vier zur Erzeugung von Drehstrom mit einzeln beaufschlagten Francis-Doppelspiralturbinen und vier für Einphasen-Wechselstrom (Eisenbahn) – mit zu zweit aus einem Rohrstrang beaufschlagten Zwillings-Freistrahlturbinen erbringen eine durchschnittliche Gesamtjahresleistung von 320 Mio. kWh. Mit diesem ersten Speicherkraftwerk von überregionaler Leistungsfähigkeit begann der Aufbau von Verbundsystemen bei der Versorgung mit elektr. Strom.

Lit.: DB 1909/10/15; Slotta II.

Köln (Köln/12) NW

In dem seit der Jungsteinzeit besiedelten Gebiet am Rande des Rhein. Schiefergebirges legten die Römer mit der Ansiedlung der germ. Ubier in den letzten Jahrzehnten v. Chr. den Grundstein zu einer der ältesten Städte Mitteleuropas.

Kochel. Walchensee-Kraftwerk, Druckrohre

Als »Colonia Claudia Ara Agrippinensium« 50 n. Chr. in den Rang einer Kolonie erhoben, begann sich die Siedlung zu einer blühenden Stadt in Niedergermanien zu entwickeln. Nach der Konsolidierung der fränk. Herrschaft erhielt K. neue Bedeutung durch die Erhebung zum Erzbistum durch Karl d. Gr. Die K.er Bischöfe zählten fortan zu den mächtigsten Fürsten im Reich. Im 12. Jh. nahm K. den ersten Platz unter den Handelsstädten Deutschlands ein. Das mit der Wirtschaft erstarkte Bürgertum erwarb sich de facto seine Selbständigkeit von erzbischöflicher Herrschaft bereits mit dem Sieg von Worringen 1288, die formelle Erhebung zur Freien Reichsstadt 1475 bestätigte die Realität de jure. Nach Jahrhunderten wirtschaftlicher Blüte setzte im 17. Jh., beschleunigt durch die Ausweisung der Protestanten, der Niedergang ein, den schließlich die franz. Besetzung vollendete. Erst mit der Entwicklung der Eisenbahn (Türmchenswall–Müngersdorf, eröffnet 2. 8. 1839) zum neuen Träger des Fernverkehrs – mit Niederlassungen der Rhein. (1835), Köln-Mindener (1843) und Berg.-Märk. (1844) Eisenbahn – knüpfte das seit 1815 preuß. K. an die vergangene wirtschaftliche Größe an, nun gestützt auf Industrie, Banken und Versicherungswesen. Eine konsequente Eingemeindungspolitik seit 1883 sicherte langfristig die für die Entwicklung zur Großstadt notwendigen Flächen, auf denen nach Zerstörung von 78% der Bausubstanz im 2. Weltkrieg das moderne K. auf altem Stadtgrundriß entstand.

Bahnhof. Von dem am 25. 5. 1894 unterhalb des Domes eröffneten *Empfangsgebäude* des Hauptbahnhofes, von Georg Frentzen in Formen der dt. Renaissance mit hochaufragendem Turm entworfen, widerstand allein das Mittelschiff der ehem. dreischiffigen Bahnsteighalle den Zerstörungen des 2. Weltkrieges. In den frühen 50er Jahren funktionsfähig repariert, wurde die 255 m lange, im Scheitel der als Zweigelenkbogen konstruierten Eisenfachwerkbinder (Binderabstand 8,5 m) 24 m hohen und mit 64 m Spannweite die zur Bauzeit weitest gespannte Bahnhofshalle auf dem Kontinent (Entwurf: Preuß. Bahnverwaltung, Gestaltung: J. E. Jacobsthal) zwischen 1983 und 1987 mit dem Ziel einer detailgetreuen Wiederherstellung aller konstruktiven Bauteile restauriert. Das zerstörte Eingangsgebäude ersetzen seit 1952 modern (auf alter Grundfläche) Ausgangshalle und Hotel im N sowie, nach Entwurf von Waltenberg, Schmitt und Brunner, seit 1957 Schalterhalle und Café-Restaurant im S, die zu den qualitätvollsten Bauten der 1950er Jahre in K. zählen.

Rheinauhafen (Am Leystapel, Agrippinaufer). Als letzte der großen Rheinstädte entschloß sich K. 1891 nach siebenjähr. Prüfung des Projektes zur Anlage eines neuen Hafens zusammen mit einer großen Rheinuferstraße, mit der gleichzeitig die hygienischen Verhältnisse der Stadtviertel am Flußufer verbessert werden sollten. Noch im gleichen Jahr begonnen, konnte der Hafen nach Gesamtplanung von Stadtbaurat H. J. Stübben und Entwurf der Hoch- und Tiefbauten von Stadtbauinsp. Bauer am 1. 5. 1898 in Betrieb genommen werden. Die Hafeneinfahrt überspannt eine asymmetrische eiserne *Drehbrücke* (L 27,5 + 18,5 m, B 10 m), deren Hydraulik-Zentrale im EG. des *Malakowturmes*, Rest der preuß. Befestigung von 1855, untergebracht war. Ihm gegenüber liegt schloßartig das *Hauptsteueramt* als vielgliedrig zusammengesetzte Baumasse in Mischformen aus Gotik und Renais-

Köln. Rheinauhafen, Malakowturm und Drehbrücke

sance. Im S schließen sich Lagerhaus und Zollhalle 2 an, deren neugotische Architektur von Bernhard Below (1. Preisträger des Wettbewerbs von 1893) der Risalitabschlüsse und Ecktürmchen beraubt ist. Über die Bayenstraße zu erreichen ist das neuromanische *Hafenamt* in dunkelrotem Sichtmauerwerk mit dominierendem Uhrturm. Daneben neugotisch die elektr. *Kraftzentrale* in gelbem Sichtmauerwerk und roten Gliederungselementen, im Zentrum überragt von einem Wasserturm.
Gleichzeitig mit dem Ausbau des bislang als Sicherheitshafen dienenden **Beckens am Bayen** (1907–12) entstand 1909–10 neben dem Bayenturm am Agrippinaufer mit dem sog. *Danziger Lagerhaus* von Hans Verbeeck ein neuer markanter Hochbau am Rheinauhafen. Der auf streckmetallumschnürten Eisenbetonpfählen gegr. Speicher kaschiert aus stadtbildpflegerischen Überlegungen fünf seiner sieben Geschosse unter einem abgetreppten steilen Dach mit tiefliegender Traufe. Maßstabbildend erhielten die 180 m langen Fronten rheinseitig neun und stadtseitig sieben, eigenständige Häuser suggerierende Giebel.

Hohenzollernbrücke. Als Folge der leistungssteigernden Umbaumaßnahmen auf dem Hbf. und der Neuordnung des Bahnverkehrs ab 1905 mußte die als erster fester Rheinübergang seit der Antike 1855–59 errichtete Eisenbahn- und Straßenbrücke 1907–11 einem Neubau größerer Kapazität weichen. Mit li. W von 114/160/118 m überspannen Bogenfachwerke – die Hauptträger als Bogen mit Zugband (F. Beermann, Preuß. Eisenbahn-Verwaltung; Ausführung: Dortmunder Union AG) – über drei Joche den Fluß; die Widerlager urspr. durch neoromanische Turmportale nach Entwurf von Franz Schwechten betont. Auf den Bastionen Reiterstandbilder der Hohenzollern: von der ersten Brücke in K.-Deutz Friedrich Wilhelm IV. von G. Bläser, 1861–63, und Wilhelm I. von F. Drake, 1867; in Köln Friedrich III. und Wilhelm II. von Ludwig Tuaillon, 1910. An den Brückenköpfen bauplastischer Schmuck mit Motiven der dt. Sage und Geschichte von G. Riegelmann. Nach Sprengung 1945 um die Straßenbrücke reduzierter Wiederaufbau. Abbruch der Türme 1957–59.

Südbrücke. Die als Entlastung für den Hbf. zur Aufnahme des Güterverkehrs gedachte, 1906–10 ausgeführte Südbrücke spannt sich über drei Stromöffnungen von 96/157/96 m li. W mit einem eisernen Überbau (Dortmunder Union AG; Vorlandbrücken: AG Harkort, Duisburg) nach dem System des Bogens mit Zugband als Durchlaufträger. Die urspr. Turmportale nach Entwurf von F. Schwechten sind bis auf Bastionshöhe abgetragen, der bildnerische Schmuck stammt wie bei der Hohenzollernbrücke von G. Riegelmann.

Wasserturm (Färbergasse). Schaft eines 1870–72 nach Planung des engl. Ing. John Moore aus Gußeisen erbauten Wasserturms zur Aufnahme zweier ringförmiger Flachbodenbehälter (zusammen 3638 cbm). Heute als Hotel genutzt.

Wasserwerk Severin (Zugweg). Als Erweiterung des Mooreschen Wasserwerkes (Planung: Ing. Hegener, Entwurf: H. Deutz, Bauleitung: Ing. Wachendorff und Reg.-Bmstr. Genzmer) 1883–85 errichtetes Pumpwerk in Backstein. Die Längsfront zentral durch ehemals monumentale Barockfassade ital. Ursprungs überhöht. Zur techn. Einrichtung gehörten je zwei Schöpf- und Saugpumpen, angetrieben von Woolfschen Balancierdampfmaschinen. Von 1899–1900 auf dem gleichen Grundstück ein unterirdischer Wasserbehälter mit 20000 cbm Nutzinhalt. Das Druckpumpenhaus von 1900–01 in akademisch trockener Neoromanik.

Elektrizitätswerke (Zugweg). Als eine der ersten Städte Deutschlands leistete sich Köln 1890–91 ein E-Werk (Einphasen-Wechselstrom, 50 Perioden, Oberspannung 2000 V). Architektonisch von gleicher Qualität wie das fünf Jahre ältere Pumpwerk, jedoch nach Vorbildern aus der Renaissance gestaltet. Die bereits 1895 absehbare, 1900 durch ein zweites Kesselhaus abgeschlossene Erweiterung mit langer, durch übergiebelten Risalit unterbrochener, durch Rundturm einseitig betonter Fassade zeigt Anklänge an ma. Burg- und Klosterarchitektur.

K.-Deutz

Zum Schutz der seit dem 3. Jh. durch die Frankeneinfälle gefährdeten Reichsgrenze zu Anfang des 4. Jh. als Kastell Divitia gegr., verkümmerte D. nach kurzer Blütezeit im MA als Leidtragende der militärischen Auseinandersetzungen zwischen Erzbischof, Stadt K. und den berg. Territorialherren. Unter preuß. Herrschaft zur Festung ausgebaut, gab erst deren Auflassung 1907 den Weg zur modernen städt. Entwicklung frei.

Bahnhof. Bereits 1845 erhielt D. durch die Köln-Mindener Eisenbahn einen ersten Bhf. am Rheinufer (Ottoplatz), der gleichzeitig mit der Umgestaltung des Hbf. K. ab 1905 aufgegeben und 1912–13 durch einen Neubau weiter östl. nach Entwurf von Hugo Böttcher ersetzt wurde. Das neobarocke *Empfangsgebäude* des sog. Turmbahnhofs (Trassenkreuzung in mehreren Ebenen), von monumentaler Wirkung durch eindrucksvolle ovale Kuppelhalle mit kolossaler Pilasterordnung im Zentrum der dreiflügeligen Anlage. Die urspr. Perronhalle zerstört.

K.-Ehrenfeld

Ehem. **Gaswerk** (Widdersdorfer Straße 190–192). Noch vor Ablauf einer der Imperial Continental Gas Association (ICGA) 1840 für den Bau einer Gasanstalt und Verlegung des Rohrnetzes in städt. Straßen für 25 Jahre erteilten Konzession übernahm 1873 die Stadt von der engl. Ges. zwei Gasfabriken in mangelhaftem Zustand. Bereits 1875 entschloß sich die Stadt zu einem Neubau in Ehrenfeld, der, nach Planung und unter der Oberleitung des Dir. der Städt. Gas- und Wasserwerke Hegener ausgeführt, am 1. 10. 1876 den Betrieb aufnehmen konnte. Mit der Zunahme des Verbrauches durch die Ausdehnung der Stadt mußte das Gaswerk in den folgenden Jahrzehnten ständig techn. modernisiert und baulich erweitert werden. Die erhaltene Bausubstanz an Betriebsgebäuden, Verwaltung, Arbeiter- und Beamtenwohnhäusern spiegelt anschaulich die stilistische Entwicklung der Industriearchitektur in vier Jahrzehnten von Romanik über Barock bis zur Sachlichkeit des Neoklassizismus. – Weitere *Fabrikbauten* der Jahrhundertwende in der Roßstraße (ehem. Rhenania Brauerei) und in der Leyendeckerstraße.

K.-Flittart

Telegraphenstation (Egonstraße 152). Fünfzigste von insges. 62 Stationen (u. a. Hennef-Söven, Porz-Zündorf; →Iserlohn) der 1832–33 zur Übermittlung von Nachrichten zwischen Berlin und der preuß. Rheinprovinz eingerichteten optisch-mechanischen Telegraphenlinie. Mit Einführung der elektromagnetischen Telegraphie 1852 eingestellt.

K.-Mühlheim

Namengebend die **Mühlen** an der Rheinmündung des Strunderbaches (→Berg. Gladbach). – Im 19. Jh. industrieller Aufschwung parallel der Entwicklung zum Eisenbahnknotenpunkt mit Schwerpunkten seit 1874 durch **Felten & Guilleaume** (F & G, Schanzenstraße) und **Klöckner-Humbold-Deutz** (KHD, Deutz-Mühlheimer Straße). – Mit neugotischen Giebeln Retortenhäuser (um 1890) und Erweiterung mit neubarokkem **Wasserturm** (um 1905) des ehem. Gaswerkes der Stadt (Schanzenstraße 28); daneben Werkstattgebäude in Backsteinrohbau um 1900 von F & G, Carlswerk (Schanzenstraße 24) und neoklassizistisches Verwaltungsgebäude von 1914. – In der Deutz-Mühlheimer Straße **Fabrikkomplex** der KHD mit Hallenbauten zwischen 1885 und 1930. – Von Mitte der 1880er Jahre eine **Fußgängerbrücke** (Lindgens & Söhne) über die Hafenstraße mit neugotischer Eisenkonstruktion. – In der Krahnenstraße 1 das ehem. Depot der **Pferdebahn** um 1885 in spätklassizistischen Formen; im OG. zwei Tondi mit skulptierten Pferdeköpfen.

K.-Raderberg

Großmarkthalle (Sechtemer Straße, Marktstraße). In der Tradition des Neuen Bauens entstand 1936–40 nach Entwurf von Theodor Teichen die parabelförmige Tonne der Großmarkthalle als Eisenbeton-Schale nach dem System Zeiß-Dywidag (Spann-W 57 m, li. H 21,5 m, Schalendicke 8 cm; →Frankfurt a. M., Großmarkthalle, 1928) mit sichtbaren Bindern. Die N-Seite durch zwei übereinanderliegende Shedbänder akzentuiert.

Arbeitersiedlung (Bonner Straße 228–310). Für die Arbeiter des Rhein. Actienvereins für Zuckerfabrikation entstand ab 1888 als Stiftung des Geh. Bergrats Gerhard vom Rath die Reihenhaussiedlung Wilhelmsruhe in zweifarbigem Sichtmauerwerk mit rückwärtigen Nutzgärten und Kleintierstallungen.

K.-Rodenkirchen

Autobahnbrücke. Originalgetreuer Wiederaufbau (1952–54) der 1938–41 für den Kölner Autobahnring nach Entwurf von Paul Bonatz erbauten Kabelhängebrücke ohne Strompfeiler.

K.-Stammheim

Wasserturm (Stammheimer Ufer). Als Landmarke erhaltener Schaft (H 27 m) des 1881 für das Wasserwerk der Städte Mühlheim, Deutz und Kalk gebauten Wasserturmes mit anfangs einem unverkleideten Kugelbodenbehälter (584 cbm), dem 1895 in zweiter Ebene ein (heute abgebauter) Stützbodenbehälter von 800 cbm Fassungsvermögen mittels zylindrischer Eisenfachwerk-Konstruktion aufgesetzt wurde.

Lit.: ABZ 1899; DK 1893; DB 1892/1905/10/12; SBZ 1890/92; VDI 1899; Slotta I; Krings; Berger II; Föhl, 1976; Dpfl. NW/RL; Reclam III, NW; Köln und seine Bauten, 1888; Köln. Bauliche Entwicklung 1888–1927.

Königsbronn (Heidenheim/N 6) BW

Hüttenwerk (→Aalen-Wasseralfingen). Ein Jahr nach Verleihung des Bergregals an den Grafen Ulrich d. J. von Helfenstein erhielt am 17. 5. 1366 auch das 1303 gestiftete Kloster K. das Recht, »Eisenerz zu graben und Eisenwerke zu machen«. Erste Eisenschmieden in der näheren Umgebung des Klosters zur Verhüttung des Bohnerzes vom Zahnberg zwischen K. und Oberkochen sind in Itzelberg für das 15. Jh. und in Springen (heute Königsbronn) 1529 belegt. In beiden ließ Abt Melchior Ruoff Stückkugeln und Ofenplatten gießen. Nach der Schlacht bei Nördlingen 1634 zerstört, spezialisierten sich die Eisenwerke nach dem Wiederaufbau 1650 auf den Glocken- und Kanonenguß. Im 18. Jh. erlebten die Hüttenwerke einen Aufschwung unter Johann G. Blezinger aus K., dessen 1769–78 erbautes Wohnhaus heute als Rathaus dient. Nach dem Reichsdeputationshauptschluß 1803 ging das Schmelz-, Hammer- und Blechwerk (wie sämtliche Eisenwerke an Brenz und Kocher) mit dem Hammerwerk Itzelberg, dem Schmelzwerk Heidenheim, der Stuferzgrube Aalen und den Bohnerzgruben bei Nattheim und Oggenhausen in württ. Besitz über. In der 1. Hälfte des 19. Jh. begann die moderne Eisenverarbeitung, jedoch wandelte sich das Hüttenwerk unter dem Druck billiger ausländischer Erze zu einem reinen Gießereibetrieb. Mit der Aufgabe der Bohnerzgewinnung wurde 1888 auch der regelmäßige Hochofenbetrieb eingestellt.

Das K.er Werk dokumentieren neben den Bauten der Faktorei (um 1700, heute Verwaltung mit gußeisernem Brunnen eigener Produktion), des Modellmagazins mit Schreinerei (1863–64) und der ehem. Walzendreherei (um 1870) vor allem die techn. Einrichtung der um 1822 gebauten, um 1850 modernisierten und um 1900 stillgelegten Gießerei. Dem Frischen, d. h. Umschmelzen des kohlenstoffreichen Roheisens zu kohlenstoffärmerem, schmiedbarem Eisen, dienten zwei an den Außenflächen mit Gußeisenplatten (eine dat. 1854) verkleidete Flammöfen. Davor ein Kamin quadr. Querschnittes auf gußeiserner Unterkonstruktion, deren von gebogenen Streben unterstütztes Gebälk vier tosk. Säulen tragen. Zur Ausstattung des 19. Jh. gehört auch ein hölzerner Drehkran (Tragkraft 100 Ztr.) mit Laufkatze.

Lit.: Bayer/Schuster; Dpfl. BW; Heusel.

Königswinter (Rhein-Sieg-Kreis/I 2) NW

Zahnradbahn. Seit der Romantik entwickelte sich das Rheintal wie auch das Siebengebirge zu einer touristischen Attraktion. Der Drachenfels, den schon Alexander von Humboldt zu den schönsten Punkten der Erde zählte, wurde mit seiner romanischen Burgruine zum meistbestiegenen Berg Europas. So ließ sich leicht der Bau einer Bergbahn rechtfertigen, die 1882 begonnen, am 17. 5. 1883 durch die Dt. Lokal- und Straßenbahn-Ges., Berlin, dem Betrieb übergeben wurde. Nach dem Vorbild der Rigi-Bahn in Vitznau am Vierwaldstätter See, der ersten Zahnradbahn Europas, erhielt die mit Dampflokomotiven betriebene Drachenfelsbahn zur Überwindung des Höhenunterschieds von 222 m (bis zu 20 % Steigung auf einer Trassenlänge von 1522 m) einen Zahnstangenantrieb nach dem von Ing. Riggenbach entwickelten Prinzip. 1953–58 wurden die Lokomotiven durch elektr. Zahnradtriebwagen ersetzt.

Lit.: DB 1883; Slotta I; Bergbahnen im Siebengebirge AG (Prospekt).

Kötz (Schw./Günzburg/N 7) BAY

In Groß- bzw. Kleinkötz steht je ein kleines **Laufwasserkraftwerk** in der Günz. Es sind schlichte, in Kleinkötz durch zwei Freileitungstürme akzentuierte Bauten der Zeit kurz vor 1900. Die masch. Einrichtung 1953 (Großkötz) und 1977 (Kleinkötz) ausgetauscht.

Lit.: Slotta II.

Kolbermoor (OB/Rosenheim/O 9) BAY

Auf Anregung von Theodor Hassler 1861 als AG gegr., die Wasserkraft der Mangfall nutzende

Baumwollspinnerei (Pfersee-Kolbermoor AG, Hasslerstraße) mit dreigesch., gleichmäßig durchfenstertem Spinnereigebäude (1899), Kleinkraftwerk und Arbeitersiedlung (ab ca. 1870).

Konstanz (Konstanz/P5) BW

Hafen. Der unter dem Druck der Dampfschifffahrtsges.en 1839–41 anstelle des von Palisaden gefaßten Anlegedammes vor dem sog. *Konzilsgebäude* – 1388 als Kaufhaus errichtet, 1414–18 als Tagungsort des 16. allgemeinen Konzils genutzt – ausgehobene Hafen mußte bereits zwei Jahrzehnte später, bedingt durch den ständig wachsenden Güterumschlag und Einführung des Trajektverkehrs bei der Bodenseeschiffahrt nach Eröffnung der Bahnlinie Waldshut–Konstanz am 15. 6. 1863, auf die vierfache Größe (55000 qm) erweitert werden. Auf die Vollendung des Hafenbeckens 1872 folgten bis 1879 Neubauten von Werftgebäuden und Werkstätten. Die Einfahrt sichert auf der Nordmole seit 1885 ein *Leuchtfeuer* als Eisenkonstruktion auf dem Sockelgeschoß des Leuchtturmes von 1841, auf der Ostmole ein polygonaler *Leuchtturm* von 1902 in renaissancistischen Formen mit einseitig das Pyramidendach akzentuierendem Turmaufsatz. Im Zentrum des Hafens liegt am Beginn der mittleren Mole das neoklassizistische, zweifach durch Arkaden über Eck geöffnete Gebäude für *Hafenmeisterei und Zoll* von 1913. Daneben ein eiserner *Kran* aus der 2. Hälfte des 19. Jh. Parallel zur Kaianlage trennen z. T. gleichzeitig mit dem Empfangsgebäude von 1863 errichtete Güterschuppen Hafen- und Bahnhofsanlage.

Bahnhof. Augenfälligen Kontrast zu der stadtseitig monumentalen Front historischer Fassaden des späten 19. Jh. bildet das langgestreckte *Empfangsgebäude* in Formen eines gotisch geprägten romantischen Spätklassizismus. Beiderseits des zentralen, den Hauptzugang überhöhenden Uhrturms öffnen sich spitzbogig arkadierte Vorhallen, an beiden Enden gefaßt von Pavillons, deren Mitte risalitartig übergiebelte Erker betonen. Schließt das Einweihungsjahr 1863 auch die Mitwirkung Friedrich Eisenlohrs (gest. 1854) bei der Bauausführung aus, so legen doch ein

Konstanz. Bahnhof, Empfangsgebäude

ihm zugeschriebener, 1846 der Schweiz. Nordbahnges. überlassener Grundriß sowie ähnliche, nach seinen Entwürfen gebaute Empfangsgebäude (u. a. →Karlsruhe) den Schluß nahe, in ihm den geistigen Vater des Entwurfes zu sehen. Das Empfangsgebäude in K. zählt zu den wenigen fast orig. erhaltenen Beispielen früher Bahnhofsbauten (vgl. →Vienenburg 1840, →Stadthagen 1847, →Morschen-Altenmorschen 1848 u. a.). Seltenheitswert besitzt das Reiterstellwerk in Eisenskelettkonstruktion von 1887 südl. der Straße zum Fährhafen. An der N-Flanke des Empfangsgebäudes ein nobel neoklassizistischer Pavillon (Friseur) mit übergiebeltem Portikus.

Wasserturm (Allmannshöhe). Der 40 m hohe, zylindrische Turm von 1928–29 dient neben der Speicherung von 300 cbm Wasser in einem Eisenbetonbehälter als Jugendherberge in acht Geschossen und, über ein halbrund auskragendes verglastes Treppenhaus zugänglich, als Aussichtsplattform.

Strohmeyersdorf (Strohmeyersdorfstraße). Als Handelsfirma für Juteprodukte (Landauer & Strohmeyer) 1872 in Romanshorn gegr., erlangte das 1881 in L. Strohmeyer & Co. umbenannte Unternehmen Weltgeltung mit der Herstellung von Großzelten für den Zirkus, Baumwoll-Segeltuchen und imprägnierten Planen aus Fabriken in Weiler im Allgäu (seit 1878 und 1891) und auf Gut Lohnerhof (1885) in Wollmatingen bei Konstanz. Eine neue Fabrik auf dem Lohnerhof-Gelände, nach dem Unternehmensgründer »Strohmeyersdorf« genannt, vereinigte 1906 alle Konstanzer Zweigbetriebe. Von den nach einem Großbrand 1910 erweitert wiederaufgebauten Werksanlagen (Phil. J. Manz) existieren neben wenigen Produktionshallen in Holzfachwerk noch die *Sozialbauten* – Gutshof, Werkskantine, Wohngebäude – in einer barock und klassizistisch beeinflußten Stilmischung sowie ein *Wasserturm* (1915) mit interessantem Basisgeschoß aus zwei sich orthogonal durchdringenden Baukörpern, geprägt durch den Wechsel von Schweif- und Dreiecksgiebeln über kannelierten Doppelpilastern und oktogonalem Behälterteil unter kupfergedecktem Glockendach.

Lit.: Hafenfestschrift. Hrsg. BSB Konstanz; Berger III; Merkl 298; Festschrift Strohmeyer 1972.

Korbach (Waldeck-Frankenberg/H5) HS

Repräsentatives **Verwaltungsgebäude** (Continentalstraße) des Neoklassizismus für das 1908 gegr. Zweigwerk der ehem., 1924 von Continental übernommenen Mitteldt. Gummiwarenfabrik Louis Peter AG, Frankfurt, nach Entwurf von Eugen Greiss, Frankfurt a. M. (dat.: Greiss Arch. 1909). – An der Straße nach Frankenberg das Sockelgeschoß einer im frühen 20. Jh. mit fünf Schachtöfen erbauten **Kalkofenbatterie.**

Kornwestheim (Ludwigsburg/M5) BW

Rathauswasserturm (Jakob-Sigle-Platz). Integriert in den Rathauskomplex, errichtete die Stadt 1933–35 für eine von Bahn und Landeswasserversorgung unabhängige städt. Wasserwirtschaft nach Entwurf von Paul Bonatz und Friedrich Scholer einen Wasserturm (H 48 m, 200 + 590 cbm) auf quadr. Grundriß als Stahlbetonskelett mit Ziegelausfachung, dessen fünf untere Geschosse, durch horizontale Fensterbänder betont, Büroräume und Dienstwohnungen aufnehmen. In zurückhaltender Monumentalität innerhalb der durchweg dreigeschoss. Umgebungsbebauung nimmt der Turm mit seinen orthogonalen Betonbändern der Fassaden den Baustil der 50er Jahre vorweg.

Wasserturm, Bahnbetriebswerk (Münchinger Straße). Gleichzeitig mit dem Bau der Strecke Stuttgart Güterbhf.–K. Verschiebebhf. (eröffnet 29. 7. 1918) errichtete die Württ. Staatseisenbahn einen Wasserturm (über 1000 cbm) westl. des Gleisfeldes. In der für Bahnwassertürme zeitgemäßen Form (→Bebra, →Crailsheim u. a.) trägt ein gedrungener Kegelstumpf in Backsteinrohbau den Kugelbehälter mit Stützboden, unterteilt durch einen äquatorialen Laufsteg als Träger der fahrbaren Revisionsleiter.

Salamander AG (Salamanderstraße, Stammheimer Straße). Aus einer 1885 von Jakob Sigle eröffneten Schuhmacherwerkstatt entwickelte sich – besonders rasch nach der gemeinsam mit dem Berliner Schuhhändler Rudolf Moos 1905 gegr. Salamander Schuhgesellschaft mbH – innerhalb von drei Jahrzehnten bis 1913 die größte Schuhfabrik des Dt. Reiches (3474 Beschäftigte, Jahresproduktion 2,16 Mio. Paar Schuhe). 1930 fusionierte die J. Sigle & Cie. mit der Salamander

Kornwestheim. Bahnwasserturm

Schuh GmbH, Berlin, und A. Lehne GmbH, Türkheim, zur Salamander AG. – Der rasche Aufschwung des Unternehmens vor allem im 1. Jahrzehnt des 20. Jh. spiegelt sich in der gewaltigen Baumasse des Werkes gegenüber dem alten Bhf. Nach Entwurf vom Phil. J. Manz entstand 1904 der sog. Hundertmeterbau (Bau 6) als dreigeschoss. Skelettbau mit gemauerten Pilastern, straßenseitig zentriert durch Treppenhausturm. Ebenfalls von 1904 das Kesselhaus und südl. des Hauptgebäudes eine Kantine in barokkisierenden Formen. Erweiterungen zwischen 1907 und 1909 brachten Bau 6 auf fast doppelte Länge. Bau 5 (1907) und Bau 7 (1910) ergänzten diesen bei Tradierung der Fassadenarchitektur von 1904 zu einer Dreiflügelanlage. Nach Planung von Manz Bau 4–4c (1922) und Aufstokkung der Bauten 1a, 5 und 6 (1927). Nach Entwurf von Schlösser & Weirether 1925 der im N den Fabrikkomplex abschließende Produktionstrakt, dessen funktional gerasterte Fassade beidseitig höhere Eckbauten mit expressionistischem Dekor (prismatische Wandvorlagen, ornamentierte Wellgiebel, Dreiecksgesimse) begrenzen.

Der **östl. Eckbau,** hervorgehoben durch aufwendige Eingangsgestaltung und Betonrelief (Allegorie der weltweiten Verbreitung von Salamanderschuhen) mit einer der Nutzung durch Verwaltung und Direktion gemäßen Innenarchitektur im Zusammenklang edler Materialien und nobler Detailformen. Eindrucksvoll die zu den bemerkenswerten Werken expressionistischer Architektur zählende Eingangshalle mit überkuppeltem Lichthof. ●

Lit.: Merkl 114/301; Schneider/Schmelzer.

Krefeld (Krefeld/H 1–2) NW

Der erstmals 1105 erwähnte, 1373 zur Stadt erhobene Ort entwickelte sich unter oranischer Herrschaft seit dem 17. Jh., vor allem nach Einführung der Seidenweberei um 1720, von einem Ackerbürger- und Leinwebergemeinwesen zu einer präindustriellen Stadt. Die franz. Zoll- und Handelspolitik nach 1794 führte zur Stagnation der einseitig auf Samt- und Seidenweberei ausgerichteten Wirtschaft, die erst mit der Ansiedlung neuer Fabriken um 1900 und dem Bau des Rheinhafens 1903–05 beendet werden konnte.

Bahnhof. Das 1907 fertiggestellte *Empfangsgebäude* des Hbf. gehört zu den für das 1. Jahrzehnt des 20. Jh. typischen Neubauten variationsreich komponierter Baukuben (→Wiesbaden, →Bad Homburg, →Hagen u. a.): die Hauptfront geprägt durch ein monumentales Portalbogenfenster und asymmetrisch in den Gebäudekomplex eingestellten Turm. Die Architektur der Fassaden aus Putzflächen und Werkstein wird bestimmt durch den Formenkanon der dt. Renaissance.

Wasserturm (Gutenbergstraße). Als Teil der ersten städt. Wasserversorgung entstand nach Planung von B. Salbach, Dresden, 1876–77 ein mächtiger neoromanischer Turm in Backsteinrohbau, gegliedert durch 16, mit Bögen verbundene Strebepfeiler am Schaft und Blendbogenfries zwischen Lisenen am Behältermantel. Innere Zwischenmauern und eine schmiedeeiserne Hilfskonstruktion tragen den eisernen Flachbodenbehälter (Dm. 18,478 m, H 6,2 m, 1600 cbm; 1979 stillgelegt), überdeckt von dem flachen Kegel der eisernen Dachkonstruktion.

Konsum- und Produktiv-Genossenschaft Niederrhein (Ritterstraße). Nach Entwurf von Karl Buschhüter 1910 eröffnetes Zentrallager und Großbäckerei mit imposanter Straßenfassade in qualitätvollem Neoklassizismus. Die weitgehend in Glas aufgelöste, durch Pfeiler vertikal betonte Mittelpartie verbindet sich ohne trennendes Gesims direkt mit dem von einem Relief beherrschten Tympanon des mächtigen Giebeldreiecks, das sich auf die Kolossalpilaster schmaler Risalite abträgt. – **Arbeitersiedlung** (Ulmenstraße). An das ehem. größte Unternehmen der Krefelder Baumwollindustrie, die *Crefelder Baumwollspinnerei A.-G.*, erinnert nach Abbruch des 1896 errichteten Fabrikgebäudes eine nur wenig später in unmittelbarer Nähe der Fabrik angelegte Arbeitersiedlung mit acht Doppelhäusern. – Die Entwicklung der Industriearchitektur vom ausgehenden 19. Jh. bis in die 1920er Jahre belegen die Hochbauten der **Rhenania-Brauerei** (Obergath) und der ehem. **Tivoli Brauerei** (K.-Inrath, Hülser Straße).

K.-Oppum

Waggonausbesserungswerk (Buddestraße). Die Werkstättengebäude zeigen die für Hallenbauten um 1880 typische Bauweise einer mit Eisenfachwerkbindern überspannten Backsteinrohbau-Umfassungsarchitektur neoromanischer Prägung mit gleichmäßig angeordneten Rundbogenfenstern an den Längsseiten und abgetreppter Giebelüberhöhung als Blende für das Belichtungsshed. Auf dem Gelände ein *Industrie-Wasserturm* als quadr. Eisenfachwerk-Ständer mit Klönne-Behälter, um 1915.

K.-Uerdingen

Rheinhafen. Um Großindustrie in der Stadt anzusiedeln und in der Hoffnung auf den Bau einer neuen Binnenwasserstraße von K. zur Maas und nach Antwerpen, entschloß sich die Stadt 1901 zum Bau eines Rheinhafens mit 55 ha Industriefläche an den Hafenbecken, der nach Gesamtplanung des späteren Stadtbaurats H. Hentrich 1903–05 ausgeführt und am 6. 7. 1906 offiziell eröffnet wurde. Etwa 470 m hinter der Einfahrt überbrückt eine ehem. hydraulisch betriebene, zweiarmige *Drehbrücke* mit je 32,4 m Stützweite und mit über der Fahrbahn liegenden Hauptträgern das Hafenbecken, berechnet für Eisenbahn- und Straßenverkehr. Die erhaltenen hist. Lager- und Silogebäude vermitteln noch heute das Bild einer typischen Hafenanlage des frühen 20. Jh. Gleichzeitig mit der Hafenanlage entstand nach Entwurf des Architekten Suhlry am Hafenkopf das städt. *Lagerhaus* als Backsteinrohbau in romanisch geprägtem Industrie-Jugendstil. Über der breiten Basis einer über die Abmessungen des Lagergebäudes hinausgezogenen, in Eckpavillons endenden Ladezone erhebt sich dreigeschoss. der Hauptbau mit markanter Doppelturmfassade in zeitgemäßer Blendbogen-Rundbogenfenster-Architektur. An der Hafenstraße ein *Großsilo* um 1910: die Fassade, den Silozellen entsprechend, durch schmale Blendbögen gegliedert; im Zentrum des steilen Mansarddaches ein polygonaler *Wasserturm*. Lagerhaus und Silogebäude der Großmühle Gottschalk, beide von 1907–08, zeigen zum Hafenbecken Turm- und Doppelturmfassaden in Jugendstilformen von klassizistischer Klarheit. – **Wasserreinigungswerk** (Rundweg, Berliner Straße). Nach Entwurf von H. Hentrich 1909 erbautes Klärwerk, das durch klare, vom Jugendstil beeinflußte Architektur besticht. Die durch die Betonbauweise bedingte Reduzierung des Ornamentes wird hier mit einer gelungenen Gestaltung der Großform ausgeglichen, die sich symmetrisch streng, jedoch nicht abweisend, im Inneren fortsetzt.

Lit.: DB 1906; ZBV 1906; Paul II, NW 511; Merkl 200; Föhl, 1976.

Kreiensen (Northeim/G6) NS

Bahnhof. Im Kreuzungspunkt der Hauptlinien Hannover–Kassel (Alfeld–Northeim–Göttingen, eröffnet 1. 8. 1854) und Berlin–Braunschweig–Aachen (Börßum–Salzgitter–K., 5. 8. 1856; K.–Grenze bei Höxter, 10. 10. 1865) 1887–89 nach Entwurf von Hubert Stier im Stil der ital. Hochrenaissance errichtetes *Empfangsgebäude* in Insellage. Die Fassaden in gelben Verblendsteinen mit aufwendigen Gliederungselementen in Rotsandstein und Friesen aus farbigen Mettlacher Platten.

Für die Bahn Holzminden–K. entstanden bis zu deren Eröffnung 1865 ein großer **Viadukt** bei K.-Greene und die Überführung über die Leine bei K.-Ippensen als **Bogenbrücke** mit zwei Haupt- und beiderseits je einer Nebenöffnung (li. W ca. 14,5 bzw. 5,75 m), beide aus einheimischem blaßrotem Sandstein in zeittypischem Dekor mit Zwickeltondi und Konsolgesims. In der Nähe der Leinebrücke ein achtbogiger **Viadukt** (1854) über die Aue in der Strecke nach Göttingen.

Lit.: ZfBhw 1866; AR 1891.

Bad Kreuznach (Bad Kreuznach/K3) RP

Am Rande der Stadt liegt, heute als Wohnhaus genutzt, das für die Rhein-Nahe-Eisenbahn (Bingerbrück–Kreuznach, eröffnet 15. 7. 1858; Kreuznach–Oberstein, 15. 12. 1859) errichtete ehem. **Empfangsgebäude** (Brückes 54), dessen neugotische, burgähnliche Backsteinarchitektur (ähnlich →Warburg, →Hann. Münden, →Uelzen u. a.) in einer zumindest im Bahnbau eher klassizistisch geprägten Architekturlandschaft fremd wirkt und sich auf die Wünsche der Kgl. Preuß. Eisenbahndir. als Bauherrin zurückführen läßt. – Für Deutschland wohl einmalig, neben Erfurt, ist das Ensemble der um 1600 erbauten **Brückenhäuser** auf der um 1300 erstmals aus Stein errichteten Nahebrücke (Mannheimer Straße 94/96). – An den bereits im MA erwähnten Salzquellen gründete Kurfürst Karl 1707 eine erste Saline Karlshalle, 1742 folgte die Saline Theodorshalle mit Tröpfelgradierwerken nach Anregung des Frhr. v. Beust. Von den fünf noch benutzten **Gradierwerken** im Salinental (Salinenstraße, B 48) stammt das im Oberbau 1915 erneuerte Gradierwerk 6 mit seinem steinernen Unterbau aus dem Jahr 1732. Teile der die Pumpen antreibenden Kunsträder und des Feldgestänges ebenfalls 18. Jh. – Im O des Oranienparkes (B 48) ein ehem., 1927 in eine Trafostation umgebauter polygonaler Wasserturm im romantischen Spätklassizismus der 1830er Jahre.

K.-Bosenheim

Nach einem für die Wasserversorgung Rheinhessens von Bruno v. Böhmer projektierten Konzept einer auf fünf von der Großhzgl. Kulturinspektion Mainz geplante Wasserwerke verteilten **Gruppenwasserversorgung** aus den Grundwasserströmen des Rhein- und Nahetales – Nahe- und Apfelbach-, Bodenheimer- (→Bodenheim), Seebach- (→Osthofen), Selz- und Wiesbach- (→Ingelheim) und Rhein-Selz-Gebiet (→Guntersblum) – erhielten als erste 1903 die Gemeinden Bodenheim, B., Hackenheim, Pfaffenschwabenheim und Volxheim des Nahe- und Apfelbachgebietes eine zentrale Wasserversorgung mit einem Haupthochbehälter in B., dessen neugotische Architektur durch die geschwungene Kontur der Zungenmauern modern relativiert ist. Die Nebenbehälter von gleicher handwerklicher Qualität bei Reduzierung der Schmuckformen entwarf Wilhelm Lenz, Architekt bei der Kulturinspektion.

Lit.: Slotta II; Dpfl. RP; ZBW 1909.

Kruft (Mayen-Koblenz/J3) RP

Bahnhof. Mit aufwendig in hellem Tuff und dunklem Basalt gestalteten Fassaden zwischen Spätgotik und Renaissance dokumentiert das *Empfangsgebäude* an der am 25. 5. 1880 eröffneten Strecke Niedermending–Mayen (Rhein. Eisenbahn) die Leistungsfähigkeit der einheimischen Natursteinindustrie.

Lit.: Custodis.

Krummhörn-Greetsiel (Aurich/D2) NS

Das zur Kontrolle des beständig fließenden Landwassers und der gezeitenabhängigen See 1798 im Alten Hafen von Greetsiel in Ziegelmauerwerk mit Natursteinfassung erbaute **Siel** gehört in seinem Erhaltungszustand zu den schönsten Deutschlands. In der Inschriftentafel die Namen der Baumeister. Das eiserne Meertor und das hölzerne Binnentor stammen von einem späteren Umbau. – In der Nähe zwei eckig taillierte **Galerieholländer** von 1826 (erstmals urkundlich erwähnt) und 1856 als Ersatz für eine Bockwindmühle.

Lit.: Slotta I; Fröde 116.

Krummwisch-Klein Königsförde SH (Rendsburg-Eckernförde/B6)

Restaurierte *Schleusenanlage* von 1777–84 und über eine Strecke von ca. 1,5 km erhaltenes Stück des →Eiderkanals mit einigen der als Windabweiser gepflanzten Linden. Moderne *Klappbrücke* nach hist. Vorbild.

Lit.: Slotta I; Heidemann.

Kuchen (Göppingen/N 6) BW

Im Tal der Fils zwischen Göppingen und Geislingen produzierte, nach Vorbereitung ab 1857, seit 1859 die mech. Baumwollspinnerei und Weberei **Staub & Co. Kuchen** des Fabrikanten Arnold Staub als Zweigbetrieb der seit 1854 zusammen mit seinem Bruder Emil geleiteten, von seinem Vater Johann Heinrich Staub 1853 in Altenstadt gegr. Spinnerei. Als selbständiges Unternehmen etwa seit 1860 betrieben, gehörte die Kuchener Spinnerei nach wenigen Jahren zu den größten Textilfabriken in Württ. Von den auf Georg v. Morlok zurückgehenden, später mehrfach veränderten Fabrikgebäuden haben sich nur Reste, von dem frühen Beispiel sozialen Wohnungsbaues in Deutschland dagegen der Kern der zugehörigen Arbeitersiedlung fast vollständig erhalten.

Die Wohnungsnot als sichtbarste negative Folge der Industrialisierung begann in der 1. Hälfte des 19. Jh. als ernstzunehmendes Problem in das Bewußtsein der bürgerlichen Gesellschaft einzudringen. So mehrten sich um die Mitte des Jh. neben der Kritik an der sozialen und politischen Lage der arbeitenden Klasse auch die Stimmen, die vom Standpunkt des Baumeisters und Architekten aus nach Linderung der Wohnungsnot suchten. Noch vor der Idee zur Errichtung von »Häuserfabriken« zur Herstellung preiswerten Wohnraumes um 1865 gründeten sich in den 1840er Jahren auch in Deutschland zahlreiche Baugenossenschaften und Bauförderungsvereine. Erste Projekte von Arbeitersiedlungen entstanden jedoch auf private Initiative von Fabrikanten.

Zwischen 1858 (erstes Arbeiterwohnhaus nach Entwurf v. Morloks) und 1869 wuchs neben der Fabrikanlage ein von umgebenden Ortschaften separiertes **Arbeiterdorf** nach Vorbildern wie der engl. Gründung Saltaire (1851), den Wohnbauten von André, Köchlin & Co. bzw. Dollfus, Mieg & Co. in Mühlhausen im Elsaß (1853–63) oder der Siedlung der Frankfurter Gemeinnützigen Bauges. (ab 1861) in Frankfurt a. M. als sozialpolitische und architektonische Mustereinrichtung. Zweck der Anlage war jedoch nicht allein die Schaffung preiswerten Wohnraumes, sondern auch die Absicht, »aus einer ursprünglich bunt zusammengesetzten Menge ziemlich roher Elemente ein sparsames, fleißiges und intelligentes, demgemäß auch ein möglichst leistungsfähiges Arbeiterpersonal herauszubilden, [...] die Arbeiter in unmittelbarer Nähe der Fabriken zu halten« und durch Kontrolle bis in die Haushaltsführung sowie ein ausgeklügeltes System von Belobigungen und Strafen »sie so einem möglichst direkten Einflusse des Fabrikherrn zu unterwerfen« (kritische Besprechung durch K. E. O. Fritsch, in: DB 1868, S. 299).

Die zwei- und dreigeschoss. Gebäude des Dorfes gruppieren sich zumeist traufständig um einen baumbestandenen, ehem. mit zwei gußeisernen Brunnen versehenen Festplatz. An seiner O-Seite bildet das *Bad- und Waschhaus* (Neckarstraße 68; 1864 von A. Feurer, 1887 Umbau zum Wohngebäude mit Speisesaal) in Fachwerk über massivem EG. mit axialem, dreiachsigen, im EG. durch Arkaden geöffneten Mittelrisalit, überhöht durch zentralen Uhrturm, den architektonischen Höhepunkt der Anlage. Axial auf das Badehaus bezogen, begrenzt im W das *Mehrzweckgebäude* (Bleicherstraße 19; Mietwohnungen, Schule, Kindergarten, Spital, Apotheke, Versammlungsraum, Kaufladen, 1864 von A. Feurer; 1912–16 Ladenanbau von Phil. J. Manz) zweigeschoss. mit Zierfachwerk im OG. und hölzernen Lauben zwischen vier symmetrischen Risaliten den Platz. Die verbleibenden Platzseiten begrenzen *Wohngebäude* und *Gastwirtschaft* als verputzte bzw. verbretterte Fachwerkbauten über massivem EG. Neckarstraße: Nr. 66, Wohngebäude (1858, v. Morlok); Nr. 64, Wohngeb., sog. Schweizerhaus (1864, Feurer); Nr. 71, Wohngeb. und Mädchenheim (1863, T. Baar). Weberallee: Nr. 1, Gastwirtschaft »Staubbach« (1861–62, J. Kutter und F. Ostermayer, urspr. Kosthaus; 1869 Anbau mit Terrasse von Feurer, Erweiterung 1959 von H. Eckert); Nr. 3, Wohngeb. mit Festsaal (1862, Kutter und Ostermayer); Nr. 5/7/9/11/18/19/21, Wohngeb. (1865–67, Feurer). Das in seiner Originalität seltene Arbeiterquartier belegt instruktiv den Beginn eines sozialen Wohnungsbaues, der in den Siedlungsprojekten der 1920er Jahre einen vorläufigen Höhepunkt fand.

Lit.: DB 1868; Aderhold.

Kümmersbruck-Theuern BAY
(OPf./Amberg-Sulzbach/L 9)

Bergbau- und Industriemuseum Ostbayern. Als wissenschaftliches Zentrum der →Bayerischen Eisenstraße genutztes Hammerherrenschloß von

1781, in dem Bergbau und Industrie Ostbayerns von den Anfängen bis zur Gegenwart dokumentiert werden. In das Museumsareal transloziert Hammerwerk (ehem. Staubershammer aus Michelfeld bei Auerbach), Spiegelglasschleife und Getreidemühle, ein Windrad (um 1900, aus Michelfeld) und die als Schaubergwerk eingerichtete, 1971 stillgelegte Schachtanlage der ehem. Schwefelkiesgrube Bayerland aus Pfaffenreuth bei Waldsassen mit Fördergerüst Anfang der 1930er Jahre.

Lit.: Götschmann.

Kulmain-Oberwappenöst BAY (OPf./Tirschenreuth/K9)

Im Vollausbruch 1874–76 durch den Armannsberg getriebener **Tunnel** (Rohrlänge 840 m) mit langen Voreinschnitten in der am 15. 5. 1878 eröffneten Strecke Schnabelwaid–Kirchenlaibach–Holenbrunn der Fichtelgebirgsbahn. Ausmauerung in Granit, Portale (westl. dat. 1877) von Pilastern gefaßt in rustiziertem Mauerwerk. Ähnlich der im Vollausbruch unter Anwendung eiserner Rahmen nach System Rziha aufgefahrene Tunnel (dat. 1877; L 761 m) bei Pullenreuth-Langentheilen.

Lit.: ZBK 1880/81.

Kulmbach (OFr./Kulmbach/K8) BAY

Bahnhof. *Empfangsgebäude* in Sandsteinmauerwerk mit zweigesch. Mittel- und Eckpavillons, verbunden durch eingesch. Zwischentrakte (teilw. verändert), verm. nach Plänen von Eduard Rüber, an der Strecke Neuenmarkt–Lichtenfels der Ludwigs-Süd-Nord-Bahn (eröffnet 15. 10. 1846).

Brauereien. Der allgemeinen Entwicklung folgend, entwickelten sich die Kulmbacher Brauereien Ende des 19. Jh. aus handwerklichen Betrieben zu industriell produzierenden Unternehmen, deren Bauten seit der Jahrhundertwende den techn. Erfordernissen in immer neu angepaßter Gestalt ganze Stadtteile prägten. Von der Expansionszeit Ende des 19. Jh. zeugen die Unternehmervilla (1891) in Formen der Neurenaissance der Kulmbacher *Reichelbräu* (Lichtenfelserstraße), Mälzerei und Pichanlage der *Ersten Culmbacher Actien Exportbier Brauerei* von 1895 (heute Unima Malzfabrik) gegenüber dem Bahnhof sowie einige Bauten der ehem. *Meussdorfer Mälzerei* (Mönchhofbräu, Am Kreuzstein). – In Formen von 1915 die 1922 dat. Gebäude der **Kulmbacher Spinnerei,** größtes Industrieunternehmen neben dem Brauereigewerbe.

Lit.: Winkler.

Kyllburg (Bitburg-Prüm/K1) RP

Bahnhof. Eindrucksvolles Ensemble aus *Empfangsgebäude* in hist. aufbereiteten ma. Architekturformen – geprägt auf der Gleisseite durch spitzgiebeligen Risalit, auf der Eingangsseite wehrhaft durch Turm-, Beamtenwohnhaus und dem durch zinnenbesetzte runde Ecktürme gegliederten Portal des *Kyllburger Tunnels* (L 218 m). Die Initialen »R« und »E« in den Wappenschilden der Bogenzwickel des Portals verweisen auf die Rhein. Eisenbahn, in deren Auftrag die Strecke Gerolstein–Trier gebaut und am 15. 6. 1871 eröffnet wurde. – Südl. von K. der **Wilsecker Tunnel** (L 1218 m) mit ähnlich aufwendiger Portalarchitektur.

Lit.: Slotta I.

Laatzen-Rethen (Hannover/F6) NS

An der Bahn **Umspannwerk** der PreussenElektra in Verblendmauerwerk mit expressionistischen Details nach Entwurf von Adolf Essig (1923–26).

Lit.: Mende, 1990.

Ladenburg (Rhein-Neckar-Kreis/L4) BW

Neckarbrücke (Am Bahnhof). Zwei Jahre nach Eröffnung der Main-Neckar-Bahn Heppenheim–Heidelberg (eröffnet 1. 8. 1846), die anfangs den Neckar auf einem hölzernen Provisorium überquerte, wurde am 24. 8. 1848 die nach Planung von Ing. Dyckerhoff im Herbst 1844 begonnene siebenbogige Steinbrücke (li. W je 27 m) für den regelmäßigen Verkehr freigegeben. Nach Teilzerstörung im 2. Weltkrieg Wiederaufbau in alter Form, jedoch durch einen Fußgängersteg verbreitert. Auf dem Ladenburger Ufer beiderseits des Gleiskörpers zwei durch Mittelrisalit und arkadiertes EG. gegliederte Brückenwärterhäuser in Sandsteinmauerwerk. Die der Brücke in →Frankfurt a. M.-Nied (Main-Taunus-Bahn, 1838) ähnliche Konstruktion wie auch die Dienstgebäude bezeugen das hohe künstlerische und handwerkliche Niveau der Hoch- und Kunstbauten in der Frühzeit der Eisenbahn.

Dr. Carl Benz-Museum (Neckarstraße). Die Überreste eines hist. Turmes auf seinem 1901 erworbenen Grundstück nutzte der Autopionier Carl Benz zum ältesten geplanten Garagenbau der Welt. Im OG. des neoromanischen Bauwerkes das Arbeitszimmer des Bauherrn. Am Eingang zum parkähnlichen Garten das 1904 errichtete Wohnhaus mit kleinem Museum.

Wasserturm (Neckarstraße). Typischer Wasserturm der Jahrhundertwende mit Intze-Behälter (250 cbm) auf schlankem, gemauerten Schaft (H 27,3 m), von der Mannheimer Firma Süddt. Ges. für Schornsteinbau 1903 errichtet. Nach Kriegsschäden Verstärkung des Schaftes und neue Behälterummantelung.

Lit.: Slotta II; Kienle.

Bad Laer-Glandorf (Osnabrück/G 4) NS

Holländerwindmühle (Johannisstraße) von 1810 mit in NW-Deutschland seltener innerer Kappenverstellung.

Lahnstein (Rhein-Lahn-Kreis/J 3) RP

Zu den frühen, heute seltenen Wassertürmen mit eisernem Behälter ohne Ummantelung (→Essen-Steele, 1898) gehört der um 1900 erbaute **Bahnwasserturm** (Handerweg), dessen zylindrischer Intze-Behälter sich aus rechteckigen, zu Ringen verbundenen Blechen zusammensetzt. – Der **Industriewasserturm** auf dem Gelände der Feldmühle (Auf Brühl) entspricht mit Eisenfachwerk-Konstruktion und Klönne-Behälter dem 1915 für die Zeche Westfalen in →Ahlen errichteten Turm. – Retardierend renaissancistische Formen zeigen Maschinen- und Kesselhaus des 1905–07 durch die Baufirmen Gebr. Baltzer, Diez, und Jakob Knopp, Eltville, für die Blei- und Zinkerzgrube Friedrichssegen (L.-Friedrichssegen) erbauten, später von der Main-Kraftwerke AG mit drei Maschinensätzen betriebenen **Wasserkraftwerkes** an der Lahn. Modernisiert 1934 und 1972–73. – Bemerkenswert unter den wenigen baulichen Resten der Grube Friedrichssegen, zumeist modern überfangenen Wohngebäuden, das in Anlehnung an die Anlagen in →Goslar (Rammelsberg, F. Schupp und M. Kremmer, 1935–36) am Hang gestaffelte **Aufbereitungsgebäude** von 1952 (stillgelegt 1957). – Als eine der letzten großen Mühlen- und Speicheranlagen am Mittelrhein beherrscht der neoromanisch geprägte, durch Wasser- und Aufzugsturm betonte Backsteinrohbau der für ein Löhnberger Mühlenunternehmen 1890–92 erbauten ehem. **Roggenmühle** die Flußsilhouette von L.-Niederlahnstein.

Lit.: Slotta IV,2; Custodis.

Lahr (Ortenaukreis/N 3) BW

Kleinstädtischer **Schlachthof** (Dreyspringstraße) als zeittypische, aus eingesch. Einzelbauten addierte Vierflügelanlage mit zentraler Schlachthalle, Kühlhaus, Maschinenzentrale, Kaldaunenwäsche, Düngerhaus, Stallungen und Verwaltungsgebäude, nach Entwurf (1888) von Carl Meurer 1891–94 erbaut. In den durch Lisenen und profilierte Gurtgesimse gegliederten, von Bogenfenstern durchbrochenen Sandsteingebäuden neben konstruktiven Elementen (Gußeisenstützen) Teile der orig. techn. Einrichtung erhalten.

Lit.: Lahrer Anzeiger, 10./11. 12. 1983.

Lahstedt-Groß Lafferde (Peine/F 7) NS

Ehem. **Wasserturm** (Marktstraße) von 1913 für einen eisernen Behälter mit zylindrischem, ca. 30 m hohem Schaft in Sichtmauerwerk. Den oktogonalen Kopf in schieferverkleidetem Fachwerk deckt ein Zeltdach.

Lit.: Dpfl. NS.

Lambrecht/Pfalz (Bad Dürkheim/L 3) RP

Der 1885 nach Plänen von Bahnmstr. Alker, Lambrecht, direkt neben der Bahn für den Tuchfabrikanten Carl Marx in repräsentativer Neogotik erbaute, einseitig von einem zinnenbewehrten Wasserbehälter überragte **Wohnturm** erhielt

1928, nach Übernahme des Gebäudes durch die Reichspost, eine neue Nutzung als techn. Bauwerk durch den Einbau eines Aufzugs zur Beförderung der Post zwischen Straßen- und Gleisniveau. – Am Ortsrand Richtung Neidenfels belegen Produktionsgebäude (1915) und Herrenhaus in nobler Neurenaissance (1895) der heutigen **Julius Glatz GmbH**, Abt. Papierspinnerei (Hauptwerk in Neidenfels), die Tradition der Papier- und Textilindustrie im Hochspeyerbachtal.

Lit.: Custodis.

Landau in der Pfalz (Landau/M3) RP

Der **Albersweiler Kanal** wurde im Zusammenhang mit dem Ausbau L.s zur Festung ab 1687 unter Vauban für den Transport des Baumaterials aus den Albersweiler Steinbrüchen ausgehoben. Bereits um 1750 mußte die Schiffahrt wegen zunehmender Versandung eingestellt werden. Nach Auflassung der Festung 1871 begann die Verfüllung des Kanalbettes, das heute nur noch an wenigen Stellen zu erkennen ist. Von den urspr. 11 Schleusen am besten erhalten die Anlage nahe der L.er Kreuzmühle (hinter dem Kreiszentrum).

Lit.: Slotta I.

Langen (Offenbach/K4) HS

Bahnhof. Die Perronschutzdächer in Eisenkonstruktion auf kannelierten Gußeisensäulen wurden (wie die des Bhf.s →Sprendlingen-Buchschlag) nach Abbruch des durch den Neubau des Darmstädter Hbf.s (1910–12) aufgegebenen Bhf.s der Hess. Ludwigsbahn von 1858 nach L. transloziert. – In der Architektur durch den Darmstädter Jugendstil beeinflußtes Eingangsbauwerk zu einem **Wasserhochbehälter** (Oberer Steinberg) aus rustiziertem Sandsteinmauerwerk mit umlaufender Fenstergalerie unter blechgedecktem Glockendach. Im Türsturz: WASSERWERK LANGEN 1909–10.

Lit.: Dpfl. HS.

Langenargen (Bodenseekreis/P6) BW

Eine der ältesten erhaltenen **Hängebrücken** Deutschlands führt die ehem. Landstraße (B 31) Friedrichshafen–Lindau mit 72 m Spannweite über die Argen. Nach dem Vorbild des preisgekrönten Wettbewerbsentwurfes der Maschinenfabrik Esslingen für Budapest tragen zwei aus je sieben Litzen gedrehte Kabel (Dm. max 133 mm), aufgehängt an vier jeweils in einem Stück gegossenen, reich profilierten Betonpylonen, verankert in vier von den Pylonen etwa 20 m landeinwärts in das Erdreich versenkten Betonkammern, die Fahrbahn (B 6 m). Bauinschrift: »Erbaut unter König Wilhelm II. 1896/97. Brückenentwurf: Präsident K. v. Leibbrand. Oberingenieur: Oberbaurat Graner. Bauleitung: Baurat Hescheler, Werkmeister Waldmann. Entwurf und Ausführung des eisernen Oberbaus: Maschinenfabrik Esslingen. Oberingenieur Kübler.«

Lit.: SchBZ 1898; DB 1898.

Langenburg (Schwäbisch Hall/L–M6) BW

An der Straße nach Blaufelden ein **Windrad** auf zierlicher Eisengitterkonstruktion, 1901 von der Firma Carl Reisch, Dresden, installiert. Die mit dem Rad betriebene Pumpenanlage versorgte die nahe gelegene fürstl.-hohenloh. Schloß- und Wildparkanlage mit Wasser.

L.-Unterregenbach

Jagstbrücke. Mit einem Sprengwerk (ca. 40 m li. W), an dem die Fahrbahn (B 3,5 m) samt schmalen Gehsteigen mittels Zangen abgehängt ist, überspannt eine der seltenen gedeckten **Holzbrücken** (Archenbrücke), 1821 von Clemens Schumm sen., L., errichtet, 1828 abgebrochen und neu aufgeschlagen, 1958 restauriert und verstärkt, das Flußbett der Jagst.

Lit.: Slotta I; Reclam II, BW; Krins 188.

Langendorf-Kaltenhof NS (Lüchow-Dannenberg/E8)

Ehem. **Eisenbahnbrücke** in der am 15. 12. 1873 eröffneten Strecke Wittenberge–Hitzacker der Berlin-Hamburger Eisenbahn mit Bogenfachwerkträgern über massiven Natursteinpfeilern. Die festungsartigen Brückenköpfe in Backsteinrohbau im Stil spätgotischer Wehrbauten Oberitaliens.

Lit.: Mende, 1990.

Langenhagen (Hannover/F6) NS

Kleiner **Wasserturm** (Altenzentrum Eichenpark) auf quadr., durch Ecklisenen gegliedertem Schaft mit oktogonalem, verbrettertem Kopf unter Pyramidendach und ehem. Pumpenhaus der L.er Wasserversorgung um 1900.

Langenselbold (Main-Kinzig-Kreis/K5) HS

Auf der sog. Abtshecke oberhalb von L. erhebt sich der urspr. für den Druckausgleich der Frankfurter Quellwasserleitung aus dem Vogelsberg 1872 in Sandsteinmauerwerk über sechseckigem Grundriß errichtete **Wasserturm** (oberhalb Schießhütte), heute funktionsloses Relikt einer inzwischen überholten Technik.

Lit.: Die Wasserversorgung von Frankfurt a. M., 1903. Hrsg. Städt. Tiefbauamt.

Langenzenn-Keidenzell
(MFr./Fürth/L7) BAY

Das ehem., 1953 stillgelegte **Hammerwerk** (südl. der Straße nach Stinzendorf), mit Wohnhaus, Scheune, Hammerstube und Nebengebäuden, wurde von einem Mitglied der im Mittelfränk. weit gestreuten Hammerschmied-Familie Schäff um 1818 in einer 1712–23 erbauten Mühle eingerichtet. Zur Einrichtung gehören drei Schwanzhämmer (Bärgewichte 75/150/75 kg), große und kleine Esse, Schleifstein und Werkzeuge sowie drei oberschlächtige, nach Umbau der Wasseranlage nicht mehr betriebsfähige Wasserräder. Aus den 1920er Jahren Transmissionsanlage mit elektr. Antrieb für kleine Werkzeugmaschinen und Gebläse.

Lit.: Slotta I.

Langeoog (Wittmund/C3) NS

Wasserturm (gleichzeitig Aussichtsturm) für einen eisernen Stützbodenbehälter (100 cbm) mit innerem Durchstieg, ausgeführt 1909 durch die Berlin-Anhaltische Maschinenbau Actien-Gesellschaft. Der modern verkleidete Kopf kragt in der für Intze-Behälter typischen Art weit aus über dem gedrungenen Schaft auf oktogonalem Grundriß. Im Natursteinsockel repräsentatives Portal, der Schaft durch Ecklisenen in Backsteinmauerwerk gefaßt.

Lit.: Merkl 262.

Lauda-Königshofen BW
(Main-Tauber-Kreis/L6)

Bahnhof. Mit der Eröffnung der Strecke Osterburken–Königshofen–Würzburg am 1. 11. 1866 an das bad. Eisenbahnnetz angebunden, entwickelte sich L. zwangsläufig mit dem Bau der Tauberbahn (L.–Hochhausen, eröffnet 10. 10. 1867; Königshofen–Mergentheim, 13. 10. 1869) zum Bahnknotenpunkt. 1871–73 erhielt er ein seiner verkehrstechn. Bedeutung entsprechendes, in Werkstein ausgeführtes *Empfangsgebäude* – mit langgestrecktem, durch Eingangsrisalit zentriertem Haupttrakt, flankiert von höheren Eckpavillons – in der Tradition der Eisenlohrschen Entwürfe der späten 1840er Jahre (→Konstanz u. a.). Rechts vom Empfangsgebäude die gleichzeitig entstandene Anlage zweier spiegelbildlich angeordneter Gebäude mit Wagenschuppen und Wohnungen, dazwischen die neoromanische Signalwerkstatt von 1905. Auf der linken Seite neobarock monumental die Betriebsverwaltung von 1906. Auf der O-Seite des Gleisfeldes die axial auf das Empfangsgebäude bezogene Werkstatt von 1873, daneben Magazine von 1873 und 1905.

Lit.: Edelmann.

Lauenburg (Herzogtum Lauenburg/D7) SH

Palmschleuse. 1724 in Quadermauerwerk erneuerte Kammer-(Kessel-)Schleuse des 1398 eröffneten →Stecknitzkanals von Lübeck über Mölln nach L. Die wohl älteste erhaltene Schleuse Europas faßte auf einer elliptischen Wasserfläche von 697 qm (L ca. 35,4 m, B 24 m) gleichzeitig zehn der bis 1823 gebräuchlichen Schiffe von 12,5 t Ladefähigkeit (L 19 m, Boden-B 3,24 m, Bord-H 0,86 m, Tiefgang 0,41–0,43 m). Die Kammerschleuse, wie sie bereits Leon Battista Alberti 1452 beschrieb, entwickelte sich aus der nur am Unterhaupt mit einem Tor versehenen sog. Muschelschleuse.

Lit.: Slotta I; Paul I, SH 116.

Lauenburg. Stecknitzkanal, Palmschleuse

Lauf an der Pegnitz BAY

(MFr./Nürnberger Land/L 8)

Aus den von der Wasserkraft der Pegnitz (der Ortsname verweist auf ihr nutzbares Gefälle) bereits im MA angetriebenen Mühlen und Hammerwerken entwickelte sich im 19. Jh. eine blühende, in ihren Bauten (z. B. Hersbrucker Straße, östl. Ortsrand) dem Stadtbild angepaßte *Kleinindustrie*. Museal erhalten sind die 1541 erstmals erwähnte Reichelsche Schleif (Leßnergasse) mit unterschlächtigem Wasserrad und die Bauten des ehem., aus einer Mühle entstandenen Wasserwerkes im **Gewerbe- und Frühindustrie-Museum** (Sichardstraße 6).

Laufen BAY

(OB/Berchtesgadener Land/O 11)

Die am 2. 6. 1903 eingeweihte, von Österreich und Bayern gebaute und finanzierte **Straßenbrücke** über die Salzach zwischen dem österr. Oberndorf und dem bayer. Laufen gehört dem statischen System nach zu den »Balkenkonstruktionen mit Girlande« (A. G. Meyer), erstmals ausgeführt nach Plänen von P. Schmick 1868–69 beim Eisernen Steg in Frankfurt a. M. Die drei Öffnungen (39, 49, 78 m Stütz-W) überspannen im Untergurt auf Druck berechnete Fachwerkbalkenträger mit einem teilweise auf Zug beanspruchten Obergurt mit Kettengurtungen. Die guß- und schmiedeeisernen Portale der Kettenauflager in Formen des Jugendstils zieren grenzbestimmend und staatsvertretend die monumentalen Wappen und Wappenvögel beider Bauherren.

Laufenburg (Waldshut/P 3) BW

Wasserkraftwerk. Zur Nutzung der Wasserkräfte des Oberrheins am Ausgang der Stromenge unterhalb L. durch die AG Kraftwerk Laufenburg (Felten-Guilleaume-Lahmeyer-Werke und Schweiz. Druckluft- und Elektrizitätsges.) errichtetes Wehr und Laufwasserkraftwerk von 1909–10 in neoklassizistischen Formen mit gebrochener, durch Gesims verbundener Giebelkontur.

Lit.: DB 1910.

Lauffen am Neckar (Heilbronn/M5) BW

Ehem. **Wasserkraftwerk** des Württ. Portland-Cement-Werkes. Über einem zugeschütteten Wehrkanal auf dem Gelände des ZEAG Zementwerkes L. erinnert ein simples, eingeschoss. Fachwerkgebäude, das vier Betonbögen der ehem. Turbinenausläufe tragen, an das Welterеignis der Fernübertragung (am 25. 8. 1891) von auf 20000 V hochgespanntem Drehstrom über 175 km vom Wasserkraftwerk der Württ. Portland-Cement-Werke auf das Gelände der Internat. Elektrotechn. Ausstellung in Frankfurt a. M., mit dem der Siegeszug der Elektrizität, die zweite industrielle Revolution begann.

Lit.: Slotta II.

Bad Lauterberg (Osterode/H7) NS

● **Königshütte.** Als Ersatz der 1609 erstmals erwähnten, nach ihrem Besitzer Süße benannten und Anfang des 18. Jh. wirtschaftlich bedeutungslos gewordenen Hütte ließ das Oberbergamt in Clausthal ab 1733 eine neue, leistungsfähigere Eisenhütte an der Oder unterhalb von L. errichten, von der noch in der um einen Platz gruppierten Anlage das Faktoreigebäude, zwei Wohnhäuser und die Hüttenschenke existieren. Nach Planung der Oberbergräte Carl H. Mummenthey und Mühlenpfordt erhielt die Hütte gleichzeitig mit der Erneuerung des Hochofenwerkes und der Gießerei gegen Ende der 1820er Jahre ihr repräsentatives Aussehen in lokal, durch eine Bruchstein und Werkstein imitierende Verbretterung geprägtem, spätklassizistisch »gotischem« Stil mit Hochofengebäude, Formerei, Werkstätten, Frischfeuer, Hammer und Walzwerk unterhalb des Stauteiches (wesentliche Teile der Gruppe innerhalb von Umbauten erhalten). An der Gegenseite des Platzes neben der Schenke Wohngebäude, Werkstätten und das mit dorischem Portikus aufwendig gestaltete Eisenmagazin. An der Schmalseite des Platzes das Wohnhaus des Administrators, dahinter – parallel zu dem von der Oder abgeleiteten Betriebsgraben – Beamtenwohnhäuser, Frischfeuer, Schmiede, Rohstahlwerk und Sägemühle, letztere mit Resten der techn. Einrichtung (1. Hälfte 20. Jh.). Der Erfindung des modernen Drahtseiles 1834 durch Oberbergrat Albert folgte die Steigerung der Drahtproduktion, schließlich 1864 Stillegung des Hüttenbetriebes. Die um 1840 begonnene Produktion von Eisenkunstguß wurde in der 1871 neu eingerichteten, heute auf Sondererzeugnisse spezialisierten Gießerei fortgeführt. Ein Beispiel für die Kunstguß-Qualität der in der Platzmitte installierte, 1855 auf der Weltausstellung in Paris gezeigte artesische Brunnen.

Lit.: Slotta I; Dpfl. NS.

Bad Lauterberg. Königshütte, Eisenmagazin

Leer (Leer/D 3) NS

Bahnhof. *Empfangsgebäude* an der am 24. 11. 1854 eröffneten Strecke Emden–Papenburg der Hann. Staatsbahn (Anschluß bis Lingen am 2. 5. 1856) und der am 15. 6. 1869 durch die Oldenb. Staatsbahn eingeführten Verbindung nach Oldenburg. Die Gliederung des Baukörpers in drei durch niedere Zwischentrakte verbundene Pavillons entspricht ebenso wie die romantisch spätklassizistische (Rundbogenstil-) Architektur dem Standard kurz nach der Jahrhundertmitte. – Gegenüber, am 1856–61 ausgeführten, nach 1920 verfüllten Bahnhofshafen, das 1862 als Zollniederlage fertiggestellte **Lagerhaus,** ein aufwendig neogotischer Backsteinrohbau mit innerer Konstruktion aus Sandsteinpfeilern (Keller), Gußeisensäulen und Eichenholzbalkendekken. 1961 Umnutzung als Zollamt. – In expressionistischen Formen der 1927 durch das Stadtbauamt als Stahlbetonkonstruktion mit Klinkerverkleidung für einen Hängebodenbehälter (650 cbm) erbaute, ca. 45 m hohe **Wasserturm** (Marienstraße). – Von 1898 ein **Speichergebäude** (Georgstraße) in Backsteinrohbau, der Giebel um 1920 verändert. – Als Wahrzeichen von L.-Logabirum gilt der reetgedeckte **Galerieholländer** mit Windrose von 1895.

Lit.: Zollamt; Stadtwerke; Dpfl. NS; Mende, 1990.

Lehre-Wendhausen (Helmstedt/F 7) NS

● Dreigesch., leicht konischer **Erdholländer** (Gänsekamp) mit Windrose von 1837. Einmalig in Deutschland die Anordnung von fünf Flügeln.

Lit.: Slotta I.

Lehrte (Hannover/F 6) NS

In formaler Anlehnung an norddt. Backsteingotik 1912 für die städt. **Wasserversorgung** (Germaniastraße) als Backsteinrohbau auf oktogonalem Grundriß errichteter Wasserturm mit spielerisch gliederndem Materialwechsel von Putz zu Mauerwerk am Kopf. – Die mit Schachthalle, Fördermaschinenhaus und E-Zentrale erhaltenen Tagesanlagen des **Kaliwerkes** Bergmannssegen-Hugo,

Lehrte. Kaliwerk Bergmannssegen-Hugo, Schachtanlage Bergmannssegen, Tagesanlage

Schachtanlage Bergmannssegen (Sauerweg), vermitteln in ihrer um Fabrikateschuppen und Rohsalzmühle reduzierten Masse noch immer einen Eindruck von der Kompaktheit des mit dem Abteufen des Schachtes 1910–12 entstandenen, seinerzeit modernster Architekturauffassung entsprechenden Bergwerkes. Im Turm zwischen Maschinenhaus und E-Zentrale ein die Abwärme des Schornsteins für die Erwärmung des Kauenwassers nutzender Ringbehälter; Fördergerüst von 1950.

Lit.: Slotta III.

Leinfelden-Echterdingen BW

(Esslingen/N 5)

Mäulesmühle (B 27 m, L 1191 m). Im Tal des Reichenbachs (Siebenmühlental) liegen neben anderen ehem. Mühlen das sanierte dreigiebelige Wohnhaus mit zwei Fachwerkgeschossen über massivem Sandsteinsockel (dat. im Türsturz: 18 BM. GB 19) und das eingesch., zum Theatersaal umgebaute Betriebsgebäude in Sandsteinmauerwerk.

Lit.: Dpfl. BW.

Leiwen (Trier-Saarburg/K 2) RP

Als Ergänzung eines seit 1902 arbeitenden Dampfkraftwerkes baute die Stadt Trier 1911–13 ein **Wasserkraftwerk** im Tal der Mosel, dessen vier Maschinensätze – Nr. 1–3 (1911): Francis-Spiralturbinen von Voith, Heidenheim, und auf gemeinsamer Welle Drehstrom-Generatoren und Gleichstromerreger von Siemens-Schuckert mit je 1400 kW; Nr. 4 (1919): in gleicher Ausführung, jedoch mit einer Leistung von 3800 kW – über Druckstollen und zwei Druckrohre mit dem ca. 100 m über der Mosel angelegten Speicherbecken (500 000 cbm) der durch eine Sperrmauer aufgestauten Drohn betrieben werden. Seit 1928 im Eigentum der RWE über deren Tochterges. Moselkraftwerke GmbH.

Lit.: Slotta II; Custodis.

Lemgo (Lippe/G 5) NW

An der Bega in L.-Brake eine 1925 stillgelegte **Ölmühle** mit erhaltenem Kollergang, Rührwerk und Stampfwerk aus dem frühen 19. Jh. Im N von L.-Luhe (Am Kalkofen) restaurierter **Kalkofen** des 19. Jh. mit gemauertem zylindrischen Schacht auf Bruchsteinbasis.

Lenggries BAY

(OB/Bad Tölz-Wolfratshausen/P 9)

Einer der letzten von ehem. zahlreichen **Kalköfen** an der Isar zwischen Mittenwald und Bad Tölz aus dem 18. Jh. als Kegelstumpf über zylindrischem Sockel mit Abstichöffnung, 1958 stillgelegt, 1978–79 saniert.

Lit.: Paul IV, BAY 100.

Lennestadt-Meggen (Olpe/I 3) NW

Die seit der Mitte des 19. Jh. in industriellem Umfang abgebauten Blei-Zink-Schwefelkies- und Schwerspatlagerstätten bei M. gehörten in den 1920er Jahren zu den bedeutendsten **Schwefelkies- und Schwerspatgruben** der Welt. Die in der Tradition der 1930er Jahre stehende Architekturauffassung der 50er Jahre vertreten Schachthalle, Fördermaschinenhäuser (einschl. Fördermaschinen) und Fördergerüst von 1950 des 1951 eingeweihten Sicilia-Schachtes. Im Kompressorhaus Kompressoren von 1943 und 1952. Als Novum im dt. Tiefbau galt die 1972–75 im Zusammenhang mit umfassenden Mechanisierungs- und Motorisierungsmaßnahmen über die gesamte Teufe für die Nutzung durch Straßenfahrzeuge aufgefahrene sog. Siegena-Wendel. Großgeräte können über die Walther-Rampe (1973–76) in die Grube eingefahren werden.

Lit.: Slotta IV,1.

Lenningen-Oberlenningen BW

(Esslingen/N 5)

Papierfabrik Scheufelen. Mit der Übernahme einer seit 1773 in Oberlenningen produzierenden Papiermühle durch Carl Scheufelen, Lehrer in Göppingen, am 4. 10. 1855 begann die Geschichte eines Unternehmens, das noch heute zu den bedeutendsten seiner Branche in den alten Ländern der Bundesrepublik zählt. Als erste Papierfabrik in Deutschland fertigte Scheufelen

1892 zweiseitig gestrichenes Kunstdruckpapier, worauf 1895 die Umbenennung in Erste deutsche Kunstdruck-Papierfabrik Carl Scheufelen mit der Marke »Phönix-Kunstdruckpapier« folgte. Aus dieser Aufbruchszeit stammt, durch späteres Satteldach verfremdet, die heutige Farbküche (1894). Moderne Gestalt erhielt die Fabrikanlage durch ein umfangreiches Neubauprogramm mit Verwaltungsgebäude, Kesselhaus, Papiermaschinen- und Holländergebäude, Garnanlage, Kantine, mechanischer Werkstatt, Versandhaus und Stofflager, ausgeführt 1901–13 nach einer Generalplanung durch das Architekturbüro Eisenlohr & Weigle, Stuttgart, in zeittypisch neoklassizistischer Architektur, die großen Beifall von den Fachkollegen erhielt. In einigen Bauteilen verändert (Wasserturm abgebrochen, Kesselhaus modern ersetzt), dokumentiert der Fabrikkomplex beiderseits der B 465 mit parkähnlich gestalteter Grünanlage im Winkel des Verwaltungsgebäudes dennoch sehr gut die Vorstellung von landschaftsgebundener, künstlerisch qualitätvoller Fabrikarchitektur im ersten Jahrzehnt des 20. Jh. Im S der Grünanlage die Unternehmervilla aus der gleichen Bauperiode mit barockisierenden Elementen.

Lit.: AR 1910; BZWü 1906; SBH 1908; Firmenfestschriften, 1955/80.

Lenzkirch-Kappel BW
(Breisgau-Hochschwarzwald/O 3/4)

Eisenbahnviadukte. Im Unterschied zu der 1886 vollendeten → Höllentalbahn, bei deren Bau außergewöhnliche Gefälleverhältnisse zu überwinden waren, erforderte die am 20. 8. 1901 eröffnete Verlängerung bis Hüfingen keine besonderen Maßnahmen. Die Strecke besitzt jedoch in den steinernen *Bogenbrücken* von 1899/1900 über Gutach und Schwändeholztobel zwei hervorragende Werke der Ingenieurbaukunst. Die Gutachbrücke wies bei Fertigstellung mit 64 m die größte Bogenweite aller Steinbrücken in Deutschland auf. In Konstruktion – Hauptgewölbe aus zwei ineinander verzahnten Quaderringen zwischen massiven Pfeilern mit je acht symmetrisch geordneten Entlastungsbögen als Auflager der Fahrbahn, Vorbrücken mit je einem bzw. drei und vier Bögen – und Oberflächengestaltung identisch, unterscheiden sich die im Grundriß leicht gekrümmten Brücken allein durch ihre Abmessungen. Die Gutachbrücke besitzt eine Länge von 140,82 m bei einer Höhe über der Talsohle von 34 m, für die Schwändeholztobelbrücke gelten 118,93 m Länge und 42 m Höhe.

Lit.: SchBZ 1901; ZBV 1901; DB 1906.

Leonberg (Böblingen/M 5) BW

Engelbergtunnel. Mit zwei um 1936 im Zuge des Reichsautobahnbaues Stuttgart–Heilbronn fertiggestellten Röhren durchquert die A 81/E 41 nach steilem Anstieg den Höhenrücken des Engelbergs. Die mit grobbehauenem Naturstein unter kräftigem Gesims verkleideten Portale nach Entwurf von Wilhelm Tiedje, Stuttgart, entsprechen ganz den im Reichsautobahnprogramm aufgestellten »landschaftsgestaltenden« Kriterien.

Lit.: BM 1954.

Leonberg-Königshütte BAY
(OFr./Tirschenreuth/K 10)

Klassizistische Giebelfront der ehem. Gießhalle und Eisenmagazin des 1808–14 durch Bergrat Dippel zur Verhüttung der Brauneisenerzvorkommen im Gebiet um Waldsassen eingerichteten staatl. **Hüttenwerkes.** Nach 1883 in Sägewerk umgewandelt.

Lit.: Slotta I.

Leverkusen (Leverkusen/I 2) NW

Reuschenberger Mühle (Alte Garten, Bürringer Weg). Von 1881–1932 wurde in der an einem von der Wupper abgeleiteten Wassergraben gelegenen Mühle Papier hergestellt. Danach diente die Turbine der Stromerzeugung. Das 1847 errichtete Hauptgebäude tradiert in seiner Fassadenarchitektur den Klassizismus des Jahrhundertanfangs: Auf einen gequaderten Sockel mit leicht hufeisenförmigen Öffnungen folgt, getrennt durch ein flaches Gurtgesims, ein Zwischengeschoß, dessen Rundbogenfenster sich durch Kämpfergesimse mit den Lisenen verbinden. Den beiden OG., wiederum mit Rundbogenfenstern, geben Kolossalpilaster und Architrav Zusammenhalt. Das mächtige Giebeldreieck zentriert ein Thermenfenster.

Lit.: Föhl, 1976.

Lichtenfels (OFr./Lichtenfels/J8) BAY

Bahnhof. *Stationsgebäude* aus zwei durch niederen Zwischentrakt verbundenen Pavillons, flankiert von eingesch. Nebengebäuden und Akzentuierung durch zentral vorgelagerte *Eingangshalle* an der von Eduard Rüber und Friedrich Bürklein betreuten Ludwigs-Süd-Nord-Bahn (L.–Bamberg, eröffnet 15. 2. 1846; Neuenmarkt–L. 15. 10. 1846). Erweitert stilgleich 1862–63 nach Eröffnung der Strecke L.–coburg-gothaische Grenze (24. 1. 1859) und durch Jakob Graff, 1886–88, bei Weiterführung der Bahn Hochstadt–Gundelsdorf (20. 2. 1861) und Gundelsdorf–Stockheim (1. 3. 1863), in Richtung Leipzig ab 1885. Aus dieser Zeit Ausstattung der Restauration in Formen der Neurenaissance. An den Flanken des Bahnhofsplatzes die Verwaltungsgebäude. Aus den 1930er Jahren Ringschuppen und Wasserturm.

L.-Trieb-Nassanger

Von Johann Leonhard Dientzenhofer 1692–93 aufgeführter ehem. **Gutshof** des Klosters Langheim, ein massiver, urspr. von Wassergraben umgebener Versorgungsbau ringförmg um einen ovalen Innenhof.

L.-Schney

Aus Abbruchmaterial des Klosters Langheim 1827 noch klassizistisch errichtete Neue Fabrik der um 1770 von Wilhelm Christian Graf von Brockdorff gegr. Porzellanmanufaktur mit übergiebelten Eckrisaliten und axialem Portal in tosk. Ordnung. Nach der Stillegung 1928 in Wohngebäude umgenutzt.

Lit.: Slotta I; Dpfl. BAY.

Lichtenstein-Unterhausen BW (Reutlingen/N5)

BSU Textil AG (Wilhelmstraße). Der Entwicklung im wenige Kilometer Luftlinie entfernten Ermstal ähnlich, entstand an der Echaz schon früh Textilindustrie, die in der 2. Hälfte des 19. Jh. eine Blütezeit erlebte. Mit 34000 Spindeln gehörte die Baumwollspinnerei Solivo & Fierz, die sich 1852 in den Gebäuden einer stillgelegten Seidenweberei etablierte, 1861 zu den größten Unternehmen ihrer Branche in Württ., mußte jedoch infolge Kapitalmangels 1883 an die Baumwollspinnerei Unterhausen AG verkaufen, die bereits im folgenden Jahr eine weitere Fabrik im benachbarten Honau übernahm. Nach Zerstörung durch Brand 1889 Wiederaufbau und kontinuierliche Erweiterungen, u. a. 1911 durch eine Feinspinnerei, deren Betonskelett vor akzentuierendem oktogonalen Wasserturm ein bescheidener Giebelaufsatz schmückt. Parallel der Landstraße ein langgestrecktes, verputztes zweigesch. Mehrfamilien-Arbeiterwohnhaus um 1870. Das Zweigwerk in Honau typisch für die Zeit um 1890 als zweigesch. Backsteinrohbau mit Stichbogenfenstern, daneben Arbeiterwohnhäuser. – Ehem. **Baumwollfabrik Burkhardt** (Schillerstraße). Als letztes Zeugnis der abgebrochenen Fabrik steht das ehem. Baumwollmagazin von 1903 verloren auf weitläufiger Industriebrache. Den zweigesch. Backsteinrohbau gliedern zwischen rahmenden unprofilierten Pfeilern arkadenartig geschoßhohe Rundbögen im EG., darüber triforische Bogenfenster unter gemauertem Profilsturz. Die geraden Giebel geringfügig gegenüber den Längsfronten überhöht.

Lit.: Dpfl. BW; Firmenangaben.

Liebenau-Haueda (Kassel/H5) HS

Im W von Haueda überquert die Bahn auf landschaftsprägendem sechsbogigen **Sandsteinviadukt** mit Pylonpfeilern, akzentuiert durch Entwässerungsokuli in den Zwickeln und Konsolfries, das Tal der Diemel. Für den regelmäßigen Verkehr freigegeben mit der Eröffnung der Strecke Hümme–Warburg (15. 9. 1849) der Kurfürst-Friedrich-Wilhelms-Nordbahn.

Liebenburg-Othfresen (Goslar/G7) NS

Fast vollständig erhaltene, meist 1937–40 im Zusammenhang mit der Abteufung des Schachtes (1939–40) entstandene **Tagesanlagen der Grube Ida** mit Aufbereitungsgebäuden von 1940 in ausgefachter Stahlskelettkonstruktion, die im Salzgittergebiet zu den bemerkenswertesten Industriebauten der Zeit gehören.

Lit.: Slotta V,1.

Lindau (Schw./Lindau/P6) BAY

Bahnhof. Mit der Eröffnung der Abschnitte Oberstaufen–Aeschach (12. 10. 1853) und Aeschach–L. (1. 3. 1854) war die ab 1844 fertiggestellte Ludwigs-Süd-Nord-Bahn in ihrer gesamten Länge bis zur sächs. Grenze nördl. Hof befahrbar. Der Anschluß weiterer Bahnlinien (24. 10. 1872 L.–Bregenz, 15. 10. 1878 L.–Oberreitnau, 1. 10. 1899 L.–Friedrichshafen) forderte eine neue Bahnhofsanlage, deren barock beeinflußtes *Empfangsgebäude* zwischen Heimatstil und Neoklassizismus nach Vorprojekten von Oberreg.-Rat Fischer (Dir. Augsburg) mit kriegsbedingter Unterbrechung 1913–22 nach Planung von Oberreg.-Rat Heilmann (Mitarbeiter Sautter) entstand. Die Stadtfront als Verlängerung des O-Flügels einer zum Bodensee ausgerichteten Vierflügelanlage um trapezoiden Hof akzentuiert der repräsentative Giebel der Schalterhalle, geschmückt mit kolossalen Sitzfiguren und skulptierter Uhr. Die Seeseite durch Risalite und den Baukörper öffnende Terrassen gegliedert. Auf dem Bahnhofsgelände einzelne Betriebsgebäude des 19. Jh. – Der nach Konstanz zweitgrößte **Bodenseehafen** erhielt 1850–53, nach einer ersten Befestigung 1811–12, seine heutige Größe von 3915 ha mit Leuchtturm (H 35 m) und Löwenmonument des Bildhauers Johann v. Halbig, München, an der Hafeneinfahrt.

Lit.: Berger III; Slotta I.

Lingen (Emsland/F3) NS

Bahnhof. Teilweise modern überfremdetes *Empfangsgebäude* der Hann. Staatsbahn an der Strekke Emden–Münster (Emden–Papenburg, eröffnet 24. 11. 1854; L.–Papenburg, 2. 5. 1856; Rheine–L., 23. 6. 1856) als Backsteinrohbau mit drei durch Zwischentrakte verbundenen Pavillons. – Hinter dem Bhf. (Kaiserstraße) die meist aus der Erweiterungsphase (nach 1880) des 1856 eingerichteten **Ausbesserungswerkes** stammenden Werkstattgebäude sowie Hallen der 1920er Jahre, kleiner Betriebswasserturm mit konischem Backsteinschaft für einen unverkleideten Behälter von 1901 und ein Gasbehälter aus dem Anfang des 20. Jh. – »An der Kokenmühle« ein **Wasserturm** in der für Intze-Behälter charakteristischen Ausführung mit konischem Schaft und über Bogenkonsolen auskragendem Behälterumgang, um 1905.

Lit.: Mende, 1990.

Löhnberg (Limburg-Weilburg/J4) HS

Verm. im Zusammenhang mit der Lahnkanalisierung 1842–48 entstand das mächtige, aus Bruchsteinen aufgeführte Doppelgebäude der **Getreidemühle** neben dem Bahnhof. Seit 1921, mit Unterbrechung durch Mühlenbetrieb zwischen 1945 und 1960, Nutzung als Getreidelagerhaus. Betriebsfähig zwei um 1870 eingebaute Turbinen.

Lit.: Höhmann.

Lollar (Lahn-Dill-Kreis/J4) HS

Die Geschichte L.s als bedeutender, wesentlich durch die Unternehmerfamilie Buderus geprägter Industrieort begann mit der Fertigstellung der Main-Weser-Bahn zwischen Kassel und Frankfurt a. M. 1852, in deren Folge der Hüttenbesitzer Justus Kilian 1853 eine bereits 1846 beantragte Konzession zum Bau eines Eisenwerkes erhielt. Nach dem Tode von Kilian (1857) erwarb die Sozietät **J. W. Buderus Soehne** 1861 die darniederliegende Hedwigshütte im Hinblick auf den mit der Fertigstellung der Bahnlinie Deutz–Gießen (1862, Cöln-Mindener Eisenbahn) verbundenen Zugang zur Ruhrkohle. Unter der Leitung von Georg Buderus III begann 1862 der Ausbau des nun »Main-Weser-Hütte« genannten Werkes zu einem reinen Hochofenwerk, das 1863 in dem noch für Holzkohlebetrieb vorgesehenen, 1866 für Steinkohlenkoks umgerüsteten Hochofen Minerva das erste Roheisen erzeugte. Ende 1864 wurde mit Vulkan der erste *Kokshochofen* an der mittleren und oberen Lahn angeblasen. Von der 1907 stillgelegten Hochofengruppe hat sich der urspr. Turm des Gichtaufzuges als spätklassizistischer Backsteinrohbau mit einer Aufstockung von 1898 erhalten. Nördl. des Werksgeländes Parkanlage mit der neugotischen, durch polygonalen Turm akzentuierten Villa für Georg Buderus von 1868. Die für die Arbeiter der Main-Weser-Hütte um 1900 errichtete *Siedlung* (Marburger Straße ab Nr. 93) aus zweigiebeligen Doppelhäusern mit rückwärtigen Kleinviehställen in zweifarbigem Backsteinrohbau entspricht dem Standard des Arbeiterwohnungsbaues der Zeit. – Am Werk ein spätklassizistisches **Bahngebäude** aus der Bauzeit der Main-Weser-Bahn.

Lit.: Ferfer.

Ludwigsburg (Ludwigsburg/M 5) BW

Wasserturm (Römerhügelweg). Auf dem Fürstenhügel, benannt nach einem bei Ausschachtungsarbeiten zu einem ersten Wasserhochbehälter 1877 entdeckten Fürstengrab der Hallstattzeit um 500 v. Chr., steht trutzig der gedrungene Mauerwerkszylinder des 1935 fertiggestellten Wasserturms. Seine geschlossene Mantelfläche ist lediglich von einem schmalen Fensterband zwischen weit auskragenden, das flache Kegeldach tragenden Konsolen durchbrochen. Den Eingang betont ein flach geneigtes, kupfergedecktes Vordach auf dünnen quadr. Betonpfeilern; im schmiedeeisernen Gitterwerk dat. 1935. – An der Mathildenstraße der rote Backsteinrohbau der ehem. **Württ. Waffelfabrik** mit typischer Fassadengestaltung vom Ende des 19. Jh.

L.-Poppenweiler

Staustufe. Etwa 1,4 km unterhalb eines 1906 fertiggestellten Kraftwerkes zur Stromversorgung Stuttgarts errichtete die Neckar-AG im Zuge des Ausbaues der Neckarwasserstraße (→ Neckarkanalisierung) zwischen Marbach und Stuttgart 1954–56 eine neue Staustufe mit Krafthaus für zwei Kaplan-Turbinen (Mittlere Jahreserzeugung 17,3 Mio. kWh), Wehr mit drei Öffnungen (22 m li. W) und Vollwandschützen als Verschluß sowie einer Doppelschleuse mit umlegbaren Hubtoren am Unterhaupt, Hubsenktoren am Oberhaupt. In der Großform tradiert die Staustufe P. die Architektur des ersten Ausbauabschnittes (1921–1935) Mannheim–Heilbronn. Zur besseren Einbindung in die Neckarlandschaft erhielten die Kraftwerksaufbauten und Wehrpfeiler Natursteinverkleidung.

Lit.: DB 1910.

Ludwigs-Donau-Main-Kanal BAY (Kelheim/Bamberg/K–L 8)

Unter König Ludwig I. von Bayern lebte (um 1820) die Idee einer Wasserstraßenverbindung zwischen Donau und Main, die bereits Karl d. Gr. mit dem Bau der »Fossa Carolina« (→ Treuchtlingen) vergeblich zu realisieren versuchte, wieder auf. 1825 mit der Planung beauftragt, legte Heinrich Frhr. v. Pechmann das Projekt eines Kanals (L 173 km) zwischen Kelheim und Bamberg vor, das 1836–46 (Teileröffnung 1843) ausgeführt wurde. Zur Überwindung des Höhenunterschieds von 183 m zwischen dem Main und der Scheitelhaltung bei Neumarkt (Oberpfalz) dienten 68 Kammerschleusen (L 34,15 m, B 4,67 m). Für die Differenz von 80 m bis Kelheim genügten 32 Schleusenanlagen. Außerdem forderte das unterschiedliche Gelände die Anlage von insgesamt 70 Dämmen, 60 Einschnitten und 117 Brückenbauwerken. Bereits in der 2. Hälfte des 19. Jh. verlor der Kanal gegen die Konkurrenz der Eisenbahn an Bedeutung. Im 2. Weltkrieg beschädigt, liegt der dem modernen Schiffsverkehr schon lange nicht mehr genügende Kanal in weiten Strecken trocken bzw. wird durch den Neubau des Rhein-Main-Donau-Großschiffahrtsweges überlagert. Von der techn. Meisterleistung des Kanalbaues zeugen noch einige wasserführende Abschnitte südl. von Nürnberg (L 299) sowie der Hafen in → Kelheim, Schleusen u. a. bei Neumarkt und Ottmaringen, die bereits 1844 wegen Bauschäden erneuerte Kanalbrücke (Bogen-H 17 m, L 90 m, B 6,2 m) über die Schwarzach bei Schwarzenbruck (BAB-Ausfahrt Feucht, Gasthaus Bruckkanal), das Kanalmonument in → Erlangen und der Hafen in → Bamberg.

Lit.: Jahrbuch der Baukunst und Bauwissenschaft, 1846; Slotta I; Paul IV, BAY 88.

Ludwigshafen (Ludwigshafen/L 4) RP

Aus der zu Anfang des 17. Jh. als linksrhein. Brückenkopf der Festung Mannheim angelegten Rheinschanze entwickelte sich unter bayer. Herrschaft seit Mitte des 19. Jh. eine blühende Industriestadt mit zeitweilig größtem dt. **Binnenhafen.** Im 1893 als Schleuse zum Ausgleich des Rheingefälles angelegten *Luitpoldhafen* (L 1,2 km, B 70 m) blieben die gequaderten Wände des Südtores (An der Kammerschleuse) erhalten. In unmittelbarer Nähe der um 1900 nach Planung des kgl.-bayer. Straßen- und Flußbauamtes in Speyer in Formen rhein.-ma. Burgenarchitektur erbaute *Pegelturm*. – Der inzwischen zum Identifikationsobjekt gewordene **Wasserturm** (Hängebodenbehälter, 1000 cbm) im Hof der Gräfenauschule (Gräfenaustraße) entstand 1894–95 nach Planung von Oskar Smreker, Mannheim (→Mannheim), in Formen eines für die Zeit ungewöhnlich sachlichen Historismus. – Konservativer wirkt dagegen der 1899 für einen Intze-Behälter gemauerte **Turm in L.-Edigheim** (Oppauer Straße) mit massigem Schaft und über schmalen Konsolen auskragender Behälterummantelung. – 1885 durch Kaufmann, Strauss & Co. begonnen, entstand mit den Erweiterungsbauten von 1894–95 in der L.er **Walzenmühle** (Rheinuferstraße, Yorkstraße) ein der Roggenmühle in →Lahnstein ebenbürtiger Industriekomplex, dessen Hauptfassaden trotz neobarocker Applikationen auf die funktionale Architektur nach 1900 vorbereiten. – Die 1865 gegr. **Badische Anilin- und Soda-Fabrik** (BASF) begann bereits Anfang der 1870er Jahre mit dem Bau von werkseigenen Arbeiterwohnhäusern zwischen Anilin- und Liebigstraße. Im Gartenweg III Backsteinrohbauten mit je 4 Wohneinheiten von 1872, im Gartenweg IV aufwendigere Doppelwohnhäuser (sog. Beamtenhäuser) um 1900, an der Bürgerstraße Häuser für Aufseher und Meister, um 1911, und Reihenhäuser für Arbeiter, um 1913, an der Wachenheimer Straße.

Lit.: Custodis; Merkl 194; VDI 1896; Die Entwicklung des Wohnungsbaus in Ludwigshafen bis 1945. Hrsg. Stadtverwaltung, 1983.

Ludwigs-Süd-Nord-Bahn (P6–J9) BAY

Die 1841 unter Leitung von Paul von Denis (ab 1842 Friedrich August von Pauli) begonnene und in Abschnitten zwischen 1844 und 1854 fertiggestellte erste bayer. Fernbahn verbindet mit einem fast 600 km langen, das gesamte Land durchquerenden Schienenstrang Bayerns periphere Städte Lindau und Hof auf einer Trasse, deren zahlreiche Hoch- und Kunstbauten (allein 1302 Brükken und Durchlässe) in ihrer Gesamtheit zu den großen Ingenieurleistungen des 19. Jh. zählen. Von Lindau am Bodensee führt die Bahn durch das Allgäu über Immenstadt nach Kempten, erreicht hinter Günzach mit 817,22 m ü. NN den höchsten Punkt der Allgäustrecke und fällt dann mit der Wertach über Kaufbeuren bis Augsburg. Über Donauwörth, Nördlingen, Gunzenhausen, Schwabach führt die Strecke nach Nürnberg, um urspr. längs des Ludwigs-Donau-Main-Kanals über Erlangen nach Bamberg, entlang des Mains nach Lichtenfels zu gelangen. Hinter Kulmbach steigt die Trasse zum Fuße des Frankenwaldes, auf dessen Höhe bei Marktschorgast eine ca. 8 km lange schiefe Ebene führt, und endet, nach dem Abstieg ins Saaletal, offiziell in Hof (die Strecke bis zur Landesgrenze wurde bis 1920 von der Kgl. Sächs. Staatsbahn betrieben).

Beachtenswerte Bauten: Laiblach-Brücke und Ellhofer Tobelbrücke mit Eisenkonstruktionen, um 1880; Rentershofener Damm (L 525 m, H 53 m, max. Basis 280 m, 2200000 cbm); Oberstaufener Tunnel; Dammtrasse am N-Ufer des Alpsees; Illerbrücken in Kempten aus Beton (1904–06) und Holz (im Kern 1851); vierbogiger Wertach-Viadukt Kaufbeuren (1904 in urspr. Form erneuert); Altmühl-Viadukt Gunzenhausen mit neun Bögen (L 174,94 m, teilw. nach Kriegszerstörung erneuert); Höhbachviadukt bei Pleinfeld (L 60 m, H 20 m); Brombachviadukt südl. Mühlstetten (L 97,51 m, H 14,3 m); Viadukt bei Schwabach (H 20,64 m, 3 Halbkreisbögen zw. 21,36 u. 21,8 m li. W); Rednitzbrücke bei Wolkersdorf (5 Bögen von je 21,6 m li. W, H 15,2 m); Burgbergtunnel Erlangen (269,5 m); Schiefe Ebene mit 30–40 m hohen Stützmauern zwischen Neuenmarkt-Wirsberg und Marktschorgast (L 7067,7 m, Höhenunterschied 157,6 m); Saalebrücken bei Seulbitz und Moschendorf und nördl. Hof der Unterkotzauer Saaleviadukt (8 Spitzbögen von je 13,4 m li. W, H 26,2 m).

Lit.: Lutz; Kahle.

Lübeck (Lübeck/C7) SH

Auf einem von Trave und Wakenitz umflossenen Hügel, über den verm. der Handelsweg von S nach N führte, gründete Graf Adolf II. von Schauenburg und Holstein 1143 eine neue Stadt, auf die er den Namen der von ihm 1138 zerstörten wendischen Hafensiedlung Liubice (Lubeke) übertrug. Als dt. Tor zur Ostsee überflügelte das junge L. bald Bardowik in seiner Bedeutung als Handelsplatz. Nach der Brandzerstörung L.s 1157 durch Heinrich den Löwen verlegt (Löwenstadt), kam es 1158/59 nach der Abtretung des L.er Stadthügels an den Herzog zur dritten und entscheidenden Stadtgründung. Vom 13. bis ins 16. Jh. nahm L., seit 1226 reichsfreie Stadt, als

Lübeck. Doppelhubbrücke über die Trave und Akkumulatorturm

Fernhandelszentrum zwischen O und W innerhalb der Hanse eine führende Stellung ein. Mit wachsender Bedeutung des Überseehandels trat L. wirtschaftlich hinter Hamburg und Bremen zurück. Im 18. Jh. zu politischer und wirtschaftlicher Bedeutungslosigkeit herabgesunken, von den Napoleonischen Kriegen schwer betroffen, nahm L. erst im späten 19. Jh. neuen Aufschwung mit der Entwicklung zur Industriestadt, gefördert durch den 1900 eröffneten →Elbe-Trave-Kanal. Der Wiederaufbau der Stadt nach schweren Zerstörungen im 2. Weltkrieg erfolgte im wesentlichen auf dem hist. Stadtgrundriß.

Bahnhof. Den für die am 15. 10. 1851 eröffnete L.-Büchener Eisenbahn errichteten, 1890 auf vier Bahnsteige erweiterten Bhf. vor dem Holstentor ersetzte nach Planung von Eisenbahndir. Butterweck und Entwurf von Friedrich Klingholz, Aachen, nach Vorarbeiten (1903) zwischen 1904–08 ein moderner Durchgangsbahnhof auf den Rethteichswiesen der St. Lorenz-Vorstadt. Die Hauptfassade der nach Kriegszerstörung weitgehend rekonstruierten Backsteinarchitektur des *Empfangsgebäudes* in Formen der dt. Renaissance unter Verwendung barocker Elemente dominiert die zweigesch., dreibogige, durch poly-

Lübeck. Wasserkunst, Hochbehälter

gonale überkuppelte Türme gegliederte Front der Eingangshalle, überhöht durch quadr. Dachreiter mit offener Laterne. Von den Renaissancegiebeln der Nebentrakte nur der südl. erhalten. Den Gleiskörper überspannen vier Hallen in Eisenkonstruktion, die Erschließung der Bahnsteige erfolgt über einen Querbahnsteig im 1. OG. in Verbindung mit Wartesälen und Diensträumen. – Auf dem Rangierbhf. *Wasserturm* mit Kugelbehälter über konischem Schaft in Backsteinrohbau, um 1910, ähnlich →Bebra, →Crailsheim, →Kornwestheim u. a. – Reste des alten *Verschiebebahnhofes* und der *Reparaturwerkstatt* der Lübeck-Büchener Eisenbahn aus dem letzten Viertel des 19. Jh. (um 1965 stillgelegt) zwischen gewerblichen Neubauten an der Berliner Straße/Kronsforder Allee. Auf der Trasse der 1851 eröffneten Bahnlinie verläuft heute die moderne Straßenführung (Possehlstraße) bis zum Holstentor.

● **Hafen und Hafenbauten.** Der 1900 zum Oberbaudirektor ernannte Ing. Peter Rehder schuf mit einem 1884 vorgelegten Generalplan zum Ausbau der Verkehrs- und Schiffahrtswege in L. die Grundlage für die Entwicklung zur Industriestadt. Unter seiner Leitung entstand auch der

→Elbe-Trave- (seit 1936 Elbe-Lübeck-)Kanal (1895–1900), der innerhalb des Stadtgebietes zum 80 m breiten Kanalhafen mit beiderseitigen Industrieflächen ausgeweitet wurde. – Mit dem Kanal gleichzeitig fertiggestellt wurde 1900 eine hydraulisch betriebene **Doppelhubbrücke** für Straße und Hafenbahn (li. Durchfahrts-H angehoben 5,7 m, li. B 32,5 m) mit festem Fußgängersteg als Eisenfachwerkkonstruktion (dat.: C. Hoppe Berlin 1900) an der Mündung des Kanals in die Trave (Marstallsteg) zwischen Hansa- und Burgtorhafen. Das Maschinenhaus und Akkumulatorturm in modifizierten Formen norddt. Backsteingotik. Entlang der Hafenstraße und An der Untertrave zeitgleiche **Lagerhallen** (Warenschauer) als Holzkonstruktion mit Schiebetoren und charakteristischen Kopfbauten als Backsteinrohbauten. – Zwischen Holsten- und Hansahafen verbindet eine eiserne, hydraulisch betriebene **Drehbrücke** (L 38 m, Gutehoffnungshütte Oberhausen) von 1892 für Schienen- und Straßenverkehr die Wallhalbinsel mit dem Zentrum. In der Maschinenzentrale neben der Brücke orig. **Pumpanlage** und Kraftmaschinen (G. Luther, Braunschweig) des Hydrauliksystems. Diesem urspr. angeschlossen, ebenso wie sechs Portalkräne des städt. Lagerhauses 1906 elektrifiziert, ein ortsfester *Drehkran* (40 t Tragkraft, Haniel & Lueg, Düsseldorf) an der Spitze der Halbinsel. Hub- wie Drehbrücke in Funktion mit orig. Technik des Antriebs, jedoch elektronischer Steuerung. – Über die Kanal-Trave führt die **Mühlenbrücke** als Hängekonstruktion von 1899 im Oberbau bei modernem Fahrbahnunterbau in Fachwerk über den hist. Natursteinpfeilern.

● **Wasserkunst** (Bei der Wasserkunst). Als Ersatz für die um die Mitte des 19. Jh. nur mehr unzureichend funktionierenden Wasserkünste des 16. Jh. entstand 1867 (in Betrieb genommen 1868) nach Planung von Baudir. Müller ein von der Außenwakenitz gespeistes, mit Dampfkraft betriebenes neues *Wasserwerk* mit Hochbehälter. Den durch Strebebögen gegliederten Backsteinzylinder mit abschließendem Zinnenkranz über Bogenfries überragte urspr. ein gleich hoher schlanker Druckturm, der mit der Aufstockung des Wasserbehalters 1890 verschwand. Nach Vorschlag von Peter Rehder wurde über dem alten Reservoir ein Intze-Behälter von 2100 cbm aufgestellt, den in den Dimensionen des nunmehrigen Sockelgeschosses ein ungegliederter Backsteinzylinder umgibt, bekrönt mit einem von der ersten Ausbaustufe übernommenen Zinnenkranz in Formen der Backsteingotik. 1930 auf elektr. Pumpenantrieb umgestellt, dient der Wasserturm heute als Speicher- und Druckerhöhungsanlage.

Gaswerk (Geniner Straße). Für Nutzbauten der Jahrhundertwende typische Backsteinrohbauten des 1893–94 nach Planung von Dir. Burgmann erbauten, unter seinem Nachfolger Hase 1903 und 1908–09 erweiterten Gaswerkes II. Der Löschwasserturm (Kugelbehälter ausgebaut) mit ehem. durch Zeltdach abgeschlossenem polygonalen Kopf in Backsteinrohbau. Ein Scheibengasbehälter (80000 cbm) von 1954.

See-Grenz-Schlachthof (Schwartauer Straße/Katharinenstraße). Zum »Schutz der deutschen Fleischwirtschaft vor Einschleppung von Seuchen aus dem Auslande« errichtete L. 1929 nach Planung von Baudir. Pieper in qualitätvoller Architektur der 20er Jahre einen Quarantäne-Schlachthof mit Verwaltung, Großvieh- und Schweineschlachthalle und Auskühlhaus. Eindrucksvoll die langgestreckte Fassade der zweischiffig betonierten Großviehhalle, die sich über geschlossener Klinkermauerwerksfläche in eine von schmalen Pfeilern gestützte, von neun Zwerchhäusern überhöhte Fenstergalerie auflöst.

L.-Siems

Als Ersatz für eine Drehbrücke von 1902 entstand – bedingt durch das wachsende Verkehrsaufkommen auf der B 75 – nach Entwurf und Ausführungsplanung der Arbeitsgemeinschaft Sager-Woerner, Hochtief AG und Rheinstahlunion 1961–64 die vierspurige **Herrenbrücke** als hydraulisch betriebene Konstruktion mit vier stählernen Fahrbahnklappen (Stütz-W 68,12 m, li. W 62,12 m, li. Durchfahrtshöhe 22,00 m). – Auf dem Gelände der Flender-Werft ein außergewöhnlich umfangreiches, mehr als ein halbes Jahrhundert Konstruktionsentwicklung dokumentierendes **Ensemble von Kränen** in der Bedeutung eines dt. Kranmuseums.

L.-St. Gertrud

Industriegebiet Glashüttenweg. Eines der bedeutendsten Industriegebiete L.s entstand ab 1887 im N der Stadt am O-Ufer der Trave. Die Gründungszeit der *Schiffswerft* von Henry Koch (um 1880) belegen zwei neugotische Backsteinrohbauten (Hafenstraße), ihre Blüte eine Halle (von 1922) nach Planung von Paul Ranst, Leipzig, das Maschinenhaus der Kraftzentrale und ein Schornstein mit Intze-Behälter. – Die **Nagelfabrik Kühl** (vorm. B. Glogner & Co.) errichtete 1923 den für die Druckerhöhung zum Betrieb der Schmiedehämmer konzipierten Wasserturm mit Beton-Flachbodenbehälter (Glashüttenweg 31). Nach der Übernahme des Geländes der 1925 geschlossenen Firma durch das auf Handfeuerwaffen spezialisierte Unternehmen *Berlin-Lübecker Maschinenfabrik Bernhardt Berghaus* (BLM) entstanden 1936–38 Produktionsgebäude in der Tradition der späten 1920er Jahre.

L.-Travemünde

Bahnhof T.-Strand. *Empfangsgebäude* als differenzierter Baukörper in Anpassung an den Landhausstil von Neu-T. nach Entwurf von Friedrich Klingholz (Eisenkonstruktion Ing. Leitholf, Berlin) durch die L.-Büchener-Eisenbahnges. im Winter 1911/12 in Backsteinrohbau errichtet. Hinter dem flach übergiebelten, durch Thermenfenster mit Kunstverglasung geöffneten Eingangsrisalit mit flankierendem Wasserturm (150 cbm) überspannen sichtbar eiserne Bogenbinder und offene Holzdecke die Haupthalle, eingespannt zwischen Wartesälen und Kopfbahnsteig mit eiserner Überdachung. Das vom Jugendstil beeinflußte Interieur weitgehend erhalten.

Leuchtturm (Am Leuchtenfeld). Von holl. Maurern 1539 erbaut als Ersatz eines 1534 zerstörten, bereits 1316 erwähnten Turmes aus vier übereinander gestapelten, im Durchmesser abnehmenden Backsteinzylindern, getrennt durch Gurtgesimse. Nach Zerstörung des Turmkopfes durch Blitzschlag 1827 Erhöhung auf sechs Geschosse (H 30,98 m, größter Dm. 6,99 m) in Anlehnung an die urspr. Form. Auf dem verm. ältesten dt. Küstenleuchtturm wurde 1972 das Feuer gelöscht.

Flughafen. Bereits nach dem Bau der ersten Wasserflugzeuge in Deutschland wurde die binnenseeartige Erweiterung der Trave (Pötenitzer Wiek) südl. der im O Travemündes gelegenen Halbinsel Priwall für den Flugverkehr genutzt. Nach Gründung der Flugzeugwerft Lübeck-Travemünde GmbH 1914, die 1917 von den Fokker-Werken übernommen wurde, begann sich Priwall ab 1919 zum »Knotenpunkt des nordischen Luftverkehrs«, seit 1926 mit planmäßigen internationalen Flügen der Dt. Lufthansa, zu entwikkeln. In desolatem Zustand erhalten der ehem. Flugbahnhof nach Entwurf von Fritz Schumacher, Hamburg (1927).

Lit.: Slotta I/II; Gottwaldt; Berger II; VDI 1897; Paul I, SH 124; Schuldt; ZBW 1870; Merkl 192; DB 1931; ZBV 1913; Dpfl. SH/HL; Kallen.

Lüdenscheid-Brüninghausen NW
(Lüdenscheid/H 3)

Bremecker Hammer (Brüninghauser Straße). In dem Gebiet um L. besitzt die Eisenerzeugung und -verarbeitung eine bis auf die Waldschmieden des 11. Jh. zurückgehende Tradition. Seit dem ausgehenden MA entstanden zahlreiche Hammerwerke (→Herscheid-Schwarze Ahe), die das Rohmaterial, sog. Osemundeisen, für die Drahtzieherei herstellten. Der Hammer in der Bremecke geht bis ins Jahr 1753 zurück und wurde bei entsprechender techn. Modernisierung bis 1973 betrieben, 1980 als Schmiedemuseum wieder eröffnet. Zur Einrichtung gehören ein als Ersatz des im 2. Weltkrieg demontierten Orig. aus dem Nahmertal translozierter Schwanzhammer, verschiedene Fall- und Federhämmer, eine Handschmiede und eine Feilenhauerei. Antrieb mittels Transmission durch Turbine oder Elektromotor (beide um 1920). In L.-B. auf dem Gelände des Stahlwerkes Plate, dem Vorbesitzer des Hammers, Produktionsbauten des 19. Jh.

Lit.: Hostert.

Lüdinghausen (Coesfeld/G 3) NW

Dt. Kornbranntwein-Verwertungsstelle (Bahnhofstraße). Das Hauptgebäude mit prägnantem Eckturm von 1905–06 (Brennereitürme 1950) tradiert in Form und Farbigkeit der Gliederungselemente die von der niederl. Renaissance beeinflußte Architektur der ca. ein Jahrzehnt früheren Textilfabriken in →Gronau (1892) und →Ochtrup (1893).

Lit.: Dpfl. NW/WF.

Lüneburg (Lüneburg/D 7) NS

Bahnhof. Seit dem 1. 5. 1847 war L. über die Eisenbahn mit Hannover und Harburg verbunden. Der heute als Spielkasino genutzte Nachfolgebau des ersten, durch zwei Seitenpavillons symmetrisch organisierten *Empfangsgebäudes* tradiert noch den urspr. Stil des romantischen Spätklassizismus. Das ihm gegenüber mit Einführung der Wittenberge-Buchholzer Bahn (31. 12. 1874) erbaute *Empfangsgebäude* erhielt seine heutige Gestalt um 1915. – Auf dem Bahnhof ein *Betriebswasserturm* um 1900 in Backsteinrohbau mit zylindrischem Schaft und polygonalem Kopf unter Zeltdach.

● **Wasserversorgung.** Durch eine von Brauern getragene »Pumpenbrüder-Gesellschaft« entstand als Druckturm 1530–31 die Abtswasserkunst an der Ilmenau als fünfgesch. spätgotischer Turm, heute flankiert von der um 1880 neu errichteten Abtsmühle. Als exemplarisches Beispiel für das Bemühen um situationsangepaßte Architektur kann der 1906–07 nach Vorentwurf von Stadtbmstr. Kampf und Ausarbeitung durch Franz Krüger errichtete *Wasserturm* für einen Hängebodenbehälter (500 cbm) gelten. »Der Wasserturm ist in seiner äußeren Erscheinung nicht als einfacher Zweckmäßigkeitsbau ausgeführt, sondern in richtiger Erkenntnis dessen, daß der Reiz Lüneburgs in erster Linie auf seinen erhaltenen alten Bauten beruht ..., wurde von der Stadtverwaltung ein Bau genehmigt, der äußerlich reicher ausgebildet war und sich der Backsteinarchitektur der alten Stadt eingliedert. Die Formen des Turmes lehnen sich an die einheimische Bauweise der gotischen Zeit an und sind bereichert durch Motive aus märkischen Städten« (ZA + IW, 1908, S. 13; z. B. Uenglinger Torturm, Stendal, s. a. →Dortmund-Mengede, Zeche Adolf von Hansemann).

Lüneburg. Wasserturm von 1906/07

Am ehem. **Ilmenauhafen** ein 1346 erstmals urkundlich erwähnter, seitdem mehrfach umgebauter *Tretkran,* dessen Gestalt nach Renovierung 1915 im wesentlichen der Zeit um 1795 entspricht. In der Nähe der restaurierte Fachwerkbau der in das Jahr 1576 dat. Lüner Mühle.

Saline. Die ältesten erhaltenen bzw. rekonstruierten Teile (Feldgestänge) der bereits im MA ganz Nordeuropa beliefernden, zu Beginn der 1980er Jahre geschlossenen Saline stammen aus dem 19. und frühen 20. Jh., u. a. das 1852 zunächst als chem. Fabrik errichtete Gebäude des sog. *Eselsstalls.* Am Kalkberg, dem noch über den Neubau der Saline 1910–11 hinaus produzierenden Standort der Saline, die sog. *Gipsmühle* als kleiner quadr. Bau mit seltenem *Bohlenbinderdach* nach Entwicklung von Philibert Delorme von Mitte des 16. Jh. (→Frankfurt a. M., Bockenheimer Depot). Klassizistisches Brunnenhaus von 1832, verm. nach Entwurf von Georg L. F. Laves über dem unter Ernst G. Sonnin Ende des 18. Jh. niedergebrachten Soleschacht. Gegenüber der Saline Teleskop-Gasbehälter.

Lit.: Slotta I; NBz 1912; Dpfl. NS; Mende, 1990.

Lünen-Brambauer (Unna/H3) NW

Bergwerk Minister Achenbach. Der erste Schacht (Schächte 1/2, Brandström-Straße) des nach dem preuß. Handelsminister Heinrich v. Achenbach benannten Bergwerkes nahm, in drei Jahren abgeteuft, 1900 die Förderung auf. Das inzwischen kopflose dt. Strebengerüst stammt verm. von 1899 und gehört zu den wenigen im Ruhrgebiet aus dem letzten Jahrhundert erhaltenen Exemplaren. Über Schacht 3 (Zechenplatz), ab 1909 abgeteuft und 1914 als Wetterschacht in

Betrieb gegangen, steht ein dt. Strebengerüst, Bauart Zschetzsche, von 1912/13. Wahrzeichencharakter für das nördl. B. besitzt das um 1920 montierte dt. Strebengerüst, Bauart Klönne, über dem nach dem 1. Weltkrieg abgeteuften, 1924 in Förderung gegangenen Schacht 4 (Heinrichstraße) der Zeche.

Lit.: Matzanke, 1986.

Mainz (Mainz/K4) RP

Als eine der ältesten Siedlungen am Mittelrhein im Schnittpunkt uralter Handelsstraßen erlangte M. bereits in röm. Zeit Bedeutung als Handelsplatz, Hauptstadt von Germania superior und im 3. Jh. als Bollwerk gegen die Germaneneinfälle. Innerhalb der bis an die Wende zum 20. Jh. bestehenden Festung (seit 1873 Reichsfestung) erblühte M. – seit 746/747 Sitz des Erzbistums, ab 1254 Führerin des Rhein. Städtebundes – im MA zu einer prosperierenden Handelsstadt. Auf die Zerstörungen des 30jährigen Krieges folgte ein neuer Aufschwung als kurfürstl. Residenz des Barock, den 1792 der Einmarsch franz. Revolutionsheere beendete. Seit dem 19. Jh. Ergänzung des Weinhandels als Basis der Wirtschaft durch Ansiedlung von Industrie.

Bahnanlagen. Die Eisenbahngeschichte der Stadt begann mit der Eröffnung der Teilstrecke bis Oppenheim (23. 3. 1853) der durch die Hess. Ludwigsbahn gebauten Verbindung nach Worms (eröffnet 25. 8. 1853). Im Verlauf der nächsten 30 Jahre entstand mit der Einführung der Bahnen von Darmstadt (1. 8. 1858; bis zur Aufnahme des regelmäßigen Zugverkehrs über die Südbrücke, →Ginsheim–Gustavsburg, am 3. 1. 1863 mit Trajektverkehr über den Rhein), Bingen (17. 10. 1859) und Armsheim (18. 12. 1871) ein Bahnknotenpunkt, dessen Verkehrsaufkommen die Umgestaltung der Bahnanlagen (Planung Justus Kramer) und die Verlegung des Hbf. erforderte. Der Entwurf für die architektonische Gestaltung des 1883–84 errichteten neuen **Empfangsgebäudes** im W vor den Toren der Stadt stammt von Philipp Berdellé, M. Das repräsentativ in Formen der ital. Renaissance ausgeführte, durch Pavillons (der mittlere Pavillon urspr. mit drei Kuppeln geschmückt) und Zwischentrakte in der Baumasse differenzierte Empfangsgebäude von stadtbildprägender Wirkung an der Basis eines gleichzeitig angelegten und bebauten halbrunden Platzes wurde nach Zerstörung im 2. Weltkrieg 1952–54 weitgehend nach dem Orig. wiederaufgebaut. – Die mit der Verlegung des Bahnhofs notwendig gewordene Südumfahrung der Stadt verläuft meist in einem 1876 begonnenen **Tunnel,** dessen ehem. Gesamtlänge von 1200 m zwecks besserer Entlüftung 1932 in einem 300 m langen Abschnitt unter Fortführung eines uneingeschränkten Zugbetriebes (täglich 240 Züge) aufgeschlitzt wurde. – Vor dem südl. Tunnelportal der 1884 nach Entwurf von Berdellé fertiggestellte ehem. **Bahnhof Neuthor** (Südbahnhof) mit Perrondächern auf reich verzierten Gußeisensäulen. – Östl. des Südbahnhofs (Neutorstraße, Rheinstraße) einige Betriebsbauten der ehem. **Hauptwerkstätte** für Lokomotiven und Wagen von 1862–64 und um 1880, deren Sandsteinfassaden an der Rheinstraße im Zusammenhang mit der Umnutzung zu Markthallen 1929 eine zeittypische Giebelfront verkleidet.

Hafen. An die M.er Häfen (Winterhafen, 1856; Zoll- und Binnenhafen, 1880–87) des 19. Jh. erinnert nach Kriegszerstörung der Hochbauten allein die auf den Pfeilern der Drehbrücke von 1877 in der Einfahrt zum Winterhafen (Am Winterhafen) montierte, verm. orig. Eisenfachwerk-Konstruktion.

Ehem. **Gaswerk I** (Stadtwerke; Weisenauerstraße). Innerhalb des Festungsrayons errichteten 1854–55 die Unternehmer Johann N. Spreng und Friedrich Sonntag nach Planung von Josef Dörr, M., die nach Auflagen der Genie-Dir. der Bundesfestung M. festungsartig gestaltete erste Gasanstalt, deren verbliebene Rotsandsteinbauten heute die Stadtwerke als Außenlager nutzen. Eines der frühesten Gaswerke im heutigen Rheinl.-Pfalz.

Schlacht- und Viehhof (Kaiser-Karl-Ring). Nach über 20jähriger Diskussion erhielt auch M. 1896–98 durch Stadtbmstr. Eduard Kreyßing einen den modernen Hygienevorstellungen angepaßten Zentralschlachthof nach franz. Organisationsvorbild (Paris-La Villette). Noch immer beeindruckend, wenn auch der abschließenden Turmkuppeln im Mittelrisalit beraubt, wirkt die für dt. Schlachthöfe der Zeit typisch in zweifarbigen Vormauersteinen renaissancistisch gestaltete Fassade der ehem. Markthalle für Schweine.

Industrie. Produktionsgebäude der ehem. **Mainzer Gasapparate- und Gußwerke** (Dagobert-, Neutorstraße) nach Entwurf von Gustav Peiskers

1899 in Backsteinrohbau errichtet, mit funktional gegliederten, formal jedoch mit Triforien und Spitzbogenfenstern dem MA verbundenen Fassaden, die Ecksituation durch Turm betont. – Spätgotisch-renaissancistisch gestaltete Fassaden zeigt die Maschinenhaus, Sudhaus, Büro und Kühlhaus verbindende Front des 1889 dat. Hauptgebäudes der ehem. **Brauerei Schöfferhof-Dreikönigshof** (Kästrich, Martinsstraße). – Die Bedeutung der Weinhandelsstadt M. bezeugen die Bauten zahlreicher Sektkellereien: Seit 1900 gehört die 1862–63 nach Plänen des Hauptmanns v. Tiedemann im neogotischen Stil erbaute Alexanderkaserne (Kupferbergterrasse 15) zu den Betriebsgebäuden der **Sektkellerei Kupferberg.** Den fünfgesch., in den Hang des Kästrich 1897 nach Plänen von Friedrich Pricken eingebauten Lagerkeller (Walpodenstraße 27) der gleichen Kellerei verblendet eine an klassizistischer Revolutionsarchitektur orientierte, von bossierten Rotsandsteinquadern gerahmte Fassade. – Aus den 1890er Jahren stammt ein durch repräsentative neogotische Fassaden ausgezeichnetes ehem. Betriebsgebäude (Walpodenstraße 10, Hof) der **Champagner-Fabrik Henkell & Co.**

Die im 19. Jh. zahlreichen Ziegeleien in der Umgebung der Stadt dokumentiert der Ringofen der **Ziegelei Roßbach** (1904) in der charakteristischen Form des von einer weitgespannten Fachwerkkonstruktion überdeckten massiven Brennofens, jedoch mit einem von der Norm abweichenden freistehenden Schornstein. 1972 stillgelegt.

Lit.: AR 1887; ZBV 1904; WBindZ 1900/08; Berger III; Custodis; Dpfl. RP; P. Scheffler: Eisenbahnknotenpunkt Mainz/Wiesbaden. Freiburg i. Br. 1988.

Mannheim (Mannheim/L4) BW

An der Stelle des erstmals 766 erwähnten Dorfes Mannenheim an der Mündung des Neckars in den Rhein begann Kurfürst Friedrich III. von der Pfalz ab 1606 mit dem Bau einer starken Festung, die, 1622 und nach Wiederaufbau ab 1650 erneut 1689 vernichtet, unter Kurfürst Johann Wilhelm nach dem Generalbebauungsplan des Niederländers Menno Coehorn ab 1698 unter Aufgabe der Zitadelle als Festungsstadt auf quadr. Raster innerhalb sternförmiger Bastionen ihre endgültige Gestalt erhielt. Unter Carl Philipp, der 1720 die Residenz von Düsseldorf nach M. verlegte, begann am Platz der Zitadelle der 1760 beendete Schloßneubau. Den barocken Umriß der Stadt bezeichnen heute die anstelle der ab 1799 demolierten Festungswerke angelegten Ringstraßen. In verkehrstechn. günstiger Lage entfaltete sich das Wirtschaftsleben M.s unter dem Einfluß der Entwicklung der Binnenschifffahrt und des Eisenbahnwesens bereits in der 1. Hälfte des 19. Jh. Der kontinuierliche Ausbau der Hafenanlagen ab 1816 förderte eine rasche Industrialisierung, die sich nach 1871 analog der allgemeinen Entwicklung dank franz. Reparationszahlungen noch verstärkte. Eingemeindungen vergrößerten die Gemarkungsfläche zwischen 1871 und 1944 auf das Doppelte. Nach schweren Zerstörungen im 2. Weltkrieg erhielt die Stadt ein weitgehend modernes Aussehen.

Hauptbahnhof (Bahnhofplatz). Drei Jahrzehnte nach Eröffnung der Strecke Heidelberg–M. der Bad. Hauptbahn am 12. 9. 1840 hatte sich M. zu einem Bahnknotenpunkt mit einem Verkehrsaufkommen entwickelt, dem die Leistungsfähigkeit des nach Entwurf von Friedrich Eisenlohr errichteten ersten Bhf. nicht mehr gewachsen war. Seine Funktion übernahm der 1871–76 nach Planung von Oberbaurat Keller angelegte Gemeinschaftsbhf. der Bad. und Preuß.-Hess. Staatsbahnen. Das repräsentative *Empfangsgebäude* (vgl. →Bonn 1884, →Baden-Baden 1894), ausgeführt nach Entwurf von Oberbaurat Helbing, tradiert im Stil der ital. Hochrenaissance – Triumphbogenmotiv in der Fassade der Eingangshalle, Rundbögen zwischen ionischer Pilasterordnung usw. – die fünfteilig symmetrische Baukörpergliederung der Eisenlohrschen Bahnhofsbauten mit Pavillons und Zwischentrakten. Verlust von Kuppel und Attikageschoß bei Umbauten 1906–10; trotz vereinfachten Wiederaufbaues nach Kriegszerstörung von immer noch repräsentativer Wirkung. – Im Gleisfeld ein dreiständriger *Lokschuppen* von 1872, einer der ältesten seiner Gattung in Deutschland. Über die Gleise des Rangierbhf. führt eine eiserne dreijochige *Bogenbrücke* (mit aufgehobenem horizontalen Zug) aus der Umbauphase nach 1900, in der Nähe der Brücke ein von einer Eisenskelett-Konstruktion getragener offener *Barkhausen-Hängebodenbehälter* aus dem 1. Viertel des 19. Jh.

Wasserversorgung. Weit außerhalb des damaligen Stadtgebietes erschloß sich M. nach 1882 begonnenen, eingehenden hydrologischen Untersuchungen 1886–88 mit dem von Oskar Smreker geplanten Pumpwerk (erweitert 1897 und 1906–10) im Käfertaler Wald (Wasserwerksstraße) einen bis heute ergiebigen Grundwasserstrom. Aus der ersten Bauphase stammen *Pumpenhalle* und *Betriebsgebäude* mit von Lisenen und Blendarkaden gegliederten Backsteinfassaden. Ähnlich in der Gestaltung, jedoch im Detail variiert, die Hauptfassade des *Reinwasserbehälters* von 1910, zentral betont durch einen Wasserstandsanzeiger zwischen pylonartigen Wandvorlagen. Die masch. Ausstattung modernisiert. Ebenfalls von 1910 der Rundpavillon des *Schaubrunnens* mit überkuppelter Laterne. Im S der *Wasserwerksanlage* (Lange Allee) eine Gruppe von vier dem Heimatstil verbundenen Mehrfamilien-Bediensteten-Wohnhäusern. – Den gleichzeitig mit dem Bau des Wasserwerks Käfertal ausgelobten Wettbewerb für einen **Wasserturm** vor dem Heidelberger Tor (Friedrichsplatz) gewann Gustav Halmhuber, Stuttgart. Der Entwurf »bewegt sich in römischen Formen, zeigt einen einfachen nach oben sich etwas verjüngenden zylindrischen Körper, welcher auf einen durch Doppel-Freitreppen erbreiterten Unterbau sich erhebt und mit einem wirkungsvollen, geschmückten, breiten Kranzgesims endigt. Darüber erhebt sich etwas eingezogen die Attika, welche ein mit kräftigen Grathprofilen und mit Laterne und Figur (Amphitrite von Johannes Hoffart) gekröntes Zeltdach trägt. Die Doppel-Freitreppe führt beiderseitig zu Terrassen empor; von der einen derselben steigt ein Treppenthürmchen an, welches sich der Hauptmasse des Thurmes seitlich anlehnt, die andere Terrasse trägt einen frei stehenden Pavillon, durch welchen in reizvollster Weise der Umrisslinie des ganzen ein wohlthuendes Gleichgewicht verliehen ist ... Schmale durch die Konstruktion zu begründende Pfeilervorlagen bilden an dem Schaft des Thurmes lang gestreckte Nischen, welche als kräftige Kanellierung zur Wirkung kommen, sowie breite horizontale Bänderungen des oberen getragenen (übrigens nicht ausladenden) Theiles sind die einfachen, mit sicherem Gefühl für schöne Verhältnisse und zugleich mit großem Geschick vorgetragenen Mittel zu einem charaktervollen durchaus monumental wirkenden Ganzen« (DB 7, 1886, S. 39). Hinter der

Mannheim. Wasserturm auf dem Friedrichsplatz

schönen Hülle des am 12. 8. 1889 vollendeten Turmes verbirgt sich ein Hängebodenbehälter aus Schmiedeeisen mit einem Fassungsvermögen von 2000 cbm. Im Zusammenspiel von Wasserturm, Platzrandbebauung (Rosengarten) und – anläßlich der 300-Jahr-Feier M.s 1907 angelegtem – Gartenparterre bildet der hufeisenförmige Friedrichsplatz ein außergewöhnlich eindrucksvolles städtebauliches Ensemble des Jugendstils.

Industriehafen. Jahrhundertelang bedeutender Endstapelplatz der Großschiffahrt, verlangte der Beginn der Oberrheinschiffahrt 1892 und der damit verbundenen drohenden Abwanderung der Industrie in die durch die Regulierung des Rheins bis Straßburg sowie der Kanalisierung von Main und Neckar neu erschlossenen Standorte die Anlage eines leistungsfähigen Hafens. Planung: Städt. Tiefbauamt unter Leitung von Friedrich Eisenlohr; Fertigstellung: 1. Bauabschnitt 1897–1900 durch Ph. Holzmann & Cie., Frankfurt a. M.; 2. Bauabschnitt durch Grün & Bilfinger, M., bis 1903; Einweihung am 3. 6. 1907. Von den techn. Einrichtungen haben

Mannheim. Dreh-Wipp-Kran am Industriehafen

sich funktionslos bzw. stillgelegt eine Kammerschleuse und ehem. Drehbrücken vor immer noch imposanter Silhouette der Mühlen- und Silogebäude erhalten. – Hafenbeherrschend der Komplex der ehem. **Mühle H. Hildebrand & Söhne** (Kampffmeyer Mühlen GmbH, Hombuschstraße; →Weinheim) von 1907 mit dem rheinparallelen Speichergebäude, in Winkelzuordnung dazu die Mühle, asymmetrisch betont durch einen Wasserturm, und ein Silogebäude mit geschoßübergreifenden Blendarkaden. – Um 1905 errichtet die Backsteinrohbauten von Mühlen- und Silogebäude der **Pfälz. Mühlenwerke GmbH** (Rheinrottstraße), ersteres durch barockisierenden Wasserturm überhöht. – In charakteristischer Architektur der 1920er Jahre der in Verblendmauerwerk von der GEG (Großeinkaufsges. Dt. Konsumvereine) 1929–31 errichtete Komplex von Großmühle, Kaffee- und Zichorienfabrik, Teigwarenfabrik und Verwaltung der **Parkmühlen GmbH** (Friesenheimer Straße). – Backsteinrohbau der ehem. **Malzfabrik und Maismühle A. Heymann** (Huber-Mühle, Pyramidenstraße) um 1900 nach Entwurf von Karl Schweikart. – Bescheidener in den Dimensionen die Verwaltungsgebäude der ehem. **Baufirma Grün & Berger** (Bilfinger & Berger, Diffenéstraße) um 1903/1916–20. Bauinschrift: »Der Anfang war schwer – doch schwerer das Ende.«

Abwasserpumpwerk Ochsenpferch (Helmholtzstraße). Nach der Gesamtplanung von William H. Lindley, Frankfurt a. M., der 1897–1901 auch die Ausführung leitete, erweiterte M. die nach Planung von Bürkli-Ziegler, Zürich, seit 1873 angelegte Kanalisation auf die Außenstädte unter Einschluß der Tiefgebiete, für deren Entwässerung zwei Pumpwerke – Ochsenpferch und Nekkarau – gebaut werden mußten. Mit Rücksicht auf die unmittelbare Stadtlage legte man 1906 beim Pumpwerk O. Wert auf eine »malerische Gruppierung« der Bauteile. Über das eingesch. Pumpenhaus mit einseitigem Querflügel, dem auf der Gegenseite ein Zwerchhaus mit in das Dach reichendem Bogenfenster entspricht, erhebt sich stirnseitig ein Entlüftungsturm mit barocker Laterne. – Gleichzeitig (1904–08) entstand die **Kläranlage** (Diffenéstraße, Friesenheimer Insel) nach Planung von Richard Perrey mit sechs Absetzbecken und einem durch eine Dreigiebelfassade in Formen des Industrie-Jugendstils charakterisierten Pumphauses mit akzentuierendem Wasserturm.

M.-Feudenheim

Der 1905 errichtete, heute für Wohnungen umgenutzte **Wasserturm** (Talstraße) trägt auf leicht konischem Backsteinschaft einen Kugelbehälter (350 cbm), verborgen hinter einem gleichmäßig durchfensterten Zylindermantel unter Kuppeldach. Behältergalerie modern.

M.-Friedrichsfeld

Bahnhof (Main-Neckar-Bahn-Straße). Empfangs- und Dienstwohngebäude an der ehem. Main-Neckar-Bahn von Frankfurt a. M. nach Heidelberg (Heppenheim–Heidelberg, eröffnet 1. 8. 1846) als Ersatz für den ersten Bahnhof 1882 nach Anschluß der Durchgangsstrecke nach Schwetzingen (1880) zweigesch. in Buntsandstein errichtet. Die Hauptfassade durch axialen Risalit, Gurtgesims und biforische Stichbogenfenster gegliedert. – In Sichtweite verputzter *Bahnhofsneubau* um 1912 mit zwei gleisparallelen, in den Längsachsen versetzten Trakten unter Walmdächern.

Friedrichsfeld GmbH Steinzeug- und Kunststoffwerke (Steinzeugstraße). Als Dt. Steinzeugwaarenfabrik für Canalisation und Chem. Industrie 1890 gegr., fertigte das Unternehmen hauptsächlich Steinzeugartikel mit Salzglasur und säurefeste Gefäße für die chem. Industrie. Aus dem Gründungsjahr stammt ein viergesch. Fabrikgebäude in gelbem Sichtmauerwerk mit paarigen Stichbogenfenstern innerhalb Lisenengliederung. Vor dem Werksgelände aufwendig gestaltet das ehem. Verwaltungsgebäude von 1899 in rotem Verblendmauerwerk, akzentuiert durch asymmetrische Treppen- bzw. Eckrisalite mit renaissancistischen Ziergiebeln und heller Sandsteingliederung. Straßenseitig Reduzierung auf drei Stockwerke durch geschoßhohe Anböschung mit Freitreppen. Neben der Pforte differenzierter Putzbau der Kantine um 1910.

M.-Lindenhof

Wasserturm (Lindenhofstraße). Von der ehem., 1859 gegr. Landmaschinenfabrik Heinrich Lanz 1900 zur Versorgung der Fabrik errichteter Wasserturm mit Intze-Behälter formähnlich dem Turm in M.-Feudenheim.

M.-Luzenberg

Wasserturm (Sandhofer Straße, Eisenstraße). Nach einem in öffentl. Ausschreibung erlangten Entwurf errichtete die Dir. der Gas-, Wasser- und Elektrizitätswerke 1907 einen zweiten städt. Wasserturm. Bereits dessen Entwurf sah zur Schaffung einer interessanten Baugruppe eine Umbauung vor. Nachdem 1911 ein Versuch mit privater Wohnbebauung an versorgungsrechtlichen Schwierigkeiten scheiterte, entschied sich das Hochbauamt, den Wasserturm in einen Schulneubau einzubinden, der 1914 bei Fortschreibung der barockisierenden Fassadengestaltung fertiggestellt wurde. Auf der Hofseite in voller Höhe sichtbar, durchbricht der Turm straßenseitig als Zylinderstumpf, geschmückt mit Ovalfenstern und Blendbogenfries aus rotem Sandstein und auskragend polygonal gebrochenem Turmkopf (Stützbodenbehälter ca. 2000 cbm), unter mansardartig gebrochenem Zeltdach nur mit der Hälfte seiner Höhe von 55,85 m das mächtige Dach der Schule. Außerbetriebnahme vor 1970.

M.-Rheinau

In der Nähe des Rheinauhafens Reste der 1900 von Jelmoli & Blatt entworfenen **Sunlight Seifenfabrik GmbH** (Rhenaniastraße 80) mit Direktorenwohnhaus und neoromanischem Siedhauskomplex in Backsteinrohbau, der Wasserturm »postmodern« unentschieden in der Zitatwahl zwischen Neoromanik und Neoklassizismus.

M.-Neckarau

Pumpwerk (Plinaustraße). Am Rande der Stadt gelegen, erhielt das Pumpwerk Neckarau 1903 (Richard Perrey) mit einer Architektur in Anlehnung an norddt. Backsteingotik gegenüber dem im →Ochsenpferch errichteten Pumpwerk eine einfachere Form. Von der techn. Ausstattung sind, bei modernisierten Motoren, die orig. Kreiselpumpen (BBC; Bopp & Reuter; Sulzer, Ludwigshafen) noch erhalten. – Das 1921–23 nach Entwurf von Karl Wiener in qualitätvollem Neoklassizismus der Vorkriegsjahre als Gemeinschaftskraftwerk der Stadt M., der Pfalzwerke AG und der Badenwerk AG erbaute **Großkraftwerk** enthält, nach totaler Veränderung des Äußeren, noch zwei technikgeschichtlich bedeutende Einrichtungen: Generator C (BBC, 1923); Maschine V, Turbine als Drei-Zylinder-Kondensationsmaschine (BBC, 1927).

M.-Seckenheim

Wasserturm (Kloppenheimer Straße). Der oktogonale, sich leicht verjüngende Schaft in Stampf-

Mannheim-Luzenberg. Wasserturm

beton trägt auf vier, sich durchdringenden Gurtbögen einen ebenfalls betonierten zylindrischen Flachbodenbehälter (350 cbm) unter einer über kräftigem Gesims aufgeständerten kupfergedeckten Betonkuppel. Ausführung: 1911, Brenzinger & Cie., im Auftrag der Großhzgl. Kultur-Inspektion.

M.-Waldhof

Papierwerke Waldhof-Aschaffenburg PWA (Sandhofer Straße). Aus der Gründungszeit der Zellstoffabrik Waldhof AG 1884 haben sich neben Wohn- und Verwaltungsbauten auch Produktionsgebäude in Backsteinrohmauerwerk durchweg in Formen der Renaissance erhalten. – In unmittelbarer Umgebung der großen Waldhofer Industriebetriebe (PWA, Boehringer-Mannheim, VEGLA, u. a.) befinden sich Wohnbauten der seit der 2. Hälfte des 19. Jh. durch die Unternehmen errichteten *Arbeiterkolonien.*

Lit.: Mannheim und seine Bauten, 1906; 100 Jahre Trinkwasserversorgung Mannheim. Hrsg. Mannheimer Versorgungs- und Verkehrsges. mbH (MVV), 1988; Slotta I; Dpfl. BW; Krins 193; WBk 1886; ZBV 1896; ZBW 1892; DB 1886/1907/14; VDI 1891; Merkl 127/186/257/294; ZVDAu-IV 1915.

Marbach am Neckar BW
(Ludwigsburg/M 5)

Elektrizitätswerk (Umgehungsstraße). Mit wachsendem Bedarf an elektr. Energie, vor allem durch den Ausbau des Straßenbahnnetzes, entschloß sich die Stadt Stuttgart Anfang der 1890er Jahre zum Bau zweier Wasserkraftwerke in Poppenweiler (→ Ludwigsburg, 1906) und M. In der Nähe hist. Mühlen entstand 1898–99 (eröffnet 18. 5. 1900) nach Entwurf von Obering. Schmitz der EAG vorm. Schuckert & Cie., Nürnberg, im Hochwassergebiet zwischen Neckar und Seitenkanal im Hinblick auf M.s schöne Lage ein gotisierendes *Kraftwerksgebäude* in Verblendmauerwerk mit Eckquaderung und Fenstergewänden aus Sandstein. Vor dem nördl. Treppengiebel polygonaler Leitungsturm mit Zahnfries und steilem Pyramidendach. Am alten Mühlenstandort übergiebeltes Portal und Teil des ehem. eisernen Hochwassersteges. Als Erinnerung an die techn. Funktion nach Ausbau der vier Maschinensätze südl. des Hauptgebäudes ein eiserner Strommast. – 40 Jahre später (1938/41) entstand, wiederum für die Energieversorgung Stuttgarts gedacht, das **Dampfkraftwerk** M. (im SW des Ortes, L 1100) mit Kessel-, Maschinenhaus und Schaltzentrale in Stahlbeton-Skelettbauweise und Klinkerausfachung in funktionalistischer Architekturauffassung der späten 1920er Jahre. Teile der orig. Ausstattung erhalten. 1981 stillgelegt.

Lit.: DB 1898/1900; Krins 195.

Marburg (Marburg-Biedenkopf/I 5) HS

Bahnhof. Die Steigerung des Verkehrs auf der seit 1852 durchgehend zwischen Frankfurt a. M. und Kassel betriebenen Main-Weser-Bahn veranlaßte, nach vorausgegangenen Umbauten und Erweiterungen der Betriebsanlagen (u. a. einem Ringlokschuppen), den nach Entwurf von Reg.-Bmstr. Holtmeyer 1907–09 ausgeführten Neubau des *Empfangsgebäudes*. Der urspr. asymmetrisch ungleich hohe Trakte trennende neubarokke Giebel der Eingangshalle bildet heute, seines Uhrturms beraubt, das Zentrum eines nach Kriegseinwirkung symmetrisch wiedererrichteten Baukörpers.

Lit.: ZBV 1912.

Marienheide (Oberbergischer Kreis/I 3) NW

Durch die 1895 gegr. Wuppertalsperren-Ges. entstanden um die Jahrhundertwende etliche **Talsperren** zur Regelung der unregelmäßigen Wasserführung der Wupper und ihrer Zuflüsse. Der 1898 als erste fertiggestellten Bever-Talsperre bei Hückeswagen folgte 1898–1900 die Lingese-Talsperre bei Marienheide nach Planung von Otto Intze, Aachen, mit einem Speichervolumen von 2,6 Mill. cbm (Stau-H 18,5 m). Eine bereits 1897 geplante Sperrmauer für das Brucher Tal wurde erst 1914 realisiert.

Lit.: DB 1900; ZBV 1901; Paul II, NW 358.

Markdorf-Möggenweiler BW
(Bodenseekreis/P 5)

Wasserhochbehälter der »Wasser-Versorgung Markdorf« (Bauinschrift) von 1904 nach Planung der Großhzgl. Bad. Kulturinsp. Konstanz, Kulturmstr. Merk, am Fuß des Gehrenberges. Geböschte Flankenmauern fassen den trapezoiden Mittelrisalit mit rustizierter Quaderung aus rotem Sandstein. Im Zentrum öffnet sich hinter breitem Segmentbogen die Eingangsvorhalle, die Rotsandsteinattika schmücken Drei- und Vierpaßmotive. Hinter der verzierten Eisentür zwei runde Erdbehälter (Dm. je 8 m; zusammen 300 cbm). Im ebenfalls runden Vorraum akanthusgeschmückte gußeiserne Drehschieber, an der Decke Emaillemedaillons.

Lit.: Dpfl. BW 3, 1985.

Marktbreit (UFr./Kitzingen/L 6) BAY

Bahnhof. Dreigesch. *Empfangsgebäude,* identisch mit → Ochsenfurt, in Sandsteinquadermauerwerk mit eingesch. Seitenflügeln und hölzerner Perronüberdachung, Entwurf Eduard Rüber, an der Strecke Ansbach–Würzburg (eröffnet 1. 6. 1864). – Am **Mainhafen** der Fürstl. Schwarzenbergischen Herrschaft 1785 – unter Einbeziehung des Eisbrechers eines durch Hochwasser zerstörten Vorläufers von 1724 – errichteter *Kran* als Hausteinzylinder mit horizontaler Profilierung unter gestuftem, im oberen Teil mit dem Ausleger drehbarem Kegeldach. Über dem Eisbrecher das Schwarzenb. Wappen. Ebenfalls aus dem späten 18. Jh. ein mächtiges zweigesch.

Lagerhaus. Nach der Stadterhebung 1819 entwickelte sich M. in der 1. Hälfte des 19. Jh. nach Stettin und Danzig zu einem der bedeutendsten Zollvereinsplätze, dessen Niedergang der Bau der Bahnlinien Nürnberg– bzw. Ingolstadt–Würzburg einleitete. – Im Tal des Ickbach mehrere ehem. **Mühlen** des 18./19. Jh.

Lit.: Lutz; Slotta I.

Marktsteft (UFr./Kitzingen/L6) BAY

● Reste des 1753 als ein »Fenster zum Main« für Uffenheim, Crailsheim u. a. Binnenstädte durch Kurbrandenburg angelegten **Hafenbeckens** mit Kaimauer aus Kalkstein-Quadermauerwerk und polygonalem Kransockel. Ältester Binnenhafen Bayerns.

Lit.: Slotta I; Handbuch der hist. Stätten: Bayern.

Marl (Recklinghausen/G2) NW

Zeche Auguste Victoria. Mit dem Vordringen ● des Bergbaues an den N-Rand des Ruhrgebietes um die Jahrhundertwende begann in M. ein relativ später Industrialisierungsprozeß. Maßgeblichen Anteil daran besaß die Zeche Auguste Victoria, deren als Doppelschachtanlage geplante Schächte 1 und 2 (M.-Hüls, Römerstraße) 1905/1906 die Förderung aufnahmen. Über beiden Schächten haben sich die urspr. für Doppelförderung ausgelegten dt. Strebengerüste erhalten. Die symmetrisch angeordneten Gerüste dokumentieren eindrucksvoll die Geschichte des Bergbaus in Marl. Das Koepe-Strebengerüst in Vollwandbauweise über Schacht 4 (M.-Drewer, In den Kämpen) stammt von 1931. Der Straßenname »Am Erzschacht« weist auf eine Besonderheit der Zeche hin, die zu den wenigen im Ruhrgebiet gehörte, in denen neben Steinkohle auch Bleizinkerz (1930 bis etwa 1960) abgebaut wurde.

Lit.: Matzanke, 1986.

Marsberg-Bredelar. Ehem. Eisengießerei Theodorshütte

Marsberg-Bredelar NW
(Hochsauerlandkreis/H 5)

Nach Aufhebung des 1196 gegr., seit 1733 zur Erzdiözese Köln gehörenden Zisterzienserklosters 1803 richtete sich in den meist aus der 2. Hälfte des 19. Jh. stammenden Gebäuden, einschl. der barocken Klosterkirche, die Eisengießerei Theodorshütte ein. Deren Nachfolgerin, die **Maschinenbau AG,** vorm. Beck & Henkel, ließ die durch Maueranker auf 1892 dat. Werkhallen errichten.

Mayen (Mayen-Koblenz/J 2) RP

Bahnanlagen. Aus der Bauzeit der Strecke Niedermending–M. (eröffnet 25. 5. 1880) finden sich eine Reihe orig. Betriebsbauten auf dem Bhf. M.-Ost: 3 Stellwerke in Basaltbruchsteinmauerwerk und Fachwerkaufbauten, der behälterlose Schaft des ehem. Bahnwasserturms und ein elfständriger Lokringschuppen in Backsteinrohbau mit eiserner Dachkonstruktion, davor Drehscheibe. – In den **Basaltlavagruben** um M., denen der Ort seit dem MA seinen Wohlstand verdankt, kann die Entwicklung von Hebewerkzeugen vom 18. bis zum 20. Jh. verfolgt werden (Winde vor dem Eifelmuseum in der Genovevaburg, elektr. betriebene Bockwinden auf konischen Bruchsteinpfeilern in den Gruben).

Lit.: Custodis.

Mechernich (Euskirchen/J 1) NW

● Als unübersehbares Zeugnis des seit der Römerzeit in der Nordeifel in und um Mechernich umgehenden Bergbaus auf Bleierz hat sich neben der durch den Bergbau künstlich gestalteten Landschaft auf der ehem. **Schafberg-Anlage** (oberhalb der Bleiberg-Kaserne) ein mit oktogonalem Grundriß originell gestalteter Malakowturm erhalten, der als Wetterschacht diente. Mit seiner der Romanik entlehnten Architektur (Blendbogen, Ecklisenen, Konsolfriesen und Zinnenkranz) läßt er sich in die nach der Gründung des Mechernicher Bergwerks-Aktien-Vereins 1859 beginnende Blütezeit des M.er Bergbaus und des damit verbundenen Ausbaues der Schachtanlage am Schafberg (fertiggestellt

Mechernich-Vussem. Reste des röm. Aquädukts

1867–69) datieren. – Beweise röm. Ingenieurbaukunst haben sich in Resten der im 2. Jh. angelegten **Wasserleitung** aus der Eifel bei Urft nach Köln erhalten. An der Straße nach Vollem in M.-Kallmuth liegt eine der *Quellstuben* (Klausbrunnen, 1957 rekonstruiert), aus der die unterirdisch in einer Rinne geführte Leitung gespeist wurde. Bei M.-Vussem führte in ca. 10 m Höhe ein *Aquädukt* mit 13 gemauerten Bögen den Kanal über das Veybachtal (zwei der Bögen 1959 rekonstruiert).

Lit.: Slotta I/IV,1; Paul II, NW 467.

Meerbusch (Neuss/H 2) NW

In seiner orig. Form von 1912, mit spitzem Kegeldach und Wetterfahne über der Lüfterlaterne, hat sich der Industriewasserturm auf dem Gelände der ehem. **Westdt. Zelluloidwerke GmbH** in M.-Lank (Rheinstraße) erhalten. Der Klönne-Behälter mit drehbarer Revisionsleiter wird getragen von einem Raumfachwerk über quadr. Grundriß.

Auf dem **Bahnhof** M.-Osterath der Strecke Neuss–Krefeld (eröffnet 26. 1. 1856) der Köln-Krefelder Eisenbahn (1860 von der Rhein. Eisenbahn übernommen) steht eines der wenigen aus der Streckenbauzeit erhaltenen Empfangsgebäude mit Holzverschalung.
Lit.: Dpfl. NW/RL; Föhl, 1976.

Meersburg (Bodenseekreis / P 5) BW

Erdbehälter der **Wasserversorgung** M. (Von-Lassberg-Straße) von 1897 mit Fassade aus rustiziertem Quaderspiegelmauerwerk und hohem Gesims. Im Rundbogen des Mittelrisalits eisenbeschlagene Tür, die Flanken von Okuli durchbrochen. Geländeanpassung durch geböschte Bogenmauern.

Meinerzhagen-Heide NW (Märkischer Kreis / I 3)

Fürwiggetalsperre (Obere Versetalsperre). Von der Versetalsperren-Genossenschaft 1902–04 (dat. an den Schiebertürmen) errichtete Sperrmauer in neoromanischem Dekor mit zentralem Überlauf. Obelisk von 1907 für Carl Berg.
Lit.: Dpfl. NW/WF.

Meinhard-Schwebda HS (Werra-Meißner-Kreis / H 6)

● Einer der bedeutendsten Kunstbauten der am 15. 5. 1880 in der Hauptlinie Berlin–Koblenz eröffneten Strecke Leinefelde–Eschwege (sog. Kanonenbahn, Preuß. Staatsbahn) ist der 1066 m lange **Tunnel** nördl. Sch. Das doppelbogige, an hoch-ma. Wehrarchitektur erinnernde Portal flankieren zinnenbekrönt turmartige Pilaster, verbunden durch Spitzbogenfries und Zinnenkranz.

Meisburg (Daun / K 1) RP

Die von der Lohsalm über ein eisernes, 1923 von Perdenbach bei Saarburg transloziertes Wasserrad betriebene **Sägemühle** des 19. Jh. bei M. (über B 257), 1968 stillgelegt und 1981–88 museal restauriert, gehört zu den letzten funktionsfähigen Schneidmühlen im Rheinland. Sägegatter von 1922.
Lit.: Custodis.

Meitingen (Schw./Augsburg / N 7–8) BAY

Drittes **Kraftwerk** (→ Gersthofen, Langweid) der Lech-Elektrizitäts-Werke AG Augsburg zur Nutzung der Wasserkräfte des Lech mit sachlich-qualitätvoller Architektur des für drei Maschinensätze konzipierten Krafthauses von 1920–22. Benachbart in kraftvoll neoklassizistischen Formen das 1923–24 errichtete Umspannwerk.

Melle (Osnabrück / F 4) NS

Am Bahnhof repräsentatives Fabrikgebäude, um 1921, der ehem. **Möbelfabrik Melchersmann,** dessen ägyptisierend neoklassizistischer Mittelrisalit auf den Architekten Wilhelm Köster, Herford, verweist. – Der Torbau der **Rudolf Starcke GmbH,** Schleifmittel, schließt sich in seiner schnörkellosen Monumentalität den besten Beispielen des Wiener Siedlungsbaues der 1920er Jahre (Karl-Seitz-Hof, Karl-Marx-Hof u. a.) an. – Um 1875 wurde die einzig erhaltenswerte Windmühle im M.er Raum als **Erdholländer** (Meyer-zum-Gottesberge-Straße) erbaut. Einrichtung komplett erhalten.

Menden-Oberrödinghausen NW (Märkischer Kreis / H 3)

Oberrödinghauser Hammer (Hönnetalstraße 151). Nach dem Niedergang der Eisenverhüttung und -verarbeitung im Hönnetal während des 30jährigen Krieges setzte in der 1. Hälfte des 18. Jh. ein neuer Aufschwung mit der Gründung neuer Hütten (→ Balve-Wocklum) und Hammerwerke ein. Der von 1751–1955 betriebene O.er Hammer, Teil der von Freiherr Max Th. v. Dükker gegr. Rödinghauser Eisenfabrique, gehört zu den ältesten erhaltenen Frisch- und Roheisenhämmern in Westf. mit nahezu kompletter techn. Einrichtung. ●

An der Strecke M.-Neuenrade (eröffnet 1. 4. 1912) der Preuß.-Hess. Staatseisenbahn steinerne *Viadukte* über die Hönne in Kombination mit *Tunnelbauten* am Uhufelsen und bei den Sieben Jungfrauen.
Lit.: Paul II, NW 307; Dpfl. NW/WF.

Mendig-Niedermendig RP
(Mayen-Koblenz/J 2)

Aufwendig neogotisch gestaltetes, wenn auch durch die ausschließliche Verwendung von dunklem Basalt in der Wirkung abweisendes **Empfangsgebäude** (sog. Kaiserbahnhof), dat. 1877, an der Strecke von Andernach (eröffnet 1. 4. 1878) der Rhein. Eisenbahn. Weiterführung der Bahn 1880 nach Mayen, 1895 bis Daun.
Lit.: Custodis.

Meppen (Emsland/E 3) NS

● Gleichzeitig mit dem Bau des Hanekenkanals (→ Hanekenfähr) angelegte **Koppelschleuse** (Richtung M.-Helte) als zweistufige Verbindung zwischen Ems und Hase, dat. MDCCCXXVI–MDCCCXXVIII (= 1826–1828). Benachbart ein herrschaftliches Gut von 1828. – In der Hasestraße eine **Hubbrücke** von 1931 in Eisenfachwerk-Konstruktion mit vier Steuerhäuschen als Ersatz einer Drehbrücke von 1899.

Merzig (Merzig-Wadern/L 1) SL

Spätklassizistisches, durch übergiebelten Mittelrisalit dreigeteiltes **Empfangsgebäude** an der Strecke Saarbrücken–M. (eröffnet 16. 12. 1858) –Trier (26. 5. 1860) der Saarbrücker Eisenbahn (Preuß. Staatsbahn) mit Perronüberdachung auf Gußeisensäulen. – Komplett erhaltene Einrichtung der 1898 gegr. **Feinmech. Werkstatt Johann P. Hartfuß,** die von 1927–73 in der ehem. Fellenberg-Mühle am Seffersbach (Marienstraße) produzierte. Der Maschinenpark (Fräs- und Drehbänke, Hobelmaschinen) stammt aus der Zeit zwischen 1898 und 1930, die 1929 installierte Turbine von 1910. Kraftübertragung durch Transmission.
Lit.: Dpfl. SL.

Metzingen (Reutlingen/N 5) BW

Auf dem **Kelterplatz** besitzt M. mit sieben, z.T. aus dem frühen 16. Jh. stammenden Keltern ein einmaliges Ensemble von ehem., heute vorwiegend kulturell genutzten Verarbeitungsstätten landwirtschaftlicher Produkte. Äußere Heiligenkelter (um 1520) und Äußere Stadtkelter (1525) – beide vierschiffig mit vielstütziger Konstruktion –, Ochsenkelter (1700), Kalebs- oder neue Heiligenkelter (1680), innere Heiligenkelter (1688), Herrschaftskelter (1655), innere Stadtkelter (1657) mit liegenden Stühlen und mittlerem Stützenpaar.

M.-Neuhausen

Wasserkraftwerk (B 28). Nach Planung von Philipp J. Manz 1910 errichtetes Kraftwerk, sog. Wasserschlößle, der Baumwollspinnerei und -weberei Eisenlohr, Dettingen/Erms, am linken Ermsufer zwischen N. und Dettingen. Im Zentrum der neoklassizistischen Baugruppe das Krafthaus mit hohen Rechteckfenstern zwischen Pilastergliederung, zur Straße einseitig vorgelagert zweigesch. Wohntrakt mit natursteinverkleidetem EG. und übergiebelter Gaupe. Als Akzent auf der Ermsseite, das steile Walmdach des Hauptgebäudes überragend, quadr. Leitungsturm mit Eckfasen unter gewalmtem Pyramidendach. Nach zeitweiliger Stillegung 1981–88 Fortführung der Elektrizitätserzeugung mit Turbinen (Voith, Heidenheim) und Generatoren von 1910 bei Modernisierung der Regler, ebenso Schalttafel und sonstige techn. Einrichtung einschl. Reste der hist., aus Platten geschweißten Rohrleitung erhalten. Seltenes Beispiel einer kompletten Kraftwerksanlage aus dem frühen 20. Jh. ●
Lit.: Schneider; Krins 197.

Miltenberg (UFr./Miltenberg/L 5) BAY

In den Baumassen differenzierter Gebäudekomplex des 1903–04 erbauten **Städt. Elektrizitätswerkes,** dessen ma. historisierende Fassaden mit Treppengiebeln und Türmchen in Rotsandstein die formalen Vorgaben des Stadtbildes aufgreifen. Die urspr. installierten Gasmotoren (u. a.) durch Dieselaggregat ersetzt. – Spuren einer röm. bzw. früh-ma. datierten Steinindustrie finden sich mit sechs monolithischen Buntsand-

Metzingen-Neuhausen. Wasserkraftwerk, Kraftwerksanlage der ehem. Spinnerei Eisenlohr

steinsäulen (L 3,75–7,58 m, Gewicht bis ca. 14,5 t) am Ostabhang (Straßengabelung nach Mainbullau) des Heuneberges. – An der B 469 zwischen M.-Breitendiel und Weilbach Baugruppe des ehem. **Eisenwerkes Weilbach** vorw. aus der 2. Hälfte des 19. Jh. mit teilweise älteren Produktionsgebäuden, Villa im Stil der Neurenaissance und Arbeiterwohnhaus von 1885.
Lit.: Slotta I/II.

Minden (Minden-Lübbeke/F 5) NW

Bahnhof. Wurde als gemeinsamer Endpunkt der gleichzeitig am 15. 10. 1847 eröffneten Strecken Hamm–Bielefeld–M. der Cöln-Mindener Eisenbahn und Hannover–Stadthagen–M. der Hann. Staatsbahn von der Cöln-Mindener Eisenbahn unter Leitung von Bauinsp. Schelle, M., angelegt. Die Planung mußte nicht nur die betrieblichen Belange der beiden Bahnen und deren Zugehörigkeit zu wirtschaftspolitisch unterschiedlich organisierten Gebieten (Dt. Zollverein bzw. norddt. Steuerverein), sondern auch die Forderungen des preuß. Kriegsministeriums nach fortifikatorischem Schutz des außerhalb der Festungswerke der Stadt liegenden Bhf. berücksichtigen. So entstand nach Entwurf von P. Hartung ein *Empfangsgebäude* in Insellage mit zentralen Wartesälen und beidseitig höheren Kopfbauten für die beiden Verwaltungen, an den Schmalseiten nochmals durch Eckrisalite mit prägnanten Treppengiebeln betont. Die Lage innerhalb eigener Forts unterstreicht die wehrhaft gotisierende Werksteinarchitektur des romantischen Klassizismus. Partiell verändert durch Anbauten und Absenkung des Vorplatzes.

● **Wasserstraßenkreuz.** Im N von M. überquert der Rhein und Elbe verbindende Mittellandkanal auf einem *Brückenbauwerk* (L 375 m) als Mittelstück eines Dammes (13 m über dem mi. Pegel der Weser) das 3 km breite Flußtal. Acht flachgespannte Gewölbe zwischen massiven Pfeilern tragen den für 1000-t-Schiffe bemessenen Brückentrog (B 24 m), in den beiden 50 m weiten Stromöffnungen als Rekonstruktion mit Betonfertigteilen von 1945–49, in den sechs linksseitigen Flutöffnungen (Spann-W 32 m) im Originalzustand von 1911–14. Eine als Sparschleuse konstruierte *Schachtschleuse* (L 83 m, B 10 m, Hub-H 13 m) mit unterirdischen Wasserspeichern westl. der Kanalbrücke ermöglicht den Nordabstieg zur Weser, im Unterhaupt gesichert durch ein zwischen den beiden architektonisch funktional bestimmten Schleusentürmen installiertes Hubtor, der Südabstieg überwindet den Höhenunterschied mit zwei Schleusen. Gemeinsam garantieren beide Anlagen den Kanalverkehr auch bei Ausfall der Brücke. Pumpwerke an beiden Ufern der Weser versorgen den Kanal mit Wasser. Als Kreuzung von Großschiffahrtswegen einmalig in Europa.

Eisenbahnbrücke. Südl. der Kanalbrücke überbrückt eine vieljochige Eisenfachwerk-Konstruktion mit obenliegender Fahrbahn das breite Wesertal, errichtet von der M.er Kreisbahn für die am 1. 7. 1907 eröffnete Strecke nach Lübbeke.

Lit.: Slotta I; Berger II; Paul II, NW 42.

Mittellandkanal (F 3–9) NW/NS

Nach der Eröffnung des → Dortmund-Ems-Kanals 1899 beschloß der preuß. Landtag, diese neue Wasserstraße über ein weiteres Kanalsystem mit Weser und Elbe zu verbinden. Der 1905–39 gebaute Mittellandkanal (L 325 km) beginnt bei Bergeshövede am Dortmund-Ems-Kanal, überquert die Weser bei → Minden und erreicht die Elbe auf der Höhe von Burg bei Magdeburg. Seit 1965 Ausbau für Europaschiffe mit Verbreiterung des Kanalprofils und Ersatz der insges. 312 Brücken. Bedeutendstes Schleusenbauwerk die Hindenburgschleuse in → Hannover-Anderten.

Lit.: ZBV 1899/1920; DB 1919.

Mittlere Isar (OB/Erding/N–O 9) BAY

● 1919–24 ausgeführtes Projekt einer **Großwasserkraftanlage** zur Nutzung des zwischen München und Moosburg auf einer Länge von 51,5 km etwa 84 m betragenden Gefälles der Isar zur Erzeugung elektr. Stromes. An der Wehranlage in Oberföhring beginnt der von der Isar gespeiste Seitenkanal mit einem dem Ausgleich der Wasserführung dienenden Speicherbecken (Inhalt 30 Mio. cbm), der nach etwa 54 km Länge mit den Kraftwerken → Finsing-Neufinsing, → Oberding-Aufkirchen, → Eitting und → Moosburg-Pfrombach im Oberwasser des Uppenborn-Kraftwerkes 1 zur Isar zurückkehrt. Die projektierte Gesamtjahresleistung betrug 480000 Mio. kWh. Begonnen durch den bayer. Staat als Maßnahme zur Bekämpfung der Arbeitslosigkeit, beendet und betrieben durch die 1921 gegr. Mittlere Isar AG.

Lit.: ZBV 1923/25.

Möckmühl (Heilbronn/L 5) BW

Bahnhof. Im Zentrum basilikal überhöhtes *Empfangsgebäude* aus Haustein mit Eckquaderung an der Strecke Jagstfeld–M.–Adelsheim–Osterburken (eröffnet 27. 9. 1869). Stadtseitig fünfachsige Säulenvorhalle, Rundbogenfenster. Neben dem Empfangsgebäude im Winkel eingesch. Nebengebäude gleicher Bauweise. Von identischer Ausführung der Bhf. Adelsheim-Sennfeld.

Möhnesee (Soest/H 4) NW

Möhnetalsperre (Sperrmauer bei Brünningsen). ● Durch den 1899 gegr. Ruhrtalsperren-Verein entstand 1908–12 mit 130 Mill. cbm Stauinhalt (1016 ha Oberfläche) die damals größte Talsperre im Dt. Reich, um »den Wasserstand der Ruhr nach Menge und Beschaffenheit durch Förderung von Talsperrenbauten im Niederschlagsgebiet der Ruhr zu verbessern«. Die dafür notwendige Sperrmauer (H 40,4 m, L 640 m in der Dammkrone), geplant von Reg.-Bmstr. E. Link, einem ehem. Mitarbeiter von Intze in Aachen, erhielt ihre architektonische Ausformung durch Franz Brantzky, Köln, der in dem 1908 ausgeschriebenen Wettbewerb den ersten Preis erhielt. Als gliedernde Festpunkte sitzen der leicht gekrümmten, mit schwarzem Granit verkleideten Mauer zwei rechteckige Türme mit Walmdach auf, begleitet von je einem zylindrischen, von flacher Kuppel überdeckten Nebenturm. Die Länge der Mauer rhythmisieren 105 zu überdimensionalem Bogenfries verbundene Bögen der 2,5 m weiten Überlauföffnungen.

Lit.: ZBV 1908/13; DB 1913; Slotta I.

Mölln (Herzogtum Lauenburg/C 7) SH

In Backsteinrohbau 1911–13 durch Hans Ritter, Berlin, auf dem Klüschenberg errichteter

Wasser- und Aussichtsturm (H 36 m) für einen genieteten Hängebodenbehälter von 223 cbm Fassungsvermögen. Aus zinnenbewehrtem Sokkelgeschoß mit monumentalem Rundbogenportal, betont durch wuchtige Keilsteine und beidseitig eingestellte romanische Säulen, wächst ein zylindrischer Schaft, aus dem über schmalem Gesims auf getreppten Konsolen der zwölfseitige Behältermantel auskragt, durchbrochen von halbkreisförmigen Fensteröffnungen. Ein Pultdach leitet über zu der zinnenbesetzten Brüstung der Aussichtsplattform, die ein aus dem Kopf auskragender Treppenturm erschließt.

Lit.: Slotta II; Stadtwerke.

Mönchengladbach NW
(Mönchengladbach/H 1)

Wasserturm (Viersener Straße). Im Zentrum des radialen Straßensystems eines gleichzeitig entstandenen neuen Stadtviertels präsentiert sich der 1908–09 in opulenter Jugendstilarchitektur errichtete Wasserturm als ein von den Bürgern der Stadt sich selbst gesetztes Denkmal, von Stadtbaurat O. Greiß geplant mit dem Anspruch, »diesen reinen Nützlichkeitsbau in seiner Formgebung aus der Alltäglichkeit herauszuheben und zum Wahrzeichen der Stadt zu machen«. Hinter dem gedrungenen, über hohem Sockel durch Lisenen gegliederten, mit wasserbezogener Bauplastik und Stadtwappen verzierten Schaft und den vierfach gestuften, von acht Rundtürmchen in der Traufkontur unterbrochenen Dächern verbergen sich ein oberer eiserner Hängebodenbehälter (Dm. 18 m, Wassertiefe 6,1 m, 800 cbm Inhalt) und ein unterer Flachbodenbehälter von 3300 cbm Fassungsvermögen. – Im Vergleich zu dem Wasserturm von eher durchschnittlichem Anspruch zeigen sich die Kopfbauten des 1890–91 nach Planung des Stadtbauamtes erbauten **Schlachthofes** (M.-Rheydt, Schlachthofstraße) in einer für Nutzbauten typischen Renaissance-Architektur. – Ehem. **Gladbacher Spinnerei und Weberei AG** (Textilfachschule; Lürriper Straße). Mit dem 1854–55 errichteten »Fabrikschloß« des Webereitraktes begann in M. die von England übernommene industrielle Baumwollverarbeitung. Ebenfalls nach engl. Vorbild die innere Konstruktion mit tragenden Gußeisensäulen (noch sichtbar im 4. OG.) und die gleichmäßig durchfensterten Fassaden des Backsteinrohbaus in zurückhaltender Neoromanik, akzentuiert durch Treppen- und polygonalen Eckturm.

Lit.: Slotta I; Föhl, 1976; ZBV 1910; Merkl 258.

Moers-Hochstraß (Wesel/H 1) NW

● **Schachtanlage Rheinpreußen 4** (Franz-Haniel-Straße/Zechenstraße). Auf Schacht 4 der Zeche Rheinpreußen (→ Duisburg-Homberg, Schächte 1/2), der nach vierjähr. Abteufarbeit 1904 in Förderung kam, belegen eine komplette Förderanlage mit dem wohl ältesten erhaltenen Doppelbockfördergerüst (1904) des Ruhrgebietes und Fördermaschinenhaus mit elektr. Fördermaschine der gleichen Zeit sowie Betriebsgebäuden in Formen des Industrie-Jugendstils Bergbau- und Fördertechnik des frühen 20. Jh. Anlage vom Abbruch bedroht.

Lit.: Slotta; Hermann.

Monschau (Aachen/J 1) NW

Die seit der Vertreibung der Protestanten 1598 aus Aachen in Montjoie (seit 1918 Monschau) ansässige, bis in das 19. Jh. auf den europäischen Märkten wettbewerbsfähige **Tuchindustrie** vertritt repräsentativ das um 1765 für den Tuchfabrikanten Johann Heinrich Scheibler als Wohn-, Kontor- und Lagergebäude errichtete Doppelhaus »Zum Helm« und »Zum Pelikan« (Rotes Haus) in qualitätvoll bürgerlichem Barock. – In M.-Rosenthal Gebäude der ehem. **Scheiblerschen Tuchfabrik** (Fabrikgebäude um 1840, Dampfmaschinenhaus von 1858). – An der Malmedyer Straße (M.-Dreistegen) Reste der seit 1805 entstandenen ehem. Tuchfabrik **Scheibler & Schlösser** mit Shedbauten von 1918 im Stil des ausgehenden 19. Jh.

Lit.: Reclam III, NW; Dpfl. NW/RL; Fehl.

Montabaur (Westerwaldkreis/J 3) RP

● Für die Versorgung des Bahnhofs 1891 an die Quellwasserleitung der Stadt angeschlossener **Bahnwasserturm** mit oktogonalem, massiv gemauertem Schaft für einen Hängebodenbehälter

(50 cbm) aus genieteten Blechtafeln. Der Behältermantel über Backsteinkonsolen in ausgemauertem Holzfachwerk unter Kegeldach. In dieser Form seltenes Exemplar eines Bahnwasserbehälters.

Lit.: ZBV 1895.

Moosburg an der Isar BAY (OB/Freising/N 9)

● **Uppenbornwerke.** Ein erstes durch die städt. E-Werke München an einem eine Isarschleife unterhalb M. abschneidenden Betriebskanal errichtetes Kraftwerk nutzte eine Gefällestufe von ca. 9 m bei einer installierten Maschinenleistung von 6000 PS. Im Zusammenhang mit dem Ausbau der Mittleren Isar entschlossen sich die E-Werke München, das leistungsschwache alte, nach dem Elektrotechniker Uppenborn benannte Kraftwerk durch die hintereinander geschalteten, ebenfalls nach Uppenborn benannten *Kraftwerke 1* (Laufwasser- und Spitzenkraftwerk) und *2* (Laufwasserkraftwerk) bei Nutzung der max. Gefällestufe von 18,7 m zu ersetzen. Nach Beginn der Erdarbeiten für den Kanal und ein Speicherbecken (gleichzeitig Ausgleichsbekken für das Kraftwerk Pfrombach) 1928 konnte Werk 1 im Dezember 1930 in Betrieb genommen werden. Drei Kaplan-Turbinen mit stehender Welle (Escher Wyss & Cie., Ravensburg; Leistung in Abhängigkeit von der Wassermenge je 7900–12 000 PS), direkt verbunden mit Drehstrom-Synchrongeneratoren (BBC, Mannheim), erzeugen im Jahresmittel 77 Mio. kWh, ein kleinerer vierter Maschinensatz (Turbine mit 985–1500 PS) dient der Eigenversorgung. – Das bereits vor dem 2. Weltkrieg projektierte *Kraftwerk 2* (Echinger Stufe) folgte 1949–51 nach techn. Planung von Prof. Hencky, Stadtwerke München, und architektonischem Entwurf von Oberbaurat Zametzer, Städt. Hochbauamt München, mit ähnlicher masch. Ausstattung, jedoch einer Jahresleistung von 84 Mio. kWh. Beide Kraftwerksbauten vertreten eine qualitätvoll funktionale Architektur der 20er bzw. 50er Jahre.

M.-Pfrombach

Kraftwerk 4 des Ausbaus der Mittleren Isar mit einer Gefällestufe von 21,1 m und einer Turbinenleistung von 20 550 PS.

Lit.: BM 1949; Slotta II.

Moringen (Northeim/G 6) NS

In Funktion das Reglergebäude in Formen des Industrie-Jugendstils und der an acht mit Knäufen endenden Streben geführte Teleskop-Gasbehälter (300 cbm) des 1906–07 errichteten städt. **Gaswerks** (Mannenstraße). Ofenhaus und Kohleschuppen nach Umstellung auf Flüssiggas-Luftgemisch 1964 abgebrochen.

Lit.: Slotta I.

Moringen. Gasbehälter

Morschen-Altmorschen HS (Schwalm-Eder-Kreis/I 6)

Bahnhof. *Empfangsgebäude* des romantischen Spätklassizismus an der Strecke Bebra–Guxhagen (Kurfürst-Friedrich-Wilhelms-Nordbahn, eröffnet 18. 9. 1848) verm. nach Entwurf des 1859 zum Generaldir. der Staatseisenbahnen in Kurhessen ernannten Kasseler Architekten Julius E. Ruhl. Asymmetrische Gebäudegliederung durch zwei Risalite und giebelseitigen Turm. Vom Ende des 19. Jh. ein Stellwerk in charakteristisch polygonaler Form.

Lit.: Höhmann.

Mühlacker (Enzkreis/M 5) BW

● **Bahnhof.** Verm. von Karl Etzel geplante Anlage aus Empfangs- und Dienstgebäude, Güterschuppen und Ökonomiegebäude der Teilstrecke Bruchsal–Bietigheim (Württ. Hauptbahn, eröffnet 1. 10. 1853). Das *Empfangsgebäude* 1852 zweigesch. in gelbem Sandstein, mit Gesimsen, Gewänden und Säulen in Rotsandstein und axialem, im EG. durch dreibogige Vorhalle geöffnetem Risalit nach Entwurf von Bauinsp. Spindler, erhielt nach dem Anschluß der bad. Zweigbahn Pforzheim–M. (29. 5. 1863) ein drittes Geschoß sowie auf bad. Seite ein zweigesch. Gastronomiegebäude. Auf der Gleisseite Perronüberdachung auf Stützen im Wechsel von Gußeisen und doppelten, genieteten U-Profilen. Verwaltungsgebäude in Material und architektonischer Ausformung wie Empfangsgebäude, der Güterschuppen ebenfalls Sandstein mit Rundbogenfenstern zwischen Lisenenrahmen. In ihrer Vollständigkeit seltene Bahnhofsanlage von Mitte des 19. Jh.

Lit.: Berger III.

Mühlheim (Offenbach/K 5) HS

Neben dem **Bahnhof** mit *Stationsgebäude* in retardierenden Formen des Rundbogenstils der Strecke Frankfurt–Offenbach–Hanau (Bebra-Hanauer Eisenbahn, eröffnet 15. 11. 1873) erhebt sich zu 45 m Höhe der in Basaltmauerwerk zwischen 1912 und 1914 aufgeführte *Wasserturm* (Dammstraße) mit einem Behälter von 500 cbm Inhalt innerhalb polygonalem Betonmantel unter flachem durch Fensterband aufgeständerten Glockendach.

Lit.: Dpfl. HS.

Mühltal-Nieder-Ramstadt HS (Darmstadt-Dieburg/K 4)

Zu den ältesten industriellen Unternehmungen in Hessen-Darmstadt gehört die bereits 1695 an der Stelle der Illigschen Papierfabrik belegte **Papierproduktion** im Mühltal zwischen Eberstadt und N.-R. Kapellenartig das Wohn- und Verwaltungsgebäude (Rheinstraße, B 426) von 1846–48 in gotisierenden Formen des romantischen Spätklassizismus nach Entwurf von Ludwig Lange.

Lit.: Höhmann.

Mülheim an der Ruhr (Mülheim/H 2) NW

Wasserkraftwerk Raffelberg (Ruhrorter Straße, Raffelbergbrücke). Gleichzeitig mit der Kanalverbindung von M. nach Duisburg-Ruhrort entstanden zur Nutzung des Gefälles der aufgestauten Ruhr neben der Schleuse 1922–25 (Inbetriebnahme Febr. 1926) nach techn. Planung der Siemens-Schuckert-Werke, Berlin, und Entwurf von Arthur Pfeifer & Hans Großmann, M. und Karlsruhe. Die geschlossene, lediglich von schmalen hohen Fenstern durchbrochene Krafthausfassade ist eingespannt zwischen zwei leicht konisch nach oben verlaufenden, turmähnlichen Eckbauten, die den wasserschloßartigen Charakter betonen. Im Mittelteil (L 32 m, B 12,5 m) des Krafthauses sind in der Längsachse vier Maschinensätze (Francis-Turbinen mit stehender Welle und Außenregelung der Fritz Neumeyer AG, München, direkt gekuppelt mit Drehstrom-Schirmgeneratoren, gemeinsame Höchstleistung 7000 PS) angeordnet. Etwa aus gleicher Bauzeit stammt das nahe gelegene Wehr in der Ruhr mit zwei Maschinenhäusern und eisernem Steg aus Parallel-Fachwerkträgern. – Die Architektur der **Straßenbahndepot-Hallen** (An der Werkstätte) verweist mit gebrochenen Giebeln, Thermenfenstermotiv und Stahlfachwerk auf die Zeit nach 1910. – An den Bergbau erinnern die Wohnhäuser der **Zechensiedlung** in der Mausegattstraße (um 1900): Backsteinrohbau mit Wechsel von Giebel- und Traufenstellung, und Kreftenscheerstraße (1905): giebelständige Doppelhäuser mit Krüppelwalm in linearer Anordnung entlang der Straße. ●

Lit.: Slotta II; Föhl, 1985; DB 1927.

München (OB/München/O 8–9) BAY

Die von Heinrich dem Löwen nach Zerstörung der bischöflich-freisingischen Zollbrücke in der Salzstraße bei Oberföhring 1158 bei Übernahme der bislang an Föhring gebundenen Markt-, Zoll- und Münzrechte gegr. Siedlung gewann durch das Salz rasch an Bedeutung. Ihre Blütezeit erlebte die bürgerliche Stadt im 15. Jh. mit einem durch Salz-, Wein- und Tuchhandel, Beteiligung an Bergwerken und dem Handel mit Venedig reich gewordenen Patriziat. Seit 1255 hzgl. Hof, später landesherrliche Residenz, was sich jedoch erst im 16. Jh., parallel der Beschneidung verbriefter bürgerlicher Rechte im Zeitalter des angehenden Absolutismus, auf die Stadt auszuwirken begann. Die Ende des 16. Jh. beginnende Entwicklung zur Kunststadt von europäischem Rang wurde begleitet von einer nach dem 30jährigen Krieg einsetzenden wirtschaftlichen Stagnation. Unter König Ludwig I. (1825–48) großartiger Ausbau der Stadt und durch die Eisenbahn geförderter Aufschwung von Wirtschaft und Technik, der M. zum Hauptwarenumschlagplatz Süddeutschlands, nicht aber zu einer typischen Industriestadt werden ließ. Trotz schwerer Zerstörungen im 2. Weltkrieg blieb das Stadtbild in seinen Grundzügen erhalten.

● Das 1903 auf Initiative von Oskar v. Miller gegr. **Deutsche Museum von Meisterwerken der Naturwissenschaft und Technik** gehört heute mit seinen umfangreichen Sammlungen zu den größten Museen der Welt auf dem Spezialgebiet Technik.

Bahnanlagen. Die Geschichte der Eisenbahn in M. beginnt mit der in Abschnitten zwischen dem 1. 9. 1839 und dem 4. 10. 1840 als Privatbahn eröffneten, heute zumindest in Teilen ältesten erhaltenen Strecke Bayerns M.–Augsburg, belegt durch die **Empfangsgebäude am Pasinger Bahnhofsplatz** mit dem verm. von Friedrich Bürklein geplanten Alten Bahnhof in Backsteinrohbau und dessen Ersatz durch den Neurenaissancebau Georg F. Seidels von 1871 mit Haupt- und Eckpavillons, verbunden durch arkadierte Zwischentrakte. – Vom berühmten **Hauptbahnhof** Bürkleins von 1847–49 sind nach Zerstörung im 2. Weltkrieg und Umbau durch Fahr + Partner PFP seit Ende der 1970er Jahre nur wenige Zitate erhalten. – An der **Isartalbahn** (10. 6. 1891 Thalkirchen–Schäftlarn; 27. 7. 1891 Schäftlarn–Wolfrathshausen; 10. 4. 1892 Isartalbhf.–Thalkirchen) neben den **Empfangsgebäuden Isartalbahnhof** – Backsteinrohbau der Neurenaissance – und **Großhesselohe** (Kreuzeckstraße) – zwei durch Zwischentrakt verbundenen Eckpavillons in retardierenden Formen des Rundbogenstils – stehen in Thalkirchen Reste des ehem. Betriebswerkes mit Rechteckschuppen, Ringschuppen, Maschinenhaus und Werkstattgebäuden. – Westl. des Hbf. in der 1983–84 durchgreifend sanierten **Hackerbrücke** von 1892 eine der wenigen fast unverändert überkommenen Eisenbrücken des 19. Jh. Als Straßenbrücke über die Bahn nach Entwurf der MAN, Brückenbauanstalt Gustavsburg, unter Leitung von A. Rieppel mit Bogenfachwerkträgern über vier Öffnungen (28,82, 28,91, 28,91, 28,82 m) ohne Scheitelgelenk mit einem 2,2 m über der durch Betonkappen relativ steif ausgebildeten Fahrbahntafel angeordneten Zugband ausgeführt. – Die Hochbauten der ehem. Werkstätten der **Internationalen Schlafwagengesellschaft** in Neu-Aubing von 1912–13 unter Einbeziehung von Bauten der 1890er Jahre (u. a. Werksiedlung Papinstraße), des Bahnbetriebswerkes Freimann mit neoklassizistischen Hallen und Wasserturm ab 1925 und des Betriebswerkes Pasing (Abstellbhf. Pasing West) von 1938–42 dokumentieren den Wandel in Stil und Betriebsanforderungen der Bahn. ●

Kraftwerke. Das nach Carl Muffat benannte, urspr. für die städt. Wasserversorgung auf der Kalkinsel am Auer Mühlbach errichtete spätklassizistische **Pumphaus** wurde 1893, nach einem Jahrzehnt funktionierender Wasserleitung aus dem Mangfalltal, umgebaut zu Münchens erstem E-Werk (beim Müllerschen Volksbad). Auffällig der architektonisch aufwendig gestaltete Kamin über dem Rumpf des ehem. Wasserturmes. Bereits 1895–98 nach Planung von Carl Hocheder baulich erweitert, bildete das **Muffatwerk** um die Jahrhundertwende in der Kombination von Wasser und Dampf das leistungsfähigste E-Werk der Stadt. Heute als Umspannwerk für Gasteig und Haidhausen genutzt. – Ebenfalls von Hocheder das 1895 in Betrieb genommene **Maximilianswerk** (Grünanlagen nördl. der Maximiliansbrücke) in renaissancistischen Formen mit zwei Turbinen und einer mittleren Leistung von 370 kW für Straßenbeleuchtung und Straßenbahn. – Zur Deckung des Eigenbedarfs erbauten die Maffeiwerke 1895 über dem Eisbach, einem Isarkanal in der Hirschau, das nach seiner späteren Nutzung durch die Tivolimühle benannte **Tivoliwerk** als kombiniertes Wasser-/Dampfkraftwerk (Gyßlingstraße; Ges.-Leistung 300 PS). Bereits um 1900 wurden drei Francis-Turbinen (Schluckfähigkeit 21,5 cbm/sec, Gefälle 4,3 m, je 330 PS) eingebaut, die, mit modernen Generatoren verbunden, heute eine Leistung von 690 kW erbringen. Die techn. Einrichtung weit-

München. Isarwerk II, Krafthaus

gehend im Orig. erhalten. – Nach Beschluß der Städt. E-Werke 1906 zur verstärkten Ausnutzung der Wasserkräfte der Isar im Stadtgebiet entstand 1907–08 nach Entwurf von August Blößner die **Wasserkraftanlage München-Süd** (heute Isarwerk I) im Hinterbühler Park (Zentralländstraße) mit einer Turbinenleistung von 3825 PS. Drei Francis-Doppelzwillingsturbinen (MAN, Nenndrehzahl 150 U/min, Nutzgefälle 5,6 m, Schluckfähigkeit 21,5 cbm/sec) sind direkt gekoppelt mit einem Schenkelpol-Synchron-Generator der Siemens-Schuckert-Werke. Die Regler der Maschine 1/2 von Voith 1957 ersetzt, Maschine 3 mit Originalregler MAN von 1907. – Etwa identische techn. Ausstattung besitzen die 1920–21 erbauten, in der Architektur neoklassizistisch geprägten **Isarwerke II** (Flauchersteg) **und III** (Isartalstraße unterhalb der Brauner Eisenbahnbrücke). In dem symmetrisch durch den Leerschuß betonenden Risalit geteilten Krafthaus von Werk II stehen zwei Doppelzwillings-Francis-Turbinen (je 1760 PS, 37,4 cbm/sec, 125 U/min, Escher Wyss & Cie.) mit Hebekesseln und Regulatoren, starr gekuppelt mit Drehstrom-Synchron-Generatoren (Sachsenwerk, Dresden-Niedersedlitz). Der Regulierung des Oberwasserpegels dienen zwei Saugheber. Das Isarwerk III nutzt mit Stadtbach und Isar zwei Gefällestufen von 2,5 m bzw. 2,0–6,5 m mit je zwei Turbinenkammern und je einem Leerschuß durch Turbinen von Escher Wyss & Cie., Drehstrom-Generatoren von Escher Wyss & Cie. und Bergmann, Berlin, und Gleichstrom-Generatoren als Erregermaschinen von Garbe, Lahmeyer & Cie.

Karl Müllersches Volksbad (Rosenheimer Straße). Von Karl Müller 1894 gestiftet, entstand 1896–1901 nach Planung von Carl Hocheder der Badehauskomplex mit Männer- und Frauenschwimmbad, Dampf- und Wannenbädern »hauptsächlich für das unbemittelte Volk« in Formen eines barockisierenden Jugendstils mit Baudekoration von J. Floßmann (Portal), J. Rauch (Westseitenmaskerons, Löwen am Frauenbad), G. Bersch (Vasen beim röm.-ir. Bad) und J. Pfeifer (Zementreliefs am Turm). Im Turm mit Aussichtsplattform zwei Wasserbehälter zu je 50 cbm Inhalt. 1982 unter Mitwirkung des Landesdenkmalamtes modernisiert.

Städt. Freibank (Viktualienmarkt). Spätklassizistischer Kopfbau der 1851–53 nach Entwurf von Carl Muffat durch die Firmen Cramer-Klett und Maffei im Baukastensystem montierten Maximilians-Getreidehalle **(Schrannenhalle)** mit zwei offenen basilikalen Hallen (L 164 m; Konstruktion: Gußeisensäulen und Polonceau-Binder) zwischen massiven Mittel- und Eckbauten (Ges.-L 442,5 m). Zwischen 1914 und 1933 am orig.

Standort abgebrochen, existiert ein 125 m langes Teilstück der Eisenkonstruktion in Zweitverwendung als Lagerhalle auf dem Gelände der →*Städt. Gaswerke* in M.-Moosach.

Großmarkthalle (Thalkirchner Straße). Durch Zerstörung im 2. Weltkrieg in der Substanz reduzierter Markthallenbau von 1909–12 am Südbahnhof nach Entwurf von Richard Schachner. Ehem. vier durch Flachbauten verbundene, für die moderne Architektur vor dem 1. Weltkrieg typische Hallen in Betonkonstruktion (L 97 m, B 17,3 m, H 20 m) mit Thermenfenstermotiv im Giebel.

Ehem. **Likörfabrik Anton Riemerschmid** (Auf der Praterinsel). Um einen Hof gruppierte spätklassizistische Fabrikanlage mit noblem Fabrikations-, Büro- und Wohngebäude (1867–69), Heizhaus (1868–69) mit zentralem Kamin im flachen Verbindungstrakt zwischen Eckpavillons und Essighaus (1870) nach Plänen von Baumstr. Hirschberg. Mehrfach ohne grobe Störung der Originalsubstanz umgebaut, u. a. von Richard Riemerschmid 1922. Verlegung der Firma 1988 nach Erding.

Brauereien. Den Wandel vom handwerklich ausgeübten zum industriellen Brauwesen im 19. Jh. belegen einige Hochbauten der *Augustiner-Brauerei* (Landsberger Straße) von 1865 und des *Hofbräuhauses* (Innere Wiener Straße), der Geschoßbau der ehem., 1703 gegr., heute zu Wohnzwecken umgenutzten Hofbräuhaus-Kunstmühle (Neuturmstraße 3) und die Erweiterung des Löwenbräukellers von 1894 durch Friedrich v. Thiersch (Nymphenburger Straße 4).

M.-Aubing

Wasserturm (Alzenauer Straße). Ehem., heute bewohnter Wasserturm von 1910 für einen Beton-Flachbodenbehälter auf quadr. Schaft mit leicht auskragendem Kopf und Treppenerker, konstruktiv gleich den Türmen in u. a. →Garching und →Ismaning.

M.-Moosach

Gaswerk (Dachauer Straße 148). Ehem. Wasserturm des 1908–10 unter der Oberleitung von H. Ries nach Entwurf von J. Singer, München, in moderner Betonbauweise errichteten Gaswerkes für zwei Flachboden-Turmbehälter (90/120 cbm) und einen Bodenbehälter für Abwasser (90 cbm) mit oktogonalem, für den oberen Behälter auskragendem Turmkopf über quadr. Schaft. Das Pyramidendach mit Gaupen und Laterne als Zugeständnis an lokale Bauformen. – Auf dem Werksgelände Reste der Schrannenhalle (→Städt. Freibank) in Wiederverwendung als Materiallager. – Dem Gaswerk benachbart *Arbeiter- und Beamtenwohnhäuser.*

M.-Nymphenburg

Schloß- und Parkanlage. In der ab 1664 entstandenen Sommerresidenz der bayer. Herrscher befinden sich noch in Betrieb einige der bedeutendsten Beispiele für den Beginn des modernen Maschinenbaus in Deutschland. – Die große *Fontäne im Gartenparterre* betreiben zwei von einem der bekanntesten Ingenieure des frühen 19. Jh., Joseph Baader, konstruierte, 1803–04 und 1817 im 1803 neu erstellten »Grünen Brunnenhaus« im »Dörfchen« installierte **Pumpenanlagen.** Ausführung durch Franz Höß. Aus Platzgründen sitzen die durch ein unterschlächtiges eisernes Wasserrad bewegten Balancierbalken der jüngeren Pumpe, beidseitig über Stangen mit den Pumpenkolben verbunden, zentral auf den beiden zylindrischen Windkesseln (Dm. ca. 100 cm). Ein Manometer am Windkessel, dat. »Franz Höss, Hofbrunnen-Meister in München 1851« dürfte die älteste noch funktionierende Armatur Deutschlands sein. Ebenfalls von einem unterschlächtigen Wasserrad betrieben, liegen die drei Balanciers der älteren Pumpe auf einem hölzernen Bock auf. Die Inschrift auf dem glokkenförmigen Windkessel: »MAXIMILIANI IOSEPHI IV. / ELECTORIS / IVSSV et AVSPICII / construxit / IOSEPHUS BAADER / inventor / MDCCCIII«, nennt Joseph Baader als Konstrukteur im Auftrag des Kurfürsten Max Joseph IV. und die Jahreszahl 1803. Eine weitere Pumpenanlage mit nur einem Balancier im Nebengebäude des Grünen Brunnenhauses. – Die *Fontäne im Rondell* vor dem Schloß wird durch ein 1807 von Joseph Baader konstruiertes, 1808 (im Sockel dat.) durch Franz Höß erbautes und 1835 durch diesen in Gußeisen erneuertes Pumpwerk im Johannis-Turm des Orangeriegebäudes betrieben. Das Wasser des auf das Schloß zuführenden Hauptkanals treibt drei in einem Wasserkasten innerhalb des Gebäudes installierte oberschlächtige Wasserräder, die ihre Bewegung mittels Exzenter auf je drei beiderseits des Kastens auf gußeisernem Traggerüst über tosk. Säulen gelagerte Balanciers, von diesen über Stangen auf die Pumpenkolben übertragen.

Eindrucksvolles Beispiel für Eisenkunstguß im Maschinenbau. – Bei der *Kanalbrücke* am Dörfchen eine 1765 unter Max III. Joseph für die Kanalschiffahrt angelegte Kastenschleuse. – In separaten Ziergärten nördl. des Großen Parterres stehen drei *Pflanzenhäuser* nach Entwurf von Friedrich L. v. Sckell als frühe erhaltene Beispiele von Glas-Eisen-Architektur in Deutschland. Leicht verändert das sog. Eiserne Haus von 1807: verglaste Eisenkonstruktion mit Schmuckfries (1867 nach Brandzerstörung des Mittelteils erneuert) zwischen übergiebelten Eckpavillons mit Salons für den König. Weitgehend im orig. Zustand das Gewächshaus mit Mittelpavillon von 1816 mit vorderer Verglasung und im Viertelkreis gewölbter, geschlossener Rückfront. Von 1820 das heute als Café genutzte Palmenhaus.

Porzellanmanufaktur. Die 1747 von Kurfürst Max III. Joseph in Neudeck/Au gegr. erste bayer. Porzellanmanufaktur erhielt 1761 ihren heutigen Standort im nördl. Schloßrondell. In den Produktionsgebäuden hinter der Rondellbebauung arbeiten (mit Francis-Turbinen und Drehstrom-Motor von 1914) Krafterzeugungsaggregate des frühen 19. Jh., die über Transmissionsanlagen der gleichen Zeit div. Maschinen antreiben.

Lit.: Slotta I/II; Merkl 242; BM 1910/12; ABZ 1856; DB 1902/09/10/11; IB 1912/16; SBZ 1900; Münchener Industriedenkmale (Prospekt); Bautechnischer Führer durch München, 1876.

(Hann.) Münden (Göttingen/H6) NS

Bahnhof. *Empfangsgebäude* als neogotischer Backsteinrohbau mit aufwendiger, durch Halbsäulen, Terrakottafriese und Treppengiebel gegliederter Mittelpavillon-Fassade für die Strecke Göttingen–Dransfeld–M. (Hann. Staatsbahn, eröffnet 8. 5. 1856, – Kassel 23. 9. 1856). – Zwischen die romanisch geprägten Widerlager (mit Straßendurchlässen) der 1853–56 erbauten Eisenbahnbrücke über die Werra spannen sich nach Zerstörung 1945 und Wiederaufbau 1948–49 Stahlfachwerkträger. – Richtung Dransfeld (M.-Volkmarshausen) der **Volkmarshausener Tunnel** mit aufwendiger Portalarchitektur, geschmückt mit (Niedersachsen-)Roß- und Initialtondi (S-Portal) bzw. Datierung 1852–55 (N-Portal). – Zu den bedeutendsten hist. Brücken Niedersachsens zählt die 1329 erstmals urkundlich erwähnte, 1987–89 sanierte fünfbogige **Steinbrücke** über die Werra. Am Zusammenfluß von Werra und Fulda am Rande der Altstadt Schleuse und Nadelwehr von 1868 und die seit dem MA bekannten »Schlagden«, befestigte Uferplätze (noch orig. von 1793–97) zum Laden und Löschen der Werraschiffe, mit Packhäusern von 1834. – Über den Unteren Tanzwerder zugänglich die 1898–99 durch die Siegen-Lothringer Werke vorm. H. Fölzer und Söhne montierte, an Gittermastpylonen aufgehängte **Fußgängerbrücke** (L 72 m). Seit Abbruch der Hängebrücke über die Lahn bei Oberbiel verm. letztes unverändertes, nicht nachträglich unterstütztes (→ Nürnberg, → Langenargen) Beispiel dieser Konstruktion in Deutschland. – Zu den bedeutendsten Industrieunternehmen in M. zählt die 1825 aus einem Speditionsgeschäft hervorgegangene Fa. **Haendler & Natermann** (Fuldabrückenstraße, Kasseler Straße), die seit 1848 auch Bleischrot (Hagel) in zwei – um die nötige Fallhöhe zu erhalten – aufgestockten Stadtmauertürmen herstellte. Zwischen den Türmen Arbeiterwohnhäuser. Ab 1857 Bau der Metallkapselfabrik in spätklassizistischen Formen, mit Erweiterungen nach dem Brand von 1888. Auf dem Areal Fabrikbauten bis in die Nachkriegszeit und spätklassizistische Fabrikantenvilla. – Am nördl. Ortsrand (B 80 Richtung Bad Karlshafen) neoklassizistische **Umspannstation** mit prägnanter Giebelfassade, um 1910. – In M.-Laubach (Zum letzten Heller) das 1921–24 qualitätvoll neoklassizistisch errichtete **Werrawerk** der PreussenElektra. Die drei Maschinensätze 1984–85 modernisiert. – In der Nähe die 1936 als Stahlkonstruktion mit Kastenträgern über sandsteinverkleideten Stahlbetonpfeilern erbaute, nach Sprengung 1945–52 rekonstruierte **Autobahnbrücke** (Göttingen–Kassel, H 55 m, L 416 m) über das Werratal.

Lit.: Slotta I; Haendler & Natermann (Firmenarchiv); Reclam V, NS; PreussenElektra.

Bad Münder am Deister-Klein Süntel NS (Hameln-Pyrmont/F6)

Nach Stillegung der Hohlglashütte wurde ihr im Kern erhaltener Glasturm aus dem 18. Jh., ein Fachwerkbau über quadr. Bruchstein-Sockelgeschoß, umgenutzt zu Wohnzwecken.

Bad Münster am Stein RP
(Bad Kreuznach/K3)

An schon im 15. Jh. erwähnten Solequellen wurde 1606 die **Saline** gegr., aus der 1905 das Heilbad entstand. Aus ihrer jüngeren Geschichte stammen weitgehend erneuerte Kunsträder, Gradierwerke am Naheufer und ein polygonaler Pumpenturm in Jugendstilfachwerk neben dem 1911 von Architekt Mühlbach, Freiburg, erbauten Bäderhaus. – Abweichend von Bad Kreuznach vertritt das in Quadermauerwerk errichtete **Stationsgebäude** des Bhf. M.-Ebernburg (Berliner Straße, B 48) an der am 15. 12. 1859 eröffneten Teilstrecke Kreuznach–Oberstein der Rhein-Nahe-Eisenbahn den traditionellen Rundbogenstil. – Über Feilbingert oder Niederhausen erreicht man den zum Besucherbergwerk ausgebauten **Schmittenstollen** der gleichnamigen ehem. Quecksilbergrube, deren Anfänge sich bis in das 16. Jh. zurückverfolgen lassen.

Lit.: Slotta I; Verkehrsverein M.-Ebernburg.

Münster (Münster/G3) NW

Wasserturm (Am Wasserturm). Der 1900–03 nach Planung von Stadtbaurat Merkens »Auf der Geis« in Werkstein errichtete Wasserturm für einen eisernen Stützbodenbehälter mit zylindrischem, lisenengegliedertem Schaft über oktogonalem Sockelgeschoß und Konsolgesims weit auskragender, von biforischen Rundbogenfenstern durchbrochenen Behälterummantelung mit Zinnenkranz unter gestaffeltem Kegeldach erinnert mit seiner romanischen Architektur an Wehranlagen des MA. Aus dem 13. Jh. stammt der *Buddenturm* (Münzstraße), ehem. Teil der Stadtbefestigung, auf dem 1880 ein Wasserbehälter von 500 cbm Fassungsvermögen installiert wurde. Nach Schäden im 2. Weltkrieg demontiert und durch ein Kegeldach ersetzt.

Max-Clemens-Kanal. Heute noch landschaftsprägend haben sich im N von M. (zwischen Greven und Wettringen-Maxhafen) Teile des 1724 unter Fürstbischof Clemens August begonnenen, jedoch nie vollendeten Kanals für eine Schiffsverbindung über die Vechte in die Niederlande erhalten, dem in der 2. Hälfte des 18. Jh. eine gewisse wirtschaftliche Bedeutung durch den Salztransport von der Saline in Rheine nach dem Salzmagazin in M. zukam.

M.-Gelmer/Gittrup

Dortmund-Ems-Kanal. In der Tradition antiker Aquädukte überquert der Dortmund-Ems-Kanal (1892–99) auf vier gemauerten Bögen (je 12,6 m li. W) in einem 18,6 m breiten, innen urspr. holzverschalten und bleigedichteten, außen mit Rundbogenfries gestalteten Trog aus Bruchsteinmauerwerk die bei mittlerem Pegel 14,5 m tiefer liegende Ems. Die Entwicklung der Technik verdeutlicht die 40 Jahre später fertiggestellte, nur wenige Meter entfernte Zweite Fahrt von 1933–39 in Stahlkonstruktion.

Lit.: ZBV 1899; Slotta I; Merkl 214; Reclam III, NW.

Münstertal BW
(Breisgau-Hochschwarzwald/O3)

Zum **Schaubergwerk** (Neuenweg, Gasthof »Neumühle«) hinter restauriertem Stollenmundloch (Schindlerstollen) ausgebautes, 1028 erstmals erwähntes Silberbergwerk mit verschiedenen Fördermaschinen.

Munderkingen (Alb-Donau-Kreis/O6) BW

Orig. erhaltenes **Empfangsgebäude** der Teilstrekke Ehingen–Riedlingen (Württ. Donaubahn, eröffnet 15. 6. 1870) aus Quadermauerwerk mit vierachsigem, zweigesch. Zwischentrakt, der Eingang durch Doppelbogen betont, zwischen schmalen giebelständigen, um ein Geschoß erhöhten Eckbauten. Charakteristisch für Zwischenstationen der Württ. Staatsbahn.

Mutterstadt (Ludwigshafen/L4) RP

Der 1930–32 auf quadr. Grundriß betonierte, in der Fassade durch übereck angeordnete Uhren akzentuierte **Wasserturm** (Waldstraße) der Pfälz. Mittelrheingruppe bildet mit äußerem, der Außenschale angepaßtem quadr. Flachboden- und innerem zylindrischen Stützbodenbehälter (beide aus Beton) eine aus statischen Überlegungen resultierende Sonderform (Ges.-H 50,6 m, Inhalt 530 cbm).

Lit.: Merkl 142.

Nachrodt-Wiblingwerde NW
(Märkischer Kreis/H 3)

Brenscheider Kornmühle. Ehem. landesherrliche Mühle im Nahmertal, 1593 erstmals erwähnt, 1839 privatisiert und seit 1893 mit Dampf betrieben. In dem zweigesch. Gebäude aus Bruchstein und Fachwerk komplettes Mahlwerk erhalten. – Etwa 300 m entfernt die **Brenscheider Ölmühle,** 1845 durch den Pächter der Kornmühle eingerichtet, mit erhaltenem Mahl- und Stampfwerk, oberschlächtigem Wasserrad und hölzernem Getriebe. – Im Lennetal südl. Letmathe *Fabrikanlage* (Reynolds Aluminiumwerke) in qualitätvollem Neoklassizismus, um 1910.

Lit.: Dpfl. NW/WF.

Nahrendorf-Breese am Seisselberge NS
(Lüneburg/D 7)

Kleines, heute als Kinderheim genutztes **Stationsgebäude** (Bhf. Göhrde) an der am 31. 12. 1874 eröffneten Strecke Hitzacker–Buchholz der Berlin-Hamburger Bahn, eine Kombination von Backsteinrohbau und Fachwerk mit Reminiszenzen an den Bahnhofsbau der 1860er Jahre. Ursprungsbau von 1874 durch spätere Umbauten leicht verändert.

Naila (OFr./Hof/J 9) BAY

Nach dem Rückgang des Bergbaus auf Eisen- und Kupfererze im 18. Jh. ließen sich in N. bedeutende Manufakturen nieder. Mit dem Anschluß an das Eisenbahnnetz am 1. 7. 1910 begann die Entwicklung zum Industriestandort, besonders gefördert durch die Ansiedlung von Schuhfabriken. Inzwischen stillgelegt die 1907 gegr. **Schuhfabrik Tamm** (Schleifmühlenweg) mit einer für die Entwicklung der Schuhmaschinen seit der Jahrhundertwende beispielhaften masch. Ausstattung in orig. Bausubstanz.

Nassau (Rhein-Lahn-Kreis/J 3) RP

Aus landschaftspflegerischen Gründen in der Tradition eiserner Hängekonstruktionen des 19. Jh. ausgeführte **Straßenbrücke** über die Lahn von 1926.

Bad Nauheim (Wetteraukreis/J 4) HS

N.s erstes, gleichzeitig mit der Strecke Friedberg–Butzbach (Main-Weser-Bahn) am 1. 12. 1850 eröffnetes **Bahnhofsgebäude** des romantischen Spätklassizismus erhielt kurz nach 1900 eine neue, durch Thermenfenster geprägte Eingangshalle und wurde im Zusammenhang mit der generellen Modernisierung der Preuß.-Hess. Staatseisenbahnen zwischen 1910 und 1915, verm. durch Armin Wegener (Frankfurt a. M.: Südbahnhof), in formaler Anlehnung an die 1905–11 in barockisierendem Jugendstil entstandenen Kurbadbauten grundlegend verändert. – Um die bereits seit röm. Zeit zur Salzgewinnung genutzten Solequellen entstand ab 1730 ein staatl. gelenkter **Salinenbetrieb,** der sich bis 1780 mit 100000 Jahreszentnern Salz zu Deutschlands größter Saline entwickelte, jedoch zu Anfang des 19. Jh. gegen die Konkurrenz des billigeren Steinsalzes nicht mehr bestehen konnte. Der Versuch, die Solequellen für Heilzwecke zu nutzen, war endgültig erfolgreich mit dem Auffinden des »Großen Sprudels« (1846) und dem Anbohren des »Friedrich-Wilhelm-Sprudels« (1852–55), durch die N. weltweite Bekanntheit als Heilbad erlangte. Dessen Kuranlagen konnten so 1905–11 unter Großhzg. Ernst Ludwig von Hessen-Darmstadt nach Planung von Wilhelm Jost einheitlich in barock gefärbtem Jugendstil (mit zumeist erhaltener Innenausstattung) erneuert werden. – Von barockem Geist auch die städtebauliche Konzeption, welche die beiden für die Stadt wichtigsten Baugruppen – den von Badehäusern gesäumten Sprudelhof und das Bahnhofsgebäude – axial durch eine Allee verbindet. – Ebenfalls von Jost die techn. Bauten des **Elektrizitäts- und Fernheizwerkes** (1905–06), der neuen Waschanstalt (1906–07) und der neuen Saline (1910–11) östl. des Bahnhofes in einer seinerzeit vielbeachteten Mischung aus Sachlichkeit und neoklassizistisch beeinflußtem Heimatstil. – An die Blütezeit der Saline im 18. Jh. erinnern neben den **Gradierwerken** die Türme der zur Solehebung errichteten, bis 1826 betriebenen, inzwischen flügellosen ehem. **Windmühlen,** auch die dem gleichen Zweck dienenden **Wasserräder** des am 1842–52 erbohrten Ludwigsbrunnens (Zanderstraße), angetrieben durch den Usabach, und der **Schwalheimer Wasserkunst** (N.-Schwalheim, Am Promenadenweg) von 1745–48 mit 170 m (von urspr. 886 m) erhaltenem Feldgestänge.

Lit.: ZBV 1909/11; IB 1910/11; Slotta I.

Bad Nauheim. Gradierwerk

Nebel (Amrum/Südtondern/A4) SH

Windmühlen-Museum mit reetgedeckter **Erdholländer-Windmühle** von 1771, der ältesten erhaltenen und betriebsbereiten Mühle in Nordfriesland. 1920 von Steert auf Windrose umgebaut. Eine weitere Mühle in Süddorf.

N.-Steenodde. Auf hoher Düne ein Leuchtturm (H 42 m) von 1872 in Backsteinrohbau mit einer 16-Feld-Linsenleuchte (Feuerebene 64 m über Wasserspiegel), eine der Attraktionen der Pariser Weltausstellung von 1872.

Lit.: Paul I, SH 2/3.

Neckarkanalisierung von Mannheim bis Plochingen BW (L4–N5)

Unter dem Druck der einheimischen Industrie, besonders der des Großraumes Stuttgart, die aus Gründen der Wettbewerbsfähigkeit einen Anschluß an die Rheinwasserstraße mittels eines leistungsfähigen, Rohstoffzufuhr wie auch Produktabsatz erleichternden und verbilligenden Schiffahrtsweges auf dem Neckar verlangte, beschäftigte sich bereits 1901 die württ. Abgeordnetenkammer mit einem Projekt, die 200 km lange Strecke zwischen Mannheim und Esslingen zu einem Großschiffahrtsweg für 600-t-Schiffe auszubauen. 1904 beschlossen die Anrainerstaaten Baden, Württemberg und Hessen die Ausarbeitung eines gemeinsamen Projektes zwischen Rhein und dem Oberwasser des Heilbronner Wehres über eine Entfernung von 117,5 km für Schiffe von 1000 t Ladefähigkeit. Verzögert durch den 1. Weltkrieg, waren endlich 1920 erstmals Mittel in Höhe von 10 Mio. Mark im außerordentlichen Haushalt bereitgestellt für ein unter dem württ. Präsidenten von Leibbrand durch Baurat Konz, den bad. Oberbaurat Kupferschmid und den hess. Baurat Ickes überarbeitetes Konzept für 34 Staustufen zwischen Mannheim und Plochingen für Schiffe von 80 m Länge, 10,25 m Breite, 2,3 m Tiefgang und 1200 t Tragfähigkeit. Nachdem der Neckar mit der neuen Verfassung aus der Verantwortung der Bundesstaaten 1921 an das Reich übergegangen war, reichten die unter dem Gesichtspunkt der Arbeitsbeschaffung bewilligten staatl. Mittel bei weitem nicht aus, das auf 12 Baujahre angesetzte Projekt zu finanzieren. Mit einem Aktienkapital von zunächst 300 Mio. Mark konstituierte sich deshalb am 1. 6. 1921 die Neckar-AG Stuttgart unter Beteiligung des Reiches, der betroffenen Länder und Gemeinden, der Industrie und der Banken.

Noch 1921 (in Untertürkheim bereits 1919) begannen die Bauarbeiten an sieben der inzwischen in der Gesamtzahl auf 26 verringerten Staustufen, bei denen die Verbesserung der Schiffahrtsverhältnisse besonders dringend war sowie die Ausführung wegen der Nutzung größerer Wasserkräfte schnellen wirtschaftlichen Nutzen versprach. Bei etwa gleichem Bauvolumen und techn. Einrichtung wurde bei der Ausführungsplanung besonderer Wert auf eine Anpassung der das romantische Neckartal durch ihre Größe beeinträchtigenden Staustufen und Kraftwerke an die Landschaft gelegt. So blieben die frühen, unter Einfluß von Paul Bonatz im Stil der Moderne errichteten Staustufen nicht nur Vorbild für die Nachkriegsbauten im Neckar, sondern auch lange Zeit für ähnliche Anlagen außerhalb Deutschlands. Nach kriegsbedingter Unterbrechung 1943 wurden die Bauarbeiten 1948 fortgesetzt. Als letztes Bauwerk der Nekkarkanalisation zwischen Mannheim und Plochingen ging nach fast einem dreiviertel Jahrhundert Beschäftigung mit diesem Projekt das Kraftwerk Obertürkheim am 15. 11. 1967 in Betrieb.

Ladenburg: 1925–27, 2 WW 45 m, 1 SW 36 m, 2 PT, 2 KT. – *Wieblingen:* 1921–25, 4 WW 27 m, 2 DSch 20 m, 4 FT, 1 KT. – *Heidelberg:* 1927–29, 5 WW 40 m, 1 KT. – *Neckargemünd:* 1929–31, 3 WW 35 m, 1 KT. – *Neckarsteinach:* 1929–31, 3 WW 35 m, 2 KT. – *Hirschhorn:* 1931–35, 3 WW 31,5 m, 2 KT. – *Rockenau:* 1931–33, 3 WW 30 m, 2 KT. – *Guttenbach:* 1933–35, 3 WW 30 m, 1 KT. – *Neckarzimmern:* 1933–35, 3 WW 30 m, 1 KT. – *Gundelsheim:* 1933–35, 2 WW, 1 Sch 35 m, 1 KT. – *Neckarsulm-Kochendorf:* 1921–25, 2 Sch und 2 DSch 17 m, 2 FT, 1 KT. – *Heilbronn:* 1950–52, 2 VSch und 1 VWSch 24 m, 2 KT. – *Horkheim:* 1927–29, 3 RSch 25 m, 2 KT. – *Lauffen:* 1938–43/1948–51, 3 DSch 29 m, 2 KT. – *Besigheim:* 1949–52, 2 VSch und 1 VWSch 22,6 m, 2 KT. – *Hessigheim:* 1949–52, 2 VWSch, 1 SchA 22,6 m, 2 KT. – *Pleidelsheim:* 1952–55, 3 RSch 18 m, 1 GASch 10 m, 4 FT. – *Marbach:* 1938–41/1953–55, 3 VWSch 24 m, 2 KT. – *Poppenweiler:* 1954–56, 3 VWSch 22 m, 2 KT. – *Aldingen:* 1936–39/1956, 2 VWSch 30 m, 1 KT. – *Hofen:* 1933–35/1955–57, 2 WW, 1 SWA 23,3 m, 2 KT. – *Cannstatt:* 1927–30/1956–58, 2 WW 38 m, 2 KT. – *Untertürkheim:* 1919–23/1955–58, 4 DSch 17 m, 1 KT, 4 FT. – *Obertürkheim:* 1921/1967. – *Oberesslingen:* 1927–29/1953–55, 2 VWSch und 1 VSch 17,5 m, 2 KT. – *Altbach:* 1933–35.

(SW: Segmentwehr, SWA: Segmentwehr mit Aufsatzklappe, WW: Walzenwehr, Sch: Schütz, DSch: Doppelschütz, ESch: Einfachschütz, GASch: Grundablaßschütz, RSch: Rollschütz, SchA: Schütz mit Aufsatzklappe, VSch: Versenkschütz, VWSch: Vollwandschütz, FT: Francis-Turbine, KT: Kaplan-Turbine, PT: Propeller-Turbine.)

Lit.: BW 1911; DB 1911; BZ Bad., Württ., Elsaß-Lothringen 1911; IB 1911; ZBV 1920; DB 1925; Die Neckarkanalisierung Abschnitt Marbach–Stuttgart, Stuttgart 1958.

Neckarsulm (Heilbronn/M 5) BW

Das durch seine Fahrzeugwerke bekannte N. besitzt mit dem **Empfangsgebäude** des Bahnhofes an der am 11. 9. 1866 eröffneten Teilstrecke Heilbronn–Jagstfeld der Unteren Neckarbahn ein gut erhaltenes Beispiel von Bahnhochbauten aus dem 2. Drittel des 19. Jh. Das zweigesch. Sandstein-Gebäude mit Attikageschoß öffnet sich mit fünfbogiger Arkade im Mitteltrakt vor der Eingangshalle zwischen Eckrisaliten mit gekuppelten Bogen- bzw. Rechteckfenstern unter einheitlich flachem Walmdach. – Westl. des Bahnhofs die im Zuge der →Neckarkanalisierung 1921–25 entstandene **Wehranlage** mit Segmentbogenbrücke über dem Schiffskanal und vier Wehröffnungen (je 17 m li. W), im Stil identisch mit der zeitgleichen Staustufe Wieblingen.

Neckartenzlingen (Esslingen/N 5) BW

Das verm. erste **Pumpspeicherwerk** (»hydraulisches Akkumulierwerk«, Hochreservoir in der Markung Altenriet) in Württ., 1914/15 nach Entwurf des Stuttgarter Büros von Phil. J. Manz erbaut, ersetzte ein bereits 1885 für die Baumwollspinnerei U. Gminder errichtetes Kraftwerk. Die drei Maschinensätze – Francis-Turbinen und Regler von Voith, Heidenheim; Erreger von der

Nenndorf. Ringofenziegelei

Maschinenfabrik Esslingen; Generator aus dem Sachsenwerk Niedersedlitz (Dresden) – heute noch in Funktion.
Lit.: Krins 198.

Nenndorf (Wittmund/C 3) NS

Die N.er Ziegelei arbeitet als einzige im Hartlinger Land erhaltene **Ringofenziegelei** heute noch mit Torffeuerung.
Lit.: Mende, 1990.

Nentershausen (Hersfeld-Rotenburg/I6) HS

Der seit 1460 im Richelsdorfer Gebirge urkundlich bezeugte **Kupferschieferbergbau** erlebte im Rahmen der Autarkiebestrebungen des Dt. Reiches eine letzte Blütezeit nach 1937 (Gründung der Kurhess. Kupferschieferbergbau GmbH als Tochter der Mansfeld AG), dokumentiert durch Tagesanlagen, die in ihrer architektonischen Qualität denen am Rammelsberg (→Goslar) nahekommen. Von basilikalem Querschnitt in Ziegelmauerwerk über hohem Betonsockel die noch expressionistisch in den Details beeinflußte Kaue des *Schnepfenbusch-Schachtes* (N.-Bauhaus, Landstraße nach Iba) von 1937–38. An modern vereinfachte Großformen romanischer Klosteranlagen erinnern das neue Fördermaschinenhaus, das Magazin und die Teufbaracke der ehem. Tagesbauten der unvollendeten *Reichenbach-Wetterschachtanlage* (SO von N.-Weißenhasel). Die funktionale Strenge zeitgenössischer Kasernenbauten vertritt die Architektur des ehem. Verwaltungsgebäudes der 1955 liquidierten *Hessenhütte,* Zentralaufbereitung und Hütte für den Richelsdorfer Kupfererzbergbau nach 1937, am Brodberg bei Sontra.
Lit.: Slotta IV,1.

Nettersheim (Euskirchen/J 1) NW

Im Urfttal (Grafschaftsgasse, Römerplatz) **Kalkofen-Doppelanlage** auf quadr. und kreisförmigem Grundriß aus der Mitte bzw. 2. Hälfte des 19. Jh.

Neubulach (Calw/N 4) BW

Der Bergbau auf Silbererze kann bereits für das 13. Jh. nachgewiesen werden. Mit dem von König Ludwig von Bayern am 24. 11. 1322 dem Grafen Burkhard von Hohenberg verliehenen Bergregal wurde er aktenkundig und nach Zerstörung des **Bergwerkes** im Bauernkrieg 1525 in den folgenden Jahrhunderten mit wechselndem Erfolg betrieben. Wurden während des MA und der frühen Neuzeit ausschließlich Silber-Kupfererze abgebaut, verlagerte sich das Interesse im 20. Jh. auf die bis dahin als wertlos erachteten Wismuterze der Halden. Nach Zerstörung der Aufbereitungsanlagen infolge des 2. Weltkrieges wurde der Hella-Glück-Stollen 1968 als *Besucherbergwerk* wiedereröffnet. An die Bergstadt Bulach erinnern neben Besucherstollen, Schächten und Pingen vor allem die qualitätvollen Baudenkmäler von Bergvogtei, Silbertor und Bergkirche mit auf den Bergbau bezogenen Grabsteinen.

Lit.: Slotta IV,2.

Neuburg an der Donau-Rohrenfeld BAY (OB/Neuburg-Schrobenhausen/N 8)

Kleiner **Wasserturm** von 1904 auf quadr. Grundriß in Eisenbeton-Skelettkonstruktion mit Backsteinausfachung unter steilem Zeltdach für einen 50 cbm Flachbodenbehälter nach Planung von Brenner und Blumrich, kgl. Wasserversorgungs-Bureau.

Lit.: DB Mitt. 1905.

Bad Neuenahr-Ahrweiler RP (Ahrweiler/J 2)

Mit Rücksicht auf den Fremdenverkehr erhielten die beiden **Stationsgebäude** in N. und A. an der am 17. 9. 1880 eröffneten Ahrtalbahn eine vom Standard abweichende individuelle Gestaltung in retardierenden Formen eines gotisierend romantischen Spätklassizismus nach Entwurf von Josef Seché, Köln.

Lit.: ABZ 1887; WAI 1881.

Neuenburg am Rhein BW (Breisgau-Hochschwarzwald/O 3)

Nach Zerstörung im 2. Weltkrieg wurde die für die Verbindung Müllheim–Mulhouse (Mühlheim im Elsaß) 1876–78 unter Leitung der Ing. Kern und Kräuter gleichzeitig mit den Brücken in Alt-Breisach (1874–77) und Hüningen (1875–78) gebaute **Eisenbahnbrücke** als Straßenbrücke unter Verwendung eines Fachwerkträgers der Breisacher Brücke wiederhergestellt. Die urspr. Brücke besaß drei Stromöffnungen von je 70 m und beidseitig je zwei Flutöffnungen von je 27 m li. W bei einer Gesamtlänge von 367,04 m. – Der **Wasserturm** (Baseler Straße) von 1901 entspricht in Konstruktion und Form mit leicht eingezogenem Kegelstumpf des Ständers in Sichtmauerwerk und Sandstein-Gurtgesimsen, Eisenfachwerk auf parabelförmigen Eisenkonsolen für den Mantelzylinder des Intze-Behälters und Polygon des flachen Zeltdaches dem um die Jahrhundertwende gängigen Typ kleiner Hochbehälter.

Lit.: DB 1878; ZBW 1885.

Neuenrade (Märkischer Kreis/H 3) NW

Auf Gut Berentrop rekonstruierter **Rennofen** an ma. Verhüttungsplatz als charakteristischer Typ der im Märk. Kreis zahlreich anzutreffenden Schmelzstätten. Der Rennofen (auch Rennfeuer) stellt die wohl ursprünglichste Art der Eisenerzeugung dar: Erweichung des Erzes durch Holzkohleverbrennung in Rinnen oder Erdgruben zu einer teigigen Masse, der sog. Luppe, die durch mehrfaches Erhitzen und Hämmern von Verunreinigungen befreit und in schmiedbares Eisen umgewandelt wurde.

Neuhof (Fulda/J 6) HS

Weitgehend dem orig. Entwurf im Äußeren entspricht das spätklassizistische **Empfangsgebäude** (→Wächtersbach, Bad Soden-Salmünster, Flieden, →Steinau a. d. Straße) auf dem Bhf. N. der am 1. 7. 1868 eröffneten Strecke Fulda–N. der Bebra-Hanauer Eisenbahn, der mit der Einführung der wichtigen Verbindung nach Süden über Elm–Gemünden (6. 5. 1872) zusätzliche Bedeutung erhielt. – Die Abraumhalde des **Kaliwerkes**

N.-Ellers der Kali und Salz AG (Wintershall Konzern) bildet eine weithin sichtbare Landmarke. Nach Gründung der Gewerkschaft Kaliwerke N.-Fulda 1905 mit Sitz in Berlin erschwerten Probleme bei den Abteufarbeiten zunächst die Entwicklung. Im Zusammenhang mit den Konzentrationsmaßnahmen in der dt. Kaliindustrie wurden die verbundenen Schachtanlagen N. und Ellers 1926 stillgelegt, 1935–45 als Munitionsanstalt genutzt und erst nach dem 2. Weltkrieg erneut für die Kaliproduktion mit zahlreichen Neu- und Umbauten eingerichtet. Heute eines der drei größten kaliproduzierenden Unternehmen in den alten Ländern der Bundesrepublik. Die wenigen aus der Frühzeit erhaltenen Bauten in anspruchsvoller, von Spätklassizismus und Backsteingotik beeinflußter Architektur.

Lit.: Slotta III.

Neumünster (Neumünster/B/C 6) SH

Charakteristischer **Intze-Wasserturm** (H 48 m) mit einem sich zum Behälterauflager hin verjüngenden Schaft und weit auskragendem zylindrischen Kopf in ausgemauerter Eisenfachwerk-Konstruktion für einen Intze-I-Behälter (950 cbm), erbaut um 1895.

Lit.: Merkl 84.

Neunkirchen (Neunkirchen/L 2) SL

Ehem. Hochofenwerk der **Neunkircher Eisenwerk AG vorm. Gebr. Stumm** (Saarbrücker Straße). Eisenschmieden und Kohlengruben im Raum N. (Sinnerthal) wurden erstmals 1431, bei sicher bereits früherer Tätigkeit, erwähnt. Aus der ab 1539 in N. produzierenden Hütte entwikkelte sich, besonders unter den Gebr. Stumm, die 1806 das Werk erwarben, das spätere Großunternehmen, welches nach einem letzten Umbau der Hochofengruppe in den 1960er Jahren 1982 die Roheisenerzeugung endgültig einstellte. Dem Abriß der Betriebsanlagen entgingen der *Hochofen II* (Inbetriebnahme 1969 nach Vergrößerung des Gestelldurchmessers, letzte Zustellung 1977) mit zwei von drei Winderhitzern (Cowper), *Hochofen VI* (Inbetriebnahme und letzte Neuzustellung 1976, einziger bislang unter Denkmalschutz stehender moderner Hochofen in Deutschland) mit drei Winderhitzern, die *Alte Gebläsemaschinenhalle* von 1902–03 und ein *Wasserturm* in Stahlfachwerk-Konstruktion mit geschlossenem Barkhausenbehälter. Am Rande des Werksgeländes (Königstraße) sechs eingeschoss. *Meisterhäuser* von 1892. – An den Kohlebergbau in N. erinnert das Fördergerüst der 1821–1968 betriebenen **Grube König** (Am Blücherflöz). – In der ehem. **Grube Heinitz** (N.-Heinitz, Holzhauerthalstraße), gegr. 1847 und stillgelegt 1962, wurde 1905 das erste Kraftwerk im Verwaltungsgebiet der preuß. Bergverwaltung zur Elektrizitätserzeugung aus Koksgas eingerichtet. Für die Gasmaschinen entstand eine langgestreckte, durch übergiebelte Risalite akzentuierte Halle (1920 erweitert), deren in Korbbögen endende Eisenfachwerk-Konstruktion, über den Stützen mit Fialen geschmückt, die Fassaden bestimmt. Heute Zentralstation der Grubengasentsorgung für die noch betriebenen Schachtanlagen mit drei Elektro-Kompressoren (Dingler, Zweibrücken, bzw. Maschinenbau-AG, vorm. Erhardt & Sehmer, Zweibrücken) von 1937. – Das Mundloch des am 12. 7. 1847 angehauenen **Heinitz-Stollens** befindet sich heute in einer Grünanlage (Stollenstraße) in N.-Heinitz-Dechen. – Westl. des Bhf. N.-Wellesweiler überquert die zwischen Bexbach und preuß. Grenze bei Neunkirchen am 15. 9. 1850 eröffnete Teilstrecke der Pfälz. Ludwigsbahn die Blies zweimal auf steinernen, zur Streckeneröffnung fertiggestellten **Bogenbrücken.** – In der am 26. 5. 1860 eröffneten Strecke Oberstein–N. unterfährt die Rhein-Nahe-Bahn (Saarbrücker Eisenbahn) N.-Wiebelskirchen (Tunnelstraße) in einem **Tunnel** mit solide gestalteter Portalarchitektur. – Über dem Annaschacht (Schiffweilerstraße) der seit der Mitte des 19. Jh. ausgebauten, 1966 stillgelegten **Grube Kohlwald** in N.-Wiebelskirchen ein Fördergerüst, verm. aus den 1950er Jahren.

Lit.: Slotta; Dpfl. SL; ZBW 1861.

Neuss (Neuss/H 2) NW

Wasserturm (Mühlenstraße). Durch Erhöhung eines im 13./14. Jh. auf der Stadtmauer errichteten, als Windmühle bis 1849 betriebenen Befestigungsturmes 1891 in Ziegelmauerwerk für die städt. Wasserversorgung entstand der Wasserturm für einen Hängebodenbehälter von 415 cbm Fassungsvermögen. Über auskragender

Galerie oktogonale Behälterverkleidung in Schiefer.
In der Büdericher Straße Betriebs- und Verwaltungsbauten des Schlachthofes vom Ende des 19. Jh. bzw. Anfang des 20. Jh. mit Verwaltung und Wasserturm in Jugendstilformen.
Lit.: Slotta I; Dpfl. NW/RL.

Neustadt (Marburg-Biedenkopf/I5) HS

Bahnhof. Spätklassizistisches *Empfangsgebäude* an der am 4. 3. 1850 eröffneten Strecke Treysa–Kirchhain der Main-Weser-Bahn in dreifach abgestuft-symmetrischer Baukörpergliederung mit turmartig überhöhtem Mittelrisalit.

Neustadt bei Coburg (OFr./Coburg/J8) BAY

● **Gasbehälter.** Nachdem bereits seit 1865 ein privat betriebenes Gaswerk in N. existierte, ließ die Stadt zur Eigenversorgung 1874 durch die Thür. Gasges. Leipzig eine städt. Gasanstalt bauen, die ab 1922 nach Erweiterung auf 12 Mio. cbm Jahresleistung (ca. 60 km Ferngasleitung) als Ferngaswerk Franken-Thüringen GmbH, betrieben von den Kommunen N., Sonneberg und Lauscha sowie der Thür. Gasges. Leipzig, eine zentrale Funktion bei der Energieversorgung Südthüringens und einiger Teile Oberfrankens übernahm. Der heute, nach Einstellung der Eigengasproduktion 1964, als Zwischenspeicher der Ferngasversorgung dienende Scheibengasbehälter (56000 cbm, Dm. 35,0 m, H 63,0 m) wurde 1913–14 zur Versorgung von Luftschiffen mit Wasserstoff in Berlin-Staaken errichtet und 1925 mittels 75 Eisenbahnwaggons transloziert. Er gehört trotz kriegsbedingter Reparaturen zu den wenigen aus der Zeit vor dem 1. Weltkrieg stammenden, weitgehend orig. erhaltenen Exemplaren seiner Gattung.
Lit.: Christof Heil.

Neustadt am Rübenberge NS
(Hannover/F6)

Aus einem 1749 von der Leine abgezweigten Mühlkanal unterhalb der Brücke entstand 1752 oberhalb der Mühlenfreiflut eine **Schiffsschleuse** aus Sandsteinmauerwerk mit hölzernen (erhaltenen) Schleusentoren. In der Schleusenkammerwand ein Quader mit dem Monogramm König Georgs III. (G III R). – In N.-Dudensen eine funktionsfähig restaurierte, verm. aus dem 17. Jh. stammende, 1827 aus Twistringen versetzte **Bockwindmühle** (Speckwiesen).
Lit.: Slotta I; Dpfl. NS.

Neustadt an der Weinstraße RP
(Neustadt/L4)

Bereits 1836 konstituierte sich in Saarbrücken ein Komitee mit dem Ziel, der Saarkohle mittels einer **Bahnverbindung** nach Ludwigshafen (Rheinschanze) bessere Absatzmöglichkeiten zu verschaffen. Nach Planung von Paul C. v. Denis konnte der erste Streckenabschnitt Rheinschanze–N. am 11. 6. 1847 (Pfälz. Ludwigsbahn) eröffnet werden. Zwei Jahre später (25. 8. 1849) folgte die Weiterführung Richtung Kaiserslautern bis Neidenfels durch die gleiche Gesellschaft. Mit dem Ausbau zum Kreuzungspunkt durch die Eröffnung der NS-Linie von Landau (18. 7. 1855, Pfälz. Maximiliansbahn) und von Dürkheim (6. 5. 1865, Neustadt-Dürkheimer Eisenbahn, ab 1. 1. 1870 Pfälz. Eisenbahnen) erhielt N. spätestens 1866 ein größeres, spätklassizistisches *Empfangsgebäude* in der seit den 1840er Jahren für Hauptbahnhöfe üblichen Baukörperdifferenzierung in Mittel- und Eckpavillons, verbunden durch niedrigere Zwischentrakte. Umbau kurz vor 1900 mit Walmdach über dem Eingangspavillon und Einbau einer Holzkassettendecke im Empfangsbereich. Noch von 1847 stammt der zweiständrige langgestreckte, heute als Eisenbahnmuseum genutzte *Lokschuppen* in Formen des Rundbogenstils. – Nach techn. Planung von Georg J. Lehr und architektonischem Entwurf von Reg.-Baurat Bossert, Reichsneubauamt N. (a. d. Haardt, heute N. a. d. Weinstraße) erhielt 1923–24 die neu erbaute **Kaserne** (Kasernenstraße) einen auf quadr. Grundriß als Skelettkonstruktion betonierten, insges. verputzten *Wasserturm* (Ges.-H 33,95 m) für einen Betonflachbodenbehälter (100 cbm) im Geschmack eines Reformklassizismus vor dem 1. Weltkrieg. – Von einfacher Neorenaissance die Eingangsbauten des städt. **Schlachthofes** (um 1905; Schlachthofstraße). – In den 1950er Jahren erneuerter Teleskopbehälter (bei älterer Führungskonstruktion) der städt. **Gaswerke** (Spital-

bachstraße). – An der B 39 Richtung Kaiserslautern **Papierfabriken** mit Arbeiterwohnhäusern und Kleinkraftwerken.
Lit.: DB 1925; Slotta I; Custodis.

Neu-Ulm (Schw./Neu-Ulm/N 6) BAY

Wasserturm (Kollmannspark). Auf dem ehem. Kriegspulvermagazin II 1898–1900 in neobarocken Formen errichteter Turm für einen Intze-Behälter der BAMAG, Berlin, mit 350 cbm Nutzinhalt (max. Wasserspiegel 33,5 m ü. Gelände). Über der Plattform des Sockelgesch. leicht verjüngter zylindrischer Schaft aus verputztem Stampfbeton mit repräsentativer Portalarchitektur. Der über kräftigem Wulstgesims auskragende oktogonale Behälter in ausgemauerter Eisenkonstruktion, gegliedert durch Eckpilaster und übergiebelte Bogenfenster unter polygonal gebrochener Kuppel mit Laterne.
Lit.: Merkl 210.

Neuwied (Neuwied/J 3) RP

In der für Intze-Behälter typischen Form mit konischem Schaft und über Bogenkonsolen auskragendem Behälterteil 1900 fertiggestellter **Wasserturm** (N.-Engers, Am Wasserturm).

Nidda-Bad Salzhausen HS (Wetteraukreis/J 5)

Die seit dem MA bekannten Salzquellen, 1466 erstmals erwähnt, ab 1592 von der Familie Krug ausgebeutet, gelangten 1729 durch Kauf an die Landgrafen von Hessen-Darmstadt zurück. 1776 Neubau eines **Salzwerkes** und 1826 Einrichtung eines **Solbades.** Im Kurpark der dem Odeon in Frankfurt a. M. (1816, A. F. Kayser) ähnliche klassizistische ehem. *Tanzsaal* von Georg Moller, um 1827. Aus dem letzten Viertel des 18. Jh. das ehem. *Betriebsgebäude* der Saline (Kurstraße) aus zwei, durch eingesch. Trakt verbundenen Pavillons unter hohen Mansarddächern. Aus Schwalheim (→ Bad Nauheim) stammt ein zum größten Teil rekonstruiertes *Wasserrad* im Kurpark. Dort (Quellenstraße 10) auch der oktogonale *Brunnenturm* des 18. Jh. mit Flügelbauten um 1915 (Trinkhalle, Konzertsaal). Sehenswert neben dem Fachwerk des Pumpenhauses (Quellenstraße 5) um 1825 die nach hist. Vorbild rekonstruierte Umlenkmechanik der *Wasserkunst,* benachbart das spätbarocke ehem. Dir.- und Verwaltungsgebäude, erbaut um 1760. – Am W-Rand des Kurgartens das **Stationsgebäude** an der Strecke Beienheim–N. (eröffnet 1. 10. 1897) in neoklassizistisch geprägter Holzständerbauweise, um 1905, ähnlich dem Bhf. Saalburg.
Lit.: Slotta I; Dpfl. HS.

Niederdreisbach RP (Altenkirchen/Westerwald/I 3)

Südl. von Betzdorf hat sich mit dem **Hochofen** der 1728 gegr. Grünebacher Hütte bei N. der älteste Zeuge der seit dem MA florierenden Eisenverhüttung im rheinl.-pfälz. Siegerland erhalten. 1963 stillgelegt.
Lit.: Custodis.

Niederstotzingen (Heidenheim/N 7) BW

Pumpwerk der Landeswasserversorgung. Gezwungen durch akuten Wassermangel, realisierte die Landeshauptstadt gemeinsam mit den Städten und Gemeinden des Großraumes Stuttgart 1912–17 ein bereits 1909 von dem Staatstechniker für das öffentl. Wasserversorgungswesen, Oberbaurat Groß in Stuttgart, ausgearbeitetes Projekt für die Wasserversorgung aus der Donauniederung nördl. Ulm mittels einer etwa 120 km langen Wasserleitung über die Alb. Der Hebung des Wassers über die europäische Wasserscheide zwischen Rhein und Donau dient das 1917 in Betrieb genommene Pumpwerk N. Zweigesch. Kopfbauten für Reserveanlage und Schalthaus begrenzen das quergestellte Pumpenhaus, dessen Fassade polygonaler Eingangspavillon und rückseitig apsidial der Halbzylinder für den Saugwindkessel zentrieren. Den in der Gesamtkonzeption barocken Schloßanlagen nachempfundenen zweigesch. Baukomplex unter biberschwanzgedecktem Mansarddach gliedern schmale Gesimsbänder; die gleichmäßig verteilten Fenster trennen flache Pilaster. Das Innere des Pumpenhauses besticht durch eine feingliedrige, zurückhaltend neoklassizistisch dekorierte Betonarchitektur. Die techn. Anlagen wurden mehrfach modernisiert; museal blieb eine AEG-

Pumpe von 1926 erhalten; 2 Siemens- und 1 AEG-Pumpe aus den 50er Jahren dienen als Reserve.

Lit.: ZBV 1918; Trinkwasser von der Landeswasserversorgung. Hrsg. vom Zweckverband Landeswasserversorgung, Stuttgart o. J.

Nienburg (Nienburg/Weser/E 5) NS

Nach Entwurf von Leithäuser, Kassel, 1912–13 für einen geschlossenen Barkhausen-Behälter (750 cbm) errichteter, 1989 zu Wohnnutzung umgebauter **Wasserturm** (Triemerstraße) mit zylindrischem, durch tiefe Pfeilervorlagen unter Betonringanker gestaltetem Schaft in Sichtmauerwerk. Über dem ebenfalls zylindrischen Kopf geschweifte Kupferhaube. – Etwa 150 m entfernt der **Bahnwasserturm** von 1910. Sein Kugelbehälter mit Stützboden ruht über massigem, mit gekuppelten Fenstern und Lisenenrahmen romanisch beeinflußtem konischen Schaft. – Im Stadtteil Leintor sog. **Vereins-Windmühle** von 1847 als Erdholländer in Sichtmauerwerk.

Lit.: Merkl 279; Dpfl. NS.

Nienstädt. Sog. Bienenkorb-Koksofen

Nienstädt (Schaumburg/F 5) NS

Nach 1793 wurde im schaumburg-lippischen Kohlengebiet (Abbau seit dem 16. Jh.) der in England entwickelte Steinkohlebackofen zur Koksgewinnung eingeführt, nach dessen Verkokungsprinzip auch der ca. 5 m hohe, zylindrische, durch halbkugeliges Gewölbe geschlossene **Bienenkorb- oder Koksbackofen** (Bahnhofstraße, im Schulgelände) arbeitete. Verm. im letzten Drittel des 19. Jh. aufgemauert.

Lit.: Slotta I; Mende, 1990.

Nonnweiler-Braunshausen SL (St. Wendel/L 2)

Mariahütte (Karl-Diehl-Straße). Den Ausgang der 1722 gegr. Eisenhütte bildete ein um 1580 im Erz- und Eisenhüttengebiet des Hochwaldes eingerichtetes *Hammerwerk.* Es war nacheinander im Besitz der Vögte von Hunolstein (17. Jh.), der Familien des belg. Unternehmers d'Hauzeur (1699), des Trierer Ratsschöffen Gottbill (1764) und der Gebr. v. Beulwitz, die um die Mitte des 19. Jh. durch Umstellung der Produktion auf Gußwaren das durch veränderte ökonomische Verhältnisse (Eisenbahnbau im Saartal, Saarkohlekanal, Stein- statt Holzkohle) rasch fortschreitende Hüttensterben überlebten. Erhalten einige Werkgebäude des frühen und späten 19. Jh.: das im 19. Jh. umgebaute *Herrenhaus* des 18. Jh., eine ovale *Kapelle* der Susanne v. Beulwitz von 1836 und *zwei Madonnen* (Holz, 18. Jh., und Sandstein mit Initialen: A. C. Gottbill, von 1765), das sog. *Eulenhaus* (Remise) aus dem 18. Jh., ein aus der eigenen Gießerei stammender klassizistischer *Brunnen* der 1. Hälfte des 19. Jh., das *Gasthaus* für Arbeiter und Beamte und eine kleine *Werksiedlung* von 1906. Heute metallverarbeitender Betrieb.

Lit.: Slotta I; Dpfl. SL; Reclam VI, SL.

Norden (Aurich/C 3) NS

Das **Fredericiussiel-Addingaster Siel** (Nähe Deichmühle) wurde als Entwässerungssiel zur Gewinnung des Süderneu- und Addingasterlandes 1593–98 als Backsteingewölbe mit skulptierter Sandsteinbekrönung errichtet. Letztes erhaltenes Sielbauwerk aus dieser Zeit. – Kompromißlos funktional wirkt der 1939 in Sichtmauerwerk auf quadr. Grundriß errichtete **Wasserturm** (Alleestraße). – An die seit dem 14. Jh. bekannte Hafen- und Handelsstadt erinnern das 1808 von Bürgermeister Peter F. Conerus in der Heringstraße 4 erbaute Speichergebäude und ein weiteres Am Hafen (dat. MDCCCLVII [= 1857]). – Die Existenz der 1900 als Ersatz einer Bockwindmühle als viergesch. Galerieholländer errichteten **Deichmühle** läßt sich bis in das 13. Jh. zurückverfolgen. Die mit 28,5 m dritthöchste Mühle Ostfrieslands dient nach der Restaurierung als Museumsmühle.

Lit.: Dpfl. NS.

Nordenham (Wesermarsch / D 4) NS

Nach Entwurf von Albert Köhler, Oldenburg, 1906–07 im Auftrag der Großhzgl. Oldenb. Eisenbahnverwaltung für einen Intze-Behälter mit innerem Durchstieg (1000 cbm) errichteter **Bahnwasserturm** (Am Wasserturm) mit oktogonalem Schaft und gestuft auskragendem Kopf in Backstein über urspr. gequadertem, heute verputztem Sockel. In der Portalkartusche Fische, in der Bogenlaibung Muscheln als ornamentaler Schmuck. Ab 1950 genutzt durch den Oldenb.-Ostfries. Wasserverband, 1973 durch Wasserreservoir im Rathaus ersetzt. – Benachbart die Anlage der **Norddt. Seekabelwerke** mit qualitätvoller Industriearchitektur von Jugendstil bis Neoklassizismus, das Verwaltungsgebäude von 1905. – Die 1903–04 auf dreigesch. Sockel erbaute **Windmühle** in N.-Abbehausen-Moorsee gehört zum Typ des eckig taillierten Galerieholländers.

Lit.: SBH 1910; Slotta II; Dpfl. NS.

Norderney (Aurich / C 3) NS

Leuchtturm von 1870–74 (H 53,6 m, Leuchtfeuer 60,75 m ü. NN) in Backsteinmauerwerk mit oktogonalem Schaft über quadr., durch Lisenen gegliedertem Postament. – Das **Seezeichen** am Alten Kap, ein auf die Spitze gestelltes gleichseitiges Dreieck aus Holz auf einem sechseckigen, durch polygonale Eckpfeiler akzentuierten, von Rundbogen durchbrochenen Sockelbauwerk aus Backstein, stammt von 1907. – Die **Windmühle Seldenrüst,** ein eingesch. Galerieholländer von 1862, ist das einzige Beispiel dieser Art auf den ostfries. Inseln.

Lit.: Slotta I; Dpfl. NS.

Nordhorn (Grafschaft Bentheim / F 2) NS

Seit dem 17. Jh. bis zum Ausbau der Ems blühender Umschlagplatz für die Schiffahrt mit Kanalverbindungen des 19. Jh. nach Almelo (Niederlande) und zur Ems. Am Abstieg zur Vechte die **Doppelschleuse Moorstiege** (Seeuferstraße) von 1887–88. – An die Bedeutung der Textilindustrie (1896 Monopolstellung in der Buntweberei) erinnert der Treppen-, Staub- und Wasserturm (sog. Spinnweberturm, Zentrum Süd) der ehem. **Spinnerei und Weberei Porel** von 1906 in einer von der norddt. Backsteingotik beeinflußten Architektur. – Expressionistisch geprägt der Hochbau der **Ringspinnerei von Niehus & Dütting** (NINO) mit markantem Eckturm aus dem Büro von Phil. J. Manz, Stuttgart, zusammen mit Jean Florade, Düsseldorf, von 1927–28.

Lit.: Dpfl. NS; Mende, 1990.

Nord-Ostsee-Kanal (C 5 – D 7) SH

● Projekte, mittels eines künstlichen Wasserweges zwischen Ost- und Nordsee die gefährliche Fahrt um die dän. Halbinsel zu vermeiden, wurden seit dem 14. Jh. mehrfach erwogen, zur Ausführung kamen bis in das 19. Jh. der → Stecknitzkanal (1391–98), der Alster-Trave-Kanal (1525) und der → Eiderkanal (1777–85). In der 2. Hälfte des 19. Jh. lebte der Kanalgedanke auf preuß. Betreiben ernsthaft wieder auf. Nachdem bereits 1864 der preuß. Geh. Ober-Baurat Lentze den Auftrag zur Ausarbeitung eines neuen Kanalprojektes erhalten hatte, dessen Realisierung der Krieg von 1866 verhinderte, führte ein von dem Hamburger Reeder H. Dahlström 1878 initiiertes, von dem Wasserbauinsp. Boden in dessen Auftrag überarbeitetes Projekt zum Reichsgesetz vom 16. 5. 1886 zur Erbauung eines auch für die dt. Kriegsflotte geeigneten Kanals von der Elbemündung bei Brunsbüttel über Rendsburg nach der Kieler Bucht. Wegen der militärischen Bedeutung erklärte sich Preußen bereit, von den geschätzten 156 Mio. Mark Gesamtkosten zur Beschleunigung des Projektes bereits im voraus und ohne Verzinsung 51 Mio. Mark zur Verfügung zu stellen.

Noch im Beschlußjahr 1886 nahmen die der Kaiserlichen Canalcommission unterstellten Bauämter in Brunsbüttel, Burg, Rendsburg und Kiel die Arbeit auf. Am 3. Juni 1887 (Grundsteinlegung in Kiel-Holtenau durch Kaiser Wilhelm I.) begannen die Arbeiten am Kanal. Dieser durchschneidet von Brunsbüttel aus zunächst die z.T. unter dem Kanalwasserspiegel liegende Marsch, überquert bei Grünenthal die 25 m hohe Wasserscheide zwischen Elbe und Eider und erreicht schließlich bei Wittenbergen die Niederung der Eider, vor deren Hochfluten geschützt durch einen Damm. Der Kanal folgt nun dem Eidertal, umgeht Rendsburg im S und benutzt nach Verlassen der oberen Eiderseen den vielfach begradigten Streckenverlauf des alten Eiderkanals, um bei Kiel-Holtenau in die Ostsee zu münden. Hier am Ort der Grundsteinlegung eröffnete am 21. 6. 1895 nach achtjähr. Bauzeit Kaiser Wilhelm II. die als Jahrhundertbauwerk gerühmte Wasserstraße (Kaiser-Wilhelm-Kanal).

Zum Ausgleich der unterschiedlichen Wasserstände in Elbe und Ostsee erhielt der 98,729 km lange Kanal an seinen Endpunkten in →Brunsbüttel und →Kiel-Holtenau Doppelschleusen mit zugeordneten Binnenhäfen, dem Binnenschiffahrtsverkehr dienen eine Reihe kleinerer Schleusenanlagen u. a. am Bütteler Entwässerungskanal und am Burgeraukanal. Den urspr. auf 22 m Sohlenbreite, 64 m Wasserspiegelbreite bei 8,5 m Tiefe ausgelegten, bereits 1909–14 mit einem Aufwand von 223 Mio. Mark auf 44 m Sohlenbreite, 102,5 m Wasserspiegelbreite und 11 m Tiefe erweiterten Kanal überqueren etliche Bahnlinien und Straßen auf Brückenbauwerken von 42 m li. Durchfahrtshöhe, die zu den Meisterwerken der Ingenieurbaukunst der Jahrhundertwende zählen, heute jedoch in ihrer Existenz hochgradig durch weiteren Ausbau des Kanals gefährdet (→Kiel-Holtenau, Prinz-Heinrich-Brücke), wenn nicht schon zerstört sind (Hochbrücke bei Grünenthal, 1889–92, Sichelbogen, L 161 m). Noch erhalten blieben bislang die Hochbrücken bei →Hochdonn, →Rendsburg (kombiniert mit Schwebefähre) und →Kiel-Suchsdorf (Levensauer Hochbrücke).

Lit.: BingZ 1900/01; DB 1884/1907/13; VDI 1894; ZBV 1886/87/89/91/95/1907/13/14; Paul I, SH 141; Slotta I.

Nordstemmen (Alfeld/F 6) NS

Durch die Hann. Staatsbahn an der Zusammenführung der Strecken Hannover–Alfeld (1. 5. 1853) und N.–Hildesheim (15. 9. 1853) errichtetes **Empfangsgebäude** (ähnl. →Elze) in Insellage mit markantem Eingangsrisalit im Stil des romantischen Spätklassizismus.

Nürnberg (MFr./Nürnberg/L 8) BAY

Im Schnittpunkt wichtiger Fernstraßen gelangte die um 1040 gegr. Stadt durch Handel und Gewerbe, bes. die Metallverarbeitung, rasch zu Wohlstand unter einem starken Patriziat. Das um 1350 endgültig reichsunmittelbar gewordene N. bestimmte Karl IV. zur Stadt des ersten Reichstages eines jeden Königs. Dem wirtschaftlichen Niedergang nach dem Ende des 30jährigen Krieges folgte erst nach der Eingliederung in das Königreich Bayern 1806 ein neuer Aufschwung mit einer durch den Bau der ersten dt. Eisenbahn 1835 verstärkt geförderten Industrieansiedlung (Maschinenbau, Elektrotechnik). Schonender Wiederaufbau nach schwerer Zerstörung im 2. Weltkrieg.

Bahnanlagen. An den Beginn des dt. Eisenbahnwesens mit der am 7. 12. 1835 zwischen N. und Fürth eröffneten Ludwigseisenbahn (eingestellt am 31. 12. 1922) erinnert das 1890 enthüllte **Eisenbahndenkmal** (heute Fürther Straße / Abfahrt Frankenschnellweg), gegossen von Christoph Lenz nach Entwurf von Heinrich Schwabe. – Bei der generellen, zwischen 1892 und 1910 durchgeführten Umgestaltung des N.er Bhf. mit Verlegung des Rangierbhf. in den südl. der Stadt gelegenen »Reichswald« entstand neben zahlreichen Hoch- und Brückenbauten 1903–06 das monumentale, nach Kriegszerstörung vereinfacht wiederaufgebaute und im Inneren modernisierte **Empfangsgebäude** des Hbf. nach Entwurf des im Bahnhochbau erfahrenen Architekten Karl Ritter v. Zenger. »Das in den Formen der Hochrenaissance durchgebildete, von Kuppeln überragte, mächtige Gebäude von klarster Grundrißanlage und solidester Bauweise« (SBZ 4, 1905, S. 33) erschloß über drei der zentral überhöhten Eingangshalle und den Seitenpavillons zugeordnete Personentunnel getrennt Nah- und Fernverkehr des hochliegenden Gleisfeldes. – Auf dem Rangierbhf. (Loßmannstraße) ein oktogonaler **Was-**

serturm, dat. 1911, in ausgemauerter Eisenbeton-Skelettbauweise mit aussteifenden Trägerrosten für einen ringförmig in zwei Kammern unterteilten Beton-Flachbodenbehälter (480 cbm, max. Wasserspiegel ü. Gelände ca. 38 m). Über dem auf Konsolen auskragenden Kopf die Holzkonstruktion des abgewalmten Pyramidendaches. Benachbart **Ringlokschuppen** der Jahrhundertwende; im Betriebswerk Austraße **Schuppen** um 1870. – Im Stadtgebiet noch erhalten einige Unterführungen, Brücken und kleinere **Empfangsgebäude,** z. B. N.-Nordost (Am Nordostbahnhof), um 1900–10.

● **Wasserversorgung.** Die moderne Wasserversorgung begann 1856 mit der Einrichtung eines *Pumpwerkes* in der sog. Schwabenmühle, 1865 folgte das *Tullnau-Grundwasserwerk* mit einem 1867 unter der Kaiserburg angelegten Hochbehälter. Gleichzeitig mit der Fassung der 19 km entfernten Ursprungsquelle entstand 1884–85 der *Hochbehälter I* (8148 cbm) auf dem Schmausenbuck (Am Tiergarten) mit zwei Kammern zu je sieben Gewölben aus Stampfbeton, ergänzt durch den *Behälter II* (ca. 12 000 cbm) von 1902 mit Einstiegspavillons (dat. 1901) der Neurenaissance. Nach Vorarbeiten ab 1900 begannen 1905 die Bauarbeiten an der 1912 in Betrieb genommenen Wasserleitung von Ranna aus dem Veldensteiner Forst östl. von N. mit dem Sammelschacht Hasselhoffassung einschl. Eingangspavillon. Der Speicherung des wachsenden Tagesbedarfes diente der Bau des *Hochbehälters III* (50 000 cbm) auf dem Schmausenbuck 1914–19 durch Dyckerhoff & Widmann A.-G. mit überwölbten Kammern aus Stampfbeton; das Einstiegsbauwerk mit arkadierter Fassade und Schmuckportal in renaissancistischen Formen.

Ehem. **Elektrizitätswerk** (Tullnaustraße). Maschinenhaus und Dampfzentrale des 1895–96 bzw. 1897 nach techn. Planung Oskar v. Millers unter Oberleitung von Baurat Karl Weber in neoromanischen Formen ausgeführten Dampfkraftwerkes zur Stromerzeugung.

Ehem. **Gaswerk** (Sandreuthstraße). 1982–83 zur Zentralwerkstatt der EWAG umgebautes ehem. Reinigergebäude des 1901–05 errichteten zweiten N.er Gaswerkes. Giebelständig vor der langgestreckten einschiffigen Halle im Industrie-Jugendstil ein ebenfalls in Sichtmauerwerk, jedoch in Anlehnung an die Architektur der Stadtmauertürme in romanischen Formen ausgeführter oktogonaler *Wasserturm* über Sockelkubus in Werkstein für einen eisernen Flachbodenbehälter von 100 cbm Inhalt.

Schlacht- und Viehhof (Schlachthofstraße). Auf dem ca. 7 ha großen Areal Mustersammlung von Bauten zur Geschichte der Schlachthofarchitektur. Den Eingangshof begrenzen dreiseitig die Gebäude der Restauration und Verwaltung, Direktion und Pforte sowie das Sozialgebäude; die ehem. Großvieh-Schlachthallen (dreischiffige, basilikale Konstruktion mit Gußeisensäulen) und die alte Stallung in der für Schlachthofbauten des ausgehenden 19. Jh. typischen Neurenaissance nach Entwurf von Haase, städt. Hochbauamt, von 1889–91. Die *Großviehmarkthalle* entstand 1925 als mehrschiffiges, allseitig offenes Regenschutzdach mit Stützen, Unterzügen und segmentbogenförmigen Dachbindern aus Walzstahlprofilen nach Planung der Süddt. Eisenges. N. Mit ähnlicher Konstruktion, jedoch stark verändert, die 1928 erbaute *Schweinemarkthalle.* ●

Kettensteg (Am Hallertor, Kreuzgasse). Als Ersatz eines hölzernen Steges über die Pegnitz 1824 von Johann G. Kuppler, N., errichtete Hängebrücke aus eisernen Gelenkstäben zwischen acht Pylonen. 1930 Aussteifung der Brückentafel durch vier massive Joche.

Industrie. Reichtum und Macht präindustrieller Hammerherren verdeutlicht der als Wasserburg in den Zeltner Weiher (Gleißhammerstraße) 1569 neu-, nach Zerstörung 1945 vereinfacht wiedererbaute **Herrensitz** (Zeltner Schlößchen) des bis in das MA nachweisbaren Gleißhammers. – Zu den bedeutendsten Vertreterinnen einer umwehrten Industriesiedlung (→ Stolberg) in Deutschland zählt trotz Kriegszerstörungen der nach einem ehem. Messinghammer benannte **Ortsteil Hammer** (N.-Laufamholz, Beim Hammerwerk). Entstanden 1537 aus einem älteren Kupfer- und Eisenhammer an einer Pegnitzmühle, wurde der Messinghammer bereits im 2. Markgräflichen Krieg 1552 vollständig zerstört, danach als Drahtzieherei wiederaufgebaut und als gesamte Anlage mit einem Bering umgeben. Nach Zerstörung 1632 Wiederaufbau und Erweiterung des Messingwerkes durch den Münzmeister Georg Nürnberger, ab 1718 durch Johann M. Volkamer & Co. und ab 1814 durch die Familie v. Foster. Auf der S-Seite des zentralen Christoph-Carl-Platzes, vom Westtor aus rechts, **Wagenremise** und **Kutscherwohnung** ●

(18. Jh.), Ruine des **Herrenhauses** (1640), Grundmauern des **Wirtshauses** (1687) und *Arbeiterwohnhaus* (18. Jh.). Zur Pegnitz hin ein ehem. **Arbeiterwohnhaus** (17. Jh.), das *Schulhaus* (17. Jh.), die Umfassungswände der ehem. Produktionsbauten und das **Turbinenhaus,** im W des Platzes das sog. **Uhrenhaus** (17. Jh.) mit Wohnungen und Schreibstube des Herrschaftsgerichtes, dahinter weitere Wohnhäuser. In der Platzmitte ein 1861 aus dem Volkamerschen Garten translozierter *Obelisk* von 1709. – Stellvertretend für den Industriebau des frühen 19. Jh. stehen die Bauten der ehem. **Gebr. Bing AG** (Stephanstraße, Kupferstraße), um 1905 (mit historisierender Überlagerung der Konstruktion) und von 1916 (mit konstruktionsbetonender Lisenengliederung). Modernen, im Verwaltungsgebäude repräsentativ neoklassizistisch geprägten Industriebau zeigt die 1916–18 nach Entwurf von Hans Müller, N., für die **Neumeyer A.-G.** (Riedhammer GmbH, Klingenhofstraße) errichtete Fabrikanlage. Eher barock beeinflußt der Komplex der ehem. **Nürnberger Nährmittel Werke GmbH** (Klingenhofstraße) von 1912 nach Entwurf von Georg Richter.

Lit.: SBZ 1905; DB 1888/1908/14/21; EWAG; Merkl 124/224; Hochbauamt; Slotta I/II; Paul IV, BAY 160; Schriften des Centrum Industriekultur N., 1989; IB 1921.

Nürtingen (Esslingen / N 5) BW

● **Kraftwerk** (Stadtbrücke). Als Ersatz eines älteren Kraftwerkes (von 1898) nach Entwurf von Emil Haußmann, Stuttgart, 1925/26 errichtetes neues städt. Krafthaus am alten Wehr. Den streng geometrischen Kubus in Sichtmauerwerk gliedern an den Hauptfassaden unter trapezoider Attika schmale vertikale Fensterstreifen, am Giebel zur Dreiergruppe verbunden, zur Stadtbrücke optisch getrennt durch flache prismatische Lisenen. In dem qualitätvoll expressionistischen, von ägyptischer Architektur beeinflußten Bauwerk arbeiten noch aus der Bauzeit stammend eine regulierbare Kaplan-Turbine (8 cbm/sec, 187 U/min) mit stehender Welle für direkte Kupplung mit dem Schirmgenerator und eine Francis-Turbine (12 cbm/sec, 65,5 U/min) mit stehender Welle mit Kupplung für Stirnradgetriebe, übersetzt auf 750 U/min für Kupplung mit Schirmgenerator. Die beiden Turbinenkammern sind durch Schleppschützen verschließbar.

Gebr. Heller, Maschinenfabrik GmbH (Neuffener Straße). Als Maschinenfabrik für Schraubstöcke, Ventilatoren etc. 1894 gegr., verlangte die Spezialisierung auf die Produktion von Kalt-Kreissägen und Sägeblatt-Schleifmaschinen 1899 einen Fabrikneubau, der, von der Fa. Kübler, Göppingen, errichtet, 1900 bezogen werden konnte. Weitere Hallen in schlichter Fabrikarchitektur entstanden durch die gleiche Firma 1907/10/18. Bemerkenswert das klar im konstruktiven System gegliederte neoklassizistische Verwaltungsgebäude mit Lager und Versand von 1917 nach Entwurf des Architekten Cziossek, Göppingen. Zwischen 1936 und 1942 folgten mehrere, zumeist senkrecht zur Neuffener Straße angeordnete Montagehallen, durch Zwischenwände zu einer monumentalen Fassade (L 160 m) in Sichtmauerwerk mit prägnanten Lisenen zusammengezogen, in Tradierung des Stiles der 1920er Jahre wiederum nach Entwurf von Cziossek ausgeführt durch die Fa. Kübler.

Lit.: Stadtwerke; Firmenangaben.

Oberding-Aufkirchen BAY (OB/Erding / N 9)

Kraftwerk (Bayernwerkstraße). Eines von drei 1920–24 als Teil des Projektes → Mittlere Isar zur Ausnutzung des Isargefälles zwischen München und Moosburg errichteten Laufwasserkraftwerken. An das breit über den Kanal gelagerte Hauptgebäude mit Kraft- und Steuerhaus, in der durch vertikale Fensterschlitze mit bekrönenden Dreiecksöffnungen gegliederten Putzfassade durch übergiebelten Risalit betont, schließen sich axial die Schalthäuser für 60/100 kV, rechtwinklig das für 20 kV an. Im Oberwasser liegt als schlichter eingesch. Baukörper das Wasserschloß. Es ist über Druckrohre mit dem Krafthaus verbunden, dessen vier Maschinensätze bei einer Betriebswassermenge von 95 cbm/sec und nutzbarem Gefälle von 26,4 m für ca. 17 150 kW (je zur Hälfte Dreh- und Gleichstrom) ausgelegt waren.

Lit.: ZBV 1923/25.

Obergröningen (Ostalbkreis / M 6) BW

Zwei gedeckte **Holzbrücken** über den Kocher (die eine um 1885 entstanden, 1946 nach Kriegseinwirkung erneuert, und die andere nach Vorbild der Vorgängerin von 1886 neu erbaut 1988) verbinden die Ortsteile Algishofen und Fach mit der Landstraße (B 19) zwischen Abtsgmünd und Untergröningen.

Oberhausen (Oberhausen/H 2) NW

Hauptbahnhof. 1934 eingeweihtes, flachgelagertes *Empfangsgebäude* in Verblendmauerwerk mit einer dem Stuttgarter Hbf. der Architekten Paul Bonatz und E. F. Scholer ähnlichen Gesamtkomposition von asymmetrisch vorgezogener Schalterhalle und die Front einseitig akzentuierender, durch eine zurückliegende Treppenhausverglasung verbundener Doppelturmanlage von 1929 für Büronutzung und Aufnahme eines Wasserbehälters mit 700 cbm Fassungsvermögen.

Wasserturm (Mühlheimer Straße). Zylindrischer Schaft als neoromanischer Backsteinrohbau mit unverkleidetem Intze-II-Behälter, 1897. – **Städt. Elektrizitätswerk** (Danziger Straße). Maschinenhalle des E-Werkes in zurückhaltend historisierenden Formen von 1901.

● **Altenberg Zink** (Hansastraße). Von der 1837 in Lüttich gegr. Société des Mines et Fonderies de Zink de la Vieille Montagne 1852 errichtetes Zinkwalzwerk im Erhaltungszustand des Stillegungsjahres 1979. Es ist als Standort des Rhein. Industriemuseums vorgesehen. Zum Fabrikkomplex gehören eine Walzwerkhalle von 1904, die E-Zentrale von 1909, Schlosserei und Schmiede von 1904, Eisenlager und Klempnerei von 1952, Kesselhaus, Magazin, Schreinerei und Lagerhalle, Fertigungshalle, die Direktionsvilla von 1911–12 und Arbeiterwohnhäuser. Von der masch. Ausstattung haben sich mit Schmelzofen, Gießkarussell, Duo-Bandwalzgerüst und Maschinen der Schlosserei charakteristische Teile erhalten.

Ehem. **Zeche Concordia.** An den 1968 stillgelegten Schacht 2 (Am Förderturm) erinnert ein Koepe-Fördergerüst von 1938. Über dem ehem. Schacht 6 (Niebuhrstraße) ein dt. Strebengerüst für Koepe-Förderung von 1920.

O.-Osterfeld

Bergwerk Osterfeld. Aus der Wiederaufbauzeit der 1932 zur Großschachtanlage ausgebauten, seit 1873 eingerichteten Zeche stammt das Vollwandstrebengerüst von 1950 über Schacht 3 (Vestische Straße). Über Schacht 4 (Heroldstraße) ein moderner Förderturm in ausgefachtem Stahlfachwerk mit originell gestuftem Pyramidendach.

Siedlung Eisenheim (Eisenheimer Straße). Älteste Arbeitersiedlung des Ruhrgebietes, ab 1844 durch die Gutehoffnungshütte in mehreren Bauphasen (1844, 1865–66, 1872, 1897 und 1901) mit zumeist traufständigen Doppelwohnhäusern und rückwärtigen Stallgebäuden als Backsteinrohbauten errichtet. ●

Lit.: Slotta I.

Obermarchtal (Alb-Donau-Keis/O 6) BW

Von der aus der Donau gespeisten Wasserversorgung des Prämonstratenser-Reichsstifts existieren noch vier von ehem. sieben **Quellfassungen** und eine architektonisch aufwendigere zylindrische **Brunnenstube** unter schindelgedeckter Spitzkuppel, alle um 1720.

Lit.: Krins 199.

Obermoschel (Donnersbergkreis/K 3) RP

Seit dem 15. Jh. läßt sich der Bergbau auf Silber im Selberg und auf Quecksilber im Landsberg bei O. urkundlich belegen. Nach Rückgang des Bergbaues im 16./17. Jh. wurden die Gruben 1727 neu verliehen und blieben danach bis zu Beginn des 19. Jh. in kontinuierlichem Betrieb. Letztmaliger Abbau der Lagerstätten 1934–42. Aus der Zeit um 1795 blieb ein schlichtes **Bet- und Zechenhaus** der Quecksilbergrube Gottesgab (Burghotel; →Witten, →Müsen) erhalten.

Lit.: Slotta I.

Obernkirchen (Schaumburg/F 5) NS

Zu den wenigen Relikten des im O.er-Schaumburger Bergbaurevier (→Stadthagen) seit dem 15. Jh. umgehenden Bergbaus auf Steinkohle zählen die in ihrem ruinösen Zustand immer noch imposanten, in der Architektur ma. Backsteinbauten Norddeutschlands nachempfundenen Hochbauten einer ehem. **Brikettfabrik** (heute Lagerplatz) von 1907 und die in der Nähe gelegene, mit pylonartigen Eckpfeilern klassizistisch anmutende Mundlocharchitektur des Liethstollens von 1902 (beide außerhalb des Ortes bei der Sportanlage).

Lit.: Mende, 1990.

Oberried BW (Breisgau-Hochschwarzwald/O 3)

Seit 1896 nutzte die Gewerkschaft Schwarzwälder Erzbergwerke zwei Gefällestufen des Oberrieder Baches im gleichnamigen Tal zwischen Schauinsland und Feldberg zur Elektrizitätserzeugung durch eine Voith-Turbine, gespeist von einem hangparallelen Oberwasserkanal mit Wasserschloß, das ein 100 m langes schmiedeeisernes Druckrohr mit dem vierachsigen, von Rundbogenfenstern durchbrochenen Turbinenhaus verband. Die Erschließung eines neuen Stollens bedingte 1916 die Anlage eines neuen Wasserschlosses 100 m talaufwärts in Richtung Todtnau. Nach Vorschlag der Baufirma Brenzinger & Cie., Freiburg, wurde das Druckrohr um 90° verschwenkt und an seinem Ende ein obeliskartiger **Druckturm** mit einem über 16 m Höhe freitragenden Betonrohr errichtet, das über ein offenes Betongerinne auf vier bruchsteinverkleideten Betonpfeilern von je 10 m Achsabstand den Anschluß an den Oberwasserkanal erhielt. Aus Gründen des Heimatschutzes erhielt das Betonrohr nach Entwurf von J. Nerbel, Freiburg, eine Ummantelung in Bruchstein-Mauerwerk und ein mit Holzschindeln gedecktes Pyramidendach. Im Kraftwerk (1904–11) zwei Maschinensätze der Bauzeit sowie urspr. Marmorschalttafel.

Lit.: DB Mitt. 1917; Krins 199.

Oberschleißheim (OB/München/O 9) BAY

Gebäudekomplex des mit der Übersiedlung des Fliegerkommandos der Bayer. Luftschiffwerft- und Kraftfahrabteilung vom Oberwiesenfeld nach O. 1912 eingerichteten ehem. **Militärflughafens** mit *Kommandantur* und Turm aus der Gründungszeit und bemerkenswerter *Werfthalle* von 1918, einer Eisenbetonkonstruktion nach Musterentwurf der Militärbehörde (51,5 × 27,5 m, Scheitel-H 10,6 m); tragende Konstruktion aus 10 sichelförmigen, auf der Torseite auf Betonunterzug über zwei Öffnungen mit je 25,0 m Stützweite aufgelagerten Betonbindern mit Zugband als Zweigelenkträger. Zeitgemäße materialminimierende Betonkonstruktion.

Lit.: Werkbund 7/1984.

Obertshausen (Offenbach/K 5) HS

Das dreigiebelige, in zweifarbigem Verblendmauerwerk mit renaissancistischen Schmuckformen ausgeführte **Empfangsgebäude** entspricht dem Standardtyp der Hochbauten an der am 1. 10. 1896 eröffneten Strecke Offenbach–Bieber–Reinheim der Rodgau-Bahn (vgl. u. a. →Münster, Eppertshausen).

Oberursel (Hochtaunuskreis/J–K 4) HS

Aus dem 1883 im Urselbachtal eingerichteten Zweigwerk der 1866 in Bockenheim (1896 nach Frankfurt a. M. eingemeindet) gegr. Mühlenbauanstalt Gebr. Seck entstand nach der Entwicklung eines erfolgreichen Petroleummotors durch Wilhelm Seck 1892 die *Motorenfabrik W. Seck & Co.*, die 1898 in die **Motorenfabrik Oberursel AG** (Hohemarkstraße) umgewandelt wurde. Auf die Produktionsausweitung im 1. Weltkrieg durch den Einsatz des Gnom-Motors als Flugzeugmotor folgte die Erweiterung des Werkes 1916–18 nach Entwurf von Prof. Hufnagel mit repräsentativem, im Mittelrisalit monumental klassizistisch gestalteten Verwaltungs- und einem Produktionsgebäude in einer die neoklassizistisch-funktionale Vorkriegsarchitektur fortsetzenden Form.

Lit.: Höhmann.

Oberwesel (Rhein-Hunsrück-Kreis/K 3) RP

Bahnanlagen. Dem spätklassizistischen Rundbogenstil verpflichtet das *Empfangsgebäude* aus der Eröffnungszeit (22. 12. 1859; Rhein. Eisenbahn) der Strecke Koblenz–Bingerbrück. – Die besondere Ingenieurleistung des Bahnbaues im engen Rheintal belegen die dicht aufeinanderfolgenden, bis 1859 fertiggestellten *Tunnelbauten* zwischen Bhf. St. Goar und Bhf. O.: *Banktunnel* (367 m) mit Romanik und Gotik zitierender, jeweils talseitig durch einen zinnenbekrönten Turm betonter Portalarchitektur; *Bettunnel* (236 m), eher romanisch beeinflußt, mit einseitigem Turm am N-Portal und turmlosem, jedoch durch Zinnen strukturierten S-Portal; *Kammereck-Tunnel* (289 m) in neogotischen Formen mit prägnantem Turm unter pyramidalem Helm im N und massigem, weit aus dem Bergsporn herausgeführtem Tunnelende von wenig differenzierter Architektur. – Von dem nach Plänen von Stefan Simon, Frankfurt a. M., 1907–08 erbauten **Gaswerk** blieb nach Brandzerstörung der Hauptbetriebsgebäude 1979 allein der aus Landschaftsschutzgründen von Anfang an umpflanzte orig., einhübige, heute als Zwischenreservoir genutzte Glockengasbehälter (500 cbm) erhalten.

Lit.: IB 1910; Custodis.

Ochsenfurt (UFr./Würzburg/L6) BAY

Bahnhof. *Stationsgebäude* im Rundbogenstil (→ Marktbreit) an der am 1. 7. 1864 ab Ansbach eröffneten Strecke der Bahn Ingolstadt–Würzburg. Ein dreigesch., durch Lisenen gegliederter Baukörper mit symmetrischen Flügelbauten in zweifarbigem Sandsteinmauerwerk, verm. nach Entwurf von Eduard Rüber. – **Mainbrücke.** Massive Steinbrücke (L ca. 250 m), 1512–20 als Ersatz für eine erstmals 1254 erwähnte Holzbrücke errichtet, im Erscheinungsbild der Umbauten des 17./18. Jh. – An der B 13 südlich O. (bei Martinsheim) eine **Mautpyramide** von 1766–73, ein Obelisk mit Kugelaufsatz über Inschriftensockel.

Ochsenhausen (Biberach/O6) BW

● **Sternwarte.** Einzige erhaltene spätbarocke Sternwarte dieser Art (Observatorium Astronomicum) mit drehbarer Kuppel in polygonalem Eckturm von 1788 am Konventsgebäude der ehem. Benediktiner-Reichsabtei, mit Azimutalquadranten (Dm. knapp 3 m) 1793 von dem Mechanicus und Astronomen P. Basilius Berger und dem Hammerschmied Aloysi Weishaubt gebaut und installiert. – **Eisenbahn.** Auf der am 30. 11. 1899 eröffneten, 1983 stillgelegten Teilstrecke Warthausen–O. (750 mm Schmalspur, Württ. Staatseisenbahnen) verkehrt heute eine Museumsbahn. Der Endbhf. entspricht in Anlage und Hochbauten dem für württ. Nebenbahnen festgelegten Standard.

Lit.: K & T 1983; Krins 200.

Ochtrup (Steinfurt/F2) NW

Gebr. Laurenz (Laurenzstraße). Seit dem Anschluß O.s an das Eisenbahnnetz mit der Eröffnung der Strecke Münster–Enschede 1875 entwickelte sich die 1864 von den Brüdern Anton und Bernhard Laurenz errichtete mechanische Baumwollweberei zu einem Großbetrieb, auf dessen Bedeutung für O. noch heute das repräsentative *Verwaltungsgebäude* verweist. Dat.: Gebr. L. 1893. Der imposante Bau entstand nach Entwurf des niederl. Architekten Beltmann, Enschede, in Anlehnung an niederl. Schloßbauten der Renaissance, mit symmetrischer, durch Seitenrisalite und Eckpavillons betonter, formenreich gegliederter Fassade. Daneben Bäckerei und Lagergebäude mit dominantem Turm neoklassizistischer Prägung von 1909 nach Entwurf von Hubert Holtmann, Münster. Von großzügig moderner Linienführung die nach Brand von 1947 errichtete *Empfangshalle* (mit Lagergebäude) von Dominikus Böhm. Am Nienborger Damm mehrere Produktionsgebäude der ab 1899 erbauten Spinnerei.

Lit.: Slotta I; Ketteler.

Oer-Erkenschwick NW
(Recklinghausen/G3)

Bergwerk Haard. *Schachtanlage Ewald Fortsetzung* (Ewaldstraße). Wie bei vielen Ruhrgebietsstädten initiierte auch in O.-E. der Bergbau die moderne wirtschaftliche Entwicklung. Seine Tagesbauten, u. a. ein romanisch beeinflußtes Verwaltungsgebäude mit zentralem Risalit und gekoppelten Rundbogenfenstern (um 1900) sowie Fördereinrichtungen, darunter ein eindrucksvolles Doppelstrebengerüst über Schacht 2 (um 1920), prägen entscheidend das Ortsbild.

Lit.: Matzanke, 1986.

Oestrich-Winkel HS
(Rheingau-Taunus/K3)

Mit verbretterter Fachwerkkonstruktion über quadr. statt kreisförmigem Grundriß, sonst aber üblicher Technik, wozu zwei Treträder und eine zusammen mit dem Ausleger drehbare Haube gehören, bildet der 1652 an der Stelle eines bereits in der 1. Hälfte des 16. Jh. bezeugten Vorgängers errichtete Kran in Oe. zusammen mit

Offenbach. Schlachthof

dem Bingener Exemplar die typologische Ausnahme unter den zeitgleichen Kranbauten.
Lit.: Slotta I.

Offenbach (Offenbach/K4) HS

Das expressionistisch beeinflußte **Empfangsgebäude** mit beherrschend zentralem Stufengiebel zwischen flankierenden Flachbauten und Eckpavillons entstand 1923–27 (dat. 1927) im Zusammenhang mit der Höherlegung des Gleiskörpers als Ersatz des 1873 für die Bebra-Hanauer Eisenbahn errichteten Bhf. Bauplastik und Teile des Interieurs orig. erhalten. Benachbart der formal vergleichbare, zeitgleiche Postbhf. – Die frühe Moderne vertritt der (heute verwahrloste) Klinkerbau des Bhf.-Ost (Lämmerspieler Weg), erbaut um 1925. In der Nähe liegt ein wie eine abstrakte Plastik wirkendes **Stellwerk** der gleichen Zeit. – Der 1901 projektierte, 1902–04 (dat. 1904) nach Entwurf von Alfons Roepert, O., ● erbaute **Schlachthof** (Buchhügelallee, Erlenbruch) gehört zu den architektonisch aufwendigsten, wenn auch wegen zu starker Tradierung historistischer Formen nicht unumstrittenen Anlagen der Baugattung (→Bruchsal) aus dem 1. Jahrzehnt des 20. Jh. in Deutschland. Den Komplex aus ehem. 14 Einzelbauten (unter denen der seiner Haube beraubte Wasserturm, Kühlhaus, Kesselhaus, Verbindungshalle und Schlachthäuser, am Haupteingang Verwaltung und Restauration dominieren) prägen zweifarbige Verblendsteinfassaden eines renaissancistisch beeinflußten Jugendstils, abweichend von der damals bei dieser Baugattung üblichen Putz-Backstein-Architektur. Bemerkenswert die Bauplastik an den Pfeilern der Verbindungshalle. – Funktionaler die Architektur des um 1910 erbauten **Wasserturms** (Nordring) der Stadtwerke.
Lit.: SBZ 1905; Höhmann.

Oldenburg in Oldenburg NS (Oldenburg/D4)

Bahnhof. Nach der Eröffnung der Oldenb. ● Staatsbahn-Strecke Bremen–O. (15. 7. 1867) – Wilhelmshafen (3. 9. 1867) erhielt die Stadt erst mit dem am 21. 5. 1879 eingeweihten neugotischen Prachtbau von Wilhelm Buresch ein angemessenes *Empfangsgebäude,* das jedoch eine Generation später bei der generellen, mit einer Höherlegung der Trassen verbundenen Umgestaltung der Bahnhofsanlagen 1907–15 durch einen Neubau (1912–15) nach Entwurf von Wolfgang Mettegang, Mainz, unter Mitarbeit von Philipp Langewand ersetzt wurde. Der »durch die Auswahl bodenständiger Baustoffe, harmonischer Farbengebung und mächtiger Dachformen« bestimmte Bahnhofskomplex von »allgemein niedersächsischem Charakter« (NBz, 1917, S. 129) gehört mit seiner die Moderne vorbereitenden, schlicht dekorierten Sachlichkeit zu den qualitätvollsten Bahnhofsbauten zwischen 1910 und 1920. In der Hauptansicht beeindruckt ein mächtiger *Giebel* mit fünfteiligem Bogenfenster und filigranem Flächenornament, den Westgiebel akzentuiert ein 35 m hoher *Uhrturm.* Platzbildend sind Eilguttrakt und Fürstenpavillon gegen das Hauptgebäude zurückgesetzt. Die *Bahnsteigüberdachung* eine Eisenkonstruktion mit Y-Stützen und Oberlichtbändern unter leicht gewölbtem Dach. – Zu den ersten Hochbauten des neuen Bhf. gehörte der 1908 fertiggestellte, inzwischen außer Betrieb genommene *Wasserturm* neben der Eisenbahnklappbrücke über den Huntehafen (Stau), dessen Intze-Behälter (Verkleidung demontiert) einem leicht konischen, durch Lisenen gegliederten Backsteinschaft aufsitzt. Den Übergang vom Schaft zum Kopf kaschiert ein Wulstgesims mit Konsolen, die den Lisenen zugeordnet sind. Es ist geschmückt mit Jugendstilornamenten auf blauem Grund. – Weitere Verkehrsbauten die 1927 in Betrieb genommene **Kammerschleuse** im Küstenkanal (Niedersachsendamm). Benachbart ein etwa gleichzeitig entstandener Kraftwerksbau in zurückhaltend expressionistischer Architektur und die 1926–27 erbaute Cäcilienbrücke mit prägnanten Steuer- und Maschinentürmen. – Der städt. Wasserversorgung dient der um 1895 für einen Intze-Behälter errichtete **Wasserturm** (Donnerschweerstraße) mit Betriebsgebäude.

Lit.: ZBV 1916; Dpfl. NS.

Olfen (Coesfeld/G 3) NW

Beiderseits von O. überquert der → **Dortmund-Ems-Kanal** die Niederungen von Lippe und Stever mit Brückenbauwerken, die der Überführung über die Ems bei Münster ähneln. Ausführung als steinerne **Viadukte** mit gliedernden Blendarkaden in der westl. »Alten Fahrt« (1892–99, Lippe: über Sülsen-Streil; Stever: nördl. O. an der B 235), in der »Zweiten Fahrt« (1933–39, Lippe: über Vinnum, Im Berg; Stever: über O.-Benthof) als Stahlkonstruktion. Ebenfalls in Stahl die Überführung über die B 236.

Lit.: ZBV 1899.

Bad Orb (Main-Kinzig-Kreis/J 5) HS

Als Zeugen für das seit 1064 urkundlich belegte Salinenwesen stehen heute ein unter Fürstprimas Carl Theodor von Dalberg 1806 errichtetes **Gradierwerk** (Kurpark) und das als Rathaus genutzte Verwaltungsgebäude des 19. Jh. – **Empfangsgebäude** der Privatbahn Wächtersbach–O. (1925) in der Tradition des Heimatstils. Stadtseitig Höhepunkt einer zusammen mit dem Bhf. angelegten, einseitig von Bahnbediensteten-Wohnhäusern flankierten Grünanlage. Die *Empfangshalle* mit orig. Ausstattung (Beschriftung, Fahrkartenschalter, Fahrplandrehzylinder) weitgehend erhalten. Die Ausmalung der Hallenwände (Bauern, Holzfäller, Jäger, Badende, Jugendgruppen) von H. Brasch, Frankfurt a. M. (dat. 1926). ●

Lit.: Reclam IV, HS.

Ortenberg (Wetteraukreis/J 5) HS

Herrschaftlich anspruchsvoll gibt sich die ehem., 1798 dat. **Papiermühle** (Am Mühltor 8) mit übergiebeltem, axial durch ein Portal mit zweiflügeliger Tür im Zopfstil betontem Mittelrisalit im Wohnteil. Schlichter der rechtwinklig parallel des Mühlgrabens angebaute ehem. Produktionsflügel. – Neben der **Steinbrücke** aus dem 17./18. Jh. über die Nidder eine Umspannstation, um 1910.

Lit.: Dpfl. HS.

Osnabrück (Osnabrück/F 4) NS

Das **Empfangsgebäude** des 1890–95 umgestalteten Bhf. im Schnittpunkt zweier sich auf unterschiedl. Niveau kreuzender Bahnlinien (Hann. Westbahn, seit 1854, mit Oldenb. Staatsbahn, seit 1879, und Venlo–Hamburg der Köln-Min-

Olfen. Dortmund-Ems-Kanal, Überführung der »Alten Fahrt« über den Stever

dener Eisenbahn-Ges. ab 1872) gehört zum seltenen Typ des Turmbahnhofes (→Köln-Deutz) mit zentraler, die Wartesäle in beiden Schenkeln eines Winkels erschließender Eingangshalle. Erste, zu kostspielige Entwürfe von Schupmann und Bergmann wurden unter Reduzierung der bebauten Fläche durch Hermann Eggert überarbeitet, der auch die Fassadenarchitektur des 1892–95 (dat. 1894) ausgeführten Neubaues in Anlehnung an die Renaissance mit monumentalem, seinem Entwurf für den Frankfurter Hbf. ähnlichen Eingangsrisalit entwarf. Die Seitenflügel sind heute durch Dachausbauten verändert. Im diagonal gegenüberliegenden Innenwinkel des Gleisfeldes der Wasserturm der gleichzeitig mit dem Bhf. erbauten ehem. Wasserstation. – Im **Botanischen Garten** (Edinghäuser Straße) blieb der zweigesch., renaissancistische Eingangsbau eines Hochbehälters in Sandsteinmauerwerk erhalten: »Wasserwerk der Stadt Osnabrück. Eröffnet 1. Januar 1891.« – Die Bauten des städt. **Schlachthofs** (Luisenstraße, Schlachthofstraße) entstanden 1885–87 nach Entwurf von Stadtbaumstr. Hackländer in der für diese Baugattung typischen Neurenaissance als Backsteinrohbauten mit Sandsteingliederung. – Der **Steinkohlenbergbau am Piesberg** (H 176 m) nördl. des Hafens ist seit 1586 urkundlich faßbar, geht aber mit Sicherheit bis ins MA zurück. Für den Abbau unterhalb des 1827–53 aufgefahrenen Hasestollens wurde 1870–72 der Haseschacht bis zu einer Endteufe von 96 m abgeteuft. Gleichzeitig entstanden neoromanisch das dreigesch. Schachtgebäude mit je zweigesch. Anbauten für Fördermaschinen- und Kesselhaus als winkelförmiger Tagesbau in Bruchsteinmauerwerk. Nach der Stillegung 1898 mehrfach zwischengenutzt, z. Zt. Grundsanierung für die Aufnahme eines Museums Industriekultur Osnabrück.

Lit.: ZBW 1899; ZA + IVH 1889; Bunse.

Osterburken — BW

(Neckar-Odenwald-Kreis/L 5)

Bahnhof. *Empfangsgebäude* in den Dimensionen eines Hbf. an der am 25. 8. 1866 eröffneten Teilstrecke Mosbach–Seckach–O. der bad. Zweigbahn Neckarelz–Würzburg. Nach dem Vorbild des ersten Karlsruher Bhf. von 1842–44 begrenzen die Kuben zweier Eckpavillons den eingesch. Mitteltrakt. Beiderseits des funktionalen und gestalterischen Zentrums, des durch drei Bögen, im flachen Giebel durch entsprechende Okuli geöffneten, durch Pilaster gegliederten Risalites folgen Rundbogenfenster, die auch den Bogen des Eingangs in die Eckpavillons flankieren. Diese ebenfalls mit Eckpilastern sowie kräftigem Gurtgesims unter den Rechteckfenstern des OG. Über der Verdachung quadr. Öffnungen des Attikageschosses. Das Hauptgleis überspannt von trapezoiden Gitterträgern auf Gußeisensäulen. – Östl. des Gleisfeldes, am Ufer der Seckach, ruinös das zweigesch. **Pumpenhaus** der Bahn-Wasserversorgung, etwa baugleich dem Empfangsgebäude, mit einem dem Satteldach aufgesetzten, senkrecht verbretterten Wasserbehälter. Über den Bogenöffnungen des EG. axial biforische Rundbogenfenster im OG. – Im Rinschbachtal mehrere Kilometer lange **Wiesenwässerungsanlage.** 1834 unter Leitung von Friedrich Brenner errichtet, mit aufgeständerten Sandsteinkandeln, hölzernen Stauwehren, Gräben und Schützen zur Bewässerung einzelner Wiesenabschnitte.

Lit.: Krins 200.

Ostercappeln-Venne (Osnabrück/F4) NS

● Das äußerlich unscheinbare Gebäude der **Linnenschmidtschen Wassermühle** (Am Mühlenbach 10) birgt im Inneren drei Mahlgänge, eine Turbine von 1887 und einen Deutz-Dieselmotor von 1910.

Lit.: Dpfl. NS.

Osterode (Osterode/G7) NS

Auf Anweisung Georgs I., König von Engl. und Kurfürst von Hannover, errichtete Albert von dem Busche 1720–22 das für den Bergbau in ● Hungerjahren überlebenswichtige **Harzkornmagazin** als dreigesch. Lagerhaus unter mächtigem Walmdach. Die Längsfronten des durch Eckquaderung gefaßten Putzbaues zentrieren fünfgesch. Risalite, die an der Hauptfassade ein aufwendiges Durchfahrtsportal betont. Inschriften und Königswappen im Tympanon. Umgebaut zum städt. Verwaltungsgebäude. – Der Ursprung des ehem., 1796 von Jacob Jorns erworbenen **Kupferhammers** (heute Gießerei) an der Söse läßt sich gesichert bis ins ausgehende 17. Jh. zurückverfolgen. Die Gebäude des ehem. Walzwerkes und des Hammerwerkes stammen von 1859 bzw. 1869. Das klassizistische Herrenhaus in Oberharzer Bauweise schmückt zwischen zentralem Portal und Giebel ein Holzrelief mit Pfauen an Trinkbrunnen. – Typisch Oberharzer Bauweise zeigt das urspr. zentral durch übergiebeltes Zwerchhaus betonte Hauptgebäude der ehem. **Wolldeckenfabrik Greve & Uhl** (»Eulenburg«) von 1832, einseitig 1884 im Stil angepaßt erweitert.

Lit.: Slotta I; Dpfl. NS; Mende, 1990.

Osthofen (Alzey-Worms/L4) RP

Als Teil des von Bruno v. Böhmer entwickelten Gesamtkonzeptes zur **Wasserversorgung Rheinhessens** (→Bad Kreuznach-Bosenheim, →Bodenheim, →Guntersblum, →Ingelheim) beliefert das Pumpwerk O. die Gemeinden des Seebach-Gebietes: Abenheim, Bechtheim, Bermersheim, Blödesheim, Dalsheim, Dittelsheim, Frettenheim, Gundheim, Heßloch, Mettenheim, Monzernheim, Niederflörsheim, Pfeddersheim, O. und Westhofen mit Trink- und Brauchwasser aus der Rheinebene. Das 1906 fertiggestellte **Pumpwerk** im Industrie-Jugendstil und die Ortsbehälter (z. B. Abenheim, Gundheim, Pfeddersheim, Westhofen) entwarf Wilhelm Lenz (Großhzgl. Kulturinsp. für die Provinz Rheinhessen in Mainz). Ähnlich den Bauten im Rhein-Selz-Gebiet (→Guntersblum) sind sie von klassizistischer, in Jugendstilformen übersetzter »Revolutionsarchitektur« geprägt.

Lit.: DBH 1910; ZBW 1909; Slotta II.

Papenburg (Emsland/D3) NS

Am Kanal in P. eine Kollektion der für Norddeutschland charakteristischen **Klapp- und Ziehbrücken,** sanierte bzw. rekonstruierte Bauten des 19. Jh., sowie eine **Drehbrücke** aus Guß- und Schmiedeeisen, verm. 2. Hälfte des 19. Jh. Am nördl. Ortsrand qualitätvolle **Fabrikbauten** des ausgehenden 19. Jh.

Peine. Wasserturm Herzberg, Laufbrunnen

Passau (NB/Passau/N 11) BAY

Bahnhof. Mit der am 20. 9. 1860 eröffneten Strecke Straubing–P.–Landesgrenze der 1875 verstaatlichten Bayer. Ostbahn entstand nach Entwurf von Heinrich Hügel ein *Empfangsgebäude,* das, im Unterschied zu zeitgleichen Stationsgebäuden der Bad. bzw. Bayer. Staatsbahnen, drei durch Attikageschoß erhöhte Zwischentrakte verbundene Pavillons zeigt. – Vor dem Bhf. einfeldrige *Eisenfachwerkbrücke* über den Inn mit einer Landpfeilerdistanz (schräg gemessen) von 90,4 m in weitgehend orig. Zustand.

Im P.er **Hafen** am rechten Ufer der Donau stehen *Lagerhäuser* im Stil des rationalen Neoklassizismus vor 1914. – Im Zusammenhang mit einem seit der Jahrhundertwende ernsthaft verfolgten Großprojekt zur Nutzung der bayer. Wasserkräfte entstand 1922–27 das **Laufwasserkraftwerk Kachletstufe** bei P. Die masch. Ausstattung 1961–64 modernisiert.

Lit.: Berger III; Dpfl. BAY.

Pegnitz (OFr./Bayreuth/K8) BAY

Bahnhof. Dreigesch., durch Seitenrisalite gegliedertes *Stationsgebäude* der mit einer ersten Teilstrecke Nürnberg-Schnabelwaid am 15. 7. 1877 eröffneten Fichtelgebirgsbahn, ausgeführt nach Plänen von Ambros Trient und Friedrich Seidel. – Die Fichtelgebirgsbahn durchquert das gewundene Tal der mehrfach für den Bahnbau korrigierten Pegnitz zwischen Hersbruck und P. mit einer der → Kinzigtalbahn vergleichbaren Dichte der Kunstbauten von mehr als 20 eisernen **Brükken** in Verbindung mit bedeutenden Einschnitten und sieben Tunneln (L 80–318 m), konzentriert auf dem knapp 10 km langen Abschnitt Varra–Neuhaus. Die standardisierten Stationsgebäude in Backsteinrohbau sind den vier Jahre späteren Hochbauten Friedrich Seidels an der Strecke Lohr–Wertheim ähnlich.

Lit.: ZBK 1879.

Peine (Peine/F7) NS

Mit rustiziertem Mauerwerk und Zinnenkranz ähnelt der **Wasserturm** in der Parkanlage Herzberg ma. Wehrbauten (→ Hannover-Brink-Hafen). Die Jugendstilformen an Portal und Maskeron des ehem. Laufbrunnens bestätigen jedoch das Baujahr 1908. – Zwischen Expressionismus und Monumentalität der 1930er Jahre die Bauten der **Brauerei Härke:** ein markantes, durch dreieckige Wandvorlagen gegliedertes Silo sowie von konkav geschwungenen Pförtnerhäusern gerahmter Haupteingang, errichtet 1927–35 nach Entwurf von Anton van Norden.

Lit.: Mende, 1990.

Petershagen-Ovenstädt NW (Minden-Lübbeke/F5)

Glashütte Gernsheim. Begünstigt durch die napoleonische Kontinentalsperre, gelang es dem Bremer Kaufmann Fritz Schrader, ab 1812 innerhalb kurzer Zeit an der Weser unterhalb Mindens eine blühende Glasindustrie mit Glasbläsern aus Hessen, Thüringen und Böhmen aufzubauen. Das dokumentieren der 26 m hohe konische Backsteinturm des 1826 errichteten Glasofens (eine engl. Entwicklung des 18. Jh., → Steinkrug bei Hannover) zur Herstellung von Fensterglas, eine 1812 in zwei Häuserzeilen errichtete Arbeitersiedlung – eine der frühesten in Westfalen – und der repräsentative Fachwerkbau des Schraderschen Wohnhauses. Verkehrsprobleme, bedingt durch die fehlende Anbindung an die Eisenbahn, sowie finanzielle Schwierigkeiten führten 1849 zum Konkurs. Von der Familie wieder ersteigert, produzierte die Hütte unter Wilhelm Schrader noch bis 1877 Glas, vornehmlich Zylinder für Petroleumlampen. Heute ein Standort des Westf. Industriemuseums.

Lit.: Glashütte Gernsheim. In: Schriften des Westf. Ind. Mus., 1986.

Pforzheim (Pforzheim/M 4) BW

Die Gründung der markgräfl. Bijouterie-Manufaktur 1767 im staatl. Waisenhaus gab den Anstoß zur Entwicklung einer vielseitigen **Edelmetall-Industrie,** deren Blüte in der »Schmuckstadt« die 80%ige Zerstörung im 2. Weltkrieg, von der auch die Bauten der Industrie und Infrastruktur nicht verschont blieben, rigoros unterbrach. Bauliche Zeugnisse der industriellen Vergangenheit haben sich deshalb nur in wenigen Resten erhalten, so u. a. die auf den Kernbau reduzierte, ehem. mit Ecktürmen und Ziergiebeln geschmückte Vierflügelanlage (Bleichstraße 77–81; Hermann Walder, Karlsruhe, 1901–1910) der **Schmuck- und Uhrenkettenfabrik Kollmar & Jourdan** (gegr. 1885); heute Geschäftshaus und Techn. Museum und die in Wohnbebauung eingebundene **Bijouteriefabrik Wilhelm Wolff** (Hohenzollernstraße 81–83) nach Entwurf von Maler & Brenner, P., 1907–1913. – **Wasserversorgung.** Die rasche Entwicklung der Schmuckindustrie in den 1890er Jahren, verbunden mit einem Anstieg der Einwohnerzahl von 23000 auf 70000 zwischen 1880 und 1910, verlangte nach einem Ausbau der 1875 installierten zentralen Quellwasserversorgung. Zusammen mit der Einrichtung einer 1. Hochzone errichtete die Stadt 1900 ein *Grundwasserwerk* im Enztal (Kanzlerstraße), dessen Hochbauten – Maschinen- und Pumpenhaus, Werkstätten als dreiteilige Baugruppe in zweifarbigem Backsteinrohbau mit Lisenengliederung und Gesimsbändern unter Sattel- bzw. Pultdach, separates Wohnhaus mit Eckrisalit – mit modernisierter techn. Einrichtung noch immer dem urspr. Zweck dienen. Nach Erweiterungsplänen von 1910 entstand um 1915 ein *Wasserhochbehälter* an der Schwarzwaldstraße, dessen Druckturm in Bruchsteinmauerwerk neben Dienstgebäude mit Fachwerkgiebel nach Sturmschäden 1968 eine neue Aussichtskanzel erhielt.

P.-Dillweißenstein

Bahnhof. Zusammen mit der am 1. 6. 1874 eröffneten Strecke Brötzingen–Calw errichtete lineare Anlage von *Empfangsgebäude, Pavillon* und *Güterschuppen* im Stil der 1860er Jahre (vgl. →Calw) vor dem S-Portal des Schloßbergtunnels. Das zweigesch. Empfangsgebäude mit hohem Kniestock betonen an Längs- und Giebelseiten Mittelrisalite mit Stichbogenfenstern im EG. und paarig gekuppelten übergiebelten Rechteckfenstern in den OG. Eingesch. Dienstgebäude mit stadtseitigem, polygonalem Vorbau schließen an, ebenfalls in Quadermauerwerk; und ein hölzerner Güterschuppen. Das Tunnelportal in Hausteinmauerwerk mit Eckpfeilern und Attika.

P.-Büchenbronn

Aussichtsturm in vorgefertigter Stahlkonstruktion (Louis Kühne, Dresden) auf der B.er Höhe, veranlaßt 1883 vom P.er Verschönerungsverein (vgl. →Vallendar).

Lit.: IB 1921; Krins 201.

Pfreimd (OPf./Schwandorf/L 9) BAY

Die 1955 in Betrieb gegangene **Pumpspeicherkraftwerksgruppe Jansen** (EVO) mit Hochspeicher Rabenleite (1,5 Mio. cbm) zwischen Kainsmühl- (800000 cbm) und Trausnitzspeicher (1,5 Mio. cbm) tradiert in der Architektur der Kraftwerke Reisach und Tanzmühle eine in den späten 1920er Jahren entwickelte, in den folgenden Jahrzehnten fortgeschriebene Formgebung (→Schluchsee).

Lit.: Dpfl. BAY.

Pfullingen (Reutlingen/N 5) BW

Im 19. Jh., besonders nach dem Anschluß an die Bahn 1892, siedelten sich, dabei hist. Mühlenstandorte an der Echaz übernehmend, Industriebetriebe vor allem der Textilverarbeitung in P.

an. Ihre meist umgenutzten baulichen Reste konzentrieren sich am Echazufer beiderseits der Römerstraße. Vom Jugendstil beeinflußt die zweigesch. Halle (Marktstraße, Reutlinger Straße) der ehem. **Textilfabrik Arbach,** Reutlingen, in Sichtmauerwerk mit konstruktionsbetonter Gliederung geschoßübergreifender Pfeiler, dominierendem Wellgiebel mit traufhoher, von schmalen Doppelbögen flankierter Bogenöffnung, 1911. Die Fassade belebt durch Putzfelder in Giebel und Brüstungselementen. – Im S von P. erhebt sich über dem Gipfel des Schönberges der nach Entwurf von Theodor Fischer 1906 in Eisenbeton errichtete **Aussichtsturm.** Die zwei separaten Turmschäfte verbindet im obersten Geschoß eine Brückenkonstruktion über Schwibbogen.

Lit.: ZBV 1907.

Philippsthal (Hersfeld-Rotenburg/I 6) HS

Nachdem die ab 1897 durch die Kali-Bohrges. Hattorf bei P. und in den Gemarkungen Heimboldshausen und Röhringshof niedergebrachten Tiefbohrungen den Nachweis abbauwürdiger Kalisalzlager erbracht hatten, wurde 1905 in Essen die Gewerkschaft Hattorf gegr. 1906 in die AG Kaliwerk Hattorf umgewandelt, seit 1919 im Besitz der *Kaliwerke Aschersleben AG,* wurde Hattorf 1937 ein Zweigwerk der in diesem Jahr neu gegr. **Salzdetfurth AG** und gehört heute zu den *ergiebigsten Kalibergwerken* Deutschlands. Über dem 1905–08 abgeteuften heutigen Hauptschacht der Schachtanlage Hattorf ein Doppelbock-Fördergerüst in vollwandiger Bauweise der Fa. Louis Eilers, Hannover, von 1950. – Die von der **AG Kaliwerke Hattorf** 1909 gegr. Gewerkschaften Heimboldshausen und Ransbach bilden – zusammengefaßt zur Doppelschachtanlage Hera – eine Betriebsabteilung des Kaliwerkes Hattorf. Den heute ausziehenden Wetterschacht Heimboldshausen (abgeteuft 1909–13) kennzeichnen nach Abbau des Fördergerüstes zwei Ventilatoren, über dem Schacht Ransbach (abgeteuft 1911–15) steht ein Fördergerüst der Gutehoffnungshütte von 1960. – Für die Energieversorgung (ca. 2 %) des Kaliwerkes Hattorf entstanden in schlicht funktionaler Bauweise gleichzeitig mit der Fertigstellung des Hauptschachtes 1908 die **Laufwasserkraftwerke** Harnrode, P. und Vacha (Thür.) in der Werra. In dem urspr. auf drei Maschinensätze mit stehenden Francis-Turbinen (Voith, Heidenheim) ausgelegten Kraftwerk Harnrode arbeiten jetzt noch zwei Turbinen, die ihr Drehmoment über 1934–35 ausgetauschte Getriebe auf die orig. Generatoren der AEG übertragen. Zeitgemäß qualitätvolles Design in opulenten Jugendstilformen zeigen Schalttafel und Brüstungsgeländer. – Im Kraftwerk P. ist eine der beiden, hier liegend angeordneten Francis-Turbinen (346 PS) von 1912 unverändert erhalten, der dazugehörige AEG-Drehstrom-Generator leistet 215 kW bei 5000/5500 V/22 A.

Lit.: Slotta II/III; Höhmann.

Pirmasens (Pirmasens/M 3) RP

Ein weithin sichtbares Identifikationsmerkmal der Stadt bildet der **Wasserturm** auf der Husterhöhe. Nach Plänen der Bauunternehmung A. F. Lindemann von 1907 ließ ihn The Pirmasenser Waterworks Comp. Ltd. London in retardierenden Formen des ausgehenden 19. Jh. nach dem Beispiel des 30 Jahre älteren Turmes in →Speyer (Lindemann vertrat dort das gleiche engl. Unternehmen als örtl. Repräsentant) errichten. Sein eiserner Hängebodenbehälter faßt 700 cbm. Seit 1912 Eigentum der Stadt.

Lit.: Merkl 244; Slotta II.

Plankstadt (Rhein-Neckar-Kreis/L 4) BW

Wasserturm (Luisen-, Schillerstraße). Eiserner Wasserbehälter mit verputztem Mantelzylinder als Eisenkonstruktion über gekrümmten Konsolen auf schlankem, leicht konischem Schaft, von der Kulturinsp. Heidelberg um 1905 errichtet.

Pleisweiler-Oberhofen RP (Südliche Weinstraße/M 3)

Integriert in eine Gaststätte in der Nähe der Wasserburg liegt eine auf das 16. Jh. zurückgehende **Hammerschmiede** mit der techn. Ausstattung des 19. Jh. (3 Schwanzhämmer, größtes Bärgewicht 150 kg, Amboß, Herd und unterschlächtiges Wasserrad). Zusammen mit einer benachbarten Schleiferei, der Nachfolgerin einer Ölmühle, wurde sie museal restauriert.

Lit.: Custodis.

Plochingen (Esslingen/N 5) BW

Die zwischen 1883 und 1914 entstandenen Produktionsgebäude der 1853 von Johann Georg Dettinger gegr. Mühlen-Gurten-Weberei, später **Mühlsteinfabrik** (Esslinger Straße), enthalten eine technikgeschichtlich bedeutsame Ausstattung aus der Zeit um 1914: Mühlsteindreherei mit Drehbänken, komplette Kunststeingießerei einschl. der Gießformen sowie Schlosserei mit Werkzeugmaschinen, Schmiedehammer und Transmissionen. 1988 stillgelegt, museale Nutzung vorgesehen.

Lit.: Krins 202.

Plön (Plön/B 7) SH

Bahnhof. Spätklassizistisches *Empfangsgebäude* der Ostholst. Eisenbahn (Neumünster–Ascheberg–Eutin–Neustadt, eröffnet 31. 5. 1866) mit zweigesch. Hauptgebäude und symmetrischen eingesch. Nebentrakten, einschl. der Perronüberdachung in weitgehend orig. Zustand (Entwurf identisch → Preetz).

Wasserturm (Breitenaustraße). Über einem schlanken Mauerwerkszylinder, den sechs rechteckige, abgetreppte Pfeilervorlagen umgeben, kragt in 25,45 m Höhe eine von Konsolen getragene, betonierte *Aussichtsplattform* aus, überragt von dem mit Schiefer verkleideten zylindrischen Behälterteil für einen eisernen Intze-Behälter (H 11,10 m). 1913–14 nach Planung von Carl Francke, Bremen, errichtet, zählt der P.er Turm (Ges.-H 42,45 m) zu den ausdrucksstärksten Wassertürmen Norddeutschlands.

Lit.: Slotta II; Merkl 158; ZpBK 1868.

Porta Westfalica-Kleinenbremen NS (Schaumburg/F 5)

Die teilweise als Besucherbergwerk genutzte, 1884 von der ein Jahr früher gegr. Gewerkschaft Wohlverwahrt eröffnete **Eisenerzgrube** ist dank der erhaltenen *Tagesanlagen* nicht zu übersehen. Direkt neben der Straße stehen auf starken Betonstützen die Brech- und Siebanlage von 1937–38 und, im Heimatstil der 1930er Jahre, die ehem. Verwaltung mit Büros, Tagesräumen, Kauen und Magazinen. – Von der Schachtanlage Nammen sehenswert das hist. Vorbilder übernehmende **Stollenmundloch** des Nammer-Stollens.

Lit.: Slotta V,1.

Preetz (Plön/B 7) SH

Bahnhof. Spätklassizistisches *Stationsgebäude* (Entwurf identisch → Plön) der Ostholst. Eisenbahn (eröffnet 31. 5. 1866) mit zweigesch. Hauptgebäude und urspr. symmetrischen eingesch. Nebentrakten (einseitig spätere Aufstockung). – **Wasserturm** (Kleine Hufe). Zusammen mit dem Neubau eines Wasserwerkes 1928–29 nach Entwurf von Peter Giesenhagen unter dem Einfluß der expressionistischen Bauten von Fritz Höger errichteter Wohnwasserturm (H 25,2 m) für einen zylindrischen Stahlbehälter (150 cbm). Die hellroten Klinkerfassaden des im Grundriß quadr. Turmes gliedern dreiseitig dunkelrote Dreikantlisenen und höhenversetztes Gesims, an der O-Seite vorgestellt ein dreieckiges Treppenhaus.

Lit.: Slotta II; Merkl 299; ZpBK 1868.

Pressath-Diessfurth BAY (OPf./Eschenbach/K 9)

Hammerschloß. Der Eisenhammer wurde bereits in die Hammerwerkseinung von Amberg und Sulzbach des Jahres 1387 einbezogen, das Hammerschloß gehört zu den wenigen Anlagen, deren Baubestand noch auf das Spät-MA zurückgeht. Ähnlich den sog. Kupferhöfen → Stolbergs bildete der Hammer, ehem. durch Wassergraben, Wohnturm (Mitte 16. Jh.) und bastionsartige Rundtürme an den Ecken geschützt, eine von der Umwelt abgeschlossene Produktionsstätte. Im 19. Jh. Einstellung des Betriebes. – Von dem zwischen Pressath und Diessfurth gelegenen **Troschelhammer** hat sich das ehem., um 1600 erbaute Herrenhaus im Umbauzustand des 18. Jh. erhalten.

Lit.: Slotta I.

Prien am Chiemsee BAY (OB/Rosenheim/O 10)

● **Chiemseebahn.** Am 9. 7. 1887 eröffnete Privatbahn (1,8 km) mit Spurweite 1000 mm zwischen Bhf. P. und der Schiffsanlegestelle in P.-Stock für

Pressath-Diessfurth. Ehem. Hammerschloß

die Beförderung der Besucher des seit 1886 zur allgemeinen Besichtigung freigegebenen Schlosses Herrenchiemsee. In Betrieb die zweiachsige Naßdampf-Lokomotive mit überbautem Dampfkessel (Kessel 1958 erneuert) von Krauss & Co., München und Linz, Baujahr 1887.
Lit.: Paul IV, BAY 209.

Pullach-Großhesselohe BAY (OB/München/O 8)

Bahnhof (Kreuzeckstraße). *Empfangsgebäude* in Formen der Neurenaissance der im ersten Abschnitt München–Hohenschäftlarn am 10. 6. 1891 eröffneten Isartalbahn mit zwei durch Zwischentrakt verbundene Pavillons in rotem und gelbem Sandstein. Zum Gleis hin ehem. offene Vorhalle in Eisenkonstruktion. – **Wasserturm** (Panoramastraße). Vom Kgl. Obersthofmeisterstab geplanter und 1898–99 (dat. 1898) durch Josef Regath für die Versorgung von Schloß Fürstenried ausgeführter »Wasserthurm der K. Hofbrunnwerke« mit einem Zweikammer-Intze-Behälter von 100 cbm Nutzinhalt. Außer Betrieb.
Lit.: Dpfl. BAY; Merkl 94.

Putzbrunn (OB/München/O 9) BAY

Durch Gebr. Rank, München, nach Entwurf von Zink (Kgl. Wasserversorgungsbureau) 1903 in Betonbauweise ausgeführter kleiner **Wasserturm** (Rathausstraße) mit einem Betonflachbodenbehälter von 50 cbm in 11 m Höhe. Mit verputztem Schaft und ehem. verbrettertem Umgang unter ziegelgedecktem Pyramidendach bewußte Anpassung an die Bauweise der dörflichen Umgebung. Im EG. modern umbaut.
Lit.: SBZ 1904.

Quern-Nübel/Nübelfeld SH (Schleswig-Flensburg/A 6)

1841 als Ölmühle erbauter **Erdholländer** als polygonaler Pyramidenstumpf mit Reetdeckung und zwei erhaltenen Flügeln. Nach 1867 bis zur Stillegung um 1965 auch als Kornmühle betrieben.

Lit.: Fröde 153.

Quierschied SL

(Stadtverband Saarbrücken/L 2)

Q.-Fischbach-Camphausen

Nach einer Planung von 1866 zum Bau einer neuen Grube im Fischbachtal begann 1871 das Abteufen der Schächte 1 und 2, 1874 des Schachtes 3 und 1881 die Förderung auf der **Grube Camphausen** (Dudweiler Straße). Für den 1906–11 abgeteuften Schacht 4 erschien die Anordnung der Fördermaschinen direkt über dem Schacht ähnlich dem Bauprinzip der eine Generation älteren Malakowtürme als die günstigste Lösung. Über dem Doppelschacht errichtete die Fa. C. Brandts, Düsseldorf/Saarbrücken, 1910–11 einen ca. 40 m hohen, viergesch. Turm in charakteristischer Hammerkopfform über einer in Schrägpfeilern aufgelösten, von der Schachthalle umbauten Basis als ersten **Eisenbetonförderturm** der Welt. Das oberste, zweiseitig auskragende Geschoß erhielt als Erstausstattung eine elektr. Koepe-Fördermaschine nach dem System Illgner. Die heute genutzten elektr. Fördermaschinen wurden 1936–37 installiert. Daneben zwei Fördergerüste des 20. Jh. Aus den ersten Jahrzehnten der Grube das Inspektionsgebäude (1889, Grubenverwaltung), Schlafhaus (1924–25, Schule), Beamten- und Direktorenvillen (1891/1906, 1890, Heinitzstraße), Beamten- und Arbeiterwohnhäuser.

Q.-Göttelborn

Markanter **Wasserturm** auf der Göttelborner Höhe (Hauptstraße, L 128) aus zwei ungleich großen, durch ovalen Treppenturm und Vorhalle verbundenen polygonalen Baukörpern (H etwa 10 m) mit glattem Schaft und durch Lisenen und Okuli gegliedertem Behälterteil unter Attika. Zum Ort hin der Turm von 1907–08 aus verputztem Backsteinmauerwerk auf zwölfeckigem Grundriß für einen genieteten Behälter von insges. 700 cbm, der 2. Bauabschnitt von 1912–13 als Zehneck in Eisenbeton für einen Betonbehälter von 550 cbm Inhalt.

Lit.: Slotta II; Merkl 246; Dpfl. SL.

Rabenscheid (Lahn-Dill-Kreis/I4) HS

Um 1900 mit Wohn-, Wirtschafts- und Betriebsgebäude errichtete **Grützenmühle** (Fischbach-Mühle) mit zeitbedingt in Eisen erhaltener Mühlentechnik.

Lit.: Dpfl. HS.

Radevormwald NW

(Oberbergischer Kreis/H 3)

Textilfabriken Dahlerau, Vogelsmühle, Dahlhausen. Nach den Befreiungskriegen errichteten die in Lennep ansässigen Textilunternehmen Johann Wülfing & Sohn (Dahlerau), Peter Schürmann & Schröder (Vogelsmühle) und Bauendahl (Dahlhausen) anstelle früherer Eisenhämmer, das Gefälle der Wupper nutzend, wassergetriebene Tuchfabriken, deren um 1830 entstandene klassizistische Bruchsteinbauten noch heute den Kern der durch Brände, An- und Erweiterungsbauten vielfach veränderten Fabrikkomplexe bilden. Für die techn. Entwicklung stehen eine komplette Dampfmaschinenanlage von 1892 (Dahlerau) und eine Turbinenhalle der 1920er Jahre (Dahlhausen). Mit Arbeiter- und Beamtenwohnhäusern, Schul- und Ladenbauten als Nebeneinrichtungen und Straßen, Brücken und Eisenbahnlinie (Bahnhof Dahlerau) als Relikte zeitgenössischer Infrastruktur verdeutlichen die drei Fabrikansiedlungen die Entwicklung eines das Tal der Wupper prägenden Industriezweiges.

Lit.: Föhl, 1988.

Rain am Lech BAY

(Schw./Donau-Ries/N 8)

An der Stelle eines 1901 abgebrochenen, im 18. Jh. erneuerten Feldscher- und Kuhhirtenturms von 1417 unter Zitierung der Geschichte bei Portal- und Fenstergewänden 1902–03 errichteter **Wasserturm** in der für einen Intze-I-Behälter (100 cbm) charakteristischen Form mit leicht verjüngtem Zylinderschaft und über rabbitzverkleideten Bogenkonsolen auskragendem Behälterkopf.

Lit.: Merkl 84.

Bad Rappenau (Heilbronn/L5) BW

Nachdem der aus Bad Dürkheim gebürtige Salineninsp. Georg Chr. H. Rosentritt nach fast einjähr. Bohrversuchen im September 1822 das Salzflöz angefahren hatte, wurde am 27. 5. 1823 mit der Errichtung der Salinenbauten nach Entwurf von Friedrich Arnold, Neffe Friedrich Weinbrenners und Planer der Saline Bad Dürrheim, begonnen. Von der ehem. ein Rechteck von 400 × 200 Metern bedeckenden **Salinenanlage** symmetrisch um zentralen Platz gruppierter Bauten (Solereservoirs, Salzmagazine, Siedehäuser, Wohngebäude etc.) haben sich nur noch wenige Gebäude erhalten. Als Rest der klassizistischen Anlage herrscht noch immer das zweigesch. ehem. Salinenamtshaus (Therapiezentrum) mit dorischem Gartenportikus und Glockentürmchen repräsentativ über zwei Beamtenwohnhäuser. Aus dem Jahre 1827 stammen Salinenwirtschaft und ein Ökonomiegebäude mit ablesbar klassischem Ursprung trotz mehrfacher Veränderungen. In den quer zur Salinenstraße stehenden ehem. Offiziantenhäusern jetzt die Kur- und Klinikverwaltung. Abseits der Salinenanlage restauriert eingesch. Bohrhäuser und ein Bohrturm in Fachwerk.

Lit.: Konnerd; Slotta I.

Rastatt (Rastatt/M4) BW

Auf den Trümmern des im Orléans-Krieg 1689 zerstörten Marktfleckens entstand unter Markgraf Ludwig Wilhelm (Türkenlouis) eine barocke Residenzstadt (Schloß 1697–1707), deren Baustil noch um 1900 öffentl. Bauten beeinflußte.

Bahnhof. Nach Zerstörung im 2. Weltkrieg vereinfacht wiederaufgebautes, im Zusammenhang mit dem Bau der Bahnlinie Karlsruhe–Durmersheim–R.–Wintersdorf (eröffnet 1. 5. 1895) in der Tradition von Friedr. Eisenlohr fünfgliedrig in renaissancistischen Formen errichtetes *Empfangsgebäude*.

Brunnenhaus. Unter Markgraf Ludwig Wilhelm 1699–1700 durch Michael L. A. Rohrer zur Versorgung von Residenz und Schloßgärten am Murgufer errichtetes Brunnenhaus, dessen urspr. Fachwerkkonstruktion Anfang des 19. Jh. teilweise, 1858 gänzlich durch verputztes Mauerwerk ersetzt wurde. Während von der urspr. *Pumpenanlage* mit unterschlächtig angetriebenem Radwerk nichts überdauerte, blieb das sechsgesch. Brunnenhaus, wenn auch in ruinösem Zustand, erhalten. Die Hauptfront im EG. durch Bogen mit Zugang und ehem. flankierenden Laufbrunnen zwischen Lisenenrahmen gegliedert, darüber zwei durch kräftige Gurtgesimse gebundene Geschosse mit Lisenengliederung und Eckquaderung des EG. aus der 1. Hälfte des 19. Jh., abschließend 2 Voll- und ein Attikageschoß mit übergreifender Lisenengliederung und Konsolgesims als vereinfachte Fassade des ausgehenden 19. Jh.

Wasserturm. 1840 hatte die Stadt von dem Großhzgl. Domänenärar ein Brunnenhaus samt masch. Einrichtung und 5 km langer Trinkwasserleitung aus Deicheln (in Längsrichtung durchbohrte Baumstämme) erworben. 1896 begann die Großhzgl. Wasser- und Straßenbauinspektion, ein Projekt für ein neues Wasserwerk auszuarbeiten, zu dem auch der Wasserturm gehörte. Inmitten von Gartenanlagen bei der sog. Pagodenburg erhebt sich am höchsten Punkt der Stadt als neobarockes Wahrzeichen der 1901 nach Entwurf von Friedrich Ratzel, Karlsruhe, fertiggestellte, noch heute für die Wasserversorgung genutzte Turm. Der kegelförmige, mit einer zylindrischen Mauerschale verkleidete Ständer trägt in 22,2 m Höhe einen eisernen Intze-Behälter (630 cbm), umhüllt von einer polygonal gebrochenen Wandschale, getragen von getreppten Konsolen und Wandvorlagen. Mit einem 17,5 m hohen geschwungenen, durch Belüftergeschoß unterbrochenen Pagodendach erreicht der Turm seine Gesamthöhe von 47,3 m. Nach der Sanierung 1984 im Farbton der Umgebung des Schlosses angepaßt, erinnert der Wasserturm heute wieder nach der Absicht seiner Erbauer an die barocke Tradition der Stadt.

Brauerei C. Franz GmbH (Rauentaler Straße). Originalgetreuer Wiederaufbau nach Kriegszerstörungen der Betriebsgebäude von 1900 der 1842 gegr. Brauerei Franz mit Sudhaus, Mälzerei, Maschinenzentrale und Kamin. Die Fassaden der Putzbauten gliedern, in Sandstein gefaßt, romanische Bogenfenster, teilweise mehrfach gekuppelt, und bi- bzw. triforische Blendbogennischen, die Giebel spätgotisch abgetreppt mit Ecktürmchen.

Lit.: SBZ 1903; Slotta II; Merkl 220; Firmenangaben.

Rathmannsdorf (Eckernförde/B6) SH

Doppelschleuse von 1781 in erhaltenem, wasserführendem Teil des →Eiderkanals aus Ziegelmauerwerk mit Granithäuptern (restauriert 1984).

Lit.: Heidemann.

Ratingen (Mettmann/H2) NW

Textilfabrik Brügelmann (Cromforder Allee). An der Anger nördl. von R. errichtete der Elberfelder Textilkaufmann Johann G. Brügelmann 1783–84 die erste mechanische Baumwollspinnerei des Kontinents mit durch Wasserrad zentral angetriebenen Maschinen für anfangs 1000 Spindeln, seit 1790 programmatisch »Cromford« genannt nach Arkwrights Vorbild in England. Zu der Gesamtanlage gehören das Produktionsgebäude von 1783–84 mit Anbauten zwischen 1838 und 1852, das Herrenhaus von 1784–90 (nach der Familienüberlieferung von Nicolas de Pigage) mit Parkanlage (Maximilian von Weyhe), das Kontorgebäude von 1790 und die Arbeiterhäuser von 1787–90. Neunutzung zu Wohnzwecken und als Standort des Rhein. Industriemuseums.

Lit.: Föhl, 1988; Dpfl. NW/RL.

Ratzeburg (Herzogtum Lauenburg/C7) SH

Bahnhof. Spätklassizistisches *Empfangsgebäude* aus dreigesch. Kopfbau mit Dienstwohnungen und zweigesch. Längstrakt mit Publikums- und Betriebsräumen von 1860 an der Lübeck-Büchener Eisenbahn (eröffnet 15. 10. 1851). – **Wasserturm** (Hindenburghöhe). Kuriose Doppelturmkonstruktion aus einem inneren neoromanischen Wasser- und Aussichtsturm (30 cbm) von 1903 und einem 1935 fertiggestellten äußeren oktogonalen, mit Klinkermauerwerk ausgefachten Betonskelett sowie Aussichtsplattform und Betonbehälter (260 cbm) über der Spitze des älteren Turmes. – In **St. Georgsberg** (Klopstockweg) kleiner, vor der Eingemeindung 1928 errichteter *Wasserturm* (75 cbm), Pumpenantrieb urspr. durch Windturbine.

Lit.: Slotta II.

Recklinghausen NW (Recklinghausen/G–H2)

Zeche General Blumenthal. Für den 1940–44 abgeteuften Schacht 7 (Westcharweg) des in den 1870er Jahren eingerichteten Bergwerkes entstand gleichzeitig ein zweigeschoss. (Koepe-) Strebengerüst in modifizierter Ausführung, das als auffällige Landmarke den N-Rand des Ruhrgebietes bezeichnet.

R.-Hillen

Wasserturm (Ostcharweg). Ähnlich den Wassertürmen in →Herten-Scherlebeck trägt ein gedrungener Zylinder in romanisierendem Backsteinrohbau, errichtet 1903, einen Intze-Stahlbehälter von 4000 cbm Fassungsvermögen.

R.-Hochlarmark

Zeche Recklinghausen I (Hochlarmarkstraße). Kauen- und Verwaltungsgebäude zu Schacht 3 (Clerget) in qualitätvollem, von Backsteingotik beeinflußtem Industrie-Jugendstil um 1905 als Zeugnis der ältesten Zeche (Abteufarbeiten ab 1864) in Recklinghausen. Schacht Clerget in den 1930er Jahren stillgelegt.

R. – König Ludwig

Ehem. **Zeche König Ludwig** (Alte Grenzstraße). Die Bauten der Tagesanlage der 1965 stillgelegten Zeche dokumentieren auf begrenztem Raum die Entwicklung der Industriearchitektur im Bergbau zwischen 1872–85 (Beginn der Abteufarbeiten/Aufnahme der Förderung) und 1903 (Inbetriebnahme Schacht 6) von schlichter Neoromanik zu Jugendstil und Neoklassizismus.

Lit.: Matzanke, 1986; Paul II, NW 197.

Rees-Feldmark (Kleve/G1) NW

Konische, aus Bruchsteinen gemauerte **Holländerwindmühle** des 18. Jh. mit gut erhaltenem Mahlwerk und Windrose.

Lit.: Dpfl. NW/RL.

Regen (NB/Regen/M11) BAY

Die am 15. 11. 1877 eröffnete bayer. Staatsbahnlinie Plattling–(Bayer.) Eisenstein (→Waldbahn) überquert kurz vor R. mit einem **Viadukt** über vier Öffnungen zu je 76 m Stützweite in einer Maximalhöhe von 48,36 m und 670 m Länge das Tal der Ohe mittels eiserner Fachwerkträger (obenliegende Fahrbahn) über steinernen Widerlagern und Pfeilern. Eine der wenigen Brücken mit orig. Eisenkonstruktion des 19. Jh.

Lit.: ZBK 1881.

Regensburg (OPf./Regensburg/M 9) BAY

Bahnhof. Breit gelagertes *Empfangsgebäude* aus drei, mit niedrigeren Zwischentrakten verbundenen Pavillons in Formen der Neurenaissance nach Plänen von Karl Zenger an der im Abschnitt Seubersdorf–R. am 1. 7. 1873 eröffneten Bahnlinie Nürnberg–R., 1886–91 umgebaut, 1945 zerstört, 1946–55 vereinfacht wiederhergestellt. – ● **Steinerne Brücke.** Die über 300 m lange, 1135 begonnene Steinbrücke überspannt mit 16 Bögen die beiden Donauarme. Trotz Veränderungen im 17./19. und 20. Jh. eines der bedeutendsten techn. Bauwerke des MA. – Am Oberen Wöhrd die Bauten der ehem., 1872 gegr. **Metall- und Silberwarenfabrik Brandner,** die an die intensive Nutzung der Donauwasserkraft erinnern. – Die Bedeutung der Stadt als wichtiger Umschlagplatz des Eisenhandels (→ Bayer. Eisenstraße) läßt die Kaimauer der **Eisenlände** erkennen. – Vom **Schlachthof** (Straubinger Straße) erhalten das renaissancistische Restaurationsgebäude der 1890er Jahre. Im W-Hafen das ehem. städt. Lagerhaus (Baywa, Bruderwörthstraße), eine Kombination von Boden- und Silospeicher, um 1915 nach Entwurf von Dr. Schmidt, Stadtbauamt, als moderner Betonbau mit leicht historistischer Überformung.

Lit.: Slotta I; Dpfl.BAY; IB 1918.

Bad Reichenhall BAY
(OB/Berchtesgadener Land/P 11)

● **Alte Saline** (Salinenstraße). Die Stadt verdankt ihre Entwicklung dem Salz im Gebirgsmassiv des Untersbergs, das im salzburgischen Dürrnberg bereits im 1. Jt. v. Chr. bergmännisch abgebaut wurde, in R. dagegen seit röm. Zeit salinär auftritt, da hier die Salzlager des Lattengebirges, Kirchholzes und der Gmainer Höhen einem na-

Bad Reichenhall. Alte Saline

türlichen Auslaugungsprozeß durch Sickerwasser unterliegen, das, auf 0,75–24% Salzgehalt angereichert, in Salzquellen zutage tritt. R. entwickelte sich unter Einfluß eines mächtigen, am Salz beteiligten Patriziats im 13. Jh. vom Markt zur Stadt. Mit der Einrichtung des staatl. Salzmonopols durch Aufkauf fast aller Salz-Pfannen und der Waldnutzungsrechte durch die bayer. Herzöge zwischen 1483 und 1509 begann der systematische Ausbau der Saline. – Nach Plänen des Münchner Bildhauers Erasmus Grasser wurde 1507–09 der 14 m tiefe *Hauptbrunnenschacht* mit Marmor ausgekleidet. Von Grasser stammen auch die Pläne für den von Fabian Zehender 1524–32 zur Lösung des Süßwassers angelegten *Grabenbachstollen,* einem vollständig mit Werkstein ausgekleideten, 2 m breiten und 2,5 m hohen, ca. 2 km langen, mit Kahn befahrbaren Kanal, der, außerhalb der Stadt offen geführt, schließlich in die Saalach mündet. – Einen grundlegenden Umbau erfuhr die Saline 1782–92; in diese Zeit fällt auch die Entdeckung der *Carl-Theodor-Quelle,* deren Stolleneingang ein *Porträtmedaillon* des Kurfürsten aus weißem Marmor schmückt, geschaffen 1791 von dem Münchner Bildhauer Roman A. Boos. – Der große Stadtbrand von 1834 vernichtete auch die heute sog. *Alte Saline* (Neue Saline in der Reichenbachstraße ab 1926) mit Sudhäusern und Hauptbrunnenhaus, die unter Ludwig I. 1841–51 nach Entwurf von Josef D. Ohlmüller als ein drei Höfe umfassender Komplex am Fuße des Gruttensteins in Formen des romantischen Klassizismus neu entstand. Im Zentrum der in Sichtmauerwerk mit Werksteingliederung errichteten Trakte das von einem Schmuckgiebel bekrönte Hauptbrunnhaus mit Brunnkapelle (Glasfenster: Moritz von Schwind) im OG. – Seitl. des Hauptzugangs als außergewöhnliches techn. Denkmal die **Maschinenhalle,** in der zwei auf Marmorsockel gelagerte, oberschlächtige Wasserräder aus Eisen (Dm. 13 m) die Kraft des Aufschlagwassers über Balanciers und Pleuelgestänge auf je fünf Pumpen der Reichenbachschen Pumpenanlage im Hauptbrunnenschacht ohne Unterbrechung seit ihrer Installation übertragen. – Marmorne Treppen führen in den *Quellenbau,* wo insges. 22 in Marmorstuben gefaßte Lauf- und Stauquellen entspringen, deren Sole durch

Reinhardshagen-Veckerhagen. Ehem. Eisenhütte, Gießhalle

verschiedene Pumpen aus dem Brunnenschacht gehoben wird. – Ein weiterer Abstieg erschließt die *Carl-Theodor-Quelle,* deren Pumpanlage mittels eines 103 m langen Gestänges mit 5 Übersetzungen auf 12 Lagern von einem unterschlächtigen Wasserrad in einem Seitenstollen des Grabenbaches angetrieben wird. – Älteste und bedeutendste Salinenanlage Deutschlands.

Lit.: Schwarz; Reclam I,1, BAY; Slotta I.

Reinhardshagen-Veckerhagen HS (Kassel/H 6)

● Der ausgedehnte Komplex der ehem. **staatl. Eisenhütte Veckerhagen** vermittelt mit weitgehend erhaltener Bausubstanz aus der Blütezeit der Hütte ein anschauliches Bild eines Großbetriebes aus der Mitte des 19. Jh. Die Hütte entstand 1663–66 als großzügig geplanter Neubau, um die seit 1617 in Knickhagen bestehende Wilhelmshütte aufzunehmen, für deren Verlegung nach Veckerhagen verm. die dort günstigere Versorgung mit Rohstoffen – Holz aus dem Reinhardswald, Erztransporte über die Flüsse Eder, Fulda und Weser sowie per Fuhrwerk von dem nahe gelegenen Bergwerk Hohenkirchen – den Ausschlag gab. Zur Zeit der größten Produktivität um 1850 erzeugten Hoch- und Kupolöfen jährl. etwa 12 Ztr. Roh- und Gußeisen. Im Zusammenhang mit der Privatisierung 1872 wurde der Hüttenbetrieb eingestellt und schließl. auch die Gießerei, die sich vorwiegend mit Maschinenbau befaßte, 1903 nach Kassel-Bettenhausen verlegt. Aus der Frühzeit der Hütte stammt das ehem. *Hüttenschreiberhaus* (Rosenhaus), ein Fachwerkbau von 1669 mit Erweiterungen noch vor 1764. In der Expansionsphase der Hütte zwischen 1834 und 1848 entstanden der 15achsige, 44 m lange Bau der *Schlosserei und Modellschreinerei,* die Längsseiten durch klassizistische übergiebelte Risalite zentriert und von schlankem Uhr- und Glockenturm bekrönt, sowie das Gebäude des Fertiglagers. Zwischen 1848 und 1857 erhielt das bis 1834 mehrfach veränderte Gießhaus nach Entwurf eines unbekannten Architekten verm. aus dem Umkreis von J. E. Ruhl einen *Anbau* mit repräsentativem neugotischen, durch Pfeiler gegliederten Stufengiebel aus weißem Sandstein und gußeisernem Dekor, um 1862 beidseitig erweitert durch Shedhallen. Um 1850 entstanden in Sandstein östl. der Schlosserei die *Sägerei* und die *Dampfmaschinenhalle,* letztere mit neugotischer Balustrade geschmückt. Klassizistisch das zwischen 1848 und 1858 erbaute *Herrenhaus* mit Balkongittern, Ornamenten und Innentreppen in Eisenkunstguß. Vor dem Westgiebel des Herrenhauses, in dem das Bergamt untergebracht war, eine gußeiserne Laube auf gotisierenden Säulen aus gleicher Zeit. Trotz des Verlustes der techn. Einrichtung gehört die ehem. Eisenhütte zu den bedeutendsten techn. Denkmalen der Region.

Lit.: Lotze.

Remagen (Ahrweiler/J 2) RP

Spätklassizistisches, durch Putzquaderung geprägtes **Empfangsgebäude** mit zentralem Empfangs- und einseitig angelagertem Restaurationspavillon an der am 21. 1. 1858 eröffneten linksrhein. Strecke Rolandseck–R. (Rhein. Eisenbahn). Die Perronhallen aus zwei Bauphasen mit genieteter Dachkonstruktion über Gußeisensäulen. – Der um die Mitte des 19. Jh. zunehmende Ausflugsverkehr in das Siebengebirge gab den Anstoß zur Verlängerung der seit 1844 bestehenden Bahnverbindung Köln–Bonn nach S bis Rolandswerth (15. 10. 1855) und Rolandseck (21. 1. 1856) durch die Bonn-Cölner Eisenbahnges. Der besonderen Aufgabe als gesellschaftlicher und gastronomischer Treffpunkt am Endpunkt der Strecke entsprach die nach dem Vorbild ital. Landhäuser repräsentativ spätklassizistisch gestaltete Architektur des **Empfangsgebäudes.** ● Das sich rheinseitig auf Sandsteinsockelgeschoß, zugänglich über zweiarmige Freitreppe, erhebende axialsymmetrische, durch giebelständige Eckbauten begrenzte Gebäude umgibt dreiseitig zweigesch. eine filigrane gußeiserne Terrassenkonstruktion. Die Decken der Gesellschaftsräume stuckiert. Nach Stillegung 1959 in den 1970er Jahren restauriert und seitdem als Ausstellungsgebäude genutzt.

Lit.: Slotta I; Custodis.

Remscheid (Remscheid/H 2) NW

Wasserturm (Hochstraße). In seiner ersten Fassung als Wahrzeichen für R. monumental gehaltener Turm, errichtet 1882–83 im Zusammenhang mit der Ausführung des städt. Wasserwerkes nach der Gesamtplanung von L. Disselhoff, Wasserwerksdir. in Iserlohn. Innerhalb eines gemauerten Turmzylinders trug ein sechseckiger Schaft von 3,20 m Außendurchmesser den ersten Wasserbehälter (400 cbm Inhalt) nach dem Patent Intze, der Raum zwischen Tragschaft und Mantel wurde zu Wohnzwecken genutzt. Bei laufendem Betrieb erhielt der Turm 1906–08 über dem alten einen neuen Intze-I-Behälter von 1500 cbm Fassungsvermögen, aufgesetzt auf einen neuen, den urspr. umkleidenden Mantel in einer architektonischen Gestaltung, die, dem bergischen Baucharakter angepaßt, am Kopf Fachwerk und Schieferverkleidung zeigt. Der erste Behälter wurde anschließend dem 1908 in R.-Hasten (Berghauser Straße) errichteten Schaft aufgesetzt.

Eschbach-Talsperre (Großberghausen, Intzestraße). Mit der von Otto Intze auf der Basis erstmaliger Untersuchungen von Niederschlags- und Abflußmengen entworfenen Talsperre begann die Entwicklung des modernen Speicherbaus für die Trinkwasserversorgung in Deutschland. Die Talsperre mit einer 25 m hohen Gewichtstaumauer für ein Reservoir von 1 Mill. cbm Inhalt war die erste von insgesamt 16 durch Intze zwischen 1890 und 1900 ausgeführten Anlagen, so in R.-Lennep (Hasenberg) die Panzer-Talsperre von 1893 mit einer Mauererhöhung 1905.

Lit.: DB 1883; VDI 1885/95; ZBW 1907; Föhl, 1976; Merkl 83/92.

Renchtal-Eisenbahn Appenweier-Oppenau

BW (Ortenaukreis/N 3)

An der unter Leitung von R. Baumeister, Karlsruhe, ausgeführten, am 1. 6. 1876 eröffneten **Renchtalbahn** mit Verlängerung bis Endbhf. Bad Peterstal-Bästenbach-Griesbach finden sich mit zwei *Fachwerkbrücken* bei Oberkirch, einer *Fachwerkbrücke* bei Lautenbach, je einem vier- bzw. fünfbogigen *Sandsteinviadukt* bei Löcherberg und Bad Peterstal sowie einer *Böschungsmauer* mit Entlastungsbögen vor Griesbach noch weitgehend aus der Bauzeit der Strecke stammende Kunstbauten.

Lit.: ZAIVH 1878.

Rendsburg

(Rendsburg/B 6) SH

1199 erstmals genannt, war R. im 14. Jh. zeitweilig Residenzstadt der Schauenburger Grafen. Unter König Christian III. begann der Ausbau zur Hauptfestung des Landes. Wirtschaftlicher Aufschwung im 19. Jh. durch die Industrialisierung: 1827 Gründung der Carlshütte durch M. H. Holler als lange Zeit einzige Eisenhütte des gesamtdänischen Staates; Seehafen nach Fertigstellung des → Nord-Ostsee-Kanals.

Eiderkanal (Hollensenstraße). In der Nähe des Gerhardsteiches als letztes Stück des alten Eiderkanals in R. das imposante, heute als Möbellager genutzte Kanalpackhaus von 1783 sowie das ehem. *Zollhaus* mit zentralem Risalit und gußeiserner Freitreppe, 1784 von Christian Bruy errichtet.

Hochbrücke und Schwebefähre. Im Zusammenhang mit der Verbreiterung des → Nord-Ostsee-Kanals 1909–14 mußten auch die Drehbrücken in den Bahnlinien Neumünster–Schleswig und Kiel–R.–Husum ersetzt werden. Nach Entwurf von Friedrich Voß entstand 1911–13 die zweigleisige R.er Eisenbahnbrücke als eine der imposantesten Brückenkonstruktionen aus Eisen in Europa. Die Vorgaben von 42 m li. Durchfahrtshöhe für Seeschiffe bei gleichzeitiger Berücksichtigung eines max. Steigungsverhältnisses von 1 : 50 für die Bahn erforderten trotz Höherlegung der Bahnhöfe Osterrönfeld und R. eine ca. 7,5 km lange Hochtrasse, einschl. einer elliptischen Dammschleife von ca. 4,3 km Länge auf R.er Stadtgebiet. Den Kanal überbrückt, gestützt auf zwei gelenkig gelagerte Pylone (H 68,7 m) und zwei Turmpfeiler, ein Tragwerk mit gekrümmtem Obergurt über drei Öffnungen von zweimal 77,3 m und 140 m Stützweite; die Hauptträger sind Gerberträger mit eingehängtem Mittelteil. Beiderseits der Kanalüberführung schließen im Radius von 600 m gekrümmte Rampenbrücken an (Stütz-W 28,3 m, Ausnahme die Schleifenkreuzung mit Zweigelenkbogenträgern von 75 m Stütz-W) bei Gesamtlängen von 1260,15 m im N und 908,5 m im S max. 14 m hohe Erddämme (L 2213,75 m) vermitteln zwischen der Eisenkonstruktion und dem Geländeniveau. Den Straßenverkehr übernimmt eine der Brücke untergehängte *Schwebefähre*.

Viehmarkthalle (Bismarckstraße). In einfacher norddt. Backsteinarchitektur ausgeführter

Reutlingen. Ehem. Textilfabrik Louis Gminder

Zweckbau mit prägnant gestuftem Satteldach und Nebengebäude von 1913 nach Entwurf von J. Theede, Kiel. Der Eingangsrisalit durch Pilaster gegliedert, im Tympanon des Bogengiebels ein Relief des Kieler Bildhauers Schnoor.

Lit.: ZBV 1913/15; BM 1916; Slotta I; Paul I, SH 150f.

Reutlingen (Reutlingen/N 5) BW

Aus vier Siedlungen im 11. Jh. entstanden, erhielt das Dorf R. um 1182 das Marktrecht, 1209 Stadtrecht. Kaiser Friedrich II. förderte die Gründung der reichsunmittelbaren »Neuen Stadt« 1216–40, in der bereits im Spät-MA Gerber- und Wollgewerbe sowie Buchdruck zur Blüte gelangten. Seit 1803 württ., erlebte R. in der 2. Hälfte des 19. Jh. erneut eine wirtschaftliche Blüte mit rasch wachsender, durch die Einrichtung eines Technikums geförderter Textilindustrie, deren bauliche Zeugen sich u. a. um die Seestraße (zwischen Albstraße und Am Echazufer) konzentrieren. Moderner Wiederaufbau mit veränderter Stadtstruktur nach Zerstörung im 2. Weltkrieg.

Mit üblicher Lisenengliederung die Backsteinrohbauten vom Ende des 19. Jh. der ehem. **Textilfabrik Adolff** (→ Backnang; Schieferstraße, Emil-Adolff-Straße). Heute als Baumarkt genutzt. – Ein sekundäres Zeugnis für die Entwicklung der Textilindustrie bilden Schulgebäude, dat. 1891–1903, und eingesch. Maschinenhalle in Shedkonstruktion des **Technikums für Textilindustrie** (Kaiserstraße).

R.-Betzingen

Bahnhof (Olgastraße). *Empfangsgebäude* an der am 15. 10. 1861 eröffneten Teilstrecke R.–Tübingen–Rottenburg der Oberen Neckarbahn als zweigesch. Backsteinrohbau mit Werksteingliederung. Betonung des zentralen Eingangs durch doppelte Bogenstellung unter Zwerchgiebel. Einseitig eingesch. Anbau mit gleisseitig offener Vorhalle.

Stadtwerke (Hauffstraße). Hochbauten – Verwaltung, Maschinenhaus, Labor etc. – des 1966 stillgelegten Gaswerkes von 1910 in historisierenden Mischformen zwischen Renaissance und Neoklassizismus mit z.T. restaurierter Originalfassung.

Ehem. **Textilfabrik Louis Gminder,** später Ulrich Gminder (Tübinger Straße). Aufwendig gestaltetes, dreigesch. Spinnereigebäude (vgl. Spinnerei Gebr. Laurenz, →Ochtrup, 1893) von 1903–06 nach Entwurf von Philipp J. Manz, Stuttgart, als stark gegliederter Backsteinrohbau mit Werksteinbetonung und sparsam eingesetzten Putzflächen. Die Fassaden dominiert durch kräftige, übergiebelte Pfeiler, die Wandflächen des EG. in Quadermauerwerk mit Segmentbogenfenstern, die der OG. aufgelöst in Glas zwischen verzierten Brüstungselementen. Die Gebäudeecken überhöht durch quadr. Türme. Durch retardierende Formensprache einer auf repräsentative Selbstdarstellung des Unternehmens ausgerichteten, die moderne Konstruktion überdeckenden Fassadengestaltung unzeitgemäß noch der Architekturauffassung des ausgehenden 19. Jh. verhaftet. – Neben der Spinnerei der eingesch. ehem. *Maschinensaal* mit langer, dem Klassizismus verbundener Straßenfassade nach Plänen von Zimmermann, 1890, Erweiterung 1895, bei gleichmäßiger Fassadenteilung der Mauerwerksflächen mit einfachen und paarigen Rundbogenfenstern zwischen Lisenen in Sandstein-Quadermauerwerk und profiliertem Traufgesims über Dt. Band. Die Eingänge betont durch Attikaaufsätze mit Blendgalerien und Schmuckkassettierung. Seit 1964 im Eigentum der Fa. Bosch GmbH.

Wohnsiedlung Gmindersdorf (Heppstraße, Zaisentalstraße, Theodor-Fischer-Straße). Nach ihrem Gründer Ulrich Gminder benannte, nach Entwurf von Theodor Fischer, München, 1903–08 in wesentlichen Teilen errichtete, bis 1914 fertiggestellte Arbeitersiedlung der Spinnerei Louis Gminder mit über 150 Wohnungen in 49 vorwiegend als Doppelhäuser erstellten Einheiten von 17 Haustypen. Um den Marktplatz gruppiert die sozialen Einrichtungen mit Kaufhaus, Gaststätte mit Metzgerei, Schule mit Turnhalle, Kinderkrippe und Waschhäuser.

Lit.: SBH 1910; ZBV 1908; ZWW 1908; Bau 1910; SBZ 1906.

Rheinau (Waldshut/P4) BW

Eingespannt zwischen eine zweibogige auf schweiz. und eine einbogige steinerne Brückenrampe auf dt. Seite führt die dreijochige **gedeckte Brücke** bei R. über den Oberrhein. Drei mehrstrebige Sprengwerke über Reihen von je acht eisernen Pfählen mit Spannweiten von 20,90 m, 21,20 m und 21,30 m tragen die Fahrbahn der 6,5 m hohen Brücke. 1804 als Ersatz einer 1799 zerstörten Konstruktion errichtet. 1954 Reparatur und Verstärkung des Tragwerkes.

Lit.: Slotta I.

Rheinberg-Borth (Wesel/H1) NW

Zeche Borth I/II. *Deutsche Solvay-Werke.* Ein erster Nachweis abbauwürdiger Salzlager am Niederrhein gelang 1897, weitere erfolgreiche Bohrungen führten zum Bau einer Sodafabrik durch die Solvay-Werke bei Rheinberg. Für den von der Bergbehörde geforderten bergmännischen Aufschluß der Lagerstätte wurden ab 1906 bzw. 1910 die Schächte 1 und 2 im noch wenig erprobten Gefrierverfahren abgeteuft, die, erst 1926 bis zu einer Teufe von 850 m voll ausgebaut, die Förderung aufnehmen konnten. Die Fördereinrichtung über Schacht 1 wurde 1964 durch einen 72 m hohen Stahlbeton-Förderturm ersetzt, über Schacht 2 erhebt sich das 1927 vollendete **Doppelstrebengerüst** mit Koepeförderung, das neben dem bautypgleichen Gerüst über Schacht 9 der Zeche Consolidation in →Gelsenkirchen-Bismarck zu den letzten erhaltenen Beispielen dieser Bauart zählt. ●

Lit.: Slotta III.

Rheinböllen (Rhein-Hunsrück-Kreis/K3) RP

An der Straße von Rheinböllen nach Stromberg liegt eine der von der erhaltenen Bausubstanz her bedeutendsten **Eisenhütten** aus der 1. Hälfte des 19. Jh. Bereits 1598 als Standort eines Eisenwerkes erstmals urkundlich erwähnt, entwickelte sich die Hütte, seit Ende des 18. Jh. im Besitz der Familie Puricelli, nach Ausbau in den 1830–40er Jahren zu einem der leistungsfähigsten Werke im Hunsrück mit drei 1828/35–36/40–41 erbauten Hochöfen. Nach Ausblasen des letzten Hochofens 1893 Beschränkung auf reinen Gießereibetrieb, ab 1954 die Anlage verpachtet bzw. verkauft (Hüttenwerk ATE). Noch aus dem 18. Jh. stammen ein Wohnhaus und ein Stallgebäude, aus dem 19. Jh. die Mehrzahl ●

der einheitlich aus unverputztem Bruchstein errichteten Bauten: Grabkapelle der Puricellis (1857), Arbeiterwohnhäuser in Fachwerk, Gießerei, Verwaltungsgebäude, Kasino (Gaststätte »Eisenhütte«), Pochwerk, Hammerwerk, Hochofengebäude, Gußwarenlager mit neugotischem Dachreiter u. a. Innerhalb einer ausgedehnten Gartenanlage am S-Rand der Hütte das Herrenhaus (um 1870) und Nebengebäude. – In Rheinböllen eine von der Familie Puricelli ab 1862 gestiftete **Waisenhausanlage.** – Auf dem 648 m hohen Hochsteinchen der älteste erhaltene **Aussichtsturm** des pfälz. Rheinlandes als Eisenfachwerkkonstruktion der Firma Heinrich Stähler, Weidenau a. d. Sieg, von 1893. 1978 renoviert.

Lit.: Slotta I; Custodis.

Rheine (Steinfurt/F 3) NW

Am Standort einer bereits im 14. Jh. erwähnten Mühle ließ Fürstbischof Clemens August von Bayern (1700–61) nach Plänen des Artillerieleutnants Johann Boner 1754 einen schlichten Neubau errichten, der nach mehreren Umbauten ab 1986 auf seinen hist. Kern zurückgeführt wurde. **Emswehr** und eine erste Schleusenanlage zur Umgehung der die Schiffahrt behindernden Felsbänke im Flußbett der Ems entstanden 1550 unter Fürstbischof Franz von Waldeck. Den Nachfolgebau von 1746–48 durch den bischöflichen Baumstr. Johann C. Schlaun ersetzt ab 1841–45 der nach Vereinbarung zwischen Preußen und Hannover über den Ausbau der Ems zur Umgehung des Emswehres angelegte Kanal (ein zweiter bei Bentlage) mit Schleuse, die in ihrer Ausführung in Sandsteinquadern mit erhöhten Oberhäuptern weitgehend den gleichzeitig entstandenen Anlagen an Lippe und Ruhr entspricht.

Textilfabrik F. A. Kümpers. Die 1834 als *»Baumwollweberei Carl Kümpers & Timmemann«* gegr., 1867 um eine mechanische Spinnerei erweiterte Firma stand am Anfang der Entwicklung der Textilindustrie in Rheine. Mit seinen Söhnen Hermann und Alfred errichtete Carl Kümpers 1879 eine Weberei, 1883–84 eine Spinnerei in Walshagen unter dem Namen *C. Kümpers Söhne.* 1898 folgte der Neubau einer Weberei, 1906–07 eine Spinnerei, beide nach Entwurf des engl. Architekten Sidney Stout als mehrgesch. Skelettbauten mit Backsteinverblendung und betonendem Eckturm ausgeführt. Nach Aufteilung ab 1912 von Hermann Kümpers geführt. – *Franz Aug. Kümpers,* ältester Sohn des Firmengründers, übernahm 1885 einen Webereineubau an der Basilikastraße unter dem Namen F. A. Kümpers, der 1886–87 um eine Spinnerei nach Planung von Sidney Stout erweitert wurde. 1927 Webereierweiterung und Verwaltung nach Entwurf von Otto Blendermann, Bremen. Als wesentliche Erweiterung des Unternehmens entstanden nach Planung von W. Gurczinsky in Gellendorf 1907–08 eine Weberei und 1912 eine Spinnerei, die zusammen mit der gleichzeitig errichteten *Arbeitersiedlung* (Heidhövelstraße, Rudolfstraße) das beachtenswerte Beispiel eines Industrieensembles der Jahrhundertwende bilden.

R.-Bentlage

Saline Gottesgabe. Eine erste Blütezeit erlebte die Salzgewinnung um B. (erste urkundliche Erwähnung 1437) nach Vergrößerung der Salzgerechtsame des münsterländ. Edelherren Alexander von Velen 1601 auf drei Meilen im Umkreis seiner beiden bestehenden Salzwerke. Mit Zerstörung der ab 1604 errichteten Saline Gottesgabe fand die Aufwärtsentwicklung ein jähes Ende. 1735 gingen die Rechte der Saline an Fürstbischof Clemens August über, der sie auf Freiherr Joachim von Beust übertrug. Nach Gründung einer Salinensozietät mit 30 Anteilseignern begann der Neubau der Saline, die 1745 den Betrieb aufnahm und mit politisch bedingtem wechselnden Erfolg bis 1952 Sole förderte. Die von der Beustschen Saline erhaltenen Bauten – Fachwerksiedehaus mit Verwaltungs- und Wohngebäude, ca. 35 m des urspr. 300 m langen Gradierwerkes, Bohrhaus über Schacht A und niedere hölzerne Solebehälter – vermitteln ein nahezu authentisches Bild einer regional bedeutenden Saline aus der Mitte des 18. Jh.

Lit.: Slotta I; Ketteler; Firmenangaben.

Rheinfelden (Lörrach/P 3) BW

Kraftwerk der Kraftübertragungswerke Rheinfelden AG. Mit der Eröffnung der Bahnlinie Basel–Säckingen am 3. 2. 1856 begann für das bad. Oberrheingebiet das industrielle Zeitalter mit der Ansiedlung einer Seidenweberei in der Nähe der Bahnstation »Bei Rheinfelden« zwi-

Rheinfelden. Kraftübertragungswerke Rheinfelden AG, Maschinenhalle

schen den Dörfern Nollingen und Karsau. Bereits 1871 entstand ein Projekt zur Nutzung des erheblichen Rheingefälles zwischen Beuggen und Warmbach durch Wasserräder und Energieübertragung mittels Drahtseiltransmissionen auf hohen Pfeilern bis Basel und ins bad. Hinterland. Nach der bahnbrechenden Fernübertragung hochgespannten Drehstromes von Lauffen am Neckar auf das Gelände der Intern. Elektrotechn. Ausstellung in Frankfurt a. M. 1891, durch deren Erfolg die elektr. Energie zum Motor der 2. industriellen Revolution wurde, erhielten auch die Überlegungen zur Nutzung der Wasserkräfte des Oberrheins eine realistische Grundlage. Im Hinblick auf eine in R. geplante Aluminium-Hütte und deren enormem Bedarf an elektr. Energie für das elektrolytische Gewinnungsverfahren stellte am 20. 3. 1889 ein Schweizer Konsortium – Escher Wyss & Cie., Zürich, Maschinenfabrik Oerlikon, Oerlikon, und Zschokke & Co., Aarau – den Regierungen des Kantons Aargau und des Großhzgt. Baden ein Konzessionsgesuch zum Bau eines Laufwasserkraftwerkes. Zur Realisierung des Projektes gründeten die Schweizer Firmen zusammen mit der AEG 1889 die »Vorbereitungsgesellschaft für die Nutzbarmachung der Wasserkräfte des Rheins bei Rheinfelden«, der am 20. 12. 1890 beide Uferstaaten eine Konzession erteilten. Die Unmöglichkeit, 12 Mio. Franken für den Bau aufzubringen, führte zu einer Reduzierung des Projektes auf halbe Größe, für das die Vorbereitungsges. am 7. 9. 1893 eine vorläufige Konzessionsverlängerung erhielt. Erneute Schwierigkeiten bei der Kapitalbeschaffung konnten durch einen Pachtvertrag mit der schweizer. Aluminium-Industrie-Aktien-Gesellschaft (AIAG), die sich zur Abnahme von 100000 PS auf 15 Jahre verpflichtete, behoben werden. Nach der endgültigen Konzessionierung am 21. 4. bzw. 5. 5. 1894 wurde die Vorbereitungsgesellschaft am 31. 10. 1894 in Berlin in die Kraftübertragungswerke Rheinfelden AG umgewandelt.

Nach Baubeginn im Sommer 1895 konnten unter der Oberleitung von Otto Intze die wasserbautechn. Arbeiten und Turbinenanlagen von Escher Wyss & Cie. und Zschokke & Co. unter Leitung

von Conradin Zschokke Mitte 1898 zum Teil, im Herbst 1899 gänzlich fertiggestellt werden.
Etwa 800 m oberhalb des Kraftwerkes liegt das *Wehr* mit neun Schützenöffnungen (je 20,0 m li. W) und drei Grundablaßöffnungen mit Pfeilern aus Beton und Bruchsteinmauerwerk, über denen ein eiserner Steg die beiden Rheinufer verbindet. Am rechten Flußufer endet unter Ausnutzung natürlicher Inseln der gegen das Flußbett abgemauerte Oberwasserkanal am flußparallelen *Generatorengebäude*. Aus Eisenbeton mit Kalksteinverblendung errichtet, gehörte das gewaltig dimensionierte Bauwerk (L 150 m, B 10 m, H 24 m) zu den größten dt. Kraftwerken seiner Zeit. Über einer niedrigen Sockelzone aus Kalksteinquader-Mauerwerk mit Pfeilervorlagen auf der Oberstromseite erhebt sich, getrennt durch Gurtgesims, die gleichmäßig durch Stichbogenfenster und rechteckige Kassetten zwischen Kalksteinlisenen gerasterte Fassade der Generatorenhalle unter flachem Dach. Die Unterstromfassade zentriert ein sechsachsiger, das Traufgesims überragender Risalit, von dessen Rückseite ehem. die Freileitungen abgingen. Unter der Generatorenhalle die 14,55 m hohe *Turbinenanlage* mit 20, durch zweiflüglige Drehtore verschließbaren Kammern. Zur Erstausrüstung gehörten Reaktions-Francis-Turbinen mit zwei übereinanderliegenden Turbinensystemen mit stehender Welle (je 840 PS, davon 9 mit 55 U/min und 11 mit 68 U/min). Heute erzeugen 8 Kaplan-, 6 Propeller- und 6 Francis-Turbinen eine Leistung von zusammen 25,7 MW. Von den insges. 20 installierten Generatoren arbeiteten je die Hälfte auf Gleich- bzw. Wechselstrom, die sechs Generatoren der Aluminiumhütte wurden 1975 durch Gleichstrommotoren ersetzt (Maschinensätze 1–6). Maschinen 7/8: Turbinen und Regler Ateliers des Charmilles, Genf, Generatoren AEG; Turbine 9 von 1898; Turbine 10 von 1897; Maschinensätze 11/12: Turbinen und Regler Voith Heidenheim, 1939/40; Generatoren AEG; Maschinensätze 13/14: Turbinen und Regler Escher Wyss & Cie. 1897, AEG-Drehstromgeneratoren; Maschinensätze 15/16: Turbinen und Regler Voith Heidenheim 1927/28, Drehstromgeneratoren Maschinenbaufirma Oerlikon 1929; Maschinensätze 17/18: Turbinen und Regler Voith 1929, Gleichstromgeneratoren AEG 1929; Maschinensätze 19/20: Turbinen und Regler Voith 1933/34, Gleichstromgenerator AEG. Der überkommene Maschinenbestand ermöglicht noch einen guten Einblick in die urspr. Technologie des ersten Laufwasserkraftwerkes Europas, von der Zeitgenossen im Vergleich mit der Kraftübertragungsanlage an den Niagarafällen meinten, »was die konstruktive Durchbildung anbelangt, so gebührt den Rheinfelder Werken unbedingt die Palme« (nach: Slotta II, S. 17).
Gleichzeitig mit dem Kraftwerk entstanden in dessen unmittelbarer Umgebung mehrere industrielle Großbetriebe. Nach der Erfindung des elektrolytischen Verfahrens zur Herstellung von Aluminium aus Bauxit gründeten Schweizer Unternehmer 1887 die Schweizerische Metallurgische Gesellschaft, die in Zusammenarbeit mit dt. Firmen 1888 die Aluminium-Industrie-AG (Dynamit Nobel) zum Bau einer ersten europäischen Aluminiumhütte in Neuhausen bei Schaffhausen ins Leben rief. 1897–98 entstand in R. die erste **Aluminiumhütte** Deutschlands, die ihren Strom von 6 Gleichstromgeneratoren des Kraftwerkes über eine gedeckte Kabelbrücke erhielt, der ein oktogonaler Turm als Backsteinrohbau in gotisierenden Formen mit Konsolen unter weit auskragendem Traufgesims als Zwischenauflager dient. Neben der Hauptverwaltung zweigesch. Beamtenwohnhäuser um 1900 mit symmetrischen übergiebelten Eckrisaliten aus Kalksteinmauerwerk mit Eckquaderung. – Vier Gleichstromgeneratoren belieferten die 1898 gemeinsam von der Degussa, Frankfurt a. M., und der Aluminium Corporation Ltd., London – die das Verfahren zur Natrium-Herstellung durch Elektrolyse von Ätznatron besaß –, als erstes großes Chemiewerk der Degussa gegr. **Elektrochemische Fabrik Natrium GmbH,** aus deren ersten Betriebsjahren noch einige Produktionsgebäude existieren.
An der B 34 ein 1898/99 nach Planung des schweiz. Ingenieurbüros P. Pictet für die Wasserversorgung Rheinfeldens von den Kraftübertragungswerken Rheinfelden AG errichteter **Wasserturm**, der erst 1938 in das Eigentum der Stadt überging. Der Turm wurde 1971 stillgelegt. Der fünfgesch., sich leicht verjüngende Ständer auf kreisförmigem Grundriß in Kalksteinmauerwerk, akzentuiert von kräftigen Backsteingesimsen in der Form des Dt. Bandes, trägt einen aus Stahlplatten genieteten, zylindrischen Intze-Behälter (400 cbm) unter Kegeldach mit Lüfterhaube. 1988 als Wahrzeichen des Ortes im Äußeren saniert.
Lit.: Pistor; Slotta II; VDI 1899.

Riedlingen (Biberach/O 5) BW

Im Winkel zueinander stehende zweigesch., durch Zierfachwerk und ornamentale Backsteinausfachung hervorgehobene Gebäude von 1857 einer ehem. Posamentenfabrik (Gammertinger Straße) mit massivem EG., verbunden durch niedrigeren Zwischentrakt, als bauliche Reste eines Textilunternehmens am Übergang zu industrieller Produktionsweise.

Lit.: Krins 204.

Riedstadt-Goddelau (Groß-Gerau/K 4) HS

Selten erhaltenes **Bahnhofsensemble** der am 15. 4. 1869 eröffneten Strecke Darmstadt–Gernsheim mit einem für die Hess. Ludwigsbahn typischen dreiachs., durch Risalit zentrierten *Empfangsgebäude* aus Sandstein, flankiert von eingesch. Nebengebäuden sowie südl. anschließenden Betriebsgebäuden.

Riegel (Emmendingen/O 3) BW

Riegeler Brauerei, Brauereigesellschaft vorm. Meyer & Söhne AG. Mit dem Kauf der Brauerei und Gaststätte »Zur Gemeindestube« durch den Seifensieder und Lichterfabrikanten Silvester Meyer 1834 begann die Geschichte der R.er Brauerei. Nach einer Zwischenstation nahe dem R.er Rathaus entstand um 1890 unterhalb des Michaelsberges als geeignetem Ort für die Anlage von Felsenkellern am Zusammenfluß von Dreisam, Elz und Glotter eine neue Brauereianlage, deren urspr. Konzeption unter späteren Überformungen noch zu erkennen ist. In diese Neubauphase gehört eine **Dampfmaschine** (279 kW / 380 PS, ca. 12 atü / 250 °C → 1,5 atü / 130 °C) der Fa. Sulzer, Winterthur-Ludwigshafen, von 1893, mit Gleichstromgenerator (180 kW / 245 PS, 230 V, 785 A) der Felten & Guilleaume Lahmeyerwerke E. A. G., Frankfurt a. M., und ein Kältekompressor (99 kW / 135 PS, ca. 380000 kcal/h) von MAN-Linde, Augsburg. Bis 1967 in geregeltem Betrieb, danach bis 1976 in sporadischem Einsatz zur Kälteerzeugung, läuft die Verbundanlage heute noch zu Demonstrationszwecken. Am geringsten in der Architektur verändert das Generatorhaus von 1908–10 nach Entwurf von Julius von der Ohe, R., dessen zweigesch. verputzte Fassade in Mischformen aus Gotik und Renaissance über hohem Sockel aus Bruchsteinmauerwerk mit Treppengiebel und Turm die Silhouette der Brauerei prägt.

Lit.: PB 1911.

Rieseby-Norby (Eckernförde/A–B 6) SH

Nach Brandzerstörung der alten Mühle 1910 Translozierung der 1786 auf der Halbinsel Eiderstedt als **Erdholländer** errichteten *Windmühle Anna* auf den verbliebenen, 10 m hohen Mühlenstumpf. Nördlich von R. eine Rollklappbrücke über die Schlei.

Lit.: Fröde 153.

Rinteln (Schaumburg/F 5) NS

Die R.er **Weserbrücke** von 1927 gehört zu den seit 1895 (→München, Hacker-Brücke) gebräuchlichen, als Fachwerkbogen mit Zugband konstruierten Eisenbrücken. Der Kran am Weserkai ist eine Rekonstruktion von 1978.

Rodgau-Nieder-Roden (Offenbach/K4) HS

Stationsgebäude an der am 1. 10. 1896 eröffneten Strecke Offenbach–Bieber–Reinheim in der für Bahnhofsbauten der Preuß.-Hess. Staatseisenbahnen der 1890er Jahre typischen Gestaltung in ornamentiertem zweifarbigen Verblendmauerwerk, jedoch als zweiteiliger Baukörper mit flankierendem Güterschuppen in Fachwerk abweichend von der üblichen Baumassenverteilung.

Ronnenberg (Hannover/F 6) NS

Ehem. Verwaltungsgebäude in von norddt. Backsteingotik beeinflußtem Industrie-Jugendstil der 1975 stillgelegten Schachtanlage R. (Albert) der 1897 gegr. **Alkaliwerke Ronnenberg AG** als letztes erhaltenes Gebäude der 1898–1905 gleichzeitig mit dem Abteufen des Schachtes entstandenen Tagesanlagen. In der Nähe Abraumhalde. – Auf dem Gelände der ebenfalls 1975 stillgelegten Schachtanlage Deutschland (R.-Weetzen, Bröhnstraße) des **Kaliwerkes Ronnenberg** ehem. Verwaltungsgebäude und Werk-

Rieseby. Rollklappbrücke über die Schlei

stätten von 1905–08 in schlichterer, die Neoromanik des ausgehenden 19. Jh. tradierender Ausführung. – Erwähnenswert das **Empfangsgebäude** des Bhf. Weetzen von 1910.

Lit.: Slotta III.

Rosenheim (OB/Rosenheim/O 9) BAY

Bahnanlagen. Ehem. Stationsgebäude (Rathausstraße 17) des am 31. 10. 1857 eröffneten Abschnitts Großhesselohe–R. der Maximiliansbahn nach Planung von Eduard Rüber mit Erweiterungen von 1868. Nach 1945 teilweise verändert wiederhergestellt mit modernen Anbauten für Nutzung als Rathaus. Benachbart (Rathausstraße 22–26) Bauten des ehem. *Güterbahnhofs* mit halbkreisförmiger Lokomotivenhalle. – An der Stadtgrenze massive **Bahnbrücke** über den Inn mit sieben Segmentbögen von 21,89 m Spannweite in der Weiterführung der Maximiliansbahn über Traunstein (7. 5. 1860) nach Salzburg (1. 8. 1860). – Im Zusammenhang mit dem Bau der Inntalbahn R.-Mühldorf (eröffnet 1. 5. 1876) erhielt R. einen **neuen Bahnhof** nach Planung von Jakob Graff.

Kunstmühle (Kunstmühlstraße). Am Standort einer 1835 eingerichteten Steinsäge errichtete 1854–55 ein Augsburger Konsortium die Kunstmühle mit Mühlengebäude, Getreide- und Mehlmagazin und Wohnhaus am Südufer des von der Mangfall abgeleiteten Werkkanals. 1887–88 Neubau einer sechsgesch. *Weizenmühle* (sechs Walzen, 4 Gänge) in urspr. Backsteinrohbau nach Entwurf von M. Lutz, R., bei gleichzeitiger Umwandlung der älteren Anlage in eine *Roggenmühle.* Die kriegsnotwendige Vorhaltung großer Lagerkapazitäten führte 1915–16 zum Bau eines modernen *Beton-Silos* im Anschluß an die Weizenmühle. Architektur (ähnlich Landshut, 1914–15; Mühldorf, 1916–17) und Ausführung Gebr. Rank, München, masch. Einrichtung Gebr. Seck, Dresden. Den neoklassizistisch geprägten Baukörper mit konstruktiv bedingter Lisenengliederung im Bereich des Silos, paariger Fensteranordnung in den Geschossen der Reinigung und steilem, durch Fensterband gestuftem Walmdach überragt barockisierend ein schlan-

ker, im oberen Teil oktogonaler Turm unter flachem Helm für Elevator-Überfahrt und zweikammerigen Wasserbehälter (45 cbm) für Trinkwasser und Sprinkleranlage. Masch. Einrichtung z.T. nach Stillegung erhalten.
Lit.: Dpfl. BAY; Lutz; DB Mitt. 1918; IB 1918.

Roth-Eckersmühlen (MFr./Roth/M8) BAY

Museal betriebenes **Hammerwerk** mit Herrenhaus, Stall und Hammerwerksgebäude am Ufer der Roth nördl. der Ortschaft mit masch. Einrichtung (Lufthämmer, 17-PS-Turbine, Transmissionen) im wesentlichen aus den 1930er Jahren. Seit 1775 (nach Gründung 1686) im Besitz der im Mittelfränkischen mit zeitweise 20 Hammerwerken bekannten Hammerschmiede-Familie Schäff. 1974 Produktionseinstellung.
Lit.: Franzke, o. J.

Rothenburg ob der Tauber BAY (MFr./Ansbach/L6–7)

Bahnhof. Dreigesch. *Empfangsgebäude* der Neurenaissance mit hölzerner Perronhalle, Güterschuppen und Wasserhaus nach Planung von Ambros Trient an der am 1. 11. 1873 eröffneten Nebenbahn Steinach–R. – **Tauber-Brücke.** Nach Sprengung 1945 mit verkleidetem Betonkern und verbreiterter Fahrbahn wiederaufgebaute Doppelbrücke mit unterer Bogenreihe um 1330 und oberen neun Bogen um 1400. Bedeutendes Monument ma. Brückenbaukunst. – **Schlachthof** (Schlachthofstraße). Beispiel einer kleinstädt. Schlacht- und Viehhofanlage der Jahrhundertwende in weitgehend orig. Zustand, nach Planung des städt. Bauamtes 1903–04 erbaut.
Lit.: Lutz; Reclam I, 2, BAY; SBZ 1906.

Bad Rothenfelde (Osnabrück/G4) NS

Im Auftrag von Herzog Ernst August II. von Braunschweig-Lüneburg ab 1722 eingerichtetes **Salzwerk,** das nach Entdeckung einer ergiebigen Solequelle Ende 1724 ab 1725 den Sudbetrieb aufnahm. Aus der Instandsetzungszeit 1773–77 stammt das *Alte Gradierwerk* (L 174 m, H 13–14 m), von 1818–24 das urspr. durch drei Windmühlen mit Sole versorgte *Neue Gradierwerk.* Um 1900 Wandel zum Badeort mit großem Bauprogramm, darunter die frühere Salinenverwaltung (Kurmittelhaus) von 1907–08 in repräsentativen Formen zwischen Renaissance und Barock.
Lit.: Slotta I.

Rottenburg am Neckar (Tübingen/N5) BW

Langgestreckte **Schlachthofanlage** im Neckartal, an der Landstraße nach Tübingen, in zweifarbigem Sichtmauerwerk und vorwiegend renaissancistischen Stilelementen, dat. »Schlachthof 1904 Rottenburg«. Zwischen zweigesch. Eckbauten fast postmoderner Formgebung (geschoßübergreifender Fenster-Tür-Schlitz mit eng begleitenden Stichbogen- bzw. Rundfenstern) unter hohem Traufgesims und Zahnschnittfries erstreckt sich der eingesch. Haupttrakt mit enger Reihung breiter Segmentbogen, dreifach von aufwendig übergiebelten Risaliten durchbrochen.

Rottweil (Rottweil/O4) BW

Ehem. **Saline Wilhelmshall** (Industriegebiet Saline). Von der 1824 durch König Wilhelm I. von Württemberg genehmigten Salinenanlage, deren Bauten um die Mitte des 19. Jh. fertiggestellt waren, blieb nach der Schließung 1969 lediglich das in Fachwerk errichtete *Salzlagerhaus* erhalten. In der Nähe eine der in das Gelände eingetieften, urspr. von hölzernen Kuppeln aus Bohlenbindern überdeckten *Solewannen.* Die Kuppel zum Unteren Bohrhaus, einer Gruppe einfacher Fachwerkbauten im Priemtal, versetzt. Zwei weitere Kuppeln in den Kurpark von Bad Dürrheim transloziert.

Ehem. **Pulverfabrik** (Neckartal, Brunnental, Königstraße). Die Tradition der Pulvermühle im tief eingeschnittenen Neckartal reicht bis ins 15. Jh. zurück (erstmals erwähnt 1564). Die Mehrzahl der nur noch ruinös erhaltenen Gebäude entstand 1907–16. Blütezeit nach dem Eintritt von Wilhelm H. Duttenhofer 1853 in die 1817 von Franz X. Flaiz und Sebastian Burkhart gegr. Fabrik. 1872 Gründung der AG Pulverfabrik Rottweil, 1890 Erweiterung zur AG Vereinigte Köln-Rottweiler-Pulverfabriken, 1896 Fusion zur

AG Dt. Waffen- und Munitionsfabriken (→ Karlsruhe). – Ältestes Gebäude ist die in mehreren Bauabschnitten zwischen 1860 und 1884 gewachsene *Villa Duttenhofer* (Königstraße 1) in Architekturformen von Spätklassizismus bis zu Neurenaissance. Neoklassizistische Doppelhäuser für Angestellte (Oberndorfer Straße, Brunnental) von 1910–14. Im Neuen Betriebsgebäude von 1899 (Neckartal 177) der sog. **Museumssaal** als einer der schönsten Innenräume Rottweils mit Dekoration der Neurenaissance. In klaren stereometrischen Formen klassizistischer Herkunft das *Chem. Laboratorium* (Neckartal 172) von 1910–11 nach Entwurf von Heinrich Henes, Stuttgart. Von Paul Bonatz das durch eng stehende Pfeiler rhythmisierte, durch doppelläufige Freitreppe akzentuierte *Kraftwerk* mit Kohlelager von 1915–16. Nach Entwurf von Albert Staiger das basilikale, über den wuchtigen Pfeilern des Haupteinganges polygonal unter geschwungener Dachhaube erweiterte *Arbeiter-Wasch- und Umkleidegebäude* von 1913. Zeitgenössisch moderner Betonarchitektur entspricht eine *Fabrikhalle* von 1915 mit einem von Galerien flankierten, zweigesch. Innenraum unter polygonal gebrochenem Dach. Als weitere, zumeist neoklassizistisch geprägte Bauten entstanden zwischen 1907 und 1916 Ätherfabrik, Pulverabfüllung, Kesselhaus, Verwaltungsgebäude und ein Walzenwehr.

Lit.: Laule; Slotta I.

Rüdesheim (Rheingau-Taunus/K3) HS

Das **Empfangsgebäude**, fertiggestellt mit der Streckeneröffnung R.–Oberlahnstein (22. 2. 1862, Nass. Staatsbahn), entspricht dem im SW Deutschlands durch Friedrich Eisenlohr geprägten Schema der Dreiteilung mit einem von Eckpavillons flankierten Eingangstrakt. Die feingliedrig konzipierte architektonische Gestaltung in der Tradition des von Heinrich Hübsch 1828 propagierten Rundbogenstils.

Rüsselsheim (Groß-Gerau/K4) HS

Adam Opel, der Gründer der 1929 von der General Motors Corporation übernommenen **Adam Opel AG,** begann 1862 mit der Fertigung von Nähmaschinen; ab 1866 erweiterten Fahrräder und ab 1898 bestimmten Automobile das Produktionsprogramm. Die mit dem Auto verbundene Unternehmensentwicklung sowie die im Industriebau vor dem 1. Weltkrieg entwickelte moderne Architektur dokumentiert das zwischen 1916 und 1930 in mehreren Abschnitten errichtete südl. Fabrikgebäude mit monumentalem Turmabschluß (1930) nach Entwurf von Prof. Meißner.

Lit.: Höhmann.

Ruhpolding-Brand BAY (OB/Traunstein/P10)

In der Nähe des Familienparks museal instand gesetzte, 1646 gegr. **Hammerschmiede,** zuletzt zur Herstellung von Weideglocken (Glockenschmiede) betrieben, mit funktionierendem Wasserrad, jedoch stillgelegten Hämmern.

Lit.: Paul IV, BAY 229.

Saarbrücken (Saarbrücken/L2) SL

Der Übergang der Römerstraße Metz–Worms über die Saar am Fuße des Halberges mit einer bis in das 13. Jh. bestehenden Steinbrücke bildete den Ausgangspunkt der in röm. Zeit entstehenden Siedlungen auf dem Boden der heutigen durch Eingemeindung von St. Arnual (1896) und Zusammenschluß mit St. Johann und Malstatt-Burbach (1909) gewachsenen Landeshauptstadt. In der 2. Hälfte des 19. Jh. entwickelte sich S., nachdem bereits für die vorchristliche Zeit Abbau und Verhüttung von Eisenerzen nachgewiesen ist, zum Zentrum des Steinkohlenbergbaus und Hüttenwesens an der Saar.

Von den zahlreichen **Staustufen** der in zwei Bauabschnitten 1862–65 (Saargemünd, Güdingen, S.-Malstatt, Luisenthal) und 1875–79 (Völklingen, Bous, Ensdorf) durchgeführten Saarkanalisierung hat sich am Bürgerpark in S. die für 200-t-Schiffe (Penische) ausgelegte Schleuse mit zweiflügeligen Stemmtoren (ehem. Holz, heute Stahl) und dem im südwestdt. Raum letzten **Nadelwehr** (Stauung durch in Böcke eingelegte Holzstangen = Nadeln) erhalten. – Der 1876 in Betrieb genommene, 1987 außer Dienst gestellte **Dampfbagger Atlas** liegt zusammen mit den Schuten an der Schleuse Völklingen. – Für die

Kgl.-Preuß. Bergwerksdir. entstand 1877–80 nach Entwurf der Berliner Architekten Martin Gropius und Heino Schmieden in Anlehnung an einen Entwurf Schinkels für das Berliner Rathaus (1819) ein repräsentatives Verwaltungsgebäude (Trierer Straße) im Stil der Florentiner Renaissance mit umfangreichem Bild-Programm rund um den Bergbau. Wiederherstellung nach Kriegsschäden unter Reduzierung um ein Seitenportal.

S.-Bischmisheim

Die 1912–45 betriebene B.er **Ölmühle** enthält mit Elektromotor, hölzernem Mahlwerk, Kollergang, Presse, Walzenmühle und Säge noch die komplette, z.T. von einer älteren lothr. Mühle übernommene techn. Ausstattung.

S.-Brebach

Die neben der Dillinger Hütte als einzige im Saarland noch Roheisen (3 Hochöfen, 1973, 1977, 1983) produzierende **Halberger Hütte** (Saarbrücker Straße) geht auf ein 1756 auf Initiative Wilhelm Heinrichs von Nassau-Saarbrücken eingerichtetes Hammerwerk zurück. Nach nur langsamem Fortschritt mit wechselnden Besitzern im 18. Jh. entwickelte sich die Hütte ab 1809 im Eigentum der Fa. Stumm & Co. unter Rudolph Böcking (Eigentümer 1868–75, verkaufte an C. F. Stumm) zu einem modernen, auf Röhrenproduktion spezialisierten Großunternehmen. In den drei Gebläsemaschinenhallen ein technikgeschichtlich bedeutendes Ensemble von vier (von ehem. elf) inzwischen stillgelegten ● **Großgasmaschinen** der Saarbrücker Maschinenfabrik Ehrhardt & Sehmer: Halle 1 – Maschinen 14 (1938) und 15 (1939), Halle 3 – Maschinen 9 (1912) und 13 (1927). Auf der Schutthalde am Fuß des Halberges ein dreihübiger *Glockengasbehälter* (20000 cbm) von 1953–54. Zum hist. Baubestand gehören noch ein ehem. *Pumpenhaus* von 1900, die *Arbeitersiedlung Altes Werk* von 1871–1909, das ehem. *Schlafhaus* von 1913, das *Sozialgebäude Auguste-Viktoria-Haus* (Saarbrücker Straße) von 1894 und *Angestelltenhäuser* (Stummstraße) von 1908–25. Auf dem Halberg der 1877–80 nach Entwurf von Edwin Oppler, Hannover, in Mischformen des Historismus errichtete opulente Wohnsitz für Carl Ferdinand Stumm (heute Saarl. Rundfunk).

S.-Burbach

Die von einem luxemb.-belg. Konsortium 1856 gegr. B.er **Hütte** (Hochstraße) betrieb gegen Ende des 19. Jh. neben dem Hochofenwerk, der Kokerei und Walzwerken auch ein Stahlwerk. Nach Einstellung der Roheisenproduktion 1978 und Abbruch großer Teile der Anlagen beschränkt sich das Werk auf die Herstellung von Draht. Erhalten der Stahlskelettbau mit Backsteinausfachung der ehem. E-Zentrale (um 1900) als typischer Vertreter des Großhallenbaues ab der Jahrhundertwende. – Das 1904–06 errichtete **Eisenbahnausbesserungswerk** (Vollweidstraße) ● dokumentiert als weitgehend orig. erhaltenes Ensemble aus Verwaltungsgebäude, Reparaturhallen, Schmiede und Werkssiedlung neben der hohen Qualität der funktionsangepaßten Industriearchitektur auch die zeitgenössische Vorstellung von der Zusammengehörigkeit der Arbeits- und der privaten Lebenswelt.

S.-Forbach

Einen Überblick über die Industrielandschaft an der Saar bietet der 1931 nach Entwurf von Hermann Leiber im S.er Stadtwald als sachlicher Betonkörper 46 m hoch gegossene **Schwarzenbergturm.**

S.-Gersweiler

Der 1914–16 für einen eisernen Behälter (200 cbm) errichtete **Wasserturm** (Am Hasenbühl) nimmt in seiner funktionalen Form des ungegliederten zylindrischen Schaftes über rustiziertem Sockel die Wasserturmarchitektur der 1950er Jahre vorweg. 1959 stillgelegt.

S.-Scheidterberg

Der aus rotem Sandstein gemauerte oktogonale Schaft des **Wasserturms** (Beerenfeldstraße) von 1931 trägt innerhalb des betonierten Kopfes einen Eisenbeton-Flachbodenbehälter (80 cbm).

S.-Von der Heydt

Zeugen der 1850 gegr., 1932 stillgelegten **Grube Von der Heydt** (Lebacher Landstraße, Ausfahrt Von der Heydt) sind die zur Unterbringung auswärtiger Arbeiter errichteten *Schlafhäuser* von 1871–76 und 1886 mit einer im Verhältnis zur Funktion aufwendigen Fassadengestaltung. Schlafhäuser gehörten im letzten Drittel des 19. Jh. zu den Standardeinrichtungen einer beginnenden Großindustrie. Sie dienten den meist aus der Landwirtschaft angeworbenen Arbeitskräften während der Arbeitswoche als Schlafplatz unter Bedingungen, die sehr dem militärischen Reglement ähnelten. Weitere Dokumente des Saarbergbaus bilden die *Beamtenwohnhäuser* von 1870–95, die monumentale, durch Mittelrisalit und polygonale Türmchen gegliederte Stollenmundlocharchitektur (1875) des Eingangs zum Bierkeller des »Casinos« hinter Schlafhaus 1, mit ehem. Magazin (1885–86), das *Maschinenhaus* (1885–86) und das *Steigerhaus* (1904), Reste der Tagesanlagen und der um 1870 gebaute *Bahnhof.*

S.-Grube Velsen

● Die **Grube Velsen** wurde 1899 als Ersatz der Grube Geislautern angehauen und nahm 1904 die Förderung auf. Nach dem Anschluß an die Eisenbahn 1907 begann der Ausbau der Grube, die nach der Verlagerung des Abbauschwergewichts auf die neue Grube Warndt-Velsen in den 1960er Jahren 1965 als Förderstandort stillgelegt wurde. Seitdem dient der *Schacht Gustav 2* (1913–17) der Grubenbewetterung und der Seilfahrt. Die zum Schacht gehörenden Tagesanlagen – Torhaus, Pferdestall, durch zentralen Turm akzentuiertes Zechenhaus mit administrativen und sozialen Funktionen (1908–11), zwei formal identische Fördermaschinenhäuser (1904/1916, Gustav 1 heute als Heizzentrale genutzt) in Sandsteinmauerwerk mit Lisenengliederung – bieten in ihrem Erhaltungszustand ein fast authentisches Bild einer Grubenanlage nach der Jahrhundertwende. Von 1916 die Zwillingsdampffördermaschine der Fa. Dingler und das Strebenfördergerüst in Fachwerkbauweise.

Lit.: Slotta I/II/V,3; Dpfl. SL.

Bad Säckingen (Waldshut/P3) BW

● Die S.er Brücke überspannt mit einer Gesamtlänge von 204,6 m über sieben Öffnungen (Sprengwerke von 21–35 m Spann-W) bei einem hölzernen Aufbau (H ca. 6,5 m) als wohl größte gedeckte **Holzbrücke** Deutschlands den Oberrhein. Von 1570–80 stammen die Natursteinpfeiler mit prismatischen Eisbrechern und gleichartigen Rücklagen sowie einige Teile der Ende des 18. Jh., um 1843/1921/68–70 sanierten Holzkonstruktion.

Lit.: Slotta I.

Bad Salzdetfurth (Hildesheim/G6) NS

Kali- und Salz AG. Werk Salzdetfurth. Nach erfolgreichen Tiefbohrungen bei S. wurde die 1889 in Goslar gegr. AG für Bergbau und Tiefbohrung 1899 in die Kaliwerke Salzdetfurth AG umgewandelt, aus der nach der Fusion mit der Wintershall AG 1970 die Kali- und Salz AG entstand. Die Modernisierung der drei Schachtanlagen und der Fabrik in den 1920er, 1950er und 1970er Jahren reduzierte den Bestand aus der Gründungszeit des Unternehmens auf wenige Objekte: Auf Schacht 1 auf dem Ortberg mit viergiebeliger Front der neoromanische Backsteinrohbau des ehem., heute durch Werkstätten genutzten *Kesselhauses* von 1897–1900 und das gleichzeitig erbaute, durch risalitartige Eckbauten gefaßte *Betriebsbüro;* das hist. Strebengerüst um 1980 ersetzt. Auf Schacht 2 verweisen nördl. der Ortschaft die eingesch. *Schachthalle* auf kreuzförmigem Grundriß sowie das kleine dt. *Strebengerüst* in Fachwerkbauweise (Fa. Louis Eilers) von 1908–09 und das *Fördermaschinenhaus* von 1907 mit historisierenden Backstein-Putz-Fassaden und künstlerisch gestalteter Bleiverglasung im Giebelfenster. Die Schachtanlage 3, von 1913 ff., auf dem Salzberg, vertreten in zeitgemäßem Neoklassizismus *Schachthalle* (mit modernem Fördergerüst) und *Fördermaschinenhaus.* Noch weitgehend den orig. Zustand zeigt das 1899 errichtete, durch Turm akzentuierte *Verwaltungsgebäude* (Griesbergstraße) der Fabrikanlage.

Lit.: Slotta III.

Salzgitter (Salzgitter/F–G7) NS

Eisenerzbergbau. Der heute eingestellte Bergbau auf Eisenerze im S.-Gebiet läßt sich zwar durch den Fund eines Rennfeuer-Schmelzofens bereits für das 3. Jh. nachweisen, eine erste Blütezeit erlebten Abbau und Verhüttung jedoch erst nach 1850, die bereits mit dem Zugang zu den leichter zu verhüttenden lothr. Minette-Erzen nach dem Kriegsende 1871 ihr Ende fand. Nach dem Verlust Lothringens, das etwa 75% des dt. Eisenerzbedarfs gedeckt hatte, begannen nach Ende des 1. Weltkrieges intensive Untersuchungen zur Aufschließung der Salzgittererze, die durch die wirtschaftliche Krisensituation Ende der 1920er Jahre unterbrochen und erst nach der Verkündung des Vierjahresplanes 1935, in großem Stil ab 1937 nach der Gründung der Reichswerke AG für Erzbergbau und Eisenhütten Hermann Göring wieder aufgenommen wurden. Innerhalb kürzester Zeit entstanden fünf Erzbergwerke mit insgesamt 22 Schächten, deren Tagesanlagen die Kontinuität der Moderne zumindest im Industriebau während des 3. Reiches belegen: u. a. der Verwaltungs- und Kauentrakt der Schachtanlage Hannoversche Treue 2 (S.-Calbrecht), Lohnhalle der Grube Haverlahwiese, Schacht 1 (S.-Gebhardshagen), Zechenhaus, Magazin, Fördermaschinenhaus und Werkstatt der Schachtanlage Worthlah (S.-Flachstöckheim), Fördermaschinen-, Umformer- und Kompressorgebäude der Schachtanlage Ohlendorf (S.-Ohlendorf). Das Doppelbockfördergerüst in Vollwandbauweise der Schachtanlage Konrad 1 (S.-Bleckenstedt) 1959–60 von der Demag, Duisburg, montiert.

Hüttenwerk. Im Zentrum des Eisenerzgebietes entstand im Zuge der Autarkiebestrebungen des Dt. Reiches bei S.-Watenstedt ab 1937 ein als gewaltige Anlage geplantes Hüttenwerk, das nach dem 2. Weltkrieg bis auf zwei von zwölf Hochöfen (geplant 32), vier Koksbatterien, Hauptwerkstatt, Erzvorbereitung, Gießerei und Wasserwerke demontiert, ab 1950 wieder aufgebaut wurde. Die heutige Gruppe von fünf sich gegenüberliegenden, z.T. auf den alten Fundamenten 1949–77 errichteten Hochöfen (separat Hochofen A) läßt noch die urspr. Planung der Gesamtanlage von 1937 erkennen. – Im **Kraftwerk** (Maschinenhalle B) der Stahlwerke S. in S.-Hallendorf die masch. Ausstattung von 1938–40.
An der B 490 in S.-Lichtenberg eine offene **Bockwindmühle** mit Steert des späten 18. Jh.

Lit.: Slotta V,1/V,3; Mende, 1990; Fröde 117.

Bad Salzuflen (Lippe/G5) NW

Salzquellen, die der Ansiedlung zu Reichtum und Stadtrecht verhalfen, wurden erstmals 1048 genannt. Die Anfänge des Bades bei der Saline dat. 1818, die moderne Entwicklung resultiert aus den ergiebigen Bohrungen von 1906/27. Aus dieser Zeit stammt auch das **Gradierwerk.** 1850 erhielt die Stadt durch die von Heinrich S. Hoffmann gegr. **Stärkefabrik** das erste lippische Großunternehmen. In der heutigen Fabrikanlage dominieren die Bauten der 1950er Jahre über Reste des Wiederaufbaues nach Großbrand 1881 und der Erweiterungsphase von 1916. Die herausragende Stellung der Fabrik in der Stadt dokumentiert das in den 1890er Jahren aufgestellte *Denkmal* für den Gründer gegenüber dem Haupteingang. – Eine 1909 gegr. und nach der Mechanisierung 1922 im Jahre 1979 stillgelegte **Ziegelei** (S.-Waldenhausen/Sylbach) bezeugt mit ihren erhaltenen Bauten – Hoffmannscher Ringofen, Preßhaus mit Kollergang und Mischwerk, Maschinenhaus mit Maschinenzentrale, Schmiede, Schlosserei, Freilufttrocknung, autom. Trokkenanlage sowie Stall und Zieglerwohnungen – die Technik der Ziegelherstellung und das im 19. Jh. als Gewerbe im lipp. Land vorherrschende Zieglerwesen. Außenstelle des Westf. Industriemuseums.

Lit.: Die Sylbacher Dampfziegelei. In: Schriften des Westf. Ind. Mus.; Hoffmanns Stärkefabrik.

Sande-Neustadtgödens (Friesland/D4) NS

Die 1746 dat., um 1850 zu einem zweigeschoss. Galerieholländer umgebaute **Kornmühle Sanderahn** vermittelt zusammen mit zwei Wasserschöpf-Windmühlen einen Eindruck von der Vielfalt der fries. Mühlenlandschaft des 19. Jh.

Lit.: Dpfl. NS.

Sankt Andreasberg (Goslar/G7) NS

Die von 1521–1910 in Förderung stehende, ab 1958 restaurierte **Silbererzgrube Samson** erhält durch die Vollständigkeit der erhaltenen Anlagen besondere bergbaugeschichtliche Bedeutung. Die Tagesanlagen bestehen aus Gaipel (Schachtgebäude), Seiltrift und Kehrradstube mit dem Kehrrad (Dm. 9 m) für die Förderung. In 18 m Teufe die Kunstradstube mit dem Kunstrad (Dm. 12 m) als Antrieb der Pumpen und der 1847 installierten, von Bergmstr. Dörell 1833 erfundenen und als einziger in Europa noch betriebenen Fahrkunst. Das Aufschlagwasser für die Wasserräder wird über den Rehberger Graben vom Oderteich zugeführt. Über dem 810 m tiefen Schacht hängen im Gaipel eine Erztonne (Füllmenge 1000 kg) und eine Beschädigtentonne zum Einsatz bei Unglücksfällen. In 190 m und

130 m Teufe befinden sich seit 1912/22 je eine Turbinenstation mit einer Gesamtleistung von 720 kW. – Der 1714–21 durch Bergmstr. Georg N. Mühlhan, A., angelegte Oderteich ist mit 1,7 Mio. cbm Inhalt das größte Sammelbecken der Oberharzer Wasserwirtschaft. Striegelhaus mit Regulierungseinrichtung nach neuerer Bauart auf dem Damm (→Clausthal-Zellerfeld).

Lit.: Slotta I; Roseneck 1983/84; Heimatmuseum.

Sankt Ingbert (Saar-Pfalz-Kreis/L 2) SL

Nachdem die Pfälz. Ludwigsbahn bereits bis 1850 die Verbindung aus der Rheinpfalz bis zur preuß. Grenze bei Neunkirchen eröffnet hatte, erhielt St. I. erst Bahnanschluß mit Eröffnung der Strecke von Hassel (1. 6. 1867), die am 15. 10. 1879 nach Saarbrücken weitergeführt wurde. Das im Gesamtaufbau traditionell durch stadtseitigen Mittelrisalit dreigeteilte, urspr. einseitig durch giebelseitigen Uhrturm betonte **Empfangsgebäude** in vorwiegend renaissancistischen Formen wurde 1886 fertiggestellt. Perronüberdachung auf Gußstützen. – Als **Hütten- und Hammerwerk** 1733 durch den Grafen Carl Casper von der Leyen gegr., begann der Aufschwung der Eisenschmelz (Saarbrücker Straße, Alte Schmelz) zu einem bedeutenden Eisenwerk des Saarlandes nach der Pachtübernahme 1788 durch Philipp Heinrich Krämer in der 1. Hälfte des 19. Jh., dem in der 2. Hälfte der Ausbau der Walz- und Drahtstraßen folgte. Die Übernahme durch den Luxemburger Konzern H. A. D. I. R. 1920 brachte die Spezialisierung auf Bandeisen und Drahtprodukte, die von der ARBED 1967 und der Saarstahl GmbH 1988 beibehalten wurde. Aus der Frühphase stammen die durch ihren Dachreiter kenntliche sog. *Möllerhalle* (1750), das spätbarocke *Herrenhaus* (1807) und die inzwischen älteste *Arbeitersiedlung* des Saarlandes (alle Alte Schmelz). Um 1880 entstand das sehr modern wirkende Verwaltungsgebäude in einer Architektur zwischen Klassizismus und Renaissance. In fortschrittlicher Eisenskelettkonstruktion die Eisengießerei von 1897, ebenso die Hallen der Drahtzieherei und der Mechanischen Werkstatt (Dudweiler Straße) von 1907–14, jedoch mit stärker historisierenden Backsteinfassaden. Mit ebenfalls zweifarbiger, durch Lisenen und Gesimse gegliederter Backsteinarchitektur belegen die E-Zentrale, die Umformerstation, das Pförtner- und Speisehaus und die lange Umfassungsmauer (Dudweiler Straße, Saarbrücker Straße) ihre mit den Hallen von 1907–14 gleichzeitige Entstehung. In Formen der Neurenaissance das ehem. Schlafhaus von 1907 oberhalb der Werkssiedlung. – Zum Wahrzeichen der Stadt geworden ist der in markanten Formen der frühen Moderne nach Entwurf von Hans Herkommer, Stuttgart, 1925–28 errichtete **Sudturm** der *Becker-Brauerei*. Über dem Sudhaus befinden sich die Reinigungs-, Entstaubungs- und Schrotanlagen für das Malz. – An die urspr. masch. Ausstattung des 1898–1900 erbauten **Wasserwerks Heinitz,** heute Spiesermühltal (Rohrbacher Straße, L 241) erinnert eine vor dem Gebäude museal installierte Plungerpumpe der Firma Erhardt & Sehmer von 1900.

Lit.: Slotta I; Dpfl. SL.

Sankt Michaelisdonn-Hopen SH

(Dithmarschen/C 5)

Erdholländerwindmühle Edda 1842 mit einem Mahl- und zwei Schrotgängen als Ersatz einer Bockwindmühle des 17. Jh. errichtet. Seit 1886 mit Jalousieflügeln ausgerüstet (1968 teilweise Erneuerung), Steert 1912 gegen Windrose ausgewechselt.

Lit.: Slotta I; Fröde 116.

Saterland-Scharrel (Cloppenburg/E 3) NS

Mühle Hahnekamp (Mühlenstraße). 1870 als Genossenschaftsmühle auf mehrgeschoss. Backsteinsockel errichteter, 1982–85 sanierter Galerieholländer mit erhaltener techn. Einrichtung.

Lit.: Dpfl. NS.

Satteldorf-Gröningen BW

(Schwäbisch Hall/M 6)

Im techn. Stand der Jahrhundertwende 1980–82 restaurierte betriebsfähige **Hammerschmiede** als Freilichtmuseum im tief eingeschnittenen Tal der Gronach an der Straße nach Bölgental. 1804 von Johann Adam Bäuerlein aus Unterampfrach gegr., vererbten sich Handwerk und Schmiede auf dessen Nachkommen. Stillegung 1948 bzw. Verkauf an den Schwäb. Heimatbund 1980.

1811 Erweiterung durch eine *Ölmühle*, 1847 Zusammenlegung der bislang getrennten Gebäude von Hammerschmiede und Ölmühle mit innenliegender Radstube, 1887 Modernisierung der techn. Einrichtung mit Hammergerüst für drei Schwanzhämmer, Transmissionsantrieb und Blasebalg als Ersatz für ein Schraubengebläse, 1891 Anschaffung eines Fallhammers mit Spatenmatrizen und Ersatz der hölzernen durch eiserne Wasserräder. 1892 Ausbau von Wohnhaus und Schmiede zum heutigen Umfang. 1900 Einbau einer Francis-Turbine mit stehender Welle der Maschinenfabrik J. M. Voith, Heidenheim. Von 1928–29 eine Francis-Turbine mit liegender Welle der Maschinenfabrik Geislingen/Steige (MAG). 1930 Installation eines Federhammers. Die masch. Ausstattung der mechanischen Werkstatt aus der Zeit zwischen 1900 und 1930. Sensibel restauriertes Beispiel einer Produktionsstätte vorindustrieller Eisenverarbeitung.

Lit.: Schmidt.

Schelklingen (Alb-Donau-Kreis/N6) BW

Empfangsgebäude an der Teilstrecke Blaubeuren–Ehingen der Donaubahn (eröffnet 13. 6. 1869) in Standardausführung: symmetrisch geordnete Baukörper mit schmalen Eckrisaliten und traufständigem, im EG. arkadiertem vierachsigem Zwischentrakt. – Einmalig ist die auf dem Bahnhofsgelände erhaltene Kombination von zwei wie üblich an den Einfahrten angeordneten **Wärterstellwerken** und einem mit diesen mechanisch verbundenen **Befehlsstellwerk** im Hauptgebäude. Kurbel- und Hebelstellwerke von der Maschinenfabrik Esslingen (1904).

S.-Teuringshofen

Pumpwerk. Als erste Anlage der Albwasserversorgungsgruppe VIII nach Planung von Karl Ehmann, der bereits 1866 ein Gesamtkonzept für die Versorgung der wasserarmen Gemeinden auf den Albhochflächen vorgelegt hatte, 1870 für die Versorgung der Orte Hausen, Ingstetten und Justingen errichtet. Pumpen von 1926–30 erhalten, Wasserrad und Turbinen abgängig. Im Inneren Inschrifttafel: »Die Hoch- und Wasserbaulichen Anlagen, Pump-, Maschinen- und Triebwerkeinrichtung nach den Entwürfen des Oberingenieurs der Alb-Wasser-Versorgung Oberbaurath Dr. v. Ehmann. Erbaut und ausgeführt 1870.« – Als heute charakteristischer Bestandteil der Landschaft des Schmiechtales zwischen T. und Schmiechen gelten die **Fallenstöcke**, einfache Wehranlagen zur Regulierung des Wasserstandes für die Wiesenbewässerung und das Pumpwerk in T., im Zusammenhang mit einer Bachkorrektion 1882 installiert.

S.-Urspring

Wasser- und Elektrizitätswerk des ehem. Klosters (Urspringschule) und **Pumpwerk** der S.er Wasserversorgung mit (stillgelegtem) stehendem Einzylinder-Dieselmotor einschl. Preßluftflaschen und Kompressor (Starthilfe) als Notstromaggregat der MAN (Nr. 3381) von 1912.

Lit.: Dpfl. BW.

Schenklengsfeld HS
(Hersfeld-Rotenburg/I6)

In dekorativem Heimatstil durch die Hersfelder Kreisbahn errichtetes **Empfangsgebäude** für die Strecke Hersfeld–Heimboldshausen (eröffnet 27. 9. 1912). Güterschuppen in Fachwerk.

Schifferstadt (Ludwigshafen/L4) RP

1931–32 von der Pfälz. Mittelrheingruppe auf zwölfeckigem Grundriß in Eisenbeton mit interessanter Konstruktion errichteter **Wasserturm** (Am Wasserturm). Die Last des selbsttragenden, aus zwei Ringkammern bestehenden Betonflachbodenbehälters (1000 cbm) wird abgeleitet durch sechs sich kreuzende, im Schnittpunkt durch einen Pfeiler unterstützte Eisenbetonrahmen. Die äußere Form der Konstruktion entsprechend sachlich funktional.

Lit.: Merkl 130.

Schiffweiler (Neunkirchen/L2) SL

Grube Itzenplitz (S.-Heiligenwald; Itzenplitzstraße). Nur wenige Jahre nach der Gründung 1856 wurde 1863 der erste Schacht abgeteuft, die Schächte 2 und 3 folgten 1872/82. Nach Einstellung der Förderung 1935 durch den Ausbau von Reden dient die Schachtanlage dem Materialtransport, der Seilfahrt und als Wetterschacht. Zu Schacht 2 gehören ein *Fördermaschinenhaus* in ausgefachter Stahlskelettkonstruktion mit einer elektr. Fördermaschine der Dingler-Werke von 1956, eine Schachthalle gleicher Bauart und ein Vollwandstreben-Fördergerüst von 1957. ● Das *Strebengerüst* in Fachwerkbauweise über Schacht 3 von 1886 gilt als das älteste erhaltene Fördergerüst an der Saar. Das benachbarte gleich alte Fördermaschinenhaus besticht durch die ästhetische Qualität der mittels Pilaster, Blendbögen und Rundbogenfenster gegliederten renaissancistischen Architektur. Ebenfalls aus den 1880er Jahren stammt das einfacher gestaltete Schalthaus. – Im unterhalb der Schachtanlage gelegenen Itzenplitz-Weiher steht als techn. Rarität das um 1900 in Formen der Neurenaissance als runder Pavillon unter Pyramidendach errichtete ● *Pumpenhaus* zur Hebung der Grubenwässer. – Das durch die preuß. Bergbehörde initiierte neoromanische *Bethaus* von 1868 gegenüber der Grube erhielt nach Übernahme durch die evang. Gemeinde einen giebelseitigen Turmanbau.

Grube Reden (S.-Landsweiler-Reden; Grubenstraße, Bildstockstraße). Unter den Tagesbauten der 1846 gegr., nach der Rückgliederung des Saarlandes in das Dt. Reich 1935 zur Großförderanlage ausgebauten Grube verdient das *Kauen- und Zechenhaus* von 1935–36 besondere Beachtung als Beispiel für qualitätvolle Weiterentwicklung der Architektur der 1920er Jahre. Im W-Flügel durchbricht ein monumentales Portal die lediglich durch die Mischung von roten und braunen Vormauerziegeln belebten, sonst ungegliederten Fassaden. Davor die Kolossalstatue eines Bergmannes aus der Werkstatt des Bildhauers Koelle. Noch betriebsbereit drei Dampffördermaschinen von 1938/39/41.

Lit.: Slotta I; Dpfl. SL.

Schillingsfürst (MFr./Ansbach/L 7) BAY

Für die Versorgung des 1,5 km entfernten Schlosses der Grafen von Hohenlohe-Waldenburg erbaute 1702 der Nürnberger Brunnenmstr. Martin Löhner (1636–1707) als Kuriosität unter den vorindustriellen Wasserkünsten über dem Heiligen Brunnen (Brunnenhausweg) ein von Ochsen bewegtes **Tretscheiben-Pumpwerk** unter Ausnutzung der mechanischen Prinzipien von Hebel und schiefer Ebene. Die durch die Laufbewegung eines Ochsen auf einer mit dem leicht aus der Vertikalen geneigten Wellenbaum fest verbundenen Scheibe erzeugte Drehbewegung wurde über hölzernes Kammrad, eiserne Kurbelwelle und Pleuelstangen auf drei einfach wirkende Pumpen übertragen, die ca. 27 cbm Wasser in 12 Std. förderten. 1729 entstand zusammen mit dem Ausbau des Schlosses ein erster **Wasserturm** in Bruchsteinmauerwerk für einen Hochbehälter (Förderhöhe 17,1 m, 1887 auf 22,5 m erhöht). Heute Heimatmuseum. – Die Versorgung des Ortes übernahm 1902 (dat. im Giebelfeld des Portals) ein **Wasserturm** (Neue Gasse) in der für die Ausstattung mit einem Intze-Behälter typischen Ausführung mit schlankem, leicht konischem Schaft und über gestuftem Wulstgesims auskragendem Kopf unter Kegeldach.

Lit.: Merkl 39; Paul IV, BAY 235.

Schladen (Wolfenbüttel/G 7) NS

Empfangsgebäude an der durch die Braunschw. Staatseisenbahnen am 22. 8. 1840 eröffneten Strecke Wolfenbüttel–Börßum–S. in der für den Harz typischen, durch horizontale Verbretterung Naturstein imitierenden Bauweise. Ähnlich der auf 1840 datierte Bhf. in →Vienenburg. – Großer **Getreidespeicher** (Saatzucht Breustedt) von 1911 in zweifarbigem Backstein mit gotisierender Fassadengliederung nach Entwurf von Wilhelm Luthe.

Lit.: Dpfl. NS; Mende, 1990.

Schlitz (Vogelsbergkreis/J 6) HS

Die 1832 von Georg Gottlieb Langheinrich gegr. **Leinenweberei** (Gg. Langheinrich, Abt. der Kolb & Schüle AG, Leinenwebereien; Bahnhofstraße) gehört auch heute noch zu den führenden Herstellern von Tisch-, Bett- und Küchenwäsche für den gastronomischen Bedarf. Wenig später als die Aufstellung der ersten mechanischen Webstühle 1880 folgte ein zweigesch. *Fabrikneubau* in gemäßigtem Historismus entlang der Straße und ein den modernsten Erkenntnissen entsprechender *Webmaschinensaal* als eingesch., von Gußstützen getragene Shedhalle.

Lit.: Höhmann.

Schluchsee BW
(Breisgau-Hochschwarzwald-Kreis/O 3)

Schluchseewerk AG (→Häusern, →Ühlingen-Witznau, →Waldshut). Von der am 15. 12. 1928 gegr. Schluchseewerk AG 1929/51 als Hochdruck-Kraftwerksgruppe mit Jahresspeicher und Pumpspeicherung erbaut, nutzt das Werk die Wasserkräfte des Schluchseegebietes und benachbarter Wasserläufe unter Einbeziehung ihrer Fallhöhe bis zum Rhein bei Waldshut zur Gewinnung elektr. Energie. Mit der Aufstauung des S. 1929–32 um 29 m durch eine *Schwergewichts-Sperrmauer* aus Beton (H ü. Sohle 63,5 m, Krone: L 250 m, B 3,7 m) wurde ein Jahresspeicher von 108 Mio. cbm Nutzinhalt geschaffen, dessen Kapazität den erhöhten Energiebedarf im Winterhalbjahr ausgleicht. Die Gesamtfallhöhe von 620 m verteilt sich auf die durch Druckstollen und -rohrleitungen miteinander verbundenen Kraftstufen →Häusern, →Ühlingen-Birkendorf-Witznau und →Waldshut. Die im Abstand von ca. 10 Jahren entstandenen *Krafthäuser* der Ober-, Mittel- und Unterstufe zeigen deutlich die Entwicklung der Architektur von den kraftvoll bestimmten 1920er Jahren bis hin zum spannungslos flachen Gehäuse der 1950er Jahre. Als Ergänzung der Schluchseewerke ging 1976 die *Hornbergstufe* der Werksgruppe Hotzenwald mit Hornbergbecken und Kavernenkraftwerk Wehr (max. Leistung 980 MW) in Betrieb.
Lit.: Firmenangaben.

Schlüchtern (Main-Kinzig-Kreis/J 6) HS

Mit einem pompös neobarocken, an die übersteigerten sog. Revolutionsarchitekturen eines Claude-Nicolas Ledoux (1736–1806) erinnernden Portal öffnet sich der 1909 (dat.) begonnene, 1914 fertiggestellte 3575 m lange und erstmalig in Deutschland im Schildvortrieb ausgeführte ● S.er Tunnel (**Distelrasen-Tunnel**) nach S. Das in Tuffstein, kontrastierend zu den Rotsandstein-Flügelmauern, ausgeführte Tunnelportal wird umfaßt von einem gestelzten, durch monumentalisierten Zinnenfries mit wuchtigem Schlußstein getragenen Bogen, darüber ein kräftig profilierter, verkröpfter Dreiecksgiebel. Das N-Portal ist architektonisch uninteressant. Südl. des Tunnels zwei qualitätvolle **Wegebrücken** von 1868 bzw. 1908.

Schmilau-Farchau SH
(Herzogtum Lauenburg/C 7)

Zweigesch. Fachwerkgebäude einer ehem., 1632 gegr. wassergetriebenen **Papiermühle** mit mehrgesch. Satteldächern, abgetreppt durch die für Trockenböden typischen Schleppgaupen.

Schönau (Lörrach/P 3) BW

Im Ortsteil Holz (S.-Fröhnd) restaurierte, funktionsfähige **Klopfsäge** (→Zastlertal) von 1808 als eine der letzten ihrer bereits im frühen 14. Jh. nachgewiesenen Art im südl. Schwarzwald. – Von Mitte des 14. Jh. bis gegen Ende des 18. Jh. ging in der Umgebung von S.-Wieden der Silberbergbau auf Blei-Zink-Erzgänge um; ab 1917 verlagerte sich das Interesse auf die Hereingewinnung von Flußspat. Gründung der Wiesenthäler Bergbau AG 1923, Erwerb 1935 durch die 1931 gegr. Gewerkschaft Finstergrund, die 1976 die Förderung einstellte. Der 1972 stillgelegte Stollen-5-Finstergrund wird seit 1983 als Besucherbergwerk betrieben. ●
Lit.: Slotta IV,2.

Schöningen (Helmstedt/G 8) NS

Durch Baukörperaddition asymmetrisches, von einem Uhrturm akzentuiertes **Empfangsgebäude** mit Werksteinfassaden im Stil des romantischen Spätklassizismus nach Entwurf von Ebeling an der Strecke Jerxheim–Helmstedt bzw. Schöppenstedt–S. der Braunschw. Staatseisenbahnen (eröffnet 20. 7. 1858). Mechanisches Stellwerk.
Lit.: Architektonisches Skizzenbuch. H. 38. Bl. 5. O. J. [1859].

Scholen (Diepholz/E 5) NS

Windmühle Stelter. Eckig taillierter *Galerieholländer* mit Windrose auf mehrgesch. Backsteinunterbau. Die Jalousieflügel des 19. Jh. wurden

durch Ventikanten (stromlinienförmige Doppelflügel mit Drehheck) im 20. Jh. ersetzt.
Lit.: Dpfl. NS.

Schopfheim (Lörrach/P3) BW

Durch Eckpilaster und Gurtgesimse gegliedertes **Empfangsgebäude** der am 7. 6. 1862 eröffneten Bahnstrecke Basel–S. in Anlehnung an Klassizismus und Renaissance. Den im EG. durch eine vierbogige Arkade aufgelösten, leicht zurückgesetzten Mittelteil betont ein kleiner Giebel.

Schorndorf-Oberberken BW (Rems-Murr-Kreis/M6)

Wasserbehälter, Pumpenhaus und Druckturm als Typenbauten (→Adelberg-Breech, Weinstadt-Endersbach) der 1912–17 erbauten **Fernleitung der Landeswasserversorgung** von →Niederstotzingen nach Stuttgart. Neben breitlagerndem Pumpenhaus unter Walmdach mit zwei Lüfteraufsätzen schlanker, fünfgesch. Turm auf sechseckigem Grundriß mit geschoßtrennenden Gurtgesimsen.
Lit.: ZBV 1918.

Schramberg (Rottweil/O4) BW

Mit den Fabrikgründungen der Gebr. Junghans (1861) und Paul Landenbergers (1875, mit Philipp Lang) entwickelte sich S. zu einem der Hauptzentren der Schwarzwälder Uhrenindustrie.

● **Uhrenfabrik Gebr. Junghans** (Geißhalde). Von Erhard und Xaver Junghans – nach Umbau einer erst 1859 durch E. Junghans im Lauterbachtal an der Geißhalde eingerichteten Ölmühle – 1861 gegr. Uhrenfabrik zur Fabrikation von Uhren nach amerikanischem Prinzip (Standardisierung und Serienfertigung). Bereits 1870 fertigten 100 Beschäftigte täglich 80–100 Uhren. Die Fabrikanlage vergrößerte sich von drei Gebäuden im gleichen Jahr bis zur Jahrhundertwende mit 30 Gebäuden zur Größe eines eigenen Stadtteiles. 1895 stellten 1200 Arbeiter an 1180 Maschinen jährlich 1060500 Uhren her. – Im Konglomerat der das obere Lauterbachtal ausfüllenden Fabrikgebäude unterschiedlicher Bauzeit spiegelt sich die wirtschaftliche Entwicklung des Unternehmens. Aus der Masse der eher durchschnittlichen, jedoch jeweils zeittypischen Bauten der Fabrikstadt hebt sich die (nach einer Idee von Arthur Junghans) vom Büro Phil. J. Manz geplante, 1917–19 errichtete *Taschenuhrfabrik* durch Lage und Baukörperdifferenzierung heraus: Aus einem fünfgesch., zeitgemäß durch enges Fensterraster und Gurtgesimse gegliederten Werkstattgebäude mit ausgebautem Mansarddach am Ende des Tales entwickelt sich rückseitig, hangaufwärts, zwischen je einer abgetreppten Reihe von fünf zweigesch. Pavillons eine neunstufige, zum Tal hin verglaste Terrassenanlage für tageslichtorientierte Produktion. – Am O-Hang hoch über dem Schiltachtal (Krankenhausgelände) erhebt sich burgähnlich die 1911 nach Entwurf von Paul Schmohl (Schmohl & Staehelin, Stuttgart) fertiggestellte *Unternehmervilla »Wohnsitz Berneck«*. »Das Bild des auf halber Bergeshöhe in der Richtung des Tales gelagerten Hauses ist ein ewiger Wohllaut an Körper-, Flächen- und Linienverteilungen. Der scharfkantige Umriß ist im Grunde aus der Fläche des rechtwinkligen Dreieckes, dessen Winkelspitze vom Turm angelaufen wird, herausgearbeitet. Dann fällt die Verteilung des Schwergewichts nach der Seite des längeren Dreieckschenkels auf, es folgt die wunderbare Lagerung der Gebäudemassen auf der Grundrißlinie, die aufrechten und waagrechten Umrißlinien und schließlich die Lichtung der Massen in die verschiedenen spitzendigenden Körper und Flächen. Die Steigerung dieses Aufbaues im Spitzdach des runden Ausbaues, im Giebel und Turmdach zeugt von wahrhaft sieghafter Gestaltungskraft« (WK, Maiheft 1914, S. 132).

Hamburg-Amerikanische Uhrenfabrik (Oberndorfer Straße). Nach langjähr. Tätigkeit in der Uhrenfabrik Junghans gründete Paul Landenberger zusammen mit Philipp Lang aus St. Johann 1875 die Großuhrenfabrik Landenberger & Lang im Göttelbachtal, die bereits Ende 1882 wegen zu hoher Investitionen bei zu knapper Kapitaldecke Konkurs anmelden mußte. Nach Vergleich 1883 Umwandlung in die Hamburg-Amerikanische Uhrenfabrik AG. Die in den folgenden Jahrzehnten der Firma Junghans vergleichbare rasche Entwicklung blieb in den baulichen Erweiterungsphasen der 1880er Jahre,

1898–1908, bis 1921 und nach der Fusion mit Gebr. Junghans 1930 (rückwirkend zum 1. 7. 1929) sichtbar. 1988 endgültig stillgelegt, soll ein Teil der Fabrikgebäude abgebrochen werden, der imposante Holzlagerschuppen von 1923 wird in das Freilichtmuseum Neuhausen ob Eck transloziert.
Im Schiltachtal in der Nähe des Bahnhofs bauliche Reste der 1820 gegründeten **Porzellan & Steingutfabrik von Uechtritz & Faist,** ab 1883 Villeroy & Boch, ab 1912 SMF Gebr. Meyer, und der seit 1850 bestehenden **Papierwarenfabrik Gustav Maier.**
Lit.: Stadtmuseum Schramberg; Lixfeld.

Schriesheim (Rhein-Neckar-Kreis/L4) BW

Seit 1472 auf Silbererz, vor der Schließung 1817 auf Vitriol betriebene, 1988 als Besucherbergwerk eröffnete **Grube Anna Elisabeth** (Talstraße 157) mit Sudhaus des 18. Jh. und rekonstruierten weiteren Tagesanlagen.

Schrozberg (Schwäbisch Hall/L6) BW

Stationsgebäude der Teilstrecke Crailsheim–Weikersheim–Bad Mergentheim der Taubertalbahn (eröffnet 23. 10. 1869), unter dem Einfluß des Stadtbildes von Rothenburg o. d. Tauber in formaler Anlehnung an die Frührenaissance errichtet. Die Stadtseite des kubischen Hauptbaues ist durch drei Bögen betont, beidseitig anschließend eingesch., durch Rundbogenfenster geöffnete Diensttrakte. Baugleich mit dem Empfangsgebäude Blaufelden.
Lit.: ABZ 1873.

Schwabmünchen BAY (Schw./Augsburg/O7)

Wasserturm (Museumsstraße). Für die Wasserversorgung Schwabmünchen 1909–1910 auf quadr. Grundriß errichtete Betonkonstruktion mit Ausfachung in Mauerwerk für einen Zweikammer-Flachbodenbehälter von zusammen 400 cbm Inhalt (max. Wasserspiegel ca. 30 m ü. Gelände). Der gering auskragende Behälterumgang unter geschweiftem Zeltdach mit oktogonaler Lüfterkuppel, an den Ecken betont durch polygonale Treppenerker.
Lit.: Merkl 266.

Schwäbisch Gmünd (Ostalbkreis/M6) BW

Aus Anfängen der Schmuckherstellung im SpätMA entwickelte sich Schw. G. nach dem 30jährigen Krieg zur *Gold- und Silberstadt,* in der im 19. Jh. bereits eine Fachschule für das Edelmetallgewerbe entstand. Den Übergang von der handwerklichen Fertigung zur industriellen Produktion dokumentiert beispielhaft die **Ott-Pausersche Silberwarenfabrik** (Milchgäßle). 1844 als »Bijouteriewarenfabrik Nikolaus Ott & Cie.« mit 40 Arbeitern gegr., entwickelte sich das Unternehmen rasch zu dem bedeutendsten seiner Branche in der Stadt. Nach wirtschaftlicher Krise in den 1920er Jahren übernahm Josef Pauser 1929 die Fabrik, in der nach Stillegung 1984 die gesamte Einrichtung mit Sauggeneratorenanlage (1906) zum Antrieb der Transmissionen und z.T. noch aus der Hochblüte der Firma im 19. Jh. stammendem Maschinenpark in situ und funktionsfähig (museal restauriert) erhalten blieb. ●
Lit.: Krins 209.

Schwäbisch Hall BW (Schwäbisch Hall/M6)

Teuchelsbrücke (Wettbachklinge Nähe Nicolaifriedhof). Vierbogiger, abgewinkelter Aquädukt (L 47 m, H 12 m) aus zweischaligem Kalksandsteinmauerwerk, über den das Wasser dreier Quellen aus der Umgebung von Eltershofen der Stadt in einer halbkreisförmigen Sandsteinrinne (Dm. 25 cm) zugeführt wurde. 1580 als Ersatz einer Holzkonstruktion über die Klinge genannt, 1683 (Inschrift) und 1983/84 instand gesetzt.

Schw. H.-Hessental

Bahnhof mit *Empfangs- und Dienstgebäude* in linearer Anordnung an der am 10. 12. 1867 eröffneten Teilstrecke Schw. H.–Crailsheim der Kocherbahn in orig. äußerem Zustand. Die zweigesch. Bauten mit Mezzanin aus Sandstein-Quadermauerwerk im spätklassizistischen Stil der Jahrhundertmitte zentrieren längsseitig flache, im OG. durch paarige Fenster betonte Risalite.
Lit.: Krins 209.

Schwaigern (Heilbronn/M5) BW

Bahnhof. Orig. *Empfangsgebäude* der Strecke Heilbronn–Schwaigern (eröffnet 10. 10. 1878)–Eppingen (8. 8. 1880) in Sandstein-Quadermauerwerk (EG.) und rotem Backsteinrohbau (OG.), gegliedert durch Gesimse und Lisenen. Der durch Bögen geöffnete Mitteltrakt ist gegenüber den Seitenbauten zurückgesetzt. Urspr. Perronüberdachung. Güterschuppen mit horizontaler Verbretterung an den Längsseiten, vertikal verschalt an den Giebeln. Eingesch. Nebengebäude in Sandstein mit verputzter späterer Erweiterung.

Lit.: ZBK 1880.

Schwalmstadt-Treysa HS (Schwalm-Eder-Kreis/I5)

Aus der Zwischenstation an der Main-Weser-Bahn (Wabern–T., eröffnet 2. 1. 1850; T.–Kirchhain, 4. 3. 1850) mit einem für die Zeit typischen zweigesch. (später aufgestockt), durch Mittelrisalit akzentuierten **Stationsgebäude** (Alter Bahnhof), als Backsteinrohbau in Formen des romantischen Spätklassizismus verm. nach Entwurf von Julius E. Ruhl aufgeführt, entwickelte sich mit der Verbindung nach Malsfeld (»Kanonenbahn«, 1. 8. 1879) und Oberaula–Bad Hersfeld (1. 8. 1907 bzw. 1. 5. 1906) ein bedeutender Anschlußbahnhof. Im Zusammenhang mit der Strecke nach Hersfeld erhielt Treysa 1907–08 nach Entwurf von Aloys Holtmeyer ein neues, dem Heimatstil verpflichtetes **Empfangsgebäude** (Bahnhofstraße) mit plastischer Bauzier – Schwälmer Trachtenpaar in der Uhr – von Hans Sautter. – Aus gleicher Zeit die **Beton-Bogenbrücke** mit aufgeständerter Fahrbahn über das Gleisfeld des Bhf. – Bereits für die Main-Weser-Bahn entstand der fünfbogige Viadukt über die Schwalm aus Sandsteinmauerwerk; die äußeren Pfeiler sind durch polygonale Vorlagen gegliedert. Das parallele Brückenbauwerk in gleichen Abmessungen wurde für die Zweigbahn nach Hersfeld bis 1907 fertiggestellt. – Das **Verwaltungsgebäude** mit angebautem Pumpenhaus sowie die **Brunnenanlage** mit dromosartigem Zugang aus Basalt mit Sandsteingliederung, beide erbaut 1905–07, dokumentieren den Beginn der zentralen Wasserversorgung in T. – Das für die Strecke nach Malsfeld (1. 8. 1879) als Fachwerkkonstruktion errichtete **Stationsgebäude** in S.-Ziegenhain entspricht dem Standardtyp der Strecke (Malsfeld, Waldkappel).

Lit.: ZBV 1912.

Bad Schwartau (Eutin/C7) SH

Wasserturm (Berliner Straße). Von leicht konischem Schaft in Sichtmauerwerk getragener Intze-Behälter mit polygonalem Mantel als Eisenfachwerk mit Backsteinausmauerung über gekrümmten Profileisen-Konsolen, um 1900. Kegeldach mit Lüfterlaterne.

Schwarzwaldbahn BW (Ortenau-/Schwarzwald-Baar-Kreis/N3–O4)

Der bahnbautechn. interessanteste Streckenabschnitt Hausach–Villingen der Schwarzwaldbahn (Offenburg–Hausach, eröffnet 2. 7. 1866; Donaueschingen–Villingen, 16. 8. 1869) konnte am 10. 11. 1873 für den regelmäßigen Verkehr freigegeben werden. Da für die Überwindung des Höhenunterschiedes von 591 m zwischen Hausach und der Wasserscheide des Rhein- und Donaugebietes auf der Sommerau bei St. Georgen die einfache Länge des engen, tief eingeschnittenen Gutachtales nicht ausreichte, mußte eine künstliche Verlängerung der Trasse mittels **Schleifen** z.T. in dreifach übereinanderliegender Terrassierung und in **Kehrtunneln** gewonnen werden. Unter weitgehendem Verzicht auf sonstige Kunstbauten, mit Ausnahme eines **Viaduktes** bei Hornberg (dessen urspr. Ausführung in Sandsteinpfeilern mit eisernem Überbau 1925 eine massive Bogenkonstruktion ersetzte), durchfährt die Bahn auf der 28,7 km langen Strecke zwischen Hornberg und St. Georgen nicht weniger als 34 Tunnel (Sommerautunnel 1680 m) mit einer Gesamtlänge von 8,3 km, deren Portale in Kyklopenmauerwerk sich unauffällig in die wilde Gebirgslandschaft einfügen. Planung und Oberleitung der 1868 begonnenen Strecke durch Robert Gerwig. Er hatte bereits die Rheinbrücke zwischen Waldshut und Koblenz (fertiggestellt 1859) projektiert und leitete auf Grund seiner bei dem Bau der Schwarzwaldbahn gewonnenen Erfahrungen für einige Jahre den Bau der Gotthardbahn.

Lit.: DB 1872.

Schweinfurt (UFr./Schweinfurt/K7) BAY

Bahnhof (S. Stadt) an der im Abschnitt Haßfurt–Schweinfurt am 3. 11. 1852, bis Würzburg am 1. 7. 1854 eröffneten Ludwigs-Westbahn mit dreigesch., von ebenerdigen Flügelbauten gefaßtem *Empfangsgebäude,* Güterschuppen und Wohngebäude aus einheimischem Gelbsandstein nach Planung von Gottfried v. Neureuther.

Hafen. An den erstmaligen Einbau des von MAN, Brückenbau-Anstalt Gustavsburg, entwickelten Walzenverschlusses im Wehranlagenbau – 1902 im Grundablaß, 1903 im Hauptwehr – erinnert dessen Antrieb, der nach Fertigstellung der neuen Staustufe 1963 als Walzenwehrdenkmal zusammen mit dem Endstück der ehem. 35 m langen Walze aufgestellt wurde. – In der Grünanlage des Alten Hafens steht die Gußeisenkonstruktion eines 1852 von der Firma I. W. Spaeth in Dutzendteich gelieferten, 360° schwenkbaren Kranes mit einer Tragkraft von 5000 kg (→Bamberg, →Kelheim, →Heilbronn).

Stadtwerke. Am Ring-Ost ein 12000 cbm Teleskop-Gasbehälter von 1936. – In Konstruktion und Gestaltung baugleich mit Schwabmünchen ist der 1925 außer Betrieb genommene *Wasserturm* in S.-Oberndorf, 1911 errichtet, in ausgefachter Eisenbeton-Skelettbauweise für einen Zweikammer-Flachbodenbehälter. Den Turmkopf unter einem geschweiften Pyramidendach mit Lüfterkuppel betonen polygonale Eckerker.

Lit.: Slotta I; Merkl 122; DB 1902/04; Ketteler.

Schwetzingen (Rhein-Neckar-Kreis/L4) BW

● In unmittelbarer Nähe des Schlosses befinden sich mit dem **Oberen Pump-** und **Unteren Wasserwerk,** die der Vorsorge von Hofhaltung und Gartenanlage dienten, die beiden wohl ältesten in situ erhaltenen Wasserversorgungs- und Pumpenanlagen der Neuzeit in den alten Ländern der Bundesrepublik von hohem technikgeschichtlichen Wert. Als Ersatz für ein bereits in den 1720er Jahren bestehendes, ließ Kurfürst Karl Theodor 1762–64 ein neues Wasserwerk mit direkter Wasserentnahme aus dem Leimbach unter anfänglich weiterer Benutzung des alten hölzernen Wasserturmes errichten. Qualitätsmindernde Begleiterscheinungen der Direktförderung – Verunreinigung und Geruchsbelästigung durch Faulstoffabsetzungen – führten zu einer durchgreifenden Erneuerung der Anlage 1771–74 nach Entwurf von Nicolas de Pigage und Planung der masch. Einrichtung durch die Brunnenmstr. Thomas und Johann Breuer. Gleichzeitig mit dem Wasserturm entstand ein unteres Wasserwerk zur Versorgung des »Röm. Wasserkastells« und der verschiedenen Brunnenanlagen des Schloßparks mit angeschlossener, 1779 dat. Knochenpoche.

Der Komplex des **Oberen Pumpwerkes** (Schloßstraße) bildet in seinem kompletten Erhaltungszustand ein einmaliges Ensemble der Technikgeschichte. Es vereinigt Pumpen- und Brunnenhaus, Wasserturm und Wohngebäude des Maschinisten in teilweise dem Bachlauf parallelen (Pumpen- und Wohnhaus), teils den Bach überbrückenden (Wasserturm) Gebäuden. Kraftübertragung von zwei unterschlächtigen Wasserrädern (Dm. 6,1 m, auf die Radreifen aufgesetzte Brettschaufeln) mittels ca. 6,5 m langen, etwa 50 cm starken Wellen auf die zwei im Pumpenhaus befindlichen Antriebsräder der über eiserne Kolbenstangen bedienten Gruppen von drei bzw. vier Kolbenpumpen aus Messing. Durch drei Steigleitungen aus Blei (seit 1860 Gußeisen) wurde das von den einfach wirkenden Pumpen aus den vier in Reihe angeordneten, kreisrunden Brunnenkammern angesaugte Wasser über ca. 37,5 m Höhenunterschied in die Bleibehälter des Wasserturms gedrückt. – Der quadr., zweigesch. *Wasserturm* erhebt sich mit 2,65 m starken, in spitzbogige Nischen aufgelösten Außenmauern über dem Leimbach mit je zwei Wasserbehältern im OG. für die Versorgung der »kleinen Bassins« und unter dem großen Mansarddach (56/58 cbm) für die Wasserspiele im Schloßgarten. Im Kontrast zu dem rohen Sandsteinmauerwerk des Inneren zeigt der Turm nach außen eine verputzte, im übrigen einfach gestaltete Fassade mit sparsam verwendeten Gliederungselementen von Gurtgesimsen, Sandsteingewänden der Rechteck- und Rundfenster sowie aufgeputzten Spiegeln und Sandsteinpilastern an der südl. Hauptfront. Das anschließende Wohnhaus zeigt ein verputztes EG. und ein verschiefertes OG. unter einem Satteldach.

Bei sonst gleicher techn. Ausrüstung ergänzt ein 1779 dat. **Pochwerk,** vermutlich das älteste er-

Seelbach-Litschental. Geroldsecker Waffenschmiede, Schwanzhämmer

haltene in den alten Ländern der Bundesrepublik, zum Zerkleinern der Knochenabfälle der kurfürstlichen Hofhaltung das Untere Wasserwerk.
In Bahnhofsnähe (Kurfürstenstraße) ein **Wasserturm,** um 1900, in Konstruktion und Form ähnlich dem nahe gelegenen Turm in Plankstadt. An der Zähringerstraße (B 36) ein **Transformatorenhäuschen,** um 1910, auf quadr. Grundriß mit gefasten Ecken und einem Sockel aus rustiziertem Quadermauerwerk in gelbem Sandstein.
Lit.: Slotta II; Merkl 172.

Seelbach-Litschental BW (Ortenaukreis/N 3)

● Hist. **Hammerschmiede** (Geroldsecker Waffenschmiede) mit zwei wassergetriebenen Schwanzhämmern (400 kg, 180 kg), Schleifmühle und Essengebläse. 1280 als Schwertfegerei der Herren zu Geroldseck gegr., seit 1596 im Besitz der Familie Fehrenbach, die nach dem 30jährigen Krieg vorwiegend Werkzeuge und landwirtschaftliche Geräte herstellte. 1970 Einstellung der geregelten Fertigung, seitdem Herstellung von Repliken ma. Waffen.
Lit.: Angaben des Eigentümers.

Seelze (Hannover/F 6) NS

Etwa 1,5 km vom Bahnhof in Richtung Garbsen überquert der **Mittellandkanal** mit einer 1912–14 errichteten *Doppeltrogbrücke* (B ca. 24 m) aus Stahl mit Segmentbögen über drei Öffnungen (Stütz-W 23,5–30,0–23,5 m) das Leinetal. – An der Wunstorfer Straße steht der Backsteinrohbau des neugotisch um 1890 erbauten Verwaltungsgebäudes der **Chem. Fabrik Riedel-de-Haen.** – Die ehem. **Gutsmühle Dunau** (S.-Lathwehren) wurde um 1850 als *Galerieholländer* den baulichen Resten einer bereits 1689 erwähnten Wassermühle aufgesetzt. Die Holzkonstruktion des Rumpfes ist mit Ziegeln verkleidet. Galerie abgängig. – Eine **Dreigelenkbogenbrücke** mit ● angehängter Fahrbahn in Eisenbeton (Stütz-W 44,5 m), eine um 1915 im Zusammenhang mit dem Bau des Mittellandkanals häufiger aus-

geführte Konstruktion, überspannt in S.-Lohnde (Fährweg) die Leine.
Lit.: ZBW 1917; DB Mitt. 1916; Dpfl. NS.

Seevetal-Hittfeld (Harburg/D 6) NS

Erdholländer mit Windrose von 1875, das oktogonale EG. in Backsteinrohbau gegliedert durch Ecklisenen und Zinnenfriese; Landmarke an der BAB Hamburg–Bremen.
Lit.: Fröde 162.

Sehnde (Hannover/F 6) NS

Die Tagesanlagen der **Schachtanlage Friedrichshall 2** (Zuckerfabriksweg, Chausseestraße) der 1899 aus der 1896 gegr. Bohrges. gleichen Namens entstandenen Kaliwerke Friedrichshall AG (Kali-Chemie AG) bestehen aus neoklassizistisch beeinflußter Schachthalle und Rohsalzmühle sowie dem Fördermaschinenhaus mit der urspr. masch. Einrichtung. Über dem 1911–12 abgeteuften Schacht das *Strebengerüst* in Fachwerkbauweise der Maschinenbauanstalt Humboldt von 1912 (1945–46/55 verstärkt durch Eilers, 1968 von GHH umgebaut). – Die anders als bei den meisten Kaliwerken in nur einer Reihe hintereinander angeordneten, im wesentlichen 1906 fertiggestellten Bauten (E-Zentrale, Schachthalle usw.) der **Schachtanlage Friedrichshall 1** (Bismarckstraße) an dem 1902–04 abgeteuften Schacht sind mit ihrer neoromanischen Fassadenarchitektur noch dem ausgehenden 19. Jh. verhaftet. Erweiterungen 1911–12 und in den 1920/50er Jahren. Von 1950–51 auch die Fördermaschine mit Gleichstrommotor der Siemens-Schuckert-Werke (SSW). – Die Tagesanlagen des 1927 stillgelegten **Kaliwerkes Hohenfels** (S.-Wehmingen, Hohenfelser Straße), meist gleichzeitig mit den Teufarbeiten am Schacht 1897–1901 als neoromanische Backsteinrohbauten errichtet, verdeutlichen mit der linearen Reihung von Fördermaschinenhaus, Schachthalle (Fördergerüst abgebrochen) und Rohsalzmühle die funktionale Abfolge von der Förderung zur Verarbeitung. Im Eingangsbereich Verwaltungsgebäude von 1938 für die 1938–45 eingerichtete Munitionsanstalt. Im N des Werkes die *Direktorenvilla,* südl. der überkuppelte *Wasserturm* für einen Intze-Behälter (500 cbm) mit weit auskragender Behälterummantelung. Im Fördermaschinenhaus von 1902 blieb die durch Gleichstrommotor (Siemens-Schuckert-Werke, SSW) angetriebene *Fördermaschine* (Gutehoffnungshütte) von 1938 mit Teufenanzeiger (SSW) erhalten. – Zum Wintershall-Konzern gehört das **Kaliwerk Bergmannssegen-Hugo** mit den Schachtanlagen Hugo, Erichssegen und Ottoshall (alle Sehnde) sowie Bergmannssegen (→ Lehrte). Aus der mehrfach veränderten Bausubstanz der 1909 betriebsbereiten Schachtanlage Hugo (S.-Ilten, Glückaufstraße) ragt der heute an das Kesselhaus angebundene *Wasserturm* von expressiver Formgebung heraus. Über den mehrfach getreppten Strebepfeilern des leicht konischen Schaftes tragen kräftige Viertelkreiskonsolen, verbunden durch Tonnengewölbe, den Behälterkopf mit einem Intze-Behälter (200 cbm). Der Kamin des Kesselhauses wächst aus einem mächtigen zylindrischen, durch Strebepfeiler und Bogenstellung gegliederten, durch Putzfelder aufgelockerten Unterbau in Backsteinrohbau.
Lit.: Slotta III; Dpfl. NS; Mende, 1990.

Seligenstadt (Offenbach/K 5) HS

Der 1936–37 oktogonal über einem quadr., viergesch. Wohnteil errichtete, mit Glockendach barock wirkende **Wasserturm** (Frankfurter Straße) für einen betonierten Flachbodenbehälter von 500 cbm Inhalt gehört neben Einhardsbasilika, Steinheimer Turm und Wasserschlößchen zu den Wahrzeichen der Stadt.
Lit.: Merkl 302.

Siegen (Siegen/I 3) NW

Im Siegerland belegen ca. 200 bislang bekannte Hüttenplätze mit halbkugelförmigen Rennöfen bereits für die La-Tène-Zeit die Ausbeutung der Lagerstätten des Siegerland-Wieder-Spateisensteinbezirkes, der sich vom Quellgebiet der Sieg (→ Hilchenbach-Müsen) bis nahe Neuwied erstreckt, mit einem Kerngebiet südl. von S. Eine erste schriftliche Quelle über den ma. Bergbau stammt von 1298. Nach stetigem Wachstum der Eisen- und Hüttenindustrie setzte unter preuß. Herrschaft ab 1817 eine intensive Förderung des Siegerländer Bergbaus ein. Trotz Konzentration

Siegen-Eiserfeld. Reinhold-Forster-Erbstollen, Mundloch

und Modernisierung der Gruben sowie Anschluß an das rhein.-westf. Industriegebiet durch die Fertigstellung der Ruhr-Sieg- (1861) und der Deutz-Gießener Eisenbahn (1859–62) hatte die Siegerl. Hüttenindustrie in der 2. Hälfte des 19. Jh., besonders wegen billiger Erzimporte, mit sich ständig wiederholenden Absatzkrisen zu kämpfen. Ähnlich wechselvoll verlief das letzte halbe Jh. des Siegerl. Erzbergbaus mit Zeiten der Hochkonjunktur nach dem 1. Weltkrieg und während der Autarkiepolitik des Dt. Reiches nach 1933, verbunden mit nochmaligem Ausbau der Betriebsanlagen, bis schließl. die mangelnde Nachfrage nach Siegerl. Erzen 1965 zur Stilllegung der letzten Gruben führte.

Von der 2000jähr. Geschichte des Siegerländer Eisensteinbergbaus zeugen in der Umgebung von S. neben Pingen, Halden und vereinzelten Resten von Tagesanlagen vorwiegend des 20. Jh. noch einige für das 18./19. Jh. typische **Stollenmundloch-Architekturen.** – Charakteristisch für das Siegerland das elliptische Mundloch von Ende des 18. Jh. innerhalb der in Bruchstein geschichteten Böschungsmauer des **Tiefen Schoeneberger Erbstollens** der Gosenbacher Grube Storch und Schöneberg in S.-Niederschelden (Hauptstraße 33). Von ähnlicher Architektur und ebenfalls mit gußeiserner Tafel gekennzeichnet das Mundloch des 1769 angeschlagenen **Eisenzecher Tiefen Stollens** in S.-Eiserfeld (Eiserfelder Freibad, Garten Haus Nr. 9). Im gleichen Ort (Landstraße nach Betzdorf) findet sich in dem 1879 in repräsentativen Renaissanceformen errichteten *Portal* des 1805 angeschlagenen **Reinhold-Forster-Erbstollen** eine der schönsten Kleinarchitekturen des Bergbaus in Deutschland. Im Kesselborntal (S.-Eiserfeld) Reste der Tagesanlagen am Kaiser-Schacht der **Grube Eisenzecher Zug.**

Lit.: Slotta V,1.

Sigmaringen (Sigmaringen/O 5) BW

In für das ausgehende 19. Jh. typischen renaissancistischen Formen in Verblendmauerwerk 1885 nach Planung von Wilhelm Laur fertiggestellter **Schlachthof** (Georg-Zimmerer-Straße). 1965 stillgelegt, heute Kulturzentrum.

Lit.: Krins 209.

Sigmaringendorf (Sigmaringen/O 5) BW

Empfangsgebäude an der Teilstrecke Scheer–Sigmaringen der Donaubahn (eröffnet 26. 7. 1873) in der für württ. Nebenbahnhöfe der 1870er Jahre gebräuchlichen Materialkombination von Naturstein-Quadermauerwerk (EG.) und Backsteinrohbau (OG.). Alle Fassaden durch Risalite zentral betont. Einseitig eingesch. Anbau mit gestufter Giebelkontur. – In Bahnhofsnähe eine **Fachwerkbrücke** aus Puddeleisen von 1873 (eine gleichartige über die Donau in Sigmaringen). ●

Hüttenwerk S.-Laucherthal. Am Ort des Fürstl. Hohenzollerschen Hüttenwerkes (FHH) Laucherthal bestand vermutlich bereits in röm. Zeit eine Erzaufbereitung. Gesichert ist eine Bergbau- und Hüttentätigkeit für das 15. Jh. mit der Erneuerung des Bergregals für Graf Jos Niclas von Zollern am 19. 8. 1471 durch Kaiser Friedrich III. Die Erstellung von Schmiedeeisen aus heimi- ●

schen Bohnerzen in mit Holzkohle befeuerten Rennöfen modernisierte Fürst Meinrad II. von Hohenzollern-Sigmaringen durch die Gründung der FHH 1708 und Ausbau der Hütte mit Hilfe von Fachleuten aus dem nahe gelegenen Thiergarten. Außer dem ersten Hochofen, der nun auch Gußeisenproduktion erlaubte, gehörten zum Hüttenwerk eine Schmiede, Kohlenscheuer, Wasserbauanlagen in der Lauchert, Bergschreiberei und Arbeiterhäuser. Unter Leitung von Maximilian Haller begann der Ausbau der Hütte in der 1. Hälfte des 19. Jh., unter seinem Nachfolger nach der Jahrhundertmitte Bau eines zweiten Hochofens und eines ersten Kupolofens. Nach Ausblasen der Hochöfen 1879 Umstellung auf reinen Gießereibetrieb. Die frühe Umstellung auf neue Werkstoffe, Verfahren und Produkte – ab 1890 Herstellung von Aluminium-Mehrstoffbronzen, ab 1950 Gleitlager und ab 1960 Feingußproduktion – gewährleistete Fertigungskontinuität bis heute. – Aus dem Gründungsjahr der Hütte existieren noch fünf verputzte Fachwerkbauten: Wohnhäuser, Wirtschaftsgebäude und Gasthof; aus der Zeit um 1830 erhielten sich das ehem. *Verwaltungs-* (heute Rechenzentrum) und das jetzige *Direktionsgebäude,* beides Putzbauten mit Gurtgesimsteilung, geschoßübergreifenden Rundbogen und Walmdach, sowie das *Hochofengebäude* mit Fachwerkobergeschoß. In letzterem verweisen getreppte Abstichöffnung der Hochofenbrust und eiserner Wandkran mit 2500 kg Tragkraft auf die ehem. techn. Funktion.

Lit.: Slotta I; Firmenangaben.

Simbach (NB/Rottal-Inn/N 11) BAY

Bahnhof. Grenzstation der zwischen Neuötting und S. am 1. 6. 1871 eröffneten Strecke München–Braunau mit ehem. *Empfangsgebäude* (heute Wohnhaus) nach Planung von Friedrich Bürklein und Jakob Graff. Das fünfteilige Gebäude von 1910 zeigt mit zentralem Eingangsgebäude, Zwischentrakten und Seitenpavillons die Baukörperdisposition der 1870er Jahre. Im Gleisfeld Flügelsignale. – Östl. des Bhf. Innbrücke mit sechs Öffnungen zu je 60 m Lichtweite; Pfeiler und Vorlandbrücken von 1870–71, eiserner Oberbau nach 1945. – **Elektrizitätswerk** (Bachstraße). Maschinenhaus des städt. E-Werkes, um 1900, in Formen der Neurenaissance, die Hauptfassade mit kolossaler Pilastergliederung und Ziergiebel in der Mitte.

Lit.: Dpfl. BAY.

Singen/Hohentwiel (Konstanz/P 4) BW

Erst mit dem Bau der Eisenbahn Waldshut–Lauchringen–Konstanz (eröffnet 13. 6. 1863), dem der Anschluß an die Schwarzwaldbahn am 6. 9. 1866 folgte, und mit der Eröffnung der Etzwilen-Bahn (15. 7. 1875) von Winterthur nach Singen begann die Entwicklung des zum Eisenbahnknotenpunkt gewordenen, erstmals 787 erwähnten Ortes vom unbedeutenden Dorf mit 2000 Einwohnern zum städt. Zentrum des Hegaus. Fabrikansiedlungen des ausgehenden 18. Jh. waren ohne anregende Wirkung auf den Ort geblieben. Aus dieser Zeit stehen noch erste Arbeiterhäuser in der Schlachthausstraße. Preiswertes Bauland in Bahnhofsnähe und billige Arbeitskräfte aus dem rein landwirtschaftlich geprägten Umland förderten gegen Ende des 19. Jh. das Interesse an S. als Industriestandort. Erhebung zur Stadt 1899.

Nestlé Deutschland AG. Maggi-Werk Singen (Julius-Bührer-Straße). Für den dt. Vertrieb seiner 1886/87 in der väterlichen Mühle im schweiz. Kemptal entwickelten Flüssigwürze gründete Julius Maggi am 1. 5. 1887 mit acht Beschäftigten eine Niederlassung in S., von der aus sich *Maggis Suppen- und Speisewürze* rasch mit großem Erfolg in der dt. Küche durchsetzte. 1897 wurde die dt. Maggi-Ges. gegr., 1899 in S. zum erstenmal Würze hergestellt. In den folgenden Jahrzehnten wuchs die Niederlassung zum industriellen Großbetrieb; damit verbunden war eine kontinuierliche, allein während des 1. Weltkrieges und der Inflationszeit unterbrochene Bautätigkeit. Im ältesten Gebäude – der Keimzelle des Werkes –, einem 1886 errichteten Anbau der ehem. »Restauration Amann«, befindet sich heute das Werksmuseum. Aus der Zeit vor dem 1. Weltkrieg stammen, wenn auch z.T. durch spätere Umbauten verändert: *Spedition,* begonnen 1897 nach Entwurf von August Dietz, Dortmund, mit Erweiterungen bis 1926; *Würzefabrik* von 1917 mit klarer Rasterfassade; *Mühle* von 1907 nach Entwurf von Ferdinand Finus, Radolfzell, in der Tradition der 1890er Jahre mit Pilastergliederung und geschoßweiser Gesimstrennung; *Suppenfabrik* von 1901 nach Entwurf von

Jung & Bridler, Winterthur, mit Erweiterungen bis 1963; *Arbeiterkantine* von 1900, ebenfalls nach Entwurf von Jung & Bridler, ein differenziert durch Turmaufsatz, Zwerchhaus, Erker und Balkone gegliederter Baukörper in einer von Renaissance und traditionellem Schwarzwaldhaus beeinflußten Architektur (durch Anbauten bis 1929 leicht verändert). – Von besonderer Bedeutung ist der von der Karlsruher Fa. Josef Krapp vorm. Martenstein & Josseaux 1909 fertiggestellte fünfgesch. **Wasserturm** aus Eisenbeton. Sechs rechteckige, sich leicht verjüngende Pfeiler tragen einen von einer auskragenden Bogengalerie umgebenen Flachbodenbehälter aus Eisen (250 cbm). Drei zwischen die Pfeiler eingezogene Galerien, verbunden durch offene, halbgewendelte Treppen, dienen der Aussteifung des bis zum Pol der abschließenden, von Spitzbogengaupen durchbrochenen Kugelhaube 45 m hohen Turmes. Zum Wahrzeichen geworden, bildet der Jugendstilbau »eine neue Zierde unserer Stadt ... Wie aus einem Guß geschaffen steht der schöne Bau mit seinen edlen Formen und glücklich gewählten Verhältnissen imponierend da und weckt das Interesse aller Einheimischen und Fremden« (Höhgauer Erzähler, 30. 11. 1909). – Südl. des Werkes (Rielasinger Straße) die 1912 begonnene, Anfang der 1930er Jahre vollendete *Arbeitersiedlung*.

Im O des Maggi-Werkes liegen bauliche Reste der 1895 nach S. übersiedelten Fittingfabrik Georg Fischer AG von der Jahrhundertwende.

Lit.: Untere Denkmalschutzbehörde. Stadtbauamt Singen; Firmenangaben; Frei.

Sinntalbahn (UFr./Main-Spessart/J–K6) BAY

Elm-Gemündener (Sinntal-)Eisenbahn. Am 1. 5. 1872 eröffnete Verbindungsstrecke zwischen der Bebra-Hanauer Bahn bei Schlüchtern-Elm und der Ludwigs-Westbahn bei Gemünden. Die Planung der Hoch- und Kunstbauten oblag auf bayer. Seite Friedrich Bürklein, später Georg Dollmann. Die Stationsgebäude Rieneck, Burgsinn und Mittelsinn sind typengleiche dreigesch. Backsteinbauten mit Gesimsen und Gewänden in Werkstein. Bei Schaippach zwei Sinnbrücken mit eisernem Überbau, ein ebensolcher Sinnübergang nördl. Rieneck mit nachfolgendem, 420 m langen *Tunnel*. Nördl. Obersinn überquert die Bahn nach Passieren eines 584 m langen, 21,6 m tiefen Einschnitts das Sinntal in einer Höhe von knapp 30 m auf einem fünfbogigen *Viadukt* zwischen mächtigen Widerlagern (L 171,6 m) aus Buntsandstein, 1870–71 ausgeführt nach Plan von Carl Hettig. Im Anschluß an die Brücke durchsticht ein 321 m langer *Tunnel* den Ruppertsberg, die Portale (dat. 1872/1910/60) mit neugotischen Ecktürmchen gefaßt. Bereits in Hessen liegt der Bhf. Sinntal-Jossa mit spätklassizistischem, durch Seitenrisalite gegliedertem *Empfangsgebäude* und einseitig flankierendem Güterschuppen, beide in Rotsandstein. Der auf die Station folgende vierbogige *Viadukt* (L 107,4 m, H 32,69 m, Spann-W je 14,593 m) über das Seitental der Jossa teilweise in Beton erneuert. Gleichwertige Hoch- und Kunstbauten finden sich auf der Strecke bis Elm.

Lit.: DB 1870; ZbAIV 1872.

Solingen (Solingen/H2) NW

Die für S. charakteristische Stahlwarenindustrie geht auf das bereits um 1200 bekannte Schwertschmiedehandwerk zurück, das seit dem 14. Jh. schon arbeitsteilig betrieben wurde. Seit dem 15. Jh. wurde die Wasserkraft der zahlreichen Bäche durch Schleifkotten genutzt, exemplarische Beispiele des 18./19. Jh. u. a. an Itter-, Loch- und Nackerbach erhalten. Nach der Blütezeit des Schwertschmiedehandwerks um 1600 begann durch vermehrte Herstellung von Messern im 17. Jh., von Gabeln und Scheren im 18. Jh. die Wandlung zur Schneidwarenindustrie. Seit dem 16. Jh. bestand Markenschutz, 1938 erging ein Reichsgesetz zum Schutz des Namens Solingen.

J. A. Henckels, Zwillingswerke AG (Grünewalder Straße, Zwillingsweg). Unübersehbar der monumentale Komplex von Verwaltungs- und Produktionsgebäuden der wohl bekanntesten Solinger Stahlwarenfabrik, erbaut in zwei Abschnitten 1908 und, nach Entwurf von Carl Knebart, Barmen, 1925. Beide verbindet eine einheitliche Fassadengestaltung in Verblendziegelmauerwerk von zurückhaltend expressionistischer Form. – **Th. Kieserling & Albrecht** (Birkenweiher). Nach Entwurf von Max und Karl Franz 1920–22 errichtetes, retardierend neoklassizistisches, durch übergiebelten Mittelrisalit zentriertes Gebäude der 1873 gegr. Maschinenfabrik. Daneben die getreppte Giebelfront eines Produktionsgebäudes aus den späten 1920er Jahren. – **Bürohaus der Papierindustrie** (Friedrichstraße 27). Mit übergiebelten Eckrisaliten symmetrisch betontes, durch Kolossallisenen und kräftige Gesimse gegliedertes Verwaltungsgebäude von 1913 in qualitätvollem Neoklassizismus nach Entwurf der Solinger Architekten Scherer & Oelrich. – An der Schlagbaumer Straße/Germanenstraße ein in der Grundkonzeption frühromanischen Kirchen verpflichtetes Gebäude in Doppelfunktion als Saalbau mit **Gaststätte und Wasserturm** aus dem 1. Viertel des 20. Jh.

S.-Burg

Mit Gesetz von 1891 wurde die Errichtung von Talsperren für gewerbliche Zwecke und für die Trinkwasserversorgung im Gebiet der Wupper ermöglicht und später ausgedehnt auf Lenne, Volme und Ruhr, worauf hier bis etwa 1905 insges. 17 Talsperren, meist nach Entwurf von Otto Intze, entstanden, so auch 1900–03 die mit einem E-Werk an der Wupper verbundene **Sengbach-Talsperre.**

S.-Merscheid

Gesenkschmiede Hendrichs (Merscheider Straße 297). Baubestand und masch. Einrichtung weitgehend im Ausbauzustand um 1914 erhalten. Das Rhein. Industriemuseum führte unmittelbar nach der Stillegung (1986) der 1886 gegr. Gesenkschmiede für Scherenrohlinge den Betrieb als authentisches Zeugnis einer vergangenen Arbeitswelt weiter.

S.-Schaberg (Remscheid-Reinshagen)

Talbrücke bei Müngsten (Müngstener Brückenweg). Die in Luftlinie nur 8 km, per Bahn jedoch 44 km auseinanderliegenden Städte S. und Remscheid beschlossen 1889 den Bau einer zweigleisigen Eisenbahnverbindung. Im 1891 ausgeschriebenen Wettbewerb erhielt die MAN von der Eisenbahndir. Elberfeld den Auftrag zur Konstruktion einer eisernen Brücke über das bei Müngsten etwa 100 m tief eingeschnittene Tal der Wupper. Nach Vorarbeiten ab 1893 entstand 1895–97, entworfen von dem alleinigen Vorstand der MAN, Anton Rieppel, eine Flußstahlbrücke (H 107 m) mit zentraler Bogenöffnung (i. Mi. 170 m Stütz–W), bei der erstmals die Flächenlagerung (ein statisch dreifach unbestimmtes System) anstelle der bis dahin üblichen Kämpfergelenke angewendet wurde. Die beiderseits anschließenden Gerüstbrücken haben drei Öffnungen (45, 45, 30 m) auf Remscheider und zwei Öffnungen (je 30 m) auf S.er Seite. Diese älteste erhaltene dt. Flußstahlbrücke gilt als eine Pionierleistung in der Entwicklung des ingenieurmäßig berechenbaren Eisenbrückenbaues.

Solingen-Schaberg. Talbrücke bei Müngsten

Lit.: ZBV 1895/97; DB 1896; VDI 1897; ZBW 1904; Slotta I; Föhl, 1976; Gesenkschmiede Hendrichs. Hrsg. Rhein. Ind. Mus. (Prospekt).

Solms-Oberbiel (Lahn-Dill-Kreis/J4) HS

Das 1849 dem Fürsten zu Solms-Braunfels verliehene **Grubenfeld Fortuna** entwickelte sich bald bei gleichzeitigem Abbau im Tage- und Tiefbau zu einem der erfolgreichsten Erzbergwerke im Lahn-Dill-Gebiet, in dem noch bis 1983 Eisenerz gefördert wurde. Aus der Modernisierungsphase nach der Übernahme durch die Firma Friedrich Krupp 1906, die das Erz über eine Seilbahn zur Bahnstation Albshausen und von dort weiter zu den eigenen Hochöfen im Ruhrgebiet transportieren ließ, stammt das ehem., aufwendig historisierend gestaltete *Kesselhaus* (1907–08) mit quadr. Wasserturm, gegliedert durch Lisenen, Bogenfriese und Zinnenbekrönung. Zusätzlich zum Maschinenschacht wurde bis 1908 ein zweigleisiger Förderstollen aufgefahren, dessen *Mundloch* in langer Bruchsteinmauer eine Gußeisentafel mit der Inschrift »Gott segne den Bergbau« schmückt. Ein Teil der Grube Fortuna dient heute als *Besucherbergwerk*. – Eines der wenigen erhaltenen **Laufwasserkraftwerke** Hessens nutzt das Gefälle der Lahn bei O. am Standort einer erstmals 1687 genannten »Landmühle«. Das Turbinenhaus wurde 1923 errichtet, die Turbinen 1923–24 installiert. Nach Stillegung Mitte der 1920er Jahre etablierte sich auf dem angrenzenden Betriebsgelände eine Kugellagerfabrik, die 1974 von Kugelfischer, Schweinfurt, übernommen und anschließend stillgelegt wurde. Seit 1984 erneut Energiegewinnung mittels zweier Turbinen mit Ölbadwinkelgetriebe und direkt angeflanschtem Generator (410 bzw. 230 kVA) sowie einer unter hist. Aspekt betriebenen dritten Turbine mit Kammradwinkelantrieb und direkt angeflanschtem Generator (210 kVA).

Lit.: Slotta V,1; Electricitätswerk Oberbiel.

Bad Sooden-Allendorf HS
(Werra-Meißner-Kreis/H 6)

Mit der Eröffnung der Strecke Niederhone–Friedland (Bebra-Hanauer Eisenbahn, 15. 5. 1876) fertiggestelltes repräsentatives **Empfangsgebäude** aus Sandstein in qualitätvollem Spätklassizismus mit symmetrischem, durch Mittelrisalit betontem Haupttrakt und asymmetrischen Anbauten. – Die Bedeutung der Werra als hess. Schiffahrtsstraße im 18. Jh. belegen die 1767 angelegte **Schleuse** und das Schleusenmeisterhäuschen. Tore modernisiert. – Die bereits in röm. Zeit erwähnten **Solequellen** dienten bis 1906 der Salzgewinnung, ab 1866 begann in der Doppelstadt der Badebetrieb. Von der ehem. Saline haben sich ein **Gradierwerk** und ein mit Dachziegeln verkleideter pyramidaler, in Anlehnung an den traditionellen Bergbau mit Schlägel und Eisen bekrönter **Bohrturm** über der 1864 erschlossenen Solequelle 4 erhalten. – Qualitätvoll neoromanische, auf der Nordseite durch burgartige Türme markant betonte Portalfassaden in rotem Sandstein (→ Bebra-Rautenhausen, Cornberger Tunnel) schmücken den eine Werraschleife abkürzenden **Schürzeberg-Tunnel** (S.-A.–Oberrieden) im Streckenabschnitt Bebra–Eschwege der Bebra-Hanauer Eisenbahn (eröffnet 31. 10. 1875).

Lit.: Slotta I; Höhmann.

Soyen-Königswart BAY
(OB/Rosenheim/O 10)

Neben der 1858–59 bei Waldshut (Bad.) über den Rhein geschlagenen Eisenbahnbrücke gehört die 1872–76 erbaute **Brücke** über den Inn bei K. der am 1. 5. 1876 eröffneten Inntalbahn zu den wenigen aus dem 19. Jh. orig. erhaltenen Beispielen (→ Solingen, Müngstener Talbrücke, 1895–97) für das hohe Niveau des eisernen Brückenbaues in Deutschland. Auf zweigleisig ausgelegten Pfeilern aus Nagelfluhe mit Stampfbetonkern und Granitauflagern überquerte die Bahn einspurig bis zur Stillegung 1986 das Inntal in 49 m Höhe auf Einfeldträgern in Eisenfachwerk nach Entwurf von Gerber, Süddt. Brückenbau-AG (MAN). Die Stützweiten in den drei Hauptöffnungen betragen 68 m, in den Nebenöffnungen 28 m und 20 m. Mangelnde Sensibilität der Bundesbahn im Umgang mit bedeutenden Ingenieurleistungen des Bahnbaues gefährdet die Erhaltung.

Lit.: ZBK 1878; ZbAIV 1876.

Spangenberg-Bischofferode HS
(Schwalm-Eder-Kreis/I 6)

Zu den bedeutenden Tunnelarchitekturen Deutschlands gehören die gotisierenden Portale des 1503 m langen **Bischofferoder Tunnels**, im W mit Eckerkern und zentraler Datierung (1878), im O mit durchlaufender Zinnenbekrönung, jeweils über einer spitzbogigen Einfahrtsöffnung. Die zwischen Niederhone und Malsfeld am 15. 5. 1879 eröffnete Strecke der sog. Kanonenbahn (Preuß. Staatsbahn) wurde 1974 stillgelegt.

Speyer (Speyer/L 4) RP

Wasserturm (Am Wasserturm). Nach Plänen des Architekten und Bauunternehmers Fritz Felder, Hilden, 1882–83 unter Mitwirkung des engl. Ing.-Büros Edward-Easton & Co., London, im

Auftrag der »The Speyer Waterworks Company, Ltd.« in Backsteinrohbau ausgeführter Wasserturm (460 cbm) in zukunftsweisend sachlicher, wenn auch im Detail historisierender Architektur. Als örtlicher Beauftragter des engl. Konsortiums engagierte sich Adolf F. Lindemann, dessen Bauunternehmung 30 Jahre später in ähnlichen Formen wiederum für eine zu diesem Zweck gegr. engl. Gesellschaft den Wasserturm auf der Husterhöhe in →Pirmasens baute.

Industrie. Formal ähnlich zeitgenössischen Schlachthofbauten, jedoch feiner im Detail, bildet das für 25 656 Spindeln ausgelegte Spinnereigebäude (An der Baumwollspinnerei) der 1889 gegr. **Baumwollspinnerei Speyer AG** den Höhepunkt örtlicher Industriearchitektur. Nach dem klassischen Prinzip engl. Spinnereien des frühen 19. Jh. mit Gußeisenkonstruktion (sechsschiffig) und Kappendecken innerhalb massiver Umfassungswände, hier in zweifarbig renaissancistisch gegliedertem Verblendsteinmauerwerk nach Plänen der AG vorm. Joh. Jacob Rieder & Co., Winterthur, unter Leitung von H. Jester, S., 1890 fertiggestellt. Der urspr. 87 m lange, 34 m breite Baukörper wurde 1904 nach Entwurf von Architekt Kurth (Wayss & Freytag) um ein Drittel in Betonkonstruktion bei Angleichung der Fassaden verlängert. Das urspr. asymmetrisch die Hauptfront trennende Treppenhaus (dahinter Seilgang) hervorgehoben durch Thermenfenster. Nach Stillegung 1968 heute Teil des Pfälz. Landesmuseums. – Die ausgedehnteste Fabrikanlage S.s bildet die heute als **Industriehof** (Franz-Kirrmeier-Straße) genutzte ehem. **Celluloidfabrik** mit Backsteinrohbauten vom späten 19. Jh. bis in die 1920er Jahre. – Hist. Mischformen zwischen Spätgotik und Renaissance zeigt das Verwaltungsgebäude der **Vereinigten Speyrer Ziegelwerke AG** (Hafenstraße 39) um 1900. – Mit einer orientalisierenden monumentalen Fassade verweist das Verwaltungsgebäude der ehem. **Zigarrenfabrik Wellensiek & Schalk** (Johannesstraße 22 a) von 1908 auf das Herkunftsgebiet des Tabaks. Die Fabrikationsbauten in gelbem Backsteinrohbau. – Auf dem ehem. Exerzierplatz eine dreischiffige, 1917–18 in Zweitverwendung als *Flugzeughalle* für die **Pfalz-Flugzeugwerke Speyer** errichtete, urspr. für die Firma Thomson Houston 1913 in Lesquin Lille sechsschiffig montierte Eisenkonstruktion.

Lit.: VDI 1892; Custodis.

Sprockhövel-Niedersprockhövel NW

(Ennepe-Ruhr-Kreis/H 2)

Ehem. **Zeche Alte Haase** (Hattinger Straße, Alte Haase). Später als im Gebiet nördl. der Ruhr begann in dem verkehrsungünstig gelegenen Sprockhövel (Eisenbahnanschluß mit der Eröffnung der Strecke Oberbarmen–Hattingen, 20. 5. 1884), wo bereits im 17. Jh. Kohleabbau betrieben wurde, der Übergang vom Stollenbetrieb zum Tiefbau, von der Klein- zur Großzeche. Erste Ansätze zu einer modernen industriellen Entwicklung, nachdem 1883 der erste Tiefbauschacht auf der Zeche abgeteuft wurde, dokumentiert der 1897 errichtete *Malakowturm* in neoromanischem Backsteinrohbau.

Lit.: Matzanke, 1986.

Stade (Stade/C 5) NS

Der seit dem MA bekannte Handelsplatz nahe der Einmündung der Schwinge in die Unterelbe erhielt unter schwed. Regierung (1652–1712) nach dem Brand von 1659, der zwei Drittel der Stadt zerstörte, neue Gestalt. Zu den Neubauten gehörte der **Schwedenspeicher** (Heimatmuseum) von 1692. Daneben ein eiserner **Schwenkkran** ähnlich →Kelheim, →Heilbronn, →Bamberg u. a. aus der 2. Hälfte des 19. Jh. Der 1898 abgebrochene hölzerne **Tretkran** wurde 1977 als Rekonstruktion neu errichtet. Um 1950 der Teleskop-Gasbehälter am neuen Hafen.

Stadland-Seefeld (Wesermarsch/D 4) NS

Zweigesch., 1878 aus Oldenburg (Am Stau) translozierter **Galerieholländer** (Seefelder Mühle) mit Windrose von 1831.

Lit.: Dpfl. NS.

Stadthagen (Schaumburg/F 5) NS

Bahnhof. Zugleich als Vergnügungslokal eingerichtetes, wegen der asymmetrischen, durch einen oktogonalen Turm akzentuierten Baumassenverteilung für die Frühzeit der Bahnhofsbauten atypisches *Empfangsgebäude* in Formen des romantischen Spätklassizismus, verm. nach Entwurf von Julius E. Ruhl, an der Strecke Hannover–Minden (Hann. Staatsbahn, eröffnet 15. 10. 1847). Bezeichnet »Georgius Wilhelmus Anno MDCCCXXXXVII« (= 1847). – Als Musteranlage im Schaumb.-Lipp. Steinkohlengebiet galt die 1902–05 eingerichtete, 1925–27 ausgebaute und 1960 stillgelegte **Zeche Georgsschacht** mit eindrucksvoller neobarocker, vom Jugendstil beeinflußter Architektur. Die überkommenen Tagesanlagen mit Fördermaschinenhaus, Zimmerei, mechanischer Werkstatt, Wasserturm, Kesselhaus und Wärmekraftwerk, Zechenhaus, Benzolfabrik und neoromanischer Gleichstromzentrale bestätigen trotz desolatem Zustand diesen Musteranspruch.

Lit.: Mende, 1990; Dpfl. NS.

Stadtlohn (Borken/G 2) NW

Am südl. Ortsrand (B 70) ein **Wasserturm** auf quadr. Grundriß über expressionistisch gestaltetem Naturstein-Sockelgeschoß mit Spitzbogennischen, um 1930. – Richtung Südlohn (gegenüber Restaurant »Zum Kalkloch«) zwei um 1860 in Ziegelmauerwerk errichtete, zu den ältesten in Deutschland zählende **Kalköfen** mit tüllenartigen Kaminen über kubischen Brennkammerummantelungen.

Lit.: Slotta I.

Staufen im Breisgau BW
(Breisgau-Hochschwarzwald/O 3)

● **Gußeiserne Brücke** über die Neumagen, ein Bogen-Hänge-Sprengwerk, seit 1870–71 in Zweitverwendung als Straßenbrücke, urspr. errichtet durch die bad. Hauptbahn (Teilstrecke Offenburg–Freiburg, eröffnet 31. 7. 1845) über die Elz bei Kenzingen-Hecklingen. Neben den Resten der Offenburger Kinzigbrücke in → Ettlingen einzige bekannte Gußeisenkonstruktion aus der Frühzeit der Eisenbahn im süddt. Raum.

Lit.: Paul III, BW 156.

Stecknitzkanal SH
(Herzogtum Lauenburg/C 7)

Bereits in der 1. Hälfte des 14. Jh. transportierten Schiffe Salz und Kalk aus Lüneburg auf der Stecknitz zwischen Mölln und Lübeck. Zwischen 1391 und 1398 erfolgte der Durchstich des Höhenrückens bei Mölln, der die Flüßchen Stecknitz und Delvenau trennte, um eine schiffbare Verbindung zur Elbe herzustellen. Die Wasserhaltung in der Scheitelstrecke (urspr. L 11,5 km, seit 1692 auf 8 km verkürzt) gewährleisteten Stauschleusen, an denen nur an jedem zweiten Tag durch Ablassen des Wasservorrats geschleust werden konnte. Nördl. der Scheitelstrecke lagen die beiden Hahnenburger Kistenschleusen und fünf Stauschleusen bei der Oberschleuse, der Donnerschleuse und in Berkenthin. Der südl. Abstieg enthielt sieben Stau- und eine Kistenschleuse (Zienburger-, Seeburger-, Siebeneichener-, Büchener-, Niehbur-, Dücker-, Palm- und Frauenweider- oder Hafenschleuse). Auf dem 1821–23 erweiterten Kanal (L 94 km, T 0,85 m, B 7,5 m; seit 1821–23 T 1,44 m, B ca. 12 m) dauerte eine Fahrt je nach Richtung 8–9 Tage. Wegen zu hoher Kosten wurde der Schiffsverkehr 1880 eingestellt. Den zwischen Lübeck und Büchen in weiten Strecken durch den → Elbe-Trave-(Elbe-Lübeck-)Kanal überbauten Stecknitzkanal dokumentieren noch einige Hoch- und Wasserbauten: u. a. das Fährhaus an der Straßenbrücke Genin, die gemauerten Bögen der Eisenbahnbrücke Genin-Süd, die Schleusenreste in der Nähe der Donnerschleuse, die Niehbur- und Dückerschleuse, die Palmschleuse.

Lit.: Slotta I.

Stein bei Nürnberg (MFr./Fürth/L 8) BAY

A. W. Faber-Castell. Unter der Leitung von Lothar Faber (1817–96) begann ab 1839 der Ausbau des 1761 gegr. Handwerksbetriebes zu einem weltweit bekannten Unternehmen für Bleistifte und Schreibwerkzeuge, dessen Entwicklung sich in den Bauten des ausgedehnten Fabrikkomplexes beiderseits der Rednitz spiegelt. An der Stelle einiger am westl. Rednitzufer gelegener Glasschleifen entstanden zwischen 1848 und 1872 mehrgesch. Gebäude zur Aufnahme der noch bis 1955 wasserkraftbetriebenen Graphitmühlen, Erweiterungen 1924. Am Zugang zur Bleistiftfabrik steht auf dem östl. Rednitzufer das repräsentative *Verwaltungsgebäude* von 1887 in Formen der dt. Renaissance, gegenüber ein ehem. *Wohngebäude* des romantischen Spätklassizismus, um 1850, heute von der Be- ●

triebskrankenkasse genutzt. Die SO-Ecke der Fabrikanlage markiert im Winkel der jugendstilgeprägten Erweiterungstrakte von 1911 ein 1880 nach Vorbild romanischer Campanile errichteter *Wasserturm*. Parallel zur Rednitz ein U-förmiger *Fabrikbau* sowie *Kraftzentrale* von 1925–26; die *Dampfmaschine* (725 PS) noch in Betrieb. Ein Park trennt die Fabrik von den opulenten *Fabrikantenvillen:* das »Alte Schloß« wurde 1843–46 im Stil tosk. Palazzi der Frührenaissance für Lothar Frhr. v. Faber erbaut (ab 1858 mehrfach verändert); das angebaute, neoromanisch geprägte »Neue Schloß« entstand als differenzierter Baukörper mit dominierendem Turm 1903–06 nach Entwurf von Theodor v. Kramer, Oberbaurat und Dir. des Bayer. Gewerbemuseums. Die bedeutende Innenarchitektur, u. a. von Bruno Paul, fast vollständig erhalten.

Lit.: Franzke, 1986.

Steinau an der Straße HS (Main-Kinzig-Kreis/J 6)

Im Bhf. S. verband sich 1868 (1. 7. 1868 Wächtersbach–S.; 15. 12. 1868 Neuhof–S.) die etwa gleichzeitig an den Endpunkten begonnene, 1873 bis Frankfurt a. M. verlängerte Bebra-Hanauer Eisenbahn. Das im Baukörper stark differenzierte **Empfangsgebäude** läßt trotz späterer stilkonformer Anbauten noch den typisierten spätklassizistischen Entwurf (→Wächtersbach, Bad Soden-Salmünster, Flieden, →Neuhof) erkennen. – Aus dem Wald ragt oberhalb der Ortschaft (An der Ohl) weithin sichtbar die Ruine des *Beschickungsturmes* eines um 1910 im romanischen Burgenstil durch die Mitteldt. Hartstein-Industrie AG zur Herstellung von Eisenbahnmaterial erbauten, in den 1930er Jahren stillgelegten und anschließend weitgehend abgebrochenen **Schotterwerkes.** Eine formal ähnliche Anlage, heute noch durch die Eckerker des Turmes innerhalb moderner An- und Umbauten zu identifizieren, steht rudimentär am Bhf. Wächtersbach. Zu ihr wurde der Säulenbasalt des zu Anfang der 1890er Jahre bei Wächtersbach-Breitenborn erschlossenen, zuerst im Besitz der Vereinigten Rousselschen Basaltwerke, seit 1911 zur Hartstein-Industrie AG gehörenden Vorkommens mittels Drahtseilbahn zur Weiterverarbeitung transportiert. – Im Auftrag der 1825 von A. V. Wolf in Schlüchtern gegr. **Dreiturm-Werke** entwarf Fritz Meusert, Hanau, 1929 für den neuen Standort neben dem Bhf. S. ein für die Neue Sachlichkeit der 1920er Jahre typisches, durch den Kontrast von Horizontalen und Vertikalen bestimmtes Fabrikgebäude.

Lit.: Eckstein: Reg.-Bez. Kassel; Höhmann.

Steinfurt-Burgsteinfurt (Steinfurt/F 3) NW

Mit Eröffnung der Strecke Duisburg–Quakenbrück am 1. 7. 1879 erhielt der Bhf. B. durch die Rhein. Eisenbahn eine ca. 50 m lange **Perronüberdachung** auf Gußeisensäulen mit Zugband und hölzernem Obergurt. – Früh für Westf. entstand 1895–97 nach Planung von Carl Salzberger eine **Energiezentrale** für die Erzeugung von Gleichstrom an der S.er Aa (Vielhoek). Der Neurenaissancebau mit zentrierendem Risalit und giebelseitigem Turm dient heute Wohnzwecken.

Lit.: Ketteler.

Stolberg (Aachen/I 1) NW

In der Nachfolge der bereits für das 14. Jh. im Vichtbachtal nachgewiesenen Eisenhämmer und Hüttenwerke entwickelte sich ab 1500, begünstigt durch abbaubare Galmeifelder (Zinkspat) um S., Kohlevorkommen bei Eschweiler und ausreichende Wasserkraft, mit eingeführtem Kupfer die **Messingindustrie,** die nach Ansiedlung der um 1600 aus Aachen ausgewiesenen protest. Kupfermeister einen gewaltigen Aufschwung nahm. Im 17. und frühen 18. Jh. besaß sie über Europa hinausgehende Bedeutung. Nach rückläufiger Entwicklung seit Mitte des 18. Jh. begann mit dem Übergang zur modernen Messingproduktion in der 2. Hälfte des 19. Jh. ein neuer Aufschwung, gefördert durch den allgemeinen Ausbau der Infrastruktur (Wasser, Gas). Die S.er Messingindustrie wird dokumentiert durch die im Stadtgebiet und der Umgebung meist aus dem 17./18. Jh. erhaltenen sog. **Kupferhöfe,** deren Wohn-, Wirtschafts- und Produktionsgebäude aus Bruchstein mit Fenstergewänden und Schmuckformen aus Blaustein meist mehrflügelig einen Hof schützend umschließen: *Adler-Apotheke* (Burgstraße 21) als ältester Kupferhof (dat. 1575); *Kupferhof Stöck* (Cockerillstraße 17–29) von 1726–27; *Rodderburger Galmeimühle* (Dammgasse) mit Bausubstanz des 18./19. Jh.; *Blankenberg* (Frankentalstraße 30–38), gegr. 1651; einem Adelssitz ebenbürtig der *Hof Rosenthal* (Rathausstraße 63–69), 1724 für Johannes Schleicher erbaut; vom ehem. vierflügeligen *Kupferhof Weide* (Schmidtstraße 13–21), gegr. verm. 1615, sind erhalten der Eingangsflügel und die Kupferkammer; dreiflügelige Anlage des um 1600 gegr. *Hofes Sonnental* (Sonnentalstraße 6–18); *Kupferhof Grünenthal* (Steinfeldstraße 2), gegr. 1699, mit Herrenhaus von 1703; *Schardt* (Zweifallerstraße, Schardtstraße), gegr. 1600, stillgelegt 1824, mit Gebäuden des 18. und frühen 19. Jh.; vierflügelige Anlage *Unterster Hof* (Eisenbahnstraße 41), erbaut 1612, seit 1718 im Besitz der Familie Schleicher, mit Gebäuden des 19. Jh., als einziger Hof noch mit Produktionsstätte (Kabelmetall); beim ehem. *Kupferhof Atscher Mühle* (Rhenaniastraße) Reste von zwei Schmelzöfen aus Bruchstein, verm. 18. Jh.

William-Prym-Werke (Zweifaller Straße). Mit der Übersiedlung des Kupfermeisters Christian Prym 1653 von Aachen nach S. begann die Geschichte des heutigen Unternehmens, das unter Heinrich August Prym, nach Aufenthalt als Arbeiter in England, Mitte des 19. Jh. die Nadel- und Kettenproduktion im Wettbewerb zu den damals auf dem Markt führenden engl. Erzeugnissen aufnahm. Ab der Jahrhundertwende weitere Spezialisierung auf Messing-, Draht- und Blechkurzwaren. In den Hochbauten des ausgedehnten Werkkomplexes ein Spektrum qualitätvoller Industriearchitektur von 1887–1936 erhalten: noch dem Historismus verbunden das *Produktionsgebäude 65* (Zweifallerstraße) von 1905 nach Entwurf von Hermann Knaus, Leipzig, vergleichbar den zeitgleichen württ. Bauten von Ph. J. Manz, sowie die Bauten an der Finkensiefstraße, ausgeführt 1917, verm. nach Vorkriegsentwurf; funktionaler die Fassaden der *Lackiererei* (Gebäude 44) von 1900; in bester Tradition der 1920er Jahre die Bauten von Hermann Knaus (Walzwerkhalle, 1933; Geb. 109, 1933; Geb. 8, 1935) aus den 1930er Jahren.

In S.-Bernhardshammer das Wohnhaus des 1564 gegr. Kupferhofes **Groß-Bernhardshammer** (Zweifallerstraße 206) von 1723–24. An der Aachener Straße (S.-Büsbach) die zu Wohnungen umgebaute ehem. **Tuchfabrik Gedau** mit Bausubstanz des 17. und 19. Jh. Ebenfalls neu genutzt der über steinerne Brücke als geschlossene Hofanlage zugängliche **Neuenhammer** südl. S.-Vicht mit zwei durch Schwibbogen verbundenen, restaurierten Holzkohlehochöfen.

S.-Münsterbusch

Dreiseitig um einen Hof gruppierte Bauten (Schmelzöfenhaus, Direktionsgebäude, Arbeiterreihenwohnhäuser) einer um 1835 von James Cockerill gegr. **Glashütte** für Hohlglasproduktion (Zinkhütterhof). Standort des neuen Industriemuseums S.

Lit.: Schleicher; Dpfl. NW/RL; Slotta I/V,1; Willems; Fehl.

Straelen-Louisenburg (Kleve/H 1) NW

Schleuse Louisenburg. Der Bau der von Napoleon I. geplanten Kanalverbindung (Grand Canal du Nord) zwischen dem Rhein bei Neuss über die Maas bei Venlo nach Antwerpen zum Ausschluß der die Kontinentalsperre nur halbherzig befolgenden Niederländer vom Rheinhandel wurde 1801 begonnen. Bei der Einstellung des Vorhabens 1810 waren etwa 30 km der Gesamtstrecke von 53 km im Bau, davon wurde die Strecke Neuss–Neersen bis 1848 für die Schifffahrt genutzt. Neben Teilen dieses Kanalabschnittes haben sich zwei *Kanalhäuser* (Neuss, Mönchengladbach) und einige *Arbeiterhäuser* sowie die unvollendete, in Quadermauerwerk ausgeführte *Schleusenkammer* (42 × 6,6 m) bei L. erhalten. Sie war die erste von sieben Schleusen zur Überwindung des Höhenunterschieds von 28 m zwischen L. und der Maas.

Lit.: Föhl, 1976; Paul II, NW 542.

Strande-Altbülk (Eckernförde/B 7) SH

Leuchtturm von 1862–65 für die Einfahrt in den Kieler Hafen an der Nordspitze der Kieler Bucht, Orientierungsfeuer mit Farbsektoren und Blitzkennung in 29,5 m Höhe. Den urspr. Backsteinrohbau des Schaftes verdeckt eine moderne Plattenverkleidung.

Lit.: Slotta I.

Straßlach-Mühltal (OB/München/O 8) BAY

Isar-Kraftwerk (Kanalstraße). In den Baumassen interessant gegliederter neoklassizistischer Kom-

plex (→ Mittlere Isar) aus Einlaufbauwerk, Krafthaus und Transformatoren- und Schalthaus der Isar-Amper-Werke AG von 1920–24 nach Planung von Franz Langlotz am Isarwerkkanal nahe Kloster Schäftlarn. Im UG. des Krafthauses drei stehende Francis-Spiralturbinen (je 6200 PS, Drehzahl 167 U/min, Schluckfähigkeit 31 cbm/sec, Fallhöhe 17,4 m) mit Reglern von 1966, direkt gekuppelt mit Drehstrom-Generatoren von BBC (4200 kW) im OG.
Lit.: Slotta II.

Straubing (NB/Straubing/M 10) BAY

In renaissancistischen Formen entstand 1922 nach techn. Planung von Karl Hassold, Nürnberg, der 63 m hohe **Wasserturm** (Innere Passauer Straße, Stethaimer Platz, im Hof der Realschule) als Stampfbetonkonstruktion für den letzten großen eisernen Behälter Bayerns, ausgeführt als zweikammeriger Hängebodenbehälter für 900 cbm Nutzinhalt. Über dem durch hohe Blendbögen gegliederten Schaft der Behälterumgang (unter Pyramidendach) durch übergiebelte Erkerrisalite allseitig axial betont.
Lit.: Merkl 116.

Stromberg (Bad Kreuznach/K 3) RP

An der Straße nach Rheinböllen **Kalkwerk** mit einer klassizistisch anmutenden, monumentalen Schachtofenbatterie, verm. von Ende des 19. Jh., zwischen neueren Produktionsanlagen.

Stühlingen-Blumegg (Waldshut/P 4) BW

Für die schwierige Wasserversorgung des auf dem quellarmen westl. Hochland der Wutach gelegenen, auf drei Seiten von tiefen Tälern umgebenen Ortes errichtete die Großhzgl. Bad. Kultur-Insp. Waldshut 1875 eine **Wasserdruckmaschinen-Anlage** Körberscher Bauart im Nußbach-Tal. Eine Zwillings-Wasserdruck-Maschine pumpte, angetrieben durch das in dem 28 m höher gelegenen Betriebsbehälter gesammelte Quellwasser, einen Teil desselben in einen 1180 m entfernten, ca. 110 m über dem Maschinenhaus errichteten Wasserbehälter (100 cbm, dat.: Hoch-Reservoir 1885) an der Straße von B. nach Ewattingen. Die Wasserkraft-Maschine der Maschinenfabrik Gebr. Benkiser, Pforzheim, ersetzt heute eine Elektropumpe, die baulichen Anlagen dienen weiterhin ihrer ehem. Bestimmung.
Lit.: ZA + IVH 1878.

Stulln (OPf./Schwandorf/L 9) BAY

Der Bergbau auf Flußspat begann im **Nabburger Bergbaurevier** Anfang des 19. Jh., nachdem bereits im 15./16. Jh. der Bergbau auf Blei und Silbererze umging. Moderne Gewinnungsverfahren und Konzentration der Gruben führten seit der Jahrhundertwende zu nennenswerten Fördermengen bis zu einer Leistungssteigerung auf ca. 10 % der Weltförderung Mitte der 1950er Jahre, nach 1970 jedoch zur Schließung der meisten Gruben wegen Erschöpfung der Lagerstätten. Charakteristische Beispiele für moderne Hereingewinnung und Aufbereitung wie auch für landschaftsbezogenes Bauen der 1930/40er Jahre bilden die verbretterten Tagesanlagen der Flußspatchemie S. (Spatweg) von 1942–44.
Lit.: K & T 1, 1983.

Stuttgart (Stuttgart/M–N 5) BW

Die im Talkessel des Neckarberglandes gelegene Landeshauptstadt gelangte, im Unterschied zu der Talweitung von Bad Cannstatt, die seit der Eiszeit kontinuierliche menschliche Besiedlung aufweist, erst im MA zu gewisser Bedeutung. Als Keimzelle der Siedlung gilt ein im 10./11. Jh. angelegtes Gestüt (Stuotgarten), von dem sich auch der Name ableitet. Erstmals 1160 erwähnt, erhielt S. in der 1. Hälfte des 13. Jh. Stadtrecht durch die Markgrafen von Baden, durch die Heirat des Grafen Ulrich I. mit Mathilde von Baden um 1245 kam die Stadt zum Haus Wirtemberg. Seit dem 14. Jh. Verwaltungsmittelpunkt der Grafschaft, nach Eberhard im Barte des Herzogtums, war Ende des 15. Jh., verbunden mit einer ersten Blütezeit, die Stellung als Landeshaupt- und Residenzstadt gesichert. Nach Stagnation der Entwicklung infolge des 30jährigen Krieges und zeitweiser Verlegung der Residenz nach Ludwigsburg erlebte S. ab etwa 1730 einen erneuten Aufschwung im Zeichen des Barock. In der 1. Hälfte des 19. Jh. war die Stadt kultureller, jedoch nicht wirtschaftlicher Mittelpunkt des Königreiches (seit 1806) Württemberg. Erst nach dem Anschluß an das Eisenbahnnetz – 1846 regional nach Cannstatt und Ludwigsburg, ab 1853 über Bruchsal an die außerwürtt. Bahnlinien – begannen sich, bedingt durch Rohstoffarmut und Mangel an Energieträgern, stark spezialisierte mittelständische Industriebetriebe anzusiedeln, ohne die Stadtstruktur bemerkenswert zu beeinflussen. 1882 stand S. erst an 8. Stelle der Industriestädte Württembergs. Bis zur Jahrhundertwende legten dann Erfinder- und Unternehmerpersönlichkeiten wie Daimler und Bosch den Grundstein für die noch heute im S.er Raum dominierende Fahrzeug- und Elektroindustrie. Im gleichen Zeitraum wuchs S. mit 175 000 Einwohnern am Ende des Jahrhunderts zur Großstadt heran, deren intensive, die bisherigen Grenzen sprengende Bautätigkeit auch zwischen den Kriegen anhielt. Nach Zerstörung der Innenstadt im 2. Weltkrieg Wiederaufbau mit veränderter Stadtstruktur und Ausbau zur süddt. Wirtschaftsmetropole.

● **Alte Kanzlei** (Schillerplatz). 1598–99 unter Herzog Friedrich nach Entwurf Wendel Dietterlins an der O-Ecke der Alten Kanzlei aufgestellte Kolossalsäule als **ältester Wasserturm** der Stadt. Der rechteckige Wasserkasten 1862 durch runden Aufsatz ersetzt, bekrönt von der vergoldeten Merkur-Statue des Bildhauers Ludwig Hofer nach dem Vorbild des Merkur von Giovanni da Bologna (1524–1608) in Florenz.

Musikpavillon (Schloßplatz). Oktogonaler Pavillon für Promenadenkonzerte von 1871 als demontable Gußeisenkonstruktion. 1977 Restaurierung mit ergänzenden Nachgüssen.

Alter Bahnhof (Bolzstraße 8). Drei in ein modernes Kino eingebundene Bögen der ehem. dreigesch., durch fünf Bögen mit Pilastertrennung zwischen schmalen Seitenrisaliten gegliederten repräsentativen Hauptfassade des *Empfangsgebäudes* von 1844–46 nach Entwurf von Karl Etzel, erweitert 1863–67 von Georg v. Morlok und Adolf Wolff. Teilabbruch 1922 nach Inbetriebnahme des Hbf.

● **Hauptbahnhof** (Arnulf-Klett-Platz). Gezwungen durch die starke Verkehrsentwicklung auf der Eisenbahn (Personen 1880: 2,6 Mio., 1903: 8,3 Mio.; Güter 1880: 475 000 t, 1903: 1040 Mio. t), traf die General-Dir. der Württ. Staatseisenbahnen nach seit der Jahrhundertwende währender Diskussion die Entscheidung für den Neubau eines Hbf. als Kopfstation an neuem Standort. Als Gewinner des 1910 ausgelobten Wettbewerbs setzten sich Paul Bonatz und Friedrich E. Scholer über die »Klippen des Vorentwurfs mit einem gewissen Leichtmut hinweg und gaben mit dem axial angeordneten Turm und der einseitig angeordneten Schalterhalle einen geistreichen Ausdruck dieser inneren Dissonanz, der auf den ersten Blick frappiert und überzeugt. Sie unterließen es, das Unmögliche anzustreben, und erreichten dadurch mehr den rassigen Typ eines modernen Bahnhofs« (Martin Elsässer, in: AR 11, 1911). – Zur Ausführung kam 1914 ein bei den Kritikern nicht unumstrittener, jedoch meist hochgelobter Entwurf. »Die durch die Natur der Sache bedingte breite Lagerung der Baulichkeiten eines großen Bahnhofs ist an sich einer monumentalen Wirkung wenig günstig. Bonatz hob diesen Nachteil auf, indem er wohl die Breite der Massen in großen Flächen und starken Silhouetten zur Geltung kommen ließ, ihr aber zugleich durch überaus energische und folgerichtige Anwendung der Vertikale in der Innengliederung und dem gewaltigen Turm die lastende Schwere nahm, sie gleichsam in die Höhe riß. Die mächtige Pfeilerreihe zwischen den beiden durch die ganze Höhe des Empfangsgebäudes gehenden, torartigen Fensteröffnungen der Eingangs- und Ausgangshalle, die durch das Zurücknehmen der Fensterflächen in den drei unteren Geschossen erzielte Gliederung der langen Seitenfassade an der Ludwigsburger Straße, wo sich wiederum der Effekt einer riesigen Pfeilerreihung ergibt; das durch keine Gesimse und Sokkel beeinträchtigte Sichauswirken der Vertikale in Fenster- und Torlaibungen (am eindrucksvollsten vielleicht in den Bogensystemen, die in der Kopfbahnsteighalle Oberlichtfenster und Zugänge zusammenfassen) – das etwa sind die bezeichnendsten Beispiele für die durchgehende Verwendung der Vertikale, die dem gesamten Bau die künstlerische Tonart gibt, deren Grundton gleichsam das Ganze durchklingend und übertönend noch einmal angeschlagen wird in dem Uhrturm« (G. K., in: MBf 1.1, 1919). In der *Eingangshalle* (mit Holzbalkendecke) steht über der mächtigen zentralen Treppe am Zugang zum Kopfbahnsteig eine Bildwerkgruppe von Brüllmann. Mit der Ablösung von historisierenden Stilen gehört der S.er Hbf. als bedeutendes Denkmal des Verkehrs in Aufbau und Einzelform sei-

Stuttgart. Arbeitersiedlung »Postdörfle«

ner Architektur auch zu den frühen Beispielen moderner Sachlichkeit. Nach Baubeginn im Dez. 1914 und kriegsbedingter Verzögerung Eröffnung des ersten Bauabschnitts am 21. 10. 1922, endgültige Fertigstellung 1928. Die Gesamtkonzeption blieb bei Veränderungen in Teilbereichen durch den Wiederaufbau nach 1945 und bei Modernisierungsmaßnahmen erhalten. – Zur Einführung der verschiedenen Bahnlinien unterschiedlicher Höhenlage in den neuen Kopfbahnhof mußte das *Gleisfeld* vollkommen neu gestaltet werden. Noch vor der Grundsteinlegung zum Empfangsgebäude begannen die Arbeiten an einer Vielzahl von Kunstbauten hauptsächlich aus Beton, die in ihren verwirrenden, z.T. mehrgesch. *Überschneidungen von Brücken, Viadukten und Tunneln* im Bahnhofsbau Deutschlands wohl einmalig bleiben werden. Weitere große Substruktionen finden sich im Umfeld des Bhf. als *Betonbogenbrücken* (Nordbahnhofstraße, Goppeltstraße u. a.), *Brücken mit eisernem Oberbau* (z. B. Nordbahnhofstraße) oder als *Dammtrassierungen und Betonviadukte* (Rosensteinstraße etc.). – Konventioneller die *Empfangsgebäude* in **S.-Feuerbach** (1908, mit hochliegendem Gleiskörper; neobarocker, traditionell differenzierter Baukörper aus zweigeschoss., durch Eingangshalle, Terrasse und polygonalen Turm zentrierten Mitteltrakt und dreigeschoss. Eckbauten nach Planung der Kgl. Eisenbahnverwaltung und Fassadengestaltung von Biehl & Woltz) und **S.-Obertürkheim** (1914–1918, noch dem Neobarock verpflichtet, aus Maulbronner Sandstein, mit polygonal gebrochenen Eckrisaliten und Pfeilerhalle vor dem Hauptzugang, nach Entwurf von Martin Mayer). Wesentlich verändert das 1914 fertiggestellte *Empfangsgebäude* von **S.-Bad Cannstatt.**

Postdörfle (Heilbronner Straße). Von der »Kolonie von Wohnungen für die Niederbediensteten der königl. württemberg. Verkehrsanstalten, das sog. Arbeiterdörfchen«, nach Entwurf von Georg v. Morlok 1869–72 als erste Arbeitersiedlung S.s am Hang westl. des heutigen Hbf. in sieben übereinanderliegenden Reihen errichtet, haben sich lediglich beiderseits der zentralen Treppenanlage die Gemeinschaftsbauten – ehem. Bade-, Speise- und Waschanstalt sowie Maschinen- und Kesselhaus – als Rumpfbauten auf geschoßhoher rustizierter Terrasse erhalten. Im 2. Weltkrieg zerstört, als Wohnhäuser wieder aufgebaut, läßt sich an den durch romantischen Spätklassizismus geprägten Fassaden die urspr. Form mit übergiebeltem Risalit rekonstruieren. – **Eisenbahnerdörfle** (Nordbahnhofstraße). 1894 begonnene, 1910–16 und 1928–30 erweiterte Eisenbahnersiedlung zwischen Steinbeis- und Eckartstraße als Blockrandbebauung mit drei- und viergesch. typisierten Mehrfamilienhäusern in zweifarbigem Verblendmauerwerk.

Seewasserwerk (Hasenbergsteige). Pumpenhaus in Backsteinrohbau mit Lisenengliederung und Dienstgebäude, beide von 1873–74. Hochbehälter 1989 ersetzt. – **Neckarwasserwerk** (Poststraße, Am Mühlkanal). Ein- und zweigesch. Betriebsgebäude des 1880–82 nach Planung von Karl v. Ehmann errichteten Neckarpumpwerkes. Die Fassaden in Verblendsteinmauerwerk, gestaltet durch Bogenfenster zwischen Lisenen unter als Dt. Band ausgebildetem Konsolgesims.

Bismarckturm (Bismarckstraße). Einer von über 50 nach Entwurf von Wilhelm Kreis (1.–3. Preis in dem nach Bismarcks Tod 1898 von den Dt. Burschenschaften ausgeschriebenen Wettbewerb) um die Jahrhundertwende errichteten Aussichtstürmen. 1904 von der Studentenschaft der TH S. in Auftrag gegeben, erhielt der 20 m hohe, massige Turm 1928 einen gemauerten *Wasserbehälter* (25 cbm) zur Versorgung des Villengebietes Feuerbacher Heide eingebaut.

● **Gaswerk** (Rotenberg-, Talstraße). Teleskopgasbehälter von 1910 mit Führungsgerüst als zylindrisches Fachwerk, gebaut von der Firma F. A. Neumann, Eschweiler (Inhalt 100 000 cbm, H ca. 63 m, Dm. ca. 52 m).

Straßenbahndepot (Hauptstätter Straße, Filderstraße). An Hangsituation in zwei Geschossen befahrbares Depot von 1895 in aufwendig neugotischer Architektur, talseitig mit von Lisenen gerahmtem spitzbogigen Tor unter Zinnenbekrönung und Treppengiebel sowie Eckturm mit Attika, auf der Bergseite Segmentbogenöffnungen, Zinnenbewehrung und rundem Eckturm mit Bogenfries unter polygonaler Dachhaube. – **Zahnradbahn** (Marienplatz, Filderstraße, Alte Weinsteige). Am 24. 8. 1884 eröffnete Bergbahn zwischen Marienplatz und S.-Degerloch mit modernisiertem Oberbau. Empfangs- und Betriebsgebäude (Filderstraße), um 1910, mit barock geschwungener Hauptfassade, geöffnet durch dreibogige Vorhalle mit eingeschobener, zweiläufiger Freitreppe.

Schwabtunnel (Schwabstraße). Als erster Straßentunnel des Dt. Reiches und mit 10,5 m li. W als seinerzeit breitester Tunnel Europas 1896 nach Planung von Karl Kölle durch den Hasenbergsattel gebrochen. Tunnelportal in Sandsteinquader-Mauerwerk, im Schlußstein des Bogens ein Löwenkopf, als Attika-Aufsatz das Stadtwappen in allegorischer Figurengruppe. Die Zungenmauern gliedern Podestpfeiler der beiderseitigen Treppenanlage, die Wandfelder sind in Blendbögen mit zyklopischer Granitfüllung aufgelöst. ●

Markthalle (Dorotheenstraße). In schwieriger städtebaulicher Situation innerhalb der Altstadt gegenüber dem Alten Schloß 1912–14 nach Entwurf von Martin Elsässer (1. Preis des 1910 ausgelobten Wettbewerbs) errichtet, mit Mischnutzung von Marktbetrieb und städt. Verwaltung. Charakteristisch der Gegensatz zwischen konservativ kleinteiligem, teilweise durch offene Lauben aufgelöstem Äußeren und moderner Hallenkonstruktion (23,1 m li. W) von monumentaler Wirkung, trotz der mit Zuggurt und Hängesäulen auf ein Minimum reduzierten Betonbinder. Spitzbogige Arkaden trennen zwei dreigesch., über dem EG. durch Strebepfeiler gegliederte Nebenschiffe von der zentralen Halle. An der dem Alten Schloß zugewandten Fassade 1974 restaurierte Fresken mit volkstümlichen Motiven von Franz H. Graf und Gustav Rümelin. – **Schlachthof** (Schlachthofstraße). Verwaltungs- und Pförtnergebäude des Schlacht- und Viehhofes von 1906–09 nach Entwurf von Martin Mayer mit Bauinsp. Cloos in Mischformen aus Renaissance und Barock sowie mehrschiffige Sammelhallen für Schweine und Rinder in früher Betonkonstruktion.

Tagblatt-Turm (Eberhardstraße 61). Erstes Hochhaus (18 Geschosse) in Sichtbeton nach Entwurf von E. Otto Oßwald, S., als Pendant zum Bahnhofsturm und Wahrzeichen des südl. Stadtzentrums 1924–28 erbaut. 1978 korrodierender Beton durch Putzauftrag saniert.

Robert Bosch (Seidenstraße). Fabrik- und Verwaltungsbauten in Betonkonstruktion von 1908–1910 nach Entwurf von H. Heim & Jakob Früh, S. Die geschwungenen Pfeilerprofile verkleidet mit glasierten Verblendern und Brüstungsfüllungen aus großen, einfach ornamentierten Kacheln von J. Hersel, Ullersdorf bei Naumburg. Von denselben Architekten zweite Erweiterung von 1911, die erste Sichtbetonkonstruktion in Württ. Nach Kriegseinwirkung Veränderung der Dachlandschaften und Fensterformen.

Alte Reithalle (Seidenstraße). Ovale Glas-Eisenkonstruktion mit zweigesch. Umfassungsbauten in qualitätvoller Neurenaissance von 1888 nach Entwurf von Robert v. Reinhardt. Nach Kriegszerstörung 1984–85 Sanierung und Umnutzung zum Medienzentrum.

S.-Bad Cannstatt

Rosensteintunnel und Eisenbahnbrücke. Viergleisige Doppelröhre (L 331 m) in Stampfbeton als Ersatz eines älteren Tunnels (1844–46, Carl v. Etzel) unter dem Rosenstein 1911–13 in offener Bauweise gleichzeitig mit der Neckarbrücke (3 Haupt-, 4 Nebenöffnungen, Sichtflächen mit Vorsatzbeton, L 289 m), nach arch. Entwurf von Martin Mayer und techn. Entwurfsplanung von Baurat Jori errichtet. – **Wilhelma.** Gewächshaus am Maurischen Pavillon und Pflanzenhaus als Gußeisenkonstruktionen der Wasseralfinger Hütte, ab 1842 nach Entwurf von Karl L. W. Zanth errichtet. – **Kurpark** (Taubenheimstraße). 1983–84 als Gedenkstätte restauriertes Gewächshaus der ehem. Daimlerschen Villa, in dem Daimler 1884 den ersten schnellaufenden Verbrennungsmotor erfand.

S.-Degerloch

Wasserturm (Jahnstraße). Oktogonale Betonkonstruktion, im EG. ummauert, in den OG. als wandgliedernde Lisenen mit Bogenabschluß sichtbar, dazwischen Ausfachung mit Verblendsteinen. 1911–12 nach Planung des städt. Hochbauamtes errichtet. Das mansardartig gebrochene Zeltdach schützt einen zylindrischen Beton-Flachbodenbehälter (400 cbm). – **Fernsehturm** auf dem Hohen Bopser (Jahnstraße). Die schlanke Betonkonstruktion nach Entwurf von Fritz Leonhard unter Mitwirkung von Erwin Heinle, 1955–56 (Schaftverjüngung von 10,8 m auf 5 m Dm. in 136 m H), trägt in 136 m H einen viergesch. Korb mit Aluminiumvorhangfassade (Dm. 12–15 m, H 23 m) für Senderäume, Café und Restaurant. Als erster reiner Turmbau in Stahlbeton weltweites Vorbild.

Flughafen Stuttgart (Leinfelden-Echterdingen). Innerhalb späterer Anbauten blieb das zentrale *Empfangsgebäude* (1936–1937) Ernst Sagebiels (Erbauer des Zentralflughafens Tempelhof) im Äußeren erhalten – ein Repräsentant des damals neuentwickelten Bautypus »Verkehrsflughafen«. Daneben Neubau durch von Gerkan, Marg + Partner, 1991 eingeweiht.

S.-Rotenberg

Wasserreservoir (Neuer Berg). Erdbehälter am Endpunkt der 1912–17 erbauten Fernleitung der Landeswasserversorgung von → Niederstotzingen nach S. mit quadr. Einstiegshäusern aus Sandstein.

S.-Untertürkheim

1889–1902 als erste kommunale Anlage Württ. nach Plänen von Ortsbaumstr. Lusser errichtetes **Kraftwerk** (Inselstraße). Gleichzeitig mit dem Ausbau des Neckars zur Großschiffahrtsstraße wurde 1924 die techn. Einrichtung modernisiert, u. a. durch eine erstmals in einem öffentl. Stromversorgungsunternehmen Württ. installierte Kaplan-Turbine (J. M. Voith, Heidenheim). – In der **Staustufe Rosenstein** (Entwurf Paul Bonatz) eine Kaplan-Turbine von 1930.

Lit.: Roser; DB Mitt. 1914; DB 1884/1907/11/13/19/85; ZBV 1907/11/14/19/23; AR 1911; BZWü 1909/10/11/14; DK 1911; BW 1914; NBz 1914; PB 1912/18; IB 1923; ABZ 1874; VDI 1883/84/96; Merkl 226, 282; SBZ 1884/1914; WVfB 1895/96; Krins 212ff.

Sulz am Neckar (Rottweil / N 4) BW

Empfangsgebäude an der am 8. 10. 1867 eröffneten Teilstrecke Horb–Thalhausen der Oberen Neckarbahn, ein dreigesch. Putzbau mit EG. in Sandstein-Quadermauerwerk und arkadiertem Mitteltrakt zwischen Eckrisaliten, gleich dem Empfangsgebäude Oberndorf. Eiserne Perronüberdachung.

Sulzbach-Rosenberg BAY
(OPf./Amberg-Sulzbach / L 9)

Maximilianshütte der Eisenwerk-Gesellschaft Maximilianshütte mbH. Am 17. 4. 1851 schlossen die Belgier Michiels und Goffard mit der bayer. Regierung einen Vertrag über den Bau eines

Sulzbach-Rosenberg. Maximilianshütte

Schienenwalzwerkes in der Oberpfalz. Aus der am gleichen Tag gegr. Commanditgesellschaft auf Aktien Michiels, Goffard & Cie. ging nach Ausscheiden von Michiels am 26. 9. 1853 die Eisenwerk-Ges. Maximilianshütte (Maxhütte) hervor, deren Überleben jedoch erst durch Einschuß von Fremdkapital, u. a. durch J. A. Ritter v. Maffei, gesichert werden konnte. An der 1859 eröffneten Bahnlinie Nürnberg–Amberg–Regensburg entstand in R. ab 1861 ein Hüttenwerk, das 1864–65 mit zwei durch Erze der oberpfälz. Gruben bei S. beschickten Hochöfen den Betrieb aufnahm. Bis zum Ausbruch des 1. Weltkriegs hatte sich die Zahl der Hochöfen auf sechs erhöht, *Thomasstahlwerke* von 1889 und 1907 ermöglichten die Verarbeitung des phosphorhaltigen R.er Roheisens. Seitdem sicherte die Entwicklung neuer Verfahren, z. B. zur Herstellung verschleißfester Schienen mit gehärtetem Kopf (1926) oder das Oxygen-Bodenblasen-Verfahren (1968), das Fortbestehen des Unternehmens. Eine Krise des 1974–77 vollständig erneuerten Stahlwerks konnte 1987 durch den Übergang auf *Schrottmetallurgie* vorerst überwunden werden.

Die **Hochofengruppe** besteht aus fünf, zwischen 1957 und 1964 in Betrieb genommenen Hochöfen (davon einer endgültig ausgeblasen), 13 Cowpern und den Erzbunkern, die in Teilen verm. noch aus der 1. Hälfte des 20. Jh. stammen, worauf auch die geringen Gestelldurchmesser hinweisen. Mit den noch betriebenen vier, in Teilen antiquierten Hochöfen bilden sie eine einzigartige Anlage in der Bundesrepublik. In den Gießhallen noch bauliche Reste aus der Gründungszeit des Werkes erhalten. Technikgeschichtliche Bedeutung besitzen die **Antriebsmaschinen** der Walzstraßen (→ Völklingen): Dampfmaschine (in Teilen erhalten) mit 6000–10 000 PS (Sack & Kisselbach, Düsseldorf) von 1913; Dampfmaschinen mit 8000–15 000 bzw. 6000–10 000 PS (J. A. Maffei, München) von 1907/11. Ferner vorhanden eine Kondensationsmaschine (Sack & Kisselbach) von 1908 und zwei Dampfturbinensätze von 1950/52 als Antrieb für die beiden 124 000 cbm leistenden Hochofengebläse. – In der Nähe des Hüttenwerkes (Frommstraße) **Arbeiterwohnhäuser** der Wende zum 20. Jh.

Lit.: Slotta V,3; Paul IV, BAY 255.

Sylt (Nordfriesland/A4) SH

Wahrzeichen der Insel bilden die beiden **Leuchttürme** in Hörnum und Kampen aus dem letzten Jahrzehnt des 19. Jh.

Tacherting (OB/Traunstein/O 10) BAY

Bereits seit 1815 bestanden Projekte zur Regulierung der Alz, die als natürlicher Ausfluß des Chiemsees – einem der Schmelzwassersammelbecken des Voralpengebietes – seit jeher im Frühsommer durch einen bis zum 20fachen des normalen Pegels gesteigerten Wasserdurchfluß großen Schaden verursachte. Doch erst 1910 erhielt die Bayer. Stickstoff-Werke AG (gegr. 1908, ab 1939 Süddt. Kalkstickstoffwerke) die Genehmigung für ein Projekt, das die enormen Kräfte des Flusses durch mehrere mit einem aus der Alz gespeisten Kanal verbundene Kraftwerke für die Versorgung des Karbidwerkes in T. nutzen wollte. Die **Laufwasserkraftwerke** in T. und → Trostberg gingen zeitgleich mit der Baugenehmigung bereits 1910 in Betrieb. Die Unterstromfassade des gegen die 18 m hohe Gefällestufe gelehnten Krafthauses in T. zeigt funktionale, die Entwicklung der 1920er Jahre vorwegnehmende Architektur. Von den sechs horizontal gelagerten Maschinensätzen haben sich die Francis-Turbinen des Aggregates 5 (Voith, Heidenheim) und der Erregermaschine (Briegleb & Hansen, Gotha) orig. erhalten, die anderen wurden 1936–37 einschl. der Regler teilweise erneuert. Noch aus der Bauzeit stammen die mit den Turbinen direkt gekuppelten Schwungrad-Generatoren (2100/2300 kVA) der Siemens-Schuckert-Werke.
Lit.: Slotta II.

Tann (Fulda/J 6) HS

Das von der Preuß. Staatsbahn für die am 1. 6. 1891 eröffnete Strecke Hilders–T. erbaute, durch Risalite in den Längsfronten betonte **Stationsgebäude** gehört in Grundrißorganisation und architektonischer Gestaltung – Verblendmauerwerk mit Gelbsandsteingliederung – zu den seit Mitte der 1880er Jahre üblichen Typenbauten (→ Hilders) dieser Eisenbahnges.

Tauberbischofsheim BW
(Main-Tauber-Kreis/L 6)

Bahnhof. *Empfangsgebäude* an der Teilstrecke Lauda–Hochhausen (Bad. Tauberbahn, eröffnet 10. 10. 1867) in Buntsandstein-Quadermauerwerk mit fünfachsigem, zweigesch. Mitteltrakt und symmetrischen, eingesch. Seitenflügeln in Formen des romantischen Spätklassizismus. – **Alte Mühle.** Ehem. Mühlenanlage (T.-Impfingen) mit Wohngebäude des 17. Jh. in Fachwerk über Sandsteinsockelgeschoß und Radstube; später Kleinkraftwerk über Mühlkanal.

Tecklenburg (Steinfurt/F 3) NW

Der 1920 in Feldspat mit Eckverstärkungen und Zugöffnungen aus Feldbrandsteinen auf quadr. Grundriß errichtete **Kalkofen** im »Kramer Bruch« der Bauernschaft Horst Mersch wurde bereits 1927 stillgelegt, da sich die Befeuerung mit Fettkohle aus dem Ruhrgebiet wegen hoher Transportkosten auf Dauer als unrentabel erwies.
Lit.: Ketteler.

Titz (Düren/I 1) NW

Um 1960 restaurierte **Bockwindmühle** (Düppelsmühle) mit geschlossenem Fuß und erhaltenen Flügeln. – In T.-Höllen eine **Bockwindmühle** aus der Mitte des 19. Jh.

Töging am Inn (OB/Mühldorf/M 9) BAY

● **Kraftwerk** der am 27. 4. 1917 gegr. Innwerk Bayer. Aluminium AG (Vereinigte Aluminium AG, VAW) zur Stromversorgung der in T. erbauten Aluminiumhütte von 1919–24, mit Wehr und Einlaufbauwerk im 20 km entfernten Jettenbach (orig. Windwerke, moderne Steuerung) und mit talseitig vor dem Wasserschloß (orig. Windwerke) festungsartig die 30,5 m hohe Gefällestufe beherrschendem Krafthaus. Die 15 Maschinensätze aus Francis-Turbinen (1–8: F. Schulau; 9–15: Schückrau Elbing), gekoppelt mit 8 Dreh- (AEG) und 7 Gleichstromgeneratoren (Siemens-Schuckert), waren für eine max. Leistung von 85 000 kW ausgelegt. – Oberhalb der Hütte die um einen Platz gruppierte, gleichzeitig mit dem Kraftwerk entstandene **Werkssiedlung** (Wöhlerstraße).
Lit.: Paul IV, BAY 262; Dpfl. BAY.

Traben-Trarbach. Bahnhof, Empfangsgebäude

Tönning (Eiderstedt/B5) SH

Dreigesch. **Backsteinspeicher** (Kanalpackhaus) mit axialem Zwerchhaus von 1783 am alten →Eiderkanal, baugleich mit den Packhäusern in →Rendsburg und →Kiel-Holtenau.

Traben-Trarbach RP (Bernkastel-Wittlich/K2)

Gleichzeitig und in ähnlich aufwendiger, auf den Moseltourismus mit romantischer Fachwerkarchitektur eingehender Gestaltung wie die 1900–02 erbauten **Empfangsgebäude** in Bullay, Cochem und Winningen erhielt auch T.-T. (durch eine Stichbahn von Pünderich seit dem 21. 3. 1883 an die Moselbahn angeschlossen) ein vielgiebeliges Stationsgebäude nach Entwurf des Architekten Hüter. – Von der 1898–99 nach Plänen von Hugo Möhring in Zusammenarbeit mit der Duisburger Brückenbauanstalt Harkort (eiserner Oberbau) und der Bauunternehmung R. Schneider, Berlin, über die Mosel geschlagenen **Brücke** blieb nach Kriegszerstörung auf der Trarbacher Seite das aufwendig neogotisch gestaltete doppeltürmige *Brückenhaus* erhalten.

Lit.: Arch. des 20. Jh., 1906; ZBV 1898/99.

Trendelburg (Kassel/H5) HS

Zu den ältesten Tunnelbauten Hessens zählt der für die Strecke Grebenstein–Hümme–Carlshafen (Kurfürst-Friedrich-Wilhelms-Nordbahn, eröffnet 30. 3. 1848) als Abkürzung einer Diemel-Schleife durch den Kesselberg getriebene **Tunnel** bei T. (L 210 m). Nach Stillegung der Strecke 1966 sind die von Pfeilervorlagen flankierten rundbogigen Portale fast vollständig zugewachsen. Die ehem. Trasse dient heute abschnittweise als Wanderweg. – Unterhalb der Knochenhauerschen Mühle haben sich Reste einer **Schleuse** des 1713 in →Bad Karlshafen begonnenen, 1729 am Schönberg aufgegebenen *Diemelkanals* erhalten.

Trier. Alter Kran von 1413

Treuchtlingen-Graben BAY

(MFr./Weißenburg-Gunzenhausen/M8)

Fossa Carolina (Karlsgraben). Die Reste des von Karl d. Gr. initiierten, 4,5 km lang geplanten Kanals zwischen der schwäb. Rezat und der Altmühl bezeugen den ersten Versuch, eine Schiffahrtsverbindung zwischen Rhein und Donau zu schaffen. Die im Sommer 793 begonnenen Erdarbeiten für den ca. 30 m breiten, bis zu 8,5 m tiefen Kanal wurden bereits im Winter des gleichen Jahres nach Fertigstellung einer Strecke von 1500 m, verm. wegen der unüberwindlichen techn. Schwierigkeiten, abgebrochen. Erst 1100 Jahre später konnte mit dem → Ludwigs-Donau-Main-Kanal die Idee Karls d. Gr. verwirklicht werden.

Lit.: Slotta I.

Trier (Trier/K1) RP

Die fast 2000jähr. Geschichte eines festen Moselüberganges bei T. belegen fünf Basaltmauerwerkspfeiler aus der Mitte des 2. Jh. in der **Römerbrücke.** Der urspr. Holzüberbau wurde im 14. Jh. durch Steinbögen ersetzt, die, 1689 von franz. Truppen gesprengt, 1717–19 erneuert wurden. – Wohl einzigartig in Deutschland das Ensemble von **zwei Kranen:** Alter Kran, 1413, am Johanniterufer; Zollkran, 1744, am Kranenufer, in deren massivem zylindrischen Gehäuse sich die Mechanik des um 360° drehbaren Kopfes mit zwei Auslegern (am Alten Kran 1778 und 1863 erneuert) erhalten hat.

Lit.: Slotta I; Custodis.

Trippstadt (Kaiserslautern/L3) RP

Der von Frhr. v. Hacke 1742 erbaute **Unterhammer** im Karlstal bei T. gehörte, wenn auch anfangs nur gepachtet, ab 1771 zu den *Eisenwerken der Familie Gienanth* (→ Eisenberg). Unter Ludwig v. Gienanth, der das Werk neben denen in Altleiningen, Eisenberg und → Winnweiler-Hochstein ab 1793 leitete, begann der Aufstieg zu einem Großunternehmen. Neben einigen spätklassizistischen Betriebsgebäuden blieb auch das Herrenhaus (dat.: LG 1821) mit folgender

Gedenktafel erhalten: »Gut Trippstadt – Herrenhaus – Gemeinde Trippstadt, Bezirksamt und Landwehrbezirk Kaiserslautern – 15 km nach Kaiserslautern thalwärts – 5 km nach Ort Trippstadt thalaufwärts – Dieses Anwesen wurde von Ludwig von Gienanth erbaut und war bis 1884 als Puddlings-Walzwerk, Frischhütte und Luppenhammerwerk im Betrieb der Firma Gebrüder Gienanth, Trippstadt.«

Lit.: v. Gienanth.

Troisdorf (Rhein-Sieg-Kreis/I 2) NW

Für das **Faconeisen-Walzwerk L. Mannstaedt & Co. AG** entstand ab 1914 eine im Sinne der Gartenstadtidee von den Dortmunder Architekten D. und K. Schulze geplante *Arbeitersiedlung* (Louis-Mannstaedt-Straße u. a.), mit zentralem Kaufhaus in neoklassizistischen Formen und Marktplatz in Ergänzung von Arbeiter- und Beamtenwohnhäusern des ausgehenden 19. Jh.

Lit.: B-R 1915.

Trostberg (OB/Traunstein/O 10) BAY

Laufwasserkraftwerk (→Burgkirchen a. d. Alz-Hirten, →Tacherting) im Alzkanal der Bayer. Stickstoff-Werke AG (Süddt. Kalkstickstoffwerke) von 1909–10. Die vier Maschinensätze – Francis-Zwillingsturbinen (Schluckfähigkeit 16,2 cbm/sec, Drehzahl 107 U/min) mit liegender Welle der MAN, Baujahr 1909, direkt gekuppelt mit Schwungrad-Generatoren (Nennleistung 660 kVA) der Siemens-Schuckert-Werke – sind bis auf die modernisierten Regler orig. erhalten.

Lit.: Slotta II.

Tübingen (Tübingen/N 5) BW

Bahnanlagen. Fünfachs. *Empfangsgebäude* mit symmetrischen Seitenrisaliten der Teilstrecke Reutlingen–Rottenburg (Obere Neckarbahn, eröffnet 15. 10. 1861) in Sandstein-Quadermauerwerk. Das EG. ist durch Bänderrustika und Rundbögen, das OG. durch glatte Wandflächen und Lisenengliederung betont. Das Dekor der Eingangshalle neoklassizistisch um 1910 – Pfeilerrandeinfassungen in blaugrauer Keramik, Palmettenfriese, Dreiecksgiebel mit Zahnfriesen. – An der Straße nach Rottenburg der Komplex des 1911 eröffneten **Bahnbetriebswerkes** mit Werkstatt- und Wohngebäuden und Pumpstation, akzentuiert durch gedrungenen quadr. *Wasserturm.* Bemerkenswert die *masch. Ausstattung:* u. a. Pumpenantriebe für Brauch- und Reinwasser, Maschinenfabrik Esslingen und Klein, Schänzlich & Becker, Frankenthal, 1913; Schiebebühne, Maschinenfabrik Esslingen, 1920, Tragkraft 120 t; Einbrückendrehscheibe, Wälde, Kade & Erath, 1913, verlängert 1939; verschiedene Krane, 1914. – Eine gewölbte **Eisen-Betonbrücke** mit zwei Bögen über Neckar und Hochwasserkanal im Anschluß an den 1909–10 fertiggestellten *Schloßbergtunnel* der am 1. 5. 1910 eröffneten Nebenbahn T.–Herrenberg. Entwurf: Eisenbahnverwaltung; Ausführung: Wayss & Freytag (Charles Fatio); gestalterische Bearbeitung: Martin Elsässer. – Das **Fernheizwerk** der Universität (Brunnenstraße), 1929 nach Entwurf von Hans Daiber erbaut, gehört zu den bedeutendsten techn. Bauten der sog. Stuttgarter Schule.

Neckarkraftwerk (Brückenstraße, Hermann-Kurz-Straße). 1910–11 am linken Neckarufer errichtet nach Planung des Städt. Tiefbauamtes, unter Stadtbaumeister Landenberger, als Wasserkraftanlage mit zwei Walzenwehren (je 26,5 m li. W), mittlerem Grundablaß mit Windwerksgebäude als zentrales Auflager für Bedienungs- und Fußgängersteg (Eisenfachwerkkonstruktion) und Krafthaus mit zwei Francis-Turbinen.

Lit.: SBZ 1911; BZWü 1911; Krins 219ff.

Tuttlingen (Tuttlingen/O 4) BW

Aesculap AG (Möhringer Straße). Am Fuße des Ehrenbergs gegenüber dem Bhf. reihen sich die Bauten der ehem. AG für Feinmechanik, vorm. Jetter & Scherer, zu einer geschlossenen Fabrikanlage. 1867 gegr., begann die bauliche Expansion des Unternehmens 1897 mit dem Bau des renaissancistischen Verwaltungsgebäudes nach Planung von Phil. J. Manz. Ähnlich gestaltet die Fassade von Bau 2 durch Biehl & Woltz, Stuttgart, 1907. Bau 16 im O der Anlage vertritt mit neoklassizistischer Fassade, von drei Giebelaufsätzen geprägt, den typisch konstruktiv gerasterten Fabrikbau von 1915. Verm. auch von Manz

Bau 14, um 1925, mit einer von zwei Treppenhausrisaliten unterbrochenen, für die Bauzeit konservativen Fassade. Ebenfalls von Manz die eingeschoss., romanisch beeinflußte Halle des Maschinen- und Kesselhauses sowie der Werkstättenbau, um 1920, über geschwungener, durch Blendbögen gegliederter Stützmauer.

Auf dem Gelände des ehem. Bahnbetriebswerkes ein siebenständriger **Ringlokschuppen** sowie **Personalgebäude** (1932/1933) im Stil der Neuen Sachlichkeit.

Lit.: Werkarchiv; Krins 220.

Übach-Palenberg (Heinsberg/I1) NW

Industriewasserturm mit Barkhausenbehälter auf sechseckiger Stahlfachwerk-Konstruktion, um 1920, letztes Relikt der 1962 stillgelegten Zeche Carolus Magnus.

Bad Überkingen (Göppingen/N6) BW

An der Straße von Ü. nach Hausen (B 466) liegt im Tal der Fils das für die Gruppe V der Albwasserversorgung (als letzte der insgesamt 9 von Karl v. Ehmann 1866 geplanten Gruppenwasserwerke 1881 in Betrieb gegangen) errichtete renaissancistische **Pumpenhaus** mit Nebengebäuden. Das hier in Sickergalerien gesammelte Wasser wird über die Hochbehälter Oberböhringen und Aufhausen in das Netz eingespeist. Masch. Ausstattung: zwei von einer Turbine (1920er Jahre) über Zahnradgetriebe bewegte Doppel-Plungerpumpen (1881, Förderleistung 11 l/sec); eine generatorbetriebene Kolbenpumpe (1913/14).

Lit.: Krins 160.

Überlingen (Bodenseekreis/P5) BW

Für die am 21. 8. 1895 zwischen Stahringen und Ü. (Westbahnhof) eröffnete, am 2. 10. 1901 bis Friedrichshafen freigegebene Strecke der Bodenseegürtelbahn entstanden zwischen West- und Ostbahnhof qualitätvolle **Kunstbauten:** *West-* (948 m) und *Osttunnel* (616 m), beide mit an ma. Wehrarchitektur erinnernde Portale; *Entlüftungsschacht* im Scheerengraben; Wiesentoreinschnitt mit gewölbter *Straßenbrücke.* – In der Aufkircher Straße zusätzlich zu der 1877 nach Planung von Karl v. Ehmann für das Spital errichteten Anlage (Alte Owinger Straße) 1901 in neoromanischen Formen für die städt. Wasserversorgung fertiggestellter **Gegenbehälter.** Über der zentralen Bogenöffnung Inschrift (»Wasserversorgung Ueberlingen«) und Stadtwappen, die zinnenbekränzte Portalfront flankiert von Rundtürmen.

Lit.: Stadtwerke; Krins 220.

Ühlingen-Birkendorf BW (Waldshut/P3)

Als Kombination von Sperrmauer und Krafthaus legt sich die **Mittelstufe Witznau** (1943) des →Schluchseewerkes (→Häusern, →Waldshut) quer über das Schwarzatal, durch kontrastreiche Fassadengestaltung auf die unterschiedlichen Funktionen der Bauteile verweisend. Aus der Talsohle wächst dreigesch., mit rauhem Bruchsteinmauerwerk das von rechteckigen Fenstern sparsam durchbrochene *Sperrwerk.* Darüber erhält das mehrgesch. *Krafthaus* durch schmale, in die geputzte Wandfläche eingeschnittene Fenster eine spannungsreiche Fassade in der Tradition des Krafthauses Häusern. Der straßenseitig angelagerte *Verwaltungs- und Wohntrakt* lebt von dem Kontrast einer überhohen Toröffnung zur symmetrisch geordneten Gruppe liegender Fensterformate. Im Krafthaus vier Maschinensätze mit stehender Welle (Häusern), die vom Mettmaspeicher- und Witznaubecken (beide 1939–43) beaufschlagt werden. Dem Krafthaus zugeordnet ist ein *Wasserschloß* mit max. Aufschwingung des Wasserspiegels im vertikalen Schacht von ca. 150 m.

Lit.: Firmenangaben.

Uelzen (Uelzen/E7) NS

Bei der Eröffnung der Strecke Celle–Harburg (Hann. Staatsbahn, 1. 5. 1847) erhielt Ue. ein provisorisches **Empfangsgebäude,** das 1843–46 auf dem Bhf. Hannover gestanden hatte und 1853–55 durch ein neoromanisches massives Gebäude nach Entwurf von Heinrich Köhler ersetzt wurde. Auf die Entwicklung zum Bahnknotenpunkt durch die Einführung der Linie Langwedel–Stendahl (Bremen–Berlin) 1873 folgte der renaissancistische *Neubau* eines **Empfangsgebäudes** in Insellage 1885 nach Entwurf von Hubert Stier, Hannover, in zweifarbigem Backsteinmauerwerk mit prägnantem Hauptgesims. Durch An- und Umbauten (innen) verändert. – An der gleichen Strecke die aus der Eröffnungszeit stammenden spätklassizistischen *Empfangsgebäude* von Bad Bevensen und Bhf. Suderburg. – Nahe dem Güterbhf. (An den zehn Eichen) mit Reminiszenzen an ma. Wehrarchitektur ein **Bahnwasserturm** von 1940. – **Wasserturm** (Kuhteichweg) von 1899 für einen Intze-Behälter, erbaut durch die Dt. Wasserwerke AG.

Lit.: ZA + IVH 1855; Dpfl. NS.

Uetze (Hannover/F 7) NS

Um 1950 stillgelegte **Wassermühle** aus der 1. Hälfte des 19. Jh. an der Fuhse (U.-Eltze, Richtung Benrode) mit techn. Einrichtung und unterschlächtigem Wasserrad. – Die Tagesanlagen des 1907–08 abgeteuften **Schachtes Hänigsen** (U.-Hänigsen) des Kaliwerkes Niedersachsen-Riedel (Kali & Salz AG) wurden nach einer Sprengstoffexplosion 1946 in der seit 1937 als Munitionsanstalt benutzten Schachtanlage auf der Basis noch erhaltener Bausubstanz leicht verändert wiederaufgebaut. Fördergerüst von 1948–50, Schachthalle, Wasserturm.

Lit.: Slotta III; Dpfl. NS.

Ulm (Ulm/N 6) BW

Auf dem Gelände des **Bahnbetriebswerkes** hat sich ein in dieser Dichte seltenes Ensemble von *drei Drehscheiben* erhalten: Nr. 1, 1904 (Wälde, Kade & Erath, Steinbach bei Schwäb. Hall), 17,93 m; Nr. 2, 1913 (Brandes, Wolfenbüttel), 21,5 m; Nr. 3, 1959 (Windhoff, Rheine), 23 m. – **Neutorbrücke.** 1906–07 nach Entwurf von Baurat H. Levi durch die Maschinenfabrik Esslingen errichtete Straßenbrücke über die Bahn als eiserne Auslegerkonstruktion in Form einer Hängebrücke (→ Frankfurt a. M., Eiserner Steg, 1868–69) über drei Öffnungen (44,2 m, 54,6 m, 44,2 m). Die neugotischen Applikationen 1964 entfernt.

Lit.: Krins 221 und 1985.

Unterföhring (OB/München/O 9) BAY

Im Auftrag des Kurfürsten Max Joseph begann das 1801 eigens für die Erstellung einer Landeskarte im Maßstab 1:50000 gegr. Topografische Büro mit der Vermessung Bayerns. Die Endpunkte der im gleichen Jahr vermessenen *Basislinie* U. (Föhringer Ring)–Aufkirchen (Bayernwerkstraße) des **Triangulationsnetzes,** mit 74191,6 Fuß (21653,3 m) eine der längsten Grundlinien in der Geschichte der Landvermessung, wurden 1802 durch ca. 4 m hohe pyramidenförmige Obelisken aus Tuffstein mit marmornen Gedenktafeln markiert.

Lit.: Paul IV, BAY 267.

Unterhaching (OB/München/O 9) BAY

Der 1905 für das **Wasserwerk** (Mühlweg) errichtete **Turm** für einen Eisenbeton-Flachbodenbehälter von 100 cbm Inhalt zeigt als einer der ältesten der in der Umgebung Münchens durch die Gebr. Rank in Eisenbeton ausgeführten Wassertürme auch die am konsequentesten auf das neue Material eingehende Fassadengestaltung.

Lit.: Merkl 122.

Untermarchtal (Alb-Donau-Kreis/O 6) BW

Kalkofen (B 311, Abzweig nach Lauterach). *Schachtofen,* 1922, mit äußerlich polygonaler Brennkammer und kegelförmigem, durch Bandeisenmanschetten stabilisiertem Oberteil in Backsteinrohbau, getrepptes Gesims. Die Beschickung des ca. 15 m hohen Ofens erfolgte über eine Brücke von den oberhalb liegenden Dolomitbrüchen. 1939 stillgelegt, 1987/90 restauriert.

Lit.: Slotta I; Krins 222.

Bad Urach (Reutlingen/N 5) BW

Angeregt durch den Ulmer Barchenthandel und gefördert von Herzog Friedrich I., entwickelte sich am Ende des 16. Jh. die **Leinwandweberei** im Ermstal, deren Erzeugnisse die Leinwandkompanie (1600–1793) bis nach Frankreich, Italien und die Schweiz verhandelte. Die 1856 als

Bad Urach. Ehem. Spinnerei Leuze, Kraftwerk, Fliehkraftregler

»Leuze, Dürr & Comp.« in Ehingen gegr. Leinwandhandlung begann 1861 mit der Produktion von Baumwollgeweben in Unterlenningen und erweiterte sich bedeutend durch den Kauf der Firma Zenneck, Springer & Comp., die seit 1853 in einem neben einer Mühle des 17./18. Jh. im Ermstal südl. U. errichteten Fabrikbau eine Baumwollspinnerei betrieb. 1878 Trennung der Betriebe in *C. A. Leuze,* Unterlenningen, und *G. & A. Leuze,* U. Letztere richtete 1911 auf Pfullinger Gemarkung eine der ersten Automaten-Webereien ein. 1925 übernahm sie die Trikotagen-Weberei Daniel Braun in Reutlingen. Mit der Krise der dt. Textilindustrie Mitte der 1970er Jahre begann die schrittweise Stillegung der Betriebe. Im Zentrum der Fabrikanlage im Ermstal die 1852 begonnene vierschiffige **Spinnerei** aus einheimischem Naturstein-Quadermauerwerk, ein engl. Vorbildern des frühen 19. Jh. entlehnter Bautyp von basilikalem Querschnitt. Um die Spinnerei gruppiert, mit Entstehungsdaten bis 1960, Maschinen- und Kesselhaus, Stall, Remise und Magazin sowie eine nach Brand (1911) von Phil. J. Manz angefügte zweigesch. Erweiterung der Spinnerei als Skelettbau. Außerhalb des Fabrikgeländes stehen Unternehmervilla, Arbeiterhäuser und ein Gasthaus aus dem letzten Drittel des 19. Jh. – Ermsaufwärts das **Kraftwerk** der Spinnerei von 1898 aus Quadermauerwerk mit Maschinenraum und Wohnteil; dahinter führen Druckrohre zum Wehr. Orig. masch. Ausstattung erhalten: Turbine und Fliehkraftregler von J. M. Voith, Heidenheim; Generator und Schalttafel: »Ausgeführt von der Elektrizitäts Aktienges. vorm. Schuckert & Co., Techn. Büro Stuttgart im Juli 1898.«

Lit.: Firmenangaben.

Vallendar (Mayen-Koblenz/J3) RP

Auf der Kaiser-Friedrich-Höhe im Auftrag des Verkehrs- und Verschönerungsvereins durch die Fa. Hilgers, Rheinbrohl, 1899 montierter, bis zur Spitze 25 m hoher **Aussichtsturm.** Die Plattform wird von einer filigranen, dem Jugendstil verbundenen Eisenfachwerkkonstruktion getragen. Über der Achse der Wendeltreppe eine fialartige Bekrönung.

Lit.: Custodis.

Varel (Friesland/D4) NS

Der 1913 mit einem eisernen Behälter (300 cbm) in Betrieb gegangene **Wasser- und Aussichtsturm** (Oldenburger Straße) besticht durch die für die Bauzeit noch ungewöhnliche, kompromißlos sachliche Architektur seines oktogonalen Schaftes, dessen bis auf schmale Putzfelder im Behälterbereich ungegliederte Flächen nur wenige Fenster durchbrechen. Die als Stützen fortgeführten Kanten tragen über der sonst offenen Aussichtsplattform das Dach. – In dem fünfgesch., eckig taillierten **Galerieholländer** mit Windrose (Mühlenstraße), dat. Anno 1847, befindet sich ein Mühlenmuseum.

Lit.: Stadtwerke.

Veitshöchheim (UFr./Würzburg/K6) BAY

Als Station der würzb.-fürstbischöfl. Sommerresidenz erhielt V. abweichend von den sonst typisierten Hochbauten der Ludwigs-Westbahn

(Würzburg–Kahl, eröffnet 1. 10. 1854) ein mit reicher spätklassizistischer Bauzier individuell von Eduard Rüber und Gottfried v. Neureuther gestaltetes **Empfangsgebäude** in Rotsandsein, das ein asymmetrisch angelagerter Fürstenpavillon zusätzlich betont.

Lit.: Lutz.

Veringenstadt-Veringendorf BW
(Sigmaringen/O 5)

Elektrizitätswerk. Von der Textilfabrik Gebr. Haux in Ebingen zur Versorgung von Fabrik und Stadt Ebingen nach Kauf der Unteren Mühle an der Lauchert 1901–02 gebautes Kleinkraftwerk (ehem. Faulersche Mühle; im Türgitter dat. EH 1904) in Formen der Neoromanik mit zentrierendem Giebelaufsatz auf der Unterwasserseite und polygonalem Eckturm. Zwei Francis-Spiralturbinen (zus. 400 kW) von 1928, Erweiterung um eine dritte Turbine 1942.

Lit.: Firmenangaben.

Vienenburg (Goslar/G 7) NS

Zweigesch., durch Seitenrisalite symmetrisches ● **Empfangsgebäude** als Fachwerkkonstruktion mit waagerechtem, für den Harz typischen Holzbeschlag mit vertikalen Scheinfugen zur Simulierung von Steinquaderung an der am 10. 8. 1840 für den Probebetrieb eröffneten Strecke V.–Harzburg der Braunschw. Staatseisenbahnen. Wie der sog. Kaisersaal von 1888 im orig. Äußeren wiederhergestellt.

Lit.: Roseneck, 1987.

Viereth (OFr./Bamberg/K 7) BAY

In dem ab 1921 begonnenen Ausbau der Rhein-Main-Donau-Schiffahrtsstraße als erstes **Kraftwerk** 1925 in Betrieb gegangene **Staustufe** mit zwei Walzenwehren (je 30 m, MAN Gustavsburg), Krafthaus und Schleuse. Die drei orig. Maschinensätze (Francis-Turbinen, Generatoren Sachsenwerk, Dresden-Niedersedlitz) wurden um eine Kaplan-Turbine ergänzt.

Lit.: Industrie und Handel, 1926; Dpfl. BAY.

Viersen (Viersen/H 1) NW

Bahnhof. Für die Modernisierungsphase der Preuß. Staatsbahn 1910–15 typisches neoklassizistisches *Empfangsgebäude* mit zentraler, risalitbetonter Eingangshalle und begrenzenden Eckpavillons.

Wasserturm (Aachener Weg). Massiger Schaft des 1890–91 zur Aufnahme eines Intze-I-Behälters als Backsteinrohbau errichteten Turmes in Mischformen aus Romanik und Renaissance.

Ehem. **Elektrizitätswerk** (Rektorstraße). Nach Übernahme des privaten Gaswerkes 1905 für das städt. E-Werk errichtete Generatorhalle mit aufwendiger, von niederl. Renaissance beeinflußter Fassadenarchitektur, axial betont durch Triumphbogenmotiv unter Ziergiebel und gefaßt durch polygonale überkuppelte Ecktürmchen.

Eine der Voraussetzungen für die in der 2. Hälfte des 19. Jh. sprunghaft steigende Bautätigkeit war die Entwicklung eines kontinuierlichen Brennofens mit fortschreitendem Feuer 1858 durch den Baumstr. Friedrich Hoffmann. Einer dieser immer seltener werdenden sog. **Hoffmannschen Ringöfen** in der aus der kreisförmigen Urform weiterentwickelten gestreckten Gestalt hat sich an der Süchtelner Straße erhalten. – Die kanonisierte Zuordnung bestimmter Baustile zu den unterschiedlichen Funktionen der Gebäude einer Fabrikanlage verdeutlicht das Ensemble der Ende des 19. Jh. erbauten sog. **Holtzmühle** (V.-Süchteln, Tönisvorster Straße). Während sich die Architektur des früheren Produktionsgebäudes an den Formen ital. Stadtpaläste der Spätgotik orientiert, entstand die **Fabrikantenvilla** in der für diese Baugattung typischen Neurenaissance.

Vöhl-Thalitter HS
(Waldeck-Frankenberg/H 5)

Unter dem Hanauischen Münzmeister Ludwig B. Müller gelangte der im 30jährigen Krieg in der Herrschaft Itter eingestellte **Kupferbergbau** zu neuer Blüte, heute allein dokumentiert durch das um 1718 errichtete, inzwischen sanierte stattliche Fachwerkgebäude des sog. **Großen Hauses,** ein Geschenk des Landgrafen an Müller. Unter preuß. Herrschaft (ab 1866) wurde der Bergbau eingestellt.

Lit.: Slotta I.

Vöhrenbach BW
(Schwarzwald-Baar-Kreis/O 4)

● **Linach-Talsperre** (Bernreutehof). Pumpspeicherwerk mit Talsperre (1,1 Mio. cbm), Hangrohrleitung, Druckleitung mit Wasserschloß und Kraftwerk, 1922–24 nach Planung von Dr.-Ing. Maier, Karlsruhe, durch Dyckerhoff & Widmann AG, Biebrich, ausgeführt. Die Eisenbetonstaumauer (H 28 m) in aufgelöster Bauweise (eine Vielfachbogen-Sperrmauer wie z. B. in Chiara d'Ula sul Tirso, Sardinien, und am Gleno-See, Oberitalien) hat 13 durch Bögen ausgesteifte Pfeiler unter 50° geneigten Tonnengewölben von 10,8 m Spannweite (Gewölbestärke am Fuß 60 cm, an der Krone 40 cm). Der Wasserabfluß erfolgt über Stollen (340 m) und Rohrleitung (urspr. Holzröhren mit Betonmantel, seit 1951 Stahlrohrleitung mit Nennweiten von 1000 und 1200 mm; L 1650 m) zum Wasserschloß, über Gußstahlrohre zum Kraftwerk, einem wohlproportionierten Bau des Neoklassizismus mit übergiebeltem Eingangsrisalit und orig. Ausstattung. Zwei Maschinensätze bestehen aus Francis-Turbinen von Voith, Heidenheim, 1921, und Drehstrom-Generatoren von Maffei-Schwartzkopf, Berlin, 1922. Zusätzlich eine kleine Freistrahl-Turbine von Voith, 1921, und ein AEG-Generator. 1970 wegen konstruktiver und baustofftechn. Mängel stillgelegt, Sanierung seit 1989.

Lit.: Slotta II; ZBV 1924.

Völklingen (Stadtverband Saarbrücken/L 2) SL

● **Völklinger Hütte** (Rathausstraße). Das erst 1873 gegr. jüngste saarländ. Hüttenwerk entwickelte sich nach dem Erwerb durch Karl Röchling 1881 als »Völklinger Eisenwerk Gebr. Röchling« innerhalb eines Jahrzehnts zu einem der größten Roheisen- und Stahlerzeuger im Dt. Reich. Infolge der durch die weltweite Stahlkrise der 1970er Jahre ausgelösten Restrukturierung der saarländ. Stahlindustrie wurde die Roheisenerzeugung 1986 eingestellt. Lediglich das moderne Blasstahlwerk (1980–82), Walzwerke, Schmiede und Weiterverarbeitung blieben in Betrieb. Bislang vor dem Abbruch bewahrt, beherrscht die monumentale Silhouette der *Hochofengruppe* mit ihren sechs Hochöfen (1970–80), den jedem Ofen zugeordneten drei *Winderhitzern* und den spitzgiebelig sich verbindenden *Gichtgasleitungen*

Vöhrenbach. Staumauer

das Bild der mit der Hütte groß gewordenen Stadt. Der Beschickung der Hochöfen mit dem im Erzsilo gelagerten Groberz bzw. in der Sinteranlage (ab 1928) aufbereiteten Feinerz, Zuschlagstoffen und dem Koks, der in eigener Kokerei (1936–44) hergestellt wurde, diente eine 1911–18 gebaute *Hängebahn*. Von besonderer technikgeschichtlicher Bedeutung ist die in mehreren Bauabschnitten errichtete *Gasgebläsehalle* (1900–38) mit dem Ensemble von noch sechs erhaltenen Gasgebläsemaschinen (1905 und 1908–14). Zwischen Hochöfen und Gasgebläsemaschinen zur Reinigung des Gichtgases angeordnet die Trockengasreinigung (1911–12, 1913, 1925). Zu dem Komplex Roheisenerzeugung gehörten außerdem ein *Pumpenhaus* (1910) und der 1917–18 von Wayss & Freytag errichtete *Wasserturm* (H 37 m, L 40 m, B 18 m) mit tragendem, ausgemauertem Eisenbetonskelett für den ebenfalls betonierten Zweikammerbehälter (Ges.-Inhalt 3000 cbm). – Das noch betriebene **Walzwerk** besitzt als Walzenzugmaschinen drei relativ alte, mit ihrer hohen Auslegung zu den stärksten in den alten Ländern der Bundesrepublik zählende **Dampfmaschinen,**

Völklingen. Völklinger Hütte, Walzstraße

Blockstraße 1: 1891 als Tandem-Umkehrmaschine von Ehrhardt & Sehmer, Saarbrücken, gebaut, 1909 umgebaut zur Tandem-Zwillings-Reversiermaschine und 1922 nochmals zur Dampfdruckerhöhung durch Sack & Kisselbach in Düsseldorf; Hochdruckzylinder 925 mm, Niederdruckzylinder 1500 mm, Hub 1300 mm, Leistung 8300 PS. *Walzstraße 5:* Einzylinder-Gleichstromdampfmaschine Bauart Stumpf, Ehrhardt & Sehmer, 1912, Zylinder 1700 mm, Hub 1400 mm, Leistung 4350 bis 8300 PS. *Walzstraße 6:* Tandem-Drillings-Umkehrmaschine, Ehrhardt & Sehmer, 1909, Hochdruckzylinder 1000 mm, Niederdruckzylinder 1608 mm, Hub 1300 mm, Leistung 12000 bis 14190 PS. Die Hütte stellt heute ein in Deutschland einmaliges Ensemble von techn. Denkmalen dar. Die Bedeutung der Hütte für V. bezeugt ein Deckengemälde (Waldemar Kolmsperger) in der 1926–28 mit finanzieller Unterstützung der Fam. Röchling nach Entwurf von Franz Kuhn neobarock erbauten ev. Versöhnungskirche, auf dem Mitglieder der Stifterfamilie, umgeben von rauchenden Schloten, die Darstellung der Apotheose Christi rahmen.

V.-Fenne

Franz. Einfluß belegen die großflächig zwischen der Eisenbetonkonstruktion verglasten Fassaden von Maschinen- sowie Kesselhaus des 1959 stillgelegten **Kraftwerkes Fenne I** (Zechenstraße). Es war unter Leitung des Service des Etudes et Constructions, das für alle Hochbauten im Saarbergbau zwischen 1920 und 1935 zuständig war, 1923–26 errichtet worden.

V.-Ludweiler-Warndt

An die urspr. masch. Ausstattung des 1908–10 errichteten **Wasserwerks** im Lauterbachtal (Lauterbacher Straße, Abzweig nach Nassweiler, L 276) erinnert eine vor dem Gebäude museal arrangierte *Plungerpumpe* (→ St. Ingbert).

V.-Luisenthal

Neugotisches Zwillingsmundloch des **Veltheim- und Albert-Stollens** (Grünanlage Provinzialstraße) aus der 2. Hälfte des 19. Jh. In der Nähe die Tagesanlagen der **Grube Luisenthal** mit dt. Strebengerüsten in Vollwandbauweise (1952/62) und Fördermaschinenhaus 1 sowie Mechanische Werkstatt um 1890.

Lit.: DB Mitt. 1920; Slotta I/II/V,3; Dpfl. SL.

Wächtersbach (Main-Kinzig-Kreis/J5) HS

Das regionale Zentrum an der Kreuzung der Fernstraße Frankfurt a. M.–Fulda mit den Straßen in den Hess. Spessart und über das Brachttal in den Vogelsberg erhielt mit der Verbindung der Teilstrecken Hanau–W. (1. 5. 1867) und W.–Steinau (1. 7. 1868) der Bebra-Hanauer Eisenbahn ein aufwendig spätklassizistisches, im Unterschied zu den Stationsgebäuden in Bad Soden-Salmünster, Flieden und → Neuhof ehem. symmetrisch gestaltetes **Empfangsgebäude** (Güterschuppen separat). – In Bahnhofsnähe die **Schotteranlage** der Mitteldt. Hartstein-Industrie AG mit dem noch innerhalb der Neubauten erkennbaren, um 1910 im sog. Burgenstil errichteten *Beschickungsturm* (→ Steinau a. d. Straße). – An der Landstraße nach Wittgenborn eine renaissancistische **Quellfassung,** erbaut vom »Wasserwerk Wächtersbach 1903«.

Wahlsburg-Lippoldsberg (Kassel/H6) HS

Das urkundlich erstmals 1555 erwähnte **Hammerwerk** wurde 1583 von Landgraf Wilhelm von Hessen-Kassel aus privater Hand erworben und diente nach der Inbetriebnahme der Hütte in → Reinhardshagen-Veckerhagen 1666 zunehmend als deren Weiterverarbeitungsbetrieb. Der Einstellung der Roheisenproduktion in Veckerhagen (1872) folgte die Stillegung des L.er Hammerwerkes. Aus der Blütezeit des Unternehmens stammt das mit »KW [Kurfürst Wilhelm] 1819« im Schlußstein bezeichnete klassizistische ehem. **Wiegehaus und Eisenlager** mit dreijochiger Vorhalle auf hölzernen tosk. Säulen. Das Gebäude wie die ehem. Hammerhalle von 1759/1819 wurde von dem privaten Eigentümer vorbildlich restauriert.

Lit.: Slotta I; Höhmann.

Waldalgesheim (Mainz-Bingen/K3) RP

Ehem. **Manganerz- und Dolomitgrube Dr. Geier.** Die weithin sichtbaren Tagesanlagen der Grube gehören neben den Zechen Zollern II/IV (→ Dortmund), Zollverein 12 (→ Essen) und Rammelsberg (→ Goslar) zu den eindrucksvollsten dt. Denkmalen des Montanwesens. Die bereits für das frühe 17. Jh. bei Seibersbach nachgewiesene Eisenmanganerzgewinnung entfaltete in der 2. Hälfte des 19. Jh. unter den Grubeneignern Gebr. Wandesleben und Dr. Heinrich C. Geier, Architekt in Mainz, bei zunehmender Bedeutung von Manganerz als Zuschlagstoff für das 1879 eingeführte Thomasverfahren, eine erste Blüte. 1885 Übergang zum Tiefbau. 1904 Gründung der *Gewerkschaft Braunsteinwerke Dr. Geier,* 1905, nach Zusammenlegung der Geierschen Grubenfelder, Umbenennung in »Consolidierte Braunsteinwerke Dr. Geier«, die 1911 auch den Grubenfelderbesitz der Gebr. Wandesleben übernahm. Die Entdeckung des *Glockenwiesenlagers* 1908 ermöglichte bei Ausbruch des 1. Weltkrieges eine der Kriegswirtschaft entsprechende Steigerung der Erzförderung. Für den 1917 auf der Stöckert-Höhe abgeteuften neuen Hauptschacht entstanden 1917–18 nach Entwurf der Darmstadter Architekten Gero Marquart und Eugen Seibert die nach dem Vorbild barocker Schloßanlagen um einen Ehrenhof gruppierten, auch nach der Stillegung der Grube, 1971, noch beeindruckenden neobarocken *Bauten der Tagesanlage:* beiderseits des Eingangs liegen Pavillons für Pförtner, Arbeitskontrolle, Beamtenkasino und Unfallstation; danach

Waldalgesheim. Grube Dr. Geier, Barbara-Saal

im S Lohnhalle, Waschkaue und das vom Fördergerüst überragte Silogebäude; im N der Barbara-Saal; quer die Anlage abschließend das Maschinenhaus, davor das Bassin der Kühlwasseranlage mit Fontänen. »Nichts an dieser wundervollen Anlage erinnert in irgendeiner Beziehung an ein Werk der Industrie ... Eine Architektur ist in dieser riesenhaften Anlage strikt durchgeführt, die bei aller Einfachheit in Farbe und Raum nicht schöner und zweckmäßiger gedacht werden kann« (A. Koch, Dokumente neudeutscher Baukunst, 1921; zit. nach: Custodis).

Lit.: Custodis; Klemp.

Waldbahn BAY

(NB/Deggendorf/Regen / M 11)

Die am 16. 9. 1877 von Plattling bis Ludwigstal und am 15. 11. 1877 bis Eisenstein eröffnete Waldbahn überwindet den Höhenunterschied von ca. 235 m zwischen Deggendorf und dem Hochbühl, dem niedrigsten Punkt der Wasserscheide zwischen Regen und Donau, mit zahlreichen bemerkenswerten **Hoch- und Kunstbauten** (Bahnarchitekt Karl Zenger): Bahndämme mit Steinböschungen bei Grafling, Wühn, Zachenberg, Auerbach, Oberneumais u. a. (L 350–530 m, H 17–44 m), Brücken über Donau und Regen, Ohe-Viadukt bei Regen mit eiserner Fachwerkkonstruktion über vier Öffnungen (li. W je 73 m) und ausgewölbte Tunnel am Ulrichsberg bei Deggendorf (475 m Rohrlänge, davon 156,54 m gerade, der Rest in einer Kurve von 450 m Radius, 58 m Berghöhe) und Hochbühl südl. Gotteszell (570 m Rohrlänge, 36 m Berghöhe).

Lit.: Lutz.

Waldkappel (Schwalm-Eder-Kreis / I 6) HS

Der von asymmetrischen Nebenbauten flankierte giebelständige Fachwerkbau des **Stationsgebäudes** an der Strecke Niederhone–Malsfeld (Preuß. Staatsbahn, eröffnet 15. 5. 1879) findet sich als Typenbau noch in → Malsfeld und an der Strecke Kassel–Bettenhausen–W. Landschaftsprägend wirken die von der gleichen Bahnges. aus rotem Sandstein erbauten **Viadukte** über die Straße nach Harmuthsachsen und über die Wehre.

Waldkirch-Kollnau BW

(Emmendingen / O 3)

Kollnauer Weberei GmbH. An der Stelle eines 1868 stillgelegten Großhzgl. Bad. Hüttenwerkes gründeten Ferdinand Gross, Lahr, und Henry Thierry-Koechlin, Mühlhausen, 1869 die AG Kollnauer Baumwollspinnerei & Weberei, die in neuen Fabrikgebäuden 1870 die Produktion aufnahm. Erweiterung der Fabrikanlage 1892–97 und 1909–10, Arbeiterwohnhäuser und Sozialbauten ab 1870. Für die Energieversorgung des Unternehmens wurde bereits in den 1890er Jahren zusätzlich zur Wasserkraft der Elz eine Corliss-Dampfmaschine (450 PS) eingesetzt. In dem kombinierten Wasser- und Dampfkraftwerk haben sich, stillgelegt, eine 1903 installierte Einzylinder-Dampfmaschine der Elsässischen Maschinenbau Gesellschaft, Mühlhausen, von 1000 PS und ein Drehstrom-Generator von BBC, umschaltbar auf Wasserantrieb, im orig. Innenraum erhalten. Der Dampfmaschinenzentrale benachbart ist die zweigesch. Wasserkraftanlage mit zwei Voith-Turbinen von 1906 mit senkrechten Wellen. Die Übertragung des Drehmoments erfolgt mittels Kammräder auf die horizontale Welle des BBC-Generators. Im UG. eine weitere Francis-Spiralturbine von Voith, Heidenheim, von 1909 mit horizontaler Welle und direkt getriebenem Generator von Pöge Elektricitätsaktiengesellschaft Chemnitz; orig. Schalttafel.

Lit.: Slotta II; Festschrift: Kollnau. Chronik zum 120jährigen Bestehen. 1989.

Waldshut-Tiengen (Waldshut / P 4) BW

Waldshut

Als späteste Einheit des → **Schluchseewerkes** (→ Häusern, → Ühlingen-Birkendorf) seit 1951 in Betrieb, liegt die *Unterstufe* W. mit dem *Krafthaus* parallel zum Rhein. Die für die Schluchseestufen obligatorischen vier Maschinensätze sind wegen des geringen Höhenunterschiedes im Stau des Rheinkraftwerkes Albbruck-Dogern, der als Sammelbecken dient, mit liegender Welle eingebaut. Wie in Häusern und Witznau bestimmen vertikale Fensterschlitze die Hauptfassade, ohne jedoch eine gleichartige Spannung der Architektur wie in den früheren Bauten zu erzeugen. Zwei Quertrakte auf der Landseite nehmen Transformatoren und Schaltanlage auf.

W.-Tiengen

● **Eisenbahnbrücke.** Erste Eisenbahnbrücke über den Rhein zwischen Deutschland und dem Ausland in der Bahnstrecke W.–Koblenz–Turgi. Nach Planung von Robert Gerwig durch die Maschinenfabrik Gebr. Benkiser, Pforzheim, 1858 begonnen, wurde sie am 18. 8. 1859 dem Verkehr übergeben. Die als Durchlaufträger mit zwei parallelen Gurten über drei Öffnungen (37,24 m, 54,9 m, 37,24 m) gerechnete engmaschige Gitterträger-Konstruktion aus Schweiß eisen überspannt, unterstützt von zwei Sandsteinpfeilern, mit 5,08 m Höhe bei obenliegender Fahrbahn den Rhein, um auf dem Schweizer Ufer in einen sechsbogigen Viadukt von jeweils 8,7 m Stützweite überzugehen. Die Widerlager durch polygonale Pfeilervorlagen mit Zinnen bastionsartig verstärkt. Eingleisige Ausführung bei urspr. zweigleisiger Planung, 1912 Verstärkung der Hauptträger. Besondere Bedeutung hat die letzte Konstruktion dieser Art durch den bei der Montage erstmals in Deutschland (weltweit zum ersten Mal 1844 bei der Aarebrücke in Bern) durchgeführten freien Vorschub des auf dem rechten Rheinufer in voller Länge zusammengefügten Oberbaues. Die moderne Farbgebung ist der dunkelrostroten orig. Fassung angeglichen.
Lit.: ABZ 1862; Boeyng, 1988.

Wallerfangen-St. Barbara SL
(Saarlouis/L 1)

Verm. im 3. Jh. wurde der an der Saar älteste **Stollen** am S-Hang des Blaufelsens (Schloßbergstraße, Blauwald) angehauen. Die Okkupationsinschrift INCEPTA OFFICINA EMILIANI NONIS MART (Am 9. März hat Emilianus das Bergwerk eröffnet) nennt auch den Namen des Eigentümers. Nach dem Rückzug der Römer im 4. Jh. kam der *Kupferbergbau* zum Erliegen, erlebte jedoch vom Spät-MA bis zum 30jährigen Krieg eine neue Blüte, da der kupferhaltige Azurit als Grundstoff für blaue Künstlerfarbe gefragt war.
Lit.: Slotta I; Dpfl. SL.

Wallhausen (Schwäbisch Hall/M 6) BW

Zweigesch. **Empfangsgebäude** mit Dienstwohnungen an der am 23. 10. 1869 eröffneten Teilstrecke Crailsheim–Weikersheim–Mergentheim der Tauberbahn in Sandstein-Quadermauerwerk, mit axialer Betonung des Hauptzugangs durch Doppelbogen als Bautyp für Zwischenstationen.

Waltrop (Recklinghausen/G 3) NW

● **Schleusenpark Henrichenburg** (Provinzialstraße, Am Hebewerk). Bei Henrichenburg (heute Stadtteil von Castrop-Rauxel) trifft der im Dortmunder Industriehafen beginnende, am 11. 8. 1899 eingeweihte →Dortmund-Ems-Kanal an der Stelle einer beträchtlichen Geländeabsenkung zum Rhein hin, die ein Abstiegsbauwerk erforderte, auf den von Herne aus urspr. als Stichkanal angelegten Rhein-Herne-Kanal. Als aufwendigstes Bauwerk innerhalb des westdt. Wasserstraßennetzes überwindet das 1894–99 errichtete *Schiffshebewerk Henrichenburg* an der letzten Haltung des Kanals den Höhenunterschied von 14 m mit einer 1887 in Deutschland und Belgien gleichzeitig entwickelten Konstruktion, die, hier erstmals angewandt, als Pionierleistung der Ingenieurbaukunst gilt. Innerhalb einer Stützkonstruktion aus Stahlfachwerk ruhte ein Stahltrog (L 70 m, B 8,6 m, T 2,5 m, Ges.-Gewicht konstant 3000 t, ausgelegt für Schiffe bis 80 t Tragfähigkeit) auf fünf axial in einer Linie angeordneten, 10 m hohen, in ausgemauerten, gußeisenverkleideten Brunnen (T 30 m, Dm. 8,3 m) schwimmenden Hohlzylindern. Geringfügige Veränderungen der Wasserhaltung im Trog genügten, das sich in Ruhestellung im Gleichgewicht befindliche Gesamtsystem durch Ausnutzung des natürlichen Auftriebes der Schwimmer in Bewegung zu setzen. Vier in den Ecken angeordnete Schraubenspindeln dienten der Stabilisierung des Hebe- und Senkvorganges. Die Leistung eines 300-PS-Elektromotors reichte aus, um die Trägheitsmomente und Reibungskräfte bei Bewegungsbeginn zu überwinden sowie über die Schraubenspindeln den Trog waagerecht zu führen. Bei der Schleusung wurden Trog und Haltungen mittels Gummidichtungen wasserdicht gekoppelt. Konstruktion und Ausführung: Haniel & Lueg, Düsseldorf, unter Obering. B. Gerdau; Schwimmerkonstruktion: Ges. Harkort, Duisburg; Elektr. Einrichtungen: EAG vorm. W. Lahmeyer & Co., Frankfurt a. M. Zurückhaltend renaissancistisch gestaltete Sandsteinpfeiler mit kupfernen Bekrönungen nach

Waltrop. Schiffshebewerk Henrichenburg

Wangels-Farve. Holländerwindmühle

Entwurf von Reg.-Baurat Hermann, Münster (Kgl. Canal-Commission) festigen optisch die Ecken der Stahlkonstruktion. In der sanierten, seit der Stillegung 1962 nicht mehr betriebsfähigen Konstruktion sowie in der oberen Haltung entsteht eine Außenstelle des Westf. Industriemuseums. – Als Reservebauwerk bei Betriebsstörungen am Hebewerk entstand nördl. von diesem 1908–17 die erste dt. *Schachtschleuse* (L 95 m, B 10 m) mit fünf symmetrisch angeordneten Sparbeckenpaaren (Ges.-Fläche 9250 qm) zur Reduzierung des Wasserverlustes bei der Schleusung in der oberen Haltung und damit der für das Rückpumpen des Wassers in das obere, zuflußlose Kanalbett notwendigen Energie. – Nach dem Prinzip des hist. Hebewerks von 1899 arbeitet auch das bereits seit 1928 vorgeplante, 1958–62 errichtete *Zweischwimmer-Hebewerk* mit einem Trog (L 90 m, B 12 m, T 3 m) für Schiffseinheiten bis zu 1350 t Gesamtgewicht.

W.-Brockenscheidt

Zeche Waltrop (Sydowstraße). 1903–05 unter der Verwaltung der Kgl.-Preuß. Bergwerksdir. Dortmund zur Kohleversorgung der kais. Flotte abgeteufte Doppelschachtanlage mit weitgehend erhaltenem Ensemble der Tagesanlagen, die gleichzeitig nach einheitlicher Planung durch die Kgl.-Preuß. Berginsp. 4 in W. unter Leitung von Reg.-Bmstr. Van de Sand in typischem Industrie-Jugendstil im Zusammenspiel von Putzflächen und Backsteinrohbau entstanden. In der Maschinenhalle eine Tandemfördermaschine, bezeichnet: 1910, A. C. Isselburger Hütte, Isselburg.

Lit.: ZBV 1895/96; VDI 1899; Slotta I; Westf. Ind. Mus. (Prospekt); Matzanke, 1986.

Wanfried (Werra-Meißner-Kreis/H–I 6/7) HS

Nach Erwerb 1893 baute Carl X. v. Scharfenberg die 1537 erstmals genannte, nach 1847 in ihrer jetzigen Form in Fachwerk errichtete **Mühle** an der Werra 1899 zu einem E-Werk um, das ab 1901 die Versorgung W.s sicherstellte. Die drei Maschinensätze des ab 1925 modernisierten **Kraftwerkes** (Unter der Tränke 1) wurden am

14. 2. 1927 in Betrieb genommen. – Eigenwillig neobarocke Architektur zeigt das Verwaltungsgebäude der ehem. **Fa. Herland** (Bahnhofstraße) von 1921.

Wangels-Farve (Ostholstein/B 7) SH

Holländerwindmühle von 1828, mit polygonalem, reetgedecktem Rumpf.
Lit.: Fröde 153.

Wangen (Ravensburg/P 6) BW

Bei W.-Föhlschmitten und W.-Hiltensweiler zwei der für den Oberrhein und das Bodenseegebiet typischen **Archenbrücken** – hölzerne Sprengwerke, beidseitig verbrettert unter Walmdach – über die Argen.

Wangerland-Hohenkirchen NS
(Friesland/C 4)

Einem in der Höhe gedehnten Zikkurat ähnelt die expressive Backsteinarchitektur des 1934 nach Entwurf von Fritz Höger als Arbeitsbeschaffungsmaßnahme errichteten **Wasserturms** an der Straße nach Altgarmsiel.
Lit.: Merkl 161.

Wangerooge (Friesland/C 4) NS

Als Ersatz des als Seezeichen und Inselkirche dienenden, 1914 aus militärischen Gründen gesprengten **Westturmes** von 1597 entstand 1932 im freiwilligen Arbeitseinsatz der dt. Turnerjugend ein neuer, als Jugendherberge genutzter Westturm. Um den 1856 errichteten neuen Leuchtturm entwickelte sich das in der Sturmflut der Silvesternacht 1854/55 völlig zerstörte Alt-W. erneut zu einem Seebad.
Lit.: ZA + IVH 1867; Handbuch hist. Stätten. Bd. 2.

Warburg (Höxter/H 5) NW

Empfangsgebäude des romantischen Spätklassizismus unter dem formalen Einfluß von Ruhl in (urspr.) Backsteinrohbau mit allseitig prägenden Stufengiebeln und Resten von Terrakottadekoration. Eingeweiht zusammen mit der am 15. 9. 1849 eröffneten Strecke Hümme–Haueda–W. der Kurfürst-Friedrich-Wilhelms-Nordbahn (seit 1866 Hess. Nordbahn).

Warendorf (Warendorf/G 4) NW

Der nach Planung des Ing.-Büros Claß, Wuppertal-Barmen, 1907–08 errichtete **Wasserturm** (östl. Ortsrand) erhebt sich über polygonalem, durch Blendbögen gegliedertem Sockelgeschoß mit zeittypisch schlankem, leicht konischem Schaft für einen Intze-Behälter (250 cbm Nutzinhalt). Der auf gekehlter Auskragung aufliegende verputzte, durch Gesimse sparsam akzentuierte Behältermantel trägt ein geschweiftes Kegeldach mit schlanker Laterne.
Lit.: Merkl 273.

Warthausen (Biberach/O 6) BW

Zur Versorgung des Schlosses im 18. Jh. erbautes **Brunnenhaus** im Tal der Riß mit Resten der urspr. Betriebseinrichtung.

Wathlingen (Celle/F 6/7) NS

Die meisten obertägigen Bauten der 1905–11 angelegten Schachtanlage Niedersachsen des **Kaliwerkes Niedersachsen-Riedel** (→ Uetze-Hänigsen) entsprechen mit zurückhaltend tradiertem Historismus der sparsam durch schmükkende Putzfelder aufgelockerten Backsteinrohbauten dem konservativen Industriebau der Zeit. Die Fassaden der Wohnbauten der Kolonie (Riedel-, Niedersachsen-, Knappenstraße) zeigen lebhaften Wechsel von Backstein- und Putzflächen.
Lit.: Slotta III.

Weener (Leer/D 3) NS

Eingleisige **Eisenbahn-Klappbrücke** (Friesenbrücke) über die Ems von 1924–26 als Ersatz einer zusammen mit der Strecke Ihrhove–Neuschanz der Oldenb. Staatsbahn am 26. 11. 1876

in Betrieb genommenen gleicharmigen Drehbrücke. Über den fünf östl. Öffnungen (Stütz-W 50,64 bzw. 51,09 m) ein fester Fachwerküberbau im Wechsel von Einfeldträgern und mittels Gerberscher Gelenke eingehängter Zwischenträger; die Klappbrücke (Stütz-W 29,1 m) der MAN, Gustavsburg, wurde nach dem System Scherzer als Rollklappe ausgebildet; an den festen Überbau der westl. Öffnung (50,64 m) schließt auf der Dammhöhe das Steuerhaus an.
Lit.: ZBV 1926.

Weeze-Wissen (Kleve/G 1) NW

In dem aus dem 16. Jh. stammenden Gebäude der ehem. **Wassermühle** des Schlosses Wissen haben sich aus der Modernisierungsphase des späten 19. Jh. Mahlwerk und liegende Turbine erhalten.
Lit.: Dpfl. NW/RL.

Weiden in der Oberpfalz BAY (OPf./Weiden/L 9)

Bahnanlagen. Ein erstes *Empfangsgebäude* der Oberpfälzer Linien der vormaligen Ostbahnen (am 1. 1. 1875 vom Staat übernommen), in den Abschnitten Schwandorf–W.–Bayreuth am 1. 10./1. 12. 1863 und W.–Mitterteich–Eger am 15. 8. 1864/15. 10. 1865 eröffnet, wurde beim Bau der Strecke W.–Neukirchen (eröffnet 15. 10. 1875) durch einen breitgelagerten dreigesch. Neubau mit axialem Risalit und Seitenpavillons nach Planung von Karl Zenger ersetzt. – *Bahnausbesserungswerk* mit Betriebsgebäuden, Lokschuppenteilen und Verwaltungsgebäude (Nikolaistraße) von 1896; in der Nähe *Beamtenwohnhäuser* der Jahrhundertwende.
Lit.: Lutz.

Weil am Rhein (Lörrach/P 3) BW

W.-Friedlingen

Auf der Schusterinsel (**Färberei und Appretur Schusterinsel GmbH**) ein *Wasserturm* mit Intze-Behälter (100 cbm) von 1907–08 auf eiserner Tragkonstruktion. – Benachbart der konsequent das Prinzip des Eisenbeton-Skelettbaus darstellende Fabrikbau (1928–29) der 1898 gegr. **Färberei Josef Schetty Söhne.**

W.-Haltingen

Im Bhf. Basel / Bad. Rangier-Bhf. / Bahnbetriebswerk H. tragen acht durch Diagonalkreuze zum räumlichen Fachwerk versteifte eiserne Profilstützen über einem mit Dreiecksblechen verstärkten Auflagerring einen der wenigen noch erhaltenen **Klönne-Behälter** (Dm. 10,4 m, 500 cbm, →Altenkirchen/Westerwald). Den seit 1913 genutzten Kugelbehälter umfängt äquatorial ein Laufsteg, der Revision dient eine der Kugelkrümmung angeglichene drehbare Leiter. ●
Lit.: Slotta II; Krins 224.

Weilburg (Limburg-Weilburg/J 4) HS

Das spätklassizistische **Empfangsgebäude** an der 1858 durch die Wiesbadener Eisenbahnges. begonnenen, ab Ems durch das Hzgt. Nassau fortgesetzten und von Nassau über Limburg bis W. durch die Nass. Staatsbahn 1862 fertiggestellten Strecke der Lahntalbahn repräsentiert den um die Jahrhundertmitte allgemein gültigen Stationstyp. Im Anschluß daran folgen Stellwerk und Wohngebäude aus einer Modernisierungsphase um 1915, dann die **Lahnbrücke** mit eisernem Oberbau im System von 1915, auf Pfeilern von spätestens 1862. Den Abschluß des Eisenbahnensembles bildet das repräsentativ neugotische, von Türmen flankierte N-Portal des 302 m langen W.er **Tunnels**; das asymmetrisch durch Tunnelwärterraum erweiterte S-Portal krönt ein aufwendiger Stufengiebel. – Der zur Bahn parallele, die Lahnschleife unter der Stadt hindurch abkürzende **Schiffstunnel** (L 195,26 m) ist ein Unikat unter den Bauten für die Binnenschiffahrt in Deutschland geblieben. ● Er bildet zusammen mit der vor dem talseitigen Portal gelegenen Koppelschleuse eines der bedeutendsten techn. Denkmale Hess. Im Zusammenhang mit der Schiffbarmachung der Lahn ab 1838 zwischen Biskirchen und der Mündung 1844–47 unter Adolph Herzog von Nassau errichtet, verloren Schiffahrtsweg und Tunnel bereits 15 Jahre später mit der Fertigstellung der Lahntalbahn ihre urspr. Funktion. Die klassizistischen Portale tragen die Inschriften: »ADOLPHUS DUX NASSOVIAE MONTIS PERFOSSUM NAVIBUS APERUIT A. D. MDCCCXLVII« (Adolph Herzog von Nassau hat den Rücken des Berges durchstochen und den Schiffen geöffnet. A. D. 1847) und »Adolph Herzog zu Nassau der Schiffahrt 1847«. – Im Wehrhölzer Wald (Gem. Odersbach) gegenüber dem Stadtberg von W. befinden sich drei ihrer urspr. Bedachung entblößte, aus Säulenbasalt geschichtete ehem. *Reservoirs* (30 × 13 bzw. 13 × 13 m, T ca. 6 m) der ab 1706 verm. von Julius L. Rothweil erbauten **Wasserleitung.** Auf der Bruchkante des Lahngrabens steht ein um 1785 durch Johann L. Leidner errichteter **Druckturm**, von dem aus die vier »herrschaftlichen« und »bürgerlichen« Rohrstränge gemeinsam ins Tal und mittels Hängebrücke (1785) über die Lahn bis zur Stadt geführt wurden. Von der 1934 durch eine feste Konstruktion ersetzten **Kettenbrücke** (Kettenbach-Brücke) blieben die ehem. als Widerlager dienenden Pavillons erhalten. – Als typisch für die Kleinmaßstäblichkeit des **Eisenerzbergbaus** im Lahn-Dill-Gebiet kann die **Grube Waldhausen** (Unteres Waldenbachtal, W.-Waldhausen) gelten, die 1822 an die Hzgl.-Nass. General-Domänen-Dir. verliehen, 1897 von Friedrich Krupp, Essen, erworben und nach dem 1. Weltkrieg mit Unterbrechungen bis zur endgültigen Stillegung der Tempererzaufbereitung 1983 (der Untertagebetrieb bereits 1966 eingestellt) betrieben wurde. Das 1951 montierte Fördergerüst (Baujahr 1937) stammt von der Erzgrube Würgengel bei Braunfels, die elektr. Fördermaschine von der Grube Heinrichssegen.

Lit.: Slotta I/V,1; Höhmann; Dpfl. HS.

Weilmünster - Audenschmiede HS
(Limburg-Weilburg/J4)

Zu den ältesten hess. Eisenhütten zählt die 1434 gegr. **Audenschmiede** an der Straße von Weilnau nach W., für die 1588 der Bau eines Hochofens überliefert ist. 1798 übernahm Bergrat Johann W. Buderus II. das Werk einschl. umfangreicher Schürfrechte von der Friedrichshütte in Laubach, das nach Abschluß eines Sozietätsvertrages von seinen drei Söhnen ab 1807 unter dem Namen »**J. W. Buderus Soehne**« gemeinsam betrieben wurde und 1870 nach Auflösung des Vertrages in das Eigentum von Friedrich Buderus überging, der das Werk bereits seit 1838 geleitet hatte. Nach Einstellung des Hochofenbetriebes 1877 blieb das Werk als reine Gießerei bis 1930, als Industriebetrieb bis heute bestehen. Aus der Ausbauzeit der Hütte nach 1838 stammen ein klassizistisch geformter Kamin (dat.: JWBS 1858, J. Fr. Buderus renoviert 1911), ehem. Gießhallen, Lagergebäude und das in Fachwerk errichtete, durch ein Uhrtürmchen betonte Verwaltungsgebäude.

Lit.: Ferfer.

Weinheim (Rhein-Neckar-Kreis/L4) BW

Ehem. **Hildebrand-Mühle** (Mühlweg). Stadtbildprägender, den Zugang zum Birkenauer Tal beherrschender, zwischen 1870 und 1895 entstandener Gebäudekomplex an der Weschnitz. Als bereits ma. Mühlenstandort bekannt, 1500 erstmals urkundlich erwähnt, von 1542 bis Anfang 17. Jh. als Seitzsche Mühle genannt, seit 1745 im Eigentum der Familie Hildebrand. G. Hildebrand, der 1866 den hauptsächlich Weizen verarbeitenden Betrieb übernahm, legte durch den Kauf weiterer Mühlen den Grundstock für eine Mehlfabrik, die sich bereits nach kurzer Zeit zu den bedeutendsten Kunstmühlen Deutschlands zählen konnte. Die Installation automat. Walzenstühle (Patent F. Wegmann, 1876) ab 1891 steigerte die Produktion um ein vielfaches (1880: 55 Arbeiter, 8000 dz; 1899: 133 Arbeiter, 58 Walzenstühle, 588 000 dz). Mit Fertigstellung des Mannheimer Industriehafens 1903 Verlegung des Hauptbetriebes 1907 nach Mannheim. 1921 Einstellung des Mühlenbetriebes in W. und Nutzung als Lager bis in die 1980er Jahre. Die hangaufwärts gestaffelten Gebäude der Mühlenanlage überragt der *Siloturm* in zweifarbigem Backsteinmauerwerk mit starker vertikaler Betonung durch kräftige Lisenen, an den Ecken von Türmchen bekrönt, erst in den OG. gliedern ihn horizontal Bänder, Rundbogenfenster und Triforien; darüber ein Zinnenkranz auf ausladendem Gesims. Die drei- und viergesch., ebenfalls zweifarbigen *Mühlengebäude* zeigen gleichmäßige Rundbogenfensteranordnung und horizontale Betonung durch Gesimse und Attika; z.T. Eisenfachwerk-Konstruktion mit Vormauerziegel-Ausfachung, Ecklisenen und kräftigem Gesimsband. Zugehörig *Maschinen- und Kesselhaus* sowie *Schornstein*. Stadtseitig eingesch. Verwalterhaus und aufwendige Unternehmervilla in Verblendmauerwerk mit Werksteingliederung in Anlehnung an franz. Renaissance mit reicher Innenausstattung.

Lit.: Dpfl. BW; Krins 225.

Weinstadt-Endersbach BW (Rems-Murr-Kreis/M 5)

Druckturm auf dem Schönbühl in der für die Hochbauten der *Landeswasserversorgung* (1912–17) von → Niederstotzingen nach Stuttgart charakteristischen Form des schlanken polygonalen Prismas mit Konsolgesims, das einen leicht auskragenden Kopf unter einem Zeltdach trägt. Modernisiertes Wasserreservoir.
Lit.: ZBV 1918.

Weißenthurm (Mayen-Koblenz/J 3) RP

Im Rundbogenstil des romantischen Spätklassizismus für die 1858 eröffnete Strecke der Rhein. Eisenbahn Remagen–Neuwied erbautes **Empfangsgebäude**, geprägt durch aufgeputzte Bandrustika ähnlich → Remagen. Daneben Güterschuppen in Fachwerkkonstruktion.

Weltersburg (Westerwaldkreis/J 3) RP

Auf 25 m hohem Stahlgittermast 1912 von der Gemeinde installiertes **Windrad** (→ Hofgeismar, Seelbach und Singhofen i. T.) zum Betrieb eines Wasserpumpwerkes.
Lit.: Custodis.

Wenden (Olpe/I 3) NW

● **Wendener Hütte** (L 512 nach Freudenberg, südl. W.-Hillmicke). Am Hang über der Bigge gestaffelte Gebäudegruppe (18./19. Jh.) aus Bruchstein des um 1728 durch Johannes Ermert aus der Grafschaft Sayn-Altenkrichen gegr., später von der Familie Remy aus Bendorf betriebenen Hüttenwerkes zur Verwertung hochwertigen Eisensteins aus dem Saynischen. Ehem. Hochofen sowie Gichthaus und Gießhalle, Lagerhäuser für Holzkohle und Eisenstein bzw. Roheisen und Stahl, Schuppen, Büro- und Wohnhaus, Stall und Remise, Wirtshaus und Hammerwerk (2 Schwanzhämmer, Gebläse) addieren sich zu einem der ältesten in Deutschland erhaltenen Gebäudekomplexe eines **Holzkohle-Hochofenbetriebes** (→ Rheinböllen, → Sigmaringen-Laucherthal etc.). Die noch zu Anfang des 19. Jh. als Musterhütte bezeichnete Anlage verlor um die Jahrhundertmitte u. a. nach Einrichtung von Puddelwerken im Kreis Olpe und als Folge der nach der Eröffnung der Ruhr-Sieg-Bahn 1861 noch ungünstiger gewordenen Standortsituation zunehmend an Bedeutung und stellte 1866 den Betrieb ein.
Lit.: Techn. Kulturdenkmale, 1976.

Wendlingen (Esslingen/N 5) BW

Die **Weberei** in W. der 1816 von Immanuel F. Otto in Nürtingen gegr. Baumwollspinnerei entstand als einer von sechs weiteren Produktionsstandorten 1886–87 als eingesch. Backsteinbau nach Entwurf von Otto Tafel, Stuttgart. Erweiterung um einen dreigesch. **Spinnereihochbau** 1889–90, dessen Vergrößerung um ein Drittel durch Phil. J. Manz, Stuttgart. In der **Kraftzentrale** (1910, Ph. J. Manz) eine Dampfturbine mit koaxial gekuppeltem Drehstromgenerator – beide Bergmann, Berlin.
Lit.: Krins 226.

Wennigsen-Bredenbeck NS (Hannover/F 6)

Konischer Glasturm aus zweischaligem Natursteinmauerwerk der von den Frhr. v. Knigge 1834 mit dem Bau eines ersten Schmelzofens am Steinkrug (B 217, im Wald gegenüber Hotel »Steinkrug«) vorrangig zur Herstellung von Buntglas gegr. **Glashütte.** Wegen ungünstiger Verkehrslage 1928 stillgelegt. – In W.-Sorsum ein dreigesch. **Erdholländer** in Bruchsteinmauerwerk von 1876–80.
Lit.: Mende, 1990; Dpfl. NS.

Werbach (Main-Tauber-Kreis/L 6) BW

In W.-Eulschirben steht an der Tauber ein **Kleinkraftwerk**, um 1925, mit Maschinensätzen der 1960er bzw. 1980er Jahre. Daneben reizvolle **Herrschaftsmühle** von 1592–95 am Ort einer bereits 1245 urkundlich erwähnten Mühle.

W.-Gamburg

In der Addition unterschiedlicher Hochbauten seltenes **Bahnhofsensemble** der am 15. 10. 1868 eröffneten Strecke Hochhausen–Wertheim mit Empfangsgebäude, Wohnhaus, Güterschuppen,

Streckenwärtergebäude und späterer Wartehalle (um 1920) in Dammlage zwischen Tunnel und Tauberübergang auf eiserner Fachwerkbrücke. Zwei- bzw. dreigesch. *Empfangsgebäude* in Hanglage aus Buntsandstein mit steilen Treppengiebeln und beidseitig die Längsfronten zentrierenden Risaliten. Die Nebengebäude sind eine Mischung aus Massiv- und Fachwerkkonstruktion bzw. reinem Fachwerk.

● **Bimssteinfabrik** (Maisenbachstraße). Hinter den schmucklosen Fassaden der 1890 gegr., heute einzigen in Westeuropa noch produzierenden Bimssteinfabrik verbirgt sich eine wohl einmalig komplette, noch betriebene techn. Einrichtung zwischen der Jahrhundertwende und den 1920er Jahren: Rüttelsiebe, Trommelmühlen (August Reissmann Maschinenfabrik, Eisengießerei, Saalfeld/Saale), Rührwerke – alle angetrieben über Transmissionen –, Formerei, Trockenkammern und drei Brennöfen. Die in unterschiedlicher Körnung aus vulkanisch schwammigen Gesteinen aufbereitete Grundmasse wird in Metallformen luftgetrocknet und in Tonformen eingeschichtet, dann 30 Std. bei 1200° C gebrannt. – Benachbart liegt die ehem. **Dorfmühle A. Lang** mit stillgelegter Turbine von 1910.

Werdohl (Märkischer Kreis/H 3) NW

Nördl. W.-Ütterlingsen führt eine vierbogige **Bruchsteinbrücke** über die Lenne, ein charakteristisches Beispiel für die zahlreichen Hoch- und Kunstbauten (Brücken, Tunnel) der im gewundenen Lennetal durch die Berg.-Märk. Eisenbahn gebauten Ruhr-Sieg-Bahn (Letmathe–Altena, eröffnet 16. 7. 1860; Altena–Finnentrop–Siegen, 6. 8. 1861). – Bei W.-Wilhelmsthal (VDM) eines von 13 zur Nutzung der Wasserkraft der Lenne ab 1906 errichteten **Kleinkraftwerke** mit einem durch Natursteinpilaster gegliederten Putzbau als Maschinenhaus und einem Wehr, 1926, mit zwei Öffnungen zwischen Betonpfeilern. Orig. techn. Einrichtung erhalten.

Lit.: Dpfl. NW/WF.

Wertheim (Main-Tauber-Kreis/K 6) BW

Der **Burgbergtunnel** und die gekrümmte **Tauberbrücke** sind Bauten der am 1. 10. 1881 eröffneten Sekundärbahn der Bayer. Staatseisenbahnen Lohr–W. – Am Mainufer ein eiserner **Wippkran** aus der 2. Hälfte des 19. Jh., ähnlich →Heilbronn, →Frankfurt a. M.-Höchst, →Bamberg u. a.

W.-Bronnbach

Stationsgebäude der am 15. 10. 1868 eröffneten Strecke Hochhausen–W. (dat. 1868) in neoromanischen Formen als Kombination von zweigesch., zum Gleis giebelständigem *Wohn- und Empfangsgebäude* und eingesch., gleisparallelem *Güterschuppen* mit Diensträumen aus Buntsandstein. Schranken noch handbetrieben, mechanisches Stellwerk um 1950.

W.-Reicholzheim

Sauerstoffwerk Guttroff. *Kleinkraftwerk* von 1924 mit Turbinen von Voith (1924) und von der Zahnradfabrik Augsburg vorm. Joh. Renk AG (1948) sowie zeitgleiche AEG-Generatoren (2,3 bzw. 3,8 kW). *Kältekompressor*, um 1924, der Maschinenfabrik Sürth, einer Zweigniederlassung der Ges. Linde & Eismaschinen AG, Sürth b. Köln.

W.-Waldenhausen

Theilbacher Mühle. *Kleinkraftwerk* in der Tauber ● mit Wehranlage und neoklassizistischem Krafthaus von 1923. Orig. Maschinensätze einschl. Regler und Schalttafel sind erhalten: Francis-Turbine (5 cbm) mit stehender Welle von Voith, Heidenheim, Generator von Bergmann, Berlin, und Regler von Briegleb Hansen, Gotha; Francis-Turbine (3,2 cbm) mit stehender Welle von Zahnradfabrik Augsburg, Siemens-Generator und Regler von Fritz Neumeyer, München.

Weschnitztal (Rhein-Neckar-Kreis/L 4) BW

Zur industriellen Erschließung des westl. Odenwalds im mühlenreichen, landschaftlich reizvollen W. von der Hess. Staatseisenbahn am 1. 7. 1895 eröffnete Strecke Weinheim–Mörlenbach–Fürth mit mehreren **Tunneln** und **Bahnbrücken** als Fachwerkkonstruktionen in dichter Folge. Die **Empfangsgebäude** sind standardisiert. Weitgehend im Orig. erhalten blieb der Bhf. Mörlenbach, ein gelber Klinkerbau mit Buntsandsteinzier, offener ehem. Perronüberdachung aus Gußeisen als Giebelanbau in Zweitverwendung, der Güterschuppen ist holzverschalt. – In der

Trasse der am 1. 3. 1901 für den Verkehr freigegebenen Strecke Mörlenbach–Wahlen mehrbogige **Viadukte** aus einheimischem Natursteinmaterial über die Straßen nach Völkersbach und Abtsteinach, ebenso in Mackenheim; 679 m mißt der **Waldmichelbacher Tunnel** (1898–99) durch die Kreidacher Höhe.

Wesel (Wesel/G 2) NW

Nördl. der Straßenbrücke (B 58) erhaltene Reste der **Flutbrücken** der von der Cöln-Mindener Eisenbahn im Zuge der Bahnlinie Venlo–W.–Haltern (eröffnet 31. 12. 1874) 1871–74 errichteten zweigleisigen Rheinbrücke. Die Forderung des Militärs nach freiem Schußfeld in der Stromniederung zwang die Bahnges. zum Verzicht auf Dämme und folglich zu einem Brückenbauwerk mit 103 Bogenöffnungen in den Vor- und Flutbrücken sowie vier Stromöffnungen mit eisernem Oberbau. Mit einer Gesamtlänge von 1950 m zählte es zu den seinerzeit bedeutendsten Brükkenbauwerken der Welt; als längste Eisenbahnbrücke Deutschlands wurde sie erst 1913 durch die Fertigstellung der →Rendsburger Hochbrücke übertroffen. Nach Erneuerung der Eisenkonstruktion 1926–27 fast total zerstört durch Sprengung 1945.

Wasserwerk (Fusternbergerstraße, Am Lippe-Hafen). Für die städt. Wasserversorgung 1886 fertiggestelltes, 1903–05 nach Planung von Stadtbmstr. Koch in Anlehnung an die zurückhaltend historisierende Architektur des Ursprungsbaues erweitertes *Pumpwerk* mit – nach der Stilllegung 1956 – teilweise erhaltener masch. Ausstattung, u. a. *Dampfpumpenanlage* von 1903 mit liegender Zwillings-Verbund-Dampfmaschine, Flammrohrkessel von 1903, Kreiselpumpe von 1905 mit AEG-Elektromotor von 1924, Gasmotor von 1938. Seit 1986 öffentl. zugänglich.

Wasserturm (Brandstraße). Der Sockelbereich des nach Kriegszerstörung 1951 als schlichter Backsteinzylinder erweitert wiederaufgebauten Wasserturmes verweist noch auf den urspr. mit einem Intze-Behälter (600 cbm) ausgestatteten Turm von 1886, den man später um einen auf Stahlkonstruktion aufgelagerten zweiten unteren Behälter (stillgelegt bei Ersatz des oberen Behälters) ergänzt hat.

Lit.: Slotta II; Dpfl. NW/RL; DB 1879; Pottgießer.

Wesergebirge (F 5) NS

Eine Anzahl der im W. zwischen Porta Westfalica und Rehren weitgehend im Orig. erhaltenen, in Beton mit Natursteinverkleidung 1937–39 ausgeführten **Kunstbauten** dokumentieren das landschaftsgebundene Reichsautobahnprogramm: die *Talbrücken* Kleinenbremen (5 Öffnungen), Schermbeck (12 bzw. 9 Öffnungen), Luhden (11 Öffnungen), Arensburg (29 Öffnungen), Ölbergen (14 Öffnungen) und die *Überführungen* Todenmann, Borstel und Escher.

Lit.: Lucka.

Westerburg (Westerwaldkreis/J 3) RP

Die am 16. 7. 1907 eröffnete Westerwaldquerbahn Rennerod–W. überquert mit einer 257 m langen, auf eisernen Böcken gelagerten Fachwerkkonstruktion (in der Untergurtebene Fußgängersteg), ähnlich den etwa 15 Jahre älteren Brücken bei →Blumberg, das Tal des Hülsbaches. Die von der Killmannschen Eisenbau AG konstruierte **Gerüstbrücke** wurde bereits bei der Eröffnung als neues Wahrzeichen von W. gerühmt.

Lit.: ZBW 1907; Custodis.

Westerholz (Schleswig-Flensburg/B 5) SH

Anstelle einer älteren Mühle 1876 aus Stein errichteter **Galerieholländer** »Steinadler«, der bis 1958 mit Windkraft arbeitete. Heute Hotel.

Lit.: Fröde 153.

Westerstede (Ammerland/D 4) NS

Mit dem am 1. 11. 1904 fertiggestellten Umbau auf Normalspur der am 1. 9. 1876 als Schmalspurbahn eröffneten Strecke Ocholt–Westerstede der Oldenb. Staatsbahnen erhielt W. bis 1906 (dat.: Im Jahr 1906) nach Entwurf von L. Klingenberg ein neues, der Renaissance verpflichtetes **Empfangsgebäude.** Das auffallend dekorierte Hauptportal ist zusätzlich durch einen Rundturm betont. Im Inneren Dekorationsmalereien.

Lit.: Dpfl. NS.

Westfeld-Wrisbergholzen NS (Hildesheim/G 6)

Eine Dreiflügelanlage von 1736 in Fachwerkkonstruktion mit Bruchsteinausfachung war das Produktionsgebäude der bis 1836 bestehenden ehem. **Graf Görtzschen Fayence-Manufaktur** (Unterdorf 9). Das Kabinett im Herrenhaus des Gutes gegenüber diesem wohl ältesten erhaltenen Fabrikbau Nordwestdeutschlands ist mit bemalten Wandfliesen der Manufaktur ausgekleidet.

Lit.: Dpfl. NS; Mende, 1990.

Wetzlar (Lahn-Dill-Kreis/J 4) HS

Zu den ältesten Industriebetrieben in W. gehören die aus dem 1849 von Carl Kellner gegr. »Optischen Institut« hervorgegangenen **Wild-Leitz-Werke**, die mit der Konstruktion der 1924 vorgestellten »Leica« die Photographie revolutionierten. In der Ansicht des Werkes am Fuße des Kalsmunt dominieren die konstruktiv sachlichen Bauten von 1935–38. – Am Schnittpunkt wichtiger Fernbahnen gründeten die **Eisenwerke Buderus** 1870 die Sophienhütte, deren erster Hochofen 1872 angeblasen, deren letzter 1981 stillgelegt und 1983 abgebrochen wurde. Auf dem Werksgelände stehen das als Archiv genutzte ehem. Unternehmerwohnhaus aus der Gründungszeit und ein um 1915 errichteter Wasserturm mit offenem Betonskelett als Tragkonstruktion für den polygonalen Behälterkopf. – 1909 erwarb Buderus das ehem. **Eisenstein-Grubenfeld Malapertus** bei W.-Niedergirmes, um den dort anstehenden Kalkstein für die seit 1899 in der Sophienhütte aufgenommene Portland-Zementproduktion zu brechen. Fördergerüst, Maschinenhaus und Fördermaschine oberhalb des Kalkbruchs (über Blasbacher Weg) dienten dem Materialtransport in den Verbindungsstollen zu einem Kalkbruch in Hermannstein.

Lit.: Slotta V,1; Höhmann; Ferfer.

Wiesbaden (Wiesbaden/K 4) HS

Seit der Anlage zweier röm. Kastellbauten mit zugeordneten Bädern am »Kochbrunnen« im 1. Jh. n. Chr. lebte das 829 erstmals als Wisibada erwähnte W. von seinem Ruf als Thermalbad. Es erhielt zusätzliche Bedeutung ab 1744 als Residenz der Grafen von Nassau-Usingen, 1816 als Residenz des Herzogtums Nassau, 1866 als Sitz der preuß. Bezirksregierung, 1946 als Landeshauptstadt des Bundeslandes Hessen. Industrie kam erstmals durch die Eingemeindung von Biebrich (1926) sowie von Kastel und Amöneburg (1945) in den Badeort.

Bahnhof. Als Ersatz für die drei nach- und nebeneinander 1840/54/79 entstandenen Bahnhöfe der Taunus-, Rhein- und Ludwigsbahn planten die Preuß.-Hess. Staatseisenbahnen seit 1897 eine dem Verkehrsaufkommen gerechte Umgestaltung der Bahnhofsanlagen. Rund 900 m südl. der früheren Bahnhöfe wurde am 15. 11. 1906 nach zweijähr. Bauzeit der neue, auf die Hauptverkehrsader des Bäder- und Fremdenviertels ausgerichtete Bhf. als Kopfstation in Betrieb genommen. Der Entwurf für das neobarock pompöse, im Zeitstil asymmetrisch in den Baumassen komponierte *Empfangsgebäude* stammt von dem noch in der Bahndir. Mainz tätigen Friedrich Klingholz (→ Lübeck) und seinem Mitarbeiter Panthel. Ein 46 m hoher *Uhrturm* neben der Schalterhalle bildet den Hauptakzent. Die Giebel der Schalterhalle und des Wartesaals für die 3. und 4. Klasse sind als ungleiche Pendants entworfen; zwischen beiden liegt der Wartesaal der 2. Klasse mit Pfeilerhalle. Seitenflügel enthalten die Post und Diensträume, der Fürstenpavillon ist zerstört. Die Ausführung des auf die Stadt wie auch den Verkehr bezogenen ikonographischen Programms geht auf Entwürfe des Bildhauers F. Vlasdeck zurück. Die fünfjochige Eisenkonstruktion der *Bahnsteighalle* (11 Gleise) wurde nach Zerstörung im 2. Weltkrieg erneuert.

Nerobergbahn (Wilhelminenstraße, Südl. Nerotal). Zu den Attraktionen W.s gehört seit dem 25. 9. 1888 die von dem Unternehmer Carl Rudolph, Baden-Baden, zur bequemen Erschließung des beliebten Aussichtsortes Neroberg gebaute, heute älteste *Drahtseil-Zahnstangenbahn* mit Wasserballastantrieb (Spur-W 1000 mm, Gleis-L 438,5 m, Höhenunterschied 84 m, 7000 l Wasser). Im Anschluß an die Talstation – Betriebsgebäude, hölzerne Perronhalle und Wohnhaus im Landhausstil der 1870er Jahre – ein mehrbogiger *Viadukt* zum Ausgleich des ungleichmäßigen Höhenprofils.

● **Wasserversorgung.** Alle zu Großstädten wachsende Gemeinden des 19. Jh. hatten das gemeinsame Problem des rasch steigenden Wasserbedarfs. Das am Rande des Taunus gelegene W. löste es auf eine in Deutschland wohl einmalige Art mittels nach bergmännischen Methoden und unter Berücksichtigung bergrechtlicher Formalien aufgefahrener Tiefstollen (in einem der Stadt verliehenen Eisenerzfeld), die nach kilometerweiter Entfernung vom Mundloch das bis dahin abflußlose Gebirgsgrundwasser erschlossen und durch Stauverschlüsse gleichzeitig als eine Art unterirdischer Talsperren dienen. Alle Stollen sind mit einer Draisine (Spur-W 500 mm) befahrbar. Die Anregung zur Nutzung des Taunuswassers stammte von dem 1873 zum Kgl. Landesgeologen ernannten Carl Koch. Erste Erfahrungen sammelte W. bei dem noch per Hand von einem auf 12 m Sohle abgeteuften Einstiegsschacht aus vorgetriebenen **Münzbergstollen** (über Platter Straße, Richtung Teufelsgrund), der verm. 1875 begonnen, 1888 bei einem Vortrieb von 2909 m eingestellt wurde. Das Schachtgebäude ist ein schlichter in Bruchstein gemauerter Baukörper mit antikisierenden Gesimsen. Das Wachstum der Stadt – 1880 ca. 50000, 1890 etwa 65000 Einwohner – erforderte sofort nach Inbetriebnahme des durchschnittlich 2900 cbm/Tag liefernden Münzbergstollens neue Wassergewinnungsvorhaben. – Der 1896 mit hydraulischen Bohrmaschinen begonnene Vortrieb des **Schläferskopfstollens** (W.-Dotzheim, Im unteren Gehrn, Schützenweg) mußte wegen Einspruchs der Aartalgemeinden 1900 bei Station 1848 m eingestellt werden und erhielt erst 1908–09 seine endgültige Länge von 2812 m. Die repräsentative renaissancistische Mundlocharchitektur aus Polygonalmauerwerk und rustiziertem Mittelrisalit sowie gleichartig behandelten Eckpfeilern (dat.: 1908 bzw. 1910) führte der W.er Steinhauermstr. Philipp Schulz aus. Identisch die Mundlocharchitektur des benachbarten, 1490 m langen **Kreuzstollens** (dat.: 1901 und 1907). – Mit einer Länge von 4251 m blieb der 1899 bis 1906 aufgefahrene **Kellerskopfstollen** (W.-Rambach, Kellerskopfweg) der bedeutendste unter den W.er Tiefstollen. Sein nobles Portal in romanisierenden Formen am Ende eines Voreinschnitts wurde nach Plänen der Wasserwerksverwaltung von der Fa. Ph. Schulz errichtet. – Neben einem 1869 ausgeführten **Sammelbehälter** an der Platter Straße entstand 1882 durch Dykerhoff & Widmann ein fünfkammeriges *Reservoir*, erstmals vollständig aus Stampfbeton. Daneben ein **Pumpenhaus** von 1902. – Parallel zu der Taunuswassergewinnung beschloß die Stadt 1899 den Bau einer **Grundwassergewinnungsanlage** in der Rheinniederung bei Schierstein (Söhnleinstraße), deren Brunnen erstmals am 4. 2. 1901 regulär Wasser lieferten. Bereits 1904–06 wurde das Pumpwerk durch die romanisierenden Neubauten von Maschinen- und Kesselhaus, Rieslergebäude und Filterhäuschen qualitätvoll in Verblendmauerwerk mit Hausteingliederung wesentlich erweitert. – Fünf Jahre vor der Eingemeindung Biebrichs (1926) übernahm W. bereits 1921 dessen Wasserversorgung. Das **Pumpwerk** in Schierstein ebenso wie der 1896–97 nach Entwurf von Stadtbaurat Thiel auf der Adolphshöhe (Rudolf-Vogt-Straße) errichtete **Wasserturm** wurden 1923 stillgelegt. Die repräsentative Backsteinarchitektur und die Wahrzeichenfunktion des neobarock überkuppelten Bauwerks für ehem. zwei Behälter von 170 bzw. 50 cbm Inhalt sicherten bis heute dessen Erhaltung. – Mit der Eingemeindung von Igstadt übernahm W. 1926 auch die 1909–10 ausgeführte Wasserversorgungsanlage der Gemeinde mit dem dazugehörigen **Wasserturm** (Am Wasserturm), dessen polygonaler, verschieferter Kopf (Intze-Behälter, 80 cbm) auf einem dreifach gekehlten, weit auskragenden Gesims ruht. 1966 stillgelegt.

W.-Biebrich

Von der zeitgenössischen Fachpresse allgemein als moderner Nutzbau gelobt, vereint der nach Entwurf von Paul Bonatz 1909–10 ausgeführte Neubau der 1832 in Mainz gegr. **Sektkellerei Henkell** auf dem Höhenrücken zwischen W. und B. (Biebricher Allee 142) funktional organisierte Produktionsstätten und Repräsentationsräume unter einem Dach. Das Zentrum der nach barockem Vorbild um einen Ehrenhof gruppierten, in der Architektur neoklassizistischen Anlage bildet der durch Mittelrisalit zentrierte Hauptbau für Produktion und Verwaltung, durch geschwungene Kolonnaden mit den Flügelbauten (Beamtenwohnungen und Pförtnerhäusern) verbunden. Die Bildhauerarbeiten von Fritz Behn. – Am Rheinufer zwischen Amöneburg und Biebrich konzentriert sich W.s Großindustrie, von deren Entwicklung nur wenige hist. Bauten Zeugnis ablegen. Bemerkenswert das um 1895 in nobler

Wiesbaden-Dotzheim. Schläferskopfstollen

Neurenaissance errichtete Verwaltungsgebäude und der etwa zeitgleiche Wasserturm der 1864 gegr. **Dyckerhoff Zementwerke AG** (Biebricher Straße) und Produktionsbauten, um 1912, der 1858 gegr., seit 1861 in Amöneburg (Rheingaustraße) produzierenden **Chemiefabriken Albert und Kalle** (seit 1863), heute Werke der Hoechst AG.

Lit.: ZBV 1906/07; ZBW 1908; BM 1911; Slotta I/II; Merkl 196; Kopp.

Wietze (Celle/E6) NS

Die erste schriftl. Erwähnung über Erdölvorkommen in der Umgebung von W. stammt aus dem Jahr 1652, in dem der Vogt dem Herzog von Celle über eine »Teerquelle« berichtete. Der mit Kellen an den natürlichen Austrittstellen abgeschöpfte Teer diente vorrangig als Wagenschmiere. Mit der durch Georg Christian Konrad Hunäus 1858 erfolgreich niedergebrachten ersten Erdölbohrung der Welt in W.-Hornbostel begann ab 1885 die industrielle Ausbeutung der Erdölfelder im niedersächs. »Pennsylvania«, die 1910 mit 110 000 t Fördermenge ihren Höhepunkt erreichte. Nach Stillegung des Ölfeldes 1963 überließ die Texaco als Letztbetreiber der Gemeinde einen Teil des Geländes mit Betriebseinrichtungen aus der Zeit ab 1860 zu musealer Nutzung.

Lit.: Paul I, NS 226/228.

Bad Wildbad (Calw/N4) BW

Bahnhof. Endstation der am 11. 6. 1868 eröffneten Enzbahn Pforzheim–W. mit typisch in flachen Mitteltrakt mit flankierenden Eckbauten dreigeteiltem *Empfangsgebäude* spätklassizistischer Prägung. Das EG. hat Rundbogenfenster in rot-gelb gestreiftem Sandstein-Quadermauerwerk, die OG. einschl. des Mezzanin sind verputzt, die Fenster haben z.T. aufwendige Verdachungen. Dem Eingangstrakt vorgelagert ist eine offene Halle mit Gußeisenstützen, die drei mittleren Joche wurden zur überdachten Vorfahrt erweitert. Separat zweigesch. Dienstwohngebäude mit vertikal verschaltem OG. und beidseitig apsidialen Fachwerkanbauten.

W.-Kälbermühle

Pumpwerk der 1893 von Karl v. Ehmann projektierten Gruppenwasserversorgung des nördl. Schwarzwalds. 1897–98 im Tal der Enz gebaut mit Pumpenhaus für zwei Plunger-Pumpen, die eine Girard-Turbine antreibt. Hochbehälter mit Einstieghaus und Wohngebäude. Am Pumpenhaus die Inschriftentafel: »Regierungsrat Voetter – Oberbaurat v. Ehmann. Den um den Gemeindeverband der Schwarzwald-Wasserversorgung hochverdienten Männern aus Dankbarkeit gewidmet.«

Wildeck-Hönebach HS
(Hersfeld-Rotenburg/I6)

Die mit je vier zum Karree gruppierten, durch begehbare Terrassen verbundenen Türme der burgartigen Portalbauten des 1845–48 in der Strecke Gerstungen–Bebra (eröffnet 25. 9. 1849) für die Kurfürst-Friedrich-Wilhelms-Nordbahn unter der Leitung des belg. Ing. Splingard erbauten **Hönebachtunnels** (L 982 m) gehören zu den imponierendsten Kunstbauten der frühen dt. Eisenbahngeschichte. Im Zusammenhang mit einer grundlegenden Sanierung der Tunnelröhre 1908 bis 11 wurde verm. auch die an Romanik und Renaissance angelehnte Architektur überarbeitet. Über den Lüftungsschächten klassizistische Kamine.

Lit.: ZBW 1913.

Wildemann (Goslar/G7) NS

Der Mitte des 16. Jh. angehauene **19-Lachter-Stollen** (Mundloch von 1887) bildete zusammen mit dem 1524 etwa 25 m tiefer angehauenen **Tiefen-Wildemann-Stollen** und dem höher gelegenen **16-Lachter-Stollen** ein für den Oberharzer Bergbau lebenswichtiges Verbundsystem von Förder- und Wasserlösungsstollen. 1570–1690 wurde er auf 8800 m Länge bis zum Jägersbleeker Teich hinter Clausthal-Zellerfeld durchgetrieben. 1844–1924 als Förderstollen betrieben, heute *Besucherbergwerk*. Am Stollenende im **Ernst-August-Schacht** (Blindschacht für die Erstellung des 261 m tiefer liegenden Ernst-August-Stollens, →Gittelde) ein *Kehrrad* (Dm. 9 m, B 2 m), das zu den größten Wasserkünsten im Harzgebiet zählt.

Lit.: Slotta I.

Wildeshausen (Oldenburg/E4) NS

Die heute als Museum genutzte landwirtschaftliche **Kornbrennerei Kolloge** (Wittekindstraße) stammt einschl. der Betriebseinrichtung aus dem letzten Drittel des 19. Jh.

Lit.: Dpfl. NS.

Bad Wildungen HS
(Waldeck-Frankenberg/I5)

Das ehem. Dorf Neusses im S W.s, Mittelpunkt des **Kupferbergbaues** im Kellerwald von der 2. Hälfte des 16. Jh. (mit Unterbrechungen) bis in die Mitte des 18. Jh., wurde 1584 erstmals unter dem Namen (W.-)Bergfreiheit erwähnt. In dem ehem. Bergamt im Oberdorf, einem dreigesch. Fachwerkgebäude von 1676 mit Schnitzdekor frühbarocker Form, besitzt W.-Bergfreiheit eines der ältesten erhaltenen, durch den Bergbau entstandenen Gebäude in den alten Ländern der Bundesrepublik. In der zwei Jahre jüngeren Bergkirche findet sich innerhalb des umhüllenden Fachwerks noch die orig. Ausstattung der Bauzeit. Am Ufer der Urft bestand bereits im 17. Jh. eine **Eisenhütte** mit Hammerwerk (Eisenwerk »Neubau«), nach der Einstellung des Hüttenprozesses 1803 nur noch ein bis zur Mitte des 19. Jh. prosperierendes Hammerwerk, von dem noch das Wohn- und Verwaltungsgebäude (1. Hälfte 18. Jh.) und ein Nebengebäude bestehen. – Von einmalig origineller Form in Hessen der ehem. **Kalkofen** (19. Jh.) beim Gershäuser Hof, mit einem Fachwerkoberbau über quadr. Sockelgeschoß in Bruchsteinmauerwerk mit drei flachgewölbten Feuerungsöffnungen.

Lit.: Slotta I/IV,1.

Wilhelmshaven (Wilhelmshaven/C–D4) NS

Der Bau eines preuß. Kriegshafens (heute weitgehend im Zustand des Wiederaufbaues nach 1945) im Jadegebiet bei Heppens und Eckwarden ab 1856 datiert den Beginn der Entwicklung zur heutigen Großstadt (Stadtrecht seit 1873), die bei der Einweihung des Hafens 1869 durch König Wilhelm I. ihm zu Ehren W. benannt wurde. Noch vor Fertigstellung erhielt der Hafen am 3. 9. 1867 durch die Oldenb. Staatsbahn eine Verbindung (über Oldenburg) nach Bremen mit einem schlichten, zeitgemäß spätklassizistischen **Empfangsgebäude**, das ein Mittelrisalit stadtseitig und Seitenrisalite gleisseitig gliedern. – Dicht vor der Einmündung des Ems-Jade-Kanals in den Kriegshafen (heute Jachthafen) entstand 1905–07 nach Entwurf und unter Leitung von Ernst Troschel die ästhetisch gelungene **Kaiser-Wilhelm-Brücke** als damals größte (Doppel-) Drehbrücke Deutschlands (Ges.-Stütz-W 159 m).

Wilhelmshaven. Kaiser-Wilhelm-Brücke

Den Überbau aus Thomasstahl für die beiden gleicharmigen Drehbrücken (39,75 m Auskragung beiderseits der ca. 20 m hohen, auf Drehpfeilern von ca. 9,5 m Dm. aufgelagerten Pylone) konstruierte die MAN, Zweigwerk Gustavsburg. An beiden Ufern je zwei Pavillons als Zugang zu den techn. Einrichtungen. – **Weitere Brücken:** die Rüstringer Brücke (Banter Weg) als Drehbrücke zwischen Kanal- und Handelshafen und die Rollklapp-Brücke der Bahn Richtung Sande (Wilhelmshavener Straße). – An der ehem. dritten Hafeneinfahrt (Schleusenstraße) steht ein **Signalturm** von 1935 als festes Seezeichen; mit dem Signalturm an der ersten Hafeneinfahrt von 1886 ergibt sich ein bedeutendes Ensemble der Schiffahrtsgeschichte an der dt. Nordseeküste. Die Einfahrt in den Hafen sichert im Zentrum des Jadebusens ein 1909 errichteter **Leuchtturm.** – Die wenigen erhaltenen romanisch geprägten Bauten des vom Marinefiskus 1903–08 errichteten, 1925 von der Stadt übernommenen **Pumpwerkes** mit Kühlturm (An der Deichbrücke) werden heute (nach der Stillegung 1975) als Kommunikationszentrum genutzt. – Noch vor der Vereinigung der beiden Jadestädte W. und Rüstringen 1937 errichtete Rüstringen 1927–29 ein **Rathaus**, das zu den wesentlichen Werken Fritz Högers gehört. Im zentralen Turm der städt. *Trinkwasserspeicher.* – In W.-Kopperhörn (Mühlenweg) ein **Galerieholländer** von 1839 als Nachfolger einer Kappenwindmühle, die 1698 als Ersatz einer im Sturm zerstörten, um 1540 erbauten Bockwindmühle errichtet wurde. Ein zweiter **Galerieholländer** aus dem Jahr 1862 wurde bis 1944 mit Windkraft betrieben. Ohne Flügelkreuz, jedoch mit funktionsfähiger techn. Einrichtung.

Lit.: BT 1912; DB 1912; Slotta I; Dpfl. NS.

Willebadessen (Höxter/H5) NW

Auf einem den Altenbekener Viadukten gestalterisch angeglichenen mehrbogigen **Brückenbauwerk** überquert die am 22. 7. 1853 durch die Westf. Eisenbahn (Preuß. Staatsbahn) eröffnete Köln-Mindener-Verbindungsbahn Paderborn–Warburg bei W. den Einschnitt der Watter. Die zeitgleiche Bahnstation im Rundbogenstil des romantischen Spätklassizismus an der Straße nach

Arolsen vermittelt trotz späterer Aufstockung des **Empfangsgebäudes** ein orig. Bild von Bahnhochbauten aus der Mitte des 19. Jh.

Willroth (Westerwaldkreis/J 3) RP

● Die lange Tradition des Bergbaues im Siegerland und im Westerwald verkörpert, als Landmarke an der Autobahn Wiesbaden–Köln weithin sichtbar, das als einziges seiner Gattung in Rheinl.-Pfalz erhaltene *Fördergerüst* der **Grube Georg**, deren Geschichte bis in das späte 18. Jh. zurückreicht. 1952–53 von der Fa. Stahlbau Rheinhausen über dem neu abgeteuften Schacht 2 errichtet. 1965 stillgelegt.
Lit.: Custodis.

Wilnsdorf-Rödgen (Siegen/I 4) NW

● Die Verhüttung von Eisenerzen im Siegerland bereits in der La-Tène-Zeit belegt der bei R. (über B 54) ausgegrabene, ca. 2 m hohe Lehmkegel (Dm. ca. 1 m) mit einer aus Steinplatten gebildeten Ofenbrust eines sog. **Windofens** aus der Zeit um 500 v. Chr. Nach dem Brennen des Ofens mittels starken Holzfeuers erhielt er eine Beschickung aus Holzkohle und zerkleinertem gerösteten Eisenerz. Die Reduktion erfolgte bei natürlichem Luftzug innerhalb von 24 Stunden, Temperatur etwa 1000° C. Die dabei entstehende Rohluppe wurde in besonderen, ebenfalls in W. erhaltenen Schmiedeöfen veredelt.
Lit.: Dpfl. NW/WF.

Wilster-Rumfleth (Steinburg/C 6) SH

Gut erhaltene **Holländerwindmühle** von 1871 am nördl. Ortsrand; im W kleine *Wippmühle* zur Entwässerung.

Bad Wimpfen (Heilbronn/M 5) BW

Als Reste der ehem. **Salinen** – Städt. Saline 1763–96, Mössingsche Saline 1796–1817, Ludwigshall in der Morsbach und seit 1818 in W. im Tal – im Morsbachtal ein nach Zerstörung 1945 rekonstruiertes Bohrhaus mit zwei Bohrtürmen ähnlich Bad Dürrheim und Fachwerk-Nebengebäude auf dem Gelände des Chemiewerkes Ludwigshall. – Am Steilhang über dem Neckar ein 1868 dat. **Empfangsgebäude** der am 5. 8. 1869 eröffneten Bahnstrecke Rappenau–Jagstfeld auf T-förmigem Grundriß in Werkstein mit drei der Spätgotik entlehnten Treppengiebeln. Die fünfjochige Vorhalle übernimmt in den Maßwerkfenstern Formen aus der frühen Bauzeit (13. Jh.) der Stiftskirche St. Peter und Paul in W. im Tal. Am Südgiebel polygonaler Fürstenpavillon.
Lit.: Slotta I.

Winningen (Mayen-Koblenz/J 3) RP

Um die Trennung des Ortes von der Mosellandschaft zu vermeiden, wurde der **Viadukt** der Strecke Koblenz–Ehrang (Saarbrücker Eisenbahn, eröffnet 15. 5. 1879) als optisch durchlässige, 14jochige und parallelgurtige Fachwerkkonstruktion ausgeführt. Der alte Bhf. in Fachwerk, das neue **Empfangsgebäude** (1907) nach Entwurf von Hüter neogotisch geprägt.
Lit.: ZBW 1883.

Winnweiler (Donnersbergkreis/L 3) RP

Zu den ältesten **Gienanthschen Eisenwerken** gehört die 1742 durch Johann Nic. Guinand (Enkel des Mitte des 17. Jh. aus der Schweiz eingewanderten Peter Guinand) mit dem Bau eines Hochofens gegr. Hütte in W.-Hochstein (Eisenschmelz). Nach der Übernahme der gesamten im Familienbesitz befindlichen Eisenwerke (→Eisenberg, →Trippstadt u. a.) 1793 durch Ludwig v. Gienanth begann die Neustrukturierung des Hochsteiner Werkes, dessen um einen Ehrenhof gruppierte Bauten (Herrenhaus, Verwaltungs- und Wohntrakt, Werkstatt) bis auf Tischlerei und Gießereigebäude noch im Originalzustand des frühen 19. Jh. erhalten sind.
Lit.: Slotta I; v. Gienanth.

Winsen an der Aller (Celle/E 6) NS

Instand gesetzte offene **Bockwindmühle** (Alte Celler Heerstraße) mit Steert, 1732.

Winterlingen-Benzingen BW

(Zollernalbkreis/O 5)

Kleiner **Wasserturm** (Hohenzollernstraße, Turmstraße) in früher Betonkonstruktion, um 1910. Acht schlanke Pfeiler, untereinander und mit dem zentralen Treppenzylinder durch horizontale Streben verbunden, tragen auf profilierten Konsolen den Betonflachbodenbehälter, dessen oktogonale Mantelflächen in schmaler Mezzaninzone unter geschwungenem Zeltdach je vierfach gekuppelte Fenster akzentuieren.

Witten (Ennepe-Ruhr-Kreis/H 3) NW

Bahnanlagen. Seit dem 28. 12. 1848 mit der Eröffnung der Strecke Schwelm–Hagen–Witten–Dortmund an das Netz der Berg.-Märk. Eisenbahn angebunden, erhielt W. mit der Einrichtung einer *Centralwerkstätte* 1863 erhöhte Bedeutung für die Bahnges. Mehrfach erweitert, werden heute noch einige für den Industriebau des ausgehenden 19. Jh. typische neoromanische Betriebsbauten (um 1885) durch das Bundesbahnausbesserungswerk (Kesselstraße, Kronenstraße) genutzt. An der Kronenstraße zugehörige Arbeitersiedlung. Das in Anlehnung an die dt. Renaissance gestaltete **Empfangsgebäude** des Bhf. (Bergerstraße) entspricht in seiner Asymmetrie und mit dem kolossalen Bogenmotiv der Eingangshalle der gattungsspezifischen Architektur um 1905. In retardierenden Formen des späten 19. Jh. verbindet seit 1926 ein vielbogiger steinerner **Viadukt** (über dem Mühlengraben als Stahlfachwerk-Bogenkonstruktion) die Bahn rechts der Ruhr mit der seit 1874 bestehenden Strecke Hattingen Heinrichshütte–Herbede–Herdecke.

Ruhrkraftwerk Hohenstein. Für die Energieversorgung der Schaufelfabrik A. Bredt & Co. 1922 begonnenes, mit finanzieller Unterstützung des Gußstahlwerkes Witten AG 1925 vollendetes Kraftwerk (mittl. Jahresleistung ca. 10 Mio. kWh). In landschaftlich exponierter Situation auf der Ruhrinsel unterhalb des Hohensteins liegt die von Prof. Körner, Essen, entworfene Baugruppe von bemerkenswert ästhetischer Qualität: Maschinenhaus, Wohngebäude und Wehranlage. Interessant auch die techn. Ausstattung: Stirnradgetriebe (Übersetzungsverhältnis von 1:12,5) übertragen das Drehmoment der drei, mit einer Schluckfähigkeit von 25,1 cbm/sec seinerzeit zu den größten ihrer Art in Deutschland zählenden Francis-Turbinen (J. M. Voith, Heidenheim) mit stehender Welle auf die ca. 3 m höher aufgestellten Generatoren (750 U/min) des Sachsenwerkes, Dresden-Niedersedlitz. – Im Gegensatz zu der landschaftsbezogenen Architektur des Kraftwerkes vertritt der etwa gleichzeitig entstandene Kubus des nahe gelegenen **Wasserwerkes** (Ruhrstraße) die für die 20er Jahre typische Auffassung vom Solitärbau als Kontrast zur natürlichen Umgebung.

W.-Bommern

Wasserturm (Turmstraße). Für die Gemeinde B.-Ruhr 1910 nach Planung der Fa. S. Simons, Wasserwerksbau in Steele, durch das Betonbauunternehmen Carl Brandt, Düsseldorf, ausgeführter Wasserturm (150 cbm) von prägnanter neoklassizistischer Architektur. Über einem quadr. Sockel aus Bruchsteinmauerwerk tragen vier Kolossalsäulen den ebenfalls quadr., durch ein horizontales Fensterband akzentuierten Turmkopf, dem der zylindrische Behältermantel aufsitzt. – **Muttental.** Bergbaurundweg, der mit orig. bzw. rekonstruierten Objekten in die Methoden und Besonderheiten des frühen Ruhrbergbaues einführt. Im Zentrum das einzige im Ruhrgebiet erhaltene, verm. 1823 zur Kontrolle der Arbeitsaufnahme errichtete Bethaus, heute Außenstelle des Dt. Bergbau-Museums Bochum. Im Muttental die Tagesanlagen der 1832 gegr. Gewerkschaft Vereinigte Nachtigall, 1897 umgebaut zu einer Ringofenziegelei, heute ein Standort des Westf. Industriemuseums.

W.-Buchholz

Wetterkamin (Waldweg). Beim Bau der Kesselanlage für die 1855 angelegte *Zeche Vereinigte Geschwind* vom Kesselhaus getrennt auf einer Anhöhe errichteter Kamin, der nach Umwidmung des Schachtes Geschwind zum Wetterschacht bis 1891 als Wetterkamin (→ Braubach) diente. Letztes Bauwerk dieser Art im Ruhrgebiet.

Lit.: Slotta I/II; ZBW 1885; DB 1925; Westf. Ind. Mus. (Prospekt).

Wittingen (Lüneburg/E 7) NS

Durch die Preuß. Staatsbahnen als Knotenpunkt (Lüneburg–Braunschweig, Celle, Brome) geplant, erhielt W. mit der Eröffnung der Strecken von Wieren (1. 9. 1900) und nach Sassenburg-Triangel (1. 12. 1900) neben einem einfachen **Empfangsgebäude** auch einen für die Versorgung der Dampflokomotiven notwendigen **Wasserturm** mit konischem Schaft in Backstein für einen Intze-Behälter. Der auf weit ausladenden gebogenen Eisenkonsolen aufgelagerte polygonale Behältermantel senkrecht verbrettert.

Lit.: Mende, 1990.

Wittorf (Lüneburg/D 7) NS

Mittlere von drei Stauanlagen (→Fahrenholz) in der Ilmenau zwischen Lüneburg und deren Mündung in die Elbe von 1893–94. Neben der **Kammerschleuse** (L 45 m, B 6,5 m) ein **Nadelwehr** (li. Durchfluß-B 18,6 m) mit Böcken im Abstand von 1,24 m und handgezogenen Nadeln aus Vierkanthölzern.

Lit.: Dpfl. NS.

Witzeeze (Herzogtum Lauenburg/D 7) SH

Die sog. **Dükerschleuse** (beim gleichnamigen Gasthof) ist ein gequadertes Mauerstück mit einem Tor im Wasserlauf der Stecknitz, 1821–23. Beispiel einer Stauschleuse im alten Verlauf des 1391–98 in Anfängen angelegten →Stecknitzkanals.

Witzenhausen HS (Werra-Meißner-Kreis/H 6)

In vorherrschend klassizistischen Formen präsentiert sich das durch Mittelrisalit und Westpolygon akzentuierte, anspruchsvolle **Empfangsgebäude** in rötlichem Sandstein, errichtet an der Strecke Arenshausen–Hann. Münden (Halle-Kasseler Eisenbahn, eröffnet 13. 3. 1872). Östl. der zeitgleiche Güterschuppen in Fachwerk. Dem hochwasserfreien Zugang zum Bhf. diente seit 1873 eine die Werraniederung überquerende **Flutbrücke** mit Bohlenbelag auf eiserner Unterkonstruktion. – In der **Bogenbrücke** über das Werratal, erbaut von den Preuß.-Hess. Staatseisenbahnen für die am 15. 12. 1915 eröffnete Verbindung Velmeden–Großalmerode–Eichenberg, wurden die 1945 gesprengten Steinbögen über den Fluß durch eine Betonkonstruktion ersetzt. – In der Strecke Niederhone–Friedland (Frankfurt-Bebraer Eisenbahn, eröffnet 15. 5. 1876) der 930 m lange **Bebenroth-Tunnel** (W.-Unterrieden) durch den Witzgenstein mit neoromanischen Portalen. – Bereits außerhalb der Stadtgrenze (L 451 zwischen W.-Hundelshausen und Großalmerode-Trubenhausen) bezeichnet die Inschrift »Wasserwerk Witzenhausen 1926« ein klassizistisch beeinflußtes, obeliskartiges Eingangsbauwerk einer **Quellfassung** der städt. Wasserversorgung. – Die neobarocke Anlage der 1856 gegr., ehem. **Papierfabrik Louis Staffel** (L 451, südl. Stadtrand) entstand nach einem Großbrand 1915. – Das stillgelegte Speichergebäude mit seitlichem Wasser- und Treppenturm der ehem. **Ritzmühle** (Am Eschenbornrasen) von 1916 vertritt einen von barocken und klassizistischen Elementen durchsetzten Industrie-Jugendstil.

Lit.: Slotta I; Firmenangaben.

Wöllstadt-Nieder-Wöllstadt HS (Wetteraukreis/J 4)

An der B 3 zwischen N.-W. und Okarben steht ein betonierter **Hochbehälter** (1911) der Wasserversorgung der Niddatalgruppe aus vier Kammern zu je 100 cbm Fassungsvermögen (außer Betrieb) mit ägyptisierender, neoklassizistischer Fassade des Eingangsbauwerkes. – In der Nähe des Bhf. N.-W. (Wartweg) monolithisch wirkender, polygonaler **Wasserturm** unter Mansardhaube der gleichen Zeit.

Wolfenbüttel (Wolfenbüttel/F 7) NS

Bereits 15 Jahre nach der Eröffnung (1. 12. 1838) der ersten dt. Staatseisenbahn errichtete die Braunschw.-Hzgl. Eisenbahn- und Postdir. ein neues massives, symmetrisch durch Seitenpavillons und überhöhte zentrale Eingangshalle gegliedertes **Empfangsgebäude** im Stil des romantischen Spätklassizismus, das 1911 durch eine eingesch. Eingangshalle gleichen Stils erweitert wurde. – Am Harztorwall das 1893–94 nach

Planung von Mayer errichtete **städt. Wasserwerk** mit Wasserturm für ein aus zwei konzentrischen Ringen nach dem Prinzip des Intze-II-Behälters zusammengesetztes Reservoir. Über rustiziertem Sockel und konischem Schaft tragen Bogenkonsolen den auskragenden oktogonalen Turmkopf. – In der Dr.-Heinrich-Jasper-Straße ehem. Produktionsgebäude der **Ravensberger Spinnerei,** um 1890. – Neoromanisch die **Neue Mühle** von 1875 am Rosenwall. – Ohne Windwerk, jedoch mit kompletter techn. Einrichtung der 1955 stillgelegte **Erdholländer** von 1877 in W.-Halchter (Burgenstedter Turm, Harzburger Straße).

Lit.: Dpfl. NS; Ukena.

Wolfsburg (Wolfsburg/F 7–8) NS

Mit einer ca. 1200 m langen, allein durch 23 vorspringende Treppenhäuser und Eckbauten gegliederten Backsteinfassade am Mittellandkanal beherrscht das **VW-Werk,** das für die Fertigung des »Volks«-Wagens nach Entwurf von R. E. Mewes und K. Kohlbecker 1938–39 errichtet wurde, die gleichzeitig auf dem Areal des Schlosses Wolfsburg gegr. Stadt. Das Heizkraftwerk wurde 1960–66 erweitert.

Worms (Worms/L 4) RP

Bahnhof. Als erster Gemeinschaftsbau der 1897 gegr. Preuß.-Hess. Staatsbahnen 1901–04 (Inschrift: 1903) errichtetes *Empfangsgebäude* in repräsentativ neoromanischer Architektur mit phantasievoller Baukörperdifferenzierung nach Vorentwurf von Karl Hofmann (W.er Stadtbaurat 1886–97), überarbeitet von Fritz Klingholz und Reg.-Bmstr. Erbe. Ausführungsplanung von Martin Herrmann unter Mitarbeit der Architekten Panthel und Keding, Mainz. »Für die Formgebung des Gebäudes wurde im Hinblick auf den altehrwürdigen Wormser Dom der romanische Stil gewählt ... Über dem Mittelbau erhebt sich ein stattlicher Giebel. Ganz in gelblichweißem Pfälzer Sandstein ausgeführt, zeigt er reiche Bildhauerarbeiten. Der große Wulst, der das Hallenfenster umrahmt, ist in romanischer Weise vollständig mit Bildwerk übersponnen. Als Vorwurf diente die Entwicklung des Transport- und Verkehrswesens. Im Ornament sind verwebt die verschiedenen Beförderungsmittel der Vergangenheit wie Postkutsche, Sänfte, Lastwagen u. a. dargestellt. Die in entgegengesetzte Richtung fahrende Maschine des Eisenbahnzuges wirft die ganze Herrlichkeit über den Haufen. Die oberhalb des großen Fensters hervortretenden Konsolen als Träger der flachen Halbsäulen werden von Bahnsteigschaffnern gebildet. Der eine durchlocht die Fahrkarten, der andere ruft mit der Glocke in der Hand die Züge ab. Um beide Schaffner scharen sich die Reisenden. Als Giebelanfänger dienen zwei Masken mit den Sinnbildern des Handels und Gewerbes. Über dem hessischen Wappen thront als Abschluß des Giebels ein zweiköpfiges Ungetüm, das die Dampfkraft versinnbildlichen soll. In scherzhafter Weise ist dieses Fabeltier auch als Sinnbild der neugegründeten preußisch-hessischen Eisenbahngemeinschaft gedeutet worden ... Reichere Bildhauerarbeit ziert auch den Giebel des Fürstenanbaues mit seinem Portal. Im Giebelfeld ist die Huldigung des Fürsten von den verschiedenen Ständen zum Ausdruck gebracht« (ZBW, H. 1–3, 1906, S. 1 ff.). Die Bildhauerarbeiten entwarf Vlasdeck, Mombach bei Mainz. – Von der 1898–1900 durch die Firmen Harkort, Duisburg, Ph. Holzmann & Cie., Frankfurt a. M., und R. Schneider, Berlin, nach Vorentwurf von Karl Hofmann erbauten **Eisenbahnbrücke** sind Pfeiler und Vorlandbrücken orig. erhalten.

Neoromanisch wie alle Entwürfe von Karl Hofmann (Stadtbaurat 1886–97) ist die Architektur des *Brückenkopfes* (linksrhein. erhalten) der 1897–1900 als Fachwerkbogenkonstruktion erbauten, nach Zerstörung im 2. Weltkrieg 1951–53 in Beton neuerrichteten festen **Straßenbrücke** (Ernst-Ludwig-Brücke) über den Rhein. – Am 1890–93 angelegten **Hafen** (Hafenstraße) Lagergebäude aus der Bauzeit und neoklassizistisches Getreidesilo der ehem. *Wormser Kunstmühlen AG,* 1907 errichtet von Wayss & Freytag. – Zusammen mit dem Bau eines *Wasserwerkes* 1889–90 leistete sich Worms, nach Entwurf von Karl Hofmann, einen der architektonisch aufwendigsten **Wassertürme** (Köhlestraße, Wasserturmstraße) des Dt. Reiches. »Obschon der Zweck des Bauwerkes ein rein praktisch-technischer ist und dieses hauptsächlich nur den Ansprüchen der Festigkeit zu genügen hat, so legte die Stadtverwaltung in Anbetracht dessen, daß das Gebäude durch seine erheblichen Abmessungen doch sehr in die Augen fällt, Werth darauf, daß es in der äußeren Gestaltung der Stadt

Worms. Torturm der alten Rheinbrücke

nicht zur Unzierde gereiche. Infolge dessen haben auf die Wahl der Bauformen und Baustoffe die ehrwürdigen Zeugen aus romanischer Zeit, die das Wormser Stadtbild beherrschen, bestimmend eingewirkt« (ZBV 1, 1892, S. 1). – Neoklassizistisch die (dat.: A 1912 D) **Schlachthofbauten** (Vangionenstraße) mit traditionell symmetrischer Eingangslösung von Verwaltung und Restauration; dahinter Schlachthallen und Wasserturm. – Von 1885 das spätklassizistische, älter wirkende ehem. Sudhaus der **Eichbaum-Brauerei** (Brauereistraße).

Lit.: ZBW 1906; VDI 1900; ZBV 1892/95/96; IB 1915; Merkl 188; Slotta I.

Worpswede (Osterholz / D 5) NS

Von Heinrich Vogeler in seinem speziellen Heimatstil entworfenes **Empfangsgebäude** mit schablonierter (restaurierter) Ausmalung von 1910–11 an der Kleinbahn Bremervörde–Osterholz (Bremervörde–Gnarrenburg, eröffnet 24. 6. 1909, Gnarrenburg–Osterholz–Scharmbeck, 9. 2. 1911). – Das **Empfangsgebäude** Osterholz–Scharmbeck wirkt dagegen konventioneller norddt.

Lit.: MBf 1911.

Würselen-Bardenberg (Aachen/I 1) NW

● **Wasserturm** (Niederbardenberger Straße). Einem schlanken Zylinder vorgelagert, tragen sechs sich durch zweimalige Rücksprünge leicht verjüngende Strebepfeiler, verbunden durch ein kräftig profiliertes Hauptgesims, den von einer gelängten, doppelt gebrochenen kupferverkleideten Kuppel umgebenen Barkhausen-Behälter (750 cbm Nutzinhalt). Der 1909–11 in Sichtmauerwerk errichtete Turm besticht durch die aus der Verbindung von Gestaltungselementen des Klassizismus und Jugendstils entstandene Eleganz der Gesamtform.

Lit.: Slotta I; Merkl 268.

Würzburg (UFr./Würzburg/K 6) BAY

Bahnhof Süd. Dreigesch. *Empfangsgebäude* in Sandsteinmauerwerk, identisch mit →Marktbreit und →Ochsenfurt, nach Planung von Eduard Rüber an der am 1. 6. 1864 eröffneten Strecke Ansbach–Würzburg.

Alte Main-Brücke. Die heutige Brücke (L 178,94 m) als Nachfolgerin eines bereits steinernen Flußüberganges des 12. Jh. entstand ab 1473 unter dem Werkmstr. Hans von Königshofen. Nach Fertigstellung 1488 der sieben Pfeiler (B 7,05–7,43 m) wurde die Einwölbung der acht halbrunden bis stichbogigen Öffnungen 1543 beendet. In der 1. Hälfte des 18. Jh. bevölkerte sich die Brücke ähnlich der Prager Moldau-Brücke mit *Sandsteinstatuen* (heute Kopien) der Brüder Johann Sebastian und Volkmar Becker sowie Claude Curés. Im Bereich der Brücke zahlreiche wasserbautechn. Anlagen: neben der modernen Schleuse eine *Kammerschleuse* mit eisernen Stemmtoren des ausgehenden 19. Jh., zwischen den Brückenpfeilern *Wehranlagen* und der Einlauf in das *Kraftwerk Untere Mainmühle,* 1921–23 in Anlehnung an die Architektur einer seit 1644 bestehenden Mühle errichtet, in der techn. Einrichtung 1988 komplett erneuert.

Alter Kran. Auf halbkreisförmig in den Tiefkai ragender, stadtseitig von einem überwölbten Torraum umgebener Bastion erhebt sich einer der aufwendigsten dt. *Barockkräne,* 1772–73 nach Planung von Franz Ignaz M. Neumann (Sohn Balthasar Neumanns) als leicht verjüngter Zylinder in Bruchsteinmauerwerk ausgeführt, dessen zwei Ausleger im Drehkopf des Kegeldaches Hoch- und Tiefkai bestreichen konnten. Das Lagerhaus über dem Torraum wurde 1945 zerstört. – Etwa 500 m flußabwärts der **Alte Hafen** von 1875 mit Lagerhaus und Zollamt (Veitshöchheimer Straße) von 1904. ●

Lit.: Slotta I.

Wuppertal (Wuppertal/H 2) NW

Preuß. Gesetz vollendete 1929 mit dem verwaltungstechn. Zusammenschluß der Städte Barmen, Cronenberg, Elberfeld, Ronsdorf und Vohwinkel sowie des Lüttringhausener Ortsteils Beyenburg zur Großstadt Wuppertal eine seit dem 16. Jh. andauernde wirtschaftliche Verflechtung der Ortschaften entlang des namengebenden Flußlaufes. Das kalkarme Wasser der Wupper begünstigte die Entstehung der Garnbleicherei als Grundlage der sich nach Verleihung des Garnprivilegs (Bleichmonopol) 1527 an Barmen und Elberfeld entwickelnden Textilindustrie, deren Blüte im 19. Jh. zu solch intensiver Ausweitung beider Städte führte, daß diese in Anlehnung an industriell geprägte Stadtentwicklungen in England den Beinamen »Klein-Manchester« erhielten. In Barmen kam um die Mitte des 18. Jh. als wichtigster Industriezweig die masch. Herstellung von Spitzen und Litzen auf, bekannt als »Barmer Artikel«, in Elberfeld dagegen dominierte der Handel mit Textilprodukten. 1943 fast vollständige Zerstörung der Innenstadtbereiche.

Schwebebahn. Lange vor dem politischen Zusammenschluß versuchten die im engen, stellenweise nur 500 m breiten Tal der Wupper aufgereihten Städte Barmen, Elberfeld und Vohwinkel, ihre durch das intensive Wachstum der Industrie nach Überwindung der Krise ab 1881 verursachten Verkehrsprobleme gemeinsam durch ein städteverbindendes Schnellbahnsystem zu lösen. ●

Gegen Hoch- und U-Bahn fiel 1894 die Entscheidung für den Bau einer *Einschienen-Hängebahn* nach dem von Carl E. Lange um 1865 für den Massenguttransport in seiner Kölner Zuckerfabrik entwickelten System, mit einer bis auf den Abschnitt Sonnborn–Vohwinkel den Freiraum über der Wupper nutzenden Trassenführung. Nach Erteilung der Baugenehmigung am 31. 10. 1896 begannen im Sommer 1898 die Arbeiten an der 4,5 km langen Elberfelder Teilstrecke, die, am 24. 10. 1900 durch Kaiser Wilhelm II. eingeweiht, am 1. 3. 1901 den regulären Betrieb im Streckenabschnitt Kluse-Zoo aufnahm. Für die Streckenteile Zoo-Vohwinkel und Kluse-Rittershausen folgte die Freigabe am 23. 5. 1901 bzw. am 27. 6. 1903. Das von Anton Rieppel, Dir. der MAN, entwickelte und 1896 patentierte Tragwerk für Schwebebahnen besteht im Wuppertal aus 469 vielfach statisch unbestimmten Fachwerkträgerbrücken (Rieppel-Träger) mit fünf zwischen 21 m und 33 m gestaffelten Regellängen, als Auflager dienen 472 Pendelstützen (Zweigelenkrahmen), ausgeführt als Fachwerkkonstruktion über der Wupper und als vollwandige Bögen auf der Landstrecke. Im Abstand von etwa 700 m wurden die im Jugendstil dekorierten Haltestellen nachträglich in das an diesen Stellen durch ein Ankerjoch verstärkte Tragwerk eingebaut. Unter dem Generalunternehmer Elektrizitäts-AG, vorm. Schuckert & Co. (elektr. Einrichtungen) verbaute die MAN (Subunternehmer: Dortmunder Union, Dortmund; Harkort, Duisburg; Gutehoffnungshütte, Sterkrade) ohne Berücksichtigung der beiden End- und 19 Zwischenbahnhöfe in dem Gerüst der 13,3 km langen Schwebebahn 19 199 995 kg Stahl, dessen mechanische Eigenschaften dem modernen St 37 entsprechen. Den inzwischen zweimal ersetzten Wagenpark in Ganzstahlbauweise lieferte die Wagenbauanstalt van der Zypen & Charlier in Köln-Deutz. Dieser »epochemachende und großartige Bahnbau« (VDI 1900) blieb trotz günstiger Baukosten und sicherem Betrieb ohne Nachfolger. So besitzt W. in seiner Schwebebahn ein in der Welt wohl nach Idee und Konstruktion einzigartiges Verkehrssystem.

● **Bahnanlagen.** Bahnbau und Stadtentwicklung beeinflußten sich in der beengten Situation des Wuppertales intensiver als gemeinhin üblich. Die erste nicht pferdebetriebene Eisenbahnlinie Westdeutschlands, gebaut von der 1832 gegr. Düsseldorf-Elberfelder Eisenbahnges., erreichte Elberfeld (Steinbeck) nach Eröffnung der Teilstrecken Düsseldorf–Erkrath (20. 12. 1838) und Erkrath–Vohwinkel (21. 5. 1841) am 3. 9. 1841 auf einer noch fast in der Talsohle liegenden Trasse südl. der Wupper. In der Bahnlinie, die 1857 von der seit 1850 durch den preuß. Staat betriebenen Berg.-Märk. Eisenbahn übernommen wurde, befand sich bis 1927 auf der 2,5 km langen Steilstrecke (1:30) Erkrath–Hochdahl ein Seilzugbetrieb mit urspr. ortsfester Dampfmaschine, ab 1855 mit Gegengewichtsbetrieb durch talwärts fahrende Lokomotive. – Mit der Weiterführung nach Schwelm (9. 10. 1847) und über Hagen–Witten nach Dortmund (28. 12. 1848) durch die Berg.-Märk. Eisenbahn erhielt die Strecke überregionale Bedeutung und Elberfeld in Döppersberg unter Leitung der Architekten Ebeling und Hauptner 1846–48 ein allseits gerühmtes klassizistisches **Empfangsgebäude,** dessen axialer korinthischer Portikus, urspr. über dreibogig geöffnetem Sockel dem Gebäude zentralen Halt gebend, heute aus ungeschlachtem Breitfuß wächst. Westl. davon die 1871–75 unter Tradierung der klassizistischen Gestaltungsmotive des Empfangsgebäudes errichtete, akademisch trockene Eisenbahn-Dir. Wieder eine Generation später erhielt Barmen 1911–13 unter der örtl. Bauleitung der Reg.-Bmstr. Ziertmann und Behnes (ab Januar 1912) ein neues neoklassizistisches **Empfangsgebäude** mit urspr. durch Seitenrisalite ionischer Ordnung symmetrisch ausgebildeter Fassade. – Die Eröffnung der durch die Rhein. Eisenbahnges. im Wettbewerb mit der Köln-Mindener und Berg.-Märk. Eisenbahn um das in den 1860–70er Jahren umkämpfte rhein.-westf. Verkehrsgebiet gebauten, das Wuppertal auf halber Höhe des nördl. Hanges durchquerenden Strecke Düsseldorf–Hörde (19. 9. 1879) gab den Anstoß zu einer auch die Hänge einbeziehenden Städteentwicklung. Die Fachwerk-Architektur der (teilweise veränderten) **Stationsgebäude,** z. B. in Mirke und Ottenbruch, verbindet historisierende Formen mit einheimischer Bautradition. Die Schwierigkeiten der Trassenführung belegen die erhaltenen **Hoch- und Kunstbauten,** u. a. **Viadukte** über Steinweg, Bartholomäusstraße, Westkotter Straße und zahlreiche *Tunnel* (Engelberg-, Tesch-, Rott-, Darrenberg-, Vatlok-Tunnel) der 1880 verstaatl. Eisenbahnges. Ähnlich aufwendige Kunstbauten, z. B. der **Schwarzbach-Viadukt** und der **Tunnel** vor

Zastlertal. Adamshof, Klopfsäge

dem ehem. Bhf. Langerfeld, erforderte die nach der Verstaatlichung 1884–90 ausgeführte Verbindung der nur 500 m Luftlinie entfernten, jedoch durch 26 m in der Höhe getrennten Bahnhöfe Oberbarmen und Rittershausen. – Der Bhf. **Vohwinkel,** urspr. als Durchgangsbahnhof am 10. 4. 1841 an der Düsseldorf-Elberfelder Bahn eröffnet, entwickelte sich durch die Einführung weiterer Linien (u. a. Prinz-Wilhelm-Bahn von Steele, 1. 12. 1847) zu einem Bahnknotenpunkt, der nach kontinuierlicher Modernisierung sowie Neubau eines **Empfangsgebäudes** nach 1865 schließl. mit den Umbauarbeiten 1902–08 sein heute noch gültiges Aussehen erhielt. In Übertragung spätbarocker Stadtplanungsgedanken auf das durch die Gleistrassen vorgegebene Dreieck hat man das Empfangsgebäude zur Dominante an der Spitze des Platzes bestimmt. Es wirkt durch hochgiebeligen Mittelrisalit und zentralen Uhrturm wie eine Kirche, flankiert von Bahnpost und Eilgutschuppen.

Wasserturm (W.-Hatzfeld, Am alten Zollhaus). Nach Renovierung 1953 formal vereinfachter Wasserturm von 1904 für einen Intze-Behälter (250 cbm). Das Pendant »Lichtenplatz« wurde 1977 gesprengt.

An der Viehhofstraße (W.-Steinbeck) symmetrisch den Hauptzugang fassende Verwaltungs- und Wohngebäude des ehem. **Schlacht- und Viehhofes** in dt. Neurenaissance mit verschieferten Obergeschossen und Schmuckerkern, um 1905.

Textilindustrie. Die Bauten der Textilindustrie, der W. die Entwicklung zur Stadt verdankt, prägen noch heute trotz Kriegszerstörung das Bild des Wuppertales. Zu den älteren Fabriken gehört die 1865 romantisch-neoromanisch in prägnanter Ausbildung der Stilmerkmale errichtete ehem. **Spinnerei Bemberg** (heute Vorwerk – Werk Öhde, Öhder Straße); von Vorwerk sehenswert das **Werk Lichtenplatz** (Obere Lichtenplatzer Straße), eine qualitätvolle Architektur der 1920er Jahre. Etwa 20 Jahre später als die Bembergsche Spinnerei entstand das Gebäude der seit 1878 existierenden **Mechanischen Band- und Kunstweberei Kruse** (Ritterstraße 56–58) mit wohl noch der Neoromanik verhafteter, aber bereits funktional gesehener Architektur. In der Hatzfelder Straße 12–14 die Gebäude der Fa.

Peter August Lückenhaus in zwei neoklassizistischen Bauabschnitten, um 1905. An der Uellendahler Straße 29 das 1888 mit dominierendem Rundturm an der Straßenecke errichtete neugotische Fabrikgebäude der 1881 gegr. **Zwirnerei Hebebrand,** gegenüber, in der Architektur auf das 20. Jh. hinweisend, das Gebäude der 1763 gegr. **Band- und Breitweberei Gebr. Frowein** von 1899. In der Flensburger/Hagenauer Straße am Hang über der nach Uellendahl führenden Straße ebenfalls ein durch die Übernahme romanischer Formen für das ausgehende 19. Jh. typisches Fabrikgebäude der noch produzierenden **Schnürriemenfabrik Arthur Huppertsberg.**

Lit.: ZBV 1900/01/02/08/13/14; ZBW 1861/89/1909; VDI 1900; Slotta I/II; Merkl 228; Schierk/Schmidt.

Zastlertal BW
(Breisgau-Hochschwarzwald/O 3)

Letzte der 15 im 18. Jh. im Z. bei Kirchzarten-Oberried gezählten, um 1850 abgebrochenen ● **Sägen** auf dem Adamshof (bezeichnet »Adam Albrecht Baumeister anno 1603 Sebastian Drescher Spanmeister«). Gebäude und mechanische Einrichtung der um 1850 von Klopfsäge (Schnitt bei fallendem, vorher durch Zapfen auf dem Wellenbaum gehobenem Gatter) auf Hochgangsäge (Ersatz der Schlegel durch Kurbelwelle und Zahnradgetriebe, Vollgatter mit mehreren Sägeblättern, Schnitt in beiden Bewegungsrichtungen) umgebauten Anlage wurden 1982–86 funktionsfähig restauriert.

Lit.: Hillenbrand.

Zweibrücken (Zweibrücken/L 2) RP

Zur Eröffnung der Verbindung von Homburg (17. 5. 1857) fertiggestelltes **Empfangsgebäude** des romantischen Spätklassizismus mit prägnantem, durch gotisch beeinflußten Risalit zentriertem Eingangstrakt. Die Eckpavillons stammen aus einer späteren Erweiterungsphase. – Am Ortsausgang (Homburger Straße) beachtenswerte *Werkhallen* von 1907 in Jugendstil-Eisenfachwerk, heute **Mannesmann Demag.**

ANHANG

Glossar

Allegorie bildliche, meist personifizierte Darstellung von unanschaulichen Begriffen und Vorstellungen
Altan vom Boden aus gestützter Balkon
Apsis zumeist mit einer Halbkugel überwölbte Nische eines Hauptraumes, kanonisiert in der röm. Architektur; in der christl. Baukunst Abschluß des Chores
Abteufen einen Schacht von oben nach unten herstellen
Aquädukt oft mehrgeschossige Bogenbrücke zur Aufnahme einer Wasserleitung
Archaisch altertümlich, uranfänglich; Bezeichnung für eine Kunstepoche des antiken Griechenland
Architrav Hauptbalken
Arkade Bogenstellung
Attika dem Hauptgesims eines Bauwerkes aufgesetzte niedrige, geschlossene Wand
Attikageschoß niedriges Obergeschoß an Stelle einer Attika
Aufbereitung Trennung von Kohle/Erzen von Nebengestein sowie Sortieren
Aufbrechen einen Schacht von unten nach oben herstellen

Bahnhof zusammenfassender Begriff für alle baulichen und technischen Funktionseinheiten der Eisenbahn im Zusammenhang mit einer geplanten und terminierten Fahrtunterbrechung. Dazu gehören Empfangsgebäude (Typologie der Hauptbahnhöfe s. U. Krings), Güterumschlagseinrichtungen (Schuppen, Ablaufberge etc.), Gleiskörper, technische Hilfseinrichtungen

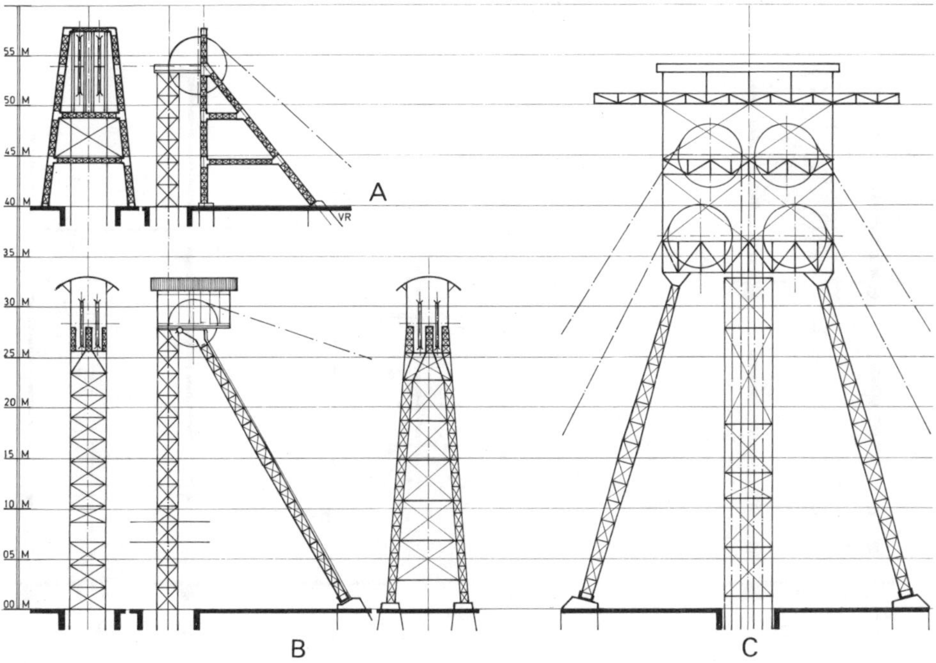

Abb. 1 Fördergerüste im Bergbau
A Tomson-Bock
B Strebengerüst
C Doppelstrebengerüst

(Stellwerke, Schranken, Signalanlagen inkl. Spann- und Übertragungsvorrichtungen etc.), Brücken bzw. Unterführungen, Werkstätten mit Hilfseinrichtungen (Lokschuppen, Drehscheiben etc.), Toilettenanlagen, Wartehallen, Verwaltungs- und Wohngebäude

Basilika mehrschiffiges Gebäude mit zumeist überhöhtem Mittelschiff

Bewetterung Belüftung eines Bergwerkes

Bockwindmühle (Abb. 7, A) auf einem zumeist pyramidenförmig konstruierten hölzernen Bock in seiner Gesamtheit (inkl. Mahlwerk) drehbar gelagertes Mühlengehäuse. Seit der 2. Hälfte des 12. Jh. in Mitteleuropa nachgewiesen

Bogendach *s.* Bohlendach

Bohlendach Dachkonstruktion mit gekrümmten, aus Bohlen zusammengesetzten Sparren (a) nach dem System des Philibert de l'Orme (16. Jh.) mittels Holz- oder Eisennägeln, besser durch Schrauben verbundene, krumm (in der Art eines Felgenkranzes hölzerner Wasserräder) zugeschnittene Brettlagen bis ca. 1,5 m oder (b) nach dem 1819 von Emy vorgeschlagenen System möglichst langer, zylindrisch gebogener und nach der Art von Blattfedern fest miteinander verschraubter Bohlen

Cour d'honneur dreiflügelig umschlossener Ehrenhof barocker Schloßanlagen, in Front das Hauptgebäude (Corps de logis)

Doppelstrebengerüst (Abb. 1, C) → Strebengerüst in axialsymmetrischer Anordnung für Doppelförderung

Dromos Bezeichnung für einen schmalen, nach oben offenen Gang als Zugang zu den mykenischen Kammer- bzw. Kuppelgräbern (15. Jh. v. Chr.)

Englischer Bock *s.* Tomson-Bock

Fahrkunst mechanisch gegenläufig bewegtes Gestänge zum erleichterten Ein- und Ausfahren der Bergleute

Fasche äußere Umrahmung einer Gebäudeöffnung in Putz

Fase abgeschrägte Kante (gewöhnlich unter 45°)

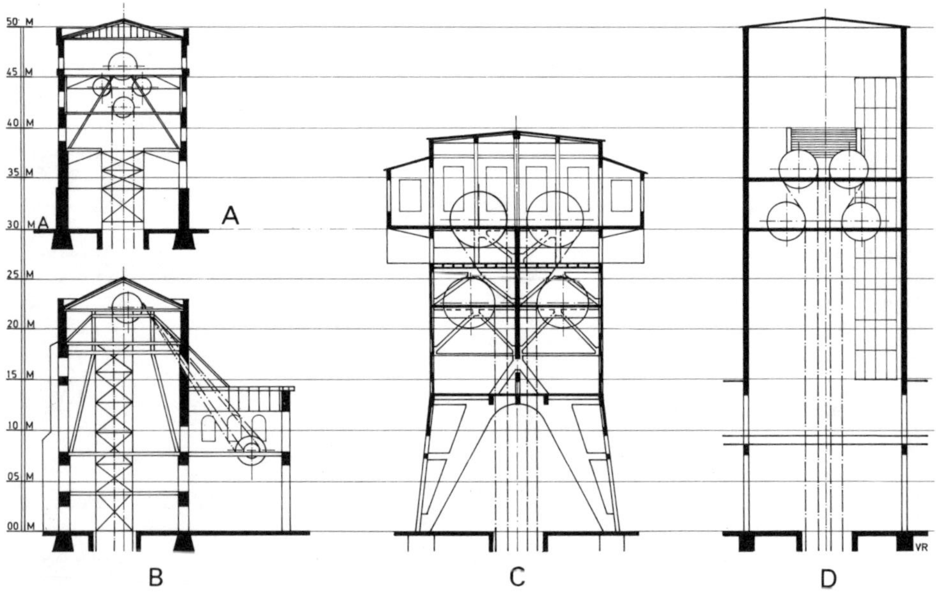

Abb. 2 Fördertürme im Bergbau
A Förderturm ab 1877
B Malakowturm ab 1855, mit Fördermaschinenhaus
C Sog. Hammerkopfturm
D Moderner Förderturm ab 1928

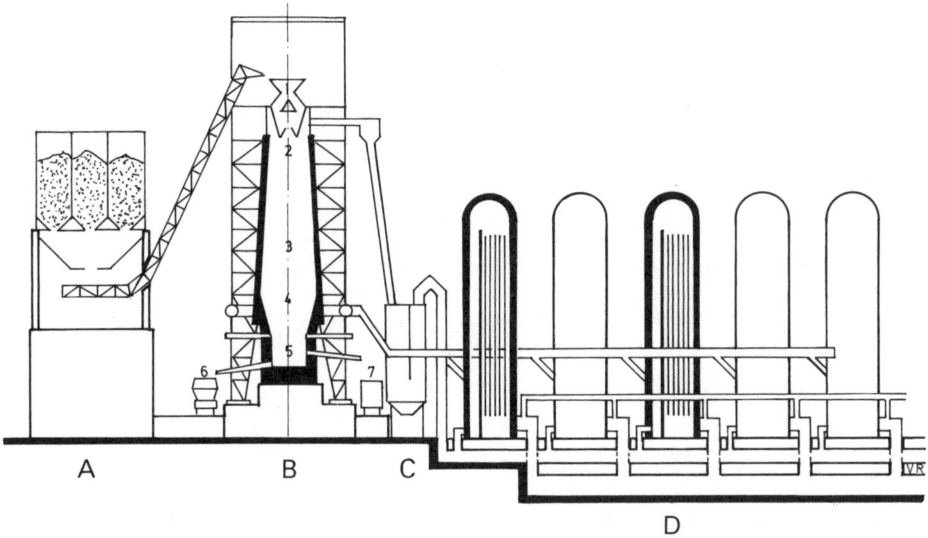

Abb. 3 Hochofen. System
A Bunker (Erz/Kohle/Zuschlagstoffe)
B Hochofen
C Gichtleitung und Gichtgasreinigung
D Winderhitzer (Cowper-Frischwindvorwärmung durch Gichtgas)

Fiale reich verziertes, schlankes türmchenartiges Gebilde zur Unterstützung gotischer Großformen

Fördergerüst (Abb. 1, A–C) Seilstützkonstruktion im Bergbau zur Umlenkung des von schachtferner Maschine angetriebenen Förderseiles in den Schacht

Förderturm (Abb. 2, A–D) Seilstützkonstruktion im Bergbau mit über dem Schacht angeordneter Fördermaschine

Fries schmaler, glatter oder ornamentierter Streifen zur Abgrenzung bzw. Teilung einer Wandfläche

Galerieholländer *s.* Holländerwindmühle

Gaupe in der Dachfläche stehendes Dachfenster

Gekoppelt Zusammenschluß mehrerer gleichartiger Bauteile durch gemeinsames Verbindungsglied, z. B. Zwillings- (Biforium) oder Drillingsfenster (Triforium)

Gerechtsame Bergwerkseigentum, Nutzungsrecht

Gewerkschaft historische Rechtsform einer Bergwerksgesellschaft

Göpel Winde (Haspel), betrieben durch menschliche, tierische oder maschinelle Kraft

Hängebank heute meist geschlossene Halle über dem Schacht für den Umschlag der Fördergefäße/-wagen

Hammerkopfturm (Abb. 2, C) Sonderform des →Förderturmes bei Doppelförderung mit zweiseitigen Auskragungen zur Aufnahme der Fördermaschinen

Hochofen (Abb. 3) Schachtofen von kreisrundem Querschnitt mit (von unten nach oben) zylindrischem Gestell, der Rast (5) als sich nach oben öffnendem Kegel, dem zumeist zylindrischen Kohlensack (4; Kohlenstoff als unmittelbares Reduktionsmittel bei 900–1400 °C) und kegelförmigem Schacht (3; Reduktion der Eisenoxyde durch Kohlenmonoxyd bei 400–900 °C) mit oberer Gichtöffnung (2; Vorwärmung auf 300–400 °C). Die Beschickung mit Erz, Koks und Zuschlägen erfolgt über die Gichtglocke (1). Mehrmals täglich werden Roheisen (6) und Schlacke (7) abgestochen. In Höhe der Gicht entweichen die stark staubhaltigen Gichtgase, die nach Reinigung die Speichersteine der Cowper (Winderhitzer) aufheizen, die wiederum im Gegenstromverfahren den Frischwind auf 600–1300 °C erwärmen, der mittels Gasgebläsemaschinen zwischen Rast und

Kohlensack in den Hochofen eingeblasen wird. Entwicklung s. Abb. 4

Holländerwindmühle (Abb. 7, C–D) feststehendes, in der Regel sich verjüngendes Mühlengebäude mit über Stert oder Windrose beweglicher, die Flügel aufnehmender Kappe. In massiver Ausführung (bei großer Höhe als Turmwindmühle bezeichnet) zumeist auf kreisförmigem, als Holzkonstruktion auf polygonalem Grundriß. Unmittelbar auf dem Erdboden errichtet die sog. Bodenmühle oder **Erdholländer,** die Laufsteg- oder Galeriemühle auf erhöhtem massiven Unterbau. Älteste Erwähnung der Holländermühle 1526

Kämpfer Auflager für Bogen oder Gewölbe

Kämpfergelenk bewegliches Auflager (meist bei Eisenbrücken) im Kämpferbereich

Kalotte Kugelabschnitt mit einem Pfeil kleiner als der Kugelradius

Kannelur (kanneliert, lat. *canna* ›Rohr‹) rinnenförmige Auskehlung der antiken Säulen

Kappendecke flaches, einseitig zwischen Rippen gespanntes Gewölbe

Kaue (Waschkaue) Umkleide- und Waschraum

Knochenpoche s. Pochwerk

Kolossalordnung mehrere Geschosse übergreifende Pilaster oder Säulen

Konche (griech.-lat., ›Muschel‹) Nische mit Halbkuppel

Kupolofen senkrechte Schachtöfen, in denen das im Hochofen gewonnene Roheisen durch Umschmelzen für die Weiterverarbeitung aufbereitet wird

Lisene vertikale Wandvorlage ohne Basis und Kapitell

Malakowturm (Abb. 2, B) massives Gebäude zur Aufnahme der Seilscheiben für die Schachtförderung mit schachtferner Fördermaschine, benannt nach einem im Krimkrieg 1855–56 heftig umkämpften Fort der Festung Sewastopol

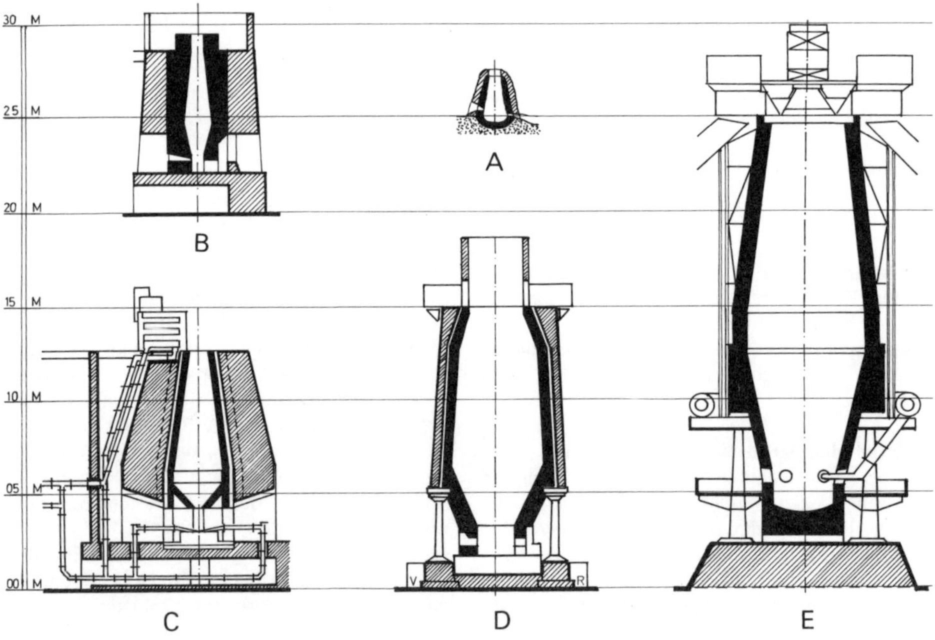

Abb. 4 Hochofen. Entwicklung

A Rennofen. Um 500 v. Chr.

B Holzkohlehochofen. 17. Jh.

C Kokshochofen mit Winderhitzer Sayner Hütte. 1834

D Hochofen ohne Rauhgemäuer Hasslinghausen. 1855

E Hochofen mit freistehendem Gestell. 1888

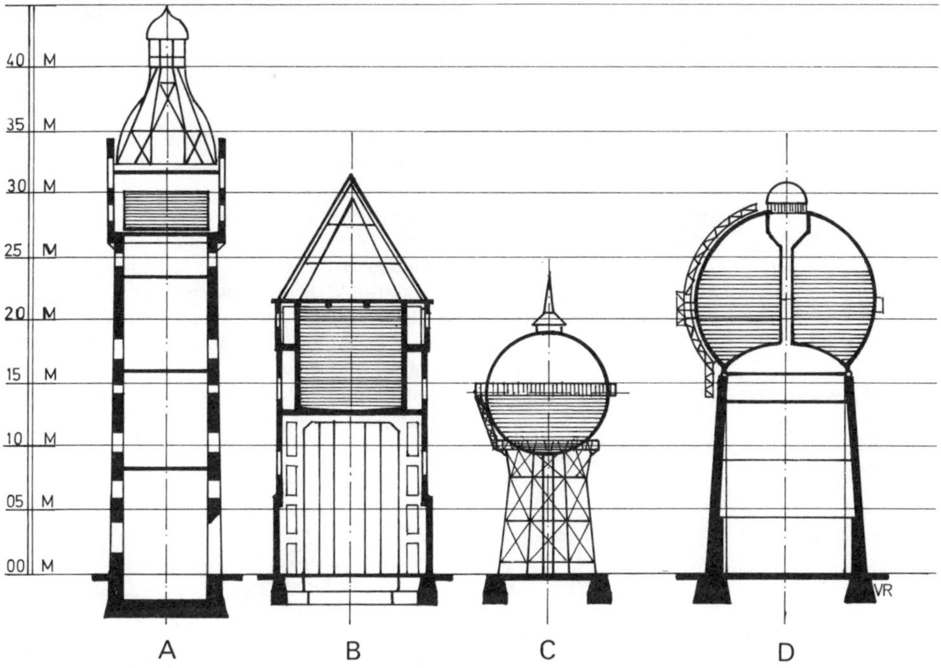

Abb. 5 Wassertürme
A Flachbodenbehälter (Eisen)
B Flachbodenbehälter (Beton)
C Kugelbehälter Bauart Klönne
D Kugelbehälter mit Stützboden

Mezzanin Halb- oder Niedriggeschoß über dem Erdgeschoß oder unmittelbar unter dem Dach
Mundloch Tagesöffnung eines Stollens

Obelisk mit einer Pyramide abschließender, sich mäßig über quadratischem Grundriß verjüngender, meist monolithischer Steinpfeiler (ägypt.)

Paß (»Zirkel«) gotische Maßwerkfigur, aus Dreiviertelkreisen zusammengesetzt
Pfeilhöhe Gewölbehöhe (Stichhöhe) eines Bogens
Pilaster Wandpfeiler mit Basis und Kapitell
Pingen Mulden zusammengestürzter oberflächennaher Grubenbaue (Tagesbrüche)
Plungerpumpe nur in der Stopfbüchse des Zylinders abgedichtet
Pochwerk in der Industrie und in der bergmännischen Aufbereitung eingesetzte Zerkleinerungsmaschine, die mittels Stampfen (später Mahlen, Brechen etc.) das grobe Ausgangsgut für die Weiterverarbeitung vorbereitet

Radstube untertägiger Grubenraum zur Aufnahme von Wasser-(Kehr- bzw. Kunst-)Rädern
Rennofen niedriger Schachtofen zur Roheisengewinnung (Abb. 4, A)
Ringziegelofen von Friedrich Hoffmann 1858 entwickelter Ofen zum Brennen von Ziegeln, Tonwaren etc. in kontinuierlichem Betrieb mit fortschreitendem Feuer. Runder oder ovaler Grundriß mit meist zentraler Feuerung. Über den gemauerten Brennkammern – wechselweise zum Beschicken, Brennen oder Entleeren genutzt – oft mehrgeschossige Fachwerkkonstruktion als Boden zum Vortrocknen des Rohmaterials
Risalit in seiner ganzen Höhe aus der Flucht-

linie eines Baukörpers hervortretender Gebäudeteil

Roheisen eine mittels Beigabe von Kohlenstoff (Holzkohle, Koks) durch reduzierendes Schmelzen von zumeist natürlichen Eisenoxyden im Schacht-, →Renn-, →Hochofen (Abb. 3; 4) erzeugte Eisenlegierung mit einer in Abhängigkeit von der Zusammensetzung des Erzes relativ geringen Elastizität. Veredelung durch Frischen (Sauerstoffzuführung) im Puddel-, Thomas- oder Bessemerverfahren

Rustika Quadermauerwerk von roher Bearbeitung der Ansichtsseite, oft zwischen glattem Randschlag

Schacht senkrechter oder stark geneigter Grubenbau

Schwibbogen Bogen als Durchgang, besonders Strebebogen

Sgraffito durch Auskratzen mehrfarbig getönter übereinanderliegender Putzschichten entstandene Baudekoration

Sheddach zumeist einhüftiges, in den steileren Flächen verglastes Satteldach

Sohlbank Fensterbank

Stollen etwa horizontal von über Tage aus angelegter Grubenbau

Strebengerüst (Abb. 1, B) stahlsparende Seilstützkonstruktion mit schachtferner Maschine als Weiterentwicklung des englischen Bockes. Ersatz dessen schwerer Stütze durch eine Abspannung des Strebenkopfes

Strecke horizontaler Grubenbau ohne Tagesöffnung

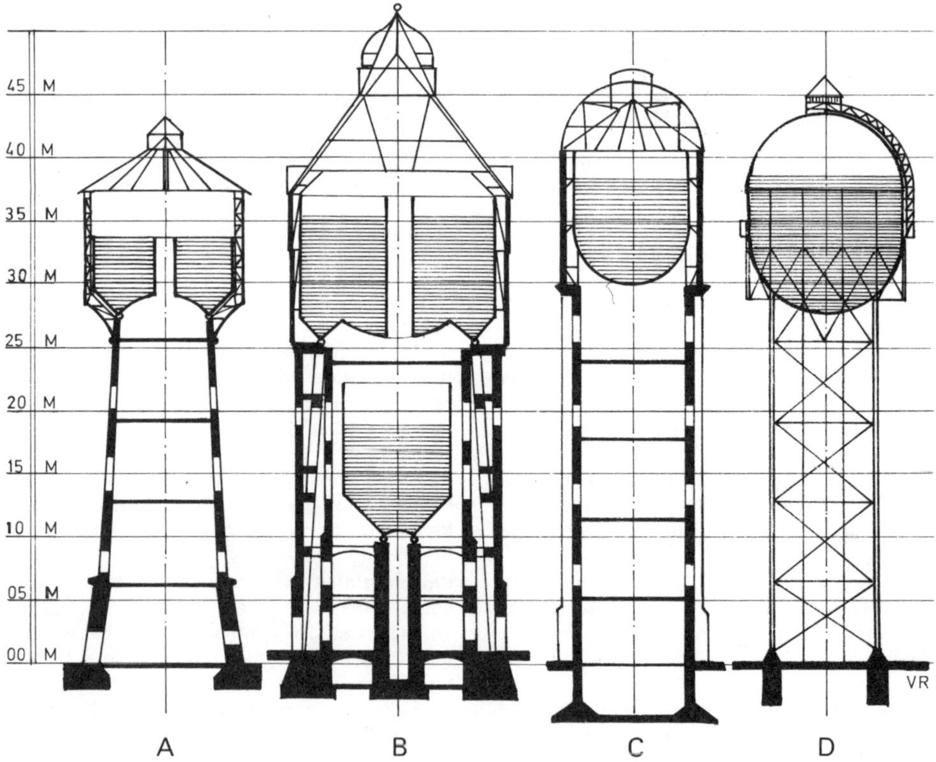

Abb. 6 Wassertürme
A Stützbodenbehälter System Intze I
B Stützbodenbehälter System Intze II
C Hängebodenbehälter, offen
D Hängebodenbehälter, geschlossen

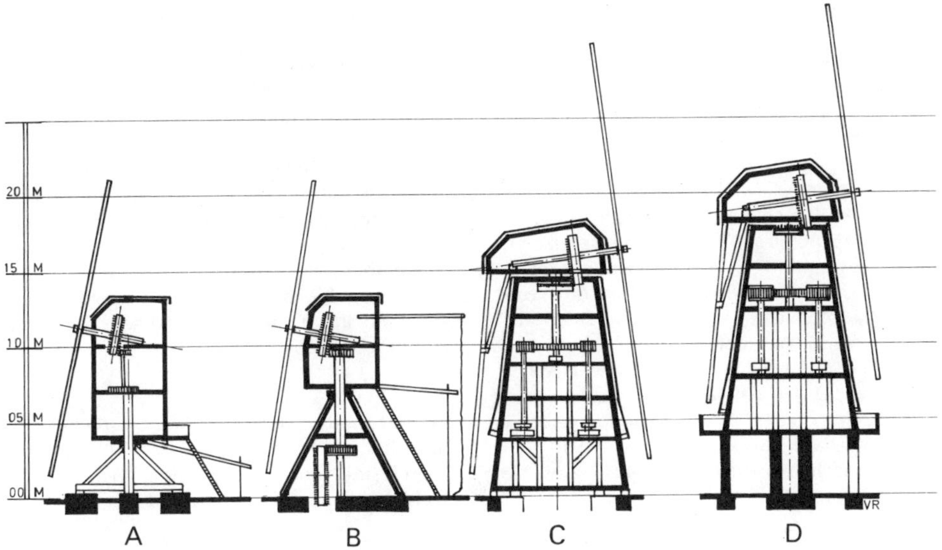

Abb. 7 Windmühlen
A Bockwindmühle
B Wippmühle
C Erdholländer
D Galerieholländer

Teufe Tiefe
Tholos (griech.) Rundbau mit Säulenumgang
Tomson-Bock (Abb. 1, A) Seilstützkonstruktion als deutsche Variante des auf einem Dreieck für die Lastabtragung basierenden »Englischen Bokkes« mit Abfangung der Seilscheibenlasten über Hilfsstützen
Tondo kreisrundes Format für Gemälde oder Relief in der italienischen Kunst vorwiegend der Renaissance. Im 19. Jh. auch als leere Kreisform üblich
Triforium (altfrz. *trifoire* ›durchbrochene Arbeit‹) ursprünglich sich in dreifacher Bogenstellung öffnender Laufgang romanischer oder gotischer Kirchen, im 19. Jh. auch auf dreifach gekuppelte Fenster übertragen
Turbine »Räder mit stetig gekrümmten Schaufeln, die das Wasser mit gleichmäßiger oder beschleunigter relativer Geschwindigkeit durchströmt, ohne zu relativer Ruhe zu gelangen«. Bei Direktwirkung des Wassers: **Aktions-** oder **Druckturbine**; bei gleichzeitiger Reaktionswirkung: **Reaktions-** oder **Überdruckturbine**. Wasserströmung radial durch den Radkranz: **Radialturbine** (u. a. Francis-Turbine); Wasserströmung in Richtung der Achse: **Axialturbine** (u. a. Jonval-Turbine)

Ventikantenflügel (s. Windmühlen) nach dem 1. Weltkrieg entwickelte Flügelform mit stromlinienförmigen, im Heckteil beweglichen Konturen (vordere Anströmkante = Ventikante) ähnlich den Tragflächenprofilen moderner Flugzeuge
Vierpaß *s.* Paß

Wäsche nasse Aufbereitung von Erzen bzw. Kohle
Wasserlösung Abführen der Grubenwasser
Wasserrad ringsum mit Schaufeln, Zellen oder Kübeln versehene Räder, die dem fließenden Wasser »die Arbeit seiner Schwere« entziehen, »indem sie es zu relativer Ruhe bringen«. Wasserräder werden unterschieden nach dem Angriffspunkt (Beaufschlagung) des Wassers: 1. »unterschlächtig«: Oberwasserspiegel in 1/10–1/3 der Radhöhe, Beaufschlagung auf die untersten Schaufeln; 2. »mittelschlächtig«: Oberwasserspiegel etwa in Höhe der Radachse; 3. »oberschlächtig«: Oberwasserspiegel über dem Radscheitel, Beaufschlagung der obersten Schaufeln

Wasserturm (Abb. 5; 6) Substruktion bzw. Umhüllung hoch über dem natürlichen Gelände angeordneter Wasserreservoir. Die Behälter unterscheiden sich grundsätzlich durch 1. geschlossene oder nach oben offene Ausführung, 2. die Wahl des Materials (Gußeisen/Stahl/Beton/Spannbeton) und 3. das Konstruktionsprinzip (Anwendung in Deutschland): A. Flachbodenbehälter (Abb. 5, A–B) rechteckig/zylindrisch – Holz, Eisen ab 1835, Beton ab 1903; B. Hängebodenbehälter um 1870, Hängebodenbehälter System Barkhausen ab 1899 offen (Abb. 6, C) bzw. um 1904 geschlossen (Abb. 6, D); C. Stützbodenbehälter System Intze I (Abb. 6, A) ab 1883, über 500 cbm Nutzinhalt; Intze II (Abb. 6, B) ab 1884; D. Kugelbehälter Bauart Klönne (Abb. 5, C) ab ca. 1905, Sonderform Kugelbehälter mit Stützboden (Abb. 5, D) ab ca. 1910

Wetterschacht ein der Bergwerkslüftung dienender Schacht

Windmühle (Abb. 7) die Windkraft nutzende mechanische Einrichtung, vorrangig eingesetzt zum Mahlen von Getreide oder zum Antrieb von Entwässerungseinrichtungen, *s. a.* Bockwindmühle, Wippmühle, Holländerwindmühle, Windrad

Windrad Schaufel- oder Flügelrad zumeist aus Metall zur Nutzung der Windenergie für mechanische Arbeit. Unterkonstruktion in der Regel ein Eisengittermast

Wippmühle (Abb. 7, B) Weiterentwicklung der Bockwindmühle mit Mahlwerk im feststehenden Unterbau, im drehbaren Mühlenhaus lediglich der Antriebsmechanismus

Zikkurat (mesop., ›Götterberg‹) künstlicher, gestufter Berg als Basis eines Tempels

Zwerchhaus quer zum First angeordnetes Dachhäuschen mit frontseitigem Giebel

Chronologie nach Gattungen

Übersicht

Arbeitersiedlungen

Bahnanlagen
- Bahnbrücken *s.* Brücken
- Betriebsgebäude
- Empfangsgebäude
- Tunnel
- Wassertürme (Bahn) *s.* Wassertürme

Bergbau-Seilstützkonstruktionen
- Malakowtürme
- Fördergerüste
- Fördertürme

Brücken
- Bahnbrücken
  - Eisen
  - Stein/Beton
- Holzbrücken
- Straßen-/Wegebrücken
  - Eisen
  - Stein/Beton

Gasbehälter

Hafenanlagen

Hammerwerke

Hochöfen
- Holzkohle
- Koks

Holzbrücken *s.* Brücken

Hüttenwerke

Kalköfen

Kanäle

Kanalüberführungen

Leuchttürme/Leuchtfeuer

Nadelwehre

Ringziegelöfen

Schlachthöfe

Schleusen

Straßenbrücken *s.* Brücken

Stollenmundlöcher

Talsperren

Technische Einrichtungen
- Energieerzeugung
- Maschinen
- Betriebseinrichtungen

Wasserkraftwerke

Wassertürme
- Bahn
- Industrie
- Öffentliche Versorgung

Windmühlen

Arbeitersiedlungen

ab 1661	Hagen-Eilpe
1787–1790	Ratingen-Cromford
ab 1812	Petershagen-Ovenstädt: Glashütte Gernsheim
ab 1844	Oberhausen-Osterfeld: Eisenheim
1. H. 19. Jh.	St. Ingbert: Alte Schmelz
1858–1869	Kuchen
ab 1864	Bietigheim-Bissingen: Kammgarnspinnerei
1869–1872	Stuttgart: Postdörfle
ab 1870	Ludwigshafen: BASF
1871–1909	Saarbrücken-Brebach: Altes Werk
ab 1882	Frankfurt a. M.-Fechenheim: Gansbühl
ab 1886	Krefeld: Baumwollspinnerei
ab 1888	Köln-Raderberg: Wilhelmsruhe
1893–1896	Essen-Rüttenscheid: Invalidensiedlung Altenhof
1893–1912	Friedrichsthal
1894/1916	Stuttgart: Eisenbahnerdörfle
ab 1896	Ginsheim-Gustavsburg: MAN
1898	Frankfurt a. M.-Griesheim
1899–1907	Essen-Rüttenscheid: Invalidensiedlung Altenhof
Ende 19. Jh.	Hattingen-Müsen

um 1900	Lollar: Main-Weser-Hütte
um 1900/1905	Mühlheim a. d. Ruhr
1900	Frankfurt a. M.-Höchst: Heimchen
1900–1910	Bietigheim-Bissingen: Kammgarnspinnerei
1900–1925	Frankfurt a. M.-Zeilsheim: Colonie
1903	Duisburg-Rheinhausen: Margaretenhof
1903–1908	Reutlingen: Gmindersdorf
um 1905	Frankfurt a. M.-Griesheim
1906–1907	Hanau: W. C. Heraeus
1906–1915	Bochum-Hordel: Dalhauser Heide
1907–1912	Rheine-Gellendorf
1908–1911	Essen-Rellinghausen: Gottfried-Wilhelm-Siedlung
1909	Datteln-Beisenkamp
ab 1909	Herne-Börnig: Teutoburgia
1909–30er J.	Essen-Margarethenhöhe
1912–1914	Frankfurt a. M.-Höchst: Heimchen
ab 1914	Troisdorf: L. Mannstaedt & Co.
1915	Friedrichshafen: Zeppelindorf
1918–1933	Frankfurt a. M.-Nied: Eisenbahnersiedlung

Bahnanlagen

Betriebsgebäude

D Drehscheibe S Stellwerk
L Lokschuppen W Werkstätten

1847	Neustadt a. d. W. (L)
1849	Karlsruhe (W)
1853–1854	Aschaffenburg (L/W)
1853/1863	Mühlacker (W)
1858	Bingen (D/L)
ab 1863	Witten (W)
1864	Heidenheim a. d. B. (L)
1864/1880	Mainz-Süd (W)
1866	Hünfeld (L/W)
1869	Riedstadt-Goddelau (W)
um 1870	Rosenheim (L/W)
1872	Mannheim (L)
1872–1874	Calw (S)
1873	Lauda-Königshofen (L/W)
1873–1875	Bebra (D/L/W)
1874–1885	Hannover-Leinhausen (W)
1875	Eschwege-Niederhone (L)
1877–1880	Hof (L/W)
1880	Mayen-Ost (D/L/S)
ab 1880	Krefeld-Oppum (W)
ab 1880	Lingen (W)
um 1885	Fulda (W)
1886–1889	Bremen (L/S/W)
1887	Konstanz (S/Reiterstellwerk)
1890/1913	München-Neuaubing (W)
1891–1892	München-Thalkirchen (L/W)
um 1895	Hannover Hbf. (L)
um 1895	Weiden i. d. OPf. (L/W)
um 1897	Hameln (L)
1897	Hofgeismar-Hümme (D/L/S)
um 1900	Augsburg (L/W)
um 1900	Lüneburg (L)
um 1900	Nürnberg-Rangierbahnhof (L)
1900–1902	Cochem (W)
ab 1904	Ulm (D)
1904–1906	Saarbrücken-Burbach (W)
1905	Lauda-Königshofen (W)
1907	Bamberg (L/W)
ab 1911	Tübingen (W)
um 1915	Weilburg (S)
um 1925	Offenbach-Ost (S)
ab 1925	München-Freimann (W)
1932	Tuttlingen (L)
um 1935	Lichtenfels (L)
1938–1942	München-Pasing/West (W)

Empfangsgebäude

1840	Augsburg; Schladen; Vienenburg
1844	Hamburg-Altona (Rathaus)
1844/1908	Bamberg
1845	Braunschweig
1846	Kulmbach; Stuttgart (Alter Bahnhof)
1846/63/85	Lichtenfels
um 1847	Bad Beversen (Bahnhof Suderburg)
1847	Lüneburg; Minden; Stadthagen
1848	Frankenstein; Hanau-Wilhelmsbad; Morschen-Altmorschen; Wuppertal-Döppersberg
1849	Felsberg-Gensungen; Warburg
1850	Schwalmstadt-Treysa
1852	Hof
1853	Elze; Herzogenrath;

	Nordstemmen; Willebadessen; Wolfenbüttel
1853/1863	Mühlacker
1854	Aschaffenburg; Heigenbrücken; Karlstadt; Schweinfurt
1854–1923	Göttingen
um 1855	Leer
1855	Bad Dürkheim
1856	Lingen; Meerbusch-Osterath; (Hann.) Münden; Remagen-Rolandseck
1857	Rosenheim (Rathaus); Zweibrücken
1858	Babenhausen; Bischofsheim; Remagen; Schöningen; Weißenthurm
1859	Bad Münster am Stein; Oberwesel
um 1860	Eschweiler
1860	Bad Ems; Iserlohn-Letmathe; Merzig; Passau; Ratzeburg
1861	Reutlingen-Betzingen; Tübingen
1862	Balduinstein; Diez; Rüdesheim; Schopfheim; Weilburg
1863	Braunfels (Lahnbahnhof); Konstanz
1864	Heidenheim a. d. B; Marktbreit; Ochsenfurt; Würzburg-Süd
1864–1914	Fürth
um 1865	Gunzenhausen
1865	Eimen-Vorwohle; Kleve
1866	Hausach; Hünfeld; Neckarsulm; Neustadt a. d. W.; Osterburken; Plön; Preetz
1866/1883	Goslar
1867	Schwäbisch Hall-Hessental; Oberndorf; Sulz a. N.; Tauberbischofsheim
1868	Blaubeuren; Hechingen; Neuhof; Steinau a. d. Str.; Wächtersbach; Werbach-Gamburg; Wertheim-Bronnbach; Wildbad
1869	Adelsheim-Sennfeld; Augsburg; Bad Wimpfen; Blaufelden; Hattingen; Möckmühl; Riedstadt-Goddelau; Schelklingen; Schrozberg; Wallhausen
1870	Bad Bergzabern; Dollnstein; Eichstätt; Erlangen; Gerolstein; Munderkingen
1871	Bad Kissingen; Kyllburg; Simbach
1872	Burgsinn; Helmstedt; Mittelsinn; Rieneck; Sinntal-Jossa; Witzenhausen
1873	Lauda-Königshofen; Mühlheim (Offenbach); Rothenburg o. d. T.; Sigmaringendorf
1873/1955	Regensburg
1874	Calw; Dannenberg; Düren; Nahrendorf-Breese a. S.; Pforzheim-Dillweißenstein
um 1875	Grebenstein
1875	Bebra; Brühl-Kirchberg; Eschwege; Weiden i. d. OPf.
1876	Bad Sooden-Allendorf; Rosenheim
1876/1910	Mannheim
1877	Essen-Kupferdreh; Heide; Mending-Niedermending; Pegnitz
1879	Eppingen; Frankfurt a. M.-Sportfeld; Hannover; Hess. Lichtenau-Fürstenhagen, Hess. Lichtenau-Walburg; Kaufungen-Oberkaufungen; Waldkappel; Wuppertal-Mierke, Wuppertal-Ottenbruch
1880	Bad Neuenahr-Ahrweiler; Hof; Kruft; Schwaigern
1882	Mannheim-Friedrichsfeld
1883	Bad Hersfeld; Esslingen; Gelnhausen
1884	Bonn; Mainz; Dreieich-Buchschlag; Egelsbach; Mainz-Süd
1885	Uelzen
1886	Hamburg-Harburg; St. Ingbert
1888	Frankfurt a. M. (Hbf.)
1889	Bremen; Kreiensen
1890	Bayreuth
1891	Pullach-Großhesselohe; Tann
1892	München-Isartalbahnhof
1894	Baden-Baden; Gernsbach; Osnabrück
1894/1950	Köln
1895	Kandern; Mörlenbach
1896	Obertshausen; Rodgau-Nieder Roden
1897	Hofgeismar-Hümme

1899	Eichstätt; Kiel; Ochsenhausen
um 1900	Coppenbrügge-Voldagsen
1900	Brake; Dörzbach
1901	Hechingen
1902	Cochem; Koblenz; Traben-Trarbach
1903	Hamburg-Dammtor, Hamburg-Sternschanze; Worms
1904	Ebrach
um 1905	Witten
1906	Hamburg (Hbf.); Herborn; Nürnberg; Westerstede; Wiesbaden
1907	Bad Homburg; Krefeld; Winningen
1908	Aachen; Hannover-Leinhausen; Lübeck; Schwalmstadt-Treysa; Stuttgart-Feuerbach; Wuppertal-Vohwinkel
1910	Bielefeld; Hagen
1911	Worpswede
um 1912	Salzhemmendorf-Oldendorf; Viersen
1912	Darmstadt; Herne; Lübeck-Travemünde Strand; Mannheim-Friedrichsfeld; Schenklengsfeld
1913	Friedberg; Karlsruhe; Köln-Deutz; Wuppertal-Barmen
1914	Bremerhaven
um 1915	Husum
1915	Bad Nauheim; Großalmerode; Lüneburg; Oldenburg i. O.
1918	Stuttgart-Obertürkheim
1920	Hamm i. W.
1922	Lindau
1923	Coburg
1924	Frankfurt a. M. (Erweiterung); Hammelburg
1927	Flensburg; Offenbach
1928	Stuttgart (Hbf.)
1933	Duisburg
1934	Oberhausen
um 1935	Berchtesgaden

Tunnel

1842–1844	Erlangen: Burgbergtunnel
1848	Frankenstein: Schloßbergtunnel
1848	Trendelburg: Kesselberg-Tunnel
1848/1893	Kirchheim a. N.
1848/1911	Wildeck-Hönebach: Hönebachtunnel
1852–1855	Münden: Volkmarshausener Tunnel
1854	Heigenbrücken: Schwarzkopftunnel
1859	Oberwesel / St. Goar: Banktunnel
	Oberwesel / St. Goar: Kammerecktunnel
1859–1861	Kaub: Loreley-Tunnel
1860	Kaub: Rossteintunnel
1860	Neunkirchen-Wiebelskirchen
1861–1864	Altenbeken: Rehberg-Tunnel
1862	Weilburg
1867–1868	Dollnstein-Hagenacker: Eßlinger Berg
	Pappenheim-Zimmern
1868	Werbach-Gamburg
1871	Kyllburg; Wilseck
1871–1872	Aachen-Reinartskehl: Gemmenicher Tunnel
1872	Obersinn: Ruppertsberg-Tunnel
1873	Schwarzwaldbahn
1873–1875	Bad Sooden-Allendorf: Schürzeberg-Tunnel
1873–1875	Cornberg: Cornberger Tunnel
1874	Pforzheim-Dillweißenstein: Schloßbergtunnel
1874–1876	Kulmain-Oberwappenöst: Armannsberg-Tunnel
1874–1877	Cochem: Kaiser-Wilhelm-Tunnel
1874–1875	Hamburg-Altona: Neumühlenkai-Bhf. Altona
1876	Witzenhausen-Unterrieden: Bebenroth-Tunnel
1876/1932	Mainz
1877	Pegnitz-Hersbruck, Fichtelgebirgsbahn
	Deggendorf: Ulrichsbergtunnel
	Gotteszell: Hochbühl-Tunnel
1877–1879	Hirschhorn: Schloßberg-Tunnel
1878	Spangenberg-Bischofferode
1879–1881	Beerfelden: Krähberg-Tunnel
1880	Meinhard-Schwebda
1881	Wertheim: Burgbergtunnel
1883–1886	Kinzigtalbahn
1887–1890	Hofbieber-Obernhards: Milseburg-Tunnel
1896	Stuttgart: Schwabtunnel (Straße)

1901	Waldmichelbach; Überlingen
1904	Herborn-Schönbach: Wachkoppel-Tunnel
1909–1910	Tübingen: Schloßbergtunnel
1909–1914	Schlüchtern: Distelrasen-Tunnel
1911–1913	Stuttgart: Rosensteintunnel
1912	Forbach a. d. M.: Haulerkopftunnel
1915	Großalmerode-Uengsterode

Bergbau-Seilstützkonstruktionen

Malakowtürme

1856	Essen-Altenessen: Carl
1859	Bochum-Hamme: Carolinenglück II
1860	Gelsenkirchen-Ückendorf: Holland
um 1870	Mechernich
1872	Bottrop-Batenbrock: Prosper II
	Osnabrück: Haseschacht
1873	Dortmund-Bodelschwingh: Westhausen I
1874	Bochum-Sundern: Brockhauser Tiefbau
1875	Bochum-Wiemelshausen: Prinzregent-Dannebaum
	Herne-Horsthausen: Unser Fritz I
1876	Dortmund-Lindenhorst: Minister Stein, Fürst Hardenberg
	Herten: Ewald I
1878	Bochum-Hordel: Hannover I
1879	Duisburg-Homberg Ruhrort: Rheinpreußen I
1897	Sprockhövel-Niedersprockhövel: Alte Haase

Fördergerüste

1876	Clausthal-Zellerfeld: Ottiliae-Schacht
1880	Clausthal-Zellerfeld: Kaiser-Wilhelm II.-Schacht
1886	Dortmund-Derne: Gneisenau II
	Schiffweiler: Itzenplitz III
1899	Lünen-Brambauer: Minister Achenbach
1902	Clausthal-Zellerfeld: Medingschacht
1904	Moers-Hochstraß: Rheinpreußen IV
1905	Bottrop-Batenbrock: Prosper II
1905/1906	Marl-Hüls: Auguste Victoria I/II
1906	Hamm-Bockum-Hövel: Radbod I/II
1907	Duisburg-Hamborn: Friedrich Thyssen VI
	Gelsenkirchen-Feldmark: Consolidation VIII
1908	Baesweiler: Carl Alexander
	Gladbeck-Zweckel: Zweckel
	Herne-Börnig: Teutoburgia
1909	Bad Salzdetfurth: Schacht II
um 1910	Essen-Kray: Bonifacius I
	Wetzlar-Niedergirmes
um 1912	Ahlen: Westfalen
1912	Bochum-Hamme: Carolinenglück III
	Grasleben: Grasleben
1912/1968	Sehnde: Friedrichshall II
1913	Grasleben: Heidewinkel I
	Lünen-Brambauer: Minister Achenbach III
1916	Saarbrücken: Velsen
1917/1936	Ensdorf: Duhamel
um 1920	Neunkirchen: König
	Oer-Erkenschwick: Ewald Fortsetzung II
1920	Oberhausen: Concordia VI
1922	Gelsenkirchen-Bismarck: Consolidation IX
1923	Bad Grund: Knesebeck-Schacht
1924	Lünen-Brambauer: Minister Achenbach IV
1925	Hamm-Bockum-Hövel: Radbod V
1926/1961	Haigerloch-Stetten
1927	Ibbenbüren: von Oeynhausen I
	Rheinberg-Borth: Borth II
1928	Bochum-Werne: Robert Müser
1931	Marl-Drewer: Auguste Victoria IV
1932	Essen-Katernberg: Zollverein XII
1934	Dortmund-Derne: Gneisenau IV
	Essen-Altenessen: Helene und Amalie
1937	Goslar: Rammelsberg

1937/1951	Weilburg-Waldhausen
1938	Oberhausen: Concordia II
1941	Bad Grund: Westschacht
1943	Bergkamen: Haus Aden
1944	Recklinghausen: General Blumenthal VII
1950	Dinslaken-Lohberg: Lohberg II
	Lehrte: Bergmannssegen
	Oberhausen-Osterfeld: Osterfeld III
	Philippstal: Hattorf
	Uetze-Hänigsen: Niedersachsen-Riedel
1952	Bottrop-Fuhlenbrock: Franz Haniel
1952/1962	Völklingen-Luisenthal: Luisenthal
1953	Castrop-Rauxel: Erin VII
	Heringen-Herfagrund: Herfa
	Herne-Wanne: Pluto I
	Willroth: Georg II
um 1955	Essen-Katernberg: Zollverein I
	Neunkirchen-Wiebelskirchen: Kohlwald
1957	Schiffweiler: Itzenplitz II
1959	Gießen: Kaliwerk Siegfried-Gießen
1960	Philippstal: Ransbach
	Salzgitter-Bleckenstedt: Konrad I

Fördertürme

1911	Quierschied-Fischbach: Camphausen IV (Hammerkopf)
1921	Castrop-Rauxel: Erin III (Hammerkopf)
1926	Dortmund-Eving: Minister Stein, Emil Kirtorf (Hammerkopf)
1928	Bönen-Altenbögge: Königsborn
	Dortmund-Greve: Gneisenau, Rote Fuhr
um 1930	Dortmund-Eving: Minister Stein (Hammerkopf)
1951	Gelsenkirchen-Horst: Nordstern II
1964	Rheinberg-Borth: Borth I
um 1965	Bottrop-Batenbrock
1965	Essen-Katernberg: Zollverein II

Brücken

D Drehbrücke
H Hubbrücke
K Klappbrücke
RK Rollklappbrücke
Z Zugbrücke

Nicht gekennzeichnete Konstruktionen beziehen sich auf feste, unbewegliche Brücken

Bahnbrücken
– Eisen

1845/1852	Ettlingen, urspr. Offenburg: Bahn/Straße
1845/1871	Staufen i. Br., urspr. Offenburg: Bahn/Straße
1855/1948	Fuldatal-Ihringshausen
1856/1949	Münden
1858–1859	Waldshut-Tiengen
1862/1915	Weilburg
1862/1946	Ginsheim-Gustavsburg
1863/1911	Kempten: Bahn/Straße
1863–1865	Kleve-Griethausen
1868	Werbach-Gamburg
1869/1946	Ingolstadt
1872/1874	Calw
1872–1876	Soyen-Königswart
1872/1909	Hannover-Ricklingen
1873	Langendorf-Kaltenhof
1874	Bad Abbach-Poikam
1876	Renchtalbahn
1877	Pegnitz-Hersbruck, Fichtelgebirgsbahn
	Regen, Waldbahn
1877/1947	Neuenburg a. Rh., urspr. Alt-Breisach: Bahn/Straße
1878/1945	Bullay: in 1. Ebene Straße
1879	Winningen
1879/1946	Koblenz-Moselweiss
1879/1949	Dornstetten
1881	Wertheim
1883–1886	Kinzigtalbahn
1887	Friedrichstadt (D)
1888–1890	Blumberg
1892–1894	Kiel-Suchsdorf: in 1. Ebene Straße
1895–1897	Solingen-Schaberg: Müngstener Talbrücke
1897	Hameln
1900	Lübeck (H)
1904	Bischofsheim
1906	Herborn
	Krefeld-Uerdingen, Rheinhafen: Bahn/Straße

1906–1910	Köln: Südbrücke
1907	Bonndorf; Minden Westerburg
1910–1912	Duisburg: Hans-Knipp-Brücke
1911/1946	Köln, Hohenzollernbrücke: Bahn/Straße
1911–1913	Rendsburg: Bahn + Schwebefähre
1912	Koblenz
1913/1946	Frankfurt a. M.
1915–1919	Hochdonn
1924–1926	Weener (K)
1928	Düren (Dreigurtkonstruktion)
1958–1963	Fehmarnsund: Bahn/Straße
1915	Großalmerode-Lauderbach, Großalmerode-Hengsterode
1926	Witten

Bahnbrücken
– Stein/Beton

1838	Frankfurt a. M.-Nied
1838–1840	Aachen-Burtscheid
1844–1848	Ladenburg
1847–1850	Friedberg
1849	Liebenau-Haueda
1849/1946	Gunzenhausen
1850	Neunkirchen-Wellesweiler
1850	Schwalmstadt-Treysa
1851–1853	Bietigheim
1852–1853	Altenbeken
1853	Willebadessen
1854	Kreiensen
1860	Rosenheim Werdohl-Ütterlingsen
1865	Kreiensen-Greene, Kreiensen-Ippensen
1870–1871	Obersinn
1875–1878	Herdecke
1876	Renchtalbahn
1879	Schwalmstadt-Ziegenhain Wuppertal
1880–1881	Beerfelden
1885	Aachen-Brand, Aachen-Kornelimünster
1887/1927	Höllentalbahn, Ravennaschlucht
1899–1900	Lenzkirch-Kappel
1901	Möhrlenbach-Wahlen
1902	Kirchberg
1904–1906	Kempten (Beton)
1907	Schwalmstadt-Treysa
1908	Boppard-Buchholz
1911–1913	Stuttgart-Bad Cannstatt (Beton)

Holzbrücken (Archenbrücken)

1803/1936	Beuron
1804/1954	Rheinau
1816/1946	Gailingen
1821/1958	Langenburg-Unterregenbach
1828	Eriskirch
um 1843/1921	Bad Säckingen
1946/1988	Obergröningen
1947	Immendingen-Zimmern
1955	Forbach a. d. M.

Straßen-/Wegebrücken
– Eisen

1824	Nürnberg (Hängekonstruktion)
1836	Kassel-Wilhelmshöhe
1837–1844	Hannover
1845/1852	Ettlingen, urspr. Offenburg: Bahn
1845/1871	Staufen i. Br., urspr. Offenburg: Bahn
1863/1911	Kempten, urspr. Bahn
1865–1866	Braunschweig
1869/1912	Frankfurt a. M.
1873	Witzenhausen: Fußgänger-Hochwassersteg
1877	Mainz, Winterhafen (urspr. D)
1877/1947	Neuenburg a. Rh., urspr. Alt-Breisach: Bahn
1878/1945	Bullay: in 2. Ebene Bahn
1882	Flunau (Hängekonstruktion)
1888–1891	Karlsruhe
1892	Lübeck, Hafen (D) München, Hackerbrücke
1892–1894	Kiel-Suchsdorf: in 2. Ebene Bahn
1894–1897	Garbsen-Schloß Ricklingen
1896–1897	Langenargen (Hängekonstruktion)
1897–1899	Hamburg-Süderelbe
1898	Köln, Hafen (D)
1898–1899	Münden (Hängekonstruktion)
1900	Lübeck (H)
1903	Laufen/OB
1904	Bremen (D)
um 1905	Mannheim Hbf.-Gleisfeld

1905–1907	Wilhelmshaven, Kaiser-Wilhelm-Brücke (Doppel D)
1906	Krefeld-Uerdingen, Rheinhafen: Bahn/Straße
1906–1907	Ulm
1907–1909	Darmstadt
1909–1912	Kiel-Holtenau
1910	Kleve, Hafen (D)
1910–1911	Frankfurt a. M.
1911/1946	Köln, Hohenzollernbrücke: Bahn/Straße
1911–1913	Rendsburg: Bahn + Schwebefähre
1915–1916	Friedrichstadt: Bahn/Straße (K)
1926	Bremen (K)
	Nassau (Hängekonstruktion)
1927	Rinteln
1926–1927	Oldenburg i. O. (H)
1929–1930	Hamburg-Harburg, Holzhafen-Brücke (Z)
um 1930	Hamburg-Harburg, Bahnhofskanal-Brücke (RK)
1931	Meppen (H)
1932/1987	Hamburg Rethedamm (H)
1950	Düsseldorf (H)
1958–1963	Fehmarnsund: Bahn/Straße
1961–1964	Lübeck-Herreninsel (K)

Straßenbrücken
– Stein/Beton

1135/20. Jh.	Regensburg
um 1330/1946	Rothenburg o. d. T.
14. Jh./1719	Trier
1425/1970	Koblenz
ab 1473	Würzburg
1520/18. Jh.	Ochsenfurt
1788	Heidelberg
1868/1908	Schlüchtern
1903–1904	Grünwald (Beton)
um 1915	Seelze-Lohnde (Beton-Dreigelenkbogen)
1929–1930	Echelsbach (Beton)
1937–1939	Wesergebirge: Autobahnbrücken
1941/1954	Köln-Rodenkirchen (Beton)

Gasbehälter

T Teleskop- oder Glockenbehälter S Scheibenbehälter

1904/1953	Coburg (T)
1906	Alsdorf (T)
1906/1946	Fürth (T)
1907	Moringen (T)
1908	Eutin (T)
1909	Oberwesel (T)
um 1910	Stuttgart (T)
1914/1925	Neustadt b. Coburg (S)
1915	Augsburg-Oberhausen (T)
1923	Frankfurt a. M.-Höchst (T)
1930	Georgsmarienhütte (S)
1936	Schweinfurt (T)
um 1950	Neustadt a. d. W. (T)
	Stade (T)
1954	Saarbrücken-Brebach (T)
	Lübeck (S)
1958	Fürth (T)

Hafenanlagen

2. H. 17. Jh.	Stade
1715–1908	Duisburg-Ruhrort
1753	Marktsteft
1793–1797	(Hann.) Münden
1836–1845	Kelheim
ab 1845	Hamburg-Harburg
1847–1851	Bremerhaven: Neuer Hafen
1. H. 19. Jh.	Regensburg
1850–1853	Lindau
1856	Mainz
ab 1856	Wilhelmshaven
ab 1862	Hamburg
1863–1872	Konstanz
1880–1887	Mainz
1880–1896	Düsseldorf
1891–1898	Köln
1892–1931	Bremerhaven
1893	Ludwigshafen: Luitpoldhafen
1897–1903	Mannheim
1898–1901	Karlsruhe
1903–1905	Krefeld-Uerdingen
1908–1912	Frankfurt a. M.: Osthafen

Hammerwerke

A Aufwurfhammer Fd Federhammer
F Fallhammer S Schwanzhammer
Werke ohne Bezeichnung sind nur als Standort ohne Hämmer erhalten

ab 1646/19. Jh.	Ruhpolding-Brand (S)
ab 1686/1930	Roth-Eckersmühlen (F)
ab 1751/19. Jh.	Menden: Oberrödinghauser Hammer
ab 1753/19. Jh.	Lüdenscheid-Brüninghausen: Bremecker Hammer (S/F/Fd)
1759/1819	Wahlsburg-Lippoldsberg
ab 1779/19. Jh.	Hasloch: Eisenwerk Ph. Kurtz (S/A/Kastengebläse um 1860/kommerzielle Nutzung)
1804/1889	Blaubeuren (S)
um 1818	Langenzell-Keidenzell (S)
2. H. 19. Jh.	Herscheid-Schwarze Ahe: Schwarze-Ahe-Hammer (S)
	Hindelang-Bad Oberndorf: Hartmanns Hammerschmiede (S)
	Kierspe-Mühlen-Schmidhausen: Gießerei Schwanke (S)
	Pleisweiler-Oberhofen (S)
	Seelbach-Litschental: Geroldsecker Waffenschmiede (S)
	Wenden (S)
1878	Amtzell: Voglersche Hammerschmiede (S)
um 1890	Essen-Kupferdreh, Deilbachhammer (S)
1900–1930	Satteldorf-Gröningen (F/S)
1921	Hindelang-Bad Oberndorf: Mittlere Schmiede (S)
1934	Ennepetal: Alhauser Hammer (F)

Hochöfen

Holzkohle

17. Jh.	Brilon-Gudenhagen
ab 1728	Niederdreisbach: Grünebacher Hütte
1783	Bockenem-Bornum: Wilhelmshütte
18. Jh.	Kall-Steinfeld-Urft
Ende 18. Jh.	Gilserberg: Schönsteiner Hütte
um 1830	Sigmaringendorf-Laucherthal
1833–1834	Balve: Luisenhütte
um 1835	Gräfenbacher Hütte
1. H. 19. Jh.	Abentheuer
19. Jh.	Hürtgenwald-Vossenack, Zweifallshammer
	Wenden

Koks

1922/1973	Georgsmarienhütte
1928–1964	Duisburg-Bruckhausen: Thyssen Stahl AG
1937–1981	Duisburg-Huckingen: Mannesmann AG
	Duisburg-Meiderich-Beeck: Thyssen Stahl AG
1939–1940	Hattingen: Thyssen-Henrichshütte
1949–1977	Salzgitter-Watenstedt
1955–1970	Duisburg: Werk Ruhrort
1956–1973	Duisburg: Werk Meiderich
1957–1964	Sulzbach-Rosenberg: Maximilianshütte
1962–1977	Duisburg-Rheinhausen: Krupp Stahl AG
1964–1977	Dortmund, Hoesch Stahl AG: Westfalenhütte, Phoenix
1966/1977	Bremen: Klöckner-Hütte
1969/1976	Neunkirchen: Hochofenwerk
1970–1980	Völklingen
1973	Duisburg-Marxloh: Thyssen Stahl AG
1973–1983	Saarbrücken-Brebach: Halberger Hütte
um 1975/1985	Dillingen: Dillinger Hütte

Hüttenwerke

12.–17. Jh.	Brilon-Gudenhagen
1434/19. Jh.	Weilmünster-Audenschmiede
1598/19. Jh.	Rheinböllen
ab 1650/19. Jh.	Königsbronn
1666/1834	Reinhardshagen-Veckerhagen
1707	Brachtal-Neuenschmidten
ab 1708	Sigmaringendorf-Laucherthal
ab 1722	Nonnweiler-Braunshausen: Mariahütte
1728	Bockenem-Bornum: Wilhelmshütte
ab 1733	St. Ingbert: Eisenschmelz
1733/1820	Bad Lauterberg: Königshütte
1748/19. Jh.	Balve: Luisenhütte

1749	Eisenschmitt: Eichelhütte
ab 1771	Trippstadt: Eisenwerk Gienanth
1784/1827	Eisenberg: Eisenwerk Gienanth
1788	Aachen-Walheim
18./19. Jh.	Wenden
ab 1. V. 19. Jh.	Dillingen: Dillinger Hütte (gegr. 1690)
1. V. 19. Jh.	Hürtgenwald-Vossenack: Zweifallhammer
1. V. 19. Jh.	Winnweiler-Hochstein: Eisenschmelz
1. H. 19. Jh.	Dollnstein-Obereichstätt
ab 1803	Marsberg-Bredelar: Theodorshütte
ab 1806	Neunkirchen: Hochofenwerk
1808–1883	Leonberg-Königshütte
ab 1809	Saarbrücken-Brebach: Halberger Hütte
ab 1817	Hirzenhain: Buderussche Eisenwerke
1828–1830	Bendorf: Sayner Hütte
um 1835	Gräfenbacher Hütte (gegr. 1712)
1838	Bendorf: Concordia-Hütte
1848	Dautphe-Friedensdorf: Carlshütte
Mitte 19. Jh.	Gilserberg: Schönsteiner Hütte
2. H. 19. Jh.	Miltenberg: Eisenwerk Weilbach
ab 1856	Georgsmarienhütte
ab 1861	Sulzbach-Rosenberg: Maximilianshütte
ab 1862	Lollar: Main-Weser-Hütte
um 1865	Aalen-Wasseralfingen: Schwäbische Hüttenwerke
um 1865	Fachbach: Nieverner Hütte
1870	Wetzlar: Sophienhütte
ab 1873	Völklingen
ab 1937	Salzgitter-Watenstedt

Kalköfen

18. Jh.	Lenggries
um 1850	Bremerhaven-Lehe
um 1860	Stadtlohn
2. H. 19. Jh.	Allmendingen; Lemgo-Luhe; Nettersheim; Bad Wildungen; Elztal-Dallau
ab 1896	Balve
um 1900	Stromberg; Aachen-Kornelimünster; Bad Hersfeld-Sorga; Balve-Eisborn; Hammelburg
1. V. 20. Jh.	Hörstel-Riesenbeck
um 1920	Mandelbachtal-Wittersheim
1920	Tecklenburg, Horst Mersch
1922	Untermarchtal
1924	Aachen-Hahn
um 1925	Aachen-Walheim
1952	Gersheim

Kanäle

793	Treuchtlingen-Graben: Fossa Carolina
1626–1629	Kamp-Lintfort: Fossa Eugeniana
ab 1687	Landau: Albersweiler Kanal
1688/1846	Kleve: Spoy-Kanal
ab 1724	Münster: Max-Clemens-Kanal
1772–1780	Frankenthal: Frankenthaler Kanal
1777–1784	Eiderkanal
1801–1810	Straelen-Louisenburg: Grand Canal du Nord
1821–1823	Stecknitzkanal (Anfänge um 1395)
1836–1846	Ludwigs-Donau-Main-Kanal
1887–1895	Nord-Ostsee-Kanal
1892–1899	Dortmund-Ems-Kanal
1895–1900	Elbe-Trave- (seit 1936 Elbe-Lübeck-)Kanal
1905–1939	Mittellandkanal
1909–1914	Nord-Ostsee-Kanal (Erweiterung)

Kanalüberführungen

1841/1844	Schwarzenbruck: Ludwigs-Donau-Main-Kanal
1892–1899	Münster: Dortmund-Ems-Kanal, Alte Fahrt
1892–1899	Olfen: Dortmund-Ems-Kanal, Alte Fahrt
1911–1914	Minden: Mittellandkanal
1912–1914	Seelze: Mittellandkanal
1933–1939	Münster: Dortmund-Ems-Kanal, Neue Fahrt
1933–1939	Olfen: Dortmund-Ems-Kanal, Neue Fahrt

Leuchttürme/Leuchtfeuer

Fe Eisenkonstruktion

1310/1875	Neuwerk
1539/1827	Lübeck-Travemünde
1803	Cuxhaven: Alte Liebe
1832/1963	Fehmarn: Marienleuchte
1853	Lindau
1854	Bremerhaven: Neuer Hafen
1856	Wangerooge
1865	Strande-Altbük
1872	Nebel-Steennodde
1874	Norderney
1879	Borkum: Großer Leuchtturm Dahme-Dahmeshöved
1882/1910	Fehmarn: Westmakelsdorf
1885	Roter Sand Konstanz (Fe)
1889	Borkum: Kleiner Leuchtturm (Fe)
1893	Bremerhaven: Unterfeuer (Fe)
um 1895	Sylt-Hörnum, Sylt-Kampen
1900	Bremerhaven: Ostfeuer
1902	Konstanz
1903	Fehmarn: Staberhuk
1909	Wilhelmshaven: Jadebusen
1914	Bremerhaven: Geestemole Nord
1915	Fehmarn: Flügger Ort
1932	Wangerooge
1935	Fehmarn: Stukkamp Huk (Fe)

Nadelwehre

1862–1865	Saarbrücken
1892–1893	Fahrenholz
1893–1894	Wittorf

Ringziegelöfen

2. H. 19. Jh.	Viersen
1897	Kandern; Witten-Bommern
1904	Mainz: Ziegelei Roßbach
1907	Kaufungen-Oberkaufungen (Zickzackofen)
um 1920	Nenndorf

Schlachthöfe

1879–1881	Hannover
1883–1884	Bielefeld
um 1885	Darmstadt
1885–1887	Osnabrück
1889–1891	Nürnberg
um 1890	Kaiserslautern
1890–1891	Hamburg-Sternschanze Mönchengladbach-Rheydt
1891–1894	Lahr
1892–1893	Heidelberg
um 1895	Aachen
1896–1898	Mainz
1898–1900	Augsburg
1902–1904	Offenbach
1903	Bamberg
1903–1904	Rothenburg o. d. T.
1904	Rottenburg a. N.
1904–1905	Kirchheim u. T.
1906–1909	Stuttgart
1907–1908	Bruchsal
1909–1910	Gelsenkirchen
1912	Worms
1913	Rendsburg: Viehmarkthalle
1924–1925	Bad Kissingen
1925–1928	Nürnberg (Erweiterung)
1929	Lübeck

Schleusen

1598	Norden: Fredericiussiel-Addingastersiel
1713 ff.	Trendelburg
1716 ff.	Bad Karlshafen
1724	Lauenburg: Palmschleuse
1735	Eschwege
1. H. 18. Jh.	Hannover-Herrenhausen
1752	Neustadt a. R.
1765	München-Nymphenburg
1777–1784	Krummwisch-Klein Königsförde
1781	Rathmannsdorf
1782–1784	Bovenau-Kluvensiek
1786	Großefehn-Westgroßefehn
1798	Krummhörn-Greetsiel
1801–1810	Straelen-Louisenburg
1821	Heilbronn
1823	Witzeeze
1824	Hanekenfähr
1828	Meppen: Koppelschleuse
1829/1844	Essen-Werden

1844	Hattingen
1845	Balduinstein; Nievern; Kalkofen; Rheine
1846/1910	Kleve
1847	Hamburg: Hammerbrook-Schleuse
	Weilburg: Koppelschleuse und Schiffstunnel
1850	Fachbach
1857	Emden-Pettkum
1865	Saarbrücken
1867	Bad Sooden-Allendorf
1868	(Hann.) Münden
1871	Hameln
1883	Emden: Nesser Seeschleuse
1884	Heilbronn
1888	Emden: Kesselschleuse
	Nordhorn: Doppelschleuse Moorstiege
1894	Wittorf
1895	Brunsbüttel: Alte Schleusen
	Kiel-Holtenau: Alte Schleusen
1898	Emden; Borßüm-Oldersum
1899	Hörstel-Bevergen; Waltrop-Henrichenburg
1900	Elbe-Trave-Kanal
	Emden: Verbindungsschleuse
um 1910	Hannover-Limmer: Leineabstiegskanal
1913	Brunsbüttel: Neue Schleusen; Kassel
1914	Kiel-Holtenau: Neue Schleusen; Minden
1917	Waltrop: Schachtschleuse
1925	Neckarsulm
1927	Oldenburg i. O.: Küstenkanal
1928	Hannover-Anderten: Hindenburgschleuse
1929	Heidelberg
1962	Waltrop

Stollenmundlöcher

ab 1740	Hilchenbach-Müsen: Tiefer Müsener Stollen
1769	Siegen-Eiserfeld: Eisenzecher Tiefer Stollen
1789	Hilchenbach-Müsen: Oberer Stollen
1777–1799	Bad Grund: Tiefer-Georg-Stollen
1791	Bad Reichenhall: Carl-Theodor-Quelle
Ende 18. Jh.	Siegen-Niederschelden: Tiefer Schöneberger Erbstollen
1802	Hilchenbach-Dahlbruch: Brüche
1825	Kreuztal: Kronprinz-Friedrich-Wilhelm-Erbstollen
um 1830	Bad Grund: Erzbergwerk
1836	Kreuztal-Littfeld: Tiefer Altenberger Stollen
1837	Kaub: Wilhelm Erbstollen
1833–1842	Ensdorf: Ensdorfer Stollen
1842	Amberg: Theresienstollen
1847	Neunkirchen-Heinitz-Decken: Heinitz-Stollen
1851–1864	Gittelde: Ernst-August-Stollen
1852	Braubach: Moritzstollen
2. H. 19. Jh.	Völklingen-Luisenthal: Veltheim- und Albert-Stollen
1879	Siegen-Eiserfeld: Reinhold-Forster-Erbstollen
1894	Dillenburg-Oberscheld: Burgerstollen
1902	Obernkirchen: Liethstollen
1907	Dillenburg-Oberscheld: Tiefer Stollen
1908	Solms-Oberbiel: Fortunastollen
1917	Bad Ems: Neuhoffnungsstollen

Talsperren

1714–1721	St. Andreasberg: Oderteich
1890–1892	Remscheid-Großberghausen: Eschbach-Talsperre
1891–1897	Altena-Altroggenrahmede: Fuelbeckestaumauer
1893/1905	Remscheid-Lennep: Panzer-Talsperre
1898	Hückeswagen: Bever-Talsperre
1898–1900	Marienheide: Lingese-Talsperre
1899–1904	Heimbach-Hasenfeld: Rur(Urft)talsperre
1900–1903	Solingen-Burg: Sengbach-Talsperre
1902–1904	Breckerfeld-Holthausen: Ennepetalsperre
	Meinerzhagen-Heide: Fürwiggetalsperre
1904	Kierspe: Jubachtalsperre
1908–1912	Möhnesee: Möhnetalsperre

1908–1914 Edertal-Hemfurth: Edertalsperre
1909–1912 Attendorn: Listertalsperre
1922–1924 Vöhrenbach: Linach-Talsperre
1927–1929 Bergneustadt: Aggertalsperre
1929–1932 Schluchsee: Schluchseewerke AG

Technische Einrichtungen

Energieerzeugung

(Turbinen/Generatoren/Erreger/Regler)

1879/1910 Augsburg
1897–1940 Rheinfelden
1898 Bad Urach: Kraftwerk Leuze
um 1900 München: Tivoliwerk
1904 Heimbach-Hasenfeld
1906/1909 Waldkirch-Kollnau
1907/1908 Hermaringen
1908 München: Isarwerk I
1908/1935 Philippstal-Harnrode
1910 Metzingen-Neuhausen
Trostberg
Wendlingen (Dampfturbine)
1910/1925 Dörzbach-Hohebach
1910/1927 Tacherting
1911 Hambühren-Oldau
1911/1913 Leiwen
1912 Philippstal
1912 + 1922 St. Andreasberg: Grube Samson
1914 München-Nymphenburg: Porzellanmanufaktur
1914/1915 Neckartenzlingen
1915/1927 Bamberg: ERBA
1916 + 1924 Edertal-Hemfurth
1917 Forbach a. d. M.
Forchheim-Reuth
1919 Burgkirchen a. d. A.-Hirten
1921 München: Isarwerk II/III
1922 Hirschaid
1923 Bad Kissingen; Finnentrop-Bamenohl; Haag a. d. A.; Solms-Oberbiel; Wertheim-Waldenhausen
1924 Erbach-Schönen
Finsing-Neufinsing
Gutach i. Br.: Zweribachwerk
Kochel: Walchensee-Kraftwerk
Oberding-Aufkirchen
Straßlach-Mühltal; Stuttgart-Untertürkheim; Töging a. I.
1925 Eitting; Forbach a. d. M.
Kirchentellinsfurt
Mühlheim a. d. R.: Raffelberg
Nürtingen; Viereth
Witten: Hohenstein
1925/1953 Heringen-Lengers
1926 Werdohl-Wilhelmsthal
1927 Finnentrop-Lehnhausen
Wanfried
1928 Engelskirchen-Loope
1928/1942 Veringenstadt-Veringendorf
1928/1955 Döverden
1930 Herdecke: Koepchenwerk
Moosburg a. d. I.: Uppenbornwerk I
1932 Frankfurt a. M.-Griesheim
1933 Häusern-Schwarzabruck
1935 Scheuhausen-Hochwang
1936 Attendorn-Ahausen
1940 Salzgitter-Hallendorf
1943 Ühlingen-Birkendorf: Witznau
1951 Moosburg a. d. I.: Uppenbornwerk II

Maschinen

1804/1817 München-Nymphenburg: Grünes Pumpenhaus (Pumpen)
1808/1835 München-Nymphenburg: Johannisturm (Pumpen)
1864 Hannover-Herrenhausen: Pumpwerk (Pumpe)
1875 Blaubeuren (Dampfpumpe)
1881 Bad Überkingen: Pumpwerk (Doppel-Plunger-Pumpen)
1888 Hamburg-Allermöhe: Pumpwerk (Dampfpumpe)
um 1890 Kelkheim (Dampfmaschine)
1891/1909/12 Völklingen: Walzstraße (Dampfmaschinen)
1892 Bochum-Hordel: Hannover I (Fördermaschine)
Radevormwald-Dahlerau (Dampfmaschine)
Kassel-Niederzwehren: Pumpwerk (Pumpen)
Lübeck: Drehbrücke (Pumpen)
1893 Riegel: Brauerei (Dampfmaschine/Generator/Kompressor)
1902 Dortmund-Bövinghausen: Zollern II/IV (E-Fördermaschine)

1903	Waldkirch-Kollnau (Dampfmaschine)
	Wesel: Wasserwerk (Dampfmaschine)
1904	Frankfurt a. M.-Fechenheim: Cassella (Dampfkompressor)
	Moers-Hochstraß: Rheinpreußen IV (E-Fördermaschine)
1904–1914	Völklingen: Hüttenwerk (Gasgebläsemaschinen)
1907	Gelsenkirchen-Feldmark: Consolidation (Fördermaschine)
1908	Alsfeld (Dampfmaschine)
1909/1910	Hannover-List: H. Bahlsen (Dampfmaschine)
1910	Waltrop-Brockenscheidt: Waltrop (Fördermaschine)
1912	Dortmund-Bockum: Wasserwerk II (Dampfmaschine, Pumpe)
	Schelklingen-Urspring: Pumpwerk (Dieselmotor)
	Sehnde: Friedrichshall II (Fördermaschine)
1912/27/38	Saarbrücken-Brebach: Halberger Hütte (Gasgebläsemaschinen)
1913	Euskirchen-Kuchenheim (Dampfmaschine)
	Ibbenbüren (Dampffördermaschine)
	Sulzbach-Rosenberg: Maximilianshütte, Walzstraße (Dampfmaschine)
1914/1920	Georgsmarienhütte (Glasgebläsemaschine)
1914/1924	Clausthal-Zellerfeld: Ottiliae-Schacht (E-Fördermaschine)
1916	Saarbrücken: Grube Velsen (Dampffördermaschine)
1918/1936	Ensdorf: Schachtanlage Duhamel (Dampffördermaschine)
1924	Clausthal-Zellerfeld: Kaiser-Wilhelm II.-Schacht (E-Fördermaschine)
	Wertheim-Reicholzheim: Sauerstoffwerk (Kompressor)
1926	Bad Ems-Wiesbach (Pumpe)
1926/1955	Niederstotzingen: Pumpwerk (E-Pumpen)
1927	Hannover-List: Pelikan AG (Dampfmaschine)
	Hattersheim: Grundwasserpumpwerk Frankfurt a. M. (Dreifach-Expansions-Dampfmaschine/Drillings-Differential-Plungerpumpe)
1928	Dortmund-Greve: Gneisenau, Rote Fuhr (E-Fördermaschine)
1930	Schelklingen-Teuringshofen: Pumpwerk (Pumpen)
1933	Erzbergwerk Bad Grund (E-Fördermaschine)
1935/1937	Goslar: Rammelsberg (E-Fördermaschine)
1937	Neunkirchen-Heinitz: Grube Heinitz (E-Kompressoren)
1938	Sehnde-Wehmingen: Hohenfels (E-Fördermaschine)
1941	Schiffweiler: Grube Reden (Dampffördermaschine)
1942	Bad Grund: Westschacht (Fördermaschine)
1951	Sehnde: Friedrichshall I (E-Fördermaschine)

Betriebseinrichtungen

1774	Schwetzingen: Unteres / Oberes Wasserwerk
18./19. Jh.	St. Andreasberg: Grube Samson (Kunsträder)
1808	Schönau-Holz (Klopfsäge)
1. H. 19. Jh.	Dörzbach (Ölmühle)
1847	St. Andreasberg: Grube Samson (Fahrkunst)
1848	Bad Kissingen: Untere Saline (Freiturbine)
um 1850	Königsbronn: Hüttenwerk (Flammöfen)
	Zastlertal (Hochgangsäge)
1851	Bad Reichenhall: Alte Saline (Wasserräder/Pumpen)
2. H. 19. Jh.	Saarbrücken-Bischmisheim (Mühleneinrichtung)
1887/1910	Osterkappeln-Venne (Mühleneinrichtung/Dieselmotor)
1890–1925	Werbach: Bimssteinfabrik
1898–1930	Merzig: ehem. Fellenbergmühle
um 1900	Rabenscheid: Fischbach-Mühle (Mühlentechnik)

ab 1900	Naila: Ehem. Schuhfabrik Tamm
1906	Schwäbisch Gmünd: Ott-Pausersche Silberwarenfabrik (Sauggenerator)
um 1914	Plochingen (Mühlsteinfabrik)
um 1915	Solingen-Merscheid: Gesenkschmiede Hendrichs
1. V. 20. Jh.	Oberhausen: Altenberg Zink
1942	Balingen-Engstlatt: Sägewerk (Lokomobile)

Wasserkraftwerke

1893/1898	München: Muffatwerk
1895	München: Maximilianswerk, Tivoliwerk
1899	Marbach; Rheinfelden
1900	Gersthofen
1902	Stuttgart-Untertürkheim Veringenstadt-Veringendorf
1904	Heimbach-Hasenfeld Heringen-Lengers
1904–1911	Oberried
um 1905	Oberriexingen
1907	Lahnstein-Friedrichssegen
1908	Forchheim-Reuth; München: Isarwerk I; Philippstal
1910	Laufenburg; Metzingen-Neuhausen; Tacherting Trostberg
1911	Bremen; Hambühren-Oldau Tübingen
1912	Augsburg; Grenzach-Wyhlen
1913	Feldkirchen-Westerham-Vagen; Leiwen
1914	Döverden
1918/1926	Forbach a. d. M.
1921	München: Isarwerk II / III
1922	Hirschaid; Meitingen
1923	Finnentrop-Bamenohl Haag a. d. A.; Solms-Oberbiel Wertheim-Waldenhausen
1924	Finsing-Neufinsing; Gutach i. Br.; Kochel: Walchensee-Kraftwerk; Münden-Laubach; Oberding-Aufkirchen; Straßlach-Mühltal; Töging a. I.
1925	Eitting; Mühlheim a. d. R. Nürtingen; Viereth Witten: Hohenstein
1926	Kirchentellinsfurt; Werdohl-Wilhelmsthal
1927	Passau
1928	Engelskirchen-Loope Finnentrop-Lenhausen
1930	Herdecke; Moosburg a. d. I.
1931	Neckarsteinach
1932	Frankfurt a. M.-Griesheim
1933	Häusern-Schwarzabruck
1935	Hirschhorn
1938	Attendorn-Ahausen
1943	Ühlingen-Birkendorf: Witznau
1951	Moosburg a. d. I.; Waldshut
1952	Hessigheim
1955	Besigheim; Pfreimd
1956	Ludwigsburg-Poppenweiler

Wassertürme

F	Flachbodenbehälter	K	Kugelbehälter
H	Hängebodenbehälter	Fe	Eisenkonstruktion
S	Stützbodenbehälter	Bt	Betonkonstruktion

Bahn

1877	Karlsruhe (F)
um 1880	Darmstadt-Betriebswerk (F)
um 1885	Eschwege-Niederhone (S)
1890	Beuron-Hausen i. T. (Fe/F)
1891	Montabaur (H)
um 1893	Korbach (S)
um 1900	Lahnstein (S); Lüneburg (S)
1900	Wittingen (S)
1901	Lingen (S)
um 1905	Duisburg-Bissingheim (S); Kassel (K)
um 1906	Duisburg-Meiderich-Beek (K)
1906	Elze (K)
1907	Nordenham (S)
1908	Oldenburg i. O. (S)
1909	Darmstadt (H); Hannover-Leinhausen (K)
1910	Bebra (K)
um 1910	Bischofsheim (S); Nienburg (S); Lübeck (K)
1911	Nürnberg: Rangierbhf. (Bt/F)
1912	Crailsheim (K)
um 1912	Frankfurt a. M. (S)
1913	Karlsruhe (Bt/S); Weil a. Rh.-Haltingen (Fe/K)

1914	Altenkirchen (Fe/K); Mühlheim/ Offenbach (H)
um 1915	Duisburg-Bissingheim (Fe/K); Krefeld-Oppum (Fe/K); Fulda (Fe/K)
1916	Duisburg-Rheinhausen (Bt/F/ Wohnwasserturm)
1918	Kornwestheim (K)
um 1920	Mannheim Hbf. (H)
um 1926	Bramsche (Bt/F)
1934	Oberhausen: Empfangsgebäude (Bt/F)
1940	Uelzen (Bt/F)
1941	Dortmund-Körne (Bt/F/Wohnwasserturm)

Industrie

1870	Frankfurt a. M.-Bockenheim: ehem. Gaswerk (Fe/F)
1890	Hanau-Wolfgang (S); Hochheim a. M. (F)
um 1895	Wiesbaden-Amöneburg (F)
um 1900	Sehnde-Wehmingen (S)
1900	Frankfurt a. M.-Fechenheim: Cassella (S); Mannheim-Lindenhof (S)
1901	Hannover: Fa. Eilers (Fe/F)
1903	Kirchseeon (Bt); Bamberg (Schornstein)
1904	Dortmund-Grevel: Rote Fuhr (Fe/H)
um 1905	Dissen (Fe/S); Neunkirchen (Fe/H)
1905	Nürnberg: Gaswerk II (F)
1906	Bergisch-Gladbach (F); Fürth: Gaswerk (Bt/F)
1909	Sehnde-Ilten (S); Singen: Maggi (Bt/Fe/F)
1910	München-Moosach (F)
1912	Lehrte (Schornstein); Meerbusch-Lank (Fe/K)
1913	Herne-Sodingen (Bt)
um 1915	Lahnstein (Fe/K); Wetzlar (Bt)
1915	Ahlen (Fe/K); Frankfurt a. M.-Fechenheim: Gaswerk Ost (S); Ingolstadt (Bt/F)
1918	Völklingen (Bt/F)
um 1920	Uebach-Pallenberg (Fe/H)
1921	Ilsede-Ölsburg (Fe/K)
1922	Lübeck (Schornstein)
1923	Frankfurt a. M.-Fechenheim (Schornstein)
1927	Ibbenbüren (Fe/K)
1928	Grefrath-Oedt (Fe/H)

Öffentliche Versorgung

1416	Augsburg (F)
1470	Augsburg (F)
1538	Augsburg (F)
1599	Augsburg (F)
1599/1862	Stuttgart: Alte Kanzlei (F)
1609/1748	Augsburg (F)
1729/1887	Schillingsfürst (F)
1845	Frankfurt a. M. (F)
1853–1900	Bremerhaven-Saarpark (Fe)
1866/1904	Karlsruhe (F/S)
1871	Bremen: Auf dem Werder (F)
1872	Köln (F)
1877	Krefeld (F)
1878	Hanau: Philippsruhe (F)
1883/1908	Remscheid (S)
1884	Essen (H)
um 1885	Büchen (F/Wohnwasserturm)
1885	Bremerhaven-Langen (S); Hagen-Hohenlimburg (F)
1886/1951	Wesel (S)
1889	Mannheim (H)
1890	Hanau-Kesselstadt (S); Lübeck (S); Worms (S)
1891	Bremerhaven-Geestemünde (S); Neuss (H); Viersen (S)
1892	Bremen-Vegesack (H); Husum (S)
1894	Wolfenbüttel (S)
um 1895	Neumünster (S); Oldenburg i. O. (S)
1895	Frankfurt a. M.-Rödelheim (S); Ludwigshafen (H)
1897	Cuxhaven (H); Oberhausen (S); Wiesbaden-Biebrich (S)
1898	Essen-Steele (S); Kiel (S)
1899	Grasbrunn (F); Pullach-Großhesselohe (S); Rheinfelden (S); Uelzen (S)
um 1900	Bad Schwartau (S); Elmshorn (S); Gronau (S); Schwetzingen (S)
1900	Hamburg-Bergedorf (S); Kirchberg (S); Neu-Ulm (S); Neuwied (S)

1901	Braunschweig: Giersberg (H); Frankfurt a. M.-Eschersheim (S); Grasbrunn-Harthausen (F); München: Müllersches Volksbad (F); Neuenburg a. Rh. (S); Rastatt (S)
1902	Flensburg (H); Schillingsfürst (S)
1903	Erkelenz (S); Münster (S); Putzbrunn (Bt/F); Rain a. L. (S); Recklinghausen-Hillen (S)
1903/1935	Ratzeburg (Bt)
1904	Neuburg a. d. D.-Rohrenfeld (Bt/F)
1904/1953	Wuppertal-Hatzfeld (S)
um 1905	Duisburg-Hamborn (S); Lingen (S); Plankstadt (S)
1905	Bochum-Weitmar (F/Wohnwasserturm); Eppelheim (H); Erlangen (S); Kehl (S); Kevelaer (S); Mannheim-Feudenheim (K); Unterhaching (Bt/F)
1906	Freising (S)
1907	Bad Ems (S); Lüneburg (H); Mannheim-Luzenberg (S); Pirmasens (H)
1908	Edingen-Neckarhausen (Bt/S); Peine (S); Remscheid-Hasten (S); Warendorf (S)
1908/1913	Quierschied-Göttelborn (Fe + Bt/F)
1909	Delmenhorst (H); Eutin (S); Herten-Scherlebeck (S); Hockenheim (Bt/S); Langeoog (S); Mönchengladbach (H)
um 1910	Duisburg-Hochfeld (Bt); Winterlingen-Benzingen (Bt/F)
1910	Hamburg-Sternschanze (H); Hamburg-Lockstedt (S); Schwabmünchen (Bt/F); Wiesbaden-Igstadt (S); Witten-Bommern (Bt)
1911	Hamburg-Wilhelmsburg (Bt); Hannover-Brink-Hafen (S); Heide (S); Mannheim-Seckenheim (Bt/F); Schweinfurt-Oberndorf (Bt/F); Würselen-Bardenberg (H)
1912	Emden (Bt/S); Hamburg-Stellingen (H); Heidelberg (Bt); Lehrte (S); Stuttgart-Degerloch (Bt/F)
1913	Garching b. München (Bt/F); Ismaning (Bt/F); Lahstedt-Groß Lafferde (S); Mölln (H); Nienburg (H); Varel (S)
1914	Erding (Bt); Plön (S)
um 1915	Karlstein a. M. (Bt); Krefeld-Oppum (Fe/K)
1915	Hamburg-Winterhude (H)
1916	Saarbrücken-Gersweiler (S)
1921	Essen-Bredeney (Bt/K)
1922	Straubing (H)
1924	Neustadt a. d. W.: Kaserne (Bt/F)
um 1925	Fulda (F)
1925	Essen-Frillendorf (Bt)
1926	Edling (Bt/F)
1927	Bremerhaven-Wulsdorf (F); Leer (H)
1928	Bremen-Blumenthal (F); Friedberg/Hess. (Bt); Ratzeburg-St. Georgsberg (F); Stuttgart: Bismarckturm (1904)
1929	Groß-Gerau (Bt/Wohnwasserturm); Großniedesheim (Bt/S/F); Heilbronn-Böckingen (F); Konstanz (Bt); Preetz (F); Wilhelmshaven-Rüstringen (Bt/F)
um 1930	Brake-Kirchhammelwarder (F); Geilenkirchen (Bt); Stadtlohn (F)
1931	Saarbrücken-Scheidterberg (Bt/F)
1932	Emsdetten (Bt); Mutterstadt (Bt/F/S); Schifferstadt (Bt/F)
1934	Heltersberg (Bt/F); Wangerland-Hohenkirchen (Bt/F)
1935	Herten-Scherlebeck (S); Kornwestheim (Bt); Ludwigsburg (Bt/F)
1936	Jügesheim (Bt/F)
1937	Gelnhausen (Bt/F); Seligenstadt (Bt/F)
1938	Hanau-Steinheim (Bt/F)
1939	Norden (Bt/F)

Windmühlen

B Bockmühlen H Holländermühlen

17. Jh./1827	Neustadt a. R. (B)
1701	Hannover-Kleefeld (B)

um 1732	Winsen a. d. A. (B)
1771	Nebel (H)
1783	Burgdorf-Sorgensen (B)
1786/1910	Rieseby-Norby (H)
18. Jh.	Rees-Feldmark (H); Salzgitter-Lichtenberg (B)
1802	Hüven (H)
1803	Bremen-Arbergen (H)
1804	Emden (H); Großefehn-Westgroßefehn (H)
1810	Bad Laer-Glandorf (H)
1819	Barsinghausen (H)
1826	Beveroe (H)
1826/1856	Krummhörn-Greetsiel (H)
1828	Wangels-Farve (H)
1831	Stadland-Seefeld (H, transloziert aus Oldenburg)
1837	Lehre-Wendhausen (H)
1839/1862	Wilhelmshaven-Kopperhörn (H)
1840/1861	Eystrup (H)
1841	Quern-Nübel/Nübelfeld (H)
1842	St. Michaelisdonn-Hopen (H)
1847	Jever (H); Nienburg (H); Varel (H)
1848	Bremen-Oberneuland (H); Kirchlinden-Brunsbrock (H)
um 1850	Sande-Neustadtgödens (H); Seelze-Lathwehren (H); Titz (B)
1854	Barßel (H)
1862	Norderney (H)
1864	Westfehmarn-Lemkenhafen (H)
1869	Handorf (H)
1870	Saterland-Scharrel (H)
1871	Wilster-Rumfleth (H)
1872	Blender (H)
um 1875	Melle (H)
1875	Himmelpforten (H); Seevetal-Hittfeld (H)
1876	Westerholz (H)
1877	Wolfenbüttel-Halchter (H)
1880	Cremlingen-Abbenrode (B); Wenningsen-Bredenbeck (H)
1881	Barlt (H)
1883	Hameln-Tündern (H)
1884	Einbeck (H)
1890	Artlenburg (H)
1897	Eyendorf (H)
1900	Bremen (H); Norden (H)
1904	Nordenham (H)
1905	Aurich-Sandhorst (H)

Bibliographie

Veröffentlichungen der örtlichen Architekten- und Ingenieur-Vereine: Bautechnischer Führer durch München 1876; Hannover. Führer durch die Stadt und ihre Bauten, 1882; Frankfurt und seine Bauten, 1886; Köln und seine Bauten, 1888; Hamburg und seine Bauten, 1890; Düsseldorf und seine Bauten, 1904; Mannheim und seine Bauten, 1906; Frankfurt am Main, 1886–1910. Ein Führer durch seine Bauten, 1912; Hamburg und seine Bauten, 1914; Köln. Bauliche Entwicklung, 1888–1927.

Aderhold, Hans-Joachim: Die Arbeitersiedlung in Kuchen. In: Denkmalpflege in Baden-Württemberg 4 (1982).

Baedeker, Diedrich: Alfred Krupp und die Entwicklung der Gußstahlfabrik zu Essen. Essen 1912.

Bayer, Hans-Joachim / Schuster, Gerhard: Besucherbergwerk Tiefer Stollen. Stuttgart 1988.

Becher, Bernhard und Hilla [u. a.]: Die Architektur der Förder- und Wassertürme. München 1971.

Becher, Bernhard und Hilla [u. a.]: Zeche Zollern II. München 1977.

Berger, Manfred: Historische Bahnhofsbauten. Bd. 2: Braunschweig, Hannover, Preußen, Bremen, Hamburg, Oldenburg, Schleswig-Holstein. Bd. 3: Bayern, Baden, Württemberg, Pfalz, Nassau, Hessen. Berlin 1987–89.

Berthold, Rudolf (Hrsg.): Produktivkräfte in Deutschland 1917/18 bis 1945. Berlin 1988.

Böllhoff, Florian (Hrsg.): Industriearchitektur in Bielefeld. Bielefeld 1986.

Bönnighausen, Helmut [u. a.]: Das Textilmuseum in Bocholt. In: Schriften des Westfälischen Industriemuseums. Bd. 8. Bocholt 1989.

Boeyng, Ulrich: Die Brücke über den Erlengraben bei Ettlingen. In: Denkmalpflege in Baden-Württemberg 3 (1989).

Boeyng, Ulrich: Die ältesten eisernen Brücken der deutschen Bundesbahn in Baden-Württemberg. In: Sonderforschungsbericht 315 der Universität Karlsruhe. 1988.

Bohnsack, Almut: Spinnen und Weben. Reinbek bei Hamburg 1981.

Brönner, Wolfgang: Technische Zeugen bremischer Hafengeschichte. In: DKD 1 (1981).

Buch der Erfindungen, Das. 10 Bde. Leipzig ^{9}1896–1901.

Buddensieg, Tilmann (Hrsg.): Villa Hügel. Berlin 1984.

Bunse, Joachim: Der Haseschacht in Osnabrück. In: Denkmalpflege in Niedersachsen 1 (1990).

Buschmann, Walter (Hrsg.): Eisen und Stahl. Essen 1989.

Cipolla, C. M. / Borchardt, K. (Hrsg.): Europäische Wirtschaftsgeschichte. Stuttgart 1977.

Custodis, Paul-Georg: Technische Denkmäler in Rheinland-Pfalz. Koblenz 1990.

Dähne, Reinhard / Roser, Wolfgang: Die Bayerische Eisenstraße von Pegnitz bis Regensburg. Hrsg. vom Haus der Bayerischen Geschichte. München 1988.

Denkmaltopographien der Bundesrepublik Deutschland: Braunschweig / Wiesbaden. Hessen, 1987. Niedersachsen, 1986. Rheinland-Pfalz, 1988. [Veröffentlichungen der jeweiligen Länder 1986–91.]

Eckstein, Julius / Landau J. J. (Hrsg.): Deutsche Industrie. Deutsche Kultur. Berlin 1900.

Ecksteins historisch-biographische Blätter, Industrie, Handel und Gewerbe: Der Regierungsbezirk Kassel. Der Regierungsbezirk Wiesbaden. Hrsg. von Julius Eckstein. 3 Bde. Berlin 1897–1900.

Edelmann, Irmtraud [u. a.]: Die Eisenbahn im Main-Tauber-Kreis. Tauberbischofsheim 1990.

Eiler, Klaus (Hrsg.): Hessen im Zeitalter der industriellen Revolution. Frankfurt a. M. 1984.

Essner, Elisabeth: Über die Herkunft einer ehemaligen, umgesetzten Zeppelinhalle. In: Denkmalpflege in Baden-Württemberg 2 (1981).

Fassl, Peter / Plößl, Elisabeth: Denkmale des Industriezeitalters in Augsburg. In: Hefte zur Bayerischen Geschichte und Kultur 1/2 (1985).

Fehl, Gerhard (Hrsg.): Mit Wasser und Dampf ... ins Industriezeitalter. Aachen 1991.

Fekete, Julius: Die Mahl- und Sägemühle in Fichtenberg. In: Denkmalpflege in Baden-Württemberg 4 (1983).

Ferfer, Josef: Vom Ursprung und Werden der Buderusschen Eisenwerke Wetzlar. München 1938.

Findeisen, Peter: Baden-Baden Bahnhof. In: Denkmalpflege in Baden-Württemberg 2 (1988).

Föhl, Axel: Technische Denkmale im Rheinland. In: Landeskonservator Rheinland 20 (1976).

Föhl, Axel: Sterbende Zechen. Berlin 1983.

Föhl, Axel: Die Industriegeschichte des Wassers. Düsseldorf 1985.

Föhl, Axel: Die Industriegeschichte des Textils. Düsseldorf 1986.

Franzke, Jürgen (Hrsg.): Das Bleistiftschloß. Faber-Castell in Stein. München 1986.

Franzke, Jürgen: Der Schäff-Hammer in Eckersmühlen. In: Schriften des Centrum Industriekultur Nürnberg [o. J.].
Frei, Alfred G. (Hrsg.): Habermus und Suppenwürze. Konstanz 1987.
Fröde, Edelgard und Wolfgang: Windmühlen. Köln 1981.
Frühauf, Anne: Fabrikarchitektur in Hamburg. In: Denkmalpflege in Hamburg 10 (1991).

Geitel, Max (Hrsg.): Der Siegeslauf der Technik. 3 Bde. Stuttgart 1908/09.
Georg, Rolf [u. a.]: Eisenerzbergbau in Hessen. Wetzlar 1986.
Gienanth, Ulrich Frhr. v.: 250 Jahre Eisenwerke Eisenberg. Eisenberg 1986.
Götschmann, Dirk: Oberpfälzer Eisen. In: Schriftenreihe des Bergbau- und Industriemuseums Oberbayern. Bd. 5. Weiden 1986.
Gottwald, Alfred: Deutsche Bahnhöfe. Zürich 1983.

Haas, Werner: Zur Restaurierung eines Bauern-Kalkofens. In: Denkmalpflege in Baden-Württemberg 2 (1978).
Hannmann, Eckart: Technische Kulturdenkmale im Alb-Donau-Kreis. In: Denkmalpflege in Baden-Württemberg 4 (1984).
Handbuch der Architektur. Tl. 1–4. Hrsg. von Eduard Schmitt. Stuttgart / Leipzig ^{2}1901–07.
Handbuch der historischen Stätten Deutschlands. 8 Bde. Stuttgart 1961–65.
Heidemann, Wolfgang: Der Eiderkanal. In: K & T 4 (1984).
Heil, Christof [u. a.]: Gaswerke. TH Darmstadt WS 1990/91. [Masch.]
Heinrich, Bert: Brücken. Reinbek bei Hamburg 1983.
Henke-Bockschatz, Gerhard: Nur mutig hin zur Feuerstelle. In: Schriften des Westfälischen Industriemuseums. Bd. 5. Bocholt 1988.
Henseling, Karl-Otto: Bronze, Eisen, Stahl. Reinbek bei Hamburg 1984.
Hermann, Gertrude und Wilhelm: Die alten Zechen an der Ruhr. Königstein i. Ts. 1981.
Heusel, Wilhelm: Königsbronn. Das Kloster und die Eisenwerke. Königsbronn 1936.
Hillenbrand, Peter: Die Renovierung der Adamssäge. In: Denkmalpflege in Baden-Württemberg 4 (1986).
Höhmann, Rolf: Hessen-Denkmäler der Industrie und Technik. Berlin 1986.
Hostert, Walter: Der Bremecker Hammer. In: Der Reidemeister 87 (1983).

ICOMOS. Eisenarchitektur. Hannover 1979. 1982. 1985. [Kongreßberichte.]

Jebsen-Marwedel, Hans: Joseph von Fraunhofer und die Glashütte in Benediktbeuren. München 1989.

Kahle, Ulrich: Die Ludwigs-Süd-Nord-Bahn. In: ICOMOS. Eisenbahn und Denkmalpflege. München 1992. [Kongreßberichte.]
Kallen, Peter W.: Das Industriegebiet »Glashüttenweg«. Lübeck 1984.
Ketteler, Hermann: Technische Denkmäler im Kreis Steinfurt. Steinfurt 1987.
Kienle, Renate: Die Neckarbrücke bei Ladenburg. In: Denkmalpflege in Baden-Württemberg 2 (1984).
Klemm, Friedrich: Zur Kulturgeschichte der Technik. Darmstadt 1982.
Klemm, Friedrich: Geschichte der Technik. Reinbek bei Hamburg 1983.
Klemp, Klaus: Grube Dr. Geier. Biebertal 1987.
Knauß, Hans: Zweckbau-Architektur zwischen Repräsentation und Nutzen. München 1983.
Kobschätzky, Hans: Streckenatlas der deutschen Eisenbahnen 1835–1892 und 1893–1935. 2 Bde. Düsseldorf 1971–75.
Koch, Karl: Der Rammelsberg. Goslar 1837.
Konnerd, Michael: Die Rappenauer Saline und ihre Geschichte. Bad Rappenau 1992.
Kopp, Klaus: Wasser von Taunus, Rhein und Ried. Aus zwei Jahrtausenden Wiesbadener Wasserversorgung. Wiesbaden 1986.
Krings, Ulrich: Bahnhofsarchitektur. München 1985.
Krins, Hubert: Die Neutorbrücke in Ulm. In: Denkmalpflege in Baden-Württemberg 4 (1985).
Krins, Hubert [u. a.]: Brücke, Mühle und Fabrik. Hrsg. vom Landesmuseum für Technik und Arbeit in Mannheim. Stuttgart 1991.
Krupp: 1812–1912. Gußstahlfabrik Friedrich Krupp AG. Essen 1912.

Lassotta, Arnold (Hrsg.): Textilarbeiter und Textilindustrie. In: Schriften des Westfälischen Industriemuseums. Bd. 7. Dortmund 1989.
Laule, Bernhard: Die ehemalige Pulverfabrik in Rottweil a. N. In: Denkmalpflege in Baden-Württemberg 4 (1984).
Lindner, Helmut: Strom. Reinbek bei Hamburg 1985.
Lindner, Werner: Bauten der Technik. Berlin 1927.
Lipps-Kant, Barbara: Die Verwendung von Gußeisen. In: ICOMOS. Eisenarchitektur. Hannover 1979. [Kongreßberichte.]
Lixfeld, Gisela: Begleitheft zur Ausstellung 1989. In: Schriften des Stadtmuseums Schramberg 7 (1989).
Lotze, Siegfried: Die Eisenhütte in Veckerhagen 1633–1903. Kassel 1985.
Louis, Jean / Wohlmut, Christine: Ingenieurbaukunst im Königreich Bayern. München 1988.
Lucka, Wilhelm: Autobahnbrücken aus der Zeit des Reichsautobahnbaues im Wesergebirge. In: Denkmalpflege in Niedersachsen 3 (1989).
Lueger, Otto: Lexikon der gesamten Technik. 3 Bde. Stuttgart 1894–1925.
Lutz, Kosmas: Der Bau der bayerischen Eisenbahnen. München / Leipzig 1883.

Maak, Karin: Die Speicherstadt. In: Denkmalpflege in Hamburg 7 (1985).
Maas, Dieter: Der Ausbau des Hamburger Hafens. Hamburg 1990.
Mainzer, Udo: Vom Pumpenhaus zur Herzkammer der Republik. In: ICOMOS. Eisenarchitektur. Hannover 1985. [Kongreßberichte.]
Matschoss, Konrad: Männer der Technik. Düsseldorf Nachdr. 1985.
Matschoss, Konrad / Lindner, Werner: Technische Kulturdenkmale. Düsseldorf Nachdr. 1984.
Matzanke, Imme: Fördertürme im Ruhrgebiet. Hrsg. vom Westfälischen Amt für Denkmalpflege. Bocholt 1984.
Matzanke, Imme: Der Bergbau im Ruhrgebiet. Hrsg. vom Westfälischen Amt für Denkmalpflege. Bocholt 1986.
Mehrtens, Georg: Der deutsche Brückenbau im 19. Jahrhundert. Düsseldorf Nachdr. 1984.
Mende, Michael: Strom aus technischen Denkmalen. Beispiel Niedersachsen. In: K & T 4 (1989).
Mende, Michael: Niedersachsen und Bremen – Denkmale der Industrie und Technik. Berlin 1990.
Merkl, Gerhard [u. a.]: Historische Wassertürme. München / Wien 1985.
Meyer, A. G.: Eisenbauten. Esslingen 1907.
Meyer, Lutz-Henning: 150 Jahre Eisenbahnen im Rheinland. Köln 1989.
Möller, Hans-Herbert (Hrsg.): Die Nordwolle in Delmenhorst. In: Denkmalpflege in Niedersachsen 3 (1984).
Mönnich, Horst: Aufbruch ins Revier. Hoesch 1871–1971. München 1971.
Müller, Hans-Heinrich (Hrsg.): Produktivkräfte in Deutschland 1870 bis 1917/18. Berlin 1985.
Müller-Wulckow, Walter: Architektur der Zwanziger Jahre in Deutschland. Königstein i. Ts. Nachdr. 1975.

Nassau, Herzogtum. Veröffentlichungen der Historischen Kommission für Nassau. Wiesbaden 1981. [Katalog.]
Niedersächsische Denkmalpflege. Jahresberichte 7–13. 1970–1988.

Osteroth, Dieter: Soda, Teer und Schwefelsäure. Reinbek bei Hamburg 1985.

Paczkowski, Jörg: 200 Jahre Eisenhammer im Haselbachtal. 1779–1979. Hrsg. von Firma Ph. Kurtz. Hasloch 1979.
Paul, Willi: Technische Sehenswürdigkeiten in Deutschland. ADAC-Reiseführer. München. Bd. 1: SH, NS, HH, HB; 1976. Bd. 2: NW; 1977. Bd. 3: HS, RP, SL, BW; 1978. Bd. 4: BAY; 1980. Bd. 5: Berlin; 1980.
Paulinyi, Akos: Industrielle Revolution. Reinbek bei Hamburg 1989.
Pistor, Horst: Chronik des Degussa-Werkes Rheinfelden. 1973. [Masch.]
Pistor, Rolf-Günther / Smeets, Henri: Die Fossa Eugeniana. In: Landeskonservator Rheinland 32 (1979).
Plößl, Elisabeth: Augsburg auf dem Weg ins Industriezeitalter. In: Hefte zur Bayerischen Geschichte und Kultur 1/2 (1985).
Pottgießer, Hans: Eisenbahnbrücken aus zwei Jahrhunderten. Basel [u. a.] 1985.
Preußische Elektrizitäts-Aktiengesellschaft. Das Pumpspeicherwerk Waldeck. Berlin 1932.

Radkau, Joachim: Technik in Deutschland. Frankfurt a. M. 1989.
Reclams Kunstführer Deutschland. Stuttgart 1957 ff. Bd. 1,1: Bayern-Süd, ^{9}1983. Bd. 1,2: Bayern-Nord, ^{9}1983. Bd. 2: Baden-Württemberg, ^{8}1985. Bd. 3: Nordrhein-Westfalen, ^{6}1982. Bd. 4: Hessen, ^{6}1987. Bd. 5: Niedersachsen, ^{6}1984. Bd. 6: Rheinland-Pfalz / Saarland, ^{8}1990. Bd. 7: Berlin 1991.
Reichsbahn, Die (Hrsg.): Sonderausgabe des Amtlichen Nachrichtenblattes der deutschen Reichsbahngesellschaft. Die deutsche Reichsbahn im Jahr 1935. 100 Jahre deutsche Eisenbahnen. Berlin 1935.
Reif, Heinz / Winter, Michael: Essener Zechen. Essen 1986.
Risse, Heike: Frühe Moderne in Frankfurt am Main 1920–1933. Frankfurt a. M. 1984.
Rödel, Volker: Ingenieurbaukunst in Frankfurt am Main 1806–1914. Frankfurt a. M. 1983.
Rödel, Volker: Fabrikarchitektur in Frankfurt am Main 1774–1924. Frankfurt a. M. 1986.
Roseneck, Reinhard: Denkmale des Oberharzer Bergbaus. In: Denkmalpflege in Niedersachsen 11 (1983/1984).
Roseneck, Reinhard: Der Bahnhof Vienenburg. In: Denkmalpflege in Niedersachsen 12 (1987).
Roser, Matthias: Der Stuttgarter Hauptbahnhof. Stuttgart 1987.

Sartorius, Otto: 100 Jahre Hoffmanns Stärkefabriken. Bad Salzuflen 1950.
Schaffer-Hartmann, Richard: Hanau. Industriedenkmäler. Hanau 1987.
Schierk, Hans-Fried / Schmidt, Norbert: Die Schwebebahn in Wuppertal. In: Landeskonservator Rheinland 19 (1985).
Schleicher, Karl: Die Geschichte der Stolberger Messingindustrie. Hrsg. von der Stolberger Metallwerke KG. Stolberg 1974.
Schmidt, Frieder: Die Hammerschmiede Gröningen als technisches Denkmal. Hrsg. vom Schwäbischen Heimatbund. Stuttgart 1984.
Schmitt, Armin: Denkmäler Saarländischer Industriekultur. Saarbrücken 1989.
Schmitt, Heinz (Hrsg.): Industriearchitektur in Karlsruhe. Karlsruhe 1987.

Schneider, F. / Schmelzer, G.: Die Schuhfabrik Salamander. Kornwestheim 1985.

Schneider, Ursula: Erhaltungsprobleme technischer Kulturdenkmale. In: Denkmale in Baden-Württemberg 1 (1987).

Schomann, Heinz: Der Frankfurter Hauptbahnhof. Stuttgart 1983.

Schreier, Anna Elisabeth / Wex, Manuela: Chronik der Hoechst Aktiengesellschaft. Dokumente aus Hoechst-Archiven. Frankfurt a. M. 1990.

Schuldt, Hanna: Entwicklung und Ausbau des Lübecker Hafens um 1900. In: Industriekultur und Arbeitswelt an der Wasserkant. Zum Umgang mit Zeugnissen der Hafen- und Schiffahrtsgeschichte. Hamburger Arbeitshefte zur Denkmalpflege 11 (1992).

Schwarz, Erica: Bayerisches Salz. Freilassing 1976.

Selbach, Karl: Illustriertes Handlexikon des Bergwesens. Leipzig 1907.

Slotta, Rainer: Technische Denkmäler in der Bundesrepublik Deutschland. Hrsg. vom Deutschen Bergbaumuseum Bochum. Bd. 1, 1975. Bd. 2, 1977. Bd. 3, 1980. Bd. 4,1, 1983. Bd. 4,2, 1983. Bd. 5,1, 1986. B. 5,3, 1988.

Slotta, Rainer: Förderturm und Bergmannshaus. Saarbrücken 1979.

Slotta, Rainer: Einführung in die Industriearchäologie. Darmstadt 1982.

Socha, Berthold: Bestandsaufnahme. In: Schriften des Westfälischen Industriemuseums. Bd. 2. Bocholt 1985.

Sonnenschein, Helmut [u. a.]: Museumsführer des Westfälischen Freilichtmuseums. Hagen 1987.

Spier, Heinfried: Historischer Rammelsberg. Wieda / Harz 1988.

Stopfel, Wolfgang: Kunstdenkmäler der Schiene. In: Denkmalpflege in Baden-Württemberg 4 (1979).

Suhling, Lothar: Aufschließen, Gewinnen und Fördern. Reinbek bei Hamburg 1983.

Troitsch, Ulrich / Weber, Wolfhard (Hrsg.): Die Technik. Stuttgart 1987.

Ukena, Dirk (Hrsg.): Die Ravensberger Spinnerei. In: Schriften des Westfälischen Industriemuseums. Bd. 8. Bocholt 1989.

Weigand, Karl Wigo: 50 Jahre Continental 1871–1921. Magdeburg 1921.

Werner, Sigurd (Hrsg.): 100 Jahre Bundesbahnausbesserungswerk Hannover. Hannover 1978.

Wetzlar. Industrie- und Handelskammer (Hrsg.): 100 Jahre Optik und Feinmechanik in Wetzlar. Karlsruhe 1949.

Widmann, Werner A.: Wendelstein. Hrsg. von der Wendelsteinbahn GmbH. Brannenburg o. J.

Willems, Franz: Prym. Wiesbaden 1968.

Winkler, Bernd: Das Bierbrauen in Kulmbach. Kulmbach 1970.

Wolf, Helmut: Eisenerzbergbau und Eisenverhüttung in der Oberpfalz. Hrsg. vom Haus der Bayerischen Geschichte. München 1986.

Woltmann, R.: Beyträge zur Baukunst schiffbarer Kanäle. Göttingen 1802.

Zeitschriften-Siglen

ABZ	Allgemeine Bauzeitung Wien. 1836–1900
AR	Architektonische Rundschau. 1885–1925
	Architektur des XX. Jahrhunderts. 1902–14
Bau	Der Bau
B + W	Bauen und Wohnen
BgwZ	Baugewerkszeitung. 1869–1920
BIng	Der Bauingenieur
BIngZ	Bauingenieur-Zeitung
BM	Der Baumeister. 1903–16, 1949
B–R	Bau-Rundschau. 1910–20
BT	Der Bautechniker
	Bautechnische Zeitschrift. 1886–1914
BW	Die Bauwelt. 1910–18
BZWü	Bauzeitung für Württemberg, Baden, Hessen, Elsaß, Lothringen. 1904–14
	Berliner Architekturwelt. 1899–1918
DB	Deutsche Bauzeitung. 1867–1931 (einschl. Mitteilungen)
DBH	Deutsche Bauhütte. 1897–1918
DK	Deutsche Konkurrenzen
DKD	Deutsche Kunst- und Denkmalpflege
ICOMOS	International Council of Monuments and Sites
IB	Der Industriebau. 1910–30
K & T	Kultur & Technik. Zeitschrift des Deutschen Museums, München
MBf	Moderne Bauformen. 1902–20
NBz	Neudeutsche Bauzeitung. 1905–17
	Österreichische Wochenschrift für den öffentlichen Baudienst. 1895–1910
PB	Der Profanbau. 1905–15
	Die Raumkunst. 1908–17
SBH	Süddeutsche Bauhütte 1900–14
SBZ	Süddeutsche Bauzeitung. 1891–1914
SchBZ	Schweizerische Bauzeitung. 1876–1914
	Der Städtebau. 1904–10
VDI	Zeitschrift des Vereins deutscher Ingenieure. 1875–1904
	Werkstattechnik. 1910–15
	Werkbund
WBindZ	Wiener Bauindustrie-Zeitung. 1884–1920
WAI	Wochenblatt für Architekten und Ingenieure. 1879–84
WBK	Wochenblatt für Baukunde. 1879–90
	Wochenschrift des österreichischen Architekten- und Ingenieurvereins. 1876–92

WK Wohnungskunst. 1909–20

WVfB Monatsschrift des württembergischen Vereins für Baukunde. 1895/96

ZA+IVH Zeitschrift des Architekten- und Ingenieurvereins zu Hannover. 1855–92

ZA+IW Zeitschrift für Architektur- und Ingenieurwesen

ZbAIV Zeitschrift des bayerischen Architekten- und Ingenieurvereins. 1869–74

ZBK Zeitschrift für Baukunde. 1878–84

ZBV Zentralblatt der Bauverwaltung. 1881–1931

ZBW Zeitschrift für Bauwesen. 1851–1919

Zentralblatt für das deutsche Baugewerbe. 1916 ff.

ZfBhw Zeitschrift für Bauhandwerker. 1857–1905

Zeitschrift für das Baugewerbe. 54 (1910) bis 58 (1914)

Zeitschrift des österreichischen Ingenieur- und Architektenvereins. 19 (1867) bis 65 (1913)

ZpBK Zeitschrift für praktische Baukunst. 1841–70

ZVDA+IV Zeitschrift des Verbandes deutscher Architekten- und Ingenieurvereine. 1912–18

ZWW Zeitschrift für Wohnungswesen

Abkürzungen

Hier nicht aufgeführt sind allgemein übliche Abkürzungen sowie Abkürzungen von Sprachbezeichnungen und von Adjektiven, die auf *-isch* oder *-ich* enden.

AEG	Allgemeine Elektricitäts-Gesellschaft
AG	Aktiengesellschaft, A.-G.
B	Breite
BAB	Bundesautobahn
BBC	Brown, Boveri und Cie.
Bmstr.	Baumeister
dat.	datiert
DEMAG	Deutsche Maschinenfabrik Aktiengesellschaft
Dir.	Direktion
div.	diverse
Dm.	Durchmesser
Dpfl.	Denkmalpflege
EG.	Erdgeschoß
ehem.	ehemalig
E-Werk	Elektrizitätswerk
E-Zentrale	Elektrische Zentrale
Fa.	Firma
Gebr.	Gebrüder
gegr.	gegründet
ges.	gesamt
Ges.	Gesellschaft
gesch.	geschossig
H	Höhe
hist.	historisch
hzgl.	herzoglich
i. M.	im Mittel
Ing.	Ingenieur
insges.	insgesamt
Insp.	Inspektor
jähr.	jährig
Jh.	Jahrhundert
kgl.	königlich
L	Länge
li. W.	lichte Weite
MA, ma.	Mittelalter, mittelalterlich
MAN	Maschinenfabrik Augsburg-Nürnberg AG
masch.	maschinell
MIAG	Mühlen-Industrie Aktiengesellschaft
N	Norden
NN	Normalnull
O	Osten
OG.	Obergeschoß
Preussag, PreußenElektra	Preußische Elektrizitäts-Aktiengesellschaft
quadr.	quadratisch
Reg.-Bmstr.	Regierungsbaumeister
RWE	Rheinisch-Westfälisches Elektrizitätswerk
S	Süden
SB	Selbstbedienung
TH	Technische Hochschule
verm.	vermutlich
VDM	Vereinigte Deutsche Metallwerke
W	Westen
W.	Weite

Länder- und Gebietsnamen

BW	Baden-Württemberg
BAY	Bayern
HB	Hansestadt Bremen
HH	Hansestadt Hamburg
HS	Hessen
MFr.	Mainfranken
NB	Niederbayern
NS	Niedersachsen
NW	Nordrhein-Westfalen
OB	Oberbayern
OFr.	Oberfranken
OPf.	Oberpfalz
RL	Rheinland
RP	Rheinland-Pfalz
Schw.	Schwaben
SH	Schleswig-Holstein
SL	Saarland
UFr.	Unterfranken
WF	Westfalen

Namenregister

Architekten, Ingenieure, Künstler

Ortsregister

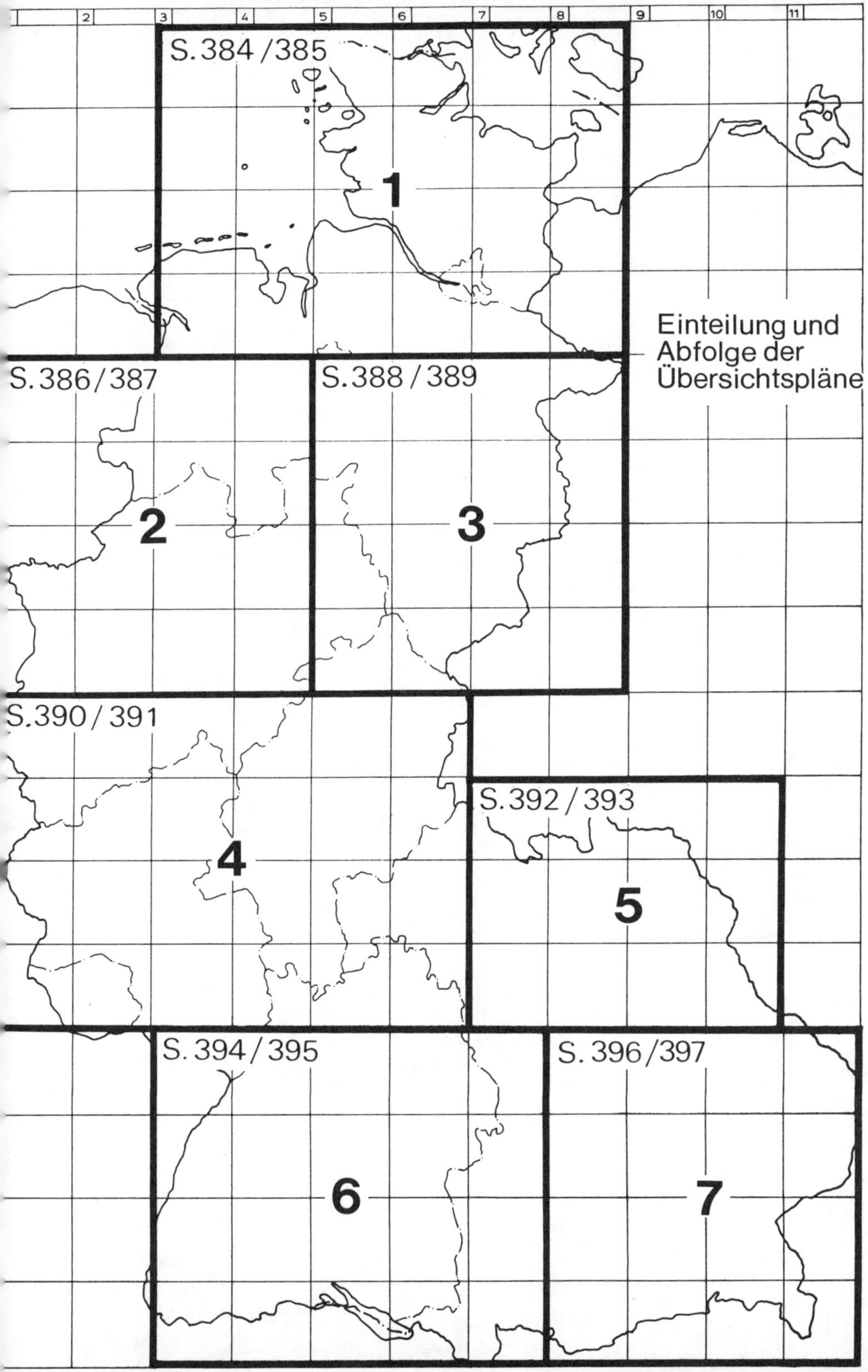
2
3
4
5
6
7
8
9
10
11
S. 384 / 385
1
S. 386 / 387
2
S. 388 / 389
3
S. 390 / 391
4
S. 392 / 393
5
S. 394 / 395
6
S. 396 / 397
7
Einteilung und
Abfolge der
Übersichtspläne

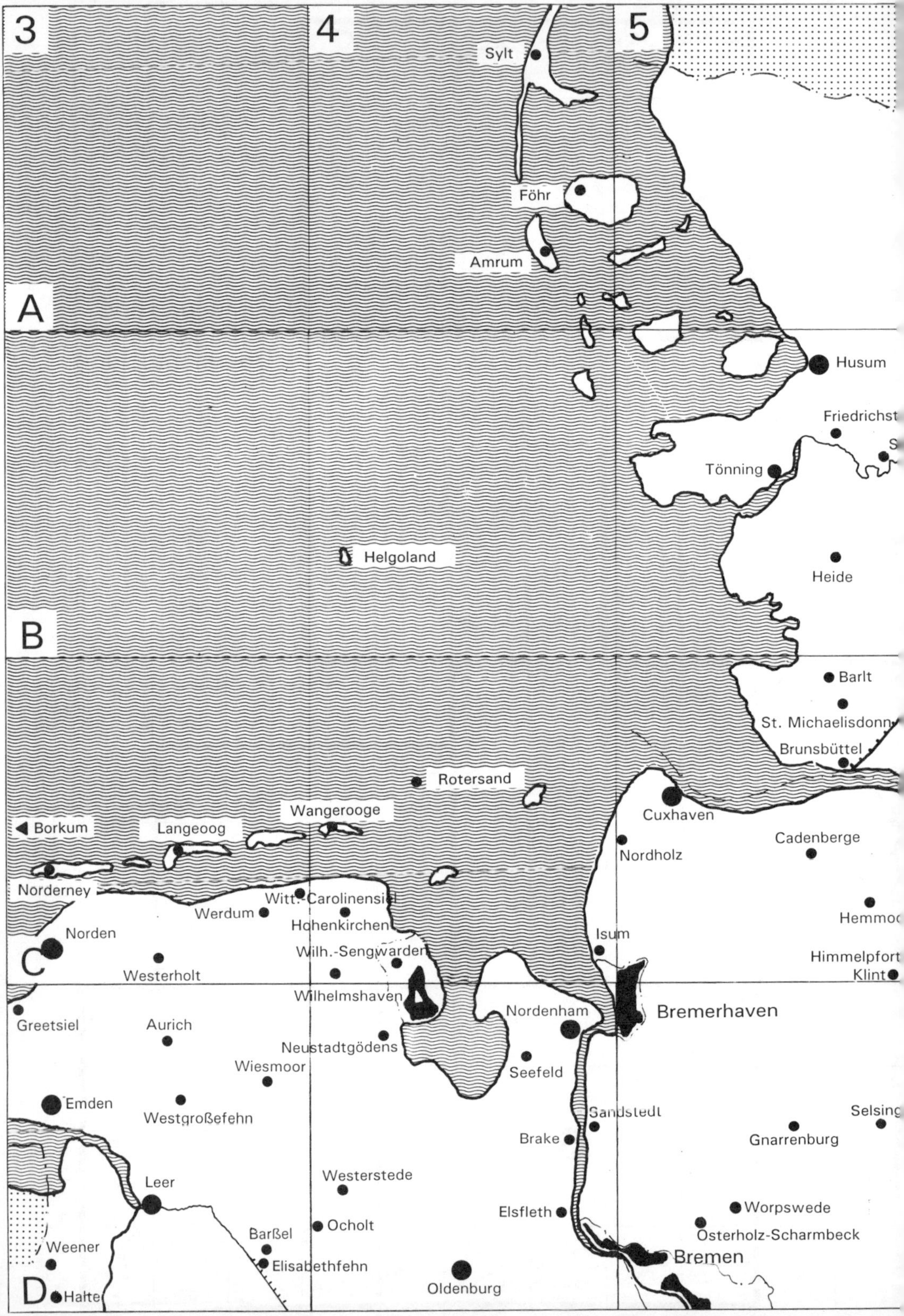
3
4
5
A
B
C
D
Sylt
Föhr
Amrum
Husum
Friedrichst
Tönning
Helgoland
Heide
Barlt
St. Michaelisdonn
Brunsbüttel
Rotersand
Wangerooge
Borkum
Langeoog
Cuxhaven
Cadenberge
Nordholz
Norderney
Witt.-Carolinensiel
Werdum
Hohenkirchen
Norden
Isum
Hemmo
Wilh.-Sengwarden
Westerholt
Himmelpfort
Klint
Wilhelmshaven
Nordenham
Bremerhaven
Greetsiel
Aurich
Neustadtgödens
Wiesmoor
Seefeld
Emden
Westgroßefehn
Sandstedt
Selsing
Brake
Gnarrenburg
Leer
Westerstede
Elsfleth
Worpswede
Ocholt
Barßel
Osterholz-Scharmbeck
Weener
Elisabethfehn
Bremen
Oldenburg
Halte

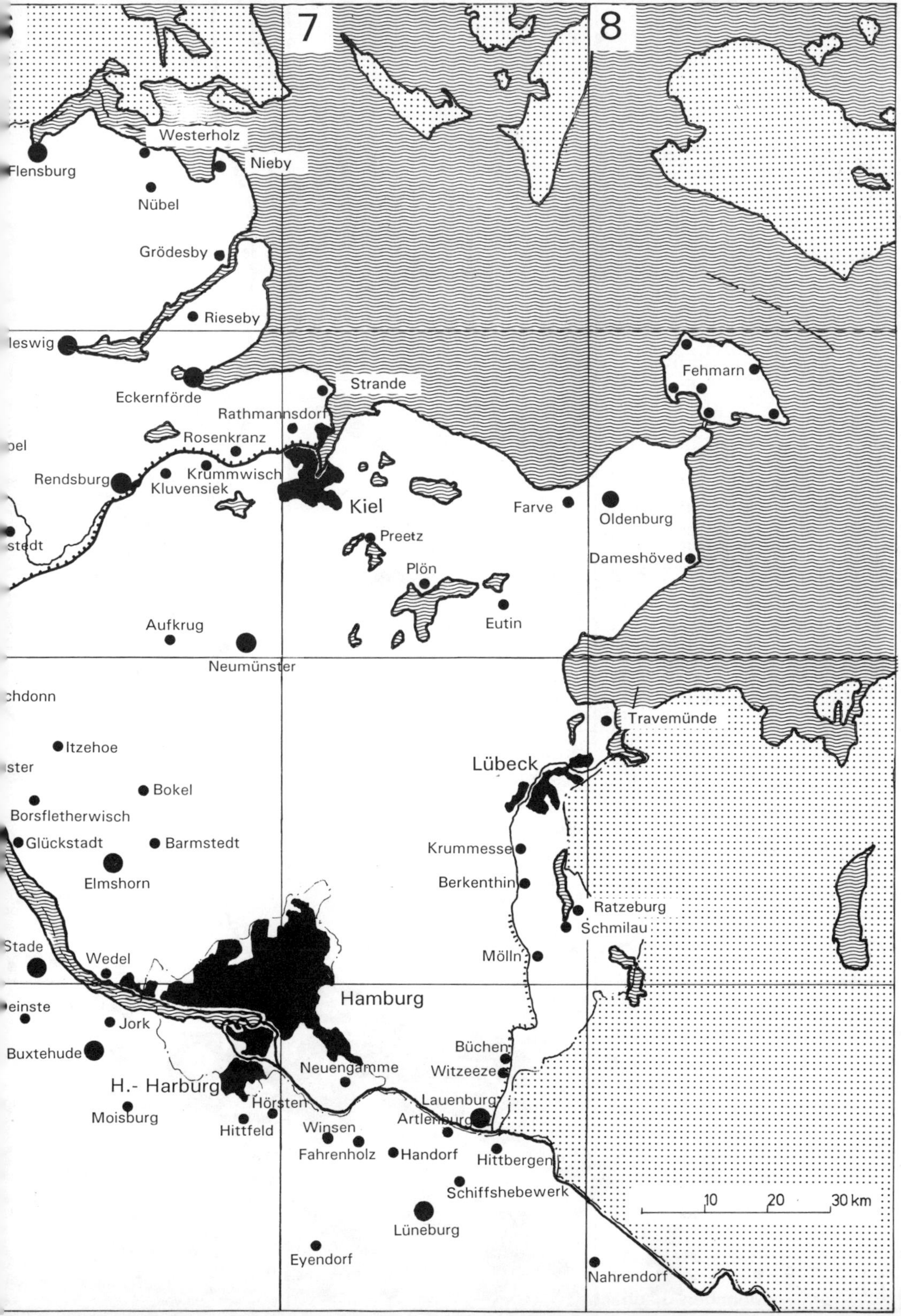
7
8
Westerholz
Nieby
Flensburg
Nübel
Grödesby
Rieseby
leswig
Eckernförde
Strande
Fehmarn
Rathmannsdorf
Rosenkranz
pel
Rendsburg
Krummwisch
Kluvensiek
Kiel
Farve
Oldenburg
Preetz
stedt
Dameshöved
Plön
Aufkrug
Eutin
Neumünster
chdonn
Travemünde
Itzehoe
ster
Lübeck
Bokel
Borsfletherwisch
Glückstadt
Barmstedt
Krummesse
Elmshorn
Berkenthin
Ratzeburg
Schmilau
Stade
Wedel
Mölln
Hamburg
einste
Jork
Büchen
Buxtehude
Witzeeze
Neuengamme
H.- Harburg
Hörsten
Lauenburg
Moisburg
Artlenburg
Hittfeld
Winsen
Fahrenholz
Handorf
Hittbergen
Schiffshebewerk
10
20
30 km
Lüneburg
Eyendorf
Nahrendorf

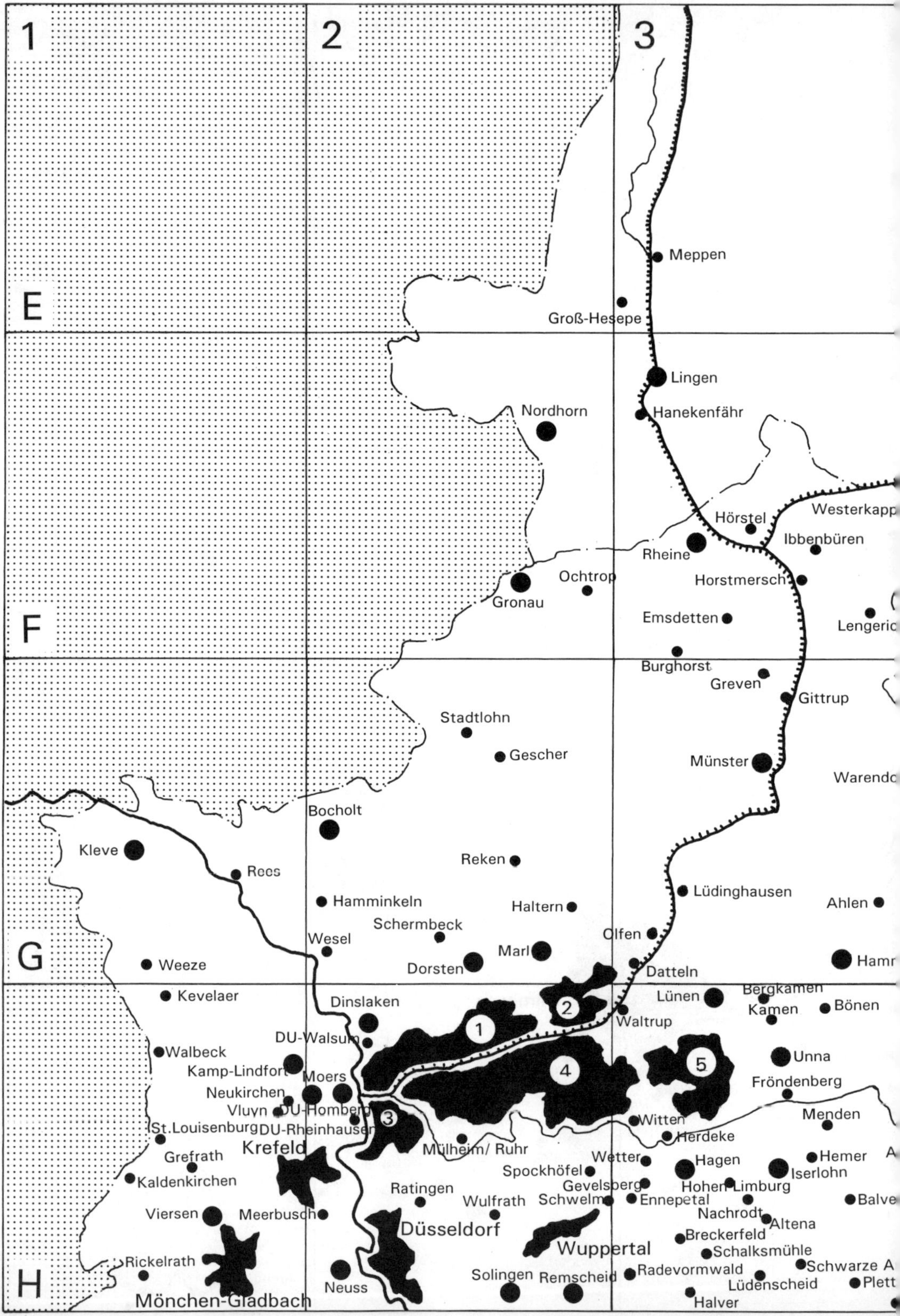
1
2
3
E
F
G
H
Meppen
Groß-Hesepe
Lingen
Hanekenfähr
Nordhorn
Hörstel
Westerkapp
Rheine
Ibbenbüren
Ochtrop
Gronau
Horstmersch
Emsdetten
Lengeric
Burghorst
Greven
Gittrup
Stadtlohn
Gescher
Münster
Warendo
Bocholt
Kleve
Rees
Reken
Hamminkeln
Lüdinghausen
Haltern
Ahlen
Schermbeck
Wesel
Olfen
Marl
Weeze
Dorsten
Datteln
Hamm
Kevelaer
Dinslaken
Lünen
Bergkamen
Kamen
Bönen
Waltrup
DU-Walsum
Walbeck
Unna
Kamp-Lindfort
Moers
Fröndenberg
Neukirchen
Vluyn
DU-Homberg
St.Louisenburg
DU-Rheinhausen
Witten
Menden
Herdeke
Mülheim/ Ruhr
Krefeld
Grefrath
Wetter
Hagen
Hemer
Iserlohn
Kaldenkirchen
Spockhöfel
Gevelsberg
Hohen Limburg
Ratingen
Wulfrath
Schwelm
Ennepetal
Balve
Viersen
Meerbusch
Nachrodt
Altena
Düsseldorf
Breckerfeld
Wuppertal
Schalksmühle
Rickelrath
Schwarze A
Radevormwald
Solingen
Remscheid
Lüdenscheid
Plett
Neuss
Halver
Mönchen-Gladbach
1
2
3
4
5

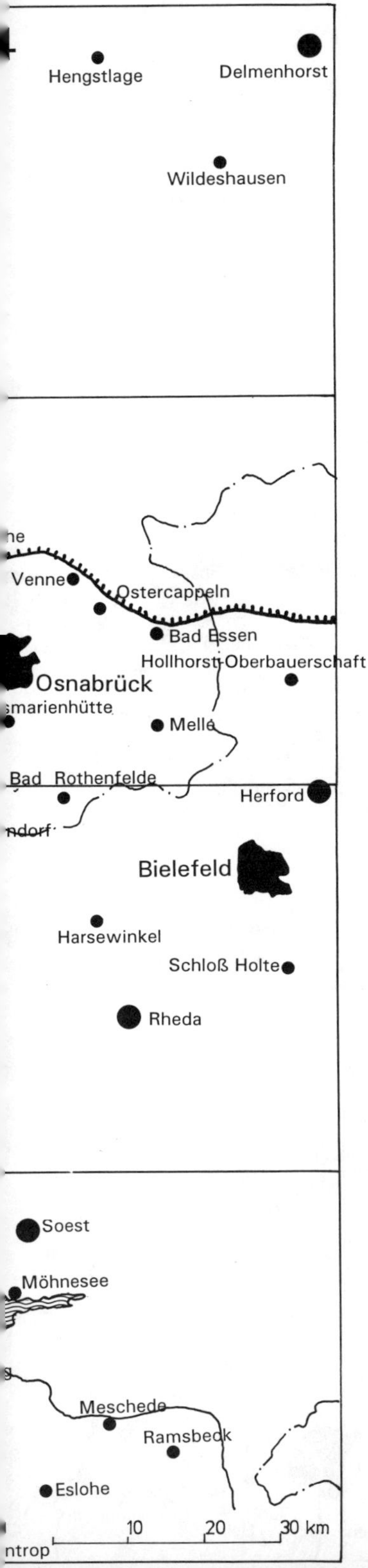

1 Duisburg
-Hamborn
-Beek
-Ruhrort
-Meidrich
Sterkrade
Oh.-Osterfeld
Bottrob
Gladbeck
Gelsenkirchen
-Buer

2 Herten
Recklinghausen
Oer- Erkenschwick

3 Duisburg

4 Oberhausen
Essen
Wattenscheid
Herne
Bochum
Castrop Rauxel

5 Dortmund

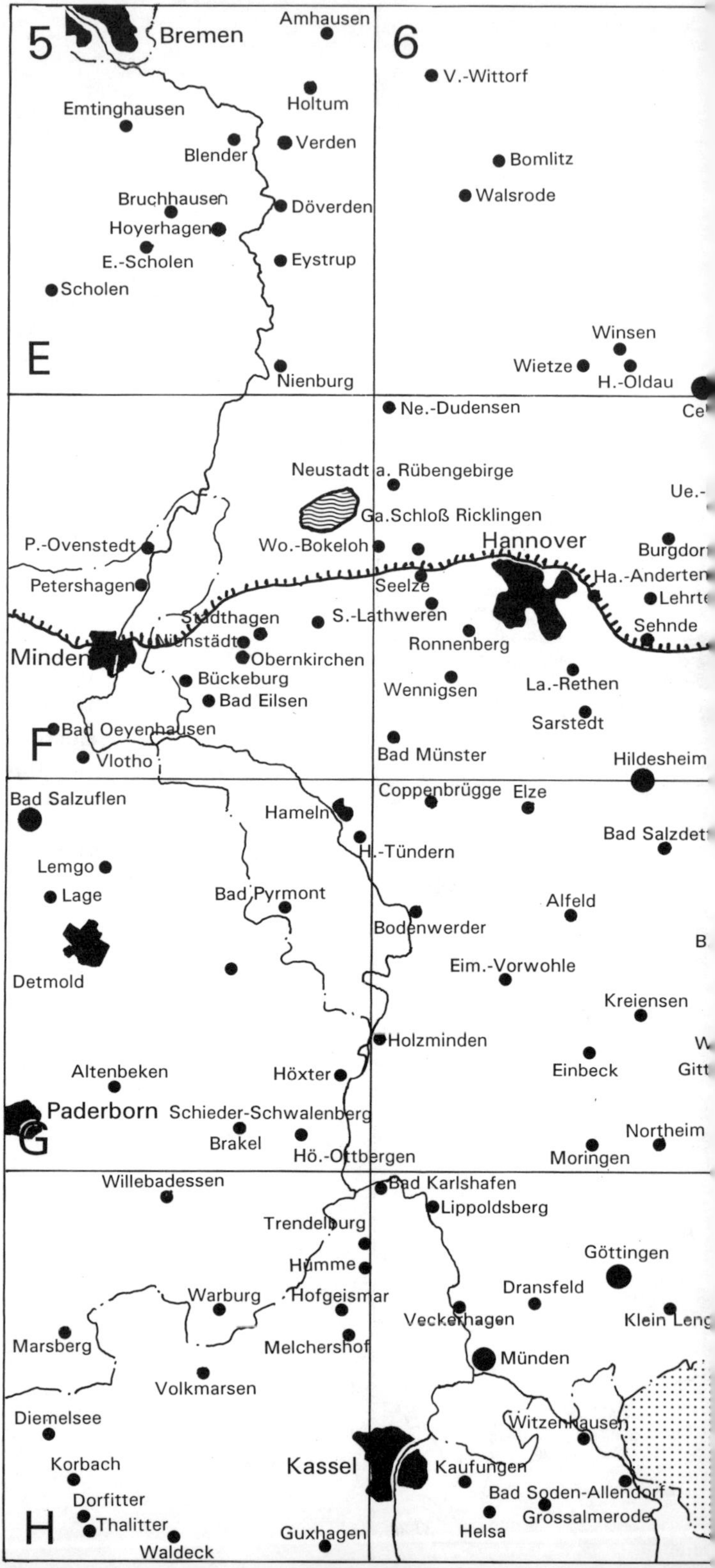
5
6
Bremen
Amhausen
V.-Wittorf
Holtum
Emtinghausen
Blender
Verden
Bomlitz
Walsrode
Bruchhausen
Döverden
Hoyerhagen
E.-Scholen
Eystrup
Scholen
E
Winsen
Wietze
H.-Oldau
Nienburg
Ne.-Dudensen
Neustadt a. Rübengebirge
Ga.Schloß Ricklingen
P.-Ovenstedt
Wo.-Bokeloh
Hannover
Petershagen
Seelze
Ha.-Anderten
Stadthagen
S.-Lathweren
Ronnenberg
Sehnde
Nienstädt
Minden
Obernkirchen
Bückeburg
Wennigsen
La.-Rethen
Bad Eilsen
Sarstedt
Bad Oeyenhausen
F
Vlotho
Bad Münster
Hildesheim
Bad Salzuflen
Coppenbrügge
Elze
Hameln
H.-Tündern
Lemgo
Lage
Bad Pyrmont
Alfeld
Bodenwerder
Detmold
Eim.-Vorwohle
Kreiensen
Holzminden
Altenbeken
Höxter
Einbeck
Paderborn
Schieder-Schwalenberg
Northeim
Brakel
G
Hö.-Ottbergen
Moringen
Willebadessen
Bad Karlshafen
Lippoldsberg
Trendelburg
Göttingen
Hümme
Dransfeld
Warburg
Hofgeismar
Veckerhagen
Marsberg
Melchershof
Münden
Volkmarsen
Diemelsee
Witzenhausen
Korbach
Kassel
Kaufungen
Dorfitter
Bad Soden-Allendorf
Grossalmerode
H
Thalitter
Helsa
Guxhagen
Waldeck

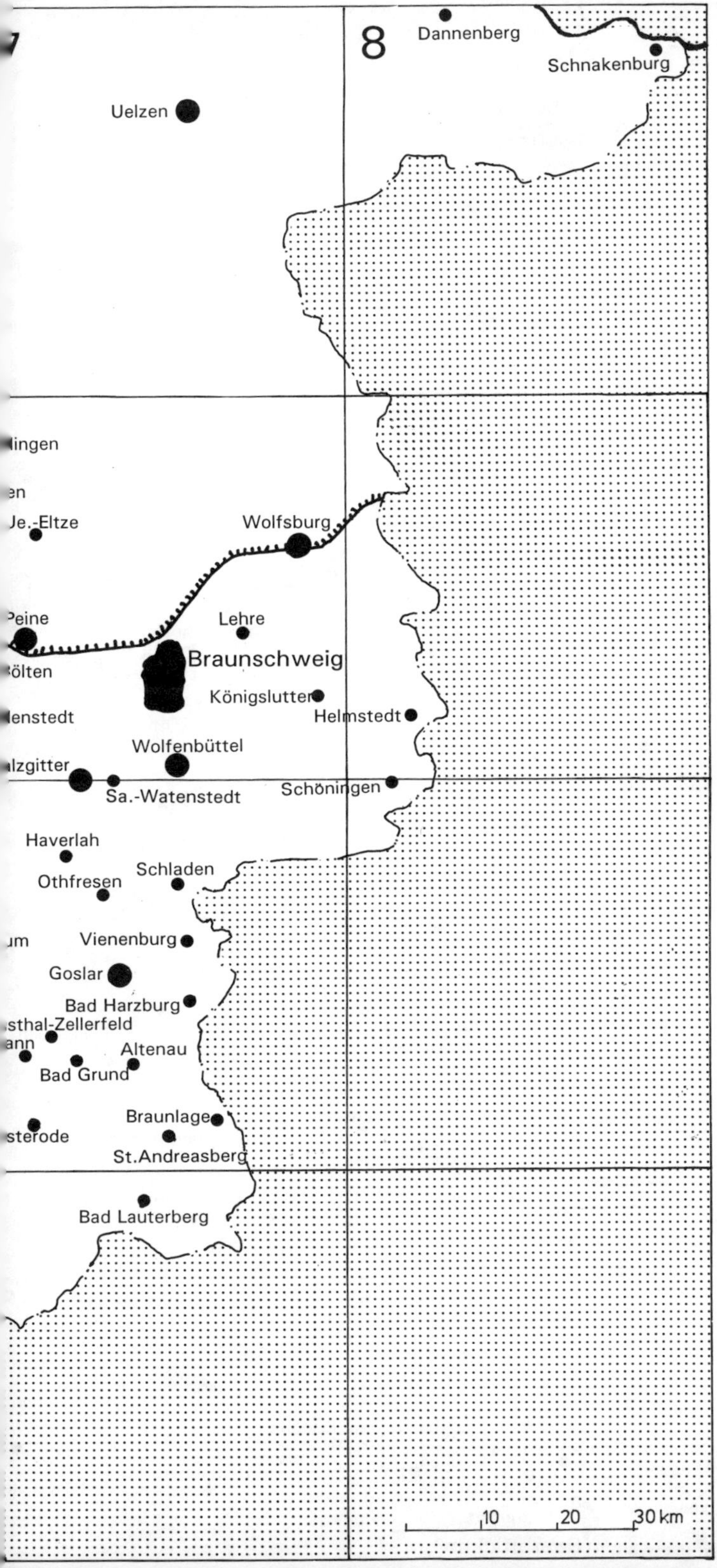

8
Dannenberg
Schnakenburg
Uelzen
ingen
en
Je.-Eltze
Wolfsburg
Peine
Lehre
Braunschweig
ölten
Königslutter
lenstedt
Helmstedt
Wolfenbüttel
alzgitter
Sa.-Watenstedt
Schöningen
Haverlah
Schladen
Othfresen
um
Vienenburg
Goslar
Bad Harzburg
sthal-Zellerfeld
ann
Altenau
Bad Grund
Braunlage
sterode
St. Andreasberg
Bad Lauterberg
10
20
30 km

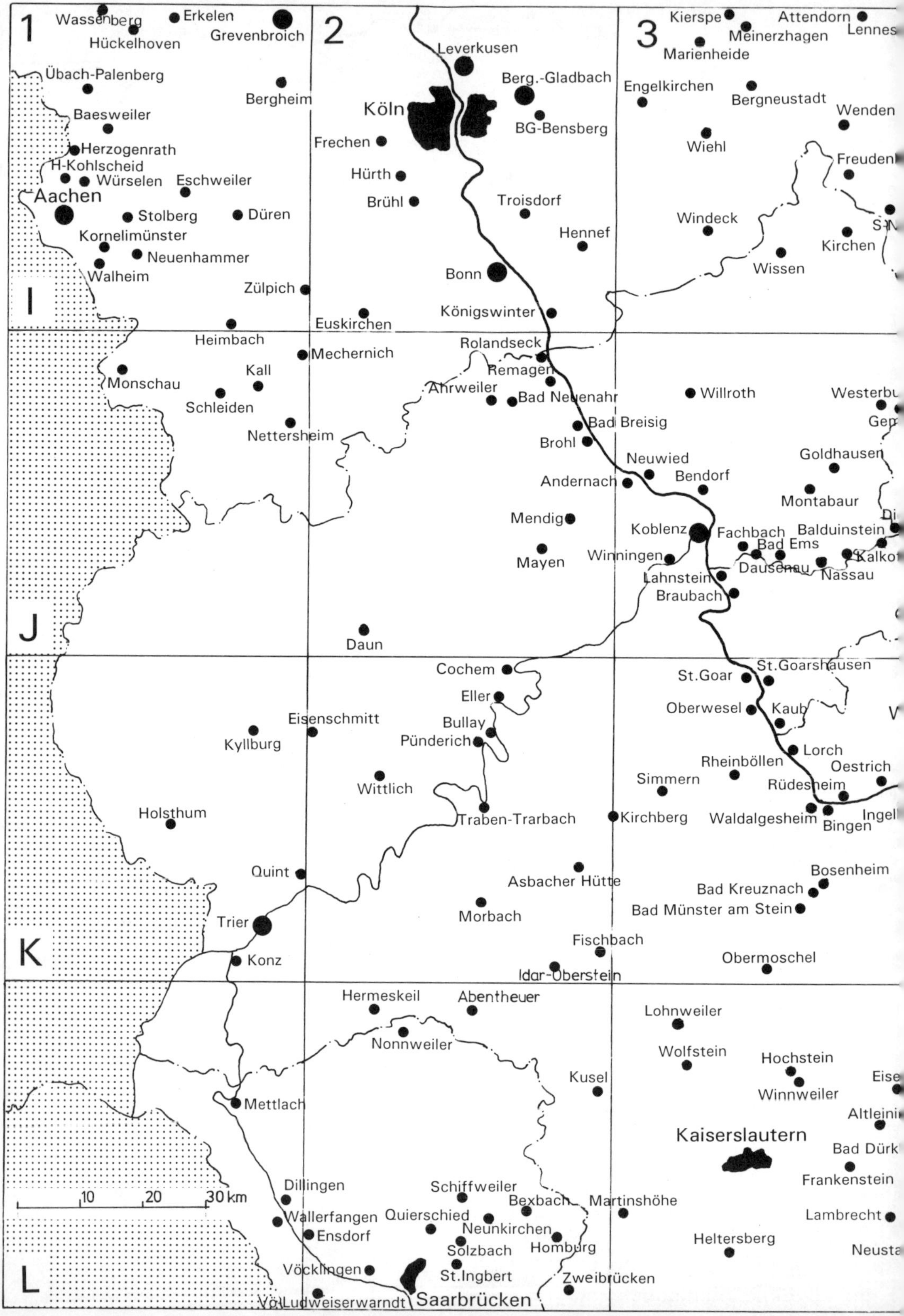

1
2
3
I
J
K
L
Wassenberg
Erkelen
Hückelhoven
Grevenbroich
Übach-Palenberg
Bergheim
Baesweiler
Herzogenrath
H-Kohlscheid
Würselen
Eschweiler
Aachen
Stolberg
Düren
Kornelimünster
Neuenhammer
Walheim
Zülpich
Heimbach
Monschau
Kall
Schleiden
Mechernich
Nettersheim
Leverkusen
Köln
Berg.-Gladbach
BG-Bensberg
Frechen
Hürth
Brühl
Troisdorf
Hennef
Bonn
Königswinter
Euskirchen
Rolandseck
Remagen
Ahrweiler
Bad Neuenahr
Bad Breisig
Brohl
Andernach
Mendig
Mayen
Daun
Kierspe
Attendorn
Meinerzhagen
Marienheide
Engelkirchen
Bergneustadt
Wenden
Wiehl
Freuden
Windeck
Wissen
Kirchen
Willroth
Westerbu
Neuwied
Bendorf
Goldhausen
Montabaur
Koblenz
Fachbach
Balduinstein
Bad Ems
Winningen
Dausenau
Nassau
Lahnstein
Braubach
Cochem
Eller
Bullay
Pünderich
Eisenschmitt
Kyllburg
Wittlich
Holsthum
Traben-Trarbach
Kirchberg
Quint
Trier
Konz
Asbacher Hütte
Morbach
Fischbach
Idar-Oberstein
St.Goar
St.Goarshausen
Oberwesel
Kaub
Lorch
Rheinböllen
Simmern
Oestrich
Rüdesheim
Waldalgesheim
Bingen
Bosenheim
Bad Kreuznach
Bad Münster am Stein
Obermoschel
Hermeskeil
Abentheuer
Nonnweiler
Mettlach
Lohnweiler
Wolfstein
Hochstein
Winnweiler
Kusel
Kaiserslautern
Bad Dürk
Frankenstein
10
20
30 km
Dillingen
Wallerfangen
Ensdorf
Quierschied
Schiffweiler
Bexbach
Martinshöhe
Neunkirchen
Solzbach
Homburg
St.Ingbert
Völklingen
Saarbrücken
Zweibrücken
Lambrecht
Heltersberg

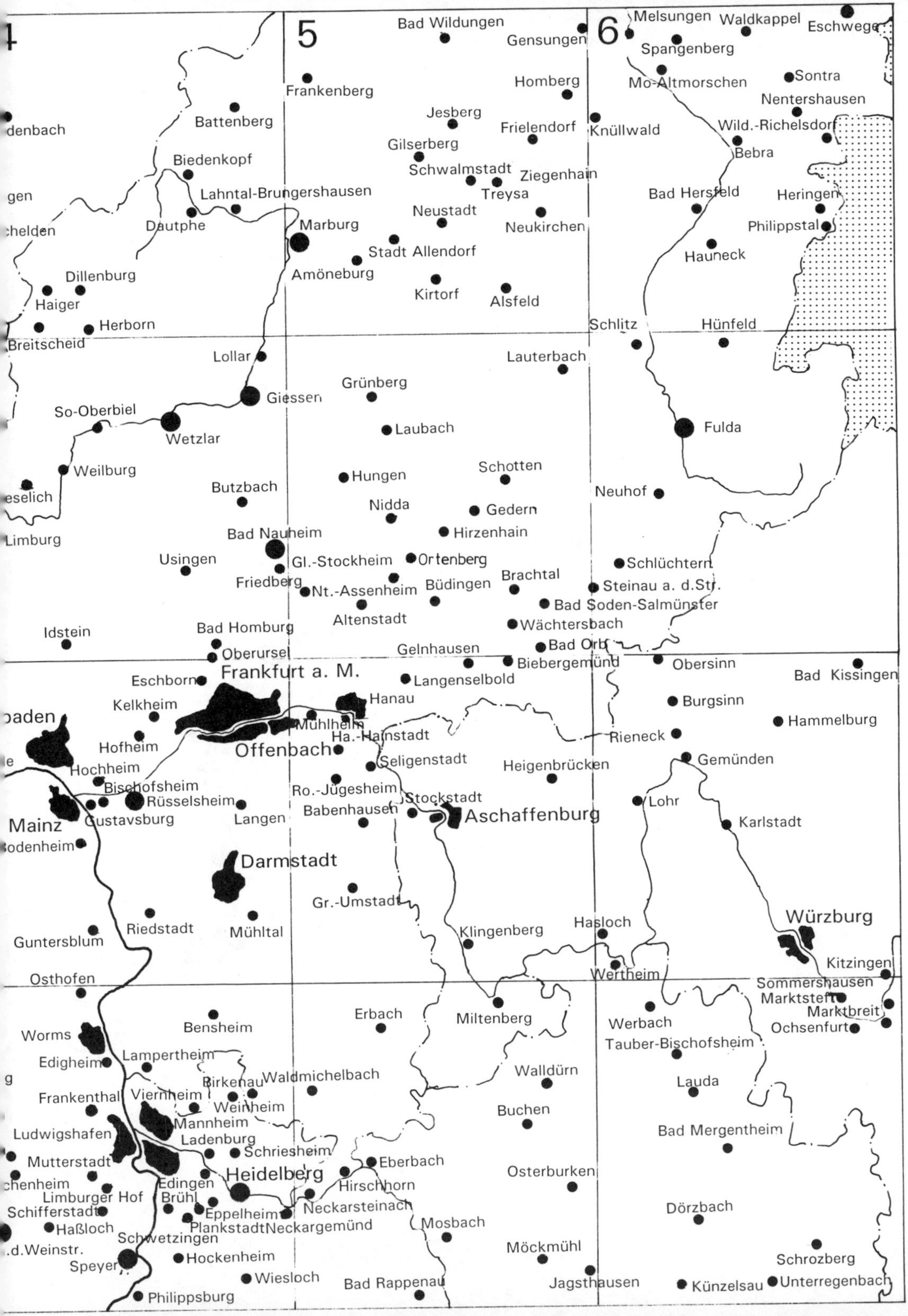
4
5
6
Bad Wildungen
Gensungen
Melsungen
Waldkappel
Eschwege
Spangenberg
Frankenberg
Homberg
Mo-Altmorschen
Sontra
Nentershausen
denbach
Battenberg
Jesberg
Frielendorf
Knüllwald
Wild.-Richelsdorf
Gilserberg
Bebra
Biedenkopf
Schwalmstadt
Ziegenhain
gen
Lahntal-Brungershausen
Treysa
Bad Hersfeld
Heringen
Neustadt
Philippstal
chelden
Dautphe
Marburg
Neukirchen
Stadt Allendorf
Hauneck
Amöneburg
Dillenburg
Haiger
Kirtorf
Alsfeld
Herborn
Schlitz
Hünfeld
Breitscheid
Lollar
Lauterbach
Grünberg
Giessen
So-Oberbiel
Wetzlar
Laubach
Fulda
Weilburg
Schotten
Hungen
eselich
Butzbach
Neuhof
Nidda
Gedern
Limburg
Bad Nauheim
Hirzenhain
Usingen
Gl.-Stockheim
Ortenberg
Schlüchtern
Friedberg
Nt.-Assenheim
Büdingen
Brachtal
Steinau a. d.Str.
Bad Soden-Salmünster
Altenstadt
Idstein
Bad Homburg
Wächtersbach
Oberursel
Gelnhausen
Bad Orb
Biebergemünd
Obersinn
Bad Kissingen
Frankfurt a. M.
Eschborn
Langenselbold
Hanau
Kelkheim
Burgsinn
oaden
Mühlheim
Hammelburg
Hofheim
Ha.-Hainstadt
Rieneck
Offenbach
Seligenstadt
Gemünden
Hochheim
Heigenbrücken
Bischofsheim
Ro.-Jügesheim
Rüsselsheim
Stockstadt
Lohr
Mainz
Gustavsburg
Langen
Babenhausen
Aschaffenburg
Karlstadt
odenheim
Darmstadt
Gr.-Umstadt
Würzburg
Riedstadt
Mühltal
Klingenberg
Hasloch
Guntersblum
Kitzingen
Osthofen
Wertheim
Sommershausen
Marktsteft
Marktbreit
Erbach
Miltenberg
Werbach
Ochsenfurt
Worms
Bensheim
Tauber-Bischofsheim
Edigheim
Lampertheim
Walldürn
Waldmichelbach
Lauda
Birkenau
Frankenthal
Viernheim
Weinheim
Buchen
Mannheim
Ludwigshafen
Ladenburg
Bad Mergentheim
Schriesheim
Mutterstadt
Eberbach
Heidelberg
Osterburken
chenheim
Edingen
Hirschhorn
Limburger Hof
Brühl
Schifferstadt
Eppelheim
Neckarsteinach
Dörzbach
Haßloch
Plankstadt
Neckargemünd
Mosbach
Schwetzingen
.d.Weinstr.
Möckmühl
Hockenheim
Schrozberg
Speyer
Wiesloch
Jagsthausen
Bad Rappenau
Künzelsau
Unterregenbach
Philippsburg

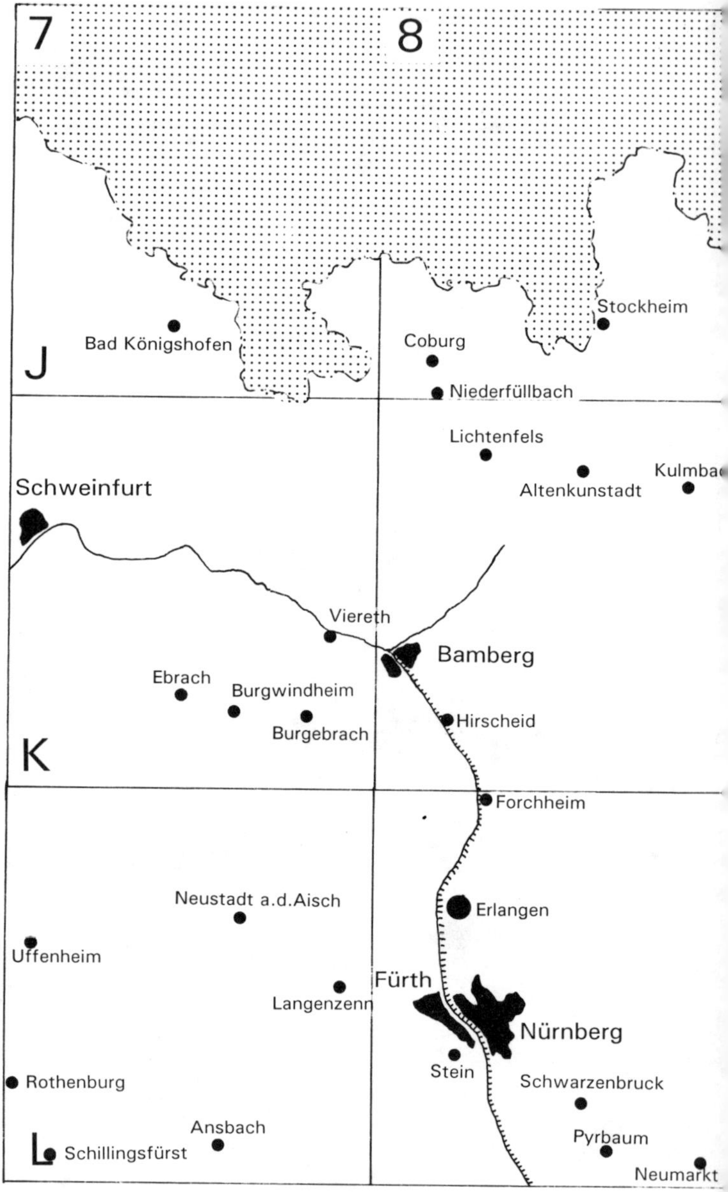
7
8
J
K
L
Bad Königshofen
Coburg
Stockheim
Niederfüllbach
Lichtenfels
Altenkunstadt
Kulmba
Schweinfurt
Viereth
Bamberg
Ebrach
Burgwindheim
Burgebrach
Hirscheid
Forchheim
Neustadt a.d.Aisch
Erlangen
Uffenheim
Fürth
Langenzenn
Nürnberg
Stein
Rothenburg
Schwarzenbruck
Ansbach
Pyrbaum
Schillingsfürst
Neumarkt

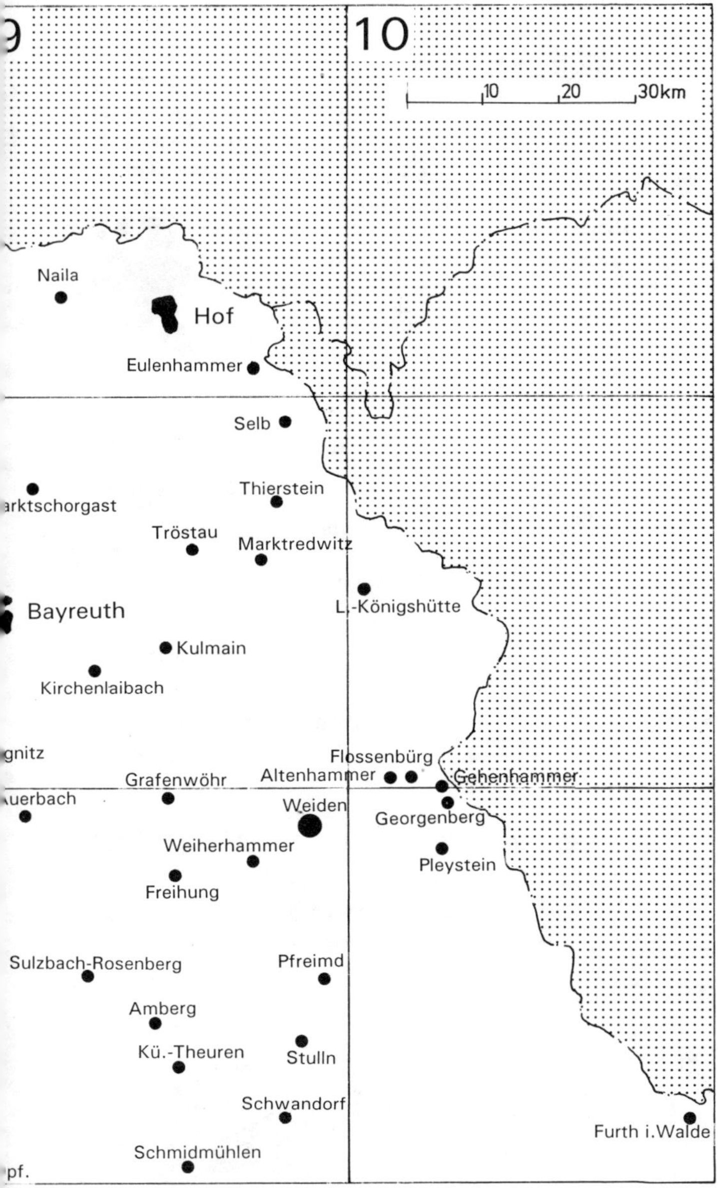

9
10
10
20
30km
Naila
Hof
Eulenhammer
Selb
Thierstein
rktschorgast
Tröstau
Marktredwitz
L.-Königshütte
Bayreuth
Kulmain
Kirchenlaibach
gnitz
Flossenbürg
Altenhammer
Gehenhammer
Grafenwöhr
uerbach
Weiden
Georgenberg
Weiherhammer
Pleystein
Freihung
Sulzbach-Rosenberg
Pfreimd
Amberg
Kü.-Theuren
Stulln
Schwandorf
Furth i.Walde
Schmidmühlen
pf.

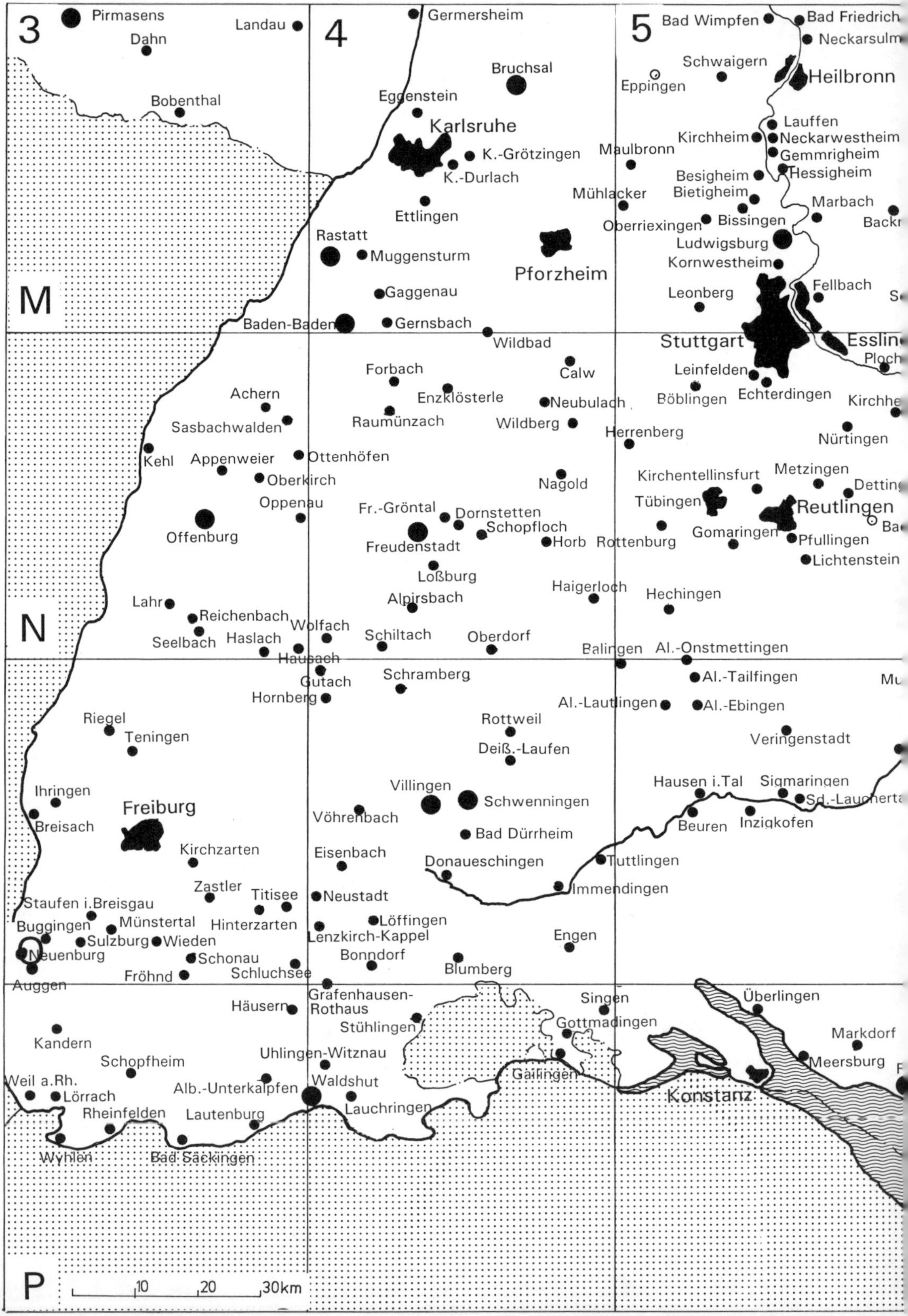
3
4
5
M
N
O
P
Pirmasens
Dahn
Landau
Germersheim
Bad Wimpfen
Bad Friedrich
Neckarsulm
Bobenthal
Bruchsal
Eggenstein
Karlsruhe
K.-Grötzingen
K.-Durlach
Ettlingen
Rastatt
Muggensturm
Gaggenau
Baden-Baden
Gernsbach
Pforzheim
Schwaigern
Eppingen
Heilbronn
Lauffen
Kirchheim
Neckarwestheim
Gemmrigheim
Hessigheim
Maulbronn
Besigheim
Bietigheim
Mühlacker
Oberriexingen
Bissingen
Marbach
Ludwigsburg
Kornwestheim
Fellbach
Leonberg
Stuttgart
Wildbad
Forbach
Calw
Leinfelden
Achern
Enzklösterle
Neubulach
Böblingen
Echterdingen
Sasbachwalden
Raumünzach
Wildberg
Herrenberg
Nürtingen
Kehl
Appenweier
Ottenhöfen
Oberkirch
Nagold
Kirchentellinsfurt
Metzingen
Oppenau
Fr.-Gröntal
Dornstetten
Tübingen
Reutlingen
Offenburg
Schopfloch
Freudenstadt
Horb
Rottenburg
Gomaringen
Pfullingen
Lichtenstein
Loßburg
Haigerloch
Hechingen
Lahr
Alpirsbach
Reichenbach
Wolfach
Seelbach
Haslach
Schiltach
Oberdorf
Hausach
Balingen
Al.-Onstmettingen
Gutach
Schramberg
Al.-Tailfingen
Hornberg
Al.-Lautlingen
Al.-Ebingen
Riegel
Rottweil
Teningen
Veringenstadt
Deiß.-Laufen
Ihringen
Villingen
Hausen i.Tal
Sigmaringen
Freiburg
Schwenningen
Breisach
Vöhrenbach
Beuren
Inzigkofen
Bad Dürrheim
Kirchzarten
Eisenbach
Donaueschingen
Tuttlingen
Zastler
Titisee
Neustadt
Immendingen
Staufen i.Breisgau
Münstertal
Hinterzarten
Löffingen
Buggingen
Lenzkirch-Kappel
Engen
Sulzburg
Wieden
Neuenburg
Schonau
Bonndorf
Blumberg
Fröhnd
Schluchsee
Auggen
Grafenhausen-
Rothaus
Singen
Überlingen
Häusern
Stühlingen
Gottmadingen
Kandern
Markdorf
Meersburg
Schopfheim
Uhlingen-Witznau
Weil a.Rh.
Waldshut
Gailingen
Lörrach
Alb.-Unterkalpfen
Konstanz
Rheinfelden
Lautenburg
Lauchringen
Wyhlen
Bad Säckingen
10
20
30km

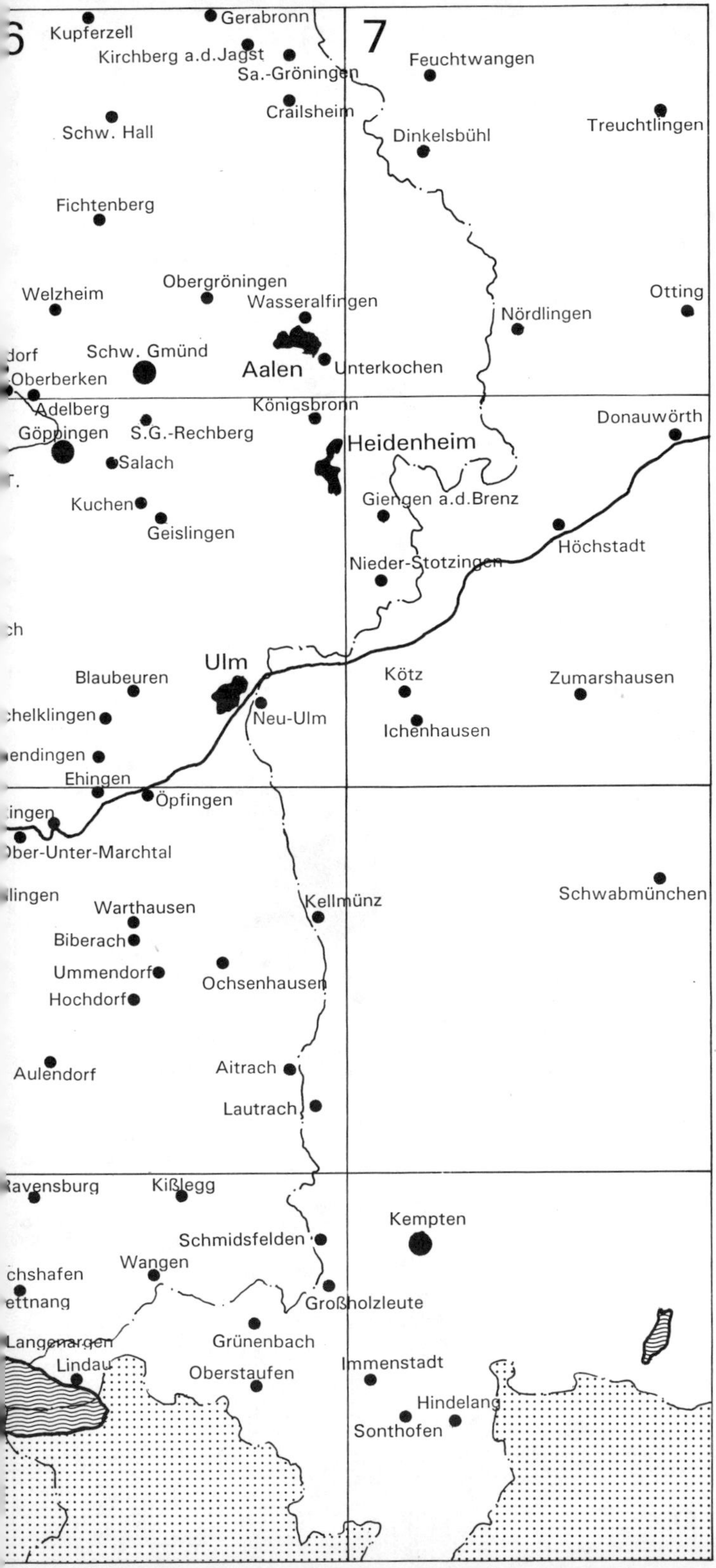
6
7
Kupferzell
Gerabronn
Kirchberg a.d.Jagst
Sa.-Gröningen
Feuchtwangen
Crailsheim
Schw. Hall
Dinkelsbühl
Treuchtlingen
Fichtenberg
Welzheim
Obergröningen
Wasseralfingen
Nördlingen
Otting
dorf
Schw. Gmünd
Aalen
Unterkochen
Oberberken
Adelberg
Königsbronn
Göppingen
S.G.-Rechberg
Heidenheim
Donauwörth
Salach
Kuchen
Giengen a.d.Brenz
Geislingen
Höchstadt
Nieder-Stotzingen
Ulm
Blaubeuren
Kötz
Zumarshausen
chelklingen
Neu-Ulm
Ichenhausen
endingen
Ehingen
Öpfingen
ingen
ber-Unter-Marchtal
lingen
Warthausen
Kellmünz
Schwabmünchen
Biberach
Ummendorf
Ochsenhausen
Hochdorf
Aulendorf
Aitrach
Lautrach
avensburg
Kißlegg
Kempten
Schmidsfelden
Wangen
chshafen
ettnang
Großholzleute
Langenargen
Grünenbach
Lindau
Oberstaufen
Immenstadt
Hindelang
Sonthofen

8
9
M
N
O
P
Maxhütt
Kallmünz
Weißenburg
Beilngries
Treuchtlingen
Kelheim
Poikam
Eichstätt
Dollnstein
Ingolstadt
Großmehring
Meitingen
Langweid a. Lech
Echir
Moosburg
Haag
Gersthofen
Moo.-Pfroml
Augsburg
Freising
Friedberg
Erding
Dachau
Oberschleißheim
Mering
Garching
München
Ismaning
Finsing
Fürstenfeldbruck
Feldkirchen
Putzbrunn
Kirchseeon
Landsberg
Pullach
Ottobrunn
Grasbrunn
Unterhaching
Starnberg
Grünwald
Herrsching
Aying
Grub
Holzkirchen
Rosenh
F.-W.-Vagen
Weyarn
Kolbermoor
Weilheim
Schongau
Bad Tölz
Miesbach
Schliersee
Brannen
Benediktbeuren
Lengries
Murnau
Kochel
Walchensee Kraftwerk
Krün
Garmisch-Partenkirchen

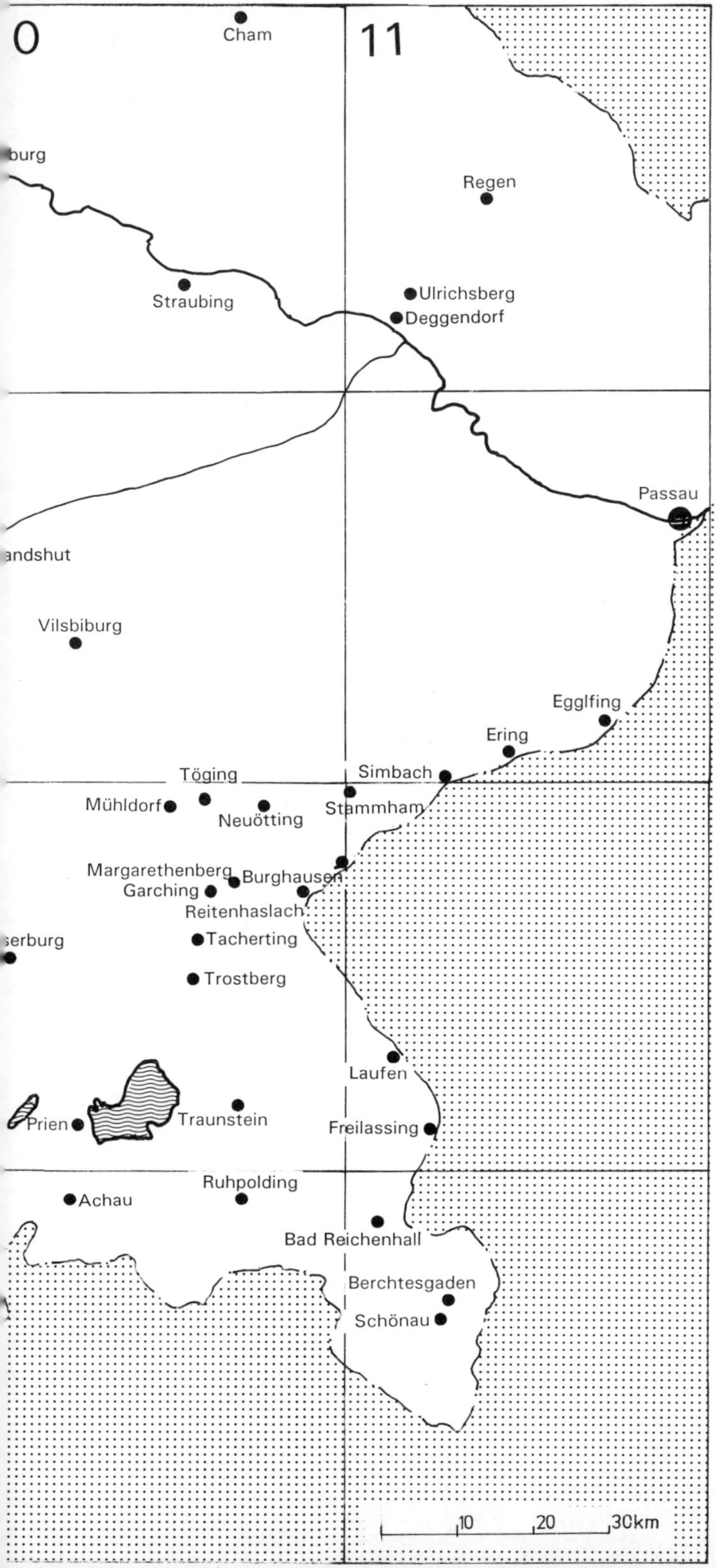
0
Cham
11
burg
Regen
Ulrichsberg
Straubing
Deggendorf
Passau
andshut
Vilsbiburg
Egglfing
Ering
Töging
Simbach
Mühldorf
Neuötting
Stammham
Margarethenberg
Burghausen
Garching
Reitenhaslach
serburg
Tacherting
Trostberg
Laufen
Prien
Traunstein
Freilassing
Ruhpolding
Achau
Bad Reichenhall
Berchtesgaden
Schönau
10
20
30km